Reinforcement
Learning 中文版
強化學習深度解析

In memory of A. Harry Klopf

目錄

第六章 時序差分學習 129

第七章 n 步自助法 153

第八章 表格式方法的規劃和學習 173

第二版前言

自本書第一版出版至今的二十年，我們見證了人工智慧領域的重大進展，這主要得益於機器學習的進展，同時也包含了強化學習的進展。雖然計算能力的突破是這些進展中的原因之一，但理論與演算法上的創新同樣也是強大的驅動力。面對這些進展，相較於 1998 年版本的再版顯得刻不容緩，於是我們在 2012 年開始了這個項目。本書第二版的目標與第一版是一致的：針對強化學習的關鍵概念和演算法，為所有相關領域的讀者提供清晰而簡單的說明。本版依然屬於導論性質，我們仍將重點專注於最核心的線上學習演算法。本版收錄了一些在過去幾年中重要性日漸突顯的新主題，針對現在更容易理解的主題我們也擴展了其涵蓋的範圍。但我們並未試圖全面涵蓋整個強化學習領域的範疇，因為強化學習領域在各個方向上皆有爆炸式的發展，在此我們為遺漏這些重大貢獻表示歉意。

與在第一版中的做法相同，我們選擇不以嚴密、正式的方式或以過於抽象的術語對強化學習進行闡述。然而自第一版以來，我們對一些主題的深入理解需要更多的數學知識來解釋，因此我們將這些需要更多數學知識的部分以陰影的方框標示，以便苦於數學的讀者可以選擇跳過。此外，我們還使用了和第一版略微不同的數學符號標記方式。在教學過程中，我們發現新的標記方式可以解決一些普遍的疑惑。這套標記方式強調了隨機變數與實例之間的差異，其中前者標記為大寫字母，後者則標記為小寫字母。例如，時步 t 中的狀態（state）、動作（action）與獎勵（reward）分別被表示為 S_t、A_t 與 R_t，而它們可能的值則以 s、a 及 r 進行表示。根據這種概念，我們可以很自然地將小寫字母用於價值函數（例如 v_π），並將大寫字母限定用於它們的表格式估計值（例如 $Q_t(s,a)$）。近似值函數是具有隨機參數的確定性函數，因此也使用小寫字母標記（例如 $\hat{v}(s,\mathbf{w}_t) \approx v_\pi(s)$）。向量如權重向量 $\mathbf{w}_t$（在第一版中標記為 $\boldsymbol{\theta}_t$）及特徵向量 $\mathbf{x}_t$（在第一版中標記為 $\boldsymbol{\phi}_t$），即使它們是隨機變數也以粗體的小寫字母標記，同時我們將大寫的粗體字母用於矩陣。在第一版中我們使用特定符號 $\mathcal{P}^a_{ss'}$ 和 $\mathcal{R}^a_{ss'}$ 來分別表示轉移機率和預期獎勵，這種標記方式的缺點是無法完整描述獎勵的動

態（dynamics），只能顯示出對於獎勵的期望值，雖然這對動態規劃而言是足夠的，但對於強化學習而言卻遠遠不足。另一個缺點則是對上下標的濫用。在本版中我們使用 $p(s', r|s, a)$ 這個明確的符號標記來表示給定當前狀態與動作的情形下，下一個狀態與獎勵的聯合機率。所有符號標記的變更都列於第 xxi 頁的符號摘要中。

第二版的內容有極大的擴展，整體架構也有所調整。在介紹性質的第 1 章後，第二版的內容被劃分為三個新的部分。在第一部分（第 2 章到第 8 章）我們盡可能地介紹在表格形式的情形下可以獲得精確解的強化學習。此部分涵蓋了在表格形式情形下的學習與規劃方法以及兩者在 n 步（n-step）方法及 Dyna 方法中的統一表示方式。許多呈現在這一部分的演算法是第二版新增的，包括 UCB、預期的 Sarsa、雙重學習、樹回溯、$Q(\sigma)$、RTDP 以及 MTCS。首先在表格形式的情形下進行徹底探討，使我們能在最簡單的設定下建立核心概念。本書的第二部分（第 9 章到第 13 章）將這些概念拓展到函數近似的情形，並新增了以下新章節：人工神經網路、傅立葉基底、LSTD、基於核函數的方法、梯度 TD 與重點 TD 方法、平均獎勵方法、真實的線上 TD(λ) 以及策略梯度方法。第二版大幅擴展了關於 off-policy 學習的內容，首先是在第 5 章到第 7 章中對表格形式的例子進行說明，接著在第 11 章和第 12 章中介紹使用函數近似的情形。第二版中的另一個改變是將 n 步自助中的前向視角概念（在第 7 章詳細闡述）與資格痕跡的後向視角概念（在第 12 章中獨立闡述）分離。本書的第三部分增加大量關於以下內容的新章節：強化學習與心理學（第 14 章）和神經科學（第 15 章）之間的關係，以及包含 Atari 遊戲、Watson 的投注策略以及圍棋程式 AlphaGo 與 AlphaGo Zero 等最新的相關案例研究（第 16 章）。儘管如此，由於篇幅的限制，我們僅涵蓋了強化學習領域中所有研究的一小部分。我們的選擇反映出我們長期以來對於低成本的無模型方法的興趣，這些方法可以有效地擴展到大型應用中。最後一章我們探討了強化學習對未來社會的影響。無論好壞，本版的內容大約是第一版的兩倍。

本書旨在作為一到兩學期的強化學習課程主要教材。對於一學期的課程，應該涵蓋前十章的內容以建立良好的核心概念，可以根據教學方向增加其他章節的內容，也可以增加其他參考書籍的內容，如 Bertsekas 和 Tsitsiklis（1996）、Wiering 和 Otterlo（2012）與 Szepesvári（2010），或者可以依據喜好補充相關文獻的資訊。根據學生的背景，一些線上監督式學習的補充資料可能會對於理解課程內容有所幫助。選擇與選擇模型的概念也是一個對學生而言相當有幫助的補充資料（Sutton、Precup 和 Singh（1999））。對於兩學期的課程，可以涵蓋所有的章節並補充一些相關資料。本書也可以作為機器學習、人工智慧及人工神經網路等課程的一部分，這些課程可能只需要涵蓋本書的部分內容。我們建議以第 1 章作為簡要的概述，並介紹第 2 章至 2.4 節的內容以及第 3 章，然後根據課程時間與研究興趣從其餘章節中選擇部分內容進行教學。第 6 章是對於強化學習與本書其餘內容而言最為重要的部分。著重於機器學習或人工神經網路的課程應該涵蓋第 9 章與第 10 章，著重於人工智慧或規劃的課程則應涵蓋第 8 章。在整本書中，我們對較為困難、且對本書其餘部分並非必要的章節以 * 標記，這些內容讀者可以在首次閱讀時略過，並不會對於理解後續的內容產生影響。在各章節的練習中，對於較為進階且不影響理解該章節基礎概念的問題，我們也以 * 標記。

我們在大多數的章節以「參考文獻與歷史評注」作為結束以說明出現在該章中一些相關概念的出處，提供延伸閱讀和進行中研究的指引，並且描述相關的歷史背景。儘管我們試圖使這部分更具權威性與完整性，但毫無疑問地我們遺漏了一些重要的先驅性研究。對此我們再次致上歉意，同時我們歡迎任何指正與補充，以便將相關內容納入本書的電子版中。

與第一版相同，僅以本書的第二版緬懷 A. Harry Klopf。正是 Harry 將我們介紹給彼此，同時也是他對於大腦與人工智慧的想法開啟了我們走進強化學習的漫長旅途。Harry 接受過神經生理學的訓練並對機器智慧深感興趣，他是俄亥俄州萊特 - 派特森空軍基地科學研究院（AFOSR）航電部的資深科學家。他不滿意在解釋自然智慧與為機器智慧提供基礎概念時，對於平衡尋求過程（包含了穩態與誤差糾正的模式分類方法）的高度重視。他指出試圖最大化某個東西（無論這個東西是什麼）的系統與平衡尋求系統在本質上是不同的，且他主張最大化系統才是理解自然智慧的重要層面和建立人工智慧的關鍵。這促成了 Harry 從 AFOSR 獲得計畫經費，用於評估上述及相關觀點的科學價值。該計畫於 1970 年代後期在麻薩諸塞大學阿默斯特分校（UMass Amherst）進行，最初由 Michael Arbib、William Kilmer 以及 Nico Spinelli 指導，他們是 UMass Amherst 的計算機與資訊科學系的教授，同時也是系統神經科學控制理論中心的創始成員，他們共同組成了一個相當有遠見的團隊，專注於結合神經科學與人工智慧的研究。Barto —— 一位剛畢業於密西根大學的博士，被聘請為該計畫的博士後研究員。與此同時，在史丹佛大學攻讀計算機科學與心理學的大學生 Sutton 正和 Harry 保持通信往來，他們都對古典制約中刺激時機的作用感興趣。Harry 向 UMass 的團隊建議，Sutton 的加入將有助於計畫執行。於是，Sutton 成為了 UMass 的研究生，在已經成為副教授的 Barto 指導下攻讀博士學位。呈現在本書中關於強化學習的研究，正是由 Harry 發起並受到他的想法啟發的計畫結果。此外，正是 Harry 將我們這兩位作者聚集在一起並進行長期且愉快的合作。僅以此書獻給 Harry 以紀念他不可缺少的貢獻，這不僅是對於強化學習領域的貢獻，也是對於我們合作的貢獻。我們也要感謝 Arbib 教授、Kilmer 教授以及 Spinelli 教授為我們提供了探索這些想法的機會。最後，感謝 AFOSR 對於我們早期研究的慷慨支持，以及 NSF 在接下來幾年給予的慷慨支持。

我們要感謝許多人，感謝他們對第二版的啟發和幫助。為第一版提供靈感與幫助的每一個人，我們同樣也在此版本中致以最深切的感謝，如果沒有他們對第一版的貢獻，本版就不會問世。

我們也將許多特別為第二版做出貢獻的人加入致謝名單中。多年來在我們教授該教材時，我們的學生以無數種方式對本書做出了貢獻：揭露書中的錯誤、提供對錯誤的修正以及在我們未能解釋清楚的地方提出困惑。我們特別感謝 Martha Steenstrup 閱讀本書並提供了詳盡的評論。如果沒有這些心理學與神經科學領域的專家的幫助，相關內容的章節是不可能完成的。我們要感謝 John Moore 多年來在關於動物學習實驗、理論以及神經科學的耐心指導，也感謝他仔細閱讀第 14 章與第 15 章的多版草稿並提供修正意見。我們同樣也要感謝 Matt Botvinick、Nathaniel Daw、Peter Dayan 和 Yael Niv 對這些章節的草稿提供富有洞察力的評論，感謝他們對大量參考文獻提供的重要指引並修正了我們早期草稿中的許多錯誤。當然這些章節中遺留的錯誤（應該還遺留了一些）都應該算是我們自己的缺失。我們感謝 Phil Thomas 的幫助使這些章節能夠被非心理學與神經科學專業的讀者理解，同時也感謝 Peter Sterling 幫助我們改進本書內容論述的方式。感謝 Jim Houk 向我們介紹了基底神經節中的資訊處理過程，並提醒我們注意神經科學其他相關資料。José Martínez、Terry Sejnowski、David Silver、Gerry Tesauro、Georgios Theocharous 和 Phil Thomas 慷慨地幫助我們了解他們的強化學習應用細節以便我們能將這些內容納入案例研究的章節，同時他們也對這些章節的草搞提供了許多有益的意見。我們特別要感謝 David Silver 幫助我們更好地理解蒙地卡羅樹搜尋和 DeepMind 的圍棋程式。感謝 George Konidaris 對傅立葉基底部分的幫助。Emilio Cartoni、Thomas Cederborg、Stefan Dernbach、Clemens Rosenbaum、Patrick Taylor、Thomas Colin 和 Pierre-Luc Bacon 在許多方面對我們提供協助，我們對此深表感謝。

Sutton 還要感謝阿爾伯塔大學強化學習和人工智慧實驗室的成員對第二版的貢獻。他特別感謝 Rupam Mahmood 在第 5 章中對 off-policy 蒙地卡羅方法的處理做出的重要貢獻，感謝 Hamid Maei 協助建立第 11 章中提出的 off-policy 學習的觀點，感謝 Eric Graves 在第 13 章中進行的實驗，感謝 Shangtong Zhang 重現並驗證了幾乎所有的實驗結果，感謝 Kris De Asis 修改第 7 章和第 12 章的新技術內容，並感謝 Harm van Seijen 提供了從資格痕跡分離出 n 步方法的見解，及關於第 12 章中資格痕跡的前向視角與後向視角完全等價的概念（與 Hado van Hasselt 一起）。Sutton 也非常感謝阿爾伯塔省政府和加拿大自然科學和工程研究委員會在第二版的構思和編寫期間的資助，給予他相當大的支持和自由性。他特別要感謝 Randy Goebel 為阿爾伯塔大學創造了一個具有支持性和有遠見的研究環境。他還要感謝 DeepMind 在撰寫本書的最後六個月中給予的支持。

最後，感謝我們在網路上發布第二版草稿時的許多細心讀者，他們發現了許多我們遺留的錯誤，並提醒我們注意內容中一些潛在的混淆點。

第一版前言

我們最早是在 1979 年末開始關注於現在被稱為強化學習的領域。那時我們都在麻薩諸塞大學任職，專注於我們最早的研究計畫之一，該計畫旨在證明類神經元的自適應元素組成的網路是一種有前景的實現人工自適應智慧方法的概念。該計畫探索了由 A. Harry Klopf 開發的「自適應系統的異質性理論」。Harry 的研究是豐富的概念來源，因而我們能夠批判性地探索這些概念，並將它們和早期關於自適應系統的長期研究進行比較。我們的工作是將這些想法分離並理解它們的關係和相對重要性。這項工作延續至今，但在 1979 年我們突然意識到，長久以來一直被認為是理所當然且最簡單的概念，幾乎沒有從計算的角度受到過關注。這個簡單的概念是學習系統想要某種東西，透過調整自身行為進而從環境中最大化某個特殊訊號。這就是「享樂主義（hedonistic）」學習系統的概念，也就是我們現在所說的強化學習概念。

在那時我們和其他人一樣，覺得在控制論和人工智慧的早期研究階段就已經徹底探索了強化學習領域。然而經過仔細觀察，我們發現它只是略微被探索過。雖然強化學習明顯地激發了一些最早的對學習理論在計算方面的研究，但大多數研究者轉向研究其他方向，例如模式分類、監督式學習、自適應控制理論或者完全放棄了對學習理論的研究。因此學習如何從環境中獲取某種東西的特定問題所獲得的關注相對較少。回想起來，專注於這個概念是使得這項研究分支蓬勃發展的關鍵步驟。在人們察覺到這種基本概念尚未得到徹底的探索前，關於強化學習計算方面的研究僅能獲得少量的進展。

從那時起強化學習領域已經有了長足的發展，並在幾個方向上逐漸發展和成熟。強化學習已逐漸成為機器學習、人工智慧和神經網路研究中最活躍的研究領域之一。強化學習領域已經發展出強大的數學基礎和令人印象深刻的應用，它的計算研究已成為一個龐大的研究領域，有來自世界各地數百名在心理學、控制理論、人工智慧與神經科學等領域的活躍研究者參與其中。其中特別重要的是建立及發展最佳控制和動態規劃兩者之間關係的貢獻。從互動中學習以實現目標的整體問題仍然尚待解決，但我們對它的理解已經有了顯著的改善。我們現在可以在整體問題相關的統一視角中加入時序差分學習、動態規劃和函數近似等組成概念。

我們撰寫本書的目的是為強化學習的關鍵概念和演算法提供一個清晰而簡單的說明。我們希望我們的論述能夠讓所有相關學科的讀者都能理解，但我們無法詳細介紹所有強化學習領域的內容。在大多數情況下，我們的介紹方法採用了人工智慧和工程學的觀點，涵蓋其他領域範圍的連結我們保留給其他研究者或待未來再進行探討。我們選擇不以嚴密、正式的方式對強化學習進行闡述。我們並未以過於抽象的數學概念進行介紹，也並未依賴於理論證明的表述方式。我們試圖以一個不會迷失於潛在概念的簡單性和一般性數學程度，顯示出強化學習相關內容在數學上正確的方向。

在某種意義上而言我們已經為本書研究了三十年，我們非常感謝在這過程中許多人的幫助。首先要感謝那些親自協助我們建立本書整體觀點的人：Harry Klopf，他讓我們意識到強化學習的概念需要復興。感謝 Chris Watkins、Dimitri Bertsekas、John Tsitsiklis 和 Paul Werbos 幫助了我們察覺到強化學習與動態規劃之間關係上的價值。感謝 John Moore 和 Jim Kehoe 提供來自動物學習理論的見解和靈感。感謝 Oliver Selfridge 強調適應性的廣度和重要性。同時也感謝我們的同事和學生們以各種方式做出的貢獻：Ron Williams、Charles Anderson、Satinder Singh、Sridhar Mahadevan、Steve Bradtke、Bob Crites、Peter Dayan 和 Leemon Baird。透過與 Paul Cohen、Paul Utgoff、Martha Steenstrup、Gerry Tesauro、Mike Jordan、Leslie Kaelbling、Andrew Moore、Chris Atkeson、Tom Mitchell、Nils Nilsson、Stuart Russell、Tom Dietterich、Tom Dean 和 Bob Narendra 在強化學習內容的探討，豐富了我們對於強化學習概念上的理解。感謝 Michael Littman、Gerry Tesauro、Bob Crites、Satinder Singh 和 Wei Zhang 分別提供了第 4.7 節、第 15.1 節、第 15.4 節、第 15.5 節和第 15.6 節的具體相關內容。我們也要感謝空軍研究院、國家科學基金會和 GTE 實驗室長期且有遠見的支持。

同時我們也要感謝許多閱讀過本書草稿並提供寶貴意見的人，包括 Tom Kalt、John Tsitsiklis、Pawel Cichosz、Olle Gällmo、Chuck Anderson、Stuart Russell、Ben Van Roy、Paul Steenstrup、Paul Cohen、Sridhar Mahadevan、Jette Randlov、Brian Sheppard、Thomas O'Connell、Richard Coggins、Cristina Versino、John H. Hiett、Andreas Badelt、Jay Ponte、Joe Beck、Justus Piater、Martha Steenstrup、Satinder Singh、Tommi Jaakkola、Dimitri Bertsekas、Torbjörn

Ekman、Christina Björkman、Jakob Carlström 和 Olle Palmgren。最後，我們要感謝 Gwyn Mitchell 在許多方面的幫助，以及 Harry Stanton 和 Bob Prior 作為我們在麻省理工學院出版社的擁護者。

符號摘要

大寫字母用於表示隨機變數，而小寫字母用於表示隨機變數的值和純量函數。小寫粗體字母用於表示實數向量（即使是隨機變數）。矩陣則以大寫粗體字母表示。

$\doteq$	由定義得知的相等關係
$\approx$	約等於
$\propto$	正比於
$\Pr\{X=x\}$	隨機變數 X 取值為 x 時的機率
$X \sim p$	隨機變數 X 滿足分布 $p(x) \doteq \Pr\{X=x\}$
$\mathbb{E}[X]$	隨機變數 X 的期望值，如 $\mathbb{E}[X] \doteq \sum_x p(x)x$
$\arg\max_a f(a)$	當 $f(a)$ 取其最大值時的 a 值
$\ln x$	x 的自然對數
e^x	以 e 為底數的指數函數，e 是自然對數函數的底數，$e \approx 2.71828$，$e^{\ln x} = x$
$\mathbb{R}$	實數集合
$f : \mathcal{X} \to \mathcal{Y}$	函數 f 表示從 $\mathcal{X}$ 集合中元素到 $\mathcal{Y}$ 集合中元素的映射
$\leftarrow$	賦值
$(a, b]$	a 和 b 之間的實數區間，包含 b 但不包含 a
ε	在 ε- 貪婪策略中採取隨機動作的機率

α, β	步長參數
γ	折扣率
λ	資格痕跡的衰減率
$\mathbb{1}_{predicate}$	指示函數（若 $predicate$ 為真，則 $\mathbb{1}_{predicate} \doteq 1$，否則為 0）

在一個多搖臂式拉霸機問題中：

k	動作（搖臂）數量
t	離散時步或遊戲數
$q_*(a)$	動作 a 的真實價值（預期獎勵）
$Q_t(a)$	在時步 t 時對 $q_*(a)$ 的估計
$N_t(a)$	在時步 t 之前選擇動作 a 的次數
$H_t(a)$	在時步 t 時學習到選擇動作 a 的偏好值
$\pi_t(a)$	在時步 t 時選擇動作 a 的機率
$\bar{R}_t$	在時步 t 時給定 π_t 的預期獎勵

在馬可夫決策過程中：

s, s'	狀態
a	動作
r	獎勵
$\mathcal{S}$	所有非終端狀態的集合
$\mathcal{S}^+$	所有狀態的集合，包含終端狀態
$\mathcal{A}(s)$	在狀態 s 下所有可行的動作集合
$\mathcal{R}$	所有可能的獎勵集合，為 $\mathbb{R}$ 的有限子集

$\subset$　子集（例如 $\mathcal{R} \subset \mathbb{R}$）

$\in$　屬於（例如 $s \in \mathcal{S}$, $r \in \mathcal{R}$）

$|\mathcal{S}|$　集合 $\mathcal{S}$ 中元素的個數

t　離散時步

$T, T(t)$　一個分節中最後一個時步，或包含時步 t 的分節中最後一個時步

A_t　在時步 t 時所選擇的動作

S_t　在時步 t 時的狀態，通常由 S_{t-1} 和 A_{t-1} 隨機決定

R_t　在時步 t 時的獎勵，通常由 S_{t-1} 和 A_{t-1} 隨機決定

π　策略（決策規則）

$\pi(s)$　根據確定性策略 π 在狀態 s 採取的動作

$\pi(a|s)$　根據隨機策略 π 在狀態 s 採取動作 a 的機率

G_t　在時步 t 時的回報

h　視野，透過前向視角可觀察的時步

$G_{t:t+n}, G_{t:h}$　從 $t+1$ 到 $t+n$ 或 h 的 n 步回報（折扣並進行修正的）

$\bar{G}_{t:h}$　從 $t+1$ 到 h 的平坦回報（未折扣且未修正的）（第 5.8 節）

G_t^{λ}　λ- 回報（第 12.1 節）

$G_{t:h}^{\lambda}$　截斷的、校正的 λ- 回報（第 12.3 節）

$G_t^{\lambda s}, G_t^{\lambda a}$　透過估計狀態值或動作值修正的 λ- 回報（第 12.8 節）

$p(s', r|s, a)$　從狀態 s 採取動作 a 後轉移到具有獎勵 r 的狀態 s' 機率

$p(s'|s, a)$　從狀態 s 採取動作 a 後轉移到狀態 s' 的機率

$r(s,a)$	從狀態 s 採取動作 a 後的預期即時獎勵
$r(s,a,s')$	從狀態 s 採取動作 a 後轉移到狀態 s' 的預期即時獎勵
$v_\pi(s)$	在策略 π 下狀態 s 的價值（預期回報）
$v_*(s)$	在最佳策略下狀態 s 的價值
$q_\pi(s,a)$	在策略 π 下於狀態 s 採取動作 a 的價值
$q_*(s,a)$	在最佳策略下於狀態 s 採取動作 a 的價值
V, V_t	表格（陣列）形式下狀態價值函數 v_π 或 v_* 的估計值
Q, Q_t	表格（陣列）形式下動作價值函數 q_π 或 q_* 的估計值
$\bar{V}_t(s)$	預期的近似動作值，例如 $\bar{V}_t(s) \doteq \sum_a \pi(a\|s)Q_t(s,a)$
U_t	在時步 t 時估計的目標值
δ_t	在時步 t 的時序差分（TD）誤差（隨機變數）（第 6.1 節）
δ_t^s, δ_t^a	特定狀態或特定動作的 TD 誤差（第 12.9 節）
n	在 n 步方法中，n 為自助方法的步驟數
d	維度 $\mathbf{w}$ 的分量數量
d'	維度 $\boldsymbol{\theta}$ 的分量數量
$\mathbf{w}, \mathbf{w}_t$	基於近似值函數的 d 維向量權重
$w_i, w_{t,i}$	可學習的權重向量第 i 個分量
$\hat{v}(s,\mathbf{w})$	給定權重向量 $\mathbf{w}$ 的狀態 s 近似值
$v_{\mathbf{w}}(s)$	$\hat{v}(s,\mathbf{w})$ 的另一種表示方式
$\hat{q}(s,a,\mathbf{w})$	給定權重向量 $\mathbf{w}$ 的狀態 - 動作對 s,a 的近似值
$\nabla\hat{v}(s,\mathbf{w})$	$\hat{v}(s,\mathbf{w})$ 對 $\mathbf{w}$ 的偏微分行向量

$\nabla \hat{q}(s,a,\mathbf{w})$	$\hat{q}(s,a,\mathbf{w})$ 對 $\mathbf{w}$ 的偏微分行向量
$\mathbf{x}(s)$	在狀態 s 中可見的特徵向量
$\mathbf{x}(s,a)$	在狀態 s 下採取動作 a 時可見的特徵向量
$x_i(s), x_i(s,a)$	$\mathbf{x}(s)$ 或 $\mathbf{x}(s,a)$ 的第 i 個分量
$\mathbf{x}_t$	$\mathbf{x}(S_t)$ 或 $\mathbf{x}(S_t,A_t)$ 的簡寫
$\mathbf{w}^\top\mathbf{x}$	向量內積，$\mathbf{w}^\top\mathbf{x} \doteq \sum_i w_i x_i$。例如 $\hat{v}(s,\mathbf{w}) \doteq \mathbf{w}^\top\mathbf{x}(s)$
$\mathbf{v}, \mathbf{v}_t$	用於學習 $\mathbf{w}$ 的另一個 d 維向量權重（第 11 章）
$\mathbf{z}_t$	在時步 t 時資格痕跡的 d 維向量（第 12 章）
$\boldsymbol{\theta}, \boldsymbol{\theta}_t$	目標策略的參數向量（第 13 章）
$\pi(a\|s,\boldsymbol{\theta})$	在給定參數向量 $\boldsymbol{\theta}$ 時在狀態 s 採取動作 a 的機率
$\pi_{\boldsymbol{\theta}}$	與參數 $\boldsymbol{\theta}$ 對應的策略
$\nabla\pi(a\|s,\boldsymbol{\theta})$	$\pi(a\|s,\boldsymbol{\theta})$ 相對於 $\boldsymbol{\theta}$ 的偏微分行向量
$J(\boldsymbol{\theta})$	策略 $\pi_{\boldsymbol{\theta}}$ 的性能表現恆衡量指標
$\nabla J(\boldsymbol{\theta})$	$J(\boldsymbol{\theta})$ 相對於 $\boldsymbol{\theta}$ 的偏微分行向量
$h(s,a,\boldsymbol{\theta})$	基於 $\boldsymbol{\theta}$ 在狀態 s 時選擇動作 a 的偏好程度
$b(a\|s)$	用於學習目標策略 π 時選擇動作的行為策略
$b(s)$	基線函數 $b: \mathcal{S} \mapsto \mathbb{R}$ ，用於策略梯度方法
b	MDP 或搜尋樹的分支因子
$\rho_{t:h}$	時間 t 到時間 h 的重要性抽樣率（第 5.5 節）
ρ_t	時步 t 的重要性抽樣率，$\rho_t \doteq \rho_{t:t}$
$r(\pi)$	策略 π 的平均獎勵（獎勵率）（第 10.3 節）

$\bar{R}_t$	在時步 t 時對 $r(\pi)$ 的估計

$\mu(s)$	on-policy 的狀態分布（第 9.2 節）
$\boldsymbol{\mu}$	所有 $s \in \mathcal{S}$ 中 $\mu(s)$ 的 $\|\mathcal{S}\|$ 維向量
$\|v\|_\mu^2$	價值函數 v 的 $\boldsymbol{\mu}$ 加權平方範數，例如 $\|v\|_\mu^2 \doteq \sum_s \mu(s)v(s)^2$（第 11.4 節）
$\eta(s)$	每分節至狀態 s 的預期訪問次數（第 9.2 節）
Π	價值函數的投影運算子（第 291 頁）
B_π	價值函數的貝爾曼運算子（第 11.4 節）
$\mathbf{A}$	$d \times d$ 矩陣 $\mathbf{A} \doteq \mathbb{E}\left[\mathbf{x}_t\left(\mathbf{x}_t - \gamma\mathbf{x}_{t+1}\right)^\top\right]$
$\mathbf{b}$	d 維向量 $\mathbf{b} \doteq \mathbb{E}[R_{t+1}\mathbf{x}_t]$
$\mathbf{w}_{\text{TD}}$	TD 固定點 $\mathbf{w}_{\text{TD}} \doteq \mathbf{A}^{-1}\mathbf{b}$（一個 d 向量，第 9.4 節）
$\mathbf{I}$	單位矩陣
$\mathbf{P}$	在策略 π 下的 $\|\mathcal{S}\| \times \|\mathcal{S}\|$ 狀態轉移機率矩陣
$\mathbf{D}$	對角線為 $\boldsymbol{\mu}$ 的 $\|\mathcal{S}\| \times \|\mathcal{S}\|$ 對角矩陣
$\mathbf{X}$	以 $\mathbf{x}(s)$ 為列的 $\|\mathcal{S}\| \times d$ 矩陣

$\overline{\text{VE}}(\mathbf{w})$	均方值誤差 $\overline{\text{VE}}(\mathbf{w}) \doteq \|v_{\mathbf{w}} - v_\pi\|_\mu^2$（第 9.2 節）
$\bar{\delta}_{\mathbf{w}}(s)$	狀態 s 下 $v_{\mathbf{w}}$ 的貝爾曼誤差（預期 TD 誤差）（第 11.4 節）
$\bar{\delta}_{\mathbf{w}}$, BE	貝爾曼誤差向量，帶有分量 $\bar{\delta}_{\mathbf{w}}(s)$
$\overline{\text{BE}}(\mathbf{w})$	均方貝爾曼誤差 $\overline{\text{BE}}(\mathbf{w}) \doteq \left\|\bar{\delta}_{\mathbf{w}}\right\|_\mu^2$
$\overline{\text{PBE}}(\mathbf{w})$	均方投影貝爾曼誤差 $\overline{\text{PBE}}(\mathbf{w}) \doteq \left\|\Pi\bar{\delta}_{\mathbf{w}}\right\|_\mu^2$
$\overline{\text{TDE}}(\mathbf{w})$	均方時序差分誤差 $\overline{\text{TDE}}(\mathbf{w}) \doteq \mathbb{E}_b\left[\rho_t\delta_t^2\right]$（第 11.5 節）
$\overline{\text{RE}}(\mathbf{w})$	均方回報誤差（第 11.6 節）

Chapter 1

導論

當我們思考「什麼是學習的本質？」時，我們對於學習的第一個想法可能是透過與環境的互動所產生的。當一個嬰兒正在玩耍，他揮舞著雙臂或是環顧四周，雖然此時此刻並沒有一個老師來明確地指導他，但是他確實能夠直接感覺到與環境是連結的，透過這樣的連結可以獲得關於各種因果關係的豐富資訊，使得他能夠了解做了哪些動作會有什麼後果，想要得到什麼結果需要做什麼事。在我們的生活中，這樣對於環境與自己的互動無疑是最主要的知識來源，無論是在學習開車或是與人進行對話，這些所做的舉動我們都能夠敏銳的感受到環境是如何回饋的，並且試圖影響那些透過我們的行為會發生的事情，從互動中學習幾乎是所有智慧與學習理論中一個基本概念。

在本書中，我們探究一個從交互作用中學習的計算（*computational*）方法，主要探討的是一個理想的學習情境，並且評估各種學習方法的有效性[1]，而不是直接從理論上理解人類或是動物們如何學習，也就是說我們是從一個人工智慧的研究員或是工程師的角度，透過數學的分析或是電腦的運算實驗來探討各種用於機器來解決科學或經濟學習問題的設計，我們探究的方法有別於其他一般的機器學習方法，更側重於從交互作用中的目標導向學習，即**強化學習**。

1.1 強化學習

強化學習是學習該做什麼 —— 如何將當前情形映射到動作上 —— 以便最大化一個獎勵訊號數值。學習者不會被告知要採取哪些動作，而是必須透過嘗試來發現哪些動作會產生最大的回報。在最有趣和最具挑戰性的案例中，動作不僅會影響當下的獎勵，同時也會影響下一個情境，並且影響後續所有的獎勵。這兩個特性 —— 試誤搜尋和延遲獎勵 —— 是強化學習中的兩個最重要的區別特徵。

1　第 14 章和第 15 章將總結與心理學和神經科學的關係。

強化學習，就像許多名稱以「ing」結尾的主題一樣，如機器學習（machine learning）和登山（mountaineering），既是一個問題，也是一個在這類問題上有效的解決方法，同時也是研究這個問題及其解決方法的領域。用一個單一名稱來代表事情的三個面向是很方便的，但同時也必須保持將這三者從概念上區分。特別需要注意的是，在強化學習中問題和解決方法之間的區別是非常重要的；未能做出這種區分將造成許多混淆。

我們使用動態系統理論的概念來形式化強化學習的問題，特別是將強化學習問題作為對非完全已知的馬可夫決策過程的最佳化控制。這種形式化的細節我們將在第 3 章進行說明，其基本觀念為擷取實際問題中學習代理人隨著時間推移與環境相互作用以達成目標時的關鍵特徵。學習代理人必須能夠在一定程度上察覺其環境狀態，並且能夠採取動作來影響狀態。同時學習代理人還必須具備一個或多個與環境狀態相關的目標。馬可夫決策過程旨在以最簡單的形式來包含這三個方面 —— 感知、動作和目標 —— 而不會忽略其中任何一個。任何適合解決此類問題的方法我們都認為是一種強化學習方法。

強化學習不同於**監督式學習**（*supervised learning*），後者是目前在機器學習領域大多數研究中所使用的學習方式。監督式學習是從具外部有相關知識的監督者（supervisor）提供的一組標籤樣本訓練集合進行學習。每個樣本都是一個對情境的描述，以及系統應該對該情境採取的正確動作說明（即標籤），通常用於識別當前情境所屬的類別。這種學習的目標是讓系統推斷或歸納其反應，使其能在訓練集合中不存在的情境下做出正確動作。這是一種重要的學習方式，但單憑它並不足以從交互作用中學習。在交互式問題中，獲得對於所有情境既正確且代理人都會採取動作的樣本通常是不切實際的。在未知領域中（人們期望學習最有益處的領域），代理人必須能夠從自己的經驗中學習。

強化學習也不同於機器學習研究者所謂的**無監督學習**（*unsupervised learning*），無監督式學習通常被用於發現隱藏在未標籤資料集合中的結構。監督式學習和無監督式學習這兩個方式看似能涵蓋整個機器學習領域的範疇，但事實卻並非如此。雖然人們可能會因為它不依賴於正確行為的例子而將強化學習視為一種無監督式學習，但事實上強化學習是試圖最大化獎勵訊號而非試圖找到資料集合中隱藏的結構。對於強化學習而言，從代理人的經歷中發現結構當然是有用的，但其本身並沒有解決最大化獎勵訊號這個強化學習問題。因此除了監督式學習和無監督式學習以及其他模式之外，我們認為強化學習是第三種機器學習模式。

在其他類型的學習問題沒有出現而在強化學習中出現的挑戰之一，是探索和利用之間的權衡。為了獲得大量的獎勵，強化學習代理人必須優先選擇它在過去嘗試過並發現對產生獎勵有效的動作。但是要發現這樣的動作，代理人必須嘗試之前未曾選擇過的動作。代理人必須**利用**（*exploit*）已有的經驗來獲得獎勵，但也必須進行**探索**（*explore*）以便在未來做出更好的動作選擇。困境在於一昧的只追求探索或只追求利用都不能完成任務。代理人必須嘗試各種動作並逐漸偏向那些看起來最好的動作。在隨機任務中必須多次嘗試每個動作以獲得對其預期獎勵的可靠估計。探索與利用之間的困境已被數學家深入地研究了數十年，但仍然尚未解決。就目前而言，我們只能確定在監督式學習和無監督式學習中（至少在這些模式最典型的情形下），平衡探索和利用是不存在的。

強化學習的另一個關鍵特徵是它明確地考慮了一個目標導向的代理人與不確定環境相互作用的**完整**問題。這與許多只考慮子問題的方法形成對比，這些方法沒有解決如何將它們納入更大的環境之中。例如，我們已經提到很多機器學習研究都關注於監督式學習，但沒有明確說明這種能力如何在問題中是有用處的。其他研究人員已經發展出具有通用目標的規劃理論，但沒有考慮規劃在即時決策中的作用，也沒有考慮規劃所需的預測模型從何而來的問題。雖然這些方法已經產生了許多實用的結果，但它們對單獨子問題的關注是一個明顯的限制。

強化學習採取了相反的策略，從一個完整的、互動的、尋求目標的代理人開始。所有強化學習代理人都有明確的目標，能感知環境中的各個層面，並能選擇動作來影響環境。此外，通常從一開始就假設代理人必須在環境存在巨大不確定性的情形下運作。當強化學習涉及規劃時，它必須處理規劃和即時動作選擇之間的相互作用，以及如何獲取和改善環境模型的問題。當強化學習涉及監督式學習時，通常會根據某些特定因素決定哪些能力是關鍵的、哪些不是。為了使學習的研究過程取得進展，必須將重要的子問題獨立出來並加以研究，但這些子問題必須對於完整的、互動的、尋求目標的代理人具有明確的作用，即使尚未獲得完整代理人的所有細節。

我們所謂完整的、互動的、尋求目標的代理人並不一定是指一個完整的生命體或機器人。這些都是明顯的例子，但是一個完整的、互動的、尋求目標的代理人也可以成為更大的行為系統中的一個組成部分。在這種情況下，代理人直接與這個大型系統的其餘部分進行交互作用，並間接與此系統的環境進行交互作用。一個簡單的例子是一個監控機器人電池電量並向機器人的控制元件發送命令的代理人，此代理人的環境是機器人的其餘部分以及機器人所在的環境。我們的目光必須超越這些最明顯的代理人及其環境的例子，才能理解強化學習框架的普遍性。

現代強化學習最令人興奮的一面是，與其他工程和科學學科實質性且富有成效的互動。強化學習是數十年來人工智慧和機器學習中與統計學、最佳化理論和其他數學學科進行緊密結合的趨勢。例如，一些使用參數化近似器的強化學習方法解決了在作業研究和控制理論中典型的「維數災難（curse of dimensionality）」。更特別的是，強化學習也與心理學和神經科學產生了強烈的相互作用，並對這兩門學科產生了實質性的效益。在各種形式的機器學習中，強化學習是最接近人類和其他動物的學習方式，許多核心演算法最初都是受到生物學習系統的啟發。強化學習同時也做出了回饋，它透過建立動物學習的心理學模型使一些經驗資料更符合需求，並對大腦的部分獎勵系統建立了有影響力的模型。本書的內容將著重於介紹與工程學和人工智慧有關的強化學習概念，並在第 14 章和第 15 章中總結與心理學和神經科學的連結。

最後，強化學習也在某種程度上符合人工智慧回歸簡單的一般性原則的趨勢。自 1960 年後期以來，許多人工智慧研究者認為不存在一般性原則，而智慧的存在歸因於針對大量特定目的所產生的技巧、程序和啟發式方法。有時我們會聽到一種說法，如果我們能夠將相關事實資訊充分地提供給機器，例如一百萬項或十億項事實資訊，那麼機器就能擁有智慧。基於一般性原則如搜尋或學習的方法被稱為「弱方法」，而基於特定知識的方法則被稱為「強方法」。這種觀點至今仍然很普遍，但並不具任何主導地位。就我們的觀點而言，這只是言之過早：投入在尋找一般性原則的研究太少以致於得出不存在一般性原則的結論。現代人工智慧目前包括許多關於尋找學習、搜尋和決策的一般性原則的研究。目前還不清楚未來的發展程度會是如何，但強化學習的研究肯定是朝向更簡單的人工智慧一般性原則。

1.2 範例

要理解強化學習的一個好方法，是了解一些指引強化學習發展的範例和可行應用。

- 一位大師級西洋棋選手下一步棋，他的選擇可能透過兩種方式：一是透過規劃 —— 預測可能的回擊以及對於回擊的回應。二是利用直覺，對特定位置及走法做出直觀的判斷。

- 一個自適應控制器即時地調整煉油廠操作的各個參數。控制器根據具體的邊際成本，對於產量 / 成本 / 質量等三者之間的權衡進行最佳化，而不嚴格地遵守工程師建議的預設值。
- 一隻初生的瞪羚在出生幾分鐘就能努力嘗試著站立，半小時後牠能以時速 20 英里的速度奔跑。
- 一個移動機器人決定是否應該進入新房間以尋找更多垃圾，還是開始嘗試尋找返回其充電器的路徑。它根據目前剩餘電量、過去返回充電器路徑的速度及難易度來做出決定。
- 菲爾準備他的早餐。如果仔細審視，即使是這個看似平凡的動作，也會發現一個複雜的條件行為與相互交錯的目標 – 子目標關係所組成的網路：走到櫥櫃，打開它，選擇一個麥片盒，然後伸手去抓，抓住並拿出盒子。同時需要其他複雜的、已調整好的、交互式的行為序列來獲得碗、湯匙和牛奶。每個步驟都涉及一系列眼球運動，以獲取相關資訊並指引做出伸手和其他動作。對於如何拿走物品，或在獲得其他物品前將一些已拿在手中的物品放在餐桌上是否更好，這些都需要不斷地做出迅速判斷。每個步驟都是目標導向的，例如拿起湯匙或走到冰箱前，每個步驟也都是為其他目標服務的，例如拿湯匙是為了吃麥片，而吃麥片最終是為了獲得所需要的營養。無論他是否意識到這一點，菲爾正在獲取有關他身體狀況的資訊，這些資訊決定了他的營養需求、飢餓程度和食物上的偏好。

這些範例有著非常基本但卻很容易被忽略的共同特點。所有這些範例都涉及一個積極的決策代理人與其環境之間的**交互作用**（*interaction*）。儘管環境存在**不確定性**，但代理人仍試圖完成**目標**。代理人的動作將影響環境的未來狀態（例如：下一個棋子的位置、煉油廠中油庫的儲油量、機器人的下一個位置以及其電池的未來電量），進而影響代理後續可採取的動作及可獲得的機會。正確的選擇需要考慮到動作間接的、延遲的後果，因此可能需要預測或規劃。

與此同時，在所有這些範例中，動作的影響都無法完全預測。因此，代理人必須經常監控其環境並做出適當的反應。例如，菲爾必須觀察他倒入碗中的牛奶以防止牛奶溢出。所有這些範例都涉及明確的目標，代理人可以根據其直接感知的內容判斷實現目標的進度。西洋棋選手知道他是否獲勝，煉油控制器知道生產了多少石油，瞪羚能察覺牠要跌倒了，移動機器人知道它的電池何時耗盡，菲爾知道他是否正在享受早餐。

在所有這些範例中，代理人可以利用其經驗隨著時間的推移改善其表現。西洋棋選手提升了用來評估各個位置的直覺，進而改善他的下棋技巧。瞪羚提升了牠跑步的效率。菲爾學會簡化他做早餐的流程。從一開始代理人就為任務代入相關知識（無論是之前相關任務經驗獲得的、透過設計導入或類似生物進化的方式代入），這些知識影響了判斷哪些是對學習有用的或哪些是易於學習的。但是，與環境的交互作用對於調整動作以利用該任務的具體特徵是不可或缺的。

1.3 強化學習組成要素

除了代理人和環境之外，我們可以發現強化學習系統的四個主要子元素：**策略**（*policy*）、**獎勵訊號**（*reward signal*）、**價值函數**（*value function*），以及可選擇的環境模型（*model*）。

策略（*policy*）定義了學習代理人在特定時間的行為方式。大略上而言，策略是從察覺到的環境狀態到在這些狀態下要採取的動作的映射。它對應於心理學中所謂的一組刺激－反應的規則或連結關係。在某些情況下，策略可以是簡單的函數或查找表，然而在其他情況下它可能涉及廣泛的計算，例如搜尋過程。從策略本身就足以決定動作這一角度而言，策略是強化學習代理人的核心。通常策略可以是隨機的，作為指定每個動作的機率。

獎勵訊號（*reward signal*）定義了強化學習的目標。在每個時步中，環境向強化學習代理人傳送一個被稱為**獎勵**（*reward*）的數字，代理人的唯一目標就是最大化其長期累積的總獎勵。因此，獎勵訊號定義了對代理而言什麼樣的事件是好事，什麼樣的事件是壞事。在生物系統中，我們可以將獎勵視為類似於快樂或痛苦的經歷。獎勵訊號是代理人面對問題時直接的、決定性的特徵。獎勵訊號更是改變策略的主要依據，如果策略選擇後只能帶來低的獎勵，在未來同樣情況下可能會變更策略來選擇其他動作。一般而言，獎勵訊號可以是環境狀態與所採取的動作之間的隨機函數。

儘管獎勵訊號可以立即顯示優劣，但**價值函數**（*value function*）才能顯現長期的優劣。大略上而言，一個狀態的**價值**（*value*）是指從當前狀態開始，代理人可預期在未來累積的所有獎勵。然而獎勵只能決定對環境狀態立即的、固有的喜好程度，但價值則可以顯現出對於各個狀態的**長期**渴望，並考慮了未來可能遇到的狀態及可以從這些未來狀態中得到的獎勵。例如，某一個狀態總是會產生較低的即時獎勵，但因為後續可能遇到的其他狀態有較高的獎勵，因此仍具有較高的價值，反之亦然。如果以人來比喻，獎勵就像快樂（如果較高）和痛苦（如果較低），而價值則像是當我們的環境處於特定狀態時，對喜怒更為精確及遠見的判斷。

就意義上而言獎勵我們是主要考量的，而作為對獎勵所預測的價值則是我們次要考慮的。沒有獎勵就沒有價值，我們評估價值的唯一目的就是希望獲得更多的獎勵。然而當在評估和做出決策時，我們最關心的則是價值，對於動作的選擇是基於對價值的評估。我們總是試圖尋找一些動作能帶來最高價值而非最高的獎勵，因為從長遠來看這些動作會為我們帶來最高的獎勵。但不幸的是，確定價值比確定獎勵來得困難。獎勵基本上由環境直接提供，但價值必須根據代理人在整個過程中從一系列的觀察中不斷地重新評估才能獲得。

事實上，幾乎在所有我們討論的強化學習演算法中，最重要的考慮元素就是一個有效的價值評估方法。價值評估可以說是過去六十年來在強化學習領域最重要的部分。

強化學習系統中第四個也是最後一個元素是環境**模型**（*model*）。模型用於模擬環境的行為，或更廣泛地說，透過模型可以推斷出環境的行為模式。例如，給定一個狀態和動作，我們可以透過模型來預測作為結果的下一個狀態及獎勵。模型是運用於**規劃**（*planning*）的，規劃是指在實際經歷前考慮未來可能的情況來決定動作方式。利用模型及規劃來解決強化學習問題稱為**基於模型的**（*model-based*）方法。相反地，使用試誤的方式解決強化學習問題則稱為**無模型的**（*model-free*）方法，因此試誤的方式可以視為是規劃的**反面**。在第 8 章中我們將探究如何在強化學習系統中使用試誤的方式進行學習、學習到環境的模型及利用模型來進行規劃。現代的強化學習涵蓋了較為低層級以試誤進行學習的方式，到高層級以慎重規劃的學習方式。

1.4 限制和範圍

強化學習主要依賴於狀態的概念 —— 作為策略和價值函數的輸入，以及作為模型的輸入和輸出。非正式的來說，我們可以將狀態視為向代理人傳遞一些在特定時間察覺「環境是如何的」的訊號。我們在這裡所使用對於狀態的正式定義將在第 3 章的馬可夫決策過程的架構下呈現。然而從更廣泛的角度而言，我們鼓勵讀者沿用這個非正式的定義，並將狀態視為是代理人對其環境可獲得的任何資訊。實際上，我們假設狀態訊號是由預先處理系統產生的，而預先處理系統名義上是屬於代理人所在環境中的一部分。在本書中我們沒有解決構建、改變或學習狀態訊號的問題（除了第 17.3 節中有簡要介紹）。採用這樣的方式並不是因為我們認為狀態的表徵不重要，而是為了將全部的注意力放在決策問題上。換言之，我們在本書中主要關心的不是狀態訊號的設計，而是決定對作為任何狀態訊號的函數採取什麼動作。

本書中考慮的大多數強化學習方法都是圍繞在評估價值函數，但並非絕對必須這樣做來解決強化學習問題。例如基因演算法、基因規劃、模擬退火演算法和其他最佳化方法從不評估價值函數。這些方法應用多個靜態策略，每個策略在較長時間內與單獨的環境實例進行互動。獲得最多獎勵的策略及其隨機變化將延續到下一代策略，並重複該過程。我們稱這些方式為**演化**方法，因為它們的操作方式類似於生物進化，即使它們在個體生命期間不學習，也能產生具有熟練行為的下一代。如果策略的空間夠小，或者可以結構化使得良好的策略很常見或很容易找到（或者有大量時間可用於搜尋），那麼演化方法是會是很有效的方式。此外，演化方法在學習代理人無法感知其環境完整狀態的問題上具有一定的優勢。

我們的重點關注在能與環境交互作用時學習的強化學習方法，然而演化方法並不能做到這一點。在許多情況下，能夠利用個體行為進行交互作用的學習方法比演化方法更有效。演化方法忽略了強化學習問題中許多有用的結構：它們並未使用「試圖尋找的策略是一個從狀態到動作的函數」的事實，它們並未注意到個體在其生命週期中經歷了哪些狀態，或者選擇了哪些動作。在某些情況下，這些資訊可能會產生誤導（例如，當狀態被錯誤感知時），但大多數情況下這些訊息能夠實現更有效的搜尋。雖然演化和學習共享許多特徵並可以自然地進行合作，但我們並不認為進化方法本身特別適合強化學習問題，因此不在本書中進行介紹。

1.5 一個延伸範例：井字遊戲

為了更好地闡明強化學習的一般概念並與其他方法進行對比，我們接下來更詳盡地考慮一個簡單的例子。

X	O	O
O	X	X
		X

回想一下我們所熟悉的兒時遊戲 —— 井字遊戲（tic-tac-toe）。兩個玩家輪流在三乘三的棋盤上下棋，兩個玩家分別輪流下 X 和 O，直到其中一個玩家在水平方

向上、垂直方向上或對角線方向上放置了一排同樣的三枚棋子則獲勝。如圖中拿 X 的玩家所下的結果。如果棋盤下滿了卻沒有任何一名玩家放置出一排相同的三枚棋子，那麼該局比賽就是和局。因為一名有經驗的玩家永遠不會輸，讓我們假設在和一名下棋技術不完美的玩家對戰，他有時會下錯使得我們獲勝。讓我們暫時假設和局和輸掉比賽一樣糟糕，我們該如何構建一個下棋玩家能發現對手的缺陷並擁有最大獲勝機率呢？

雖然這是一個簡單的問題，但是透過經典技術不能以令人滿意的方式解決。例如來自博弈論的典型「極小極大（minimax）」理論運用在此是不正確的，因為它假定了對手下棋的方式。比如說一個使用極小極大理論的玩家在遊戲中永遠不會達到可能會輸掉的狀態，即使事實上他總是因為對手的失誤而從該狀態獲勝。用於序列決策問題的經典最佳化方法如動態規劃，可以針對任何對手計算（*compute*）最佳解。但以動態規劃的方式需要輸入該對手的完整下棋方式，包括對手在每一回合的狀態中下任何一步棋的機率。如同絕大多數我們實際關注的問題一樣，讓我們假設這種資訊不可能事先提供。

另一方面，就這個遊戲而言我們可以透過和同一個對手玩許多場，根據每次遊戲中的經驗評估出資訊。關於這個問題我們可以做的最好方式是，先學習對手的行為模型並對此行為模型的信賴達到某種程度，然後利用動態規劃來計算一個給定近似對手模型的最佳解。這與我們在本書後面討論的一些強化學習方法沒有太大差異。

對於此問題使用演化方法的方式是，直接在策略空間中搜尋可以用較高機率戰勝對手的策略。在這裡策略是一個告訴玩家在各個遊戲狀態（即三乘三的棋盤上，各回合每種 X 和 O 的合理配置）要下哪一個位置的規則。對於所考慮的每種策略，玩家獲勝機率的估計值可以透過與對手下多盤棋來獲得，這些評估將直接影響接下來玩家將考慮哪些策略。一個典型的演化方法能在策略空間中逐步提升，不斷地產生和評估策略以試圖獲得漸進式改進。此外我們也可以使用基因演算法來維持和評估一系列的策略。事實上，可以使用各種不同的最佳化演算法。

以下是如何使用價值函數處理井字遊戲的方法。首先，我們將每個可能的遊戲狀態建立一張數值表，表中每個數值表示從該狀態獲勝機率的最新估計值。我們將這些估計值視為每一個狀態的**價值**（*value*），整張表就是學習到的價值函數。如果目前我們從狀態 A 獲勝機率的估計值高於狀態 B，則狀態 A 的價值將比狀態 B 高，或者說狀態 A 比狀態 B 更「好」。假設我們下的棋子一直是 X，那麼對於一排有連續三個 X 所有狀態獲勝的機率是 1，因為這樣的情況下我們已經贏了。同樣地，對於一排有連續三個 O 的所有狀態或棋盤下滿了卻沒有任何一名玩家放置出一排同樣三枚棋子的狀態，其獲勝的機率為 0，因為我們已經不可能從中獲勝。我們將所有其他狀態的初始值設置為 0.5，表示我們有 50% 的獲勝機會。

接著我們與對手下許多盤棋。為了選擇下一步，我們檢查下棋（當前棋盤上的每個可下棋的區域）之後可能產生的狀態，並在表中查找各個狀態當前的估計值。大多數時候，我們**貪婪地**（*greedily*）下每一步棋，選擇能導向擁有最高價值狀態的下一步棋，也就是具有獲勝率估計值最高的下一步。然而，我們偶爾會隨機下棋。這些被稱為**探索性**（*exploratory*）下法，因為這樣的下法可以讓我們探索到原先無法經歷的狀態。在遊戲中一系列所考慮的和所做出的下法如圖 1.1 所示。

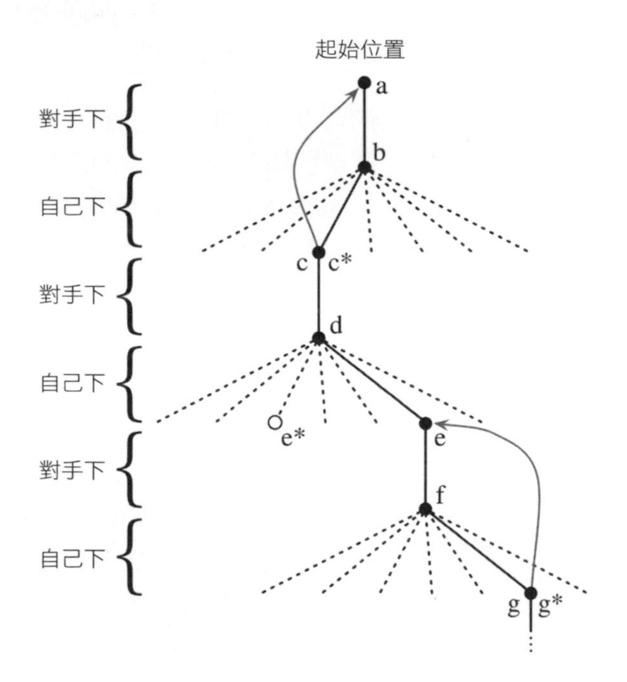

圖 1.1　一系列井字遊戲下法。黑色實線表示遊戲中實際下法，虛線表示我們（強化學習玩家）考慮但未實際採用的下法。我們下的第二步棋是一個探索性下法，這表示另一個兄弟節點 e* 對應的節點估計值更高。探索下法並不能導致學習，但圖中我們其他的下法則會進行學習，如圖中黑色箭頭所示的更新，其中估計值由樹的子節點流向父節點，細節將在文中進行描述。

當我們在下棋時，會改變在遊戲期間我們所經歷過的狀態價值。我們試圖做出對獲勝率更準確地估計，為此我們將每次貪婪選擇後的狀態值「回溯」到貪婪選擇前的狀態值中，如圖 1.1 中的箭頭所示。更準確地說，先前狀態的值更新後會向後續狀態的值靠攏。這可以透過將先前狀態的值的一小部分向狀態值接近來完成。若我們以 S_t 表示貪婪選擇前的狀態，S_{t+1} 表示為貪婪選擇後的狀態。則 S_t 更新後的估計值表示為 $V(S_t)$ 可寫為：

$$V(S_t) \leftarrow V(S_t) + \alpha\Big[V(S_{t+1}) - V(S_t)\Big],$$

其中 α 稱為**步長**（*step-size*）**參數**，是一個小的正分數，能影響學習率。該更新規則是一個**時序差分**（*temporal-difference*）學習法的例子，因為它的變化基於兩個不同時刻狀態估計值的差值 $V(S_{t+1}) - V(S_t)$。

在此問題使用上述方法的效果相當好。例如，如果步長參數隨著時間的推移遞減，那麼運用此學習方法的估計值會收斂。以井字遊戲的例子而言，對於任何給定的對手，我們每個狀態都下最優勢的一步，則狀態的估計值都能收斂至最終獲勝的機率。此外，採取的下法（探索性下法除外）實際上都是針對這個（不完美的）對手的最佳下法。換句話說，此方法最終收斂為與該對手玩遊戲的最佳策略。如果步長參數沒有隨著時間的推移遞減為零，那麼這個玩家在面對慢慢地改變下棋方式的對手時也能輕鬆地應對。

這個例子說明了演化方法和利用學習價值函數的方法之間的差異。為了評估策略，演化方法使其策略保持固定並與對手下許多盤棋，或使用對手的模型模擬多場棋局。獲勝的頻率提供了對該策略獲勝機率的無偏估計，並且可用於指引下一場的策略選擇。但是每次策略的變更都是在經過多場遊戲後才進行，並且僅使用每場遊戲的最終結果：在遊戲**過程中**發生的一切將被忽略。例如，如果玩家獲勝，那麼遊戲中的**所有**行為都會得到信任，不論遊戲中某一步是致勝的關鍵，甚至可以歸功於從未發生過的動作。相反地，價值函數方法允許評估各個狀態。最後一點，演化方法和價值函數方法都在探索策略空間，但學習價值函數會利用遊戲過程中可用的資訊。

這個簡單的例子也說明了強化學習方法的一些關鍵特徵。首先，強調與環境互動時學習，在井字遊戲的例子中是與對手互動。其次，有一個明確的目標，以及需要有計畫的或有遠見的正確行為。正確的行為同時要考慮到選擇所造成的延遲影響。例如，一般的強化學習玩家可能會學習設置多重陷阱來應付短視的對手。強化學習解決方法的一個顯著特點是，在不使用對手的模型、也不需要對一系列未來可能發生狀態和動作進行明確探索下，即能實現規劃和前瞻的效果。

雖然這個例子說明了強化學習的一些關鍵特徵，但實在是太簡單可能讓人覺得強化學習的應用十分有限。除了像井字遊戲這樣的雙人遊戲外，強化學習也適用於沒有形式上對手的情形，即「與自然對抗的遊戲」。強化學習也不僅限於將其行為分解為不同分節的問題，例如在井字遊戲中每一局都是獨立的且在每局結束時獲得獎勵，它同時也適用於當行為無限延續的情況以及當不同時刻擁有不同程度獎勵的情形。強化學習甚至適用在不同於井字遊戲這類能分解為離散時步的問題。強化學習中一般準則也適用於連續時間性問題，但其相關理論相對較為複雜，因此我們在這本導論性質的書中省略論述此類情形。

井字遊戲具有相對較小的且有限狀態集，而當狀態集非常大或甚至是無限時，仍然可以使用強化學習。例如，Gerry Tesauro（1992, 1995）將上述演算法與人工神經網路相結合，並用於大約 10^{20} 個狀態的雙陸棋遊戲。對於這麼多狀態而言，在遊戲當中可能只經歷其中的一小部分。Tesauro 所設計的程式比以往的任何程式在遊戲中有著更好的表現，最終甚至超越了世界上最強的人類玩家（詳見第 16.1 節）。人工神經網路為程式提供了從其經驗中歸納的能力，以便在新狀態下，可以根據從人工神經網路中過去面臨的類似狀態所保存的資訊選擇移動的方式。在面對有如此龐大狀態集的問題中，強化學習系統的性能與它從過去經驗中進行歸納的程度密切相關。在這樣的情形下，強化學習非常需要融入監督式學習的方法。人工神經網路和深度學習（詳見第 9.7 節）並不是唯一的方法，也不一定是最好的方法。

在井字遊戲的例子中，在學習開始時沒有除了遊戲規則以外的先前知識，但強化學習不一定要從空白開始。相反地，先前資訊可以以各種方式結合到強化學習中，這對於有效學習是相當重要的（例如，詳見第 9.5 節、第 17.4 節和第 13.1 節）。在井字遊戲的例子中我們可以獲取真實狀態的資訊，但強化學習也可以應用在部分狀態隱藏的情形，或在不同的狀態但學習者看似相同的狀態。

最後，要讓井字遊戲玩家能夠預見未來並知道每個可能的動作以及所產生的狀態，必須要擁有一個遊戲模型，使其能夠預見其環境如何隨著它可能走的下一步而變化。許多問題都類似這樣，但在某些問題上甚至連關於短期動作效果的模型也無法獲得。強化學習在這兩種情況下都可以適用。模型不是必需的，但如果有現成的模型或可以學習的模型，那麼強化學習就可以很容易地使用這些模型（詳見第 8 章）。

有些強化學習方法根本不需要任何環境模型。無模型系統甚至無法預測環境對單一動作的反應。對於井字遊戲的對手而言，玩家是無模型的：他並沒有任何關於對手的模型。因為模型必須合理且準確的才能派得上用場，所以當解決問題的瓶頸是難以構建一個足夠精確的環境模型時，無模型方法比起其他更複雜的方法來得有優勢。無模型方法也是基於模型的方法中重要元件之一。我們將在本書中幾個章節探討這些無模型方法，然後再討論如何將它們運用於更為複雜的基於模型的方法。

強化學習可以在系統的各個層級中使用。雖然井字遊戲中，玩家只學習了遊戲的下棋方式，但沒有什麼可以阻礙強化學習應用於更高的層次中，這其中可能每個「動作」本身就是一種關於複雜問題解法的應用。在一個階層式學習系統中，強化學習可以同時不同層運作。

練習 1.1：自我對弈。假設上述強化學習演算法的玩家不是與隨機的對手對戰，而是自我對弈且雙方都在學習。在這種情況下你認為會發生什麼情形？是否會學習到不同策略來下棋？ □

練習 1.2：對稱性。許多井字遊戲中的位置看起來不同，但由於對稱性，它們實際上是相同的。我們該如何修改上述學習過程來利用這一點？這種變化會以何種方式改善學習過程？現在，再思考另一個問題，假設對手沒有利用對稱性。在此情況下，我們應該利用對稱性嗎？如果我們利用了對稱性，那麼對稱的位置是否必定具有相同的值？ □

練習 1.3：貪婪的下法。假設強化學習玩家是貪婪的，也就是說，他總是將棋子移動到他認為最好的位置。他是否會比一個不貪婪的玩家學得更好或更差呢？可能會出現什麼樣的問題？ □

練習 1.4：從探索中學習。假設在所有下法之後發生了學習更新，包括探索性下法。如果步長參數隨時間適當減小（但探索性的不會），則狀態值將收斂到不同的機率集合中。如何（概念上）計算出不從探索性下法中學習及從探索性下法中學習這兩組機率集合？假設我們繼續做出探索性下法，哪一組機率集合可能更好學習？哪一組會帶來更多的勝利？ □

練習 1.5：其他改善方法。你能想到其他改善強化學習玩家的方法嗎？你能想出更好的方法來解決本節所提出的井字遊戲問題嗎？ □

1.6 總結

強化學習是一種理解並自動化目標導向學習與決策的計算方法。它與其他計算方法的區別在於它強調由代理人透過與環境的直接交互作用來進行學習，而不需要示範性監督或完整的環境模型。我們認為強化學習是第一個真正關注在當與環境交互作用中學習以實現長期目標時，處理相關的計算性問題的領域。

強化學習使用馬可夫決策過程的架構，依據狀態、動作和獎勵定義出學習代理與其環境之間的交互作用。這種架構試圖以一種簡單的方式來表現出人工智慧問題的基本特徵。這些特徵包括因果關係、不確定性和非確定性以及明確目標的存在。

價值和價值函數的觀念是我們在本書中介紹的大多數強化學習方法的關鍵。我們認為價值函數對策略空間中進行有效探索相當重要。價值函數的使用使我們可以區分強化學習方法與演化方法，演化方法透過完整的策略評估下在策略空間中進行直接探索。

1.7 強化學習的早期發展史

強化學習的早期發展史上有兩個主軸，兩者的發展都相當久且豐富，在與現代強化學習交織在一起之前都是獨立進行的。其中一個主軸涉及試誤學習，起源於動物學習的心理學。這個主軸貫穿了一些在人工智慧領域的早期工作，並影響了 1980 年代早期強化學習的復興。第二個主軸關注在使用價值函數和動態規劃的最佳化控制問題及其解決方法。在大多數情況下，第二個主軸並不涉及學習。這兩個主軸大多是獨立的，但在某種程度上相互關聯進而衍生出第三個不太明顯的主軸，這個主軸關注在使用時序差分方法，例如本章中井字遊戲範例所使用的方法。這三個主軸在 1980 年代後期匯集在一起，產生了現代強化學習的領域，正如我們在本書內容中所描述的。

專注於試誤學習的主軸是我們最熟悉的，也是我們在強化學習簡短的發展史中描述最多的。在此之前，我們將簡短說明最佳化控制這個主軸。

「最佳化控制」一詞是在 1950 年代後期開始，用於描述設計控制器以最小化或最大化動態系統隨時間變化行為的問題。其中一個解決此問題的方法是在 1950 年代中期由 Richard Bellman 和其他學者透過擴展 19 世紀的 Hamilton 和 Jacobi 的理論。這種方法使用動態系統的狀態和價值函數或稱為「最佳化回報函數」

的概念來定義一個函數方程式，我們現在稱為貝爾曼方程。透過求解該方程解決最佳化控制問題的方法被稱為動態規劃（Bellman, 1957a）。Bellman（1957b）還導入了離散隨機的馬可夫決策過程（Markov decision processes, MDPs）的最佳化控制問題。Ronald Howard（1960）設計了馬可夫決策過程的策略疊代法。這些都是現代強化學習理論和演算法的基本要素。

動態規劃被廣泛認為是解決一般隨機最佳化控制問題的唯一可行方法。它受到貝爾曼稱之為「維數災難」的影響，也就是它的計算需求隨著狀態變數的數量呈指數增長，但它仍然比任何其他一般方法更有效且更廣泛應用。自 1950 年代後期以來，動態規劃獲得了廣泛的發展，包括對部分可觀察的馬可夫決策過程的擴展（surveyed by Lovejoy, 1991），許多應用方式（White, 1985, 1988, 1993），近似方法（surveyed by Rust, 1996），以及非同步方法（Bertsekas, 1982, 1983）。許多優秀的動態規劃現代處理方法都陸續發表（例如，Bertsekas, 2005, 2012; Puterman, 1994; Ross, 1983; and Whittle, 1982, 1983）。Bryson（1996）的著作是最具權威性的最佳化控制發展史。

最佳化控制和動態規劃之間以及與學習的關係一直未獲得認同。我們無法確定是什麼原因造成了這種分離，但其主要原因可能是所涉及的學科及目標不同。作為一種離線計算，動態規劃的普遍觀點主要取決於準確的系統模型和貝爾曼方程的解析解。此外，最簡單的動態規劃形式是一種在時間上以倒帶的方式進行計算，這使得我們很難觀察出它是如何能夠被用於必須順著時間進行的學習過程中。動態規劃中的一些最早的研究，例如 Bellman 和 Dreyfus（1959）的研究中，現在可能被歸類為遵循著學習方法。Witten（1977）的研究（後續內容將進行說明）無疑是學習和動態規劃概念上的結合。Werbos（1987）明確提出動態規劃和學習方法的相互關係，以及動態規劃與理解神經和感知機制的關聯性。對於我們而言，動態規劃方法與線上學習的完全整合直到 1989 年 Chris Watkins 的研究中才出現，他提出使用馬可夫決策過程的方式對強化學習進行處理，現在已被廣泛運用。

從那時開始，許多研究人員開始以這樣的方式進行研究，特別是 Dimitri Bertsekas 和 John Tsitsiklis（1996），他們創造了「神經動態規劃」一詞，指的是動態規劃和人工神經網路的結合，另一個目前正在使用的稱呼是「近似動態規劃」。這些不同的方法以不同的觀點進行研究，但它們都與強化學習有著共同的特性來避免一些傳統上使用動態規劃的缺點。

在某種意義上，我們認為所有最佳化控制都適用於強化學習。我們將強化學習方法定義為解決強化學習問題的任何有效方法，現在很清楚這些問題與最佳化控制問題密切相關，尤其是那些以馬可夫決策過程呈現的隨機最佳化控制問題。因此，我們必須將最佳化控制的解決方法如動態規劃視為強化學習的方法之一。因為幾乎所有傳統方法都需要完全掌握要控制的系統，所以傳統的方法是強化學習的一部分似乎不太正確。另一方面，許多動態規劃演算法是遞增的和疊代的。與學習方法一樣，他們透過連續的近似值逐漸找到正確的答案。正如我們在本書接下來部分所描述的，這些相似之處並非如此膚淺。不論是擁有完整資訊或不完整資訊的例子，他們的理論和解決方法是和強化學習緊密相關的，以致於我們認為必須將它們視為這個主題的一部分。

讓我們現在回到影響現代強化學習領域的另一個主軸 —— 試誤學習。在這裡我們只描述一些主要觀點，在第 14.3 節中將更詳細地說明這個主題。根據美國心理學家 R. S. Woodworth（1938）的觀點，試誤學習的想法可以追溯到 1850 年代 Alexander Bain 關於透過「摸索和實驗」進行學習的討論。在 1894 年英國動物行為學和心理學家 Conway Lloyd Morgan 更明確地使用這個詞來描述他對動物行為的觀察。就我們的觀點來看，也許第一個簡潔地表達以試誤學習作為學習原則的是 Edward Thorndike：

> 在對同一情況作出的若干回應中，這些回應伴隨著滿足動物的意願，在其他條件相同的情況下，這些回應將與情況更加緊密相關。因此，當情況再次發生時，將有可能再次做出這些回應。若回應伴隨著不能滿足動物的意願，在其他條件相同的情況下，那些回應與這種情況的關係會減弱。因此，當情況再次發生時，將不太可能再次做出這些回應。滿意或不滿意的程度越大，情況與回應的連結關係強化程度或弱化程度就會越大。（Thorndike, 1911, p. 244）

Thorndike 稱之為「效果律」，它描述了對事件傾向做出選擇動作的強化效果。Thorndike 後來稍微修改了定律，加強了對動物學習數據（例如獎勵和懲罰之間的差異）的說明。此後各個學習理論學者對於此定律產生了許多不同的觀點（例如，Gallistel, 2005; Herrnstein, 1970; Kimble, 1961, 1967; Mazur, 1994）。儘管如此，效果律不管是以何種觀點論述，仍被廣泛認為是許多行為的基本原則（例如，Hilgard and Bower, 1975; Dennett, 1978; Campbell, 1960; Cziko, 1995），它是 Clark Hull（1943, 1952）的影響力學習理論和 B. F. Skinner（1938）的影響力實驗方法的基礎。

動物學習理論中的「強化」一詞在 Thorndike 發表了效果律之後開始被使用，在 1927 年 Pavlov 所發表的關於條件反射的英譯本中首次出現（據我們所知）。Pavlov 將強化描述為動物受到刺激（一種強化劑）後，在適當的時間關係下接收到另一種刺激或反應進而增強其行為模式。一些心理學家將強化的觀點擴展到包含弱化和加強行為，此觀點同時也加入了強化劑的概念，包括刺激可能忽略或停止。要被認為是強化劑，加強或弱化的情形必須在強化劑被抽離後持續存在，僅吸引動物注意力或短暫刺激其行為而無法產生持久變化的刺激不會被視為是一種強化劑。在電腦中實現試誤學習的概念可能是人工智慧的最早想法。在 1948 年的一份報告中，Alan Turing 描述了一種「快樂 - 痛苦系統」的設計，該系統的工作原理與效果律相同：

> 當達到動作未確定的配置時，將對遺失配置資料進行隨機選擇，並暫時在該描述中進行適當的輸入並應用。當疼痛刺激發生時，所有暫定輸入都被取消，當快樂刺激發生時，所有暫定輸入將變成永久性的。（Turing, 1948）

為了證明試誤學習，許多精巧的機電式機器被製造出來。最早的可能是由 Thomas Ross（1933）製造的一台機器，此機器能透過開關的設定記住簡單的迷宮路徑。1951 年，W. Gray Walter 製造了他的「機械烏龜」（Walter, 1950），能夠進行簡單的學習。1952 年，Claude Shannon 展示了一隻名為 Theseus 的走迷宮老鼠，它使用了試誤法走出了迷宮，透過在迷宮地板下的磁鐵和繼電器記住了正確的路徑（詳見 Shannon, 1951）。J. A. Deutsch（1954）描述了一種基於模型的強化學習行為理論的迷宮路徑機器（Deutsch, 1953）。Marvin Minsky（1954）在他的博士學位論文中討論了強化學習的計算模型，並在論文中描述他所設計的模擬機器構造，該模擬機器稱為隨機神經模擬強化計算機（Stochastic Neural-Analog Reinforcement Calculators, SNARC），概念上類似於大腦中的可修改的突觸連接（詳見第 15 章）。在 *cyberneticzoo.com* 網站中有許多關於這些機器和其他機電式學習機器的相關資訊。

製造機電式學習機器提供了現代電腦執行各種類型的學習的方向，其中一些實現了試誤學習。Farley 和 Clark（1954）描述了透過試誤學習的神經網路學習機器的數位模擬。但他們的興趣很快就從試誤學習轉向廣義化和圖形識別，也就是從強化學習到監督式學習（Clark and Farley, 1955）。這樣的情形使得有些人對這些學習方法之間的關係開始產生混淆，許多研究人員認為他們在學習監督式學習時正在研究強化學習。例如，Rosenblatt（1962）以及 Widrow 和 Hoff

（1960）等人工神經網路先驅顯然受到強化學習的影響，他們使用了獎勵和懲罰的概念，但研究的系統是用於圖形識別和感知學習的監督式學習系統。即便到今天，一些研究人員和教科書仍大幅地減少或模糊了這些學習類型之間的差異。例如，一些人工神經網路教科書使用「試誤法」來描述從訓練實例中學習的網路。這是一個可以理解的混淆，因為這些網路使用錯誤訊息來更新連接權重，但這誤解了試誤學習的基本特徵。試誤學習是在評估回饋的基礎上選擇動作，而不是依賴知識來選擇正確動作。

有一部分因為這些混淆，使得試誤學習的研究在 1960 年代和 1970 年代變得相當罕見，但還是有一些例外。在 1960 年代，「強化」和「強化學習」一詞在工程論文中首次用於描述試誤學習的工程用途（例如，Waltz and Fu, 1965; Mendel, 1966; Fu, 1970; Mendel and McClaren, 1970）。尤其是 Minsky 的論文「Steps Toward Artificial Intelligence」（Minsky, 1961）探討了試誤學習相關的幾個議題，包括預測、期望以及他稱之為**在複雜強化學習系統中的基本信用分配問題**：你如何在許多決策可能參與產生成就之下，為成就分配信用？我們在本書中討論的所有方法在某種意義上都是為了解決這個問題。Minsky 的論文非常值得一讀。

在接下來的幾段內容中，我們將討論在 1960 年代和 1970 年代對試誤學習的計算和理論等相關研究而言的一些特例。

紐西蘭研究員 John Andreae 的研究是一個特例，他開發了一種名為 STeLLA 的系統，該系統透過與環境相互作用的試誤法來學習。這個系統包括一個環境的內部模型，以及一個用來處理隱藏狀態問題的「內部獨白」（Andreae, 1963, 1969a,b）。Andreae 後來的研究（1977）主要強調有導師的學習，但仍包括透過試誤法來學習，新事件的產生是該系統的目標之一。這項研究的特點是「回流過程」，在 Andreae（1998）的研究中進行了更全面的闡述，實現了類似於我們所描述的回溯更新操作的信用分配機制。不幸的是，其研究的開創性研究並不為人所熟知，並且對後續的強化學習研究沒有太大影響。他近期研究的總結對於強化學習是實用的（Andreae, 2017a,b）。

更有影響力的是 Donald Michie 的研究。在 1961 年和 1963 年，他描述了一個簡單的試誤學習系統，稱為火材盒式具教育作用的井字遊戲引擎（Matchbox Educable Naughts and Crosses Engine, MENACE），用於學習如何玩井字遊戲（或稱為圈圈叉叉）。

MENACE 由對應於井字遊戲中每種可能遊戲局面的火柴盒所組成，每個火柴盒內包含多個不同顏色的珠子，每種顏色分別代表該局面中一種可能的下法。透過從對應於當前遊戲局面的火柴盒中隨機抽取珠子，可以確定 MENACE 的下法。當遊戲結束時，透過在遊戲過程中使用的盒子裡添加或刪除珠子來獎勵或懲罰 MENACE 的決定。Michie 和 Chambers（1968）描述了另一種稱為遊戲學習預測引擎（Game Learning Expectimaxing Engine, GLEE）的強大的井字遊戲強化學習器，和一種名為 BOXES 的強化學習控制器。他們將 BOXES 應用於桿平衡的學習任務中，在一輛可移動的推車上鉸接一根桿子，透過當桿子倒下或手推車到達軌道末端時會發出失敗訊號為基礎進行學習以平衡桿子。這項研究改編自 Widrow 和 Smith（1964）的早期工作，他使用有監督的學習方法，假設導師的指導已經能夠平衡極點。Michie 和 Chambers 版本的桿平衡任務是早期在不具備完全知識條件下的強化學習任務中最好的例子之一，它對後來的強化學習研究有著深遠的影響，也啟發了我們自己的早期研究（Barto, Sutton 和 Anderson, 1983; Sutton, 1984）。Michie 一直強調試誤法及學習為人工智慧的重要作用（Michie, 1974）。

Widrow、Gupta 和 Maitra（1973）修改了 Widrow 和 Hoff（1960）的最小均方（Least-Mean-Square, LMS）演算法，以產生一個強化學習規則。學習規則可以從成功和失敗訊號中學習，而不是從訓練實例中學習。他們稱這種形式的學習為「選擇性自助適應」並將其描述為「與評論家學習」，而不是「與導師學習」。他們分析了這個規則並展示它是如何學習玩二十一點。這是 Widrow 對強化學習一次初步嘗試，他對監督式學習的貢獻更是影響深遠。我們使用的「評論家」一詞的源自於 Widrow、Gupta 和 Maitra 的論文。Buchanan、Mitchell、Smith 和 Johnson（1978）在機器學習的背景下使用了評論家一詞（詳見 Dietterich 和 Buchanan, 1984），但對於他們而言，評論家是一個不僅僅是評估效能的專家系統。

學習自動機（*learning automata*）的研究對於現代強化學習研究中利用試誤的方式有更直接的影響。這些方法解決的是非關聯、純粹選擇性學習問題，稱為 *k*-搖臂拉霸機。*k*- 搖臂拉霸機除了有 *k* 個拉桿外，概念上其實類似於一般拉霸機，或稱「單搖臂拉霸機」（詳見第 2 章）。學習自動機是用於改善問題獎勵機率的一個簡單、低存儲量的機器。學習自動機起源於俄羅斯數學家和物理學家 M. L. Tsetlin 及其同事（於 1973 年在 Tsetlin 過世後出版）於 1960 年代的研究，並從那時起在工程領域獲得廣大的發展（詳見 Narendra and Thathachar, 1974, 1989）。這些發展包括隨機學習自動機的研究，它是基於獎勵訊號更新動作機率的方法。雖然沒有在傳統隨機學習自動機的研究中發展，但 Harth 和 Tzanakou（1974）的 Alopex 演算法（用於圖形擷取演算法）是用於檢測動作和強化之間的關聯性的隨機方法，我們也運用在早期的研究中（Barto, Sutton, and Brouwer, 1981）。早期的心理學研究預示了隨機學習自動機的發展，首先是 William Estes（1950）對統計學習理論的研究，並透過其他學者進一步發展（例如，Bush and Mosteller, 1955; Sternberg, 1963）。

經濟學研究人員採用了心理學的一些觀念來發展統計學習理論，進而在強化學習領域展開了一系列研究。這項研究始於 1973 年，將 Bush 和 Mosteller 的學習理論應用於一系列經典經濟模型（Cross, 1973）。這項研究的目標是研究如同傳統理想經濟代理人一樣類似真人的人工代理人（Arthur, 1991）。這種方法擴展到了博弈論背景下強化學習的研究。經濟學中的強化學習主要獨立於人工智慧強化學習的早期研究，儘管博弈論是這兩個領域中的共同主題之一（已超出了本書的範圍）。Camerer（2011）探討了經濟學中的強化學習的傳統觀念，Nowé、Vrancx 和 De Hauwere（2012）透過延伸多重代理人的觀點對本書中介紹的相關研究進行概述。在博弈論的背景下強化是一個相當不同的主題，與強化學習運用於玩井字遊戲、西洋跳棋和其他娛樂遊戲是完全不同的概念。例如，可以詳見 Szita（2012）對強化學習和遊戲這一方面的概述。

John Holland（1975）基於選擇原則概述了自適應系統的一般理論。他的早期研究主要以非關聯形式進行試誤學習，如演化方法和 K- 搖臂拉霸機問題。1976 年他導入了**分類系統**，一個真正包含關聯函數和價值函數的強化學習系統，他的研究在 1986 年趨於完備。在 Holland 的分類系統中，用於信用分配的「桶隊演算法」是關鍵的組成部分之一，它與我們的井字遊戲範例中使用的時序差分演算法密切相關，我們將在第 6 章中進行討論。另一個關鍵是使用了演化方法中的**基因演算法**，用於演化有用的表徵。研究人員已針對分類系統進行了許多廣泛地研究，成為強化學習研究中一個重要的分支（reviewed by Urbanowicz and Moore, 2009）。基因演算法 —— 我們並不認為它是一種強化學習系統 —— 如同其他演化計算的方法一樣受到了許多關注（例如，Fogel, Owens and Walsh, 1966, and Koza, 1992）。

Harry Klopf（1972, 1975, 1982）是復興人工智慧中強化學習的試誤方式最具代表性的人物之一。Klopf 意識到，隨著學習研究人員幾乎專注於監督式學習時，自適應行為的本質正在消失。根據 Klopf 的說法，逐漸消失的是追求享樂方面的行為，也就是環境中獲得某些結果的驅動力，這種驅動力控制著環境朝著期望的目的而遠離非預定目標（詳見第 16.2 節）。這就是試誤學習的基本概念。Klopf 的想法對我們別具意義，因為對這些觀點的評估（Barto and Sutton, 1981a）引起了我們對監督式學習和強化學習之間的界定，最終使我們關注在強化學習的研究上。我和我的同事大部分早期的研究都專注於表明強化學習和監督學習的區別（Barto, Sutton, and Brouwer, 1981; Barto and Sutton, 1981b; Barto and Anandan, 1985）。其他研究則表明強化學習如何解決人工神經網路學習中的重要問題，特別是它如何為多層網路提供學習演算法（Barto, Anderson, and Sutton, 1982; Barto and Anderson, 1985; Barto, 1985, 1986; Barto and Jordan, 1987）。

現在我們轉向強化學習發展史的第三個主軸，也就是關於時序差分學習的歷史。時序差分學習方法的獨特之處在於，相同數量時在時間上連續估計之間的差異，例如，在井字遊戲範例中獲勝機率之間的差異。這個主軸相比另外兩個主軸的區別更小也更不明顯，但它在強化學習領域發揮了相當重要的作用，有部分原因在於時序差分方法對於強化學習是新穎且獨特的。

時序差分學習有一部分起源於動物學習心理學，特別是*次要強化劑*（*secondary reinforcers*）的概念。次要強化劑是相對應於如食物或疼痛等主要強化劑的刺激，因此也具有類似的強化特性。Minsky（1954）可能是第一個意識到這種心理學原理對於人工學習系統相當重要的人。Arthur Samuel（1959）是第一個提出並應用包含時序差分觀念的學習方法，作為他著名的跳棋遊戲程式的一部分（第 16.2 節）。

Samuel 沒有參考到 Minsky 的研究，也未考慮到時序差分學習可能與動物學習有關。他的靈感顯然來自 Claude Shannon（1950）對於計算機可以設計程式來使用評估函數下棋的建議，並且可透過線上修改函數來改進遊戲（Shannon 的這些想法可能也影響了 Bellman，但我們沒有證據來證明這一點）。Minsky（1961）在他的「步驟」論文中廣泛討論了 Samuel 的研究，提出了與自然和人工的次要強化理論之間的關係。

正如我們所述，在 Minsky 和 Samuel 的研究之後的十年裡，關於試誤學習方面的計算研究變得很少，顯然在時序差分學習上幾乎沒有相關研究。1972 年，Klopf 將試誤學習和時序差分學習中一個重要組成部分結合在一起。Klopf 對擴展至大型系統學習的原理感到非常有興趣，因此對局部強化的概念也產生好奇，即在一個學習系統中各個子元件可以相互強化彼此。他提出了「廣義強化」的概念，每個組成部分（在名義上稱為每個神經元）都以強化學習中相關名詞來定義它的所有輸入：作為獎勵的興奮性輸入和作為懲罰的抑制性輸入。這與我們現在所知的時序差分學習的概念不同，並與 Samuel 的研究相去甚遠。另一方面，Klopf 將這一想法與試誤學習結合，並與動物學習心理學的大量經驗資料庫進行連結。

Sutton（1978a,b,c）進一步延伸了 Klopf 的研究概念，特別是與動物學習理論的連結，他的研究描述了由時間連續預測的變化所驅動的學習規則。他和 Barto 改善了這個想法，並提出了一種基於時序差分學習的古典制約心理學模型（Sutton and Barto, 1981a; Barto and Sutton, 1982），隨後又出現了多種極具影響力、基於時序差分學習的古典制約心理學模型（例如，Klopf, 1988; Moore et al., 1986; Sutton 和 Barto, 1987, 1990）。目前開發的一些神經科學模型透過時序差分學習進行解釋相當方便（Hawkins and Kandel, 1984; Byrne, Gingrich, and Baxter, 1990; Gelperin, Hopeld, and Tank, 1985; Tesauro, 1986; Friston et al., 1994），儘管在大多數情況下這兩者沒有歷史上的關係。

我們關於時序差分學習的早期研究受到動物學習理論和 Klopf 研究的強烈影響。Minsky 的「步驟」論文和 Samuel 的西洋跳棋程式之間的關係，似乎是之後才意識到的。然而，到 1981 年，我們充分了解到上述所有早期的研究都是時序差分和試誤的一部分。這時我們提出了一種使用時序差分學習結合試誤法學習的方法，稱為**演員 - 評論家結構**，並將此方法應用於 Michie 和 Chambers 的平衡桿問題中（Barto, Sutton, and Anderson, 1983）。這種方法在 Sutton（1984）的博士論文中詳細闡述了這種方法，並在 Anderson（1986）的博士論文中擴展為使用反向傳播神經網路的方法。在此期間，Holland（1986）以桶隊演算法的方式將時序差分方法應用到他分類系統中。Sutton（1988）採取了一個關鍵步驟，將時序差分學習從控制中分開，將其視為一般預測方法。該論文還介紹了 TD(λ) 演算法並證明了它的收斂性。

當我們在 1981 年完成關於演員 - 評論家結構的研究時，我們發現了 Ian Witten（1977, 1976a）的一篇論文，似乎是我們所知最早發表的時序差分學習規則。他提出了我們現在稱為表格式 TD(0) 的方法，用來解決 MDP 的自適應控制器的一部分。這項研究由 1974 年的期刊出版，並出現在 Witten 1976 年的博士論文中。Witten 的研究是 Andreae 的 STeLLA 早期實驗和其他試誤學習系統進行實驗的延伸。因此，Witten 在 1977 年的論文圍繞在強化學習研究主軸－試誤學習和最佳化控制，對早期時序差分學習的研究做出了相當明顯的貢獻。

1989 年，Chris Watkins 提出了 Q 學習，將時序差分和最佳化控制兩個主軸完全結合在一起。這項研究擴展並整合了前面所提及強化學習研究的三個主軸。Paul Werbos（1987）整合了自 1977 年以來討論試誤學習和動態規劃的收斂，這個整合為強化學習做出了相當大的貢獻。到 Watkins 做研究時，強化學習研究已經有了巨大的成長，主要是運用在機器學習、人工神經網路和人工智慧。1992 年，Gerry Tesauro 的雙陸棋遊戲程式 TD-Gammon 的成功，更加引起了人們對這個領域的注意。

自本書第一版出版以來，開創了一個蓬勃發展的神經科學領域，其專注於強化學習演算法與神經系統中強化學習之間的關係。正如許多研究人員所指出對於時序差分演算法的行為與大腦中產生多巴胺的神經元活動之間，存在著不可思議的相似性（Friston et al., 1994; Barto, 1995a; Houk, Adams, and Barto, 1995; Montague, Dayan, and Sejnowski, 1996; and Schultz, Dayan, and Montague, 1997）。在第 15 章將介紹強化學習這令人興奮的一面。近期對於強化學習中做出的其他重要貢獻在本簡介中無法一一提及。我們單獨在各個章節的最後列出這些引用內容及出處。

參考文獻備注

想要獲得更多關於強化學習的資訊，我們建議讀者參考 Szepesvári（2010）、Bertsekas 和 Tsitsiklis（1996）、Kaelbling（1993a）以及 Sugiyama、Hachiya 和 Morimura（2013）的書籍。從控制或作業研究觀點論述的書籍包括 Si、Barto、Powell 和 Wunsch（2004）、Powell（2011）、Lewis 和 Liu（2012）以及 Bertsekas（2012）。Cao（2009）將強化學習置於其他學習和最佳化隨機動態系統的背景下進行論述。*Machine Learning* 期刊中的三個專刊專注於論述強化學習研究：Sutton（1992a）、Kaelbling（1996）和 Singh（2002）。Barto（1995b）；Kaelbling、Littman 和 Moore（1996）以及 Keerthi 和 Ravindran（1997）對於強化學習領域提供了有用的調查。Weiring 和 van Otterlo（2012）所編著的書提供了對近期發展的精彩概述。

1.2 本章中菲爾的早餐這個例子的靈感來自 Agre（1988）。

1.5 第 6 章將介紹在井字遊戲範例中使用的時序差分方法。

第 I 部分　表格式解決方法

在本書的這一部分中，我們以最簡單的形式介紹涵蓋所有強化學習演算法的核心概念：狀態和動作空間足夠小使得近似值函數可以表示為陣列或**表格**。在這種情形下，使用這個方法通常可以找到精確解，也就是說這個方法通常可以準確地找到最佳化價值函數和最佳化策略。這與本書下一部分介紹的近似方法恰恰相反，近似方法僅能獲得近似解，不過以作為回報的角度來看，這可以有效地應用於規模更大的問題。

在本書這一部分的第一章，我們將介紹強化學習問題中只有單一狀態的特殊情形解決方案，稱為拉霸機問題。第二章將介紹我們在本書其餘部分中用來處理一般強化學習問題的公式 —— 有限馬可夫決策過程 —— 以及其主要概念，包含貝爾曼方程和價值函數。

接下來的三章將介紹解決有限馬可夫決策問題的三種基本方法：動態規劃、蒙地卡羅方法和時序差分學習。每種方法都有各自的優缺點。動態規劃方法在數學上的應用已經相當成熟，但需要一個完整而精確的環境模型。蒙地卡羅方法不需要模型而且在概念上相當簡單，但不適合一步步的增量式計算。最後一種時序差分方法不需要模型，而且完全是遞增的，但分析較為複雜。這些方法在效率和收斂速度方面也有存在著差異。

本部分最後兩章將介紹如何將這三種方法結合以利用它們各自的優點。在其中一章我們介紹如何透過多步驟自助方法將蒙地卡羅方法和時序差分方法的優勢結合。在本書這一部分的最後一章中，我們展示如何將時序差分學習方法與模型學習和規劃方法（如動態規劃）相結合，以獲得表格式強化學習問題的完整和一致的解決方案。

Chapter 2

多搖臂式拉霸機

區分強化學習與其他類型學習的最重要特徵是，強化學習使用訓練資訊來**評估**（*evaluate*）所採取的動作，而不是透過給予正確的動作指示**指導**（*instruct*）動作的選擇。這就是在學習時為了尋找良好的行為而產生的積極探索需求。單純的評估性回饋僅能顯示所採取的動作有多好，但不能顯示出它是當前最好的還是最壞的動作。另一方面，單純的指導性回饋顯示出應採取的正確動作，而且它與實際採取的動作無關。這些回饋是監督式學習的基礎，它們被大量應用於模式分類、人工神經網路和系統識別。在各自最典型的情況下，這兩種回饋是截然不同的：評估性回饋完全取決於所採取的動作，而指導性回饋則與所採取的動作無關。

在本章中我們在簡化的設定下研究強化學習的評估，不涉及學習如何在多種狀態下動作。許多涉及評估回饋的先前研究都是以這種**非關聯性**（*nonassociative*）設定進行，這種設定降低了大部分完全強化學習問題的複雜性。研究這個例子可以使我們能夠清楚地了解到評估性回饋與指導性回饋的不同，以及如何將兩者相結合。

我們在此探討的特定非關聯性、評估性回饋問題正是 k- 搖臂拉霸機問題的簡單版本。我們利用這個問題來介紹一些基本的學習方法，並在後面的章節我們將擴展這些學習方法以應用於完全的強化學習問題中。在本章的最後我們透過討論當拉霸機問題變為關聯性時會發生什麼情形，也就是需要在多個狀態採取動作的情形，這種情形更趨近於完全的強化學習問題。

2.1 *k*- 搖臂拉霸機問題

考慮以下的學習問題。你重複地面對 k 種不同的選項或動作中做出選擇。在每次選擇後你將獲得一個數值的獎勵，該獎勵是從固定的機率分布中採樣所獲得，而這個固定機率分布取決於你選擇的動作。你的目標是在一定的時間內最大化預期的總獎勵，例如 1000 個動作選擇或時步（*time step*）內。

這是 **k- 搖臂拉霸機問題**（*k-armed bandit problem*）的典型形式，之所以這麼稱呼是將其比喻成拉霸機（或稱「單搖臂拉霸機」），只不過它有 k 個搖臂（拉桿）而非一個。每次動作選擇就像拉下一次拉霸機的拉桿，獎勵是贏得累積的獎金。透過反覆的動作選擇，可以將你的動作集中在最好的拉桿來最大化你獲得的獎金。另一個比喻是醫生對一批重症患者選擇實驗性治療方式。每一個動作是治療方式的選擇，而每個獎勵是患者的生存或健康與否。現今「拉霸機問題」一詞有時也用於上述問題的概括，但在本書中我們用它來代表以下這個簡單的例子。

在我們的 k- 搖臂拉霸機問題中，k 個動作中每個被選到的動作都有一個預期或平均的獎勵，稱為該動作的**價值**（*value*）。我們將在時步 t 選擇的動作表示為 A_t，並將相應的獎勵表示為 R_t。任意動作 a 的價值表示為 $q_*(a)$，即 a 被選擇的預期獎勵：

$$q_*(a) \doteq \mathbb{E}[R_t \mid A_t = a] .$$

如果你知道每個動作的價值，那麼你就能輕易解決 k- 搖臂拉霸機問題：你總是選擇具有最高價值的動作。我們假設你不能確定動作的價值，儘管你可能有動作的估計值。我們將動作 a 在時步 t 的估計值表示為 $Q_t(a)$，我們希望 $Q_t(a)$ 盡可能接近 $q_*(a)$。

如果你維持對動作價值的估計，那麼在任何時步中至少有一個動作有最高的估計值，我們將擁有最高估計值的動作稱為**貪婪**（*greedy*）動作。當你選擇其中一個貪婪動作時，我們會說你正在**利用**（*exploiting*）你對當前動作價值的知識。相反地，如果你選擇了一個非貪婪動作，那麼我們會說你正在**探索**（*exploring*），因為這可以讓你改善你對非貪婪動作價值的估計。在一個步驟中，利用是使預期的獎勵最大化最好的方法，但從長遠來看，探索可能會產生更大的總獎勵。例如，假設一個貪婪動作的價值是確定的，而一些其他的動作有極大的不確定性被估計為與貪婪動作的價值一樣好。不確定性使得這些其他動作中至少有一個實際上可能比貪婪動作更好，但你不確定是哪一個動作。如果你有很多時步可以選擇動作，那麼探索非貪婪動作並發現哪些動作比貪婪動作更好，可能會是一個更好的方式。在探索過程中，短期內獎勵會較低，但對於長期而言會更高，因為當你發現更好的動作後可以多次利用它們。因為無法在任何單一動作選擇中同時使用探索和利用，這就是經常被稱為探索與利用之間的「衝突」。

在任何特定情況下，探索和利用哪一種比較好取決於估計的精確值、不確定性和剩餘步數。針對 *k*- 搖臂拉霸機問題和相關問題，有許多以特定數學形式來平衡探索和利用的複雜方法。

然而，這些方法中的大多數都對於固定性和先前知識做出較強的假設，這些假設對於實際應用及對於我們將在後續章節介紹的完全強化學習問題而言，是無法做到或是無法驗證的。當這些方法的假設不成立時，這些方法的最佳性或有界損失的保證並不會帶來任何效益。

在本書中我們不擔心以複雜的方式平衡探索和利用，我們只擔心如何平衡它們。在本章中我們將針對 *k*- 搖臂拉霸機問題呈現幾種簡單的平衡方法，並表明這些方法比起總是使用利用的方法有更顯著的優越性。平衡探索和利用的需求是強化學習中特有的挑戰；我們的 *k*- 搖臂拉霸機問題其簡單性使我們能夠以一種特別清晰的形式來呈現這一點。

2.2 動作價值方法

我們首先從對兩種方法進行更進一步審視開始，這兩種方法分別是評估動作價值的方法以及使用估計值來做出動作選擇的決策的方法，這兩種方法合稱為**動作價值方法**（*action-value methods*）。回想一下，當選擇該動作時，動作的真實價值就是平均獎勵。估計動作值最自然的方法就是對實際收到的獎勵進行平均：

$$Q_t(a) \doteq \frac{\text{時步 } t \text{ 之前採取動作 } a \text{ 的獎勵總和}}{\text{時步 } t \text{ 之前採取動作 } a \text{ 的次數}} = \frac{\sum_{i=1}^{t-1} R_i \cdot \mathbb{1}_{A_i=a}}{\sum_{i=1}^{t-1} \mathbb{1}_{A_i=a}}, \tag{2.1}$$

其中 $\mathbb{1}_{predicate}$ 表示隨機變數，若 *predicate* 為真時則為 1，否則為 0。如果分母為零，那麼我們可以將 $Q_t(a)$ 定義為某個默認值，例如 0。當分母趨近於無窮大時，根據大數定律可以得知 $Q_t(a)$ 收斂到 $q_*(a)$。我們將此稱為估計動作值的**樣本平均**（*sample-average*）法，因為每個估計值是相關獎勵樣本的平均值。當然這只是估計動作值的一種方法，但不一定是最佳方法。儘管如此，讓我們暫且繼續使用這種簡單的評估方法，然後考慮如何使用估計值來選擇動作的問題。

最簡單的動作選擇規則是選擇具有最高估計值的動作，即前一節中定義的貪婪動作。如果存在多個貪婪動作，則可以以任意的方式在這些動作間進行選擇，例如隨機選擇。我們將這個貪婪動作的選擇方法寫成

$$A_t \doteq \underset{a}{\arg\max}\, Q_t(a), \tag{2.2}$$

其中 $\arg\max_a$ 表示後面的表達式最大化的動作 a（再次聲明，如果存在多個最大值時，則以任意的方式進行動作選擇）。貪婪動作的選擇總是利用當前知識來最大化立即獎勵；它沒有花時間採取明顯劣質的動作來觀察它們是否實際上更好。一個簡單的替代方法就是在大多數情況下進行貪婪選擇，但每隔一段時間，以一個較小的機率 ε 從具有相同機率的所有動作中隨機選擇，無論動作價值的估計值為多少。

我們將使用這種近乎貪婪的動作選擇規則的方法稱為 ε - 貪婪方法。這個方法的優點是，在步驟數量增加到無窮大時，每個動作都會被採樣無限多次，進而確保所有 $Q_t(a)$ 收斂到 $q_*(a)$。這當然意味著選擇最佳動作的機率收斂到大於 1- ε，即幾乎確定是最佳動作。然而這只是漸近的保證，並且幾乎無法說明該方法的實際效益。

練習 2.1：對於 ε - 貪婪動作選擇中，在有兩個動作和 ε = 0.5 的情況下，選擇貪婪動作的機率是多少？ □

2.3 10- 搖臂拉霸機測試環境

為了概略地評估貪婪和 ε - 貪婪動作價值方法的相對效益，我們使用一組測試任務以數值方式對它們進行比較。這是一組由 2000 個隨機生成的 *k*- 搖臂拉霸機問題的集合，其中 *k* = 10。對拉霸機問題而言，如圖 2.1 所示，各個動作值 $q_*(a)$，a = 1,…,10，是根據均值為 0 且變異數為 1 的常態（高斯）分布中採樣所獲得的。

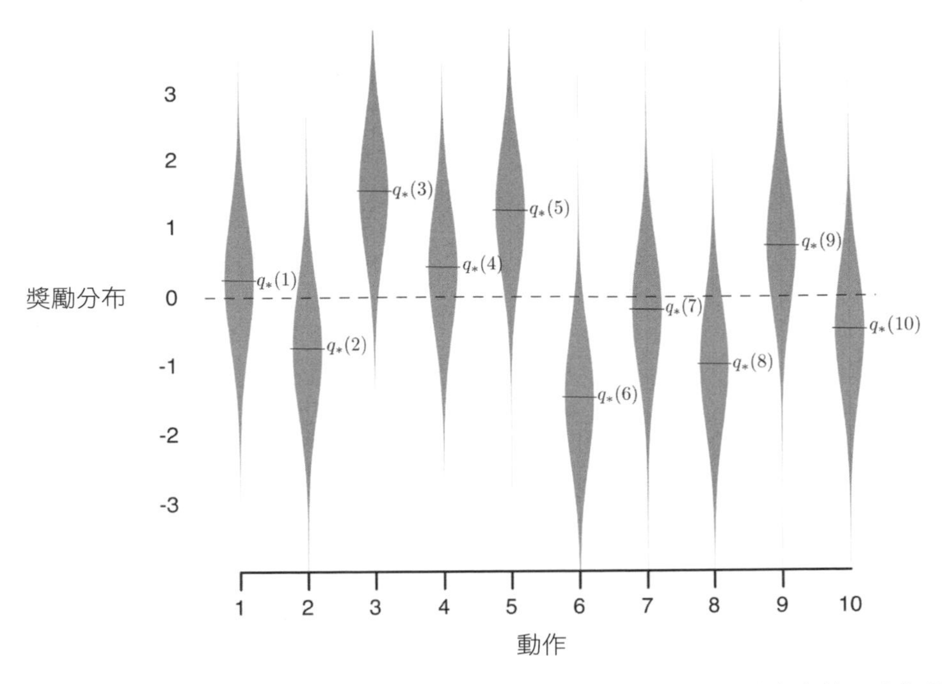

圖 2.1 來自 10- 搖臂測試平台的拉霸機問題範例。十個動作中每一個的真實值 $q_*(a)$ 是根據均值為 0 和變異數為 1 的常態分布採樣所獲得的，而實際獎勵則根據均值為 $q_*(a)$ 和變異數為 1 的常態分布產生，如圖中灰色分布所示。

然後，當一個應用於本問題的學習方法在時步 t 時選擇動作 A_t 時，從具有均值 $q_*(A_t)$ 和變異數為 1 的常態分布中獲得實際獎勵 R_t。這些分布在圖 2.1 中以灰色表示。我們將這組測試任務稱為 **10- 搖臂測試平台**（***10-armed testbed***）。對於任何學習方法，當將其運用在測試平台其中一個拉霸問題時，我們可以測量此學習方法在 1000 個時步中逐步提升的表現和行為。這構成了一個**行程**（***run***）。將學習方法重複 2000 個獨立行程，且每個行程使用不同的拉霸機問題，我們將可以獲得學習演算法平均行為的評估。

如上所述，圖 2.2 為在 10- 搖臂測試平台上對一種貪婪方法與兩種 ε - 貪婪方法（ε = 0.01 和 ε = 0.1）進行比較的情形。所有方法都使用樣本平均法構成它們的動作值估計。上方的圖顯示了期望獎勵會隨經驗而提升。貪婪方法在開始時比其他方法的提升速度略快，但隨後就穩定在一個較低的水平。它獲得了每步僅大約 1 的獎勵，而在此測試平台上可能的最佳值大約為 1.55。貪婪方法在長期的表現明顯較差，因為它經常陷入執行次佳動作的選擇。下方的圖顯示貪婪方法大概在三分之一的任務中發現了最佳動作。

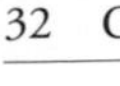

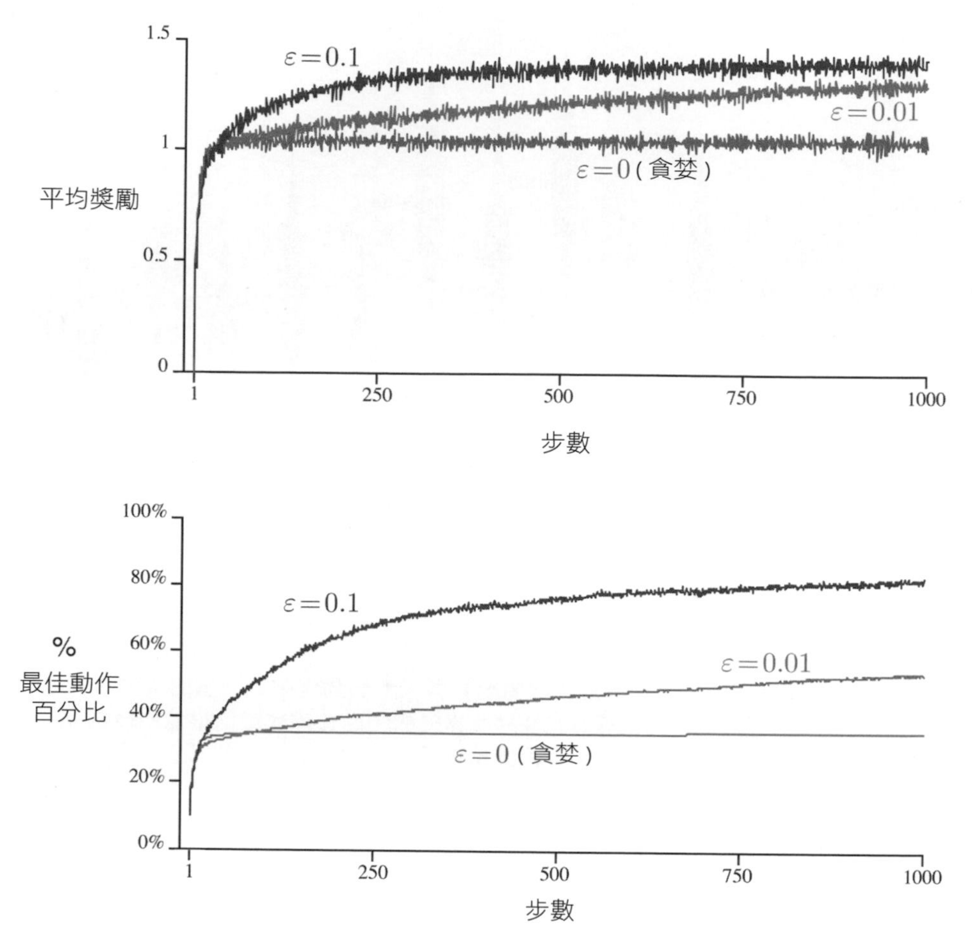

圖 2.2 ε 貪婪動作值方法在 10- 搖臂測試平台的平均表現。這些數據是 2000 次使用不同的拉霸機問題執行行程的平均值。所有方法都使用樣本平均值作為其動作值估計。

在之後三分之二的任務中，其最佳動作的初始值非常差，因此最佳動作並未被再次選擇。ε - 貪婪方法最終表現得比貪婪方法更好，因為它們持續探索並提升他們識別最佳動作的機會。ε = 0.1 的方法探索次數更多，所以經常更早地發現最佳動作，但它選擇最佳動作的機率不會超過 91%。ε = 0.01 方法的提升速度更為緩慢，但最終會在圖中所示的兩種性能指標上優於 ε = 0.1 的方法。我們也可以隨時間減少 ε 以充分利用高 ε 值和低 ε 值各自的優點。

ε - 貪婪方法優於貪婪方法的優勢取決於任務。例如，假設獎勵變異數更大，比如說是 10 而不是 1。對於分布範圍更廣的獎勵，需要更多的探索才能找到最佳的動作，ε - 貪婪方法會比貪婪方法更有優勢。在另一方面，如果獎勵變異數為 0，那麼貪婪方法在嘗試一次後就會知道每個動作的真實值。在這種情況下貪婪方法可能是表現最好的，因為它很快就會找到最佳動作，並且永遠不再做任何探索。但即使在確定性的例子中，如果我們弱化其他一些假設，探索也能有很大的優勢。例如，假設拉霸問題是非固定性的，即動作的真實值隨時間改變。在這種情況下，即使在確定性的例子中也需要進行探索，以確保其中一個非貪婪動作沒有變得比貪婪動作更好。正如我們將在接下來的幾章中看到的，非固定性是強化學習中最常見的情形，即使底層的任務是固定的和確定性的，學習者也面臨著一組類似拉霸問題的決策任務，其中每個任務都隨著學習的進行和代理人決策策略的變化而改變。強化學習需要在探索和利用之間取得平衡。

練習 2.2：拉霸機的例子。考慮一個具有 $k = 4$ 動作的 k- 搖臂拉霸機問題，標示為 1、2、3 和 4。將拉霸機演算法應用於此問題，該演算法使用 ε - 貪婪動作進行選擇並以樣本平均動作值進行估計，對於所有動作 a 其初始估計值 $Q_1(a)$ =0。假設動作和獎勵的初始序列為 $A_1 = 1$，$R_1 = 1$，$A_2 = 2$，$R_2 = 1$，$A_3 = 2$，$R_3 = 2$，$A_4 = 2$，$R_4 = 2$，$A_5 = 3$，$R_5 = 0$。在某些時步中可能已經發生了 ε 的情形，導致一個動作被隨機選擇。在哪個時步確實發生了這種情形？在哪些時步可能發生這種情形？ □

練習 2.3：在圖 2.2 所示的比較中，從累積獎勵和選擇最佳動作的機率來看，哪種方法在長期運行中表現最佳？該方法會比其他方法好多少？請定量地表達你的答案。 □

2.4 增量式實現

到目前為止我們討論過的動作值方法，都是使用觀察到的獎勵中取出樣本平均值來估計動作值。我們現在將問題專注在如何以一種高效的方式計算這些平均值，特別是在有限的儲存能力和時步計算能力的情形。

為了簡化標示，我們將專注於單一動作上。現在將 R_i 表示為在第 i 次選擇這個動作之後接收到的獎勵，並將 Q_n 表示為被選擇 n-1 次之後其動作值的估計，我們現在可以簡單地表示成

$$Q_n \doteq \frac{R_1 + R_2 + \cdots + R_{n-1}}{n-1}.$$

顯而易見的實現方式是維持所有獎勵的記錄，然後在需要估計值時執行上方的計算。然而以這種方式實現的話，隨著時間的推移，對於資訊儲存和計算要求會隨著更多的獎勵而增長。每個新增的獎勵都需要額外的資源進行儲存，並需要額外的計算來計算分子中的總和。

你可能會懷疑，這事實上並不是必需的。透過處理每個新獎勵所需極少量的、常數的計算，很容易設計出用於更新平均值的增量公式。給定 Q_n 和第 n 個獎勵 R_n，所有 n 個獎勵的新平均值可以透過以下的計算得出

$$
\begin{aligned}
Q_{n+1} &= \frac{1}{n}\sum_{i=1}^{n} R_i \\
&= \frac{1}{n}\left(R_n + \sum_{i=1}^{n-1} R_i\right) \\
&= \frac{1}{n}\left(R_n + (n-1)\frac{1}{n-1}\sum_{i=1}^{n-1} R_i\right) \\
&= \frac{1}{n}\Big(R_n + (n-1)Q_n\Big) \\
&= \frac{1}{n}\Big(R_n + nQ_n - Q_n\Big) \\
&= Q_n + \frac{1}{n}\Big[R_n - Q_n\Big],
\end{aligned}
\tag{2.3}
$$

以上的公式即使在 $n = 1$ 時也成立，在任意 Q_1 的情況下我們將得出 $Q_2 = R_1$。這種實現方式僅需要儲存 Q_n 和 n，對於每個新的獎勵僅需要使用 (2.3) 進行極少量的計算。

此更新公式 (2.3) 是本書中經常出現的一種更新形式。一般表達式為

$$
\text{新估計值} \leftarrow \text{舊估計值} + \text{步長}\Big[\text{目標} - \text{舊估計值}\Big] \tag{2.4}
$$

表達式 $\Big[\text{目標} - \text{舊估計值}\Big]$ 是估計中的誤差（*error*）。透過向「目標」靠近來減少誤差。目標預示著移動的理想方向，儘管它可能是充滿雜訊的。比如在上面的情形中，目標是第 n 個獎勵。

注意在增量式方法 (2.3) 中使用的步長參數會隨時間變化。在處理動作 a 的第 n 個獎勵時，該方法使用的步長參數為 $\frac{1}{n}$。在本書中，我們使用 α 或者更普遍地使用 $\alpha_t(a)$ 來表示步長參數。

使用增量計算的樣本平均值和 ε - 貪婪動作選擇的拉霸機演算法虛擬碼如下面的方框所示。函式 $bandit(a)$ 假設為採取一個動作並回傳一個相對應的獎勵。

一個簡單的拉霸機演算法

初始化，對於 $a = 1$ 到 k：

$Q(a) \leftarrow 0$
$N(a) \leftarrow 0$

無限循環：

$$A \leftarrow \begin{cases} \arg\max_a Q(a) & \text{以 } 1\text{-}\varepsilon \text{ 的機率（若有多個最大值，則隨機選擇）} \\ \text{一個隨機動作} & \text{以 } \varepsilon \text{ 的機率} \end{cases}$$

$R \leftarrow bandit(A)$
$N(A) \leftarrow N(A) + 1$
$Q(A) \leftarrow Q(A) + \frac{1}{N(A)}\left[R - Q(A)\right]$

2.5 追蹤非固定性問題

到目前為止討論的平均方法適用於固定性拉霸機問題，即對於其中獎勵機率不隨時間變化的拉霸機問題。如前所述，我們經常會遇到非常不穩定的強化學習問題。在這種情況下，相對於長期獎勵給予近期獎勵更高的權重是一種有效的處理方式。最常用的方法之一是使用恆定的步長參數。例如，用於更新 n–1 個過去獎勵的平均值 Q_n 的增量更新規則 (2.3) 被修改為：

$$Q_{n+1} \doteq Q_n + \alpha\Big[R_n - Q_n\Big], \tag{2.5}$$

其中步長參數 $\alpha \in (0,1]$ 為一常數。這使得 Q_{n+1} 成為對過去獎勵和初始估計值 Q_1 的加權平均：

$$\begin{aligned} Q_{n+1} &= Q_n + \alpha\Big[R_n - Q_n\Big] \\ &= \alpha R_n + (1-\alpha)Q_n \\ &= \alpha R_n + (1-\alpha)\left[\alpha R_{n-1} + (1-\alpha)Q_{n-1}\right] \\ &= \alpha R_n + (1-\alpha)\alpha R_{n-1} + (1-\alpha)^2 Q_{n-1} \\ &= \alpha R_n + (1-\alpha)\alpha R_{n-1} + (1-\alpha)^2 \alpha R_{n-2} + \\ &\qquad \cdots + (1-\alpha)^{n-1}\alpha R_1 + (1-\alpha)^n Q_1 \\ &= (1-\alpha)^n Q_1 + \sum_{i=1}^{n} \alpha(1-\alpha)^{n-i} R_i. \end{aligned} \tag{2.6}$$

我們稱之為加權平均值，因為權重之和 $(1-\alpha)^n + \sum_{i=1}^{n} \alpha(1-\alpha)^{n-i} = 1$，讀者可以自行證明。請注意，給予獎勵 R_i 的權重 $\alpha(1-\alpha)^{n-i}$ 取決於之前觀察到的獎勵數量，即 $n-i$。1-α 的值小於 1，因此給予 R_i 的權重會隨著到目前為止所給予的獎勵次數增加而減少。實際上，權重根據 1-α 為底的指數而呈指數衰減（如果 1-α = 0，則所有權重都集中在最後一個獎勵 R_n 上，因為按照慣例 0^0 = 1）。因此，這有時也被稱為**指數近期加權平均值**（*exponential recency-weighted average*）。

有時在每一步都改變步長參數可以提供便利性。令 $\alpha_n(a)$ 表示用於處理在第 n 次選擇動作 a 之後得到獎勵的步長參數。正如我們已經知道的，若 $\alpha_n(a) = \frac{1}{n}$ 即為樣本平均法，而依據大數法則能確保收斂到真實的動作值。但並非對於所有的序列選擇 $\{\alpha_n(a)\}$ 都能夠保證收斂。隨機近似理論中的一個眾所皆知的結論，為我們提供能以 1 的機率保證收斂的條件：

$$\sum_{n=1}^{\infty} \alpha_n(a) = \infty \quad 且 \quad \sum_{n=1}^{\infty} \alpha_n^2(a) < \infty. \tag{2.7}$$

第一個條件是保證步驟足夠大時，最終能克服任何初始條件或隨機波動的影響。第二個條件是用來確保當最終步驟變得足夠小時，能確保收斂。

請注意，對於樣本平均的情形，即 $\alpha_n(a) = \frac{1}{n}$ 是滿足以上兩個收斂條件，但對於恆定步長參數 $\alpha_n(a) = \alpha$ 的情形卻並非如此。後者並不滿足第二個條件，這表示估計值不會完全收斂，而是繼續隨新收到的獎勵而變化。正如我們先前提到的，這事實上是非固定性環境中所需的，而實際上在強化學習中最常見的就是非固定性的問題。此外，滿足條件 (2.7) 的步長參數序列通常收斂得非常緩慢或需要大量的調整以獲得令人滿意的收斂速率。儘管滿足這些收斂條件的步長參數序列經常用於理論研究中，但它們很少用於應用及實證研究。

練習 2.4：如果步長參數 α_n 不是常數，則估計值 Q_n 是先前收到的獎勵的加權平均值，其權重與 (2.6) 所提供的不同。請類似於 (2.6) 的方式，就使用步長參數的順序來表示對於一般情形下每個先前獎勵的權重。 □

練習 2.5（程式設計）：設計並進行實驗，以證明樣本平均法對於處理非固定性問題的困難之處。使用 10- 搖臂測試平台的修改版本，其中所有 $q_*(a)$ 起始值相同，然後採取獨立的隨機變動（例如在每一步透過對所有 $q_*(a)$ 增加均值為 0 且標準差為 0.01 的常態分布增量）。請參考以下兩種動作值方法繪製類似圖 2.2 的圖，第一種使用增量式計算的樣本平均值法，第二種請使用恆定步長參數 α = 0.1。請使用 ε = 0.1 及更長的執行步驟，例如 10,000 步。 □

2.6 樂觀的初始值

到目前為止我們討論的所有方法在一定程度上取決於初始的動作價值估計 $Q_1(a)$。用統計學的術語言來說，這些方法因初始估計值而產生**偏差**（*biased*）。對於樣本平均法而言，當所有動作至少被選擇一次，偏差就會消失，但對於具有常數 α 的方法，這個偏差是永久性的，儘管會隨著時間的推移而減少，如 (2.6) 所示。在實際應用中，這種偏見通常並不會造成問題，有時可能反而很有幫助。缺點是初始估計實際上變成了一組必須由使用者選擇的參數，要是能將它們全部設置為零該有多好。好處是它們提供了一種簡單的方式來應用關於可以預期的獎勵程度的一些先前知識。

初始動作值也可以作為一種鼓勵探索的簡單方法。例如我們在 10- 搖臂測試平台中不是將初始動作值設置為零，而是將它們全部設置為 +5。回想一下，在該問題中的 $q_*(a)$ 是從具有均值為 0 和變異數為 1 的常態分布中採樣所獲得的。因此 +5 的初始估計值是極為樂觀的。但這種樂觀激勵了動作值方法進行探索。無論最初選擇哪種動作，獎勵都低於起始估計值；學習者因此對所收到的獎勵感到「失望」而選擇其他動作。這樣的結果就是所有動作在價值估計收斂之前都會被嘗試數次，即使選擇了貪婪動作，系統也會進行大量的探索。

圖 2.3 顯示了對於所有動作 a 使用 $Q_1(a)$ = +5 的貪婪方法在 10- 搖臂測試平台的表現情形。作為對比，$Q_1(a)$ = 0 的 ε - 貪婪方法也顯示在圖中。在一開始樂觀方法的表現得比 ε - 貪婪方法差，因為它進行了更多的探索，但它的探索隨著時間的推移而減少，因此最終樂觀方法表現更好。我們這種鼓勵探索的技術稱為**樂觀的初始值**（*optimistic initial values*）。我們認為它是一個對於固定性問題非常有效的小技巧，但它絕非是一個通用的有效鼓勵探索的方法。例如，它不適合非固定性問題，因為它對探索的驅動本質上是暫時的。

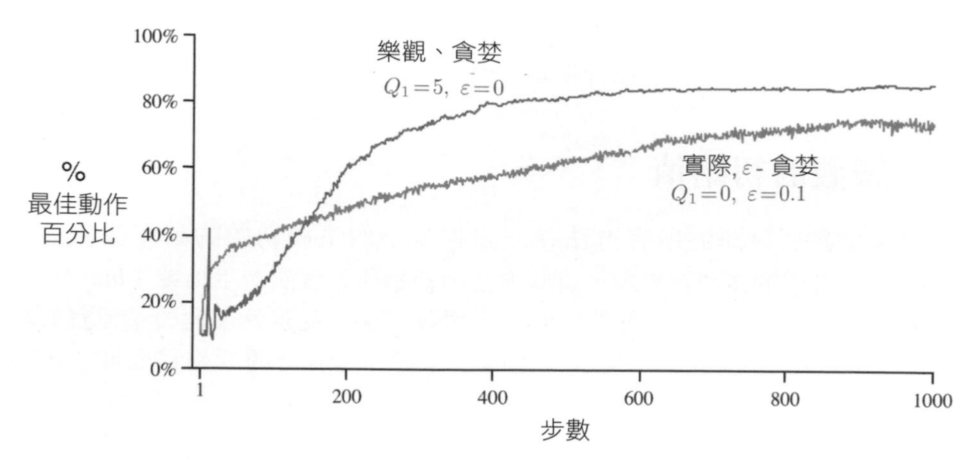

圖 2.3 樂觀的初始動作值估計在 10- 搖臂測試平台上的表現。兩種方法都使用常數步長參數 α =0.1。

如果任務發生變化並對探索產生了新的需求，這種方法就無能為力了。實際上以任何特定方式關注初始條件的方法，都不太可能有助於一般的非固定性情形。開始時刻只會出現一次，因此我們不應過分關注它。這同樣也適用於樣本平均方法，它也將時間的開始視為一種特殊事件，以均等的權重平均所有後續獎勵。話雖如此，這些方法都非常簡單，在實際應用中使用它們其中一個或一些簡單組合通常是足夠的。在本書的其餘部分我們將頻繁使用這些簡單的探索技術。

練習 2.6：神秘的峰值。圖 2.3 所示的結果應該非常可靠，因為它們是由 2000 個獨立的、隨機選擇的 10- 搖臂測試問題上的結果進行平均。那麼為什麼樂觀方法的曲線早期會出現振盪和峰值？換句話說，是什麼原因可能使這種方法在特定的早期步驟中，就平均的意義上而言表現得特別好或特別差？ □

練習 2.7：無偏差的恆定步長技巧。在本章的大部分內容中，我們使用樣本平均值來估計動作值，因為樣本平均值不會產生如恆定步長方式的初始偏差（詳見 (2.6) 中的分析）。然而，樣本平均值並不是一個完全令人滿意的解決方案，因為它們可能在非固定性問題上表現不佳。是否有可能避免恆定步長的偏差，同時保留其對非固定性問題的優勢？一種方法是使用以下步長：

$$\beta_n \doteq \alpha/\bar{o}_n, \tag{2.8}$$

來處理特定動作的第 n 個獎勵，其中 $\alpha > 0$ 是常規恆定步長，$\bar{o}_n$ 是從 0 開始逐步靠近 1 的軌跡：

$$\bar{o}_n \doteq \bar{o}_{n-1} + \alpha(1 - \bar{o}_{n-1}), \text{對於 } n \geq 0, \text{其中 } \bar{o}_0 \doteq 0. \tag{2.9}$$

進行類似於 (2.6) 的分析，以證明 Q_n 是一個*沒有初始偏差*的指數近期加權平均值。

2.7 信賴上界動作選擇

因為動作價值估計的準確性始終存在著不確定性，所以需要進行探索。貪婪的動作是目前看起來最好的行為，但其他一些動作可能事實上更好。ε - 貪婪動作會使非貪婪的動作被選擇，這個過程對於各個動作是不加區分的，並沒有偏好於近乎貪婪或特別不確定的動作。從非貪婪的動作中進行選擇時，最好將其估計值與最大值的接近程度及估計值中的不確定性考慮在內，以評估這些非貪婪的動作實際上成為最佳動作的潛力。這樣做的一個有效方法是根據

$$A_t \doteq \underset{a}{\arg\max}\left[Q_t(a) + c\sqrt{\frac{\ln t}{N_t(a)}}\right], \tag{2.10}$$

其中 ln t 表示為 t 的自然對數（即 $e \approx 2.71828$ 的多少次方等於 t），$N_t(a)$ 表示在時間 t 之前選擇動作 a 的次數（(2.1) 中的分母），常數 $c > 0$ 以控制其探索的程度。如果 $N_t(a) = 0$，則 a 被認為是最大化動作。

這種信賴上界（*upper confidence bound, UCB*）動作選擇的概念是平方根項對 a 的估計值其不確定性或變異數的衡量。因此最大值的大小是動作 a 的可能真實值的上限，其中 c 決定了信賴區間。每當 a 被選擇時，不確定性可能會降低：$N_t(a)$ 增加，因為它出現在分母中，所以不確定性的項減少。另一方面，每當選擇除了 a 之外的動作時，t 增加而 $N_t(a)$ 不會增加；因為 t 出現在分子中，所以對不確定性的估計值會增加。使用自然對數意味著隨著時間的推移增加的速率會變慢，但是其值依然會趨近於無限大；最終所有動作都會被選擇，但是將隨著時間的推移，選擇具有較低值估計值或已經頻繁選擇的動作的機率將降低。

在 10- 搖臂測試平台上的信賴上界結果如圖 2.4 所示。信賴上界通常表現得很好，但是相比於 ε - 貪婪，它更難以從拉霸機問題擴展到本書其餘部分所考慮更為一般的強化學習情形。其中一個困難點在於處理非問定性問題；它需要比第 2.5 節中所提到的方法更複雜。另一個困難點是對於巨大狀態空間的處理，特別是當使用本書第二部分中所描述的函數近似方法時。在這些更為複雜的情形下，信賴上界動作選擇的概念通常是不理想的。

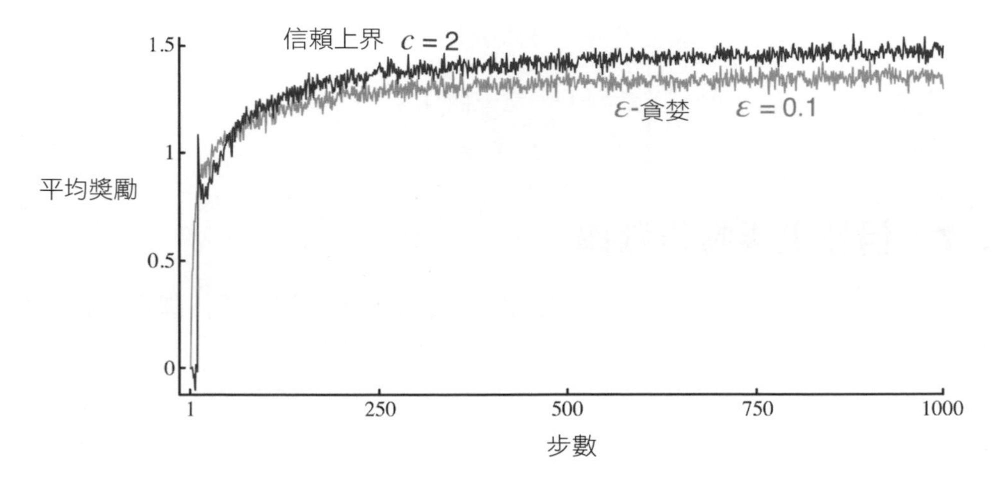

圖 2.4 10- 搖臂測試平台上 UCB 動作選擇的平均表現。如圖所示，UCB 通常比 ε - 貪婪動作選擇更好，除了在前 k 個步驟中，當 UCB 從尚未嘗試的動作中隨機選擇時。

練習 2.8：UCB 峰值。在圖 2.4 中，UCB 演算法在第 11 步時出現一個明顯的峰值。為什麼會這樣？請注意，為了使您的答案完全令人滿意，必須解釋為什麼獎勵在第 11 步增加及為什麼在隨後的步驟中減少。提示：如果 $c = 1$，則峰值將變得不明顯。 □

2.8 梯度拉霸機演算法

到目前為止，我們在本章已經學習到對動作值進行估計，並使用這些估計值來選擇動作的多種方法。這通常是一種很好的途徑，但並不是唯一可行的。在本節中，我們學習將每個動作 a 的偏好（*preference*）以數字量化，我們將其表示為 $H_t(a)$。偏好值越大，所對應的動作被採用的次數就越多，但偏好不能使用獎勵的觀念來解釋。只有一種動作相對於另一種動作的相對偏好才是有意義的；如果我們將 1000 加到所有動作的偏好值，那麼各動作被選擇的機率仍然保持不變，這是根據 *soft-max* 分布（即 Gibbs 或 Boltzmann 分布）所決定的，如下所示：

$$\Pr\{A_t = a\} \doteq \frac{e^{H_t(a)}}{\sum_{b=1}^{k} e^{H_t(b)}} \doteq \pi_t(a), \tag{2.11}$$

在這裡我們引入了一個實用的新符號 $\pi_t(a)$，用於表示在時步 t 採取行動 a 的機率。在初始時，所有動作偏好值都是相同的（例如對於所有 a，$H_1(a) = 0$），因此所有動作具有相同的被選擇的機率。

練習 2.9：證明在兩個動作的情況下，soft-max 分布與統計學和人工神經網路中經常使用的 logistic 或 sigmoid 函數的分布是相同的。 □

基於隨機梯度上升的概念，我們可以自然地獲得在這種設定下的學習演算法。在每個步驟中，選擇動作 A_t 並接收獎勵 R_t 之後，動作偏好值透過以下方式進行更新：

$$\begin{aligned} H_{t+1}(A_t) &\doteq H_t(A_t) + \alpha\big(R_t - \bar{R}_t\big)\big(1 - \pi_t(A_t)\big), && \text{和} \\ H_{t+1}(a) &\doteq H_t(a) - \alpha\big(R_t - \bar{R}_t\big)\pi_t(a), && \text{對於所有 } a \neq A_t, \end{aligned} \tag{2.12}$$

其中 $\alpha > 0$ 是步長參數，$\bar{R}_t \in \mathbb{R}$ 是時步 t 及之前所有獎勵的平均值，可以參考第 2.4 節（如果問題是非固定性的，請參考第 2.5 節）所述進行增量式計算。$\bar{R}_t$ 這一項是作為比較獎勵的基準線。如果獎勵高於基準線，那麼將來採取動作 A_t 的機率將增加，反之如果獎勵低於基準線，則機率降低。未被選擇的動作，其機率向相反方向移動。

圖 2.5 顯示了梯度拉霸機演算法對一個變化版本的 10- 搖臂測試平台上的結果，這個變化版本的平台中，真實的預期獎勵是根據均值為 +4 而不是 0 的常態分布採樣所獲得的（變異數與之前一樣為 1）。由於獎勵基準線瞬間適應新的水平，因此所有獎勵同時增加對於梯度拉霸機演算法完全沒有影響。但是如果基準線被省略了（如果在 (2.12) 中 $\bar{R}_t$ 恆定為零），那麼性能將急遽降低，如圖所示。

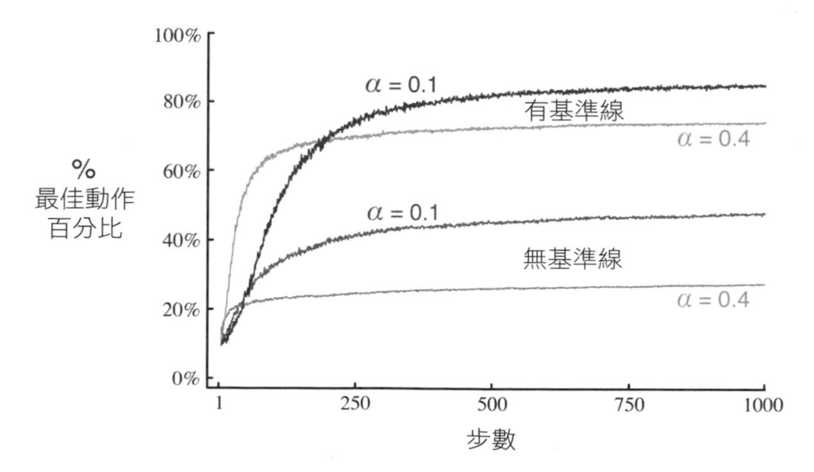

圖 2.5 當 $q_*(a)$ 接近 +4 而不是接近零時，在 10- 搖臂測試平台上有無獎勵基準線的梯度拉霸機演算法的平均表現。

隨機梯度上升的梯度拉霸機演算法

我們可以將梯度拉霸機演算法理解為梯度上升的隨機近似來獲得更深入的理解。在典型的**梯度上升**（*gradient ascent*）中，各個動作的偏好值 $H_t(a)$ 將會正比於增量對性能表現的影響：

$$H_{t+1}(a) \doteq H_t(a) + \alpha \frac{\partial \mathbb{E}[R_t]}{\partial H_t(a)}, \qquad (2.13)$$

其中表現的衡量標準為獎勵的期望值：

$$\mathbb{E}[R_t] = \sum_x \pi_t(x) q_*(x),$$

且對增量效果的衡量標準為其表現的衡量標準相對於動作偏好值的**偏導數**（*partial derivative*）。因為根據假設我們不知道 $q_*(x)$，所以不可能在現有情況下實現典型的梯度上升，但事實上從期望值的角度來看，演算法 (2.12) 中的更新等同於 (2.13) 中的更新，這使得前者成為了**隨機梯度上升**（*stochastic gradient ascent*）方法的實例。要證明這一點的推導只需要基礎的微積分知識，但是需要花費數個步驟。

首先讓我們更近一步地觀察表現的梯度：

$$\begin{aligned}\frac{\partial \mathbb{E}[R_t]}{\partial H_t(a)} &= \frac{\partial}{\partial H_t(a)} \left[\sum_x \pi_t(x) q_*(x) \right] \\ &= \sum_x q_*(x) \frac{\partial \pi_t(x)}{\partial H_t(a)} \\ &= \sum_x \big(q_*(x) - B_t\big) \frac{\partial \pi_t(x)}{\partial H_t(a)},\end{aligned}$$

其中 B_t 被稱為**基準線**，可以為任何不依賴於 x 的純量。我們可以在不改變等號的情況下加入基準線項，這是因為所有動作上梯度值的總和為 0，即 $\sum_x \frac{\partial \pi_t(x)}{\partial H_t(a)}$ = 0 — 如果 $H_t(a)$ 改變的話，其中一些動作被選擇的機率將會增加而有一些將會減小，但機率的變化量的總和為 0，因為機率的總和永遠為 1。

接下來我們令上一式總和中的每一項都乘以 $\pi_t(x)/\pi_t(x)$：

$$\frac{\partial \mathbb{E}[R_t]}{\partial H_t(a)} = \sum_x \pi_t(x) \big(q_*(x) - B_t\big) \frac{\partial \pi_t(x)}{\partial H_t(a)} / \pi_t(x).$$

現在這一等式符合期望值的形式，對隨機變數 A_t 的所有可能值 x 加總，然後乘以這些值的機率。因此：

$$
\begin{aligned}
&= \mathbb{E}\left[\big(q_*(A_t) - B_t\big)\frac{\partial \pi_t(A_t)}{\partial H_t(a)}/\pi_t(A_t)\right] \\
&= \mathbb{E}\left[\big(R_t - \bar{R}_t\big)\frac{\partial \pi_t(A_t)}{\partial H_t(a)}/\pi_t(A_t)\right],
\end{aligned}
$$

其中我們選擇了基準線 $B_t = \bar{R}_t$，並將 $q_*(A_t)$ 替換為 R_t，可以這麼做的原因是因為 $\mathbb{E}[R_t|A_t] = q_*(A_t)$。等等我們會證明 $\frac{\partial \pi_t(x)}{\partial H_t(a)} = \pi_t(x)\big(\mathbb{1}_{a=x} - \pi_t(a)\big)$，該式中如果 $a = x$ 那麼 $\mathbb{1}_{a=x}$ 為 1，反之為 0。先假設這一點是成立的，那麼我們可以得知：

$$
\begin{aligned}
&= \mathbb{E}\big[\big(R_t - \bar{R}_t\big)\pi_t(A_t)\big(\mathbb{1}_{a=A_t} - \pi_t(a)\big)/\pi_t(A_t)\big] \\
&= \mathbb{E}\big[\big(R_t - \bar{R}_t\big)\big(\mathbb{1}_{a=A_t} - \pi_t(a)\big)\big].
\end{aligned}
$$

回想一下，我們想要將性能表現的梯度表示成我們可以在每一步採樣的期望值，如同我們剛剛完成的那樣，然後我們可以正比於樣本值對偏好值進行更新。將上式中的期望值替換為樣本值，並帶入 (2.13) 中，我們可以獲得：

$$
H_{t+1}(a) = H_t(a) + \alpha\big(R_t - \bar{R}_t\big)\big(\mathbb{1}_{a=A_t} - \pi_t(a)\big), \text{ 對於所有的 } a
$$

你會發現它等同於我們的原先的演算法 (2.12)。

接下來我們只需證明 $\frac{\partial \pi_t(x)}{\partial H_t(a)} = \pi_t(x)\big(\mathbb{1}_{a=x} - \pi_t(a)\big)$。回想一下導數的標準除法定則：

$$
\frac{\partial}{\partial x}\left[\frac{f(x)}{g(x)}\right] = \frac{\frac{\partial f(x)}{\partial x}g(x) - f(x)\frac{\partial g(x)}{\partial x}}{g(x)^2}.
$$

使用此定則，我們可以得到：

$$
\begin{aligned}
\frac{\partial \pi_t(x)}{\partial H_t(a)} &= \frac{\partial}{\partial H_t(a)}\pi_t(x) \\
&= \frac{\partial}{\partial H_t(a)}\left[\frac{e^{H_t(x)}}{\sum_{y=1}^{k} e^{H_t(y)}}\right] \\
&= \frac{\frac{\partial e^{H_t(x)}}{\partial H_t(a)}\sum_{y=1}^{k} e^{H_t(y)} - e^{H_t(x)}\frac{\partial \sum_{y=1}^{k} e^{H_t(y)}}{\partial H_t(a)}}{\left(\sum_{y=1}^{k} e^{H_t(y)}\right)^2} \qquad \text{（透過除法定則）}
\end{aligned}
$$

$$= \frac{\mathbb{1}_{a=x} e^{H_t(x)} \sum_{y=1}^{k} e^{H_t(y)} - e^{H_t(x)} e^{H_t(a)}}{\left(\sum_{y=1}^{k} e^{H_t(y)}\right)^2} \qquad \text{因為 } \frac{\partial e^x}{\partial x} = e^x$$

$$= \frac{\mathbb{1}_{a=x} e^{H_t(x)}}{\sum_{y=1}^{k} e^{H_t(y)}} - \frac{e^{H_t(x)} e^{H_t(a)}}{\left(\sum_{y=1}^{k} e^{H_t(y)}\right)^2}$$

$$= \mathbb{1}_{a=x} \pi_t(x) - \pi_t(x) \pi_t(a)$$

$$= \pi_t(x)\big(\mathbb{1}_{a=x} - \pi_t(a)\big). \qquad \text{得證}$$

我們剛剛已經證明了梯度拉霸機演算法中更新的期望值等於期望獎勵的梯度，所以此演算法為隨機梯度上升的一個實例。這保證了演算法具有穩健的收斂性質。

請注意，除了它不能依賴於所選擇的動作外，我們不需要獎勵基準線的任何特性。例如，我們可以將其值設為 0 或 1000，但梯度拉霸機演算法依然是隨機梯度上升的實例。基準線的選擇不影響演算法中期望值的更新，但其影響更新的變異數，因此影響了收斂速率（如圖 2.5 所示）。將其設為獎勵的平均值可能不是最好的，但這種方式既簡單並在實際使用中表現得很好。

2.9 關聯搜尋（情境式拉霸機）

本章目前為止我們只考慮了非關聯性任務，即不需要將不同動作與不同情況相連結的任務。在這些任務中，如果任務是固定性的，則學習者將試圖找到單個最佳的動作，如果任務是非固定性的，則學習者將隨著時間的推移而嘗試追蹤最佳的動作。但是，在一般的強化學習任務中存在著多種情形，且目標是學習一種策略：從其他情形到這些情形下最佳動作的映射。我們將簡要討論非關聯任務擴展到關聯任務的最簡單方式，為完全的強化學習問題做準備。

舉個例子，假設有幾個不同的 *k*- 搖臂拉霸機任務，並且在每一步都要隨機地面對其中一個。因此每一步拉霸機任務都會隨機變動。對你而言這是一個單一的、非固定性的 *k*- 搖臂拉霸機任務，只是其真實動作值在每一步都會隨機發生變化。你可以嘗試使用本章中所描述的處理非固定性的方法，但除非真實的動作值變化緩慢，否則這些方法不會有很好的效果。現在假設當你選擇拉霸機任務時將獲得一些關於區分各個拉霸機的獨特線索（但不是其動作值）。比如你正面對一個真正的拉霸機，當它的動作值改變時其外表顯示的顏色也會發生變化。現在你可以學習將每個任務聯繫起來的策略，在此策略中每個任務都由不同顏色標示，並指示了面對不同任務時所要採取的最佳動作 —— 例如，如果是紅色，請選擇第 1 根拉桿；如果是綠色，請選擇第 2 根拉桿。在正確的策略下，通常可以比在沒有任何區分拉霸機任務相關資訊的情形下做得更好。

這是一個**關聯搜尋**（*associative search*）任務的例子，之所以這麼稱呼是因為其涉及到試誤學習來**搜尋**（*search*）最佳動作，而這些最佳動作所對應的情形是有**關聯**（*association*）。關聯搜尋任務通常在文獻中被稱為**情境式拉霸機**（*contextual bandits*）。關聯搜尋任務介於 *k*- 搖臂拉霸機問題和完全強化學習問題之間。因為它們如同完全強化學習問題涉及學習策略，但又類似本書中 *k*- 搖臂拉霸機問題，每個動作只影響當前的獎勵。如果允許動作影響**下一個情形**以及獎勵，它就是一個完全的強化學習問題。我們將在下一章中呈現完全強化學習問題，並在本書的其餘部分探討它的相關延伸。

練習 2.10：假設你正面對著一個真實動作值會隨著時步隨機變化的 2- 搖臂拉霸任務。具體而言，假設對於任何時步，有 50% 的機率動作 1 和 2 的真實值分別為 0.1 和 0.2（情形 A），有 50% 的機率動作 1 和 2 的真實值分別 0.9 和 0.8（情形 B）。如果在任何一個步驟中你都無法分辨是哪一種情形，則可以實現的最佳期望獎勵會是多少？你應該如何實現此目標？現在假設在每一步你都會被提示面對的是情形 A 還是情形 B（儘管你仍然不知道真實的動作值）。這就成為了一個關聯搜尋任務。在這項任務中你能獲得的最佳期望獎勵又是多少？你應該如何實現它？ □

2.10 本章總結

在本章中我們介紹了幾種平衡探索和利用的簡單方式。ε - 貪婪方法在一小段時間中隨機選擇動作，而信賴上界方法確定性地進行動作選擇，但巧妙地透過在每一步中採取目前為止接收到較少樣本的動作來實現探索。梯度拉霸機演算法估計的不是動作值，而是動作偏好值，並且使用 soft-max 分布，以一種分級的、機率性的方式來傾向更偏好的動作。對估計值進行樂觀的初始化這一種簡單的權宜之計，使我們即使是使用貪婪的方法也能進行大量探索。

我們很自然地會問這些方法中哪一種最好。雖然這是一個難以回答的問題，但顯然可以透過在本章中使用的 10- 搖臂測試平台上執行並比較它們的性能。一個複雜因素是它們都有一個參數，如果要獲得有意義的比較，我們必須將其性能視為其參數的函數。到目前為止，我們的圖表顯示了每種演算法和參數設置隨時間變化的學習過程，以產生該演算法和參數設定下的**學習曲線**。如果我們為所有演算法的所有參數設置繪製其學習曲線，那麼圖表將過於複雜和擁擠，無法進行清晰的比較。我們透過 1000 步的平均值來代替完整的學習曲線，此平均值與學習曲線下的面積成正比。圖 2.6 顯示了本章中各種拉霸機演算法的衡量結果，每種演算法都是以其自身參數的函數作為衡量標準，各參數的使用情形如 x 軸上刻度所示。這種圖形稱為**參數研究**（*parameter study*）。請注意，參數值的變化以 2 為因子倍增，並以對數刻度表示。還請注意每種算演法的性能曲線都呈倒 U 形，所有演算法在其參數的中間值上表現最佳，即參數值既不會太大也不會太小。在評估方法時，我們不僅要注意它在最佳參數設定下的表現，還要注意它對參數值的敏感程度。

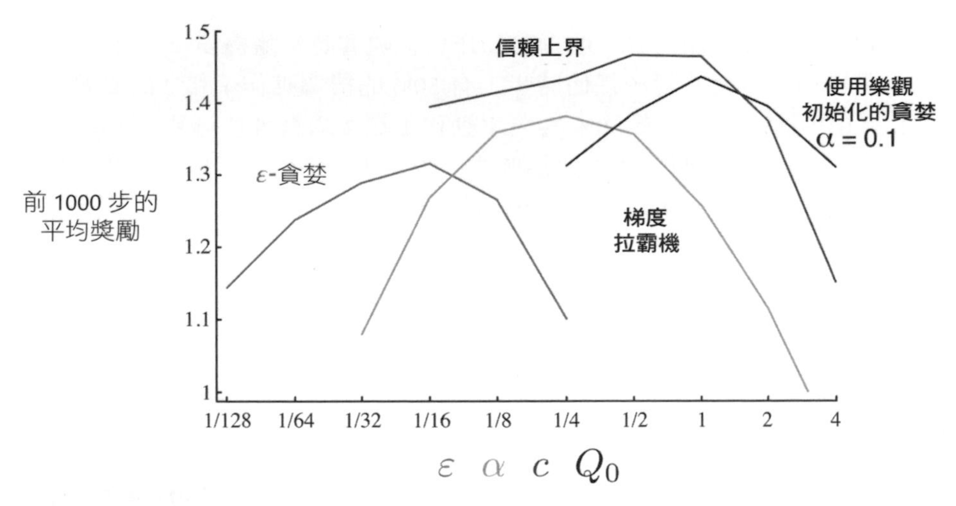

圖 2.6 本章介紹的各種拉霸機演算法的參數研究。每個點是使用特定的演算法在其參數的特定設置下，透過執行 1000 步獲得的平均獎勵。

由圖中得知這些演算法都相當不敏感，這些參數值在一個數量級的變化情形下都表現良好。整體而言，在這個問題上信賴上界方法似乎表現最佳。

儘管這些方法都很簡單，但我們認為本章介紹的方法可以被認為是最先進的方法。雖然還有許多更複雜的方法，但它們的複雜度和相關假設使得它們對於我們真正關注的完全強化學習問題而言是不切實際的。從第 5 章開始，我們將介紹解決完全強化學習問題的學習方法，這些方法使用了本章中所探討的簡單方法部分概念。

雖然本章所探討的這些簡單方法可能是我們目前所能做的最好方法，但它們遠遠不能達成完全令人滿意的平衡探索和利用。

在 *k*- 搖臂拉霸機問題中平衡探索和利用並經過充分研究的方法是計算一種稱為 ***Gittins* 指數**的特殊動作值。在某些重要的特殊情形下，這種計算是容易處理的，並可以直接計算出最佳解，儘管它需要關於問題先前分布的完整知識，而這些知識我們通常假設這是無法獲得的。此外，這種方法的理論和計算易處理性似乎都無法套用到我們在本書其餘部分所考慮的完全強化學習問題。

Gittins 指數方法是***貝葉斯方法***（*Bayesian methods*）的一個實例，它假定已知動作值的初始分布，然後在每個步驟之後準確地更新分布（假設真實動作值是固定性的）。一般而言更新計算可能非常複雜，但對於某些特殊分布（稱為***共軛先驗***（*conjugate priors*））而言，計算上相當容易。進行更新後，一種可行的方法是根據其作為最佳動作的後驗機率在每個步驟進行動作選擇。這種方法有時稱為***後驗採樣***（*posterior sampling*）或***湯普森採樣***（*Thompson sampling*），通常與我們在本章中所介紹的最佳無分布方法中的性能表現類似。

貝葉斯方法甚至可以計算出探索和利用之間的最佳平衡。我們可以針對任何可能的動作計算每個可能的立即獎勵機率，以及由此產生的後驗分布與動作值的關係。這種不斷變化的分布成為問題的***資訊狀態***（*information state*）。給定一定步數，比如 1000 步，我們可以考慮所有可能的動作，所有可能作為結果的獎勵，所有可能的下一步動作，所有下一個獎勵，以此類推直到第 1000 個步驟。在這樣的假設下，可以確定所有可能的事件鏈的獎勵和機率，我們只需要選擇最佳的即可。但是此可能性的樹狀結構會急劇增長；即使只有兩個動作和兩個獎勵，樹也會有 2^{2000} 個葉節點。要精確地執行這種大量的計算通常是不可行的，但也許可以利用有效的近似方式。這種方法將有效地將拉霸機問題轉變為完全強化學習問題的一個實例。最後，我們可以使用本書第二部分中介紹的近似強化學習方法來獲得最佳解。但這是一個尚待研究的主題，已經超出了本書介紹的範圍。

練習 2.11（程式設計）：以練習 2.5 中描述的非固定性情形描繪出類似於圖 2.6 的圖形。包括 α =0.1 的恆定步長 ε - 貪婪演算法。請執行 200,000 步，並且使用過去 100,000 步的平均獎勵作為每個演算法和參數設置的性能衡量標準。 □

參考文獻與歷史評注

2.1 在統計學、工程學和心理學中都有針對拉霸機問題進行相關研究。在統計學中，拉霸機問題被歸納為 Thompson（1933, 1934）和 Robbins（1952）所介紹的「實驗的順序設計」，並由 Bellman（1956）進行相關研究。Berry 和 Fristedt（1985）從統計學角度對拉霸機問題進行進一步延伸。Narendra 和 Thathachar（1989）從工程學的觀點來處理拉霸機問題，提供了對於解決拉霸機問題的各種理論全面性的探討。在心理學中，拉霸機問題在統計學習理論中發揮了相當大的作用（例如，Bush and Mosteller, 1955; Estes, 1950）。

貪婪一詞通常用於啟發式搜尋的研究中（例如，Pearl, 1984）。探索和利用之間的衝突在控制工程中被稱為識別（或估計）與控制之間的衝突（例如，Witten, 1976b）。Feldbaum（1965）將其稱為**雙重控制**問題，指的是在試圖控制一個不確定情形下的系統時，需要同時解決識別和控制這兩個問題。在討論基因演算法的各個層面時，Holland（1975）強調了此衝突的重要性，將其稱為開發需求與新資訊需求之間的衝突。

2.2 Thathachar 和 Sastry（1985）首先提出了我們討論的 *k*- 搖臂拉霸機問題的動作值方法。這在學習自動機的相關文獻中通常被稱為**估計量演算法**。**動作值**一詞是由 Watkins（1989）提出的。第一個使用 ε - 貪婪方法可能也是 Watkins（1989, p. 187），但這個想法很簡單，可能在更早之前就有人使用。

2.4-5 這兩節的相關內容被歸納為隨機疊代演算法，Bertsekas 和 Tsitsiklis（1996）對此進行了詳細介紹。

2.6 Sutton（1996）在強化學習中使用了樂觀初始化。

2.7 Lai 和 Robbins（1985）、Kaelbling（1993b）和 Agrawal（1995）對於使用信賴上界的估計值來選擇動作進行了早期的研究。我們在這裡提出的 UCB 演算法在文獻中稱為 UCB1，它是由 Auer、Cesa-Bianchi 和 Fischer（2002）首先實現的。

2.8 梯度拉霸機演算法是 Williams（1992）所提出的基於梯度的強化學習演算法的一個特例，後來延伸為演員 - 評論家和策略梯度演算法，我們將在本書後面討論。我們的研究也受到了 Balaraman Ravindran 的影響。

Greensmith、Bartlett 和 Baxter（2002, 2004）和 Dick（2015）對基準線選擇提供了更進一步的探討。早期對這類演算法的系統性研究是由 Sutton（1984）完成。動作選擇規則 (2.11) 是由 Luce（1959）首次提出的，而其中 *soft-max* 一詞是由 Bridle（1990）所提出的。

2.9 Barto、Sutton 和 Brouwer（1981）提出了**關聯搜尋**（*associative search*）一詞和其相關問題。**關聯強化學習**（*associative reinforcement learning*）一詞也被用於關聯搜尋（Barto and Anandan, 1985），但我們更傾向於將該詞表示為完整強化學習問題（如 Sutton, 1984）（並且正如我們先前所描述的，現代一些相關研究也使用「情境式拉霸機」一詞來表示完整強化學習問題）。我們注意到 Thorndike 的效果律（引自第 1 章）透過利用情境（狀態）和動作之間關聯連結的形成來描述關聯式搜尋。根據操作制約或工具性制約的定義（例如，Skinner, 1938），判別性刺激是一種能對特定的強化偶然事件產生反應的刺激，根據定義，不同的判別性刺激對應著不同的狀態。

2.10 Bellman（1956）首次展示了如何使用動態規劃來計算貝葉斯形式的相關問題中，探索和利用之間的最佳平衡。Gittins 指數方法是由 Gittins 和 Jones（1974）所發表。Duff（1995）展示了如何透過強化學習來學習拉霸機問題的 Gittins 指數。Kumar（1985）的調查對這些拉霸機問題的貝葉斯方法和非貝葉斯方法進行了相當好的探討。**資訊狀態**（*information state*）一詞來自關於部分可觀察的 MDP 研究，例如 Lovejoy（1991）。

其他理論研究則著重於探索的效率，通常表示為演算法可以多快地達到最佳決策策略。一種將探索效率形式化的方法是透過監督式學習演算法的**樣本複雜度**（*sample complexity*）概念運用於強化學習中，樣本複雜度是指監督式學習演算法在學習目標函數時達到所需精準度的訓練樣本數量。對於強化學習演算法中探索的樣本複雜度定義為使用演算法選擇近似最佳動作前所花費的時步數（Kakade, 2003）。Li（2012）在對於強化學習中探索效率相關理論方法的調查中探討了探索的樣本複雜度，以及關於探索效率的其他方法。Russo 等人對 Thompson 抽樣提供了全面性的現代化處理方式（2018）。

Chapter 3

有限馬可夫決策過程

本章我們將介紹有限馬可夫決策過程（finite Markov decision processes, finite MDP），這也是本書後續章節中試圖解決的問題。這些問題涉及到拉霸機問題中的評估回饋，也涉及包括關聯性方面，即在不同情形下選擇不同動作。MDP 是序列決策過程的典型形式，其動作不僅影響立即的獎勵，也會影響包括後續情形（或稱為狀態），進而影響未來的獎勵。因此，MDP 涉及到延遲獎勵，需要針對即時獎勵與延遲獎勵進行權衡。在拉霸機問題中我們估計每個動作 a 的價值 $q_*(a)$，而在 MDP 中我們估計每個狀態 s 中每個動作 a 的價值 $q_*(s,a)$，或者估計在最佳動作選擇下的各個狀態的價值 $v_*(s)$。這些與狀態相關的值對於準確地為各個動作選擇的長期影響來分配信賴度是相當重要的。

MDP 是強化學習問題的一種理想化數學形式，可對其進行精確的理論陳述。我們將介紹強化學習問題數學結構中的各個關鍵元素，如回報、價值函數和貝爾曼方程。我們將嘗試說明可以形式化為有限 MDP 的廣泛應用。與所有人工智慧一樣，在適用範圍和數學易處理性之間存在著一種矛盾。在本章中我們將介紹這種矛盾關係，並討論它所隱含的一些權衡和挑戰。我們將在第 17 章介紹一些使用 MDP 以外的方式進行強化學習的方法。

3.1 代理人 - 環境介面

MDP 旨在從交互作用中學習以實現目標這一個問題的簡單框架。學習者和決策者被稱為代理人（*agent*）。與代理人之間交互作用的，包括代理人之外的所有事物，被稱為環境（*environment*）。兩者不斷進行交互作用，代理人選擇動作，然後環境響應這些動作並向代理人呈現新的情形 [1]。環境也將產生獎勵，代理人透過動作選擇尋求最大化的特定數值。

---

1 我們使用術語「代理人」、「環境」和「動作」來代替工程術語中的「控制器」、「控制系統（或設備）」和「控制訊號」，因為它們對大眾更有意義。

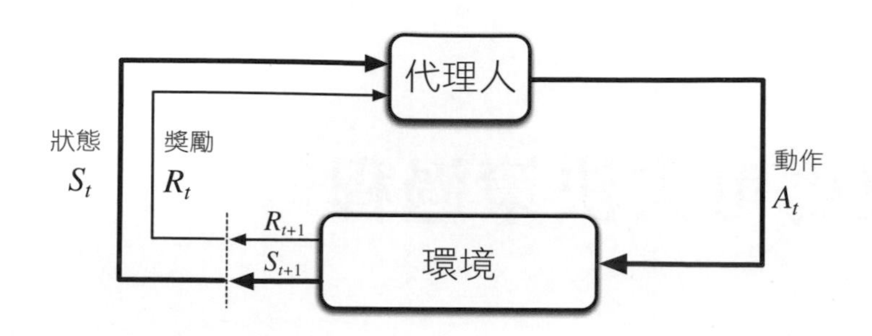

圖 3.1 在馬可夫決策過程中的代理人與環境之間的交互作用。

更具體地說，代理人和環境在一系列離散時步 $t = 0, 1, 2, 3, \cdots$ 進行交互作用 [2]。在每個時步 t，代理人會接收到環境的**狀態**（*state*）$S_t \in \mathcal{S}$ 的一些表徵，並在此基礎上選擇一個**動作**（*action*）$A_t \in \mathcal{A}(s)$[3]。在下一個時步，代理人將會收到一個數字**獎勵**（*reward*）$R_{t+1} \in \mathcal{R} \subset \mathbb{R}$，此獎勵中有部分來自於於動作的結果，同時將發現自己處於一個新的狀態 S_{t+1} [4] 中。MDP 和代理人共同產生了一個如下所示的序列或**軌跡**：

$$S_0, A_0, R_1, S_1, A_1, R_2, S_2, A_2, R_3, \ldots \tag{3.1}$$

在有限 MDP 中，狀態、動作和獎勵（$\mathcal{S}$、$\mathcal{A}$ 和 $\mathcal{R}$）的集合都只有有限數量的元素。在這種情形下，隨機變數 R_t 和 S_t 具有明確定義的離散機率分布，該分布僅取決於先前的狀態和動作。也就是說，在給定前一狀態和動作的情形下，對於這兩個隨機變數的特定值，$s' \in \mathcal{S}$ 和 $r \in \mathcal{R}$，在時步 t 發生的機率為：

$$p(s', r | s, a) \doteq \Pr\{S_t = s', R_t = r \mid S_{t-1} = s, A_{t-1} = a\}, \tag{3.2}$$

---

2 我們專注於離散的情形以簡化問題，即使許多想法可以擴展到連續時間的情形（例如，詳見 Bertsekas and Tsitsiklis, 1996; Doya, 1996）。

3 為了簡化符號，我們有時會假設一種特殊情形，即所有狀態下的動作集合都相同，並將其簡單地表示為 $\mathcal{A}$。

4 我們使用 R_t+1 而非 R_t 來表示由 A_t 產生的獎勵，因為它強調下一個獎勵 R_t+1 和下一個狀態 S_t+1 是共同決定的。不幸的是，在文獻中這兩種表示方式都是常用的表示方式。

對於所有 s'、$s \in \mathcal{S}$、$r \in \mathcal{R}$ 和 $a \in \mathcal{A}(s)$。函數 p 定義了 MDP 的**動態**（*dynamics*）。方程式中等號上的點提醒我們它是一個定義式（在這個例子中為函數 p），而不是從先前定義推導出的事實。動態函數 $p: \mathcal{S} \times \mathcal{R} \times \mathcal{S} \times \mathcal{A} \to [0,1]$ 是有四個參數的普通確定性函數。中間的 '|' 為條件機率的符號，但在這裡只是提醒我們 p 表明了 s 和 a 所帶來的機率分布，即

$$\sum_{s' \in \mathcal{S}} \sum_{r \in \mathcal{R}} p(s', r \mid s, a) = 1, \text{ 對所有的 } s \in \mathcal{S}, a \in \mathcal{A}(s). \tag{3.3}$$

在**馬可夫**（*Markov*）決策過程中，由 p 給出的機率可以完全確定環境的動態。也就是說，S_t 和 R_t 的每個可能值的機率僅取決於前一個狀態和動作 S_{t-1} 和 A_{t-1} 的具體值，而不受更早的狀態和動作影響。最好不要將此視為決策過程上的限制，而是將此視為對**狀態**（*state*）的限制。狀態必須包括有關過去代理人與環境互動的所有可能對未來有影響的資訊。如果符合此條件，那麼就表示該狀態具有**馬可夫性質**（*Markov property*）。我們在本書內容中都假設具有馬可夫性質，儘管從第二部分開始我們將學習不依賴此性質的近似方法，在第 17 章中我們將考慮如何從非馬可夫觀測值中學習和建立馬可夫狀態。

從 4 個參數的動態函數 p 中，我們可以計算出任何與環境有關的其他訊息，例如**狀態轉移機率**（*state-transition probabilities*）（雖然有濫用符號的嫌疑，但我們使用 3 個參數的函數 $p: \mathcal{S} \times \mathcal{S} \times \mathcal{A} \to [0,1]$ 來表示）。

$$p(s' \mid s, a) \doteq \Pr\{S_t = s' \mid S_{t-1} = s, A_{t-1} = a\} = \sum_{r \in \mathcal{R}} p(s', r \mid s, a). \tag{3.4}$$

我們還可以計算出狀態 - 動作的預期獎勵，並使用 2 個參數的函數 $r: \mathcal{S} \times \mathcal{A} \to \mathbb{R}$ 來表示：

$$r(s, a) \doteq \mathbb{E}[R_t \mid S_{t-1} = s, A_{t-1} = a] = \sum_{r \in \mathcal{R}} r \sum_{s' \in \mathcal{S}} p(s', r \mid s, a), \tag{3.5}$$

以及可以計算出狀態 - 動作 - 下一狀態的預期獎勵，並以 3 個參數的函數 $r: \mathcal{S} \times \mathcal{A} \times \mathcal{S} \to \mathbb{R}$ 來表示：

$$r(s, a, s') \doteq \mathbb{E}[R_t \mid S_{t-1} = s, A_{t-1} = a, S_t = s'] = \sum_{r \in \mathcal{R}} r \frac{p(s', r \mid s, a)}{p(s' \mid s, a)}. \tag{3.6}$$

在本書中我們通常會使用具有 4 個參數的函數 p(3.2)，但為了方便性偶爾也會使用其他我們所介紹的函數。

MDP 框架是抽象而靈活的，可以透過許多不同的方式應用於多種不同的問題。例如，時步不一定指實際時間的固定間隔；也可以指決策和動作的任意連續階段。這些動作可以是底層的控制行為，例如施加到機器人手臂馬達的電壓，或高層次的決策，例如是否要吃午餐或是否念研究所。同樣地，各狀態也可以有多種形式。狀態可以完全由底層的感知來決定，例如感測器上的直接讀數，也可以是更高層次和抽象的，例如對室內物體的符號性描述。組成狀態的事物可以是基於對過去感知的記憶，甚至可以完全是精神上的或主觀的。

例如，代理人可能處於「不確定某物在哪裡」的狀態中，或者在某些明確定義的意義上「被嚇了一跳」的狀態。同樣地，某些動作也可能完全是精神上的或計算性的。例如，某些動作可能會控制代理人所思考的內容或代理人所關注的重點。一般而言，動作可以是我們想要學習如何決策的任何決定，而狀態可以是任何可能有助於決策的事物。

特別是，代理人和環境之間的界限通常與機器人或動物身體的物理界限不同。通常代理人和環境之間的界限接近於物理界限。例如，機器人中的馬達、機械連動機構及其感測元件通常應被視為環境的一部分，而不是代理人的一部分。同樣地，如果我們將 MDP 框架應用於人或動物，肌肉、骨骼和感覺器官應被視為環境的一部分。此外，獎勵是在自然或人工學習系統的物理實體內部計算，但通常被認定為在代理人的外部。

我們遵循的一般規則是，如果某物不能被代理人任意改變，那該物被視為在代理人的外部，因此也是環境的一部分。我們並沒有假設代理人對於環境的一切事物都是未知的。例如，代理人通常非常了解其獎勵如何根據其動作與採取動作所在的狀態以函數的形式進行計算。但我們總是認為獎勵的計算位於代理人的外部，因為其定義了代理人所面對的任務，因此代理人沒有對其進行任意修改的能力。事實上，在某些情形下，代理人可能知道其環境如何運作的所有訊息，但其面臨的強化學習任務仍然非常困難，正如我們可能確切地知道像魔術方塊一樣的拼圖如何操作，但仍然無法解決它。代理人與環境之間的界限代表代理人的**絕對控制**（*absolute control*）的限制，而不是其知識的限制。

為了不同的目的，代理人與環境的界限可以位於不同的位置。在一個複雜的機器人中，可能有許多不同的代理人同時運行，每個代理人都有自身的界限。例如，一個代理人做出高層次決策，這些決策是由較底層代理人所面臨的狀態的一部分所構成。在實踐中，一旦選擇了特定的狀態、動作和獎勵，就確定代理人與環境間的界限，因此也確定了興趣所在的特定決策任務。

MDP 框架是一種對目標導向問題從交互作用中學習的高度抽象概念。它提出無論感官、記憶和控制裝置的細節，以及任何試圖達到的目標，學習目標導向行為的任何問題都可以簡化為在代理人及其環境之間來回傳遞的三個訊號：一個訊號表示代理人做出的選擇（動作），一個訊號表示作出選擇的基礎（狀態），一個訊號來界定代理人的目標（獎勵）。這個框架可能不足以有效地代表所有決策學習問題，但已被證明能被廣泛地應用。

當然，不同任務中具體的狀態與動作可能有巨大的差異，並且它們的表示方式會對性能產生很大影響。在強化學習中，如同其他類型的學習一樣，這種表徵選擇目前更像是藝術而不是科學。

在本書中，我們提供了一些關於如何有效表達狀態和行為的建議和例子，但我們主要關注的是在表示方式選擇後，如何進行學習的一般準則。

範例 3.1：生物反應器。假設正在應用強化學習來決定生物反應器（用於生產有用化學物質的大量營養物和細菌）的各個時刻的溫度和攪拌速率。在這種應用中的動作可以是目標溫度和目標攪拌速率，這些目標溫度和目標攪拌速率被傳遞到較底層的控制系統，該控制系統又直接觸發加熱元件和馬達以實現目標。狀態可能是熱電偶和其他感官讀數，這些讀數可能有延遲或是經過濾波的，再加上代表桶中的原料和目標化學品成分的符號輸入。獎勵可能是生物反應器產生有用化學品各個時測量的速率。請注意，此處每個狀態都是感測器讀數和符號輸入的列表或向量，每個動作都是由目標溫度和攪拌速率組成的向量。強化學習任務的典型特徵是具有這種結構化來表示狀態和動作。另一方面，獎勵常常為單一數值。 ■

範例 3.2：取放機器人。考慮使用強化學習來控制機器人手臂在重複拾取和放置任務中的運動。如果我們想要學習快速和平穩的運動方式，學習代理人必須能直接控制馬達並具有關於機械連動機構的當前位置和速度的低延遲資訊。在這種情形下的動作可能為每個關節處施加到每個馬達的電壓，並且狀態可能是關節角度和速度的最新讀數。對於成功拾取和放置的每個對象，獎勵可能為 +1。為了鼓勵平穩的動作，在每個時步上，可以根據動作的瞬間「顛簸程度」的函數給予較小的負面獎勵。 ■

練習 3.1：針對上述範例設計三個適合的 MDP 框架，為每個任務給定各自的狀態、動作和獎勵。盡可能使這三個例子彼此**不同**。框架是抽象且靈活的，可以以多種不同的方式應用。在至少一個例子中以某種方式擴展其限制。 □

練習 3.2：MDP 框架是否足以有效地表示**所有**目標導向的學習任務？你能想到任何明顯的例外嗎？ □

練習 3.3：考慮關於駕駛汽車的問題。你可以根據油門、方向盤和煞車，即從你的身體與汽車接觸的位置來定義動作。或者你可以將它們以更外在的角度來定義 —— 比如輪胎的橡膠與道路接觸的情形，將你的動作設定為輪胎扭矩。或者你可以更進一步地來定義，你的大腦與你的身體交互作用，將你的動作設定為肌肉的收縮來控制你的四肢。或者你可以以相當高的層次來看，將你的動作定義為選擇開車的**地方**。什麼是合適的層次以及代理人和環境之間的界限劃分？該劃分的方式優於其他方式是基於什麼理由？還是可以隨意選擇？ □

範例 3.3 回收機器人

有一個在辦公室中收集空汽水罐的移動機器人。該機器人有一個用於偵測汽水罐的感測器，以及可以將汽水罐拾起並放置在配備的箱子中的機器手臂和夾具，它使用充電電池供電。機器人的控制系統具有用於理解感知資訊、用於導航以及用於控制手臂和夾具的元件。關於如何搜尋汽水罐的高級決策是由強化學習代理人根據電池的當前電量做出的。舉一個簡單的例子，我們假設只能區分兩個電量等級，這兩者組成了簡單的狀態集合 $\mathcal{S}$ = { 高 , 低 }。在每個狀態，代理人可以決定是否（1）在一定時間內主動搜尋汽水罐，（2）保持靜止並等待別人扔來的汽水罐，或（3）返回其充電站為電池充電。當電量等級為「高」時，進行充電是一件愚蠢的事，所以我們不會將其包含在為此狀態設定的動作集合中。動作集合是 $\mathcal{A}$（高）= { 搜尋 , 等待 } 和 $\mathcal{A}$（低）= { 搜尋 , 等待 , 充電 }。

獎勵在大多數時間為零，但是當機器人獲得一個空汽水罐時變為正值，或者當電量完全耗盡則變為負值。發現汽水罐的最佳方法是主動搜尋它們，但這會耗盡機器人的電量，而等待則不會消耗電量。每當機器人在搜尋時，它的電池就會有電量被耗盡的可能性。當電池電量被耗盡時，機器人必須關閉並等待救援（產生一個低的獎勵值）。如果電量等級為「高」，則可以完成一段時間的積極搜尋而沒有耗盡電池的風險。如果起始電量等級為「高」，在經過一段時間的搜尋後，電量等級以 α 的機率維持在「高」，而以 1-α 的機率降至「低」。另一方面，如果起始電量等級為「低」，那麼在經過一段時間的搜尋後，電量等級以 β 的機率維持在「低」，而以 1- β 的機率耗盡電池。在耗盡電池電量的情況下，機器人必須等待救援，且電量等級在充電後恢復為「高」。機器人收集的每一個汽水罐都可以作為一個單位獎勵，而每當機器人必須被救援時，會產生一個 -3 的獎勵。讓我們使用 $r_{搜尋}$ 和 $r_{等待}$（$r_{搜尋} > r_{等待}$）分別表示機器人在搜尋和等待時收集到的汽水罐預期數量（因此就是預期的獎勵）。最後，假設機器人在回充電站期間及電池耗盡時不能收集汽水罐。那麼這個系統就是一個有限的 MDP，我們可以獲得轉移機率和預期的獎勵，其動態如左表所示：

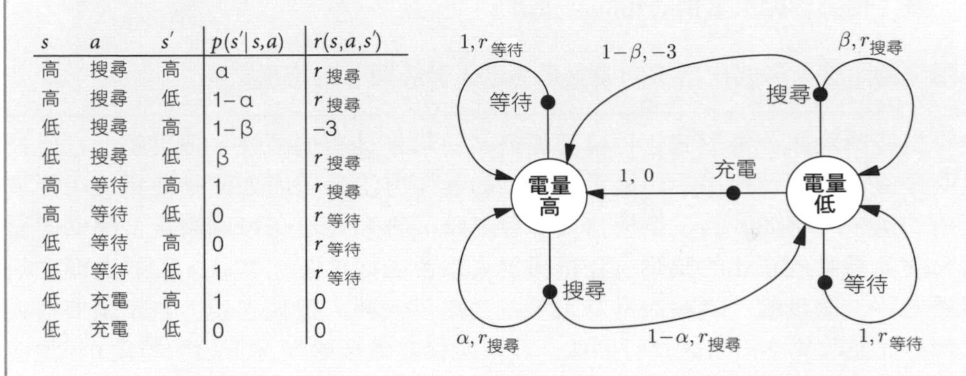

s	a	s'	$p(s'\|s,a)$	$r(s,a,s')$
高	搜尋	高	α	$r_{搜尋}$
高	搜尋	低	1−α	$r_{搜尋}$
低	搜尋	高	1−β	−3
低	搜尋	低	β	$r_{搜尋}$
高	等待	高	1	$r_{搜尋}$
高	等待	低	0	$r_{等待}$
低	等待	高	0	$r_{等待}$
低	等待	低	1	$r_{等待}$
低	充電	高	1	0
低	充電	低	0	0

表中標示了當前狀態 s、動作 $a \in \mathcal{A}(s)$ 和下一個狀態 s' 的每種可能組合。總結有限 MDP 動態的另一種有用方法是如右上圖所示的**轉移圖**（*transition graph*）。有兩種節點：**狀態節點**（*state nodes*）和**動作節點**（*action nodes*）。

每個可能的狀態都對應於一個狀態節點（一個以狀態名稱標記的大圓），以及每個狀態 - 動作對應的一個動作節點（一個小的實心圓圈，以動作的名稱標記並以一條線連接到狀態節點）。從狀態 s 開始並採取行動 a，你將從狀態節點 s 沿著線移動到動作節點（s, a），然後環境透過其中一個箭頭離開動作節點（s, a），轉移到下一個狀態的節點。每個箭頭對應一個 3 個參數的 (s, s', a)，其中 s' 是下一個狀態，我們用轉移機率 $p(s'|s,a)$ 以及該轉移的預期獎勵 $r(s,a,s')$ 標記箭頭。請注意，離開同一個動作節點的轉移機率總和為 1。

練習 3.4：請參考範例 3.3 中的表，繪製出對應 $p(s',r\,|\,s,a)$ 的表格。表格中應該包含 s、a、s'、r 以及 $p(s',r\,|\,s,a)$ 的行，以及每一個 $p(s',r\,|\,s,a) > 0$ 對應的列。 □

3.2 目標與獎勵

在強化學習中，代理人的目的或目標是透過將稱為**獎勵**（*reward*）的特殊訊號形式化，且該訊號由環境傳遞給代理人。在每個時步，獎勵是一個簡單的數值，$R_t \in \mathbb{R}$。就非正式的而言，代理人的目標是最大化其收到的獎勵總量。這表示最大化不是立即獎勵，而是長期累積獎勵。我們可以將這種非正式的概念表述為**獎勵說**（*reward hypothesis*）：

> 所有我們所說的目標和目的，都可以被理解為最大化所接收的純量訊號（稱為獎勵）累積總和的期望值。

使用獎勵訊號來形式化目標的概念是強化學習最顯著的特徵之一。

儘管根據獎勵訊號來形式化目標可能最初看起來具有侷限性，但實際上它已被證明是靈活且廣泛適用的。展示這一點的最佳方法是考慮如何被使用或可能被使用的例子。例如，為了讓機器人學會走路，研究人員在每個時步上提供與機器人向前移動成正比的獎勵。在讓機器人學會如何逃離迷宮時，對於逃離之前經過的每一個步驟，獎勵通常為 -1，這鼓勵了代理人盡快逃脫。為了讓機器人學習尋找並收集空汽水罐進行回收，我可能會在大多數情況下給予獎勵 0，然後每次收集到空汽水罐給予獎勵 +1。我們可能還想在機器人碰到東西或者被人責罵時給予機器人負值的獎勵。對於學習玩西洋跳棋或西洋棋的代理人而言，獲勝的自然獎勵為 +1，失敗為 -1，和局和所有非終局局面的獎勵均為 0。

你可以觀察在這些例子中發生的情形。代理人總是學會最大化其獎勵。如果我們希望代理人為我們做點什麼，我們必須以這樣的方式為代理人提供獎勵，透過最大化累積獎勵的同時，代理人也將達成我們的目標。因此，我們設定的獎勵是否能真正反應我們想要達成的目標顯得非常重要。

特別是，獎勵訊號並不是傳授給代理人**如何**達成目標的先前知識方[5]。例如，西洋棋遊戲的代理人只有在真正獲勝時才能獲得獎勵，而不是達成吃掉了對手的棋子或佔據了棋盤中心位置等子目標時獲得獎勵。如果在達成這類的子目標得到獎勵，那麼代理人可能想盡辦法來達成子目標而未達成真正的目標。例如，

5 傳授這種先前知識最好的方式是設定初始策略或初始價值函數，或者對這兩者施加影響。

代理人可能找到一種方法來吃掉對手的棋子，但代價是輸棋。獎勵訊號是告訴代理人想要達成**什麼**目標的方式，而不是你希望代理人**如何**達成目標[6]。

3.3 回報和分節

到目前為止，我們已經非正式討論了學習的目標。我們說過代理人的目標從長遠來看是最大化累積獎勵。那麼如何正式定義呢？如果在時步 t 之後接收的獎勵序列表示為 $R_{t+1}, R_{t+2}, R_{t+3}, \ldots$，那麼我們希望最大化這個序列具體的哪一方面呢？一般而言，我們尋求最大化**預期回報**（*expected return*），其中回報 G_t 被定義為獎勵序列的某個特定函數。在最簡單的情況下，回報是獎勵的總和：

$$G_t \doteq R_{t+1} + R_{t+2} + R_{t+3} + \cdots + R_T, \tag{3.7}$$

其中 T 為最後一個時步。這種方式在能自然地定義最終時步的應用中是有意義的，也就是當代理人與環境交互作用可以自然地劃分為不同的子序列時才有意義，我們將這樣的子序列稱為**分節**（*episodes*）[7]，如一局遊戲、一次穿越迷宮的歷程或任何形式重複的交互作用。每個分節以一種稱為**終端狀態**（*terminal state*）的特殊狀態結束，然後重置為標準起始狀態，或從起始狀態的標準分布中取樣。即使你認為每一個分節以不同的方式結束，例如贏了遊戲或輸了遊戲，但下一個分節的開始與上一個分節的結束是無關的。因此，所有的分節都可以視為以相同的終端狀態結束，只是對於不同的結果有不同的獎勵。具有這種不同分節的任務被稱為分節式任務。在**分節式任務**中，我們有時需要將所有非終端狀態的集合（表示為 $\mathcal{S}$）與包含終端狀態的所有狀態集合（表示為 $\mathcal{S}^+$）區分開來。終止時間 T 通常是一個隨分節不同而改變的隨機變數。

另一方面，在許多情形下代理人與環境的交互作用並不能自然地被劃分為可識別的分節，而是持續不斷地進行。例如，我們可以很自然地以這種方式形式化一個持續進行的過程控制任務、或一個生命週期相當長的機器人應用。我們將這種任務稱為**連續性任務**（*continuing tasks*），(3.7) 的回報公式對於連續性任務是有問題的，因為最終時間步長將是 $T = \infty$，而且我們試圖最大化的回報可以很輕易地成為無窮大（例如，假設代理人在每個時步都獲得 +1 的獎勵）。因此，在本書中，我們通常會使用一種在概念上略微複雜但在數學上相當簡單的回報定義。

6 第 17.4 節將進一步探討關於設計有效獎勵訊號的問題。

7 在相關文獻中，分節有時被稱為「試驗」。

我們需要的一個額外概念為**折扣**（*discountimg*）。根據這種方法，代理人將以最大化未來接收到的折扣後獎勵總和為目標進行動作選擇。特別是，它選擇 A_t 來最大化預期的**折扣後回報**（*discounted return*）：

$$G_t \doteq R_{t+1} + \gamma R_{t+2} + \gamma^2 R_{t+3} + \cdots = \sum_{k=0}^{\infty} \gamma^k R_{t+k+1}, \tag{3.8}$$

其中 γ 被稱為**折扣率**（*discount rate*），$0 \leq \gamma \leq 1$。

折扣率決定了未來獎勵的現值：在 k 個時步後收到的獎勵為當前值的 γ^{k-1} 倍。如果 $\gamma < 1$，那麼只要獎勵序列 $\{R_k\}$ 是有界限的，則 (3.8) 中趨近於無限大時的總和為一個有限值。如果 $\gamma = 0$，代理人會因為只關注最大化當前獎勵而變得「短視」：在這種情形下，代理人的目標是學習如何選擇 A_t 以最大化 R_{t+1}。如果每個代理人的動作恰好僅影響當前獎勵而不會影響未來獎勵，那麼一個短視的代理人可以透過分別最大化每個當前獎勵來最大化 (3.8)。但一般而言，最大化當前獎勵來選擇動作會減少未來的獎勵，進而減少了回報。當 γ 接近於 1 時，回報的目標將更強烈地考慮未來的獎勵，也可以說是代理人變得更有遠見。

連續時步的回報彼此相互關聯，這對強化學習的理論和演算法十分重要：

$$\begin{aligned} G_t &\doteq R_{t+1} + \gamma R_{t+2} + \gamma^2 R_{t+3} + \gamma^3 R_{t+4} + \cdots \\ &= R_{t+1} + \gamma \big(R_{t+2} + \gamma R_{t+3} + \gamma^2 R_{t+4} + \cdots \big) \\ &= R_{t+1} + \gamma G_{t+1} \end{aligned} \tag{3.9}$$

如果我們定義 $G_T = 0$，那麼對於所有時間步 $t < T$ 皆成立，即使終止發生在 $t + 1$。這使得由獎勵序列計算回報變得很容易。

雖然 (3.8) 中的回報是由無窮多項組成，但如果獎勵為非零常數，且 $\gamma < 1$，則回報值仍為有限的值。例如，如果獎勵是常數 +1，那麼回報為

$$G_t = \sum_{k=0}^{\infty} \gamma^k = \frac{1}{1-\gamma}. \tag{3.10}$$

練習 3.5：3.1 節中的公式適用於連續的情形，需要進行修改（非常小量的）以適用於分節性任務。請透過提供 (3.3) 的修改版本以證明你知道所需修改的內容。 □

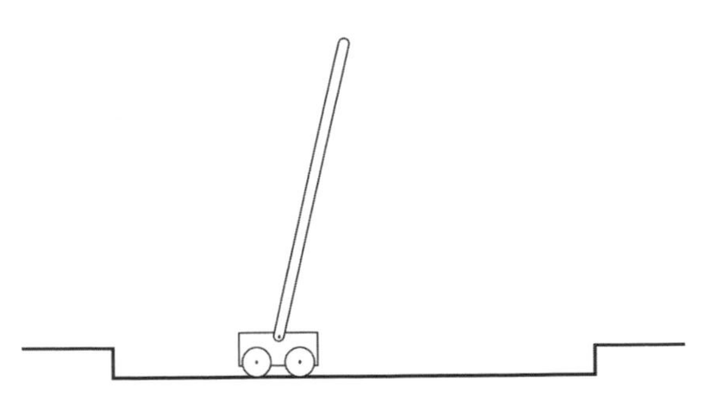

範例 3.4：桿平衡。此任務的目標是將力施加到沿著軌道移動的推車上，以便保持鉸接在推車上的桿不會翻倒：如果桿與垂直方向的夾角超過了給定值或推車出軌，則視為失敗。每次失敗後，桿子都會重置到垂直位置。這個任務可以被視為分節性事件，每個自然劃分的分節就是重複嘗試平衡桿子。在這種情形下，對於沒有發生失敗時每個時步的獎勵為 +1，因此每個時步中的回報是發生失敗前所經歷的時步數。在這種情形下，永遠成功地平衡桿子將使回報趨近於無窮大。或者我們可以使用折扣將桿平衡視為一種連續性任務。在這種情形下，每次失敗時獎勵為 –1，其他時間獎勵為 0。每次回報將與 $-\gamma^K$ 相關，其中 K 是失敗前的時步數。無論在哪種情形下，透過盡可能長時間保持桿平衡使回報最大化。 ■

練習 3.6：假設你將桿平衡視為一種分節性任務，但同時也使用折扣，除了失敗時的 –1 以外，所有獎勵均為 0。那麼每一時步的回報會是如何？這種回報與連續性並包含折扣的回報有何不同？ □

練習 3.7：想像你正在設計一個走迷宮的機器人。你決定在其逃出迷宮時獎勵為 +1，而在其他時間獎勵為 0。任務似乎自然地被劃分為各個分節 — 即連續走迷宮的嘗試 — 所以你決定將它視為一個分節性任務，其目標是最大化預期的總獎勵 (3.7)。在執行學習代理人一段時間之後，你發現它在逃離迷宮時沒有任何改進。這是發生了什麼問題？你是否有效地向代理人傳達了希望達成的目標？ □

練習 3.8：假設 $\gamma = 0.5$ 並且接收以下獎勵序列 $R_1 = -1$，$R_2 = 2$，$R_3 = 6$，$R_4 = 3$ 及 $R_5 = 2$，其中 $T = 5$。那麼 G_0、$G_1 \cdots G_5$ 分別為多少？提示：由後往前計算。□

練習 3.9：假設 $\gamma = 0.9$ 且獎勵序列是 $R_1 = 2$，緊接著是數值為 7 的無限序列。那麼 G_1 和 G_0 分別為多少？ □

練習 3.10：證明 (3.10) 中的第二個等式。 □

3.4 分節式與連續性任務的統一標示方式

我們在前一節介紹了兩種強化學習任務，其中一種是代理人與環境間交互作用可以自然地劃分為一系列單獨的分節（分節性任務），另一種情況則並非如此（連續任務）。前一種情形在數學上較為容易，因為每個動作僅影響在分節中隨後收到的有限數量獎勵。在本書中，我們有時會考慮其中一種，有時候會考慮另一種問題，但常常兩種一起考慮。因此，建立一種能夠讓我們同時精確地用於這兩種情形的標示方式是有幫助的。

準確地描述分節性任務需要一些額外的符號。我們需要考慮的是一系列分節，而不是一長串的時步，每個分節都包含一系列時步。我們從 0 開始重新編號每個分節的時步。因此，我們不僅要參考時步 t 的狀態表示 S_t，還需要使用 $S_{t,i}$ 來表示分節 i 中時步 t 的狀態（同樣地對於 $A_{t,i}$、$R_{t,i}$、$\pi_{t,i}$ 以及 T_i 等）。然而，事實上當我們討論分節性任務時，我們幾乎不必對各個分節進行區分。我們幾乎總是在考慮某一個特定的分節，或論述一些對所有分節都成立的內容。因此，在實踐上我們幾乎總是略微濫用符號，並透過省略分節編號進行使用。也就是說，當我們使用 S_t 時指的是 $S_{t,i}$，依此類推。

我們需要另一個約定來涵蓋分節性和連續性任務的單一符號。在公式 (3.7) 中，我們將回報定義為有限數量項的總和，而在公式 (3.8) 中我們將回報定義為無限數量項的總和。這兩者可以透過將分節終止視為進入一個特殊的**吸收狀態**（*absorbing state*）進行統一表示，此狀態僅轉移為自身並僅產生零獎勵。例如，考慮以下的狀態轉移圖：

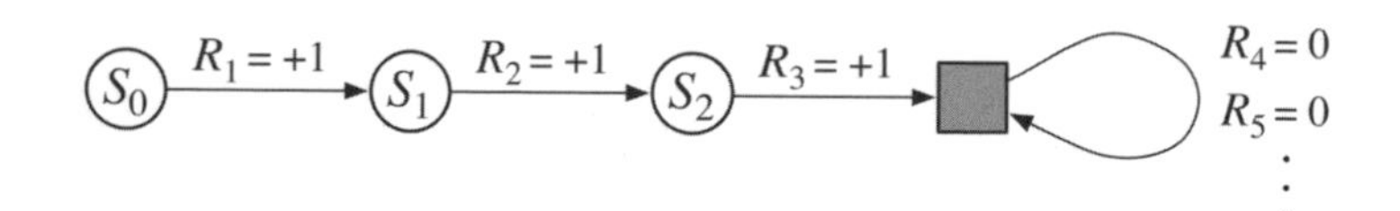

這裡的實心方塊表示為對應於分節結束的特殊吸收狀態。從 S_0 開始，我們獲得獎勵序列為 +1, +1, +1, 0, 0, 0, ...。將這些值加總，我們將得到相同的回報，無論我們只對第一個 T 獎勵（此處 T = 3）還是對整個無限序列進行加總。即使導入折扣也會成立。因此，我們可以根據公式 (3.8) 來定義一般性的回報，並使用「在不需要時省略分節編號」的慣例。如果總和有定義，那麼保留包括 $\gamma = 1$ 的可能性（例如，所有分節在有限的時步內終止）。或者我們可以寫成：

$$G_t \doteq \sum_{k=t+1}^{T} \gamma^{k-t-1} R_k, \tag{3.11}$$

上式包含了 $T = \infty$ 或 $\gamma = 1$（但不是兩者同時）的可能性。我們在本書的其餘部分使用這些約定來簡化符號，並表達分節性和連續性任務之間的密切相似之處（稍後我們將在第 10 章介紹一種連續且非折扣的公式）。

3.5 策略與價值函數

幾乎所有強化學習演算法都涉及估計**價值函數**，即估計狀態（或狀態 - 動作）函數，這個函數可以評估代理人在給定狀態下的**好壞程度**（或者在給定狀態下執行給定動作的好壞程度）。「好壞程度」的概念是根據未來可以預期的獎勵來定義，或者更確切地說是預期回報。當然，代理人未來可以獲得的回報取決於採取什麼動作。因此，價值函數是針對特定的動作方式來定義的，我們稱為策略。

正式地說，**策略**是從狀態到選擇每個可能動作的機率映射。如果代理人在時步 t 遵循著策略 π，則 $\pi(a|s)$ 即為 $S_t = s$ 時 $A_t = a$ 的機率。如同 p 一樣，π 是一個普通的函數，$\pi(a|s)$ 中間的 | 僅為提醒我們，對於每個 $s \in \mathcal{S}$ 都定義了 $a \in \mathcal{A}(s)$ 的機率分布。強化學習方法規定了代理人的策略如何因其經驗而改變。

練習 3.11：如果當前狀態為 S_t，並且根據隨機策略 π 選擇了動作，那麼如何以 π 和 4 個參數的函數 p(3.2) 來表示 R_{t+1} 的期望值？ □

在策略 π 下狀態 s 的**價值函數**（*value function*）表示為 $v_\pi(s)$，是指從狀態 s 開始並在之後遵循著策略 π 的預期回報。以 MDP 的方式，我們可以將 $v_\pi(s)$ 正式定義為

$$v_\pi(s) \doteq \mathbb{E}_\pi[G_t \mid S_t = s] = \mathbb{E}_\pi\left[\sum_{k=0}^{\infty} \gamma^k R_{t+k+1} \,\middle|\, S_t = s\right], \text{對所有 } s \in \mathcal{S}, \tag{3.12}$$

其中 $\mathbb{E}_\pi[\cdot]$ 表示代理人遵循策略 π 時隨機變數的期望值，而 t 為任一時步。請注意，如果有終端狀態的話，則該狀態的值始終為 0。我們將函數 v_π 稱為**策略 π 的狀態價值函數**（*state-value function*）。

同樣地，我們將策略 π 下在狀態 s 採取動作 a 的值表示為 $q_\pi(s, a)$，是指從狀態 s 開始並採取動作 a，然後遵循著策略 π 的預期回報：

$$q_\pi(s, a) \doteq \mathbb{E}_\pi[G_t \mid S_t = s, A_t = a] = \mathbb{E}_\pi\left[\sum_{k=0}^{\infty} \gamma^k R_{t+k+1} \,\middle|\, S_t = s, A_t = a\right] \tag{3.13}$$

我們稱 q_π 為策略 π 的**動作值函數**（*action-value function*）。

練習 3.12：使用 q_π 和 π 來表示 v_π。 □

習題 3.13：使用 v_π 和 4 個參數的函數 p 來表示 q_π。 □

價值函數 v_π 和 q_π 可以根據經驗估計。例如，如果代理人遵循策略 π 並且對於遇到的每個狀態都紀錄該狀態後的實際回報值並計算平均值，那麼當遇到該狀態次數趨近於無窮大時，平均值也將收斂到該狀態值 $v_\pi(s)$。如果對每個狀態中的各個動作分別計算平均值，則這些平均值將類似地收斂到動作值 $q_\pi(s,a)$。

我們將這種估計方法稱為**蒙地卡羅方法**（*Monte Carlo methods*），因為這種方法涉及到對大量實際回報的隨機樣本進行平均。這種方法將在第 5 章中進行介紹。當然，如果有很多狀態的話，那麼單獨為每個狀態保持各自的平均值是不切實際的。取而代之的是，代理人必須將 v_π 和 q_π 保持為參數化函數（參數個數必須少於狀態個數），並調整參數以更好地匹配觀察到的回報。這樣可以產生精確的估計值，儘管這主要取決於參數化函數似器的性質。這些內容將在本書的第二部分中討論。

在強化學習和動態規劃中使用的價值函數的基本屬性是，它們滿足類似於我們已經討論過的公式 (3.9) 那樣以回報建立的遞迴關係。對於任何策略 π 和任何狀態 s，以下一致性條件在 s 的值與其可能的後繼狀態值之間成立：

$$\begin{aligned}
v_\pi(s) &\doteq \mathbb{E}_\pi[G_t \mid S_t = s] \\
&= \mathbb{E}_\pi[R_{t+1} + \gamma G_{t+1} \mid S_t = s] && (\text{由 } (3.9)) \\
&= \sum_a \pi(a|s) \sum_{s'} \sum_r p(s', r|s, a)\Big[r + \gamma \mathbb{E}_\pi[G_{t+1}|S_{t+1} = s']\Big] \\
&= \sum_a \pi(a|s) \sum_{s', r} p(s', r|s, a)\Big[r + \gamma v_\pi(s')\Big], \text{ 對所有 } s \in \mathcal{S}, && (3.14)
\end{aligned}$$

其中隱含的是動作 a 取自集合 $\mathcal{A}(s)$，下一個狀態 s' 取自集合 $\mathcal{S}$（或者在分節性問題的情況下取自 $\mathcal{S}^+$），獎勵 r 取自集合 $\mathcal{R}$。請注意在最後的等式中我們是如何合併兩個總和，一個在 s' 的所有值上求出總和，另一個在 r 的所有值上求出總和，並合併為所有可能值的總和。我們經常使用這種合併的總和來簡化公式。請注意最終表達式我們是如何輕易地理解為一個期望值。它實際上是三個變數 a、s' 和 r 的所有值總和。對於每個 3 個參數的組合，我們計算其機率 $\pi(a|s)p(s', r|s, a)$，並將該機率對括號中的數量進行加權，然後對所有的機率求出總和以得到一個期望值。

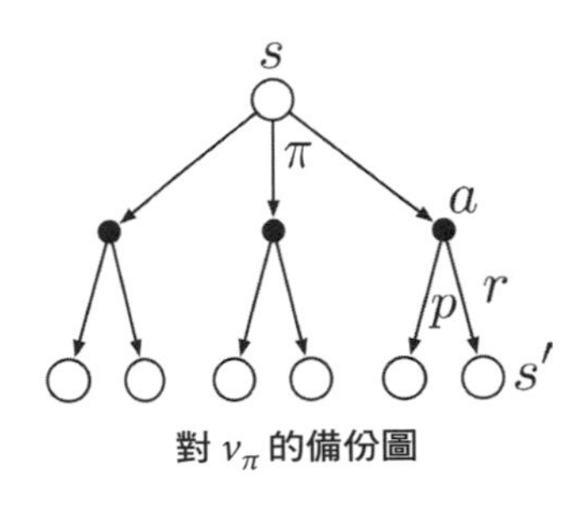

對 v_π 的備份圖

公式 (3.14) 是 v_π 的**貝爾曼方程**（*Bellman equation*）。它表達了一個狀態價值與其後繼狀態價值之間的關係。試想一下從某個狀態向前看所有可能的後繼狀態情形，如右圖所示。每個空心圓代表一個狀態，每個實心圓代表一個狀態 - 動作對。從頂部的根節點狀態 s 開始，代理人可以基於其策略 π 採取任何一個動作（圖中顯示了三個）。從任何一個動作出發，環境會響應幾個下一個狀態的選擇 s'（圖中顯示了兩個），以及取決於函數 p 所提供的動態而獲得的獎勵 r。貝爾曼方程 (3.14) 對所有機率進行平均，透過其發生機率對每個機率進行加權。並顯示出一個狀態的值必須等於下一個狀態的（折扣後的）期望值加上沿途預期的獎勵。

價值函數 v_π 是貝爾曼方程的唯一解。我們在隨後的章節中展示貝爾曼方程如何成為計算、近似和學習 v_π 等多種方法的基礎。我們將上述的圖稱為**回溯圖**（*backup diagrams*），因為它描繪出的關係構成了更新或**回溯**（*backup*）操作的基礎，這也是強化學習方法的核心。這些操作將價值資訊從其後繼狀態（或狀態 - 動作對）轉移**回**該狀態（或狀態 - 動作對）。我們在本書中使用回溯圖來提供我們討論的演算法其圖形化概要（請注意，它與轉移圖不同，回溯圖的狀態節點不一定代表不同的狀態。例如，一個狀態的後繼狀態可能就是其本身）。

範例 3.5：網格世界。圖 3.2（左）顯示了一個矩形網格世界作為有限 MDP 的簡單表示情形。網格中的每個小格對應於環境中的狀態。在每個小格有四個可能的動作：向北、向南、向東和向西，各個動作都確定性地使代理人在網格上相對應的方向移動一格。令代理人脫離網格的動作會使其保持在原位置，但將產生 −1 的獎勵。除了上述動作與將代理人移出特殊狀態 A 和特殊狀態 B 之外，其餘動作將產生 0 的獎勵。在狀態 A 下，4 個動作都會產生 +10 的獎勵並將代理人帶到狀態 A′。在狀態 B 下，4 個動作都會產生 +5 的獎勵並將代理人帶到狀態 B′。

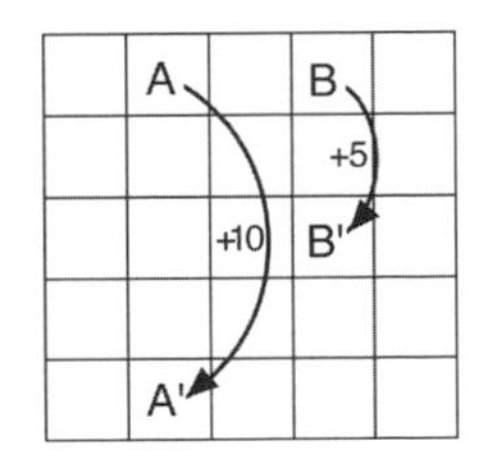

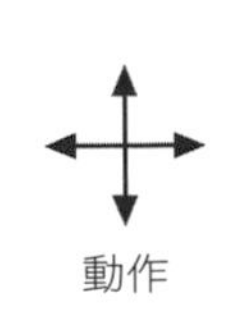

3.3	8.8	4.4	5.3	1.5
1.5	3.0	2.3	1.9	0.5
0.1	0.7	0.7	0.4	-0.4
-1.0	-0.4	-0.4	-0.6	-1.2
-1.9	-1.3	-1.2	-1.4	-2.0

圖 3.2 網格世界示意圖：例外的獎勵動態（左）和等機率隨機策略的狀態值函數（右）。

假設代理人在所有狀態中以相同的機率選擇 4 個動作。圖 3.2（右）顯示了在 γ = 0.9 的折扣情形下此策略的價值函數 v_π。此價值函數是透過求解線性方程式 (3.14) 來計算。注意下方邊緣附近的負值，這些是隨機策略下代理人有較大的機率撞到網格的邊緣造成脫離網格所導致的結果。狀態 A 是此策略下最好的狀態，但它的預期回報小於 10，即小於立即獎勵，因為代理人從狀態 A 被帶到狀態 A′ 時，它很可能會撞到網格的邊緣。另一方面，狀態 B 的值大於 5，即大於立即獎勵，因為代理人從狀態 B 被帶到狀態 B′ 的值為正。從 B′ 開始，因撞到邊緣而產生的預期懲罰（負獎勵）可能會因進入狀態 A 或狀態 B 所產生的預期回報而獲得補償。 ■

練習 3.14： 對於範例 3.5 中圖 3.2（右）所示的價值函數 v_π，貝爾曼方程 (3.14) 一定對每個狀態都成立。請利用數值證明，當四個相鄰狀態的值分別為 +2.3、+0.4、-0.4 和 +0.7 時，在正中間的狀態值為 +0.7（這些數值僅需精確到小數點第一位）。 □

練習 3.15： 在網格世界的範例中，獎勵在到達目標時為正，撞到網格邊緣為負，其它情形則為 0。這些獎勵的正負比較重要，還是獎勵之間的差值比較重要？請使用 (3.8) 證明對所有獎勵加入一個常數 c 會使所有狀態值添加一個常數 v_c，因此不會影響任何策略下任何狀態之間的相對值。如何用 c 和 γ 來表示 v_c？ □

練習 3.16： 現在考慮在分節性任務中為所有獎勵加入一個常數 c，例如一個走迷宮的任務。這將會有什麼影響，還是會像上面的連續性任務一樣使得任務保持不變？為什麼會改變或為什麼不會改變？請舉例說明。 □

範例 3.6：高爾夫。 為了將打高爾夫球形式化為一個強化學習任務，我們計算每次揮桿都有 -1 的懲罰（負的獎勵），直到我們將球擊入洞中。狀態為高爾夫球的位置。狀態值是從當前位置到進洞所需桿數的負數。我們的動作是我們如何瞄準和擊球，以及我們選擇哪種球桿。讓我們假設前者視為給定，僅考慮球桿的選擇，其中我們假設可以選擇推桿或木桿。圖 3.3 的上半部分顯示了總是使用推桿的策略時可能的狀態值函數 $v_{推桿}(s)$。洞內的終端狀態值為 0。假設我們從果嶺上的任何地方都可以推桿，這些狀態的值為 -1。在果嶺之外我們不能透過推桿進洞，因此狀態值的絕對值更大。如果我們可以透過一次推桿從目前狀態到達果嶺，那麼該狀態值必須比果嶺的狀態值小 1，即 -2。為了簡單起見，我們假設我們可以非常精確和確定地推桿，但距離有限。這為我們提供了圖中標記為 -2 的尖銳輪廓線，該線和果嶺之間的所有位置都需要透過兩次擊球來使球進洞。同樣地，可以透過一次推桿擊球到達 -2 輪廓線範圍內的任何位置

為 -3，依此類推以獲得圖中所示的所有輪廓線。推桿並不能讓我們脫離沙坑，所以該狀態的值為 -∞。整體而言，透過推桿我們需要 6 桿才能從球座進洞。 ■

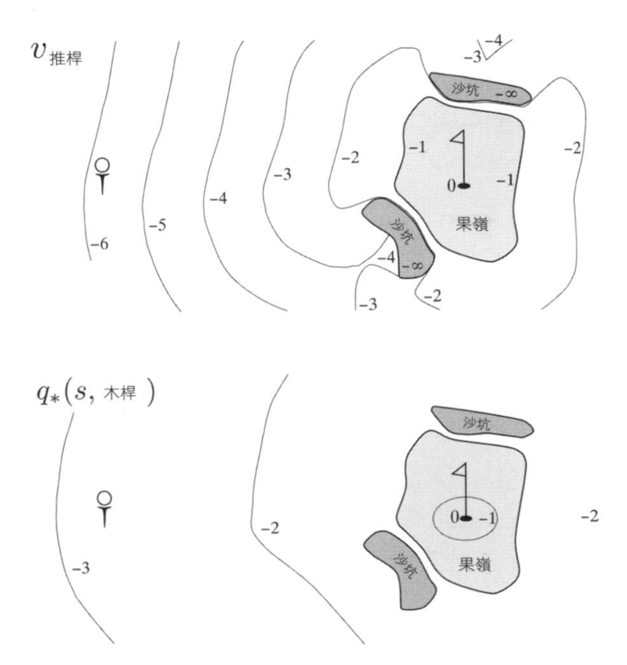

圖 3.3 高爾夫範例：使用推桿的狀態值函數（上）和使用木桿的最佳動作值函數（下）。

練習 3.17：針對動作值 q_π 的貝爾曼方程是如何的？$q_\pi(s,a)$ 必須根據 (s,a) 中所有可能的後繼狀態 - 動作對的動作值 $q_\pi(s',a')$ 來表示。提示：下方的回溯圖對應於此方程式。請顯示出類似於（3.14）對於動作值方程序列的推導過程。 □

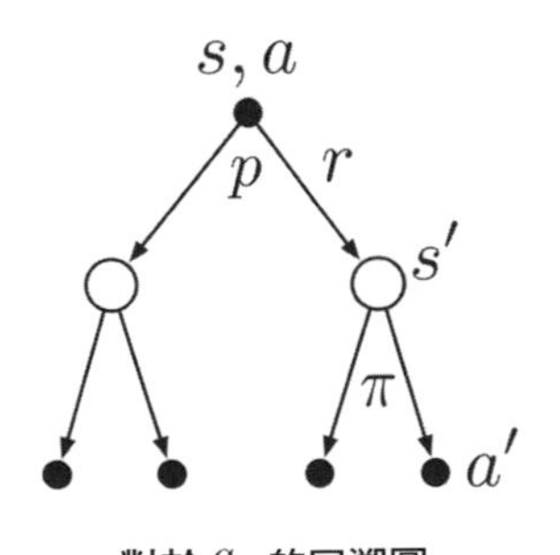

對於 q_π 的回溯圖

練習 3.18：狀態值取決於該狀態可能採取的動作值以及根據當前策略採取的每項動作的可能性。我們可以根據一個以某一狀態為根節點，並考慮每個可能動作的回溯圖來思考：

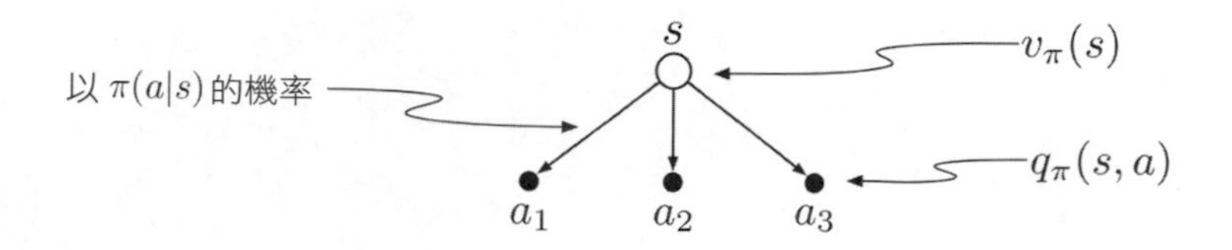

根據直覺和回溯圖，在給定 $S_t = s$ 的情形下以預期子節點處的值 $q_\pi(s,a)$ 寫出對應於該根節點的值 $v_\pi(s)$ 的方程式。此方程式應包括遵循著策略 π 的期望值。並請給出第二個方程式，期望值以 $\pi(a|s)$ 表示，使得方程式中不會出現期望值符號。 □

練習 3.19：一個動作的值 $q_\pi(s,a)$ 取決於預期的下一個獎勵和預期剩餘獎勵的總和。我們可以再次根據一個回溯圖來考慮這一點，這個回溯圖以一個動作（狀態 - 動作對）為根節點，並分支到可能的下一個狀態：

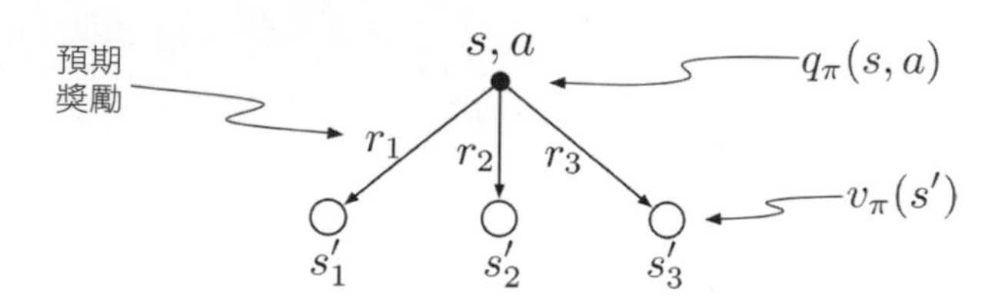

在給定 $S_t = s$ 和 $A_t = a$，根據預期的下一個獎勵 R_{t+1} 和預期的下一個狀態值 $v_\pi(S_{t+1})$，寫出對應於該直覺和回溯圖中動作值 $q_\pi(s,a)$ 的方程式。這個方程式應包含一個不遵循當下策略的期望值。並請給出第二個方程式，用 (3.2) 定義的 $p(s',r|s,a)$ 明確地寫出期望值，使得方程式中不會出現期望值符號。 □

3.6 最佳策略及最佳價值函數

解決強化學習任務意味著發現一個能長期獲得大量獎勵的策略。對於有限的 MDP 而言，我們可以透過以下方式精確定義一個最佳策略。根據價值函數我們可以對策略上定義一個部分排序的關係。如果在所有狀態的情況下，策略 π 的預期回報大於或等於所有策略 π'，則策略 π 定義為優於或等於策略 π'。換句話說，$v_\pi(s) \geq v_{\pi'}(s)$ 若且唯若 $\pi \geq \pi'$ 對於所有 $s \in \mathcal{S}$ 成立，總是至少有一個策略優於或等於所有其他策略。這就是一個**最佳策略**（*optimal policy*）。雖然可能不止一個最佳策略，我們以 π_* 來表示所有最佳策略。這些最佳策略擁有相同的狀態值函數，稱為**最佳狀態值函數**，表示為 v_*，並定義為

$$v_*(s) \doteq \max_\pi v_\pi(s), \tag{3.15}$$

對所有 $s \in \mathcal{S}$。

最佳策略之間也擁有相同的**最佳動作值函數**（*optimal action-value function*），表示為 q_*，並且定義為

$$q_*(s,a) \doteq \max_\pi q_\pi(s,a), \tag{3.16}$$

對於所有 $s \in \mathcal{S}$ 和 $a \in \mathcal{A}(s)$。對於狀態 - 動作對 (s, a)，此函數提供了在狀態 s 中採取動作 a 並且此後遵循最佳策略的預期回報。因此，我們可以用 v_* 來表示 q_*：

$$q_*(s,a) = \mathbb{E}[R_{t+1} + \gamma v_*(S_{t+1}) \mid S_t = s, A_t = a]. \tag{3.17}$$

範例 3.7：高爾夫的最佳值函數。圖 3.3 的下半部分顯示了可能的最佳動作值函數 q_* (s, 木桿) 的輪廓線。這些值是假設我們首先以木桿擊球，並在之後從木桿或推桿兩者中選擇較好者而得到的各個狀態值。木桿使我們擊出去的球能夠飛得更遠，但準度較低。只有當我們已經非常接近球洞時才能使用木桿一桿進洞。因此 q_* (s, 木桿) 的 -1 輪廓線僅覆蓋了果嶺的一小部分。但是，如果我們能打兩桿的話，我們就可以從更遠的地方擊球進洞，如 -2 的輪廓線所示。在這種情形下，我們不必一直使用木桿到較小的 -1 輪廓內，而只需要將球推進到果嶺內，在那裡我們可以使用推桿。最佳動作值函數在做出特定的第一個動作（在這例子為使用木桿擊球）之後提供相關值，此後就一直使用最佳動作。-3 輪廓線是在更外圍的地方，且包括了球座。從球座開始，最佳動作順序是先使用兩個木桿然後再使用一次推桿，共三次擊球。 ■

因為 v_* 是某一策略下的價值函數，所以它必須滿足針對狀態值的貝爾曼方程所提供的自身一致性條件 (3.14)。但因為它是最佳價值函數，所以 v_* 的一致性條件可以用以不參考任何特定的策略特殊形式來呈現。這就是針對 v_* 的貝爾曼方程，或**貝爾曼最佳方程**（*Bellman optimality equation*）。直觀地來看，貝爾曼最佳方程所表達的事實為：在最佳策略下，一個狀態價值必須等於該狀態最佳動作的預期回報：

$$\begin{aligned} v_*(s) &= \max_{a\in\mathcal{A}(s)} q_{\pi_*}(s,a) \\ &= \max_a \mathbb{E}_{\pi_*}[G_t \mid S_t{=}s, A_t{=}a] \\ &= \max_a \mathbb{E}_{\pi_*}[R_{t+1} + \gamma G_{t+1} \mid S_t{=}s, A_t{=}a] && \text{(由 (3.9))} \\ &= \max_a \mathbb{E}[R_{t+1} + \gamma v_*(S_{t+1}) \mid S_t{=}s, A_t{=}a] && (3.18) \\ &= \max_a \sum_{s',r} p(s',r|s,a)\big[r + \gamma v_*(s')\big]. && (3.19) \end{aligned}$$

最後兩個方程式為 v_* 的貝爾曼最佳方程的兩種形式。q_* 的貝爾曼最佳方程為

$$\begin{aligned} q_*(s,a) &= \mathbb{E}\Big[R_{t+1} + \gamma \max_{a'} q_*(S_{t+1},a') \;\Big|\; S_t = s, A_t = a\Big] \\ &= \sum_{s',r} p(s',r|s,a)\Big[r + \gamma \max_{a'} q_*(s',a')\Big]. \end{aligned} \tag{3.20}$$

下圖中的回溯圖以圖形方式顯示了在 v_* 和 q_* 的貝爾曼最佳方程中所考慮的未來狀態和動作的範圍。這些與前面所提到的 v_π 和 q_π 的回溯圖類似，除了在代理人的選擇點處增加了弧線以表示進行了最佳選擇，而不是計算在給定某個策略下的期望值。左邊的回溯圖以圖形方式表示貝爾曼最佳方程 (3.19)，而右邊的回溯圖則為以圖形方式表示 (3.20)。

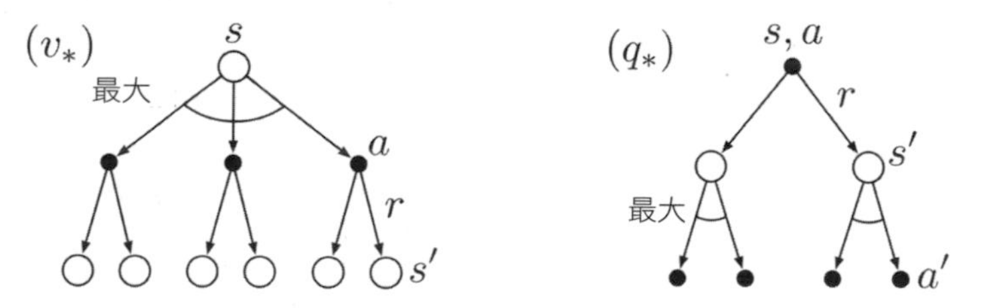

圖 3.4 v_* 和 q_* 的回溯圖。

對於有限 MDP 而言，針對 v_π 的貝爾曼最佳方程 (3.19) 具有不依賴於策略的唯一解。貝爾曼最佳方程實際上是一個方程組，每個狀態都對應一個方程式，所以如果有 n 個狀態的話，則方程組會是具有 n 個未知數的 n 個方程式。如果環境的動態 p 已知，則原則上可以使用任何一種用於求解非線性方程組的方法來求解 v_*。同樣地，可以用類似的方程組來求解 q_*。

一旦獲得了 v_*，就可以相對容易地確定最佳策略。對於每個狀態 s，將存在一個或多個動作可以在貝爾曼最佳方程中獲得最大值。任何只對這些動作分配非零機率的策略都是最佳策略，可以將此視為單步搜尋。如果你知道最佳價值函數 v_*，則在單步搜尋後出現最佳的動作即為最佳動作。另一種說法是，任何對最佳價值函數 v_* 貪婪的策略都是最佳策略。「貪婪」一詞在計算機科學領域中用於描述「任何僅根據當前或局部的考量來進行選擇，而不考慮這種選擇可能妨礙將來獲得更好的替代方案的可能性」的搜尋或決策過程。因此，它描述了僅根據短期結果來進行動作選擇的策略。v_* 的美妙之處在於，如果我們將其用於對動作的短期結果進行評估（或更確切地說是單步結果），那麼從我們所關注的長期角度而言，貪婪策略實際上是最佳的，因為 v_* 已經考慮了未來所有可能行為的獎勵結果。透過 v_*，最佳的長期預期回報將變為可以在每個狀態上透過局部且立即的計算而獲得的值。因此，透過單步搜尋即可獲得長期而言最佳的動作。

一旦獲得了 q_* 會使得選擇最佳動作變得更加容易。有了 q_*，代理人甚至不必進行單步搜尋：對於任何狀態 s，代理人可以很輕易地找到最大化 $q_*(s, a)$ 的動作。動作值函數有效地暫存了所有單步搜尋的結果，它將最佳的長期預期回報作為「每個狀態 - 動作對中局部且立即可用的值」。因此，作為表達狀態 - 動作對的函數而不是僅僅是狀態的函數，最佳動作價值函數允許選擇最佳動作而不需了解關於可能的後繼狀態及其值的任何資訊，即在不必了解任何環境的動態資訊情形下進行最佳動作選擇。

範例 3.8：解決網格世界問題。假設我們為範例 3.5 中介紹的簡單網格任務求解了關於 v_* 的貝爾曼方程，如圖 3.5（左）所示。回想一下狀態 A 之後是 +10 的獎勵並且轉移到狀態 A′，而狀態 B 之後是 +5 的獎勵並且轉移到狀態 B′。圖 3.5（中）顯示了最佳值函數，圖 3.5（右）顯示了相對應的最佳策略。有些小方格中存在多個方向的箭頭，代表其相對應的動作都是最佳的。

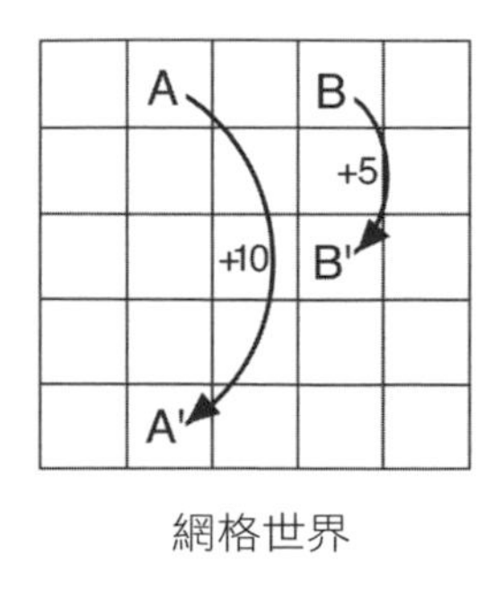

網格世界

22.0	24.4	22.0	19.4	17.5
19.8	22.0	19.8	17.8	16.0
17.8	19.8	17.8	16.0	14.4
16.0	17.8	16.0	14.4	13.0
14.4	16.0	14.4	13.0	11.7

v_*

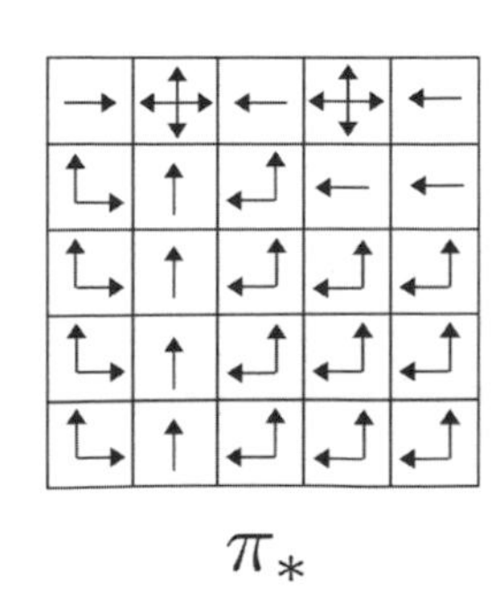

π_*

圖 3.5 網格世界範例的最佳解。 ■

範例 3.9：回收機器人問題的貝爾曼最佳方程。使用 (3.19)，我們可以明確寫出回收機器人例子的貝爾曼最佳方程。為了簡潔起見，我們將狀態「高」和「低」及動作「搜尋」、「等待」及「充電」分別以 h、l、s、w 和 re 來表示。由於只有兩種狀態，貝爾曼最佳方程將由兩個方程式組成。$v_*(\mathtt{h})$ 的方程式可表示為：

$$\begin{aligned} v_*(\mathtt{h}) &= \max\left\{ \begin{array}{l} p(\mathtt{h}|\mathtt{h},\mathtt{s})[r(\mathtt{h},\mathtt{s},\mathtt{h}) + \gamma v_*(\mathtt{h})] + p(\mathtt{l}|\mathtt{h},\mathtt{s})[r(\mathtt{h},\mathtt{s},\mathtt{l}) + \gamma v_*(\mathtt{l})], \\ p(\mathtt{h}|\mathtt{h},\mathtt{w})[r(\mathtt{h},\mathtt{w},\mathtt{h}) + \gamma v_*(\mathtt{h})] + p(\mathtt{l}|\mathtt{h},\mathtt{w})[r(\mathtt{h},\mathtt{w},\mathtt{l}) + \gamma v_*(\mathtt{l})] \end{array} \right. \\ &= \max\left\{ \begin{array}{l} \alpha[r_{\mathtt{s}} + \gamma v_*(\mathtt{h})] + (1-\alpha)[r_{\mathtt{s}} + \gamma v_*(\mathtt{l})], \\ 1[r_{\mathtt{w}} + \gamma v_*(\mathtt{h})] + 0[r_{\mathtt{w}} + \gamma v_*(\mathtt{l})] \end{array} \right\} \\ &= \max\left\{ \begin{array}{l} r_{\mathtt{s}} + \gamma[\alpha v_*(\mathtt{h}) + (1-\alpha) v_*(\mathtt{l})], \\ r_{\mathtt{w}} + \gamma v_*(\mathtt{h}) \end{array} \right\}. \end{aligned}$$

如果 $v_*(\mathtt{l})$ 按照相同流程的話，將得到以下的方程式。

$$v_*(\mathtt{l}) = \max\left\{ \begin{array}{l} \beta r_{\mathtt{s}} - 3(1-\beta) + \gamma[(1-\beta)v_*(\mathtt{h}) + \beta v_*(\mathtt{l})], \\ r_{\mathtt{w}} + \gamma v_*(\mathtt{l}), \\ \gamma v_*(\mathtt{h}) \end{array} \right\}.$$

對於任何滿足 $0 \leq \gamma < 1$、$0 \leq \alpha$，$\beta \leq 1$ 這兩個條件的 $r_{\mathtt{s}}$、$r_{\mathtt{w}}$、α、β 和 γ 的取值，總是恰好有一對解 $v_*(\mathtt{h})$ 和 $v_*(\mathtt{l})$ 同時滿足上述的兩個非線性方程式。 ■

明確求解貝爾曼最佳方程提供了一條找到最佳策略的途徑，進而解決了強化學習問題。但是，這種解決方案很少直接能派上用場。它類似於窮舉搜尋，需考慮所有的可能性，計算各個可能的發生機率以及它們在預期獎勵方面的可取性。該解決方案依賴於至少三個很難在應用中成立的假設：（1）我們準確地了解環境的動態，（2）我們有足夠的計算資源來完成這些解的計算，（3）馬可夫性質。對於我們感興趣的各式各樣任務，通常無法完全應用此解決方案，因為違反了這些假設的各種組合。例如，雖然第一和第三個假設對雙陸棋沒有任何問題，但第二個假設是一個主要障礙。因為雙陸棋大約有 10^{20} 個狀態，所以目前最快的電腦也需要數千年的時間來計算出 v_* 的貝爾曼方程，對於 q_* 亦是如此。在強化學習中，通常必須將就於計算近似解。

許多不同的決策方法可以被視為近似解決貝爾曼最佳方程的方法。例如，啟發式搜尋法可以被視為將 (3.19) 的右側擴展數次直到到達一定的深度，形成一個機率的「樹」，然後使用啟發式評估函數來近似位於「葉」節點的 v_*（例如 A^* 的啟發式搜尋方法幾乎總是基於分節性情形）。動態規劃的方法甚至可以與貝爾曼最佳方程更緊密地聯繫起來。許多強化學習方法可以清楚地理解成使用實際的轉移經驗來代替期望轉移的知識，進而近似地求解貝爾曼最佳方程。我們將在接下來幾章中考慮各種這樣的方法。

練習 3.20：繪製或描述出高爾夫範例的最佳狀態值函數。 □

練習 3.21：繪製或描述出高爾夫範例中，推桿的最佳動作值函數 $q_*(s, \text{推桿})$。 □

練習 3.22：考慮右圖所示的連續性 MDP。頂部狀態有唯一需要做出的決定，其狀態可採取兩個動作，「左」和「右」。圖中的數字為每次採取動作後收到的確定性獎勵。正好有兩個確定性策略，$\pi_{\text{左}}$ 和 $\pi_{\text{右}}$。如果 γ 分別為 0、0.9、0.5 時，哪一個策略是最佳的？ □

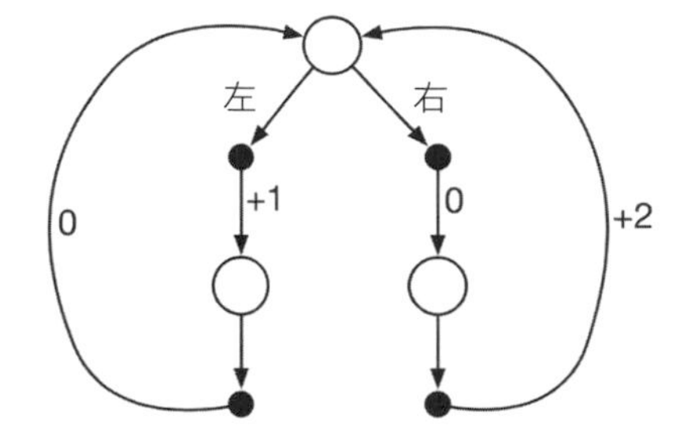

練習 3.23：請寫出回收機器人針對 q_* 的貝爾曼方程。 □

練習 3.24：圖 3.5 顯示的網格世界中，最佳狀態的最佳值為 24.4（計算至小數點第一位）。使用你對最佳策略的理解和 (3.8) 以數學表示式表示此值，然後將其計算至小數點第三位。 □

練習 3.25：使用 q_* 來表示 v_* 的方程式。 □

練習 3.26：使用 v_* 和 4 個參數的函數 p 來表示 q_* 的方程式。 □

習題 3.27：使用 q_* 來表示 π_* 的方程式。 □

練習 3.28：使用 v_* 和 4 個參數的函數 p 來表示 π_* 的方程式。 □

練習 3.29：使用 3 個參數的函數 p(3.4) 和 2 個參數的函數 r(3.5) 來重寫針對 4 個價值函數（v_π、v_*、q_π 和 q_*）的貝爾曼方程。 □

3.7 最佳性及近似

我們已經定義了最佳價值函數和最佳策略。很明顯地，學習最佳策略的代理人表現得非常好，但實際上這種情況很少發生。對於我們感興趣的各種問題中，只能以極高的計算成本才能產生最佳策略。明確定義最佳性的概念組織了我們在本書中描述的學習方法，並提供了理解各種學習演算法理論特性的一種途徑，但最佳性僅是代理人可以在不同程度上接近的一種理想情形。如上所述，即使我們擁有完整而精確的環境動態模型，透過單純地求解貝爾曼最佳方程來計算最佳策略通常是不可能的。例如，西洋棋等棋盤遊戲只是人類各種經驗的極小部分，但客製化設計的大型電腦仍無法計算出最佳動作。代理人面臨的問題中一個極為關鍵的方面始終是擁有多少可用的計算能力，特別是它在單個時步中能執行的計算量。

儲存能力也是一個重要的約束。通常需要大量儲存空間來建構價值函數、策略和模型的近似值。在較小的有限狀態集合的任務中，使用陣列或表格來組合這些近似值是可行的，每個狀態（或狀態 - 動作對）表示為陣列或表格的一個項目。我們將此稱為*表格式*任務，其相對應方法我們稱為表格式方法。然而在許多實際情形下，狀態數量遠遠多於表格所能呈現的數量。在這些情形下，必須使用某種更簡潔的參數化函數表示方法來對函數進行近似。

我們對強化學習問題的框架迫使我們求助於近似。然而，它也為我們提供了一些實現有用近似的獨特機會。例如，在近似求解最佳動作時，可能存在許多代理人接觸機率很低的狀態，以致於在這些狀態上它們選擇次佳動作對代理人接收的獎勵量幾乎沒有影響。例如，Tesauro 的雙陸棋遊戲程式即使擁有出色的下棋技巧也有可能會在棋盤上作出非常糟糕的決定，但在與專家對弈的棋局中卻從未發生過。

事實上，TD-Gammon 可能會對遊戲狀態集合中大部分的狀態做出錯誤的決定。強化學習的線上性質使得在近似最佳策略的過程中，對於經常遇到的狀態會投入更多的精力以做出正確的決策，但代價是在不常見的狀態付出較少的努力。這是將強化學習與其他近似解決 MDP 的方法區分開來的一個關鍵屬性。

3.8 本章總結

讓我們總結一下我們在本章中提出的強化學習問題的要素。強化學習是指從交互作用中學習如何決策以實現目標。強化學習*代理人*及其*環境*在一系列離散時步上交互作用，它們的界限的規範定義出了具體的任務：*動作*（*actions*）是代理人做出的選擇；*狀態*（*states*）是做出選擇的基礎；而*獎勵*（*rewards*）是評估選擇的基礎。代理人內部的所有內容都是代理人完全已知和可控制的；外部的一切是部分可控的，但是否完全了解是不確定的。*策略*（*policy*）為一種隨機規則，代理人透過該規則選擇動作作為狀態的函數。代理人的目標是最大化其隨時步收到的獎勵總額。

當上述強化學習設置以明確定義的轉移機率表達時，就構成**馬可夫決策過程**（MDP）。有限的 MDP 是具有有限的狀態、動作和（我們在此處所提的）獎勵集合的 MDP。目前強化學習的大部分理論僅限於有限的 MDP，但這些方法和理念可以應用於更為普遍的情形。

回報（*return*）是代理人尋求最大化的未來獎勵的函數（從期望值的角度）。它有幾種不同的定義，取決於任務的性質以及是否希望對延遲獎勵進行**折扣**。未折扣形式適用於**分節性任務**，其中代理人與環境間交互作用可自然地劃分為不同分節。折扣形式適用於**連續性任務**，其中交互作用不會自然地劃分為不同分節而是無限制地持續下去。我們試圖統一這兩種任務回報的定義，使得一組方程式可以同時適用於分節性和連續性的情形。

策略的**價值函數**（*value functions*）為每個狀態（狀態 - 動作對）提供了在該策略下各個狀態（狀態 - 動作對）的預期回報。**最佳價值函數**（*optimal value functions*）為每個狀態（狀態 - 動作對）提供了在任何策略下各個狀態（狀態 - 動作對）的最大預期回報。價值函數最佳的策略就是**最佳策略**（*optimal policy*）。雖然狀態和狀態 - 動作對的最佳價值函數對於給定的 MDP 而言是唯一的，但是可以存在多個最佳策略。任何對最佳價值函數**貪婪**（*greedy*）的策略都必須是最佳策略。**貝爾曼最佳方程**（*Bellman optimality equation*）是最佳價值函數必須滿足的特殊一致性條件，理論上可以針對最佳價值函數求解，從中可以更容易地確定最佳策略。

根據起始時可用於代理人知識水準的不同假設情形，可以以各種不同的方式提出強化學習問題。在**完備知識**的問題中，代理人擁有完整而準確的環境動態模型。如果環境是 MDP，那麼這樣的模型會由完整的 4 參數動態函數 p(3.2) 組成。在**知識不完整**的問題中，沒有完整且完美的環境模型。

即使代理人具有完整且準確的環境模型，代理人通常也無法在每個時步執行足夠的計算以充分利用模型。可用的儲存能力也是一個重要的約束條件。可能需要大量儲存空間來建構價值函數、策略和模型的準確近似值。在大多數實際情形下，狀態數量可能遠遠多於表格中的項目，因此必須進行函數近似。

明確定義最佳性的概念組織了我們在本書中描述的學習方法，並提供了理解各種學習演算法的理論屬性的一種途徑，但最佳性僅是代理人透過不同程度近似的一種理想情形。在強化學習中，我們非常關注無法找到最佳解但可以以某種方法進行近似的情形。

參考文獻與歷史評注

強化學習問題深深地受到來自最佳控制領域的馬可夫決策過程（MDP）概念影響。在第 1 章的簡要歷史中，我們描述了 MDP 發展歷史的影響和其他來自心理學的主要影響。強化學習使 MDP 聚焦於現實中大型問題的近似和不完整資訊的處理。MDP 和強化學習問題與人工智慧中的傳統學習和決策問題僅有微弱的相關性。然而，人工智慧正在從各種角度積極地探索以 MDP 進行規劃和決策。MDP 比人工智慧早期所使用的方法更適用於解決相關問題，因為它們允許更一般性的目標和不確定性。

MDP 理論受到了如 Bertsekas（2005）、White（1969）、Whittle（1982, 1983）和 Puterman（1994）等研究的影響。Ross（1983）提出了對有限狀態情形下更嚴謹的處理方法。MDP 也被應用於隨機最佳控制的研究，其中自適應最佳控制方法與強化學習有緊密的關係（例如，Kumar, 1985; Kumar and Varaiya, 1986）。

MDP 理論源於嘗試在不確定性的情形下做出一系列決策的問題，其中每個決策都取決於先前的決策及其結果。它有時被稱為多階段決策過程理論或順序性決策過程理論，並源於對序列抽樣的統計研究，如 Thompson（1933, 1934）和 Robbins（1952）。在第 2 章中我們所介紹的拉霸機問題也是源自於 Thompson 和 Robbins 的研究（如果為多個情境的問題，則為典型的 MDP）。

最早使用 MDP 概念來研究強化學習問題的是 Andreae（1969b），他提出對學習機器一些統一的觀點描述。Witten 和 Corbin（1973）對強化學習系統進行實驗，之後 Witten（1977, 1976a）對其研究嘗試使用 MDP 的概念進行分析，儘管在 Witten 研究中並未明確提到使用 MDP。Werbos（1977）提出了與現代強化學習方法相關的隨機最佳控制問題的近似解法（詳見 Werbos, 1982, 1987, 1988, 1989, 1992）。雖然 Werbos 的想法在當時並未獲得廣泛的認可，但他強調以近似方式解決各種領域（包括人工智慧）最佳控制問題的重要性是具有先見之明的。強化學習和 MDP 最有影響力的整合是由 Watkins（1989）所提出的。

3.1 我們用 $p(s',r|s,a)$ 來表示 MDP 的動態是不常見的。在 MDP 的研究中更常見的是根據狀態轉移機率 $p(s'|s,a)$ 和預期的下一個獎勵 $r(s,a)$ 來描述動態。然而在強化學習中，更多時候我們必須參考各個實際獎勵或樣本獎勵（而不僅僅是它們的期望值）。我們在符號如 S_t 和 R_t 使用了統一的表示方式（具有相同的時間索引），在使用上顯得更加平順。當運用在強化學習教學中，我們發現這樣的符號表示方式更直觀也更容易理解。

針對系統理論概念更詳細的描述，請參考 Minsky（1967）。

生物反應器的範例是基於 Ungar（1990）及 Miller 和 Williams（1992）的研究。回收機器人的範例是來自於 Jonathan Connell（1989）所設計的罐頭收集機器人的啟發。Kober 和 Peters（2012）歸納了強化學習的機器人相關應用。

3.2 Michael Littman 提出了獎勵假說。

3.3-4 **分節性**任務和**連續性**任務中的術語與 MDP 相關文獻中常用的術語不同。在 MDP 相關文獻中，通常區分為三種任務類型：（1）有限時域任務，其交互作用在**固定**的時步數後終止；（2）不定時域任務，其中交互作用可以持續任意時步，但最終必須終止；（3）無限期任務，交互作用不會終止。我們所提的分節性和連續性任務分別類似於不定時域任務和無限期任務，但我們更傾向於強調交互作用性質間的差異。這種差異似乎比一般形式上所強調的目標函數間的差異更為重要。通常分節性任務使用不定時域目標函數，而連續任務使用無限期目標函數，但我們認為這是一個常見的巧合而不是基本上的差異。

桿平衡的範例來自於 Michie 和 Chambers（1968）以及 Barto、Sutton 和 Anderson（1983）。

3.5-6 基於長期執行情形的好或壞來分配價值具有古老的根源。在控制理論中，將狀態映射成數值來代表控制決策的長期結果是控制理論的關鍵，該理論是在 1950 年代透過延伸 19 世紀經典力學的狀態函數理論而發展的（例如，詳見 Schultz and Melsa, 1967）。在描述電腦程式如何下西洋棋時，Shannon（1950）建議使用考慮到棋子位置長期優勢和劣勢的評估函數。

Watkins（1989）提出了用於估計 q_* 的 Q 學習演算法（第 6 章），使得動作值函數成為強化學習的一個重要部分，因此這些函數通常被稱為「Q-函數」。但是動作值函數的概念比 Q- 函數的概念更久。Shannon（1950）提出了一個使用 $h(P,M)$ 函數的西洋棋遊戲程式來確定位置 P 移動 M 步是否值得探索。Michie（1961, 1963）的 MENACE 系統及 Michie 和 Chambers（1968）的 BOXES 系統可以被理解為估計動作價值函數。在古典物理學中，哈密頓主函數就是一個動作價值函數；對於這個函數而言，牛頓力學理論是一種貪婪的方式（例如，Goldstein, 1957）。動作價值函數在 Denardo（1967）對於動態規劃在壓縮映射方面的理論處理中也發揮了核心作用。

貝爾曼最佳方程（以 v_* 而言）是由 Richard Bellman（1957a）進行推廣的，他將其稱為「基本函數方程」。對應於連續時間和狀態問題的貝爾曼最佳方程被稱為哈密頓 - 雅可比 - 貝爾曼方程（或哈密頓 - 雅可比方程），此方程已經被證明它在古典物理學中的重要性（例如，Schultz and Melsa, 1967）。

高爾夫的範例是由 Chris Watkins 所建議的。

Chapter 4

動態規劃

動態規劃（dynamic programming, DP）一詞是指在給定完整的環境模型作為馬可夫決策過程（MDP）的情形下用於計算最佳策略的一系列演算法。傳統的 DP 演算法在強化學習領域的應用十分有限，因為它們不僅要求環境模型的完整性且需要大量的計算消耗，但其理論仍然非常重要。DP 演算法為理解本書其餘章節提供了必要的基礎。事實上，這些方法都可以被視為在無完整環境模型的情形下嘗試消耗較少的計算量來取得與 DP 演算法相同的效果。

從本章節開始，我們通常假設環境是一個有限 MDP，即假設環境的狀態、動作和獎勵集合 $\mathcal{S}$、$\mathcal{A}$ 和 $\mathcal{R}$ 是有限的，其動態由 $s \in \mathcal{S}$、$a \in \mathcal{A}(s)$、$r \in \mathcal{R}$ 和 $s' \in \mathcal{S}^+$ 的一組機率 $p(s', r|s, a)$ 所提供（如果是分節性問題，則 $\mathcal{S}^+$ 為 $\mathcal{S}$ 加上終端狀態的集合）。儘管 DP 的概念可以被應用於連續狀態和動作空間的問題，但是只有少數特殊的情形下才能獲得精確的答案。想要獲得連續狀態和動作空間的近似解，我們通常是透過量化狀態和動作空間並使用有限狀態的 DP 方法。我們將在第 9 章探討運用於連續問題的方法，對 DP 方法而言是非常重要的擴展。

DP 和強化學習的核心概念是使用價值函數去組織和建構搜尋方式進而找到好的策略。在本章中我們將展示如何使用 DP 來計算第 3 章中所定義的價值函數。如在第 3 章中所描述的，一旦找到滿足貝爾曼最佳方程的最佳價值函數 v_* 或 q_*，我們就可以輕易地獲得最佳策略，即對於所有的 $s \in \mathcal{S}$、$a \in \mathcal{A}(s)$ 和 $s' \in \mathcal{S}^+$，存在

$$\begin{aligned} v_*(s) &= \max_a \mathbb{E}[R_{t+1} + \gamma v_*(S_{t+1}) \mid S_t = s, A_t = a] \\ &= \max_a \sum_{s',r} p(s', r|s, a)\Big[r + \gamma v_*(s')\Big] \end{aligned} \tag{4.1}$$

或

$$\begin{aligned} q_*(s,a) &= \mathbb{E}\Big[R_{t+1} + \gamma \max_{a'} q_*(S_{t+1}, a') \;\Big|\; S_t = s, A_t = a\Big] \\ &= \sum_{s',r} p(s', r|s, a)\Big[r + \gamma \max_{a'} q_*(s', a')\Big], \end{aligned} \tag{4.2}$$

我們將看到 DP 演算法是透過將 Bellman 方程轉換為賦值，也就是轉換為用於改善理想價值函數近似值的更新規則。

4.1 策略評估（預測）

首先我們考慮如何在給定任意策略 π 時計算狀態值函數 v_π。這在 DP 的研究中被稱為**策略評估**（*policy evaluation*）。我們則將其視為**預測問題**（*prediction problem*）。回想一下第 3 章的內容，對於所有的 $s \in \mathcal{S}$，

$$\begin{aligned} v_\pi(s) &\doteq \mathbb{E}_\pi[G_t \mid S_t = s] \\ &= \mathbb{E}_\pi[R_{t+1} + \gamma G_{t+1} \mid S_t = s] && \text{（由 (3.9)）} \\ &= \mathbb{E}_\pi[R_{t+1} + \gamma v_\pi(S_{t+1}) \mid S_t = s] && (4.3) \\ &= \sum_a \pi(a|s) \sum_{s',r} p(s',r|s,a)\Big[r + \gamma v_\pi(s')\Big], && (4.4) \end{aligned}$$

其中 $\pi(a|s)$ 是指在狀態 s 時使用策略 π 採取動作 a 的機率，期望值的下標 π 用來表示是在策略 π 的條件下。只要 $\gamma < 1$ 或所有的狀態在策略 π 下都能達到最終狀態，就能保證 v_π 的存在和唯一性。

如果環境動態完全已知，那麼 (4.4) 就是一個同時存在 $|\mathcal{S}|$ 個線性方程式與 $|\mathcal{S}|$ 個未知數的系統（$v_\pi(s)$，$s \in \mathcal{S}$）。原則上它的求解過程相當簡單易懂，但需經過繁瑣的計算。對我們而言，疊代求解的方法是最合適的方式。考慮一系列的近似值函數 $v_0, v_1, v_2, \ldots$，每個都是從 $\mathcal{S}^+$ 到 $\mathbb{R}$（實數）的映射。初始的近似值 v_0 是任意選擇的（除了終端狀態必須為 0），每個後繼的近似值都是透過 v_π (4.4) 的貝爾曼方程作為計算的更新規則，即對於所有的 $s \in \mathcal{S}$，

$$\begin{aligned} v_{k+1}(s) &\doteq \mathbb{E}_\pi[R_{t+1} + \gamma v_k(S_{t+1}) \mid S_t = s] \\ &= \sum_a \pi(a|s) \sum_{s',r} p(s',r|s,a)\Big[r + \gamma v_k(s')\Big], && (4.5) \end{aligned}$$

顯然 $v_k = v_\pi$ 是此更新規則下的固定點。因為 v_π 的貝爾曼方程可以保證等號成立。實際上只要在相同的條件下保證 v_π 的存在，序列 $\{v_k\}$ 就會隨著 $k \to \infty$ 收斂至 v_π。這種演算法被稱為**疊代策略評估**（*iterative policy evaluation*）。

為了從 v_k 獲得每個後繼的近似值 v_{k+1}，疊代策略評估對每個狀態 s 採取相同的操作：將狀態 s 的舊值替換成一個新值，這個新值由狀態 s 其後繼狀態的舊值及預期的即時獎勵，根據所有可能的單步狀態轉移機率求和而得，我們將此操

作稱為**預期更新**（*expected update*）。疊代策略評估的過程中，每次疊代都會更新每個狀態的值以產生新的近似值函數 v_{k+1}。

有幾種不同類型的預期更新，取決於更新的是一個狀態還是一個狀態 - 動作對，同時也取決於後繼狀態估計值的精確組合方式。在 DP 演算法中完成的所有更新都稱為**預期**更新，因為它們是基於所有可能的下一狀態而非對單一樣本狀態的期望值。先前所介紹的方程式或第 3 章介紹的回溯圖可以用來描述更新的特性。如第 65 頁所示的回溯圖可以對應於疊代策略評估中使用的預期更新。

要設計如 (4.5) 所顯示的疊代策略評估序列程式需要使用兩個陣列，一個用於儲存舊值 $v_k(s)$，另一個用於儲存新值 $v_{k+1}(s)$，這樣新值就可以透過不改變舊值的方式依序算出。當然使用一個陣列進行「原地」更新更加容易，也就是每一個新的更新值被計算出後立刻覆蓋原有的舊值。這取決於狀態更新的順序，有時 (4.5) 等式右側的舊值會被新值代替。使用單一陣列原地更新的演算法也能收斂到 v_π；事實上這樣的收斂速度通常會更快，因為這種方法只要獲得新值便會立即使用。我們認為更新是在**掃描**（*sweep*）整個狀態空間時進行的，對於以單一陣列更新的演算法，在掃描期間更新狀態值的順序對收斂速率有顯著影響。當使用 DP 演算法時，我們通常考慮的是單一陣列的版本。

疊代策略評估單一陣列版本的虛擬碼如下面的方框所示。請注意它如何處理終止。一般而言疊代策略評估僅在極限的情況下收斂，但實際中必須要在這之前停止。因此典型的停止條件是每步疊代後計算 $\max_{s\in\mathcal{S}} |v_{k+1}(s)-v_k(s)|$，當值足夠小的時候停止。

疊代策略評估，用於估計 $V \approx v_\pi$

輸入要被評估的策略 π
演算法參數：一個小的閾值 $\theta > 0$ 以確定評估的準確性
初始化一個陣列 $V(s)$，所有的 $s \in \mathcal{S}^+$，除了 V（終端）= 0

循環：
　　$\Delta \leftarrow 0$
　　對於每個 $s \in \mathcal{S}$ 循環：
　　　$v \leftarrow V(s)$
　　　$V(s) \leftarrow \sum_a \pi(a|s) \sum_{s',r} p(s',r\,|\,s,a)\big[r + \gamma V(s')\big]$
　　　$\Delta \leftarrow \max(\Delta, |v - V(s)|)$
直到 $\Delta < \theta$

範例 4.1：考慮 4×4 的網格世界，如下所示。

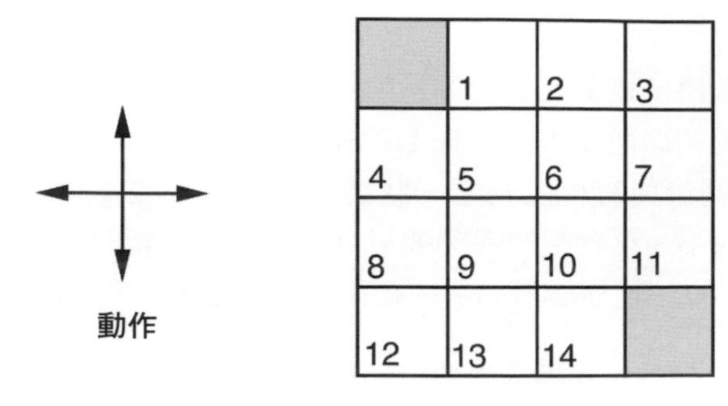

非終端狀態 $\mathcal{S} = \{1, 2, ..., 14\}$。每個狀態有四個可能的動作，$\mathcal{A} = \{$ 上，下，右，左 $\}$，這些動作會產生相應的狀態轉移，除了使代理人離開網格的動作實際上保持狀態不變。例如對於所有的 $r \in \mathcal{R}$，$p(6, -1|5, 右) = 1$，$p(7, -1|7, 右) = 1$，$p(10, r|5, 右) = 0$。這是一個無折扣的分節性任務，所有的轉移獎勵都是 -1 直到到達終端狀態。圖中的終端狀態以陰影呈現（雖然有兩個格子有陰影，但形式上只有一個終端狀態）。因此對於所有的狀態 s、s' 和動作 a，預期獎勵函數是 $r(s, a, s') = -1$。

假設代理遵循等機率隨機策略（所有動作執行機率相等）。圖 4.1 的左側顯示了疊代策略評估所計算出的一系列價值函數 $\{v_k\}$。最終估計值實際上是 v_π，在這種情形下為每個狀態從該狀態到終端狀態其預期步數的負數。

練習 4.1：在範例 4.1 中，如果 π 是等機率隨機策略，請求出 $q_\pi(11, 下)$ 以及 $q_\pi(7, 下)$。 □

練習 4.2：在範例 4.1 中，假設新狀態 15 被加到網格世界中狀態 13 的正下方，此狀態執行動作左、上、右和下後，代理人分別能到達 12、13、14 和 15。假設原先狀態的轉移保持不變。那麼在等機率隨機策略下 $v_\pi(15)$ 為？現在我們假設狀態 13 的動態也發生了變化，使得狀態 13 執行「下」的動作會使代理人到達新狀態 15。請求出這種情形下等機率隨機策略的 $v_\pi(15)$。 □

練習 4.3：對於動作值函數 q_π 和其近似序列函數 q_0、q_1、$q_2 \cdots$，請寫出類似於 (4.3)、(4.4) 和 (4.5) 的方程式。 □

4.2 策略改善

我們計算策略的價值函數是為了找到一個更好的策略。假設我們已經確定了一個任意確定性策略 π 的價值函數 v_π，對於某些狀態 s，我們想知道是否需要改變策略選擇一個動作 $a \neq \pi(s)$。我們知道在當前狀態 s 遵循當前策略的好處 —— 也就是 $v_\pi(s)$ —— 但是改變為新的策略會更好還是更糟呢？一種解決這個問題的方法是考慮從狀態 s 下選擇動作 a，並遵循現有的策略 π。

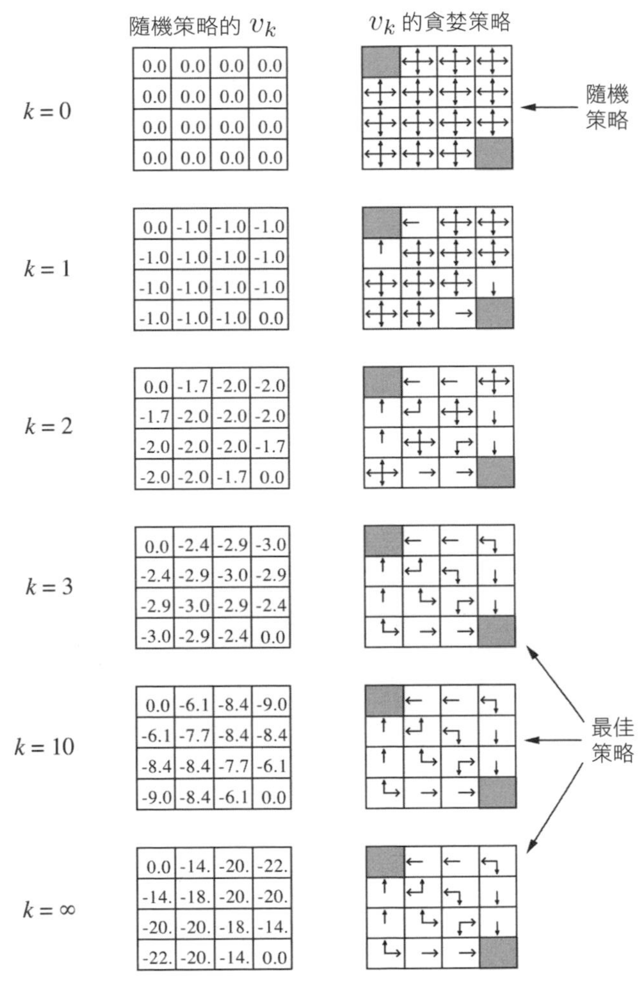

$k=0$			
0.0	0.0	0.0	0.0
0.0	0.0	0.0	0.0
0.0	0.0	0.0	0.0
0.0	0.0	0.0	0.0

$k=1$			
0.0	-1.0	-1.0	-1.0
-1.0	-1.0	-1.0	-1.0
-1.0	-1.0	-1.0	-1.0
-1.0	-1.0	-1.0	0.0

$k=2$			
0.0	-1.7	-2.0	-2.0
-1.7	-2.0	-2.0	-2.0
-2.0	-2.0	-2.0	-1.7
-2.0	-2.0	-1.7	0.0

$k=3$			
0.0	-2.4	-2.9	-3.0
-2.4	-2.9	-3.0	-2.9
-2.9	-3.0	-2.9	-2.4
-3.0	-2.9	-2.4	0.0

$k=10$			
0.0	-6.1	-8.4	-9.0
-6.1	-7.7	-8.4	-8.4
-8.4	-8.4	-7.7	-6.1
-9.0	-8.4	-6.1	0.0

$k=\infty$			
0.0	-14.	-20.	-22.
-14.	-18.	-20.	-20.
-20.	-20.	-18.	-14.
-22.	-20.	-14.	0.0

圖 4.1 疊代策略評估在一個小的網格世界收斂情形。左行為隨機策略（所有的動作執行機率相等）下狀態值函數的近似序列。右行為相對於狀態值函數估計的貪婪策略序列（箭頭代表所有能夠取得最大值的動作，依照左列所示數值四捨五入至小數點第一位）。最後一個策略僅確保了對隨機策略的改善，但是在此情形下，所有的策略在經過第三次疊代後都是最佳的。

依照此方法所獲得的值為

$$
\begin{aligned}
q_\pi(s,a) &\doteq \mathbb{E}[R_{t+1} + \gamma v_\pi(S_{t+1}) \mid S_t = s, A_t = a] \\
&= \sum_{s',r} p(s',r|s,a)\Big[r + \gamma v_\pi(s')\Big].
\end{aligned}
\tag{4.6}
$$

一個關鍵的標準是上式是大於還是小於 $v_\pi(s)$。如果大於 —— 也就是說在狀態 s 選擇一次動作 a 後再遵循策略 π 比一直遵循著策略 π 好 —— 則我們可以預期每次到達狀態 s 時選擇動作 a 會比較好。因此新的策略事實上就是一個更好的策略。

這種方法是**策略改善理論**（*policy improvement theorem*）的一種特例。若對於所有的 $s \in \mathcal{S}$，π 和 π' 是任意一對確定性的策略，

$$
q_\pi(s, \pi'(s)) \geq v_\pi(s). \tag{4.7}
$$

那麼策略 π' 必須與策略 π 相同或更好。也就是策略 π' 必須從所有的狀態 $s \in \mathcal{S}$ 取得更好或相等的預期回報：

$$
v_{\pi'}(s) \geq v_\pi(s). \tag{4.8}
$$

此外，如果 (4.7) 在任意狀態皆為嚴格的不等式，那麼 (4.8) 至少在一個狀態存在嚴格的不等式。此結果尤其適用於我們在之前所考慮的兩種策略，一個原始的確定性策略 π 和一個改變後的策略 π'，除了 $\pi'(s) = a \neq \pi(s)$ 外都與 π 相同。顯然 (4.7) 在除了狀態 s 外的所有狀態都成立。因此，如果 $q_\pi(s,a) > v_\pi(s)$，那麼改變後的策略就比策略 π 好。

策略改善理論的證明過程很容易理解。從 (4.7) 開始，我們利用 (4.6) 展開 q_π 的部分並反覆使用 (4.7) 直到獲得 $v_{\pi'}(s)$：

$$
\begin{aligned}
v_\pi(s) &\leq q_\pi(s, \pi'(s)) \\
&= \mathbb{E}[R_{t+1} + \gamma v_\pi(S_{t+1}) \mid S_t = s, A_t = \pi'(s)] && \text{(由 (4.6))} \\
&= \mathbb{E}_{\pi'}[R_{t+1} + \gamma v_\pi(S_{t+1}) \mid S_t = s] \\
&\leq \mathbb{E}_{\pi'}[R_{t+1} + \gamma q_\pi(S_{t+1}, \pi'(S_{t+1})) \mid S_t = s] && \text{(由 (4.7))} \\
&= \mathbb{E}_{\pi'}[R_{t+1} + \gamma \mathbb{E}_{\pi'}[R_{t+2} + \gamma v_\pi(S_{t+2}) | S_{t+1}, A_{t+1} = \pi'(S_{t+1})] \mid S_t = s] \\
&= \mathbb{E}_{\pi'}\big[R_{t+1} + \gamma R_{t+2} + \gamma^2 v_\pi(S_{t+2}) \mid S_t = s\big] \\
&\leq \mathbb{E}_{\pi'}\big[R_{t+1} + \gamma R_{t+2} + \gamma^2 R_{t+3} + \gamma^3 v_\pi(S_{t+3}) \mid S_t = s\big] \\
&\vdots \\
&\leq \mathbb{E}_{\pi'}\big[R_{t+1} + \gamma R_{t+2} + \gamma^2 R_{t+3} + \gamma^3 R_{t+4} + \cdots \mid S_t = s\big] \\
&= v_{\pi'}(s).
\end{aligned}
$$

到目前為止我們了解到，當給定一個策略和其價值函數後，可以輕易地評估在此策略下對單一狀態到特定動作的變化。我們可以很自然地擴展到**所有**狀態和**所有**可能的動作的變化，在每個狀態根據 $q_\pi(s,a)$ 選擇最好的動作。

換句話說，考慮新的**貪婪**策略 π'，則

$$
\begin{aligned}
\pi'(s) &\doteq \arg\max_a q_\pi(s,a) \\
&= \arg\max_a \mathbb{E}[R_{t+1} + \gamma v_\pi(S_{t+1}) \mid S_t = s, A_t = a] \\
&= \arg\max_a \sum_{s',r} p(s',r|s,a)\Big[r + \gamma v_\pi(s')\Big],
\end{aligned}
\tag{4.9}
$$

$\arg\max_a$ 表示為使表達式最大化所選擇的 a 值（如果有多個則任意選擇一個）。貪婪策略根據 v_π 進行單步搜尋並採取短期內看起來最好的動作 a。根據此結構，貪婪策略滿足策略改善理論 (4.7) 的條件，我們可以得知此策略和原始策略相同或更好。根據原始策略的價值函數，以貪婪的方式制定一個新的策略以改善原始策略的過程稱為**策略改善**（*policy improvement*）。

假定新的貪婪策略 π' 與舊策略 π 一樣好。則 $v_\pi = v_{\pi'}$，根據 (4.9) 對於所有的 $s \in \mathcal{S}$：

$$
\begin{aligned}
v_{\pi'}(s) &= \max_a \mathbb{E}[R_{t+1} + \gamma v_{\pi'}(S_{t+1}) \mid S_t = s, A_t = a] \\
&= \max_a \sum_{s',r} p(s',r|s,a)\Big[r + \gamma v_{\pi'}(s')\Big].
\end{aligned}
$$

但這與貝爾曼最佳方程 (4.1) 一致，所以 $v_{\pi'}$ 必定為 v_*，且 π 和 π' 必須都是最佳策略。因此策略改善一定會獲得一個更好的策略，除非原始的策略就是最佳策略。

目前為止在本節中我們已經考慮了確定性策略的特殊情形。在一般情形下，一個隨機策略 π 透過在每個狀態 s 採取每個動作 a 來指定機率 $\pi(a|s)$。在此我們不會詳細介紹，但實際上本節介紹的所有方法都可以輕易地擴展到隨機策略。特別是策略改善理論貫穿如前所述的隨機情形。此外，如果策略改善步驟存在類似於 (4.9) 的聯繫關係 —— 即如果有存在多個能達到最大值的動作 —— 那麼在隨機策略的過程中我們不需要從中選擇一個特定的動作。相反地，每一個取得最大值的動作在新的貪婪策略中都能以一定的機率被選中。只要所有非最大值動作的機率為 0，任何機率分配方案都是被允許的。

圖 4.1 的最後一列顯示了隨機策略改善的例子。這裡的原始策略 π 是等機率隨機策略，新策略 π' 是對於 v_π 的貪婪策略。價值函數 v_π 顯示於左下圖中，右下圖是可能的策略 π' 的集合。在策略 π' 圖中具有多個箭頭的狀態就是在 (4.9) 中多個動作同時達到最大值的狀態。對於那些動作，任何機率的分配方式都是被允許的。新策略的價值函數 $v_{\pi'}(s)$，在所有的狀態 $s \in \mathcal{S}$ 可能為 -1、-2 或是 -3，然而 $v_\pi(s)$ 頂多為 -14。因此，對於所有的狀態 $s \in \mathcal{S}$，$v_{\pi'}(s) \geq v_\pi(s)$，這說明策略獲得改善。雖然在這種情形下新策略 π' 恰好成為最佳策略，但通常這只能保證策略改善。

4.3 策略疊代

一旦策略 π 使用 v_π 獲得改善並產生更好的策略 π'，我們就可以計算 $v_{\pi'}$ 並再次改善策略以獲得更好的策略 π''。因此我們可以獲得一系列持續進行改善的策略和價值函數：

$$\pi_0 \xrightarrow{\text{E}} v_{\pi_0} \xrightarrow{\text{I}} \pi_1 \xrightarrow{\text{E}} v_{\pi_1} \xrightarrow{\text{I}} \pi_2 \xrightarrow{\text{E}} \cdots \xrightarrow{\text{I}} \pi_* \xrightarrow{\text{E}} v_*,$$

$\xrightarrow{\text{E}}$ 表示為策略**評估**（*evaluation*），$\xrightarrow{\text{I}}$ 表示為策略**改善**（*improvement*）。每個策略都能保證在原先的策略基礎上嚴格改善（除非該策略已經是最佳策略）。因為有限 MDP 只有一定數量的策略，因此該過程一定會在有限的疊代過程中收斂至最佳策略和最佳價值函數。

這種尋找最佳策略的方法稱為**策略疊代**（*policy iteration*）。其演算法的完整虛擬碼如下面的方框所示。請注意，每個策略評估本身也是一個疊代計算過程，都是從前一個策略的價值函數開始進行。這通常會大幅提升策略評估的收斂速度（可能是因為價值函數在不同策略之間的變化很小）。

策略疊代（使用疊代策略評估），用於估計 $\pi \approx \pi_*$

1. 初始化
   對於所有的 $s \in \mathcal{S}$，任意 $V(s) \in \mathbb{R}$ 和 $\pi(s) \in \mathcal{A}(s)$
2. 策略評估
   循環：
      $\Delta \leftarrow 0$
      對每個 $s \in \mathcal{S}$ 循環：

$v \leftarrow V(s)$
$V(s) \leftarrow \sum_{s',r} p(s',r|s,\pi(s))\big[r + \gamma V(s')\big]$
$\Delta \leftarrow \max(\Delta, |v - V(s)|)$

直到 $\Delta < \theta$（一個確定評估準確性的小正數）

3. 策略提升

策略 - 穩定 ← 真

對於每個 $s \in \mathcal{S}$：

上一次動作 $\leftarrow \pi(s)$

$\pi(s) \leftarrow \operatorname{argmax}_a \sum_{s',r} p(s',r|s,a)\big[r + \gamma V(s')\big]$

如果上一次動作 $\neq \pi(s)$，那麼策略 - 穩定 ← 假

若策略 - 穩定為真，則停止並且返回 $V \approx v_*$，$\pi \approx \pi_*$；否則回到步驟 2

範例 4.2：傑克汽車租賃問題。傑克管理一家全國性汽車租賃公司的兩個地點。每天會有一些顧客到這兩個地點租車。如果傑克有一輛車可以用來出租，那麼他將車租出去並且得到租車公司的 10 美元酬金。如果他在這個地點沒有車，那麼就會錯過這次的生意機會。汽車被送回來後的隔天才可以被租出去。為了確保顧客需要車子時有車可以租，傑克可以在晚上將車子在兩個地點之間進行轉移，每轉移一輛車需要花費 2 美元。我們假設所需車子的數量與歸還車子的數量是泊松隨機變數，也就是說數量為 n 的機率是 $\frac{\lambda^n}{n!}e^{-\lambda}$，其中 λ 是期望值。假設第一個和第二個地點對於租借需求的 λ 為 3 和 4，歸還為 3 和 2。為了簡化問題，我們假設每個地點不會超過 20 輛車（任何多餘的車輛都將會被歸還給租車公司，並從問題中消失），並且一個晚上最多可以從一個地點轉移 5 輛汽車到另一個地點。我們將折扣率設為 $\gamma = 0.9$，並將此問題視為連續有限 MDP，其中時步為天數，狀態為每天結束時在每個地點的汽車數量，動作是每晚將車子在兩個地點轉移的汽車數量。圖 4.2 顯示了從不轉移任何車子的策略開始，透過策略疊代找到的一系列策略。正如傑克汽車租賃的例子所示，策略疊代往往僅需極少次疊代計算就完成收斂，就如圖 4.1 中的例子所示。

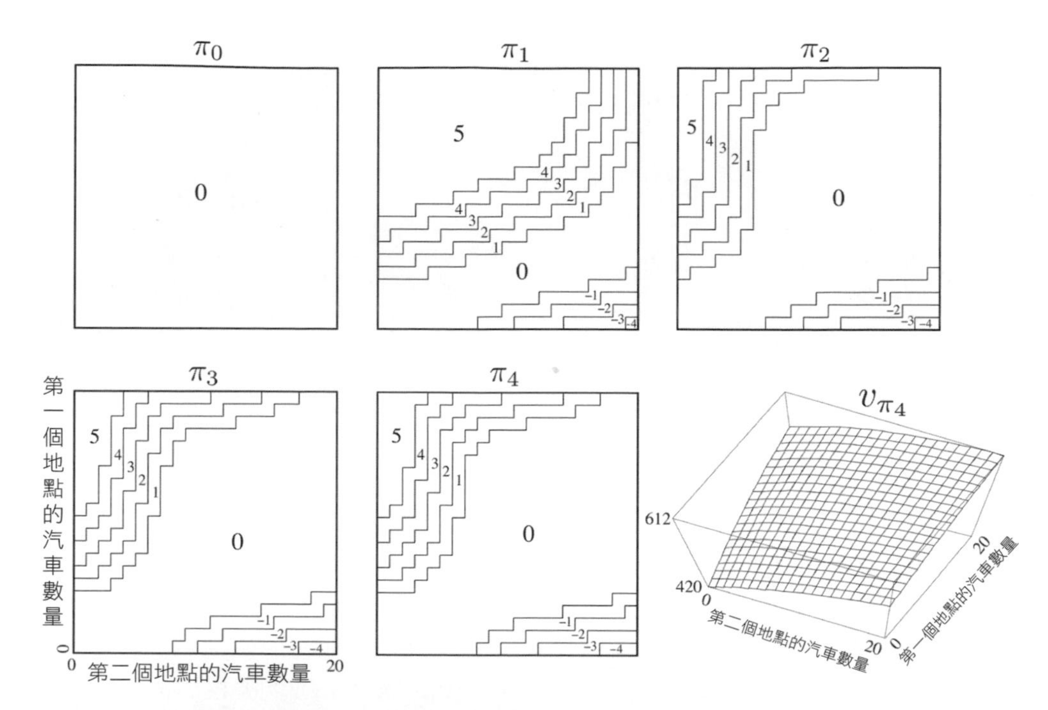

圖 4.2 透過策略疊代獲得的一系列關於傑克汽車租賃問題的策略和最終狀態值函數。前五個圖顯示了每天結束時在每個地點的汽車數量，以及從第一個地點轉移到第二個地點的汽車數量（負數表示從第二個地點轉移到第一個地點）。每個後繼策略都是根據前一個的策略基礎上進行嚴格的策略改善，並保證最終的策略為最佳策略。■

圖 4.1 的左下圖顯示了等機率隨機策略的價值函數，右下圖顯示此價值函數的貪婪策略。策略改善理論保證了這些策略優於原始隨機策略。然而在這個例子中，這些策略不僅更好而且是最佳的，使得到達終端狀態的步驟數最少。在這個例子中，策略疊代將在一次疊代後找到最佳策略。

練習 4.4：第 86 頁的策略疊代演算法有一個微妙的錯誤，如果策略在兩個或多個一樣好的策略之間不斷切換，它可能永遠不會中止。這對教學上而言是可接受的，但卻不適合實際應用。請修改虛擬碼以保證其收斂。□

練習 4.5：關於動作值的策略疊代如何定義？請提供一個完整的演算法計算 q_*，類似於第 86 頁計算 q_* 的過程。請特別注意這個練習，因為在本書後續內容中將使用到此概念。□

練習 4.6：假設你只限於考慮 ε *-soft* 策略，指的是在每一個狀態 *s* 選擇每個動作的機率都至少為 $\varepsilon/|\mathcal{A}(s)|$。請參考第 86、87 頁計算 v_* 的策略疊代演算法，依照步驟 3、2 和 1 的順序定性地描述每個步驟所需的更改。 □

練習 4.7（程式設計）：請設計一個策略疊代的程式並透過以下更改重新解決傑克的租車問題。傑克第一個地點的一名員工每晚搭公車回家，並且住在第二個地點附近。她很樂意免費將一輛要轉移的車送到第二個地點。每一輛額外的車仍需要花費 2 美元，轉移到另一個地點也一樣。此外，傑克在每個地點的停車位有限。如果一個地點每天晚上超過 10 輛車要過夜（當車子轉移完成後），則第二個停車場會產生 4 美元的額外費用（無論第二個停車場停放多少輛汽車）。這種非線性和任意動態經常出現在現實問題中，除了動態規劃外其他最佳化方法不容易處理。為了檢查程式正確性，請先計算出原始問題的結果。 □

4.4 價值疊代

策略疊代的一個缺點是每次疊代過程都涉及策略評估，策略評估本身就可能需要對整個狀態集進行多次疊代計算。若策略評估是透過疊代計算完成的，則只有在極限時才能準確收斂到 v_π。我們一定要等到準確的收斂嗎？或者我們可以縮短其過程？圖 4.1 中的例子顯示出截短策略評估是可行的。在該例子中，策略評估超過三次疊代後對其相應的貪婪策略沒有任何影響。

實際上策略疊代過程中的策略評估步驟可以透過多種方法截短而不會失去其收斂性。一個重要的特例就是策略評估進行一次疊代過程後就停止（每個狀態只有一次更新）。

該演算法稱為**價值疊代**（*value iteration*）。可以被設計為結合策略改善與截短策略評估步驟的一個特別簡單的更新操作方式。對於所有的 $s \in \mathcal{S}$，

$$\begin{aligned} v_{k+1}(s) &\doteq \max_a \mathbb{E}[R_{t+1} + \gamma v_k(S_{t+1}) \mid S_t = s, A_t = a] \\ &= \max_a \sum_{s',r} p(s', r \mid s, a)\Big[r + \gamma v_k(s')\Big], \end{aligned} \tag{4.10}$$

對於任意 v_0，序列 $\{v_k\}$ 在保證 v_* 存在的相同條件下收斂到 v_*。

理解價值疊代的另一種方法是參考貝爾曼最佳方程 (4.1)。請注意，價值疊代僅透過貝爾曼最佳方程轉換為更新規則。另請注意價值疊代更新與策略評估更新 (4.5) 的相似之處，除了需要採取所有動作中能夠達到最大值的動作。另一種有著

密切關係的方法是比較這些演算法的回溯圖，如第 65 頁所示（策略評估）的回溯圖和圖 3.4 左側（價值疊代）。這兩個是用於計算 v_π 和 v_* 的自然回溯操作過程。

最後，讓我們考慮價值疊代如何終止。類似於策略評估，價值疊代通常需無限次的疊代才能準確地收斂到 v_*。實際上，一旦價值函數在一次更新中僅改變一小部份就可以終止疊代。下面的方框中顯示了具有這種停止條件的完整演算法。

價值疊代，用於估計 $\pi \approx \pi_*$

演算法參數：小的閾值 $\theta > 0$ 以確定評估準確性。對所有 $s \in \mathcal{S}^+$，初始化 $V(s)$ 為任意值，其中 V(終端)=0

循環：
| $\Delta \leftarrow 0$
| 對每個 $s \in \mathcal{S}$ 循環：
| $v \leftarrow V(s)$
| $V(s) \leftarrow \max_a \sum_{s',r} p(s',r|s,a)\big[r + \gamma V(s')\big]$
| $\Delta \leftarrow \max(\Delta, |v - V(s)|)$
直到 $\Delta < \theta$

輸出一個確定的策略 $\pi \approx \pi_*$，
滿足 $\pi(s) = \operatorname{argmax}_a \sum_{s',r} p(s',r|s,a)\big[r + \gamma V(s')\big]$

價值疊代在每次掃描過程中有效地結合了一次策略評估掃描和一次策略改善掃描。透過在每次策略改善的過程中插入多次策略評估掃描往往能實現更加快速的收斂效果。在一般情況下，整個被截短的策略疊代演算法可以被視為是一系列的掃描，有的使用策略評估更新而有的使用價值疊代更新。因為 (4.10) 中的最大化操作是這些更新僅有的差異，這就意味著最大化操作被加到了策略評估的操作過程中。所有這些演算法都收斂到基於折扣有限 MDP 的最佳策略。

範例 4.3：賭徒問題。一個賭徒對擲硬幣的遊戲進行下注。如果硬幣正面朝上，他將贏得押在這一擲的下注金額相等的美元，如果是反面朝上，他將輸掉押在這一擲的下注金額。如果賭徒贏得 100 美元或者輸光了錢則遊戲結束。每一次擲硬幣時，賭徒要以整數美元為單位決定下注金額。這個問題可以被表示為一個無折扣情節性的有限 MDP。狀態是賭徒的資本 $s \in \{1, 2, ..., 99\}$，動作是下注多少金額 $a \in \{0, 1, \ldots, \min(s, 100-s)\}$。賭徒贏得 100 美元時獎勵是 +1，其他轉移過程都為 0。狀態值函數提供了從每個狀態能夠獲勝的機率。策略是從賭資到下注的一個映射，最佳策略最大化了達到目標的機率。p_h 代表硬幣正面朝上的機率，如果 p_h 已知，那麼整個問題就已知且可使用價值疊代方法來解決。圖 4.3 顯示了價值函數經過連續的價值疊代更新後的變化，並且找到 $p_h = 0.4$ 情形下的最終策略。這個策略是最佳的但非唯一的。實際上有很多最佳策略，取決於最佳價值函數選取的 argmax 動作。你能想像出所有的最佳策略的情形嗎？ ■

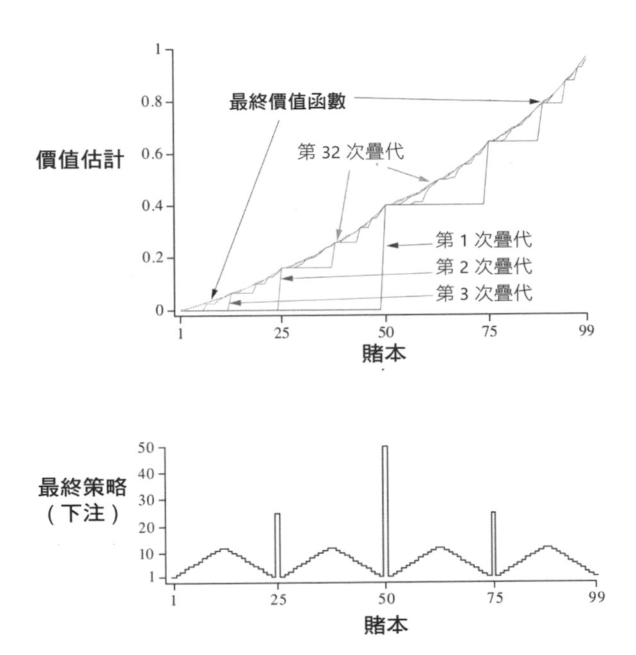

圖 4.3 $p_h = 0.4$ 情況下賭徒問題的解。上圖顯示透過價值疊代的更新所找到的價值函數。下圖為最終的策略。

練習 4.8：為什麼賭徒問題的最優策略有如此怪異的形式？特別是對於資本剩餘 50 美元時下注所有賭資，但對於賭資剩餘 51 美元時卻沒有這樣做。為什麼這會是一個好的策略？ □

練習 4.9（程式設計）：實現賭徒問題的價值疊代並求解 $p_h = 0.25$ 和 $p_h = 0.55$ 的情形。在設計時，你可能會發現設定兩個對應於賭資為 0 和 100 的虛擬終止狀態會較為方便，分別賦予它們 0 和 1 的值。以類似於圖 4.3 的方式顯示結果。隨著 $\theta \to 0$ 結果是否會趨於穩定？ □

練習 4.10：請使用類似於 (4.10) 的價值疊代更新的方式寫出動作值 $q_{k+1}(s, a)$。 □

4.5 非同步動態規劃

到目前為止我們所討論的 DP 方法的一個主要缺點是其涉及整個 MDP 狀態集合，也就是需要對整個狀態集合進行掃描。如果狀態集非常大，即使是一次掃描也需要花費很高的成本。例如雙陸棋有超過 10^{20} 個狀態。即使我們每秒能執行一百萬個狀態的價值疊代掃描，也需要花費一千年才能完成一次掃描。

非同步（*asynchronous*）DP 演算法是一種不以系統性的方式掃描整個狀態集合的原地疊代 DP 演算法。此種演算法以任意順序更新狀態值並使用當下可用的狀態值。有些狀態值可能會在其他狀態值更新一次之前已被更新多次。為了能正確收斂，非同步演算法需要持續更新所有狀態值：不能在達到一定計算量後忽略任何狀態。非同步 DP 演算法可以非常靈活地選擇要更新的狀態。

例如，非同步價值疊代的其中一種版本在更新其值時，會使用 (4.10) 的價值疊代更新方法在每個步驟 k 只原地更新一個狀態 s_k 的值。若 $0 \leq \gamma < 1$，則僅保證序列 $\{s_k\}$ 中的所有狀態都出現無限次（序列可以是隨機的）就能保證漸近收斂到 v_*（在無折扣分節性的例子中，有可能存在一些不會產生收斂的更新順序，但要避免這些順序是相對容易的）。同樣地，可以混合策略評估和價值疊代更新來產生一種非同步截短的策略疊代。雖然這種方法和其他更特殊的 DP 演算法超出了本書的討論範圍，但顯然一些不同的更新方式可以以類似於物件方式組合，並靈活地應用於各種少量掃描的 DP 演算法中。

當然，避免多次掃描並不能保證計算量能減少，它只表示一個演算法不需要陷入無法提升策略且漫長的更新過程中。我們可以利用選擇要進行更新的狀態這種靈活性的優勢來提升演算法執行的速度，也可以嘗試對更新進行排序讓價值資訊在狀態間有效地傳遞。有些狀態值可能不需要像其他狀態值那樣頻繁更新，我們甚至可以在整個過程中避免更新某些與最佳行為無關的狀態。這些概念我們將在第 8 章中詳細討論。

非同步演算法也使得計算與即時交互作用結合更加容易。為了解決一個給定的 MDP 問題，我們可以*在代理人實際經歷 MDP 的同時*執行疊代 DP 演算法。代理人的經驗可以用來決定 DP 演算法將更新哪個狀態。從 DP 演算法獲得的最新價值和策略資訊可以用來指引代理人的決策。例如，我們可以更新代理人到達的狀態。這樣可以使 DP 演算法的更新*聚焦*於狀態集內與代理人最相關的部分。這種聚焦方法在強化學習中經常使用。

4.6 廣義策略疊代

策略疊代包含兩個同時進行的交互過程，一個使得價值函數與當前策略一致（策略評估），另一個則使策略在當前價值函數下變得貪婪（策略改善）。在策略疊代過程中這兩個過程交替進行，當其中一個完成了另一個才能開始，但是這並非必須的。例如在價值疊代過程中，在每次策略改善之間只進行一次策略評估的疊代而非進行多次直到收斂。在非同步 DP 方法中，評估和改善過程以一種更加精細的方式交錯進行。在某些情形下一個狀態在轉移到其他狀態前就會進行更新。只要兩個過程都持續更新所有的狀態，最終的結果就會一致 —— 收斂到最佳值函數和最佳策略。

我們用*廣義策略疊代*（*generalized policy iteration*, GPI）來形容讓策略評估和策略改善交互作用的概念，它與兩種過程的內部執行細節和其他細節無關。幾乎所有的強化學習方法都可以被描述為 GPI，即所有強化學習方法都有可識別的策略和價值函數，策略總是透過價值函數進行改善，而價值函數總是收斂至對應於策略的價值函數，如右圖所示。我們很容易看出，如果評估過程和改善過程都趨於穩定，即不再產生變化，那麼價值函數和策略必定是最佳的。只有當價值函數和當前策略保持一致時才會穩定，而策略只有在對當前價值函數為貪婪策略才會穩定。因此，只有當一個策略對於自己的評估函數保持貪婪，這兩個過程才能都穩定下來。這也暗示著貝爾曼最佳方程 (4.1) 成立，因此這個策略和價值函數是最佳的。

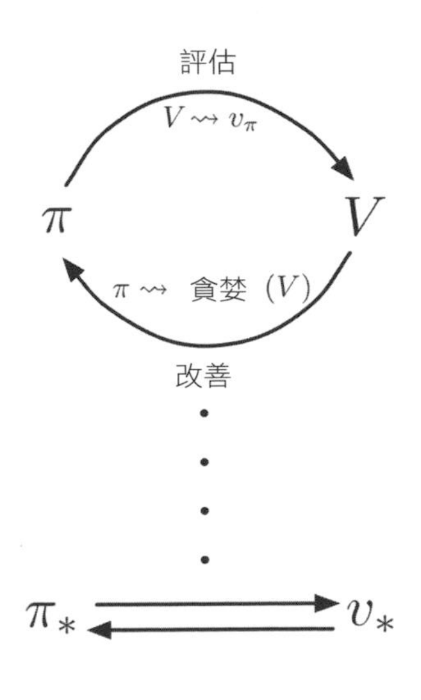

GPI 中的評估和改善過程可視為是同時存在競爭與合作。在競爭的意義上他們趨向相反的方向。使價值函數的策略變得貪婪通常會使改變後的策略與原先的價值函數不相符，而使價值函數與策略一致通常會導致該策略不再貪婪。然而從長遠來看，這兩個過程交互作用並找到一個聯合的解：最佳價值函數和最佳策略。

我們可以將 GPI 中評估和改善過程之間的交互作用，視為兩種限制或目標。例如下一頁圖片所示在二維空間中的兩條線。雖然實際的圖形結構比這更加複雜，但該圖顯示了實際情形中會發生什麼事情。每一個過程都會驅使價值函數或策略朝向一條代表這兩個目標的一個解的線前進。目標間會交互作用是因為兩條線並不是正交的。直接驅使向一個目標發展會導致偏離另一個目標。然而不可避免地，聯合的過程會越來越趨近整體的最佳目標。圖中的箭頭對應於策略疊代的行為過程，每個箭頭都使系統完全實現兩個目標中的其中一個。在 GPI 過程中可以採取更小、不完整的步驟來實現每個目標。無論在哪一種情形下，這兩個過程會共同達成整體的最佳目標，儘管兩者都試圖獨立完成。

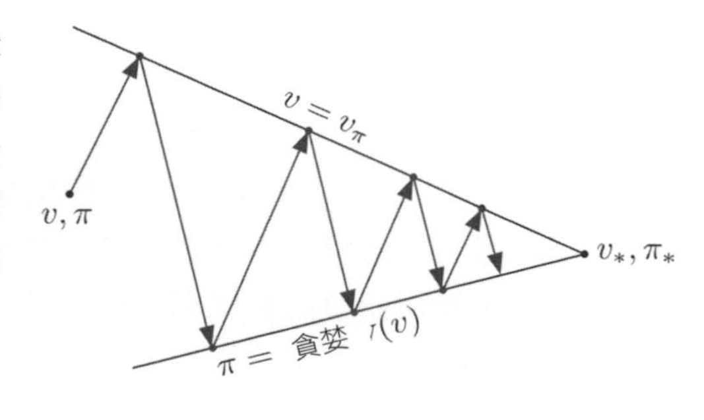

4.7 動態規劃的效率

DP 可能不適合實際應用於非常大型的問題，但是與其他解決 MDP 的方法相比，DP 方法實際上非常有效。如果我們忽略一些技術細節，那麼 DP 方法找到最佳策略的時間（最差情形下）是狀態和動作數量的多項式。若 n 和 k 分別表示為狀態和動作的數量，則表示一個 DP 方法的計算操作次數小於某個關於 n 和 k 的多項式。DP 方法能保證在多項式時間內找到最佳策略，即使（確定性）策略的總數是 k^n。就意義上而言，DP 方法比任何在策略空間直接搜尋的方法來得快很多，因為直接搜尋需要詳盡地檢查每個策略以提供相同的保證。線性規劃方法也可以用來解決 MDP，並且在某些情形下它們最差的收斂情形也比 DP 方法好。但是相較於 DP 方法，線性規劃方法只適用於狀態數量較少（大約相差 100 倍）的情形。對於大型的問題，只有 DP 方法是可行的。

DP 的應用範圍有時會因為*維數災難*（*curse of dimensionality*）的關係而受限，這使得狀態數量隨著狀態變數的增加呈指數增長。大型的狀態集合的確會帶來困難，但是這是問題的固有困難，並不是 DP 作為一個解決問題的方法本身所造成的困難。事實上，DP 方法比直接搜尋和線性規劃方法更合適處理大型狀態空間的問題。

在實際應用中，DP 方法可以使用目前的電腦解決具有數百萬狀態的 MDP 問題。策略疊代和價值疊代都被廣泛使用，目前還不清楚哪一個整體而言更好（如果有的話）。實際上這些方法通常都要比理論所描述的最差情形收斂更快，尤其是當有好的初始值函數或策略的時候。

對於大型狀態空間的問題，通常會優先選擇使用**非同步**（*asynchronous*）DP 方法。為了完成一次同步方法的掃描，我們需要計算和儲存所有的狀態。對於一些問題，如此大量的儲存空間和計算是不切實際的，但這些問題仍然可以被解決，因為在尋找最佳解的過程中只有少部分狀態會出現。非同步方法和 GPI 的一些變化版本可以被應用在這些情形，它們可以比同步方法更快地找到好的或最佳策略。

4.8 本章總結

在本章節中我們介紹了關於使用動態規劃解決有限 MDP 的基本概念和演算法。**策略評估**（*policy evaluation*）指的是（通常是）對給定策略的價值函數進行疊代計算。**策略改善**（*policy improvement*）指的是在給定某個策略的價值函數的情形下計算改善的策略。將這兩種計算結合在一起，我們可以獲得**策略疊代**（*policy iteration*）和**價值疊代**（*value iteration*）這兩種相當常用的 DP 方法。在給定 MDP 完整知識的情形下，兩者中任何一個都可以用來可靠地計算出有限 MDP 的最佳策略和價值函數。

典型的 DP 方法會掃描整個狀態集合，並對狀態集合內的所有狀態進行**預期更新**（*expected update*）操作。每次更新操作是基於所有可能被選取的後繼狀態值及其發生的機率來更新狀態值。預期更新與貝爾曼方程緊密相關：只是將這些方程式轉變為賦值敘述。當更新不再使值發生變化時，則表示已收斂至滿足對應於貝爾曼方程的值。正如四個主要價值函數（v_π、v_*、q_π 和 q_*）一樣，有四個相應的 Bellman 方程和四個相應的預期更新。**回溯圖**（*backup diagrams*）提供了我們對於 DP 更新操作更直觀的概念。

透過更深入地觀察 DP 方法可以得知，事實上所有強化學習方法我們都可以將它們視為**廣義策略疊代**（*generalized policy iteration*, GPI）的範疇。GPI 是一個圍繞著近似策略和近似價值函數兩者間交互作用過程的概念。其中一個過程針對給定的策略執行某種形式的策略評估，使價值函數變更為更趨近於策略實際的價值函數。另外一個過程則是假定當前價值函數為其實際的價值函數，並使用此給定的價值函數進行某種策略改善使其策略變得更好。雖然每個過程會改變另一個過程的基礎，但整體而言它們會共同合作尋找一個聯合的解：不會受到這兩個過程而變化的最佳策略和最佳價值函數。在某些情形中 GPI 已經被證明其收斂性質，特別是我們之前在本章介紹的典型 DP 方法。在某些情形中其收斂性尚未被證明，但 GPI 的概念仍然幫助了我們理解這些方法。

有時我們並沒有必要使用 DP 方法對整個狀態集進行狀態更新操作。**非同步**（*asynchronous*）DP 方法是用任意順序進行更新的原地疊代方法，非同步 DP 方法可以透過隨機方式進行更新並使用過時的狀態值資訊。這些方法可以被視為更精細的 GPI。

最後，我們注意到 DP 方法的最後一項特殊性質。DP 方法都是基於對後繼狀態的估計來更新狀態值估計，即根據其他估計值來更新自身估計值。我們將此概念稱為**自助法**（*bootstrapping*）。許多強化學習的方法都會使用自助法，即使是那些不像 DP 方法需要完整且準確的環境模型方法。在下一章我們將探討不需要模型且不需進行自助的強化學習方法。在下一章之後，我們將探討不需要模型但需進行自助的方法。這些關鍵特徵和特性是可分離的，當然也可以透過一些有趣的方式進行組合。

參考文獻與歷史評注

「動態規劃」一詞可以追溯到 Bellman（1957a），他展示了這個方法可以被運用於許多問題之中。在許多研究中都有對於 DP 的延伸探討，包括 Bertsekas（2005, 2012）、Bertsekas 和 Tsitsiklis（1996）、Dreyfus 和 Law（1977）、Ross（1983）、White（1969）以及 Whittle（1982, 1983）。我們對於 DP 的興趣僅限於用它來解決 MDP，但是 DP 也適用於其他類型的問題，Kumar 和 Kanal（1988）提出了對 DP 更廣泛的觀點。

據我們所知，第一個將 DP 和強化學習聯繫起來的是 Minsky（1961）在評論 Samuel 程式時提出的。在其補充說明中，Minsky 提到可將 DP 應用在 Samuel 的回溯過程中，以封閉分析形式處理的問題。這個補充說明可能誤導了人工智慧的研究人員，使他們認為 DP 只能用在理論分析的問題中，因此與人工智慧無關。Andreae（1969b）在強化學習的研究中提到 DP，尤其是策略疊代，雖然他並沒有提出 DP 和學習演算法之間的特殊聯繫關係。Werbos（1977）提出了一種近似 DP 的方法稱為「啟發式動態規劃」，此方法強調在連續狀態空間的問題中使用梯度下降方法（Werbos, 1982, 1987, 1988, 1989, 1992），這些方法與我們在本書中討論的強化學習演算法緊密相關。Watkins（1989）明確地將強化學習與 DP 聯繫起來，並將這一類強化學習方法描述為「增量動態規劃」。

4.1-4 這些章節完整涵蓋了上述我們所提及的和在一般參考文獻中所提出的 DP 演算法。策略改善理論和策略疊代演算法源自於 Bellman（1957a）和 Howard（1960）。我們在本章中所提及的內容受到了 Watkins（1989）對策略改善觀點的影響。我們對於價值疊代以一個截短的策略疊代形式的討論是基於 Puterman 和 Shin 的研究觀點（1978），他們提出了一種稱為**修正的策略疊代**（*modified policy iteration*）演算法，將策略疊代和價值疊代視為特例。Bertsekas（1987）提出了如何在有限的時間內用價值疊代找出一個最佳策略的理論分析。

疊代策略評估是典型用於求解線性方程組中逐步近似演算法的一個例子。此演算法使用兩個陣列，一個用來記錄舊的值，另一個則用來更新，在 Jacobi 經常使用此演算法後被稱為**雅可比式**（*Jacobi-style*）演算法，有時也被稱為**同步**演算法。因為所有狀態值如果同時進行更新，這需要透過第二個陣列有順序地模擬這種平行計算。在典型的高斯 - 賽德爾演算法成功用於求解線性方程組後，雅可比式演算法的原地更新版本被稱為**高斯 - 賽德爾式**（*Gauss-Seidel-style*）演算法。除了疊代策略評估外，其他 DP 演算法也可以應用在這些不同類型的問題中。Bertsekas 和 Tsitsiklis（1989）提出了具有良好收斂性的變化版本，並點出了其表現上的差異之處。

4.5 非同步 DP 演算法起源於 Bersekas（1982, 1983），他將其稱為分散式 DP 演算法。非同步 DP 演算法的最初動機是為了在多處理器系統中存在不同處理器間的傳輸延遲、且無全局同步時脈的情況下進行應用所提出的。Bertsekas 和 Tsitsiklis（1989）對這些非同步 DP 演算法進行了廣泛地探討。雅可比式和高斯 - 賽德爾式 DP 演算法是非同步 DP 的特例。Williams 和 Baird（1990）提出了一種比我們討論的方法更加精細的非同步 DP 演算法：更新操作本身可以被分解為多個可非同步進行的步驟。

4.7 這一章是在 Michael Littman 的協助下完成的，並且是基於 Littman、Dean 和 Kaelbling（1995）的研究。「維數災難」一詞源自於 Bellman（1957）。

關於強化學習中線性規劃方法的基礎研究是由 Daniela de Farias 所完成的（de Farias, 2002; de Farias and Van Roy, 2003）。

Chapter 5

蒙地卡羅方法

本章我們將介紹第一種用於評估價值函數和發現最佳策略的學習方法。與前一章不同，這裡我們不假設對環境有完整的資訊。蒙地卡羅方法僅需要**經驗**（*experience*），包含來自與環境實際或模擬交互作用所觀察到的狀態、動作和獎勵的樣本序列。從**實際**（*actual*）經驗中學習的效果非常驚人，因為不需要事先了解環境的動態仍然可以獲得最佳行為。從**模擬**（*simulated*）經驗中學習也十分有效，雖然需要一個模型，但模型僅需產生樣本轉移，而不是動態規劃（DP）所需的所有可能轉移的完整機率分布。在絕大多數情形下，對想要獲得的機率分布進行抽樣獲取經驗是相當容易的，但要獲得完整的機率分布是不太可能的。

蒙地卡羅方法是基於平均樣本回報來解決強化學習問題的方法。為了確保獲得明確定義的回報，在此我們只定義用於分節性任務蒙地卡羅方法，也就是假設經驗被分為多個分節，並且無論選擇什麼動作，所有分節最終都會終止。只有在完成一個分節後，價值估計和策略才會發生變化。因此本章所描述的蒙地卡羅方法會依照逐個分節而非逐個步驟（線上）進行增量計算。「蒙地卡羅」一詞通常用於表示操作涉及大量隨機成分的任何估計方法。在本章中我們專門用於表示基於平均完整回報的方法（與下一章所介紹的從部分回報中學習的方法不同）。

蒙地卡羅方法對每個狀態 - 動作對進行抽樣並平均**所有回報**，非常類似於我們在第 2 章中所介紹的抽樣並平均每個動作**獎勵**（*rewards*）的拉霸機方法。主要的區別在於現在有多個狀態，而每個狀態都像是不同的拉霸機問題（如同關聯搜尋或情境式拉霸機），不同的拉霸機問題是相互關聯的。也就是在一個狀態下採取動作後的回報，取決於在同一分節內後續狀態中所採取的動作。因為所有動作選擇都還在進行學習，所以從早期狀態的角度來看，此問題為非固定性問題。

為了處理非固定性，我們採用了第 4 章為動態規劃所設計的廣義策略疊代（GPI）的概念。在第 4 章中，我們根據 MDP 的資訊計算價值函數，但在這裡我們透過 MDP 從樣本回報中學習價值函數。價值函數和相應的策略仍然以相同的方式（GPI）相互作用以獲得最佳性。如同在動態規劃的章節時所做的，我們首先考慮預測問題（針對任意固定策略 π 計算其 v_π 和 q_π）然後再考慮策略改善，最後為控制問題及其 GPI 的解決方案。從動態規劃中獲取的概念都可以擴展到只有樣本經驗可用的蒙地卡羅情形。

5.1 蒙地卡羅預測

我們首先考慮蒙地卡羅方法來學習給定策略下的狀態值函數。回想一下，一個狀態的價值是從該狀態開始的預期回報，也就是預期未來累積的折扣獎勵。那麼根據經驗進行估計的最顯而易見的方法，就是對進入該狀態後所觀察到的回報求平均。隨著觀察到的回報越多，平均值就會收斂到期望值。這個概念是所有蒙地卡羅方法的基礎。

特別是在假設給定遵循策略 π 經過狀態 s 的分節集合，我們希望評估在策略 π 下狀態 s 的價值 $v_\pi(s)$。分節中每次轉移到狀態 s 都被稱為對 s 的一次*訪問*（*visit*）。當然，可以在同一分節中多次訪問狀態 s，我們將在一個分節中第一次訪問狀態 s 稱為*首次訪問*（*first visit*）。*首次訪問蒙地卡羅方法*（*first-visit MC method*）將首次訪問狀態 s 後的回報進行平均以估計 $v_\pi(s)$，而*每次訪問蒙地卡羅方法*（*every-visit MC method*）則是對所有訪問 s 後的回報進行平均。這兩種蒙地卡羅（MC）方法非常相似，但具有稍微不同的理論性質。首次訪問 MC 方法早在 1940 年代就已被廣泛研究，這也是我們在本章中所關注的部分。每次訪問 MC 方法更自然地擴展到函數近似和資格痕跡，我們將在第 9 章和第 12 章進行探討。我們將首次訪問 MC 方法以虛擬碼的方式呈現於下面的方框中。每次訪問 MC 方法除了沒有檢查狀態 S_t 是否有在當前分節的早期時步出現過以外，其餘作法都是相同的。

首次訪問 MC 預測，用於估計 $V \approx v_\pi$

輸入：要評估的策略 π
初始化：
  對所有 $s \in \mathcal{S}$，任意 $V(s) \in \mathbb{R}$
  $Returns(s) \leftarrow$ 一個空的列表，對所有 $s \in \mathcal{S}$
無限循環（對每一個分節）：
  使用 π 生成一個分節：$S_0, A_0, R_1, S_1, A_1, R_2, \ldots, S_{T-1}, A_{T-1}, R_T$
  $G \leftarrow 0$
  對於分節中的每個步驟循環，$t = T-1, T-2, \ldots, 0$:
    $G \leftarrow \gamma G + R_{t+1}$
    除非 S_t 出現在 $S_0, S_1, \ldots, S_{t-1}$ 中：
      將 G 加到列表 $Returns(S_t)$ 中
      $V(S_t) \leftarrow \text{average}(Returns(S_t))$

當 s 的訪問（或首次訪問）次數趨近無窮大，首次訪問 MC 方法和每次訪問 MC 方法都會收斂到 $v_\pi(s)$。對於首次訪問 MC 方法而言，這是顯而易見的。在這種情形下，每個回報是對於 $v_\pi(s)$ 具有有限變異數的獨立同分布估計值。根據大數法則，這些估計值的平均值序列將收斂到其期望值。每個平均值本身都是一個無偏差估計值，其誤差的標準差以 $1/\sqrt{n}$ 下降，其中 n 是平均回報的數量。每次訪問 MC 就沒那麼直觀，但其估計值也會二次收斂至 $v_\pi(s)$（Singh and Sutton, 1996）。

要說明蒙地卡羅方法如何使用最好的方法就是舉例說明。

範例 5.1：二十一點。風靡賭場的紙牌遊戲*二十一點*其目標是使獲得牌的點數總和在不超過 21 的情況下越大越好。所有 J、Q 和 K 的點數值為 10，一張 ace 可以計為 1 或 11。我們在此考慮每個玩家獨立與莊家競爭的版本。遊戲開始時將分別發兩張牌給莊家和玩家。莊家的一張牌點數朝上，另一張則朝下。如果玩家一開始即擁有 21（一張 ace 和一張點數為 10 的牌），則稱其為*自然*（*natural*）。玩家獲得自然時則獲勝，除非莊家也是自然，在這種情況下為和局。如果玩家沒有自然，那麼他可以一張張地請求額外的牌（*加牌*（*hits*）），直到他要求停止加牌（*停牌*（*sticks*））或超過 21（*爆牌*（*goes bust*））。如果玩家爆牌就輸；如果玩家停牌，則輪到莊家。莊家根據固定策略做出加牌或停牌：總和不小於 17

停牌，否則加牌。如果莊家爆牌，則玩家獲勝；否則結果（勝、敗或和局）根據最後誰的點數總和更接近 21 來決定。

玩二十一點的過程可以自然地被描述為一種分節性有限 MDP。每一場二十一點遊戲都是一個分節。勝、敗及和局的獎勵為 +1、-1 和 0。在遊戲過程中的所有獎勵都為零，且沒有使用折扣（$\gamma = 1$）；因此結束狀態的獎勵就是回報。玩家的動作是加牌或停牌。狀態取決於玩家手上的牌和莊家目前顯示的牌。我們假設牌是從無限的牌組中發出的（即，有接替的牌組），因此記牌是沒有優勢的。如果玩家擁有一張 ace 可以記為 11 而不會爆牌，那麼這個 ace 就稱為**可用的**（*usable*）。在此情形下 ace 總是被計為 11，因為將 ace 計為 1 會使總和為 11 或更少，此時玩家沒有其他選擇只能選擇加牌。因此，玩家根據三個變數做出決定：當前手上牌的點數總和（12 － 21），目前莊家顯示的牌的點數（ace － 10），以及他是否擁有可用的 ace。因此總共有 200 個狀態。

我們考慮如果玩家的點數總和是 20 或 21 則停牌否則進行加牌的策略。為了透過蒙地卡羅方法找出該策略的狀態價值函數，我們使用該策略模擬多場二十一點遊戲並計算每個狀態回報的平均值。透過這種方式我們可以獲得如圖 5.1 所示的狀態值函數估計值。具有可用 ace 狀態的估計值有太多不確定性且不太規律，因為這些狀態不太常見。無論如何，在經過 500,000 場賽局之後，我們可以發現價值函數的近似情形趨於穩定。

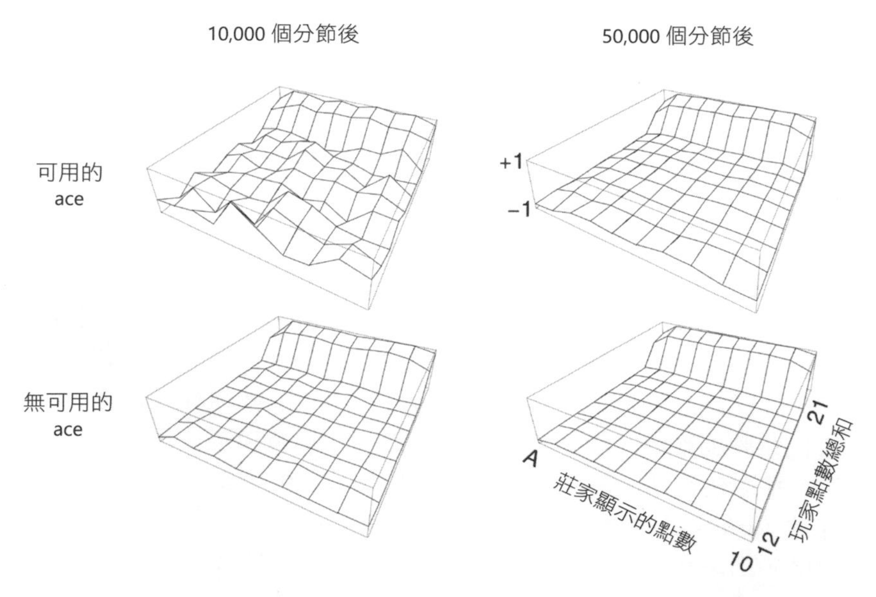

圖 5.1 遵循一直加牌直到點數和 20 或 21 的二十一點策略，由蒙地卡羅策略評估計算出的近似狀態值函數。 ■

練習 5.1：考慮圖 5.1 右側的圖。為什麼估計值函數在最後兩列會突然升高？為什麼它會在左側一整行中都呈現降低的情形？為什麼上圖中的最前面的值比下圖最前面的值更高？ □

練習 5.2：假設在二十一點任務中使用每次訪問 MC 方法而不是首次訪問 MC 方法。你認為結果會有很大的差異嗎？為什麼？ □

儘管我們在二十一點的例子中具有完整的環境資訊，但要使用 DP 方法來計算價值函數並不容易。DP 方法需要下一個狀態的分布情形，即需要由四個參數函數 $p(s',r|s,a)$ 提供環境動態，而這在二十一點的例子中並不容易。假設玩家點數的總和是 14，他選擇停牌。根據目前莊家所顯示的點數和，玩家以 +1 的獎勵結束這場遊戲的機率是多少？必須在應用 DP 之前計算所有的機率，通常這種計算相當複雜且容易發生錯誤。相較之下利用蒙地卡羅方法所需產生的樣本變得相對容易。這種情況在現實生活的問題中經常出現，即使人們完全了解環境的動態，蒙地卡羅方法僅需分節樣本就能進行處理的能力仍具有顯著的優勢。

我們可以將回溯圖的概念運用在蒙地卡羅演算法嗎？回溯圖的一般概念是在圖的頂端顯示要更新的根節點，並在根節點之下顯示其獎勵和估計值有助於狀態更新的所有轉移和葉節點。對於 v_π 的蒙地卡羅評估而言，根節點是狀態節點，在根節點之下為根據一個特定分節所有的轉移情形，並在終止狀態結束，如右圖所示。

DP 圖（第 65 頁）顯示所有可能的轉移情形，而蒙地卡羅圖僅顯示在一個分節中進行抽樣的轉移情形。DP 圖僅包含下一個步驟所有可能的轉移情形，而蒙地卡羅圖則顯示出從初始狀態到分節終端狀態之間所有轉移情形。圖中的這些差異準確地反映了兩者之間的基本差異。

關於蒙地卡羅方法一個重要的事實是每個狀態的估計都是獨立的。在和 DP 相同的情況下，蒙地卡羅方法對於一個狀態的估計並不取決於任何對於其他狀態的估計。換句話說，蒙地卡羅方法並未使用我們在前一章中定義的**自助**（***bootstrap***）的方法。

我們特別要注意，蒙地卡羅方法估計單個狀態值的計算成本與狀態數量無關。當需要僅一個或部分狀態的估計值時，蒙地卡羅方法更具有吸引力。我們可以從感興趣的狀態中產生許多樣本分節，從這些感興趣的狀態而略過其他狀態來計算回報的平均值。這是蒙地卡羅方法相對於 DP 方法（能夠從實際經驗和模擬經驗中學習）所擁有的第三個優勢。

範例 5.2：肥皂泡泡。假設我們用線框圍成一個閉合的環，在肥皂水中浸泡以形成肥皂膜或肥皂泡泡。如果線框的幾何形狀不規則但已知，該如何計算肥皂泡泡表面的形狀？此肥皂泡泡的形狀具有以下特性：在每個點上所有相鄰點施加的力總和為零（否則形狀將改變）。這意味著在肥皂泡泡表面中任何一個點的高度都是其所有相鄰點高度的平均值。此外，肥皂泡泡表面的邊界處必須與線框吻合。解決這個問題的常用方法是將肥皂泡泡表面覆蓋的區域網格化，並透過疊代計算求出肥皂泡泡表面在網格點上的高度。肥皂泡泡表面邊界處的網格點高度強制設為線框的高度，而其他則調整為四個相鄰網格點高度的平均值。然後透過類似於 DP 的疊代策略評估方式進行疊代計算，最終將收斂到與肥皂泡泡表面近似的形狀。

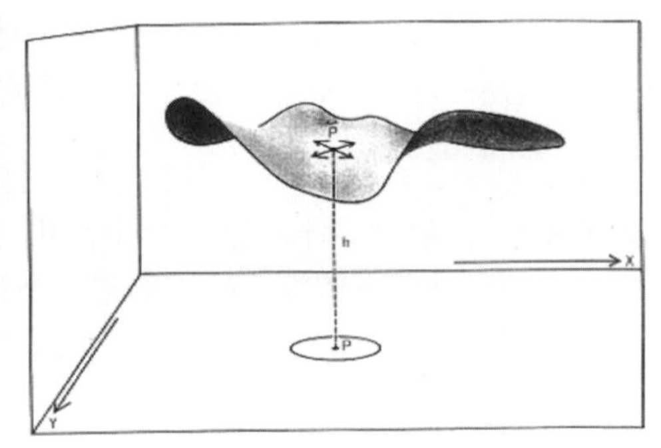

線框形成的肥皂泡泡

來自 Hersh 和 Griego（1969）。經許可轉載。1969 科學人雜誌，自然出版集團。保留所有權利。

這個問題類似於最初設計蒙地卡羅方法的問題。除了上面描述的疊代計算外，我們可以想像站在表面上以相等的機率從網格點隨機漫步到相鄰網格點直到到達邊界。事實證明，邊界處高度的期望值與所求表面起始點處的高度近似（實際上恰好是透過上述疊代方法計算所獲得的值）。因此可以簡單地透過從一點開始多次漫步到邊界高度的平均值近似出此點的高度。

如果我們只對某點上的值或任何固定數量點集合的值感興趣，則蒙地卡羅方法會比考慮局部一致性的疊代方法更有效。 ■

5.2 動作值的蒙地卡羅估計

如果沒有可用模型，則估計**動作值**（狀態 - 動作對的值）相對於估計**狀態值**就顯得特別有用。如果有可用模型，我們只需要狀態值就可以確定策略。正如我們在 DP 章節中所介紹，向前觀察一個步驟，並選擇可以獲得獎勵和下一個狀態最佳組合的動作。然而如果我們沒有模型，僅擁有狀態值是不夠的。我們必須明確估計每個動作的價值使我們可以採取好的策略，因此估計 q_* 是蒙地卡羅方法的主要目標之一。要實現此目標，我們首先要考慮動作值的策略評估問題。

動作價值的策略評估問題是估計 $q_\pi(s,a)$，也就是在狀態 s 開始時採取動作 a，然後遵循政策 π 的預期回報。蒙地卡羅方法基本上與前一節所討論的狀態值作法相同，只不過我們現在關注的是狀態 - 動作對而非狀態。訪問一個狀態 - 動作對 s, a 表示在一個分節中經過狀態 s 並採取動作 a。每次訪問 MC 方法以所有訪問狀態 - 動作對後的回報平均值來估計一個狀態 - 動作對的值。首次訪問 MC 方法則對每個分節第一次訪問此狀態 - 動作對的回報進行平均。如同前一節所述，這些方法隨著每個狀態 - 動作對的訪問次數趨近無窮大時，其真實的期望值會呈現二次收斂。

唯一的困難點在於許多狀態 - 動作對可能永遠不會被訪問到。如果 π 是一個確定性策略，那麼遵循策略 π 將僅能觀察到在每個狀態下一個動作的回報。由於沒有多個回報可以進行平均，蒙地卡羅方法對其他動作的估計就不會隨著經驗而改善。這是一個嚴重的問題，因為學習動作值的目的是為了在每個狀態選擇合適的動作。為了比較所有可能性，我們需要估計每個狀態的所有動作值，而非僅僅是我們目前所偏好的動作。

這是維持探索常出現的問題，正如我們在第 2 章中 k- 搖臂拉霸機問題時所討論的。為了使動作值的策略評估有效，我們必須確保探索不斷地進行。其中一種方法是將分節指定由一個狀態 - 動作對開始，並且每一對都有非零機率被選為起始點。這確保了所有狀態 - 動作對在無限數量分節的極限情形下被訪問無限次。我們將這種假設稱為*探索啟動*（*exploring starts*）。

探索啟動的假設有時是有效的，但我們不能一直依賴於這個假設，特別是在直接與環境的實際交互作用中學習時。在這種情況下初始條件的假設可能不太有效。要確保能遇到所有狀態 - 動作對最常見的替代方法是，僅考慮在每個狀態下都以非零的機率隨機選擇所有動作的策略。

我們將在後面的章節中探討這個方法的兩種相當重要的變化版本，但目前我們保留探索啟動的假設並完成整個蒙地卡羅控制方法的描述。

練習 5.3：請呈現以蒙地卡羅方法估計 q_π 的回溯圖。 □

5.3 蒙地卡羅控制

現在我們來考慮如何將蒙地卡羅估計用於控制，即近似最佳策略。整體概念是依照前一章與 DP 相同的模式進行，即根據廣義策略疊代（GPI）的概念。在 GPI 中，我們需要同時維護一個近似策略和一個近似值函數。透過不斷改變價值函數以更接近當前策略的價值函數，並根據當前價值函數重複改善策略，如右圖所示。這兩個變化過程在某種程度上相互作用，雖然任一邊的變化都會引起另一邊的改變，但它們共同指引策略和價值函數趨向最佳情形。

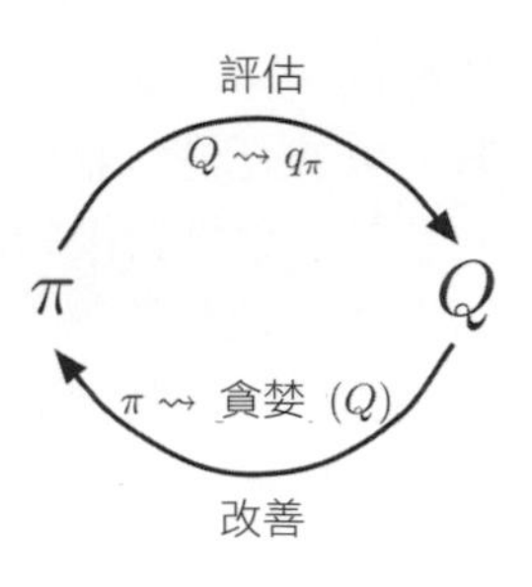

首先我們考慮典型策略疊代的蒙地卡羅版本。在此方法中，我們交替執行策略評估和策略改善完整步驟，從一個隨機策略 π_0 開始，並以最佳策略和最佳動作值函數結束：

$$\pi_0 \xrightarrow{\text{E}} q_{\pi_0} \xrightarrow{\text{I}} \pi_1 \xrightarrow{\text{E}} q_{\pi_1} \xrightarrow{\text{I}} \pi_2 \xrightarrow{\text{E}} \cdots \xrightarrow{\text{I}} \pi_* \xrightarrow{\text{E}} q_*,$$

其中 $\xrightarrow{\text{E}}$ 表示為一個完整的策略評估，而 $\xrightarrow{\text{I}}$ 表示為一個完整的策略改善。策略評估完全按照上一節所描述的來進行。隨著經歷更多分節，近似的動作值函數將逐漸地逼近真實的動作值函數。假設我們確實觀察到無限數量的分節，這些分節是透過探索啟動產生的。在這些假設下，對於隨機策略 π_k，蒙地卡羅方法將精確地計算每個 q_{π_k}。

策略改善透過使策略對於當前價值函數變得貪婪來完成。在這種情況下我們擁有一個動作值函數，因此不需要模型來設計貪婪策略。對於任何動作值函數 q，其對應的貪婪策略是對於每個 $s \in \mathcal{S}$，確定性地選擇具有最大動作值的動作：

$$\pi(s) \doteq \arg\max_a q(s, a). \tag{5.1}$$

然後策略改善就可以透過將每個 π_{k+1} 設計為對於 q_{π_k} 的貪婪策略來完成。策略改善理論（詳見第 4.2 節）就可以應用於 π_k 和 π_{k+1}，因為對於所有 $s \in \mathcal{S}$，

$$\begin{aligned}
q_{\pi_k}(s, \pi_{k+1}(s)) &= q_{\pi_k}(s, \operatorname*{argmax}_a q_{\pi_k}(s, a)) \\
&= \max_a q_{\pi_k}(s, a) \\
&\geq q_{\pi_k}(s, \pi_k(s)) \\
&\geq v_{\pi_k}(s).
\end{aligned}$$

正如我們在前一章中所描述過的，該理論保證了每個 π_{k+1} 一定優於 π_k 或在都為最佳策略的情況下與 π_k 一樣好，進而保證了整個過程會收斂到最佳策略和最佳價值函數。透過這種方式，蒙地卡羅方法可以在僅提供分節樣本而缺乏其他環境動態資訊的情況下找到最佳策略。

為了能輕鬆地確保蒙地卡羅方法的收斂，對上述內容我們做了兩個不太可能的假設。一個是分節具有探索啟動，另一個則是策略評估可以用無限數量的分節完成。為了獲得實際可行的演算法，必須移除這兩個假設。我們將在本章稍後的內容考慮如何移除第一個假設。

現在我們先關注策略評估需要在無限數量的分節中執行的假設。這個假設相對容易移除。事實上，即便在典型的 DP 方法中也會出現同樣的問題，例如疊代策略評估，它也只是漸近地收斂到真實的價值函數。在 DP 和蒙地卡羅的情形中，有兩種方法可以解決此問題。一種是在每個策略評估中都儘可能近似 q_{π_k} 的概念，透過測量和假設以獲得估計中誤差的大小和機率的界限，然後在每次策略評估期間採取足夠的步驟以確保這些界限足夠小。這種方法可以確保正確收斂到一定程度的近似情形下能夠獲得令人滿意的結果。然而在實際使用時，除了規模最小的問題外，它可能會為了完成計算而產生大量分節需求。

還有第二種方法可以避免策略評估時需要無限數量的分節，在此方法中我們嘗試放棄在進行策略改善之前完成政策評估。在每個評估步驟中我們將價值函數向 q_{π_k} *逼近*（*toward*），但我們不希望價值函數在經過多個步驟前就非常接近它。當我們在第 4.6 節中首次介紹 GPI 的概念時，我們就使用過這個想法。此想法的一種極端形式就是價值疊代，在每個策略改善的步驟間僅執行一次疊代策略評估。價值疊代的原地版本甚至更加極端，僅對單一狀態交替執行策略改善和策略評估。

對於蒙地卡羅策略評估而言，在逐個分節的基礎上交替使用策略評估和策略改善是很自然的。在每個分節結束後，觀察到的回報用於策略評估，然後在該分節中所有訪問到的狀態進行策略改善。以上述方式執行的演算法我們稱之為*探索啟動的蒙地卡羅演算法*（*Monte Carlo with Exploring Starts, Monte Carlo ES*），其虛擬碼如下一頁的方框所示。

探索啟動的蒙地卡羅演算法（Monte Carlo ES），用於估計 $\pi \approx \pi_*$

初始化：
　對所有的 $s \in \mathcal{S}$，任意 $\pi(s) \in \mathcal{A}(s)$
　對所有的 $s \in \mathcal{S}, a \in \mathcal{A}(s)$，任意 $Q(s,a) \in \mathbb{R}$
　對所有的 $s \in \mathcal{S}, a \in \mathcal{A}(s)$，$Returns(s,a) \leftarrow$ 空列表
無限循環（對於每一個分節）：
　隨機選擇狀態 $S_0 \in \mathcal{S}$ 和動作 $A_0 \in \mathcal{A}(S_0)$，使得所有狀態 - 動作對的機率大於 0
　生成一個分節並由 S_0, A_0 開始，遵循策略 π: $S_0, A_0, R_1, \ldots, S_{T-1}, A_{T-1}, R_T$
　$G \leftarrow 0$
　對於此分節中的每一步驟，$t = T-1, T-2, \ldots, 0$：
　　$G \leftarrow \gamma G + R_{t+1}$
　　除非狀態 - 動作對 S_t, A_t 出現在 $S_0, A_0, S_1, A_1 \ldots, S_{t-1}, A_{t-1}$ 中：
　　　將 G 加到 $Returns(S_t, A_t)$ 中
　　　$Q(S_t, A_t) \leftarrow \text{average}(Returns(S_t, A_t))$
　　　$\pi(S_t) \leftarrow \arg\max_a Q(S_t, a)$

***練習* 5.4**：蒙地卡羅 ES 的虛擬碼效率很低，因為需要紀錄列表中對於每個狀態 - 動作對的所有回報並重複計算它們的平均值。利用類似於第 2.4 節中介紹的方法紀錄平均值和計數（對於每個狀態 - 動作對），並逐步進行更新將更有效率。請描述如何修改虛擬碼來實現。 □

在蒙地卡羅 ES 中，無論在觀察時當下的策略如何，每個狀態 - 動作對的所有回報都會被累積並平均。這很容易看出蒙地卡羅 ES 無法收斂到任何次佳策略。若收斂到次佳策略，則價值函數最終也會收斂到該策略的價值函數，這反過來會導致策略發生變化。只有當策略和價值函數都是最佳的時，才能實現穩定性。由於動作值函數的變化隨著時間的推移而減少，但這種最佳固定點的收斂似乎是必然的，但尚未被正式證明。我們認為這是強化學習中最基本的開放理論問題之一（對於部分解決方法，請詳見 Tsitsiklis, 2002）。

範例 5.3：解決 21 點的問題。直接使用探索啟動的蒙地卡羅演算法來解決 21 點的問題是很容易的。由於這些分節都是模擬的對局，所以很容易使探索啟動包

含所有的可能性。在這種情況下，我們只需要以相同的機率隨機抽取出莊家的牌、玩家的點數總和以及玩家是否有可用的 ace。初始策略使用我們之前介紹的範例所用的策略，即在 20 或 21 時停牌，其餘情況均加牌。初始時各個狀態的動作 - 價值函數均為零。圖 5.2 顯示了使用 Monte Carlo ES 演算法所獲得的最佳策略。這個策略和 Thorp 在 1966 年提出的「基本」策略是相同的，唯獨在可用的 ace 策略中最左邊顯示的缺口，這並未出現在 Thorp 的策略中。雖然我們不清楚為什麼會有那個缺口，但我們確信圖中的策略就是我們所描述的 21 點遊戲版本的最佳策略。 □

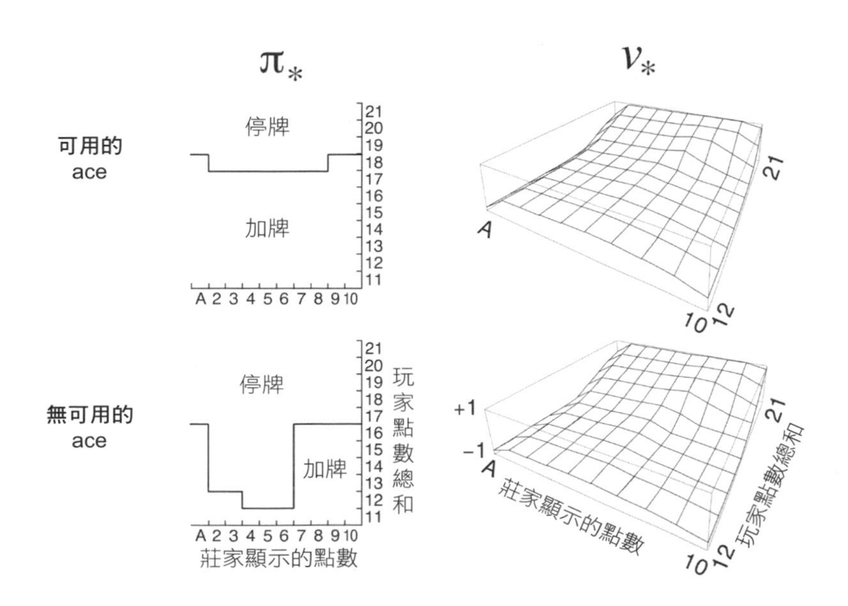

圖 5.2 使用探索啟動的蒙地卡羅演算法的 21 點最佳策略和狀態值函數。狀態值函數是根據探索啟動的蒙地卡羅演算法所發現的動作值函數計算獲得的。 ■

5.4 無探索啟動的蒙地卡羅控制

如何才能避免不切實際的探索啟動假設呢？ 要確保所有動作可以無限次被選中的唯一通用方法是使代理能繼續選擇它們。有兩種方法可以確保這一點，我們分別稱之為 *on-policy* 方法和 *off-policy* 方法。on-policy 方法試圖評估或改善用於決策的策略，而 off-policy 方法則評估或改善一個不同於產生這些數據的策略。上一節所提到的蒙地卡羅 ES 方法就是一種 on-policy 方法的例子。在本節中我們將展示如何設計一種不使用探索啟動這種不切實際的假設的 on-policy 蒙地卡羅控制方法，而 off-policy 方法我們將在下一節進行介紹。

在 on-policy 控制方法中，策略通常是**鬆弛**（*soft*）的，指的是對於所有 $s \in \mathcal{S}$和所有 $a \in \mathcal{A}(s)$，$\pi(a|s) > 0$，但會逐漸向確定性最佳策略接近。在第 2 章中介紹的許多方法都可以提供這種機制。我們在本節中介紹的 on-policy 方法使用 ε–**貪婪策略**，這意味著在大多數時間選擇具有最大估計動作值的動作，但會以 ε 的機率隨機選擇動作。也就是說，所有非貪婪動作都被賦予了最小的選擇機率 $\frac{\varepsilon}{|\mathcal{A}(s)|}$，而其它剩餘機率 $1-\varepsilon+\frac{\varepsilon}{|\mathcal{A}(s)|}$ 將貪婪地選擇動作。ε- 貪婪策略是 ε- **鬆弛策略**的一個例子，其定義為在 $\varepsilon > 0$ 的情況下對於所有狀態和動作，滿足 $\pi(a|s) \geq \frac{\varepsilon}{|\mathcal{A}(s)|}$。在 ε– 鬆弛策略中，ε– 貪婪策略就意義上而言是最接近貪婪的策略。

on-policy 蒙地卡羅控制的整體概念仍然是 GPI。如同蒙地卡羅 ES 方法一樣，我們使用首次訪問 MC 方法來估計當前策略的動作值函數。然而沒有探索啟動的假設，我們不能簡單地透過使策略對當前價值函數貪婪來改善策略，因為這將會阻止進一步對非貪婪動作的探索。幸運的是 GPI 並不要求所採取的策略一直是貪婪的，只是要不斷地**逼近**（*toward*）貪婪策略。在我們的 on-policy 方法中，我們只將其趨向 ε– 貪婪策略。對於任何 ε– 鬆弛策略 π，任何關於 q_π 的 ε-貪婪策略都保證優於或等於 π。完整演算法如下面的方框所示。

on-policy 首次訪問蒙地卡羅控制（對於 ε- 鬆弛策略），用於估計 $\pi \approx \pi_*$

演算法參數：一個數值小的 $\varepsilon > 0$

初始化：

 $\pi \leftarrow$ 一個任意的 ε- 鬆弛策略

 對所有的 $s \in \mathcal{S}, a \in \mathcal{A}(s)$，任意 $Q(s,a) \in \mathbb{R}$

 對所有的 $s \in \mathcal{S}, a \in \mathcal{A}(s)$，$Returns(s,a) \leftarrow$ 空列表

無限循環（對於每一個分節）：

 生成一個分節，遵循策略 π: $S_0, A_0, R_1, \ldots, S_{T-1}, A_{T-1}, R_T$

 $G \leftarrow 0$

 對於此分節中的每一步驟，$t = T-1, T-2, \ldots, 0$：

  $G \leftarrow \gamma G + R_{t+1}$

除非狀態 - 動作對 S_t, A_t 出現在 $S_0, A_0, S_1, A_1 \ldots, S_{t-1}, A_{t-1}$ 中：
　將 G 加到 $Returns(S_t, A_t)$ 中
　$Q(S_t, A_t) \leftarrow \text{average}(Returns(S_t, A_t))$
　$A^* \leftarrow \arg\max_a Q(S_t, a)$　　（有多個時則任意選擇一個）
　對所有 $a \in \mathcal{A}(S_t)$:
$$\pi(a|S_t) \leftarrow \begin{cases} 1 - \varepsilon + \varepsilon/|\mathcal{A}(S_t)| & 若\ a = A^* \\ \varepsilon/|\mathcal{A}(S_t)| & 若\ a \neq A^* \end{cases}$$

策略改善理論確保任何關於 q_π 的 ε- 貪婪策略都是對 ε- 鬆弛策略 π 的改善。設 π' 為 ε- 貪婪策略，它適用策略改善理論的條件，因為對於任意 $s \in \mathcal{S}$：

$$\begin{aligned} q_\pi(s, \pi'(s)) &= \sum_a \pi'(a|s) q_\pi(s,a) \\ &= \frac{\varepsilon}{|\mathcal{A}(s)|} \sum_a q_\pi(s,a) \ + \ (1-\varepsilon) \max_a q_\pi(s,a) \qquad (5.2) \\ &\geq \frac{\varepsilon}{|\mathcal{A}(s)|} \sum_a q_\pi(s,a) \ + \ (1-\varepsilon) \sum_a \frac{\pi(a|s) - \frac{\varepsilon}{|\mathcal{A}(s)|}}{1-\varepsilon} q_\pi(s,a) \end{aligned}$$

（總和是非負權重加總為 1 的加權平均值，因此它必須小於或等於最大數量的平均）

$$\begin{aligned} &= \frac{\varepsilon}{|\mathcal{A}(s)|} \sum_a q_\pi(s,a) \ - \ \frac{\varepsilon}{|\mathcal{A}(s)|} \sum_a q_\pi(s,a) \ + \ \sum_a \pi(a|s) q_\pi(s,a) \\ &= v_\pi(s). \end{aligned}$$

因此透過策略改善理論，$\pi' \geq \pi$（即對於所有 $s \in \mathcal{S}$，$v_{\pi'}(s) \geq v_\pi(s)$）。我們現在證明，只有當 π' 和 π 都為 ε- 鬆弛策略中的最佳策略等號才成立，即當它們優於或等於所有其他 ε- 鬆弛策略時才成立。

考慮一個與原始環境一樣除了策略是 ε- 鬆弛策略的新環境。新環境具有與原始環境相同的動作和狀態集合，整個環境情形描述如下：如果處於狀態 s 並採取動作 a，則新環境的行為有 1 - ε 的機率與舊環境完全相同，但有 ε 的機率以等機率隨機地重新選擇動作，就如同在舊環境中採取新的隨機動作。在這個新環境中一般策略能做得最好的情形，與在原始環境中使用 ε- 鬆弛策略的情形相同。令 $\widetilde{v}_*$ 和 $\widetilde{q}_*$ 表示為新環境的最佳價值函數。則當且僅當 $v_\pi = \widetilde{v}_*$ 時，策略 π 在 ε- 鬆弛策略中是最佳的。我們可以由 $\widetilde{v}_*$ 的定義來了解：

$$\begin{aligned}\widetilde{v}_*(s) &= (1-\varepsilon)\max_a \widetilde{q}_*(s,a) + \frac{\varepsilon}{|\mathcal{A}(s)|}\sum_a \widetilde{q}_*(s,a)\\ &= (1-\varepsilon)\max_a \sum_{s',r} p(s',r|s,a)\Big[r+\gamma\widetilde{v}_*(s')\Big]\\ &\quad + \frac{\varepsilon}{|\mathcal{A}(s)|}\sum_a\sum_{s',r} p(s',r|s,a)\Big[r+\gamma\widetilde{v}_*(s')\Big].\end{aligned}$$

當等號成立且 ε– 鬆弛策略不再進行改善時，透過 (5.2) 我們可以得知：

$$\begin{aligned}v_\pi(s) &= (1-\varepsilon)\max_a q_\pi(s,a) + \frac{\varepsilon}{|\mathcal{A}(s)|}\sum_a q_\pi(s,a)\\ &= (1-\varepsilon)\max_a \sum_{s',r} p(s',r|s,a)\Big[r+\gamma v_\pi(s')\Big]\\ &\quad + \frac{\varepsilon}{|\mathcal{A}(s)|}\sum_a\sum_{s',r} p(s',r|s,a)\Big[r+\gamma v_\pi(s')\Big].\end{aligned}$$

除了將 $\widetilde{v}_*$ 替換為 v_π 外，此方程式與前一個方程式相同。因為 $\widetilde{v}_*$ 是唯一的解，所以必定為 $v_\pi = \widetilde{v}_*$。

事實上，我們已經透過上面的描述證明策略疊代適用於 ε– 鬆弛策略。我們將貪婪策略的一般概念運用在 ε– 鬆弛策略中來確保每一步驟都能有所改善，除非已經在 ε– 鬆弛策略發現最佳策略。雖然這種分析與每個階段如何確定動作價值函數無關，但確實可以假定動作值函數是可以被精確計算出來的。

這與前一節的觀念大致相同。雖然現在我們只能在 ε– 鬆弛策略中獲得最佳策略，但我們移除了探索啟動的假設。

5.5 透過重要性抽樣進行 off-policy 預測

所有學習控制方法都面臨一個困境：尋求以後續**最佳**行為為條件來學習動作值，但卻需要以非最佳性的方式探索所有動作（為了**找到**最佳動作）。如何根據探索性策略來學習最佳策略？前一節中 on-policy 方法實際上是一種妥協，on-policy 方法並非為了學習最佳策略的動作值，而是為了近似最佳策略而進行探索。更直接的方式是使用兩個策略，一個是學習將成為最佳策略的策略，另一個則是採取更具探索性並用於生成行為的策略。要學習的策略稱為**目標策略**（*target policy*），而用於生成行為的策略稱為**行為策略**（*behavior policy*）。在這種情況下，從目標策略「以外」的資料進行學習稱為 *off-policy* **學習**（*off-policy learning*）。

本書接下來的內容中，我們將考慮 on-policy 和 off-policy 方法。on-policy 方法通常較為簡單且經常優先考慮。off-policy 方法需要額外的概念和符號且資料是由不同的策略生成的，因此 off-policy 方法通常具有更大的變異數且收斂速度較慢，但 off-policy 方法更強大且使用上也更為普遍。我們可以將 on-policy 方法視為 off-policy 方法中目標策略和行為策略相同的特例。此外，off-policy 方法在應用上還具有各種其他用途，例如，off-policy 方法經常用於從傳統的非學習控制器或人類專家產生的資料進行學習。off-policy 學習也被視為是學習世界動態的多步預測模型的關鍵（詳見第 17.2 節，Sutton, 2009; Sutton et al., 2011）。

在本節中我們透過考慮預測問題開始學習 off-policy 方法，其中目標策略和行為策略都是固定的。也就是說，假設我們希望估計 v_π 或 q_π，但我們全部都是遵循另一個策略 b 的分節，其中 $b \neq \pi$。在這種情況下，π 是目標策略而 b 是行為策略，並且這兩者都被視為固定且給定的。

為了使用策略 b 中的分節來估計策略 π 的值，我們要求在策略 π 採取的所有動作偶爾也在策略 b 下進行，即我們要求 $\pi(a|s) > 0$ 成立表示 $b(a|s) > 0$ 也成立。這稱為**覆蓋**（*coverage*）假設。根據覆蓋假設，策略 b 在與策略 π 不相同的狀態下必須是隨機的。另一方面，目標策略可能是確定性的，事實上，這是控制問題中特別有趣的情形。在控制問題中，目標策略通常是根據動作值函數的當前估計所決定的確定性貪婪策略。當此策略成為一種確定性最佳策略的同時，行為策略仍能保持隨機性及具有探索性，例如一個 ε- 貪婪策略。然而在本節中，我們考慮的是預測問題，其中策略 π 視為固定且給定的。

幾乎所有 off-policy 方法都會利用**重要性抽樣**（*importance sampling*），這是一種通用技巧，透過給定其他分布樣本估計在此分佈下的期望值。我們將重要性抽樣應用於 off-policy 學習，是根據狀態變化的軌跡發生在目標策略和行為策略中的相對機率對回報進行加權，這種相對機率被稱為**重要性抽樣率**（*importance-sampling ratio*）。給定起始狀態 S_t，後續狀態 - 動作的軌跡 $A_t, S_{t+1}, A_{t+1}, \dots, S_T$ 在任意策略 π 下發生的機率為：

$$
\begin{aligned}
&\Pr\{A_t, S_{t+1}, A_{t+1}, \dots, S_T \mid S_t, A_{t:T-1} \sim \pi\} \\
&\quad = \pi(A_t|S_t)p(S_{t+1}|S_t, A_t)\pi(A_{t+1}|S_{t+1}) \cdots p(S_T|S_{T-1}, A_{T-1}) \\
&\quad = \prod_{k=t}^{T-1} \pi(A_k|S_k)p(S_{k+1}|S_k, A_k),
\end{aligned}
$$

其中 p 是由 (3.4) 所定義的狀態轉移機率函數。因此，目標策略和行為策略下軌跡的相對機率（重要性抽樣率）為

$$\rho_{t:T-1} \doteq \frac{\prod_{k=t}^{T-1} \pi(A_k|S_k)p(S_{k+1}|S_k, A_k)}{\prod_{k=t}^{T-1} b(A_k|S_k)p(S_{k+1}|S_k, A_k)} = \prod_{k=t}^{T-1} \frac{\pi(A_k|S_k)}{b(A_k|S_k)}. \tag{5.3}$$

儘管軌跡機率取決於 MDP 的轉移機率（通常是未知的），但在分子和分母中同時出現，因此互相抵銷。重要性抽樣率最終取決於兩個策略和樣本順序而非 MDP。

回想一下，我們希望估計目標策略下的預期回報（價值），但由於行為策略所有的回報都是 G_t，這些回報具有錯誤的期望值 $\mathbb{E}[G_t|S_t=s] = v_b(s)$，因此不能對其進行平均來獲得 v_π。透過重要性抽樣率 $\rho_{t:T-1}$ 將回報轉換為具有正確的期望值：

$$\mathbb{E}[\rho_{t:T-1}G_t \mid S_t=s] = v_\pi(s). \tag{5.4}$$

現在我們準備好說明一個蒙地卡羅演算法，該演算法從觀察到的一組遵循策略 b 的分節回報進行平均來估計 $v_\pi(s)$。為了方便說明跨越多個分節，我們對時步數進行編號，也就是如果這組分節的第一分節在時步為 100 時結束，則下一分節將在時步 t = 101 開始。這使得我們可以使用時步數來表示特定分節中的特定步驟。此外，對於每次訪問方法，我們定義訪問狀態 s 的所有時步集合表示為 $\mathcal{T}(s)$。而對於首次訪問方法，$\mathcal{T}(s)$ 將只包含分節中第一次訪問 s 的時步。另外令 $T(t)$ 表示為在時步 t 後的首次終止時間，並且以 G_t 表示從 t 之後到 $T(t)$ 的回報。因此，$\{G_t\}_{t\in\mathcal{T}(s)}$ 為與狀態 s 有關的回報，而 $\{\rho_{t:T(t)-1}\}_{t\in\mathcal{T}(s)}$ 是對應的重要性抽樣率。為了估計 $v_\pi(s)$，我們只需要按比率調整回報並平均結果：

$$V(s) \doteq \frac{\sum_{t\in\mathcal{T}(s)} \rho_{t:T(t)-1}G_t}{|\mathcal{T}(s)|}. \tag{5.5}$$

當重要性抽樣以這種簡單的方式求平均時，我們稱為**一般重要性抽樣**（*ordinary importance sampling*）。

另一種方式是**加權重要性抽樣**，它使用**加權**（*weighted*）平均，定義為

$$V(s) \doteq \frac{\sum_{t\in\mathcal{T}(s)} \rho_{t:T(t)-1}G_t}{\sum_{t\in\mathcal{T}(s)} \rho_{t:T(t)-1}}, \tag{5.6}$$

如果分母為 0 則為 0。為了理解這兩種重要性抽樣，我們在觀察到狀態 s 的單次回報後，分別針對這兩種重要性抽樣方式以首次訪問方法獲得的估計值進行分析。在加權平均估計中，單次回報的比率 $\rho_{t:T(t)-1}$將在分子和分母中消除，因此估計值就等於觀察到的回報，與比例無關（假設比例不為 0）。考慮到這種回報是唯一觀察到的，因此這是一個合理的估計值，但它的期望值是 $v_b(s)$ 而不是 $v_\pi(s)$，所以在統計意義上是有偏差的。相比之下，一般重要性抽樣 (5.5) 其首次訪問方法的期望值總是 $v_\pi(s)$（無偏差的），但可能會變得很極端。假設該比例為 10，表示在目標策略下觀察到的軌跡是行為策略下的十倍。在此情況下，一般重要性抽樣的估計值將是觀察到回報的十倍。也就是說，即使分節的軌跡被認為能夠有效代表目標策略，它的估計值也會距離觀察到的回報相當遠。

形式上，這兩種重要性抽樣的首次訪問方法之間的差異表現在於它們的偏差和變異數。一般重要性抽樣是無偏差的，而加權重要性抽樣是有偏差的（儘管偏差漸近收斂至 0）。另一方面，一般重要性抽樣的變異數通常是沒有上限的，因為比例的變異數可以是沒有上限的，而在加權重要性抽樣中，任何單一回報的最大權重為 1。實際上，假設回報有一定上限，即使比例本身的變異數，是無窮大，加權重要性抽樣估計的變異數仍會收斂到 0（Precup, Sutton, and Dasgupta, 2001）。在實際應用中，加權重要性抽樣估計通常具有明顯較低的變異數並且是強烈推薦優先使用的。然而，我們不會完全放棄一般重要性抽樣，因為一般重要性抽樣更容易擴展到近似的方法，我們將在本書第二部分介紹。

一般重要性抽樣和加權重要性抽樣的每次訪問方法都是有偏差的，但是隨著樣本數量的增加，偏差也逐漸趨於 0。實際上每次訪問方法通常都是首選方法，因為不需要紀錄訪問過哪些狀態且更容易擴展到近似值。使用加權重要性抽樣進行 off-policy 策略評估完整的每次訪問 MC 演算法將在下一節（第 120 頁）進行說明。

練習 5.5：考慮一個具有單個非終端狀態和單個動作的 MDP，其中動作會以 p 的機率轉移至非終端狀態，並以 $1-p$ 的機率轉移到終端狀態。令獎勵在所有轉移中都為 +1，並且令 $\gamma=1$。假設你觀察到一個持續 10 個步驟的分節，回報為 10。非終端狀態的第一次訪問和每次訪問的估計值為？ □

範例 5.4：二十一點狀態值的 off-policy 估計。我們使用一般重要性抽樣方法和加權重要性抽樣方法從 off-policy 資料估計單個二十一點的狀態值。回想一下，蒙地卡羅方法的一個優點是它們可以用於評估單個狀態而不需進行任何其他狀態的估計。在這個例子中，我們評估莊家顯示的牌為 2 的狀態，玩家的牌點數總和為 13，並且玩家有一張可用的 ace（即玩家擁有一張 ace 和一張 2，或是三張 ace）。資料是透過從此狀態開始，然後以相等機率隨機選擇加牌或停牌生成的（行為策略）。目標策略是當點數總和為 20 或 21 時即停牌，如範例 5.1 所示。目標策略下該狀態的價值約為 -0.27726（透過使用目標策略分別產生一億個分節並平均其回報來獲得）。在使用隨機策略進行 1000 個 off-policy 分節後，兩種重要性抽樣的 off-policy 方法都非常接近這個值。為了確保可靠性，我們進行了 100 次獨立執行，每次執行估計值都從 0 開始並學習 10,000 個分節。圖 5.3 顯示其學習曲線 —— 每種方法以其估計值的均方誤差作為分節數量的函數，並將執行 100 次的結果進行平均。兩種方法的誤差都趨近於零，但加權重要性抽樣方法在開始時具有較低的誤差，這在實際應用中是相當常見的情形。

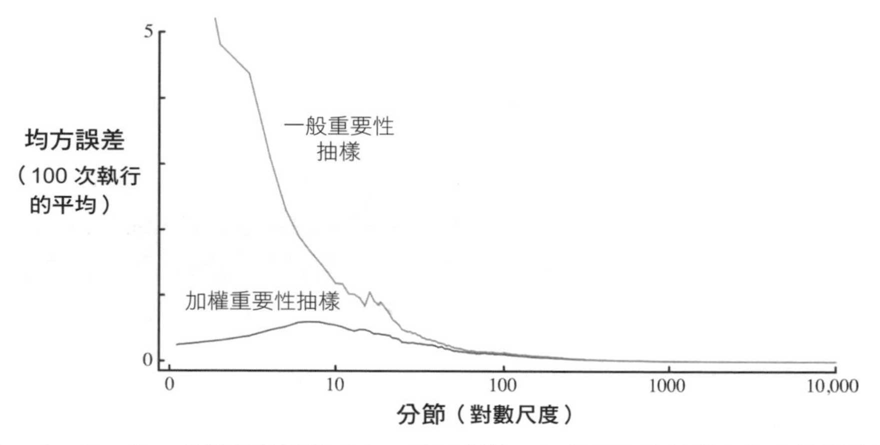

圖 5.3 由 off-policy 分節估計單個二十一點狀態值，加權重要性抽樣產生了較低的估計誤差。 ■

範例 5.5：無限變異數。一般重要性抽樣的估計通常具有無限變異數，這使得無論如何縮放回報都具有無限變異數，因此其收斂情形都不理想 —— 這在 off-policy 學習中當軌跡存在循環時很容易發生。圖 5.4 中顯示了一個簡單的例子，在此圖中只有一個非終端狀態 s 和兩個動作「左」和「右」。「右」的動作導致確定性轉移到終止，而「左」的動作以 0.9 的機率轉移回狀態 s，或以 0.1 的機率轉移到終止。「左」的動作其獎勵在轉移到終止時為 +1，否則為 0。考慮目標策略始終選擇「左」的動作，在此策略下的所有分節包含數次（可能為 0 次）回到 s 的轉移，最終會轉移至終止並回報為 +1 的獎勵。

因此，在目標策略下的 s 值為 1（$\gamma = 1$）。假設我們從 off-policy 資料中使用相等機率選擇「左」和「右」的行為策略來估計此值。

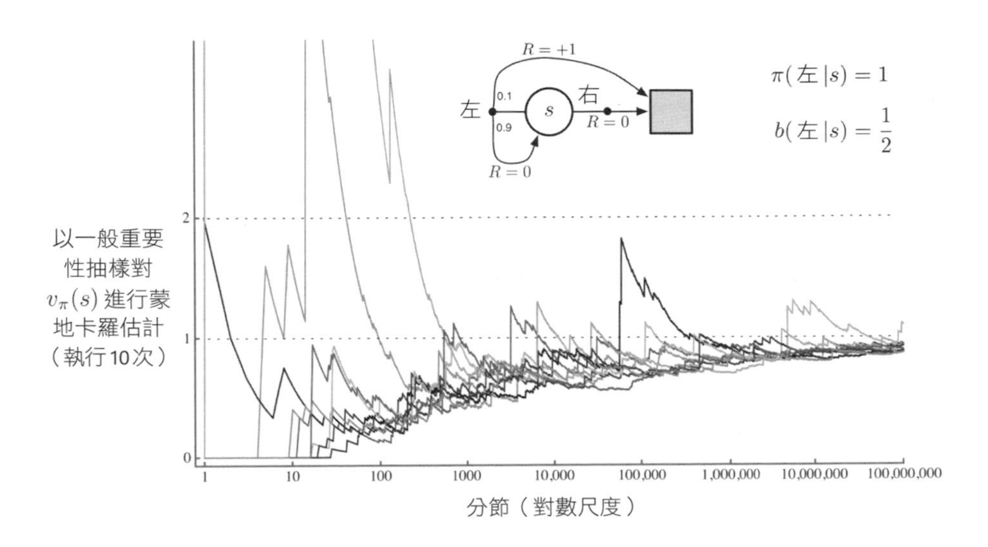

圖 5.4 使用 off-policy 首次訪問 MC 方法的結果。一般重要性抽樣對單一狀態 MDP 產生了令人驚訝的不穩定估計（範例 5.5）。這裡的正確估計值應該是 1（$\gamma = 1$），即使是樣本回報的期望值（在重要性抽樣後），樣本的變異數仍是無限的，因此估計值並不會收斂到該正確值。

圖 5.4 的下半部顯示了使用一般重要性抽樣的首次訪問 MC 演算法的十次獨立執行結果。即使經過數百萬分節後，估計值也未能收斂到正確值 1。相反地，加權重要性抽樣演算法將在以「左」的動作終止的第一個分節後，就持續呈現剛好為 1 的估計值。所有不等於 1 的回報（即以「右」的動作終止）將與目標策略不一致，因此 $\rho_{t:T(t)-1}$ 為 0，對 (5.6) 中的分子或分母沒有任何影響。加權重要性抽樣演算法僅對與目標策略一致的回報進行加權平均，這些回報都為 1。

我們可以透過簡單的計算來驗證重要性抽樣縮放回報的變異數在此例子中是有限的。任意隨機變數 X 的變異數為與其平均值 $\bar{X}$ 之差所求得的期望值，可寫為

$$\mathrm{Var}[X] \doteq \mathbb{E}\left[\left(X - \bar{X}\right)^2\right] = \mathbb{E}\left[X^2 - 2X\bar{X} + \bar{X}^2\right] = \mathbb{E}\left[X^2\right] - \bar{X}^2.$$

因此如果在我們的例子中平均值為有限時，則當且僅當隨機變數平方的期望值是無限時，變異數才會是無限的。因此我們只需要證明重要性抽樣縮放回報的期望值平方是有限的：

$$\mathbb{E}_b\left[\left(\prod_{t=0}^{T-1}\frac{\pi(A_t|S_t)}{b(A_t|S_t)}G_0\right)^2\right].$$

為了計算這個期望值，我們基於分節長度和終止將其分解為幾種情形。首先要注意的是，對於以「右」的動作結束的任一分節，重要性抽樣率為 0，因為目標策略永遠不會採取此動作，因此這些分節對期望值沒有貢獻（括號中的值將為 0）並且可以被忽略。我們只需要考慮包含數次（可能為 0 次）採取「左」的動作轉移到非終端狀態，最後採取「左」的動作轉移到終止的分節。這些分節回報都為 1，因此可以忽略 G_0。為了獲得期望值的平方，我們只需要考慮每個分節的長度，將分節發生的機率乘以其重要性抽樣率的平方，並將它們進行加總：

$$= \frac{1}{2}\cdot 0.1\left(\frac{1}{0.5}\right)^2 \qquad \text{（長度為 1 的分節）}$$

$$+ \frac{1}{2}\cdot 0.9\cdot\frac{1}{2}\cdot 0.1\left(\frac{1}{0.5}\frac{1}{0.5}\right)^2 \qquad \text{（長度為 2 的分節）}$$

$$+ \frac{1}{2}\cdot 0.9\cdot\frac{1}{2}\cdot 0.9\cdot\frac{1}{2}\cdot 0.1\left(\frac{1}{0.5}\frac{1}{0.5}\frac{1}{0.5}\right)^2 \qquad \text{（長度為 3 的分節）}$$

$$+\cdots$$

$$= 0.1\sum_{k=0}^{\infty}0.9^k\cdot 2^k\cdot 2 = 0.2\sum_{k=0}^{\infty}1.8^k = \infty.$$

■

練習 5.6：給定策略 b 產生的回報，將狀態值 $V(s)$ 替換為**動作值** $Q(s,a)$ 設計出類似於 (5.6) 的方程式。 □

練習 5.7：在如圖 5.3 所示的學習曲線中，誤差通常隨著訓練而降低，正如一般重要性抽樣方法所發生的情形。但是對於加權重要性抽樣方法，誤差會先增加然後才減少。為什麼會發生如此情形？ □

練習 5.8：範例 5.5 使用了首次訪問 MC 方法並將結果顯示於圖 5.4 中。假設在同一問題上使用了每次訪問的 MC 方法。估計值的變異數是否仍然為無限？為什麼？ □

5.6 增量式實現

蒙地卡羅預測方法可以在逐個分節的基礎上使用增量的方式，以我們在第 2 章（第 2.4 節）中所描述的方法進行延伸。在第 2 章中我們對於**獎勵**進行平均，而在蒙地卡羅方法中我們將**回報**進行平均。在其他方面，*on-policy* 蒙地卡羅方法與第 2 章中使用的方法完全相同。對於 *off-policy* 蒙地卡羅方法，我們則需要分別針對**一般**重要性抽樣的方法和**加權**重要性抽樣的方法進行考慮。

在一般重要性抽樣中，回報依重要性抽樣率 $\rho_{t:T(t)-1}$ (5.3) 進行縮放，然後依照 (5.5) 進行平均。這些方法也可以使用第 2 章的增量方法，只需用縮放的回報值來代替第 2 章的獎勵。接著是使用**加權**重要性抽樣的 off-policy 方法的情形，對於加權重要性抽樣的方法我們必須產生回報的加權平均值，需要使用稍微不同的增量式演算法。

假設我們有一系列的回報 $G_1, G_2, \ldots, G_{n-1}$，全部從同一個狀態開始，並且每個回報都分別具有其相對應的隨機權重 W_i（例如，$W_i = \rho_{t_i:T(t_i)-1}$）。我們希望以估計值的方式來表示

$$V_n \doteq \frac{\sum_{k=1}^{n-1} W_k G_k}{\sum_{k=1}^{n-1} W_k}, \qquad n \geq 2, \tag{5.7}$$

當我們獲得一個額外的回報 G_n 時會對 V_n 進行更新。除了追蹤 V_n 外，我們必須為每個狀態保持給定前 n 個回報權重的累積總和 C_n。V_n 的更新規則為

$$V_{n+1} \doteq V_n + \frac{W_n}{C_n}\Big[G_n - V_n\Big], \qquad n \geq 1, \tag{5.8}$$

且

$$C_{n+1} \doteq C_n + W_{n+1},$$

其中 $C_0 \doteq 0$（且 V_1 是隨機的，因此不需要指定）。在下一頁的方框中顯示了完整的蒙地卡羅策略評估逐節增量演算法。此演算法在名義上是針對 off-policy 的情形使用加權重要性抽樣，但同樣適用於 on-policy 的例子，我們只需選擇相同的目標策略和行為策略即可（在這種情形下（$\pi = b$）W 始終為 1）。近似值 Q 將收斂至 q_π（對於所有出現的狀態 - 動作對），而動作則根據可能是不同的策略 b 進行選擇。

練習 5.9：修改首次訪問 MC 策略評估的演算法（第 5.1 節），使用第 2.4 節中所描述的樣本平均值的增量式實現。 □

練習 5.10：從 (5.7) 中推導出加權平均更新規則 (5.8)。遵循未加權規則 (2.3) 的推導模式。 □

off-policy MC 預測（策略評估），用於估計 $Q \approx q_\pi$

輸入：任意目標策略 π

初始化，對所有 $s \in \mathcal{S}$, $a \in \mathcal{A}(s)$：

  $Q(s, a) \in \mathbb{R}$（隨機值）

  $C(s, a) \leftarrow 0$

無限循環（對每一個分節）：

  $b \leftarrow$ 任何覆蓋 π 的策略

  使用策略 b 生成一個分節：$S_0, A_0, R_1, \ldots, S_{T-1}, A_{T-1}, R_T$

  $G \leftarrow 0$

  $W \leftarrow 1$

  對分節的每一步循環， $t = T-1, T-2, \ldots, 0$ ：

    $G \leftarrow \gamma G + R_{t+1}$

    $C(S_t, A_t) \leftarrow C(S_t, A_t) + W$

    $Q(S_t, A_t) \leftarrow Q(S_t, A_t) + \frac{W}{C(S_t, A_t)} [G - Q(S_t, A_t)]$

    $W \leftarrow W \frac{\pi(A_t|S_t)}{b(A_t|S_t)}$

    如果 $W = 0$ 則退出對分節每一步的循環

5.7 off-policy 蒙地卡羅控制

我們現在準備介紹關於本書的第二類學習控制方法的例子：off-policy 方法。回想一下，on-policy 方法的顯著特徵是在估計一個策略價值的同時也進行控制。在 off-policy 方法中，這兩個函數是分開的。用於生成行為的策略稱為*行為策略*，實際上可能與被評估和改善的策略無關，而這個被評估和改善的策略被稱為*目標策略*。這種分離的優點是目標策略可以是確定性的（例如，貪婪策略），而行為策略可以繼續對所有可能的動作進行抽樣。

off-policy 蒙地卡羅控制方法使用前兩節中介紹的一些技巧使它們在學習和改善目標策略的同時遵循著行為策略，這些技巧要求行為策略對所有可能會被目標策略選擇的動作都具有非零機率可被選擇（覆蓋）。為了探索所有可能性，我們要求行為策略是鬆弛的（即以非零機率選擇所有狀態中的所有動作）。

在下面的方框中顯示了基於 GPI 和加權重要性抽樣的 off-policy 蒙地卡羅控制方法，用於估計 π_* 和 q_*。目標策略 $\pi \approx \pi_*$ 是對於 Q 的貪婪政策，Q 是對 q_π 的估計。行為策略 b 可以是任何策略，但是為了確保 π 能收斂到最佳策略，必須為每個狀態 - 動作對取得無限數量的回報，這可以透過選擇 b 為 ε– 鬆弛策略來完成。即使根據不同的、在分節之間或甚至在分節中變化的鬆弛策略 b 選擇動作，策略 π 仍能在所有遇到的狀態下收斂到最佳。

off-policy MC 控制，用於估計 $\pi \approx \pi_*$

初始化，對所有 $s \in \mathcal{S}$, $a \in \mathcal{A}(s)$：
  $Q(s,a) \in \mathbb{R}$（隨機值）
  $C(s,a) \leftarrow 0$
  $\pi(s) \leftarrow \arg\max_a Q(s,a)$（有多個時則任意選擇一個）

無限循環（對每一個回合）：
  $b \leftarrow$ 任何鬆弛策略
  使用策略 b 生成一個分節：b: $S_0, A_0, R_1, \ldots, S_{T-1}, A_{T-1}, R_T$
  $G \leftarrow 0$
  $W \leftarrow 1$
  對分節的每一步循環，$t = T-1, T-2, \ldots, 0$：
    $G \leftarrow \gamma G + R_{t+1}$
    $C(S_t, A_t) \leftarrow C(S_t, A_t) + W$
    $Q(S_t, A_t) \leftarrow Q(S_t, A_t) + \frac{W}{C(S_t,A_t)}[G - Q(S_t, A_t)]$
    $\pi(S_t) \leftarrow \arg\max_a Q(S_t, a)$（有多個時則任意選擇一個）
    如果 $A_t \neq \pi(S_t)$ 則退出對分節每一步的循環（進行下一個回合）
    $W \leftarrow W \frac{1}{b(A_t|S_t)}$

一個潛在的問題是，當分節中的所有剩餘動作都是貪婪時，這種方法只能從分節的末端進行學習。若非貪婪的動作很常出現，則學習將會很慢，特別是對於分節較長的早期狀態，可能會大幅降低學習速度。目前還沒有足夠的證據證明這會嚴重影響 off-policy 蒙地卡羅方法。如果十分嚴重，解決它最重要的方法可能是結合將在下一章討論的時序差分學習概念。此外，如果 γ 小於 1，那麼下一節所提出的概念也可能有所幫助。

練習 5.11：在上面方框中所描述的 off-policy MC 控制演算法中，你可能認為 W 的更新涉及重要性抽樣率 $\frac{\pi(A_t|S_t)}{b(A_t|S_t)}$，但在虛擬碼中卻為 $\frac{1}{b(A_t|S_t)}$。為什麼這仍然是正確的？ □

練習 5.12：賽車場（程式設計）。考慮駕駛賽車在一個右彎的賽道上，如圖 5.5 所示。你希望開得越快越好，但不能快到偏離賽道。在我們簡化的賽道中，賽車在其中一個離散的網格位置，即圖中所示的網格。賽車的速度也是離散的，每個時步在水平方向或垂直方向移動數個網格。動作是速度分量對兩個方向的增量，每個步驟的變化量可能為 +1、-1 或 0，總共 9（3×3）種動作。各個方向上的速度都被限制為非負的且小於 5，除起跑線外速度不能都為 0。每個分節以一個隨機選擇的起始狀態開始（起跑線上任一網格），兩個速度分量均為 0，並在賽車越過終點線時結束。賽車到達終點線前每一步的獎勵都是 -1。如果賽車撞到賽道邊界，賽車將回到起跑線上的隨機位置，兩個方向上速度都減為零且分節繼續。

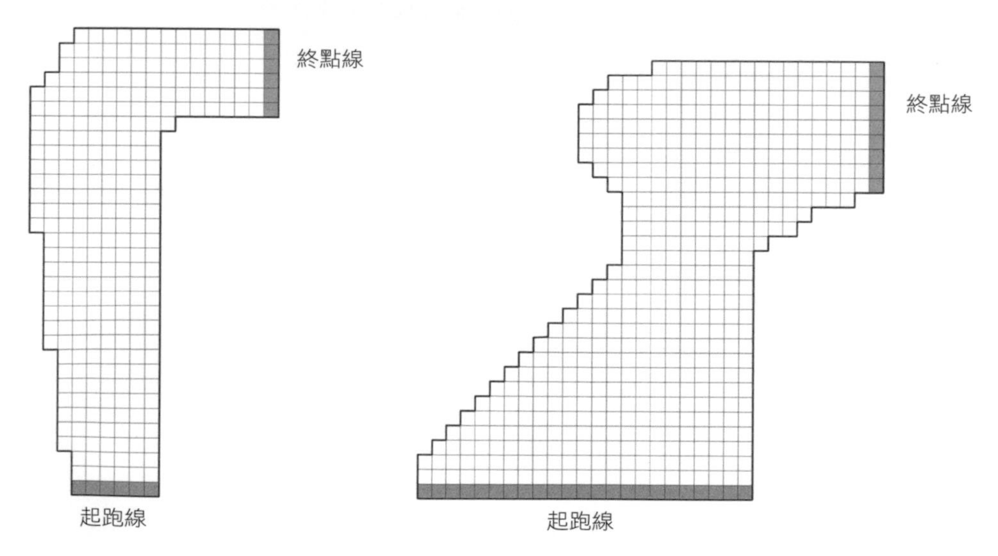

圖 5.5 兩個右彎的賽車場問題。

在每個時步更新賽車的位置前會先檢查賽車的投影軌跡是否與賽道邊界相交。如果與終點線相交則分節結束。如果與其他邊界相交，則表示賽車撞到了賽道邊界並回到起跑線。為了使任務更具挑戰性，在每個時步有 0.1 的機率速度增量均為 0，與預期的增量無關。將蒙地卡羅控制方法應用於此問題以計算每個起始狀態（起跑線）的最佳策略，並請根據最佳策略顯示賽車軌跡（請忽略軌跡的雜訊）。 □

5.8 * 折扣感知重要性抽樣

到目前為止，我們考慮的 off-policy 方法是基於將回報視為單一整體所形成的重要性抽樣權重，並未考慮回報的內部結構作為折扣的獎勵總和。現在我們簡要地描述如何使用這種內部結構的概念來大幅降低 off-policy 估計的變異數。

例如考慮分節很長且 γ 遠小於 1 的情形。具體而言，假設分節持續 100 個時步且 $\gamma = 0$。從時步 0 開始的回報為 $G_0 = R_1$，但其重要性抽樣率將是 100 個因子的乘積，$\frac{\pi(A_0|S_0)}{b(A_0|S_0)}\frac{\pi(A_1|S_1)}{b(A_1|S_1)}\cdots\frac{\pi(A_{99}|S_{99})}{b(A_{99}|S_{99})}$。在一般重要性抽樣中，回報將根據上述的乘積進行縮放，但實際上只需根據第一個因子 $\frac{\pi(A_0|S_0)}{b(A_0|S_0)}$ 進行縮放。其他 99 個因子 $\frac{\pi(A_1|S_1)}{b(A_1|S_1)}\cdots\frac{\pi(A_{99}|S_{99})}{b(A_{99}|S_{99})}$ 可以忽略，因為在第一次獎勵之後回報就已經確定，後續因子的乘積都與回報無關且期望值為 1。後續因子的乘積並不會改變預期的更新，但它們會使變異數極大化，在某些情形下甚至可以使變異數趨近無窮大。現在讓我們探討一種概念來避免這種巨大且與預期更新無關的變異數。

這個概念的本質是將折扣視為決定終止的機率，或等同於部分終止的**程度**（*degree*）。對任意 $\gamma \in [0, 1)$，我們可以將回報 G_0 視為以 $1 - \gamma$ 的程度在第一個步驟後部分終止，僅產生第一個獎勵 R_1 的回報，並以 $(1-\gamma)\gamma$ 的程度在兩個步驟後部分終止，產生 $R_1 + R_2$ 的回報，依此類推。$1 - \gamma$ 表示為在第二步後終止，而 γ 表示為在第一步後沒有終止。因此第三步的終止程度為 $(1-\gamma)\gamma^2$，其中 γ^2 表示在前兩個步驟中沒有發生終止。這些部分回報我們稱為**平坦部分回報**（*flat partial returns*）：

$$\bar{G}_{t:h} \doteq R_{t+1} + R_{t+2} + \cdots + R_h, \qquad 0 \le t < h \le T,$$

其中「平坦」表示沒有折扣，而「部分」表示這些回報不會一直延伸到終止，而是在稱為**視野**（*horizon*）的 h 停止（T 為分節終止的時步）。完整的回報 G_t 可視為以上所描述的平坦部分回報總和，如下所示：

$$
\begin{aligned}
G_t &\doteq R_{t+1} + \gamma R_{t+2} + \gamma^2 R_{t+3} + \cdots + \gamma^{T-t-1} R_T \\
&= (1-\gamma) R_{t+1} \\
&\quad + (1-\gamma)\gamma \left(R_{t+1} + R_{t+2}\right) \\
&\quad + (1-\gamma)\gamma^2 \left(R_{t+1} + R_{t+2} + R_{t+3}\right) \\
&\quad \vdots \\
&\quad + (1-\gamma)\gamma^{T-t-2} \left(R_{t+1} + R_{t+2} + \cdots + R_{T-1}\right) \\
&\quad + \gamma^{T-t-1} \left(R_{t+1} + R_{t+2} + \cdots + R_T\right) \\
&= (1-\gamma) \sum_{h=t+1}^{T-1} \gamma^{h-t-1} \bar{G}_{t:h} \quad + \quad \gamma^{T-t-1} \bar{G}_{t:T}.
\end{aligned}
$$

現在我們需要透過類似截斷的方式以重要性抽樣率來縮放部分回報。由於 $\bar{G}_{t:h}$ 僅包含到視野 h 的獎勵，因此我們僅需包含到 h 的機率比。我們定義了一個類似於 (5.5) 的一般重要性抽樣估計方式，如下所示

$$
V(s) \doteq \frac{\sum_{t \in \mathcal{T}(s)} \left((1-\gamma) \sum_{h=t+1}^{T(t)-1} \gamma^{h-t-1} \rho_{t:h-1} \bar{G}_{t:h} \; + \; \gamma^{T(t)-t-1} \rho_{t:T(t)-1} \bar{G}_{t:T(t)} \right)}{|\mathcal{T}(s)|}, \tag{5.9}
$$

和一個類似於 (5.6) 的加權重要性抽樣估計方式

$$
V(s) \doteq \frac{\sum_{t \in \mathcal{T}(s)} \left((1-\gamma) \sum_{h=t+1}^{T(t)-1} \gamma^{h-t-1} \rho_{t:h-1} \bar{G}_{t:h} \; + \; \gamma^{T(t)-t-1} \rho_{t:T(t)-1} \bar{G}_{t:T(t)} \right)}{\sum_{t \in \mathcal{T}(s)} \left((1-\gamma) \sum_{h=t+1}^{T(t)-1} \gamma^{h-t-1} \rho_{t:h-1} \; + \; \gamma^{T(t)-t-1} \rho_{t:T(t)-1} \right)} \tag{5.10}
$$

我們將這兩個估計方式稱為**折扣感知**（*discounting-aware*）重要性抽樣估計方式。如果 $\gamma = 1$ 將會考慮折扣率，但並無影響（與第 5.5 節中的 off-policy 估計方式相同）。

5.9 * 每一決策重要性抽樣

還有一種方法可以在 off-policy 重要性抽樣中考慮作為獎勵總和的回報結構，此方法即使在沒有折扣的情況下也可以降低變異數（即 $\gamma = 1$）。在 off-policy 估計方式 (5.5) 和 (5.6) 中，分子總和中的每一項本身也是一個總和：

$$
\begin{aligned}
\rho_{t:T-1} G_t &= \rho_{t:T-1} \left(R_{t+1} + \gamma R_{t+2} + \cdots + \gamma^{T-t-1} R_T \right) \\
&= \rho_{t:T-1} R_{t+1} + \gamma \rho_{t:T-1} R_{t+2} + \cdots + \gamma^{T-t-1} \rho_{t:T-1} R_T.
\end{aligned} \tag{5.11}
$$

off-policy 估計方式依賴於這些項的期望值，我們可以試著用更簡單的方式來改寫。注意 (5.11) 的每個子項是隨機獎勵和隨機重要性抽樣率的乘積。例如第一個子項可以使用 (5.3) 改寫為

$$\rho_{t:T-1}R_{t+1} = \frac{\pi(A_t|S_t)}{b(A_t|S_t)}\frac{\pi(A_{t+1}|S_{t+1})}{b(A_{t+1}|S_{t+1})}\frac{\pi(A_{t+2}|S_{t+2})}{b(A_{t+2}|S_{t+2})}\cdots\frac{\pi(A_{T-1}|S_{T-1})}{b(A_{T-1}|S_{T-1})}R_{t+1}. \tag{5.12}$$

我們可能會注意到上式只有第一項和最後一項（獎勵）是相關的，而其他項都是與獎勵後發生的事件有關。此外，這些其他項的期望值為：

$$\mathbb{E}\left[\frac{\pi(A_k|S_k)}{b(A_k|S_k)}\right] \doteq \sum_a b(a|S_k)\frac{\pi(a|S_k)}{b(a|S_k)} = \sum_a \pi(a|S_k) = 1. \tag{5.13}$$

透過類似的幾個步驟可以證明如我們所注意到的，這些其他項對最終期望值沒有影響，換句話說就是

$$\mathbb{E}[\rho_{t:T-1}R_{t+1}] = \mathbb{E}[\rho_{t:t}R_{t+1}]. \tag{5.14}$$

如果我們為（5.11）的第 k 個子項重複上述的分析，我們可以獲得

$$\mathbb{E}[\rho_{t:T-1}R_{t+k}] = \mathbb{E}[\rho_{t:t+k-1}R_{t+k}].$$

因此，原先方程式 (5.11) 的期望值可以表示為

$$\mathbb{E}[\rho_{t:T-1}G_t] = \mathbb{E}\Big[\tilde{G}_t\Big],$$

其中

$$\tilde{G}_t = \rho_{t:t}R_{t+1} + \gamma\rho_{t:t+1}R_{t+2} + \gamma^2\rho_{t:t+2}R_{t+3} + \cdots + \gamma^{T-t-1}\rho_{t:T-1}R_T.$$

我們將這種概念稱為**每一決策**（*per-decision*）重要性抽樣。它伴隨著一個替代的重要性抽樣估計方式，具有與一般重要性抽樣估計方式 (5.5) 相同的無偏差期望值（在首次訪問的情形下），並使用了 $\tilde{G}_t$：

$$V(s) \doteq \frac{\sum_{t\in\mathcal{T}(s)}\tilde{G}_t}{|\mathcal{T}(s)|}, \tag{5.15}$$

我們有時可能期望變異數更低。是否有**加權**（*weighted*）重要性抽樣的每一決策版本？這尚不太清楚。到目前為止，所有我們已知為此提出的估計方式都不一致（也就是以無限的資料也不會收斂到真實值）。

***練習 5.13**：寫出從 (5.12) 推導出 (5.14) 的步驟。 □

***練習 5.14**：使用截斷加權平均估計 (5.10) 的概念修改 off-policy 蒙地卡羅控制演算法（第 121 頁）。請注意，首先你需要將此方程式轉換為動作值函數。 □

5.10 本章總結

本章介紹的蒙地卡羅方法以**樣本分節**（*sample episodes*）形式從經驗中學習價值函數和最佳策略。與 DP 方法相比至少有三種優勢。首先，它們可以在沒有環境模型的動態下直接從與環境的交互作用中學習最佳行為。其次，它們可以被用於模擬或**樣本模型**（*sample models*）。對於許多應用很容易就能模擬樣本分節，即使在難以構建 DP 方法所需的轉移機率具體模型的情形下。第三，使用蒙地卡羅方法**聚焦**（*focus*）在一小部分狀態上是很容易且有效的，可以準確地評估我們特別感興趣的區域而無需花費資源精確評估狀態集的其餘部分（我們將在第 8 章進一步探討這一點）。

我們在本書後面的內容中將討論到蒙地卡羅方法的第四個優點，也就是它們對於違反馬可夫特性的行為會受到較少的傷害。這是因為它們沒有根據後繼狀態的估計值更新其價值估計。換句話說，這是因為它們沒有進行自助（bootstrap）。

在設計蒙地卡羅控制方法時，我們遵循第 4 章中所介紹的**廣義策略疊代**（*generalized policy iteration*, GPI）的整體架構。GPI 涉及策略評估和策略改善的互動過程。蒙地卡羅方法提供了另一種策略評估過程，它們不是使用模型來計算每個狀態的價值，而是簡單地將從狀態開始的各個回報進行平均。因為狀態的值是預期回報，所以此平均值可以有效地近似該狀態的價值。在控制方法中，我們對近似動作值函數特別感興趣，因為近似動作值函數可用於改善策略而無需使用環境轉移動態模型。蒙地卡羅方法以逐個分節的方式交替進行策略評估和策略改善，並且可以以逐個分節的方式增量地實現。

保持**足夠的探索**（*sufficient exploration*）是蒙地卡羅控制方法中一個重要問題。僅選擇當前估計最佳的動作是不夠的，因為將不會獲得其他動作的回報，並且可能永遠不會學習到這些實際上更好的動作。一種解決方法是透過假設分節以隨機選擇的狀態 - 動作對開始來涵蓋所有可能性。這種**探索啟動**（*exploring starts*）的方式有時可以安排在具有模擬分節的應用中，但不太可能從真實經驗中學習。在 *on-policy* 方法中，代理人會一直進行探索並在找到最佳策略後仍繼續探索。在 *off-policy* 方法中，代理人也會進行探索，但可能會學習與所遵循的策略無關的確定性最佳策略。

off-policy **預測**（*off-policy prediction*）是指從不同**行為策略**（*behavior policy*）產生的資料中學習**目標策略**（*target policy*）的價值函數。這種學習方法基於某些形式的**重要性抽樣**（*importance sampling*），即透過在兩個策略下採取觀察到的動作的機率比對回報進行加權，進而將期望值從根據行為策略轉變為根據目標策略。**一般重要性抽樣**（*ordinary importance sampling*）使用加權回報的一般平均值，而**加權重要性抽樣**（*weighted importance sampling*）則使用加權平均值。一般重要性抽樣會產生無偏差估計，但具有較大的且可能是無窮大的變異數，而加權重要性抽樣總是具有有限的變異數，在實際應用中是我們優先選擇的方式。儘管概念簡單，但用於預測和控制的 off-policy 蒙地卡羅方法的問題至今尚未解決，並且仍是正在進行的研究主題。

本章的蒙地卡羅方法與前一章的 DP 方法有兩個主要區別。首先，它們根據樣本經驗進行操作，因此可以在沒有模型的情況下直接學習。其次，它們沒有使用自助的方式。也就是不會根據其他價值估計更新其估計值。這兩個差異彼此間並沒有緊密聯繫的關係，可以分開探討。我們將在下一章介紹一種方法如蒙地卡羅方法一樣可以從經驗中學習，但也可以像 DP 方法一樣使用自助的方式。

參考文獻與歷史評注

「蒙地卡羅」一詞的歷史可以追溯到 1940 年代，當時洛斯阿拉莫斯國家實驗室的物理學家設計了一些機率遊戲來幫助他們理解與原子彈有關的複雜物理現象。有一些教科書從這個角度探討蒙地卡羅方法（例如，Kalos 和 Whitlock，1986；Rubinstein，1981）。

5.1-2 Singh 和 Sutton（1996）區分了每次訪問 MC 方法和首次訪問 MC 方法，並證明了這些方法與強化學習演算法相關的結論。二十一點的例子是一個基於 Widrow、Gupta 和 Maitra（1973）使用的一個例子。肥皂泡的例子是經典的狄利克雷（Dirichlet problem)，首先使用蒙地卡羅方法來解決此問題的是 Kakutani（1945，詳見 Hersh and Griego, 1969; Doyle and Snell, 1984）。

Barto 和 Duff（1994）在用於求解線性方程組的典型蒙地卡羅演算法背景下探討了策略評估。他們使用 Curtiss（1954）的分析來說明蒙地卡羅策略評估在解決大規模問題上的計算優勢。

5.3-4 蒙地卡羅 ES 演算法在本書的第一版中被提出，它可能是第一個明確連接基於策略疊代的蒙地卡羅估計和控制方法的演算法。Michie 和 Chambers（1968）使用蒙地卡羅方法來估計強化學習環境中的動作價值。在桿平衡（第 61 頁）中，他們使用分節持續時間的平均值來估計每個狀態中每個可能動作的價值（預期平衡「時間」），然後使用這些估計值來控制動作選擇。他們的方法在精神上類似於每次訪問 MC 估計的蒙地卡羅 ES 演算法。Narendra 和 Wheeler（1986）研究了遍歷有限馬可夫鏈的蒙地卡羅方法，該方法使用在連續訪問相同狀態之間累積的回報作為調整學習自動機動作機率的獎勵。

5.5 有效的 off-policy 學習已被公認為是在多個領域中出現的重要挑戰。例如，它與機率圖（貝葉斯）模型中的「干預」（interventions）和「反事實」（counterfactuals）的概念密切相關（例如，Pearl, 1995; Balke and Pearl, 1994）。使用重要性抽樣的 off-policy 方法有很長的歷史，但至今仍然未被充分理解。Rubinstein（1981）、Hesterberg（1988）、Shelton（2001）和 Liu（2001）等人討論了加權重要性抽樣，有時也稱為正規化（normalized）重要性抽樣（例如，Koller and Friedman, 2009）。

off-policy 學習中的目標策略有時在研究中被稱為「估計」策略，正如本書第一版中所述。

5.7 賽車場練習改編自 Barto、Bradtke 和 Singh（1995）以及 Gardner（1973）。

5.8 我們對於折扣感知重要性抽樣概念是基於 Sutton、Mahmood、Precup 和 van Hasselt（2014）的分析。到目前為止，Mahmood 已經完成了最全面性的探討（2017; Mahmood, van Hasselt, and Sutton, 2014）。

5.9 Precup、Sutton 和 Singh（2000）介紹了每一決策重要性抽樣。他們還將 off-policy 學習與時序差分學習、資格痕跡和近似方法相結合，引入了我們在後面章節中考慮的微妙問題。

Chapter 6

時序差分學習

如果要說出強化學習中的最核心和最創新的方法，那麼毫無疑問地是*時序差分*（*temporal-difference*, TD）學習。TD 學習是蒙地卡羅和動態規劃（DP）兩者概念上的結合。TD 方法與蒙地卡羅方法一樣，可以直接從原始經驗中學習而無需環境動態模型。TD 方法也與 DP 相同，可以由其他學習到的估計值來更新估計值而無需等待最終結果（它們進行自助）。TD、DP 和蒙地卡羅方法三者之間的關係貫穿了整個強化學習理論，從本章開始我們試著探索這個關係。在我們完成這些探索前，我們將看到這些概念和方法相互融合，並且可以以多種方式組合。特別是在第 7 章中我們將介紹 n 步演算法，它連結了 TD 和蒙地卡羅方法之間的關係，並在第 12 章中我們將介紹 TD（λ）演算法將這三者的關係串聯在一起。

和前面幾章類似，我們首先關注策略評估或*預測*（*prediction*）問題，即估計給定策略的價值函數 v_π。對於*控制*（*control*）問題（找到最佳策略），DP、TD 和蒙地卡羅方法都使用一些變化形式的廣義策略疊代（GPI）來進行處理。這些差異主要在於它們預測問題的方式。

6.1 TD 預測

TD 和蒙地卡羅方法都使用經驗來解決預測問題。兩種方法都是根據遵循策略 π 時產生的經驗，從經驗中所發生的非終端狀態 S_t 來更新 v_π 的估計 V。大致上而言，蒙地卡羅方法一直到訪問後的回報已知後才使用該回報作為 $V(S_t)$ 的目標。適用於非固定性環境中一個簡單的每次訪問蒙地卡羅方法是

$$V(S_t) \leftarrow V(S_t) + \alpha\Big[G_t - V(S_t)\Big], \tag{6.1}$$

其中 G_t 是時步 t 時的實際回報，α 為一個恆定的步長參數（詳見方程式 2.4）。我們稱這種方法為*恆定 α MC*（*constant-α MC*）方法。蒙地卡羅方法必須等到分節結束才能確定 $V(S_t)$ 的增量（因此只有此時才能獲得 G_t），但 TD 方法僅需要

等到下一個時步就能完成。在時步 $t+1$ 時，TD 方法會立即形成一個目標並使用觀察到的獎勵 R_{t+1} 和估計的 $V(S_{t+1})$ 進行有效更新。最簡單的 TD 方法在轉移到 S_{t+1} 並接收到 R_{t+1} 時立即進行更新。

$$V(S_t) \leftarrow V(S_t) + \alpha\Big[R_{t+1} + \gamma V(S_{t+1}) - V(S_t)\Big] \tag{6.2}$$

由上面這些式子我們可以得知，蒙地卡羅更新的目標為 G_t，而 TD 更新的目標為 $R_{t+1} + \gamma V(S_{t+1})$。這種 TD 方法稱為 *TD*（*0*）或單步 *TD*（*one-step TD*），它是一種我們將在第 12 章介紹的 TD（λ）方法和將在第 7 章中介紹的 n 步 TD 方法中的特例。以下的方框以虛擬碼形式呈現 TD(0)。

表格式 TD(0)，用於估計 v_π

輸入：要評估的策略 π
演算法參數：時步長 $\alpha \in (0,1]$
對所有 $s \in \mathcal{S}^+$，除了 V（終端）= 0 外，任意初始化 $V(s)$

對每個分節循環：
　初始化 S
　對分節的每一步驟循環：
　　A← 由 π 選擇 S 的動作
　　採取動作 A，觀察 R 和 S'
　　$V(S) \leftarrow V(S) + \alpha\big[R + \gamma V(S') - V(S)\big]$
　　$S \leftarrow S'$
　直到 S 為終端

因為 TD(0) 的更新有一部分是會根據現有估計值，所以我們說它是一種**自助**（*bootstrapping*）方法，就像 DP 一樣。我們從第 3 章得知

$$\begin{aligned} v_\pi(s) &\doteq \mathbb{E}_\pi[G_t \mid S_t = s] && (6.3)\\ &= \mathbb{E}_\pi[R_{t+1} + \gamma G_{t+1} \mid S_t = s] && (\text{由 } (3.9))\\ &= \mathbb{E}_\pi[R_{t+1} + \gamma v_\pi(S_{t+1}) \mid S_t = s]. && (6.4) \end{aligned}$$

大略的區分方式是蒙地卡羅方法使用 (6.3) 的估計值作為目標，而 DP 方法使用 (6.4) 的估計值作為目標。在蒙地卡羅方法中我們之所以設定目標為一個估計值是因為 (6.3) 中的期望值是未知的，所以利用樣本回報來代替實際預期回報。而

DP 方法的目標也是一個估計值，這不是因為期望值被假設完全由環境模型提供，而是因為 $v_\pi(S_{t+1})$ 未知而使用當前估計值 $V(S_{t+1})$ 來代替。TD 的目標也是一個估計值有兩個原因：它對 (6.4) 中的期望值進行抽樣，並使用當前估計值 V 而不是真實值 v_π。因此 TD 方法是將蒙地卡羅的抽樣行為與 DP 的自助方式進行結合。正如我們將要看到的，透過關注接下來的內容和一些想像力，我們可以利用蒙地卡羅及動態規劃這兩種方法的個別優勢來完成時序差分學習。

右圖顯示了表格式 TD(0) 的回溯圖。回溯圖中頂部狀態節點的估計值是根據從目前狀態到後繼狀態的一個樣本轉移來進行更新。我們將 TD 和蒙地卡羅的更新過程稱為**樣本更新**（*sample updates*），因為它們涉及考慮樣本後繼狀態（或狀態 - 動作對），使用後繼狀態的估計值和到達此後繼狀態的獎勵來更新原始狀態（或狀態 - 動作對）的值。**樣本**（*sample*）更新與 DP 方法的**預期**（*expected*）更新不同，因為樣本更新是基於單個樣本後繼狀態，而非基於所有可能的後繼狀態完整分布。

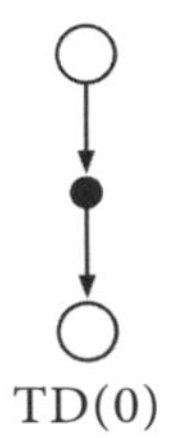
TD(0)

最後，請注意 TD(0) 更新中括號中的數量是一種誤差，是測量 S_t 的估計值與更好的估計值 $R_{t+1} + \gamma V(S_{t+1})$ 之間的差異。這個誤差稱為 ***TD 誤差***，在整個強化學習過程中將以各種形式出現：

$$\delta_t \doteq R_{t+1} + \gamma V(S_{t+1}) - V(S_t). \tag{6.5}$$

請注意，每個時步的 TD 誤差都是**當時估計的誤差**。因為 TD 誤差取決於其後繼狀態和其後繼獎勵，所以要到一個時步之後才能獲得此誤差值。也就是說，δ_t 是 $V(S_t)$ 中的誤差但在時步 $t+1$ 時才可用。要注意如果陣列 V 在分節期間沒有改變（在蒙地卡羅方法中不會發生變化），那麼蒙地卡羅誤差可以寫成 TD 誤差的總和：

$$\begin{aligned}
G_t - V(S_t) &= R_{t+1} + \gamma G_{t+1} - V(S_t) + \gamma V(S_{t+1}) - \gamma V(S_{t+1}) \qquad \text{（由 (3.9)）} \\
&= \delta_t + \gamma\big(G_{t+1} - V(S_{t+1})\big) \\
&= \delta_t + \gamma\delta_{t+1} + \gamma^2\big(G_{t+2} - V(S_{t+2})\big) \\
&= \delta_t + \gamma\delta_{t+1} + \gamma^2\delta_{t+2} + \cdots + \gamma^{T-t-1}\delta_{T-1} + \gamma^{T-t}\big(G_T - V(S_T)\big) \\
&= \delta_t + \gamma\delta_{t+1} + \gamma^2\delta_{t+2} + \cdots + \gamma^{T-t-1}\delta_{T-1} + \gamma^{T-t}\big(0 - 0\big) \\
&= \sum_{k=t}^{T-1} \gamma^{k-t}\delta_k.
\end{aligned} \tag{6.6}$$

如果在分節期間更新 V（如 TD(0) 中），則此恆等式將變得不準確，但如果步長很小，那麼可能仍然能保持近似。這種恆等式的廣義化在時序差分學習的理論和演算法中有著重要作用。

練習 6.1：如果 V 在分節過程中發生變化，那麼 (6.6) 只能保持近似。請問等式兩邊之間的差異為？令 V_t 表示為在 TD 誤差 (6.5) 和 TD 更新 (6.2) 中於時步 t 時所使用的狀態值陣列。請重新推導上面的恆等式並將額外的差異加到 TD 誤差總和，以便與蒙地卡羅誤差相等。 □

範例 6.1：開車回家。每天下班開車回家時，你都會嘗試預測回家需要多長時間。當要離開公司時，你會記下時間、星期幾、天氣以及其他可能相關的內容。假設這個星期五正好在 6 點鐘離開，你估計回家需要 30 分鐘。6:05 到車上時你發現下雨了。下雨時交通通常比較差，所以你重新估計需要花費 35 分鐘，加上先前走到車上的時間回家總共需要花 40 分鐘。6:20 你及時離開旅程中高速公路的部分。當你駛出高速公路進入一般道路時，你將總旅行時間的估計值減少到 35 分鐘。但不幸的是，此時你被困在一輛開得很慢的卡車後面，而且道路太窄而無法超車。你最終不得不跟在卡車後面，直到 6:40 你轉到住的小巷。三分鐘後你到家了。因此，狀態、時間和預測的順序如下：

狀態	花費時間（分鐘）	預測花費的時間	預測總時間
離開公司，週五 6 點	0	30	30
到車上，下雨	5	35	40
駛離高速公路	20	15	35
一般道路，在卡車後面	30	10	40
進入家附近的小巷	40	3	43
到家	43	0	43

這個例子中的獎勵是每一段旅程中所花費的時間 [1]。整個回家過程無折扣（$\gamma = 1$），因此每個狀態的回報是從該狀態開始的實際時間。每個狀態的價值是預期（*expected*）花費的時間。第二行數字顯示了每個遇到的狀態當前估計值。

觀察蒙地卡羅方法操作的一種簡單方法是畫出序列上預測的總時間（最後一行），如圖 6.1（左）所示。箭頭顯示了 $\alpha = 1$ 的恆定 α MC 方法 (6.1) 的預測變化。這些正是每個狀態的估計值（預測花費的時間）與實際回報（實際到達時

1 如果這是一個目標是為最小化行程時間的控制問題，那麼我們當然會將獎勵視為花費時間的**負數**。但因為在此我們只關注預測（策略評估），所以我們透過使用正數來簡化問題。

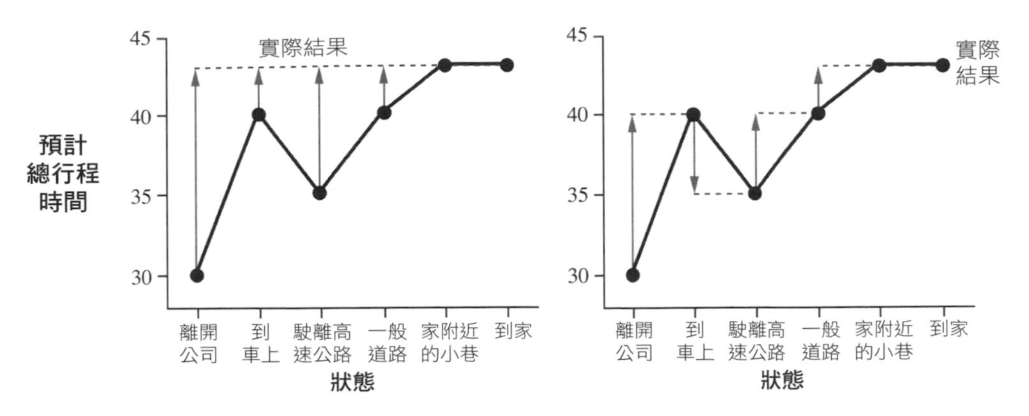

圖 6.1 由蒙地卡羅方法（左）和 TD 方法（右）在開車回家的範例中所建議的變化。

間）之間的誤差。例如，當你離開高速公路時，你認為回家僅需 15 分鐘，但實際上需要 23 分鐘。我們可以利用公式 6.1 來確定駛離高速公路後的估計時間增量。此時的誤差 $G_t - V(S_t)$ 為 8 分鐘。假設步長參數 α = 1/2，根據這次回家的經驗，駛離高速公路後的預計時間將向上增加四分鐘，這對於估計回家的時間而言是一個非常大的變化，被卡車擋著相較之下可能只是一個不幸的延遲。無論如何這樣的改變只能是離線的，也就是你到家後才能進行變更，只有當你回到家你才能知道所有實際的回報。

我們是否有必要等到知道最終結果後才開始學習？假設在另一天正要離開辦公室時，你再次估計需要花 30 分鐘才能開車到家，但是卻陷入車陣之中。 在你離開辦公室 25 分鐘後仍然塞在高速公路上。現在你估計還需要 25 分鐘才能回到家，總共將花費 50 分鐘。當你在車陣中等待時就已經知道最初估計的 30 分鐘過於樂觀，你一定要等回到家才增加對初始狀態的估計嗎？根據蒙地卡羅的方法你必須這麼做，因為你還不知道真正的回報。

另一方面，根據 TD 方法你可以立即學習，將初始估計值從 30 分鐘變更為 50 分鐘。事實上每個估計值都會轉移到下一個估計值。現在我們回到第一次估計回家時間的情況，圖 6.1（右）顯示了 TD 規則 (6.2) 所建議的預測變化（當 α = 1 時依據 TD 規則所做出的調整）。每個誤差與隨時間變化的預測成正比，即與預測的*時間差異*（*temporal differences*）成正比。

除了讓你在塞車時可以做些其他事情以外，還有幾個計算上的原因可以解釋為什麼根據你當前的預測進行學習是有利的，而不是等到終止時你知道實際回報時才進行學習。我們將在下一節中簡要探討其中的一些內容。 ■

練習 6.2：這是一個幫助你更直覺地了解為什麼 TD 方法通常比蒙地卡羅方法更有效的練習。讓我們思考如何透過 TD 和蒙地卡羅方法解決開車回家的例子。你能想出一個就平均的意義上 TD 更新比蒙地卡羅更新更好的情境嗎？請舉例一個場景（描述過去經驗及當前狀態）說明 TD 更新表現更好。在此有一個提示：假設你有多次下班回家所需時間的經驗，某天你搬到新的辦公大樓上班並將車停在新停車場（但你仍然從同一個交流道進入高速公路）。現在你開始學習從新辦公室回家的時間預測。在這種情況下，你能看出為什麼 TD 更新至少在一開始時可能會好得多嗎？在原始場景中可能會發生同樣的事情嗎？ □

6.2 TD 預測方法的優點

TD 方法更新其估計值時有一部分是基於其他估計值。他們從一個猜測中學習另一個猜測，也就是進行**自助**（*bootstrap*）的行為。這是一件好事嗎？ TD 方法與蒙地卡羅方法及 DP 方法相較之下又有哪些優勢呢？深入探討及回答這些問題涉及到許多本書後續的內容。因此在本節中我們將簡要介紹這些答案。

與 DP 方法相比，TD 方法有一個相當明顯的優勢在於它不需要環境模型，也就是不需要其獎勵的資訊和下一個狀態的機率分布。

TD 方法相較於蒙地卡羅方法的一個最明顯的優勢是 TD 方法自然地以線上、完全遞增的方式進行。蒙地卡羅方法必須等到一整個分節結束才進行學習，因為只有這樣才能知道回報的情形，但使用 TD 方法僅需等待一個時步。令人驚訝的是，這通常是一個相當重要的考慮因素。在一些應用上整個分節可能相當長，因此延遲所有學習直到分節結束將顯得太慢。有些應用則是連續性的任務，因此根本沒有分節，也就沒有分節結束點可以讓我們進行學習。最後，正如我們在前一章中所提到的，蒙地卡羅方法必須針對一些採取實驗性動作的分節進行忽略或折扣，這可能會大幅減緩學習速度。而 TD 方法不太容易受到這些影響，因為無論採取何種後續動作都會從每次轉移中進行學習。

但 TD 方法聽起來更有效嗎？從下一個狀態學習一個預測而不是等待實際的結果才學習當然很方便，但我們仍然能保證收斂到正確的答案嗎？令人高興的是這答案是肯定的。對於任何固定策略 π，TD(0) 已經被證明若滿足恆定步長參數足夠小，則其均值將收斂到 v_π。若其步長參數根據一般隨機近似條件 (2.7) 降低，則它將以 1 的機率收斂。大多數收斂證明僅適用於先前 (6.2) 所描述的演算法在表格形式的情形，但是有一些也適用於一般線性函數近似的情形。這些證明結果我們將在第 9 章以更具一般性的設定情形進行探討。

如果 TD 方法和蒙地卡羅方法都漸近地收斂到正確的預測，那我們自然會想問「誰是第一？」也就是哪種方法學得更快？哪種方法更有效地使用有限資料？在目前這是一個懸而未決的問題，即沒有人能夠以數學方式證明哪一種方法收斂得更快。實際上我們甚至不清楚表達這個問題最適合的形式化方式！然而在實際應用中，我們通常會發現 TD 方法在隨機任務中比恆定 α MC 方法收斂更快，如範例 6.2 所示。

範例 6.2 隨機漫步

在此範例中，我們比較了 TD(0) 方法和恆定 α MC 方法在應用於以下馬可夫獎勵過程時的預測能力：

0 A 0 B 0 C 0 D 0 E 1

開始

馬可夫獎勵過程（*Markov reward process*, MRP），是一種沒有動作的馬可夫決策過程。當我們關注在預測問題時經常使用 MRP，在預測問題中我們不需要區分動態是由環境還是由代理人所引起的。在此 MRP 中所有分節從中心狀態 C 開始，並在每一步上以相同的機率向左或向右前進一個狀態。分節終止於最左側或最右側的狀態。當一個分節在最右側的狀態終止時，會產生 +1 的獎勵，而其他所有獎勵都為 0。例如一個典型的分節可能包括以下狀態和獎勵序列：`C, 0, B, 0, C, 0, D, 0, E, 1`。因為這項任務是沒有折扣的，所以每個狀態的真實價值是從該狀態開始到最右側的狀態終止的機率。因此中心狀態的真實值為 $v_\pi(\mathsf{C}) = 0.5$。所有狀態的 A 到 E 的真實值為 $\frac{1}{6}$、$\frac{2}{6}$、$\frac{3}{6}$、$\frac{4}{6}$ 和 $\frac{5}{6}$。

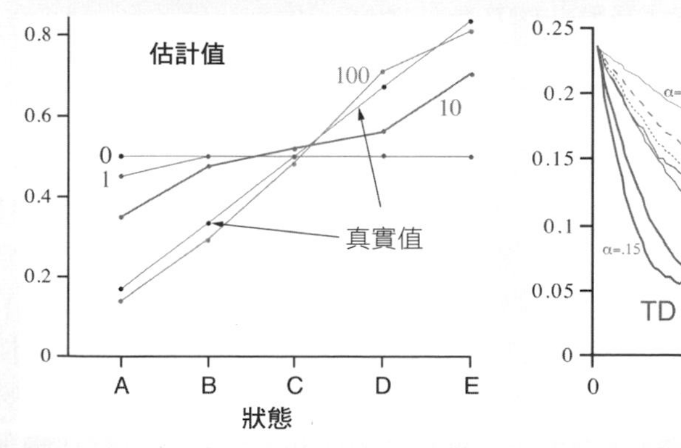

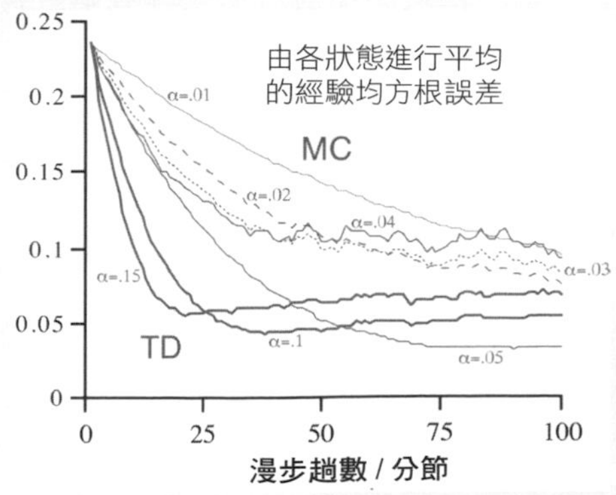

上面的左圖顯示了在 TD(0) 的單次執行中在不同分節數量後學習的值。在 100 個分節後的估計值與它們的真實值相近（具有恆定的步長參數，在此例子中 α = 0.1），這些值會隨著最近幾個分節的結果不規律地波動。右圖顯示了兩種方法在不同 α 值下的學習曲線，其表現的衡量標準是以學習的價值函數與真實值函數之間的均方根（root mean-squared, RMS）誤差，在五個狀態上透過執行 100 個分節進行平均來呈現。在所有情形下對於所有的狀態 s，其近似值函數被初始化為中間值 $V(s) = 0.5$。在這項例子中 TD 方法始終優於 MC 方法。

練習 6.3：從隨機漫步範例中的左圖顯示的結果看來，第一個分節僅對 $V(\mathsf{A})$ 產生變化。這說明第一個分節發生了什麼事？為什麼只有這一個狀態的估計值發生了變化？請確切地說出它改變了多少？ □

練習 6.4：隨機漫步範例中的右圖顯示的特定結果取決於步長參數值 α。如果使用更大範圍的 α 值，你認為關於「哪種演算法更好」的結論會受到影響嗎？是否存在一個不同的、固定的 α 值，在此 α 值的情形下任一演算法的表現都明顯優於目前所示嗎？請說明為什麼。 □

*** 練習 6.5**：隨機漫步範例的右圖中，TD 方法的 RMS 誤差似乎呈現先下降後再上升，特別是在高 α 值時更明顯。是什麼原因導致這樣的情形？你認為這種情形總是會發生，或者它可能是近似值函數初始化的函數？ □

練習 6.6：在範例 6.2 中，我們描述了隨機漫步範例中對於狀態 A 到 E 的真實值分別為 $\frac{1}{6}$、$\frac{2}{6}$、$\frac{3}{6}$、$\frac{4}{6}$ 和 $\frac{5}{6}$。請描述至少兩種不同方式說明這些值可以被計算出來。你認為在本書實際使用的計算方式是哪一個？為什麼？ □

6.3 TD(0) 的最佳性

假設我們僅有有限的經驗做為樣本（例如 10 個分節或 100 個時步），在這種情形下，使用增量學習方法的常見方式是重複呈現這些經驗，直到該方法收斂到確定的結果。給定近似值函數 V，對於訪問非終結狀態的每個時步 t 計算由 (6.1) 或 (6.2) 所表明的增量，透過所有的增量總和對價值函數進行一次更新。然後使用新的價值函數再次處理所有可用的經驗來產生新的整體增量，以此類推直到價值函數收斂。我們將此方式稱為*批次更新*（*batch updating*），因為只有在處理完每一個*批次*（*batch*）完整的訓練資料後才會進行更新。

在批次更新下只要步長參數 α 夠小，TD(0) 確定性地收斂到與步長參數 α 無關的唯一解。恆定 MC 方法也在相同條件下確定性地收斂，但會收斂至不同的解。理解這兩個解將有助於我們理解兩種方法之間的差異。在正常更新下，TD(0) 方法和恆定 α MC 方法不會一直移動到各自批次更新的解，但在某種程度上它們會朝向各自解的方向上進行。在嘗試對於所有可能的任務中計算出這兩個方法的解並理解其意義前，讓我們先看一些例子。

範例 6.3：批次更新下的隨機漫步。 TD(0) 方法和恆定 α MC 方法的批量更新版本應用於隨機漫步預測範例（範例 6.2）如下。在每一新分節之後，到目前為止出現的所有分節都被視為一個批次。它們被重複地透過 TD(0) 方法或恆定 α MC 方法進行更新計算，這些更新計算中具有足夠小的 α 值使得價值函數收斂。然後將得到的價值函數與 v_π 進行比較，並繪製在五個狀態下平均均方根誤差的學習曲線（以整個實驗 100 次獨立的重複更新進行）如圖 6.2 所示。請注意，批次 TD 方法始終優於批次蒙地卡羅方法。

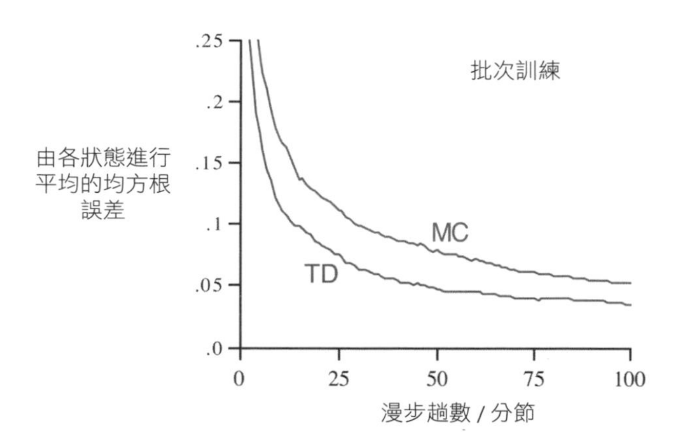

圖 6.2 隨機漫步任務在批次訓練下 TD(0) 方法和恆定 MC 方法的表現情形。

在批次訓練下恆定 α MC 方法收斂至 $V(s)$，也就是在訪問每個狀態 s 後所經歷的實際回報樣本平均值。這些平均值是最佳估計值，因為它們最小化了訓練集合中實際回報的均方誤差。但令人驚訝的是，批次 TD 方法在圖 6.2 中所示的均方根誤差上能夠表現得更好。批次 TD 方法為何能比這種最佳方法表現得更好？答案是因為蒙地卡羅方法在某些特定情形是最佳的，而 TD 則在與預測回報更相關的範圍內是最佳的。 ■

範例 6.4：預言家。現在你扮演一個未知的馬可夫獎勵過程回報預言家的角色。假設你觀察了以下八個分節：

A, 0, B, 0	B, 1
B, 1	B, 1
B, 1	B, 1
B, 1	B, 0

這表示第一個分節從狀態 A 開始，轉移至 B 獎勵為 0，然後在 B 終止的獎勵為 0。其他七個分節甚至更短，從狀態 B 開始並立即終止。根據這個批次資料，你認為什麼是最佳預測？你認為 $V(\mathsf{A})$ 和 $V(\mathsf{B})$ 的最佳估計值為？每個人應該都同意 $V(\mathsf{B})$ 的最佳值是 $\frac{3}{4}$，因為在以狀態 B 終止的 8 次過程中有 6 次立即終止並獲得回報 1，而另外兩次則在狀態 B 的終止並獲得回報 0。

但根據這些資料 $V(\mathsf{A})$ 的最佳估計值是？這裡有兩個合理的答案。一個是觀察到過程處於狀態 A 時會 100% 立即轉移到狀態 B（獎勵為 0），由於我們已經確定 B 的值為 $\frac{3}{4}$，所以 A 的值也必為 $\frac{3}{4}$。另一種獲得此答案的方法是根據第一個分節建立如右圖所示的馬可夫過程，然後計算出給定模型的正確估計值，在此情形下確實能計算出 $V(\mathsf{A}) = \frac{3}{4}$。這也是由批次 TD(0) 方法得出的答案。

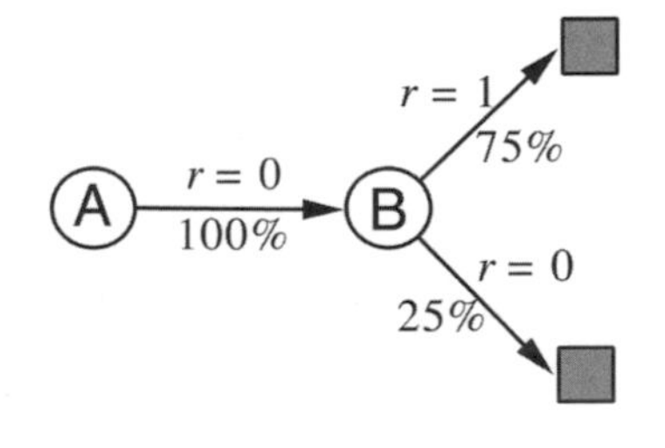

另一個合理的答案是我們只觀察到狀態 A 一次且回報為 0，因此我們估計 $V(\mathsf{A}) = 0$。這是透過批次蒙地卡羅方法得出的答案。請注意，這也是在訓練資料上使均方誤差最小的答案。事實上，此答案對於訓練資料的誤差為 0，但我們仍然認為第一個答案會是較好的估計值。如果該過程是一個馬可夫過程，我們預期第一個答案會對**未來**（*future*）的資料產生較低的誤差，即便蒙地卡羅方法對於現有資料的估計表現更好。 ■

範例 6.4 說明了使用批次 TD(0) 方法和批次蒙地卡羅方法之間在發現估計值的差異。批次蒙地卡羅方法總是找到訓練集合中最小均方誤差的估計值，而批次 TD(0) 方法總是找到對於馬可夫過程的最大似然模型而言完全正確的估計值。通常參數的**最大似然估計**（*maximum-likelihood estimate*）是使生成資料的機率最大的參數值。在此最大似然估計是從觀察到的分節中所形成的馬可夫過程模型：

從 i 到 j 的轉移機率估計值為觀察到的資料中從 i 到 j 的轉移次數相對於所有從 i 出發的轉移次數比例，而相對應的預期獎勵則是從這些轉移中觀察到的獎勵平均值。給定此模型，如果模型完全正確，我們可以計算出完全正確的價值函數估計值。這被稱為**確定性等價估計**（*certainty-equivalence estimate*），因為它等同於假設基本過程中的估計值是確定已知而非近似的。通常批次 TD(0) 會收斂至確定性等價估計。

這有助於說明為什麼 TD 方法比蒙地卡羅方法更快收斂。批次 TD(0) 方法比批次蒙地卡羅方法更快，因為批次 TD(0) 方法計算了真實的確定性等價估計。這也解釋了隨機漫步問題中批次 TD(0) 方法的優勢（圖 6.2）。與確定性等價估計的關係有一部分也可以用來解釋非批次 TD(0) 的速度優勢（例如範例 6.2 的右圖，第 135 頁）。儘管非批次方法不會收斂到確定性等價估計或最小均方誤差估計，但可以將它們視為朝著這個方向進行更新。非批次 TD(0) 方法可能比恆定 α MC 方法更快，因為它正朝著更好的估計方向進行更新，即便沒有完全到達目標。目前對於線上 TD 方法和蒙地卡羅方法的相對效率並沒有更明確的結論。

最後值得我們注意的是，儘管確定性等價估計在某種意義上是最佳解，但我們幾乎無法直接計算出來。如果 $n = |\mathcal{S}|$ 是狀態的數量，則僅形成過程的最大似然估計可能就需要 n^2 個儲存資源，且依照一般常規方式計算相對應的價值函數需要 n^3 個計算步驟。在此情形下，TD 方法可以使用不超過 n 個儲存資源和訓練集進行重複計算來近似相同的解確實引人注目。對於具有大型狀態空間的問題，TD 方法可能是近似確定性等價解的唯一方法。

* **練習 6.7**：設計 TD(0) 更新的 off-policy 版本，可以與任意目標策略 π 一起使用並覆蓋行為策略 b，在每個時步 t 使用重要性抽樣率 $\rho_{t:t}$ (5.3)。 □

6.4 Sarsa：on-policy TD 控制

我們現在考慮使用 TD 預測方法來解決控制問題。如往常一樣，我們遵循廣義策略疊代（GPI）的模式，只是這次使用 TD 方法進行評估和預測。如同蒙地卡羅方法一樣，我們面臨著對探索和利用進行權衡的需求，而且方法一樣分為兩大類：on-policy 和 off-policy。本節我們將介紹一種 on-policy TD 控制方法。

第一步我們要學習動作值函數而非狀態值函數。特別是對於 on-policy 方法我們必須對所有狀態 s 和動作 a 估計當前行為策略 π 的 $q_\pi(s,a)$。基本上這可以使用先前學習 v_π 時相同的 TD 方法來完成。讓我們回想一下，一個分節是由一系列狀態和狀態 - 動作對所組成：

$$\cdots \quad S_t \xrightarrow{A_t} R_{t+1} \quad S_{t+1} \xrightarrow{A_{t+1}} R_{t+2} \quad S_{t+2} \xrightarrow{A_{t+2}} R_{t+3} \quad S_{t+3} \xrightarrow{A_{t+3}} \quad \cdots$$

在上一節中，我們考慮了狀態之間的轉移並學習了狀態的價值。現在讓我們考慮狀態 - 動作對之間的轉移並學習狀態 - 動作對的值。在形式上兩者是相同的：都是具有獎勵過程的馬可夫鏈。在 TD(0) 方法中確保狀態值收斂的定理也適用於相對應的動作值演算法：

$$Q(S_t,A_t) \leftarrow Q(S_t,A_t) + \alpha\Big[R_{t+1} + \gamma Q(S_{t+1},A_{t+1}) - Q(S_t,A_t)\Big]. \tag{6.7}$$

此更新會在每次從非終端狀態 S_t 轉移後進行。如果 S_{t+1} 是終端，則 $Q(S_{t+1},A_{t+1})$ 被定義為 0。此規則使用了構成從一個狀態 - 動作對到下一個狀態 - 動作對的轉移事件五元組（S_t、A_t、R_{t+1}、S_{t+1}、A_{t+1}）的所有元素。使用這五元組使得此演算法被稱為 *Sarsa* 演算法。Sarsa 的回溯圖如右圖所示。

Sarsa

我們可以直接設計基於 Sarsa 預測方法的 on-policy 控制演算法。與所有 on-policy 方法一樣，我們不斷估計行為策略 π 的 q_π，同時依據 q_π 使行為策略 π 變得貪婪。Sarsa 控制演算法的完整虛擬碼將在下一頁的方框中呈現。

Sarsa 演算法的收斂性取決於策略對 Q 的依賴性。例如，我們可以使用 ε- 貪婪策略或 ε- 鬆弛策略。只要所有狀態 - 動作對被訪問無限次並且該策略在極限收斂到貪婪策略（例如可以使用 $\varepsilon = 1/t$ 的 ε- 貪婪策略），則 Sarsa 就能以 1 的機率收斂到最佳策略和最佳動作值函數。

練習 6.8：證明 (6.6) 的動作值版本適用於具有 TD 誤差 $\delta_t = R_{t+1} + \gamma Q(S_{t+1}, A_{t+1}) - Q(S_t,A_t)$ 的情形，同時假設價值不會隨著每個步驟進行而改變。 □

Sarsa（on-policy TD 控制），用於估計 $Q \approx q_*$

演算法參數：步長 $\alpha \in (0,1]$，一個數值小的 $\varepsilon > 0$
對所有 $s \in \mathcal{S}^+$，$a \in \mathcal{A}(s)$，任意初始化 $Q(s,a)$，除了 Q（終端,$\cdot$）= 0

對每一個分節循環：
　初始化 S
　使用源自於 Q 的策略在狀態 S 選擇動作 A（例如 ε- 貪婪策略）
　對分節的每一步驟循環：
　　採取動作 A，觀察 R 和 S'
　　使用源自於 Q 的策略在狀態 S' 選擇動作 A'（例如 ε- 貪婪策略）
　　$Q(S,A) \leftarrow Q(S,A) + \alpha\big[R + \gamma Q(S',A') - Q(S,A)\big]$
　　$S \leftarrow S'$; $A \leftarrow A'$;
直到狀態 S 為終端狀態

範例 6.5：有風的網格世界。下圖為一個具有開始和目標狀態的標準網格世界，但有一個不同之處：在網格中有一個向上吹的側風。有四個標準動作分別為：向上、向下、向右和向左。但在中間區域產生的下一個狀態會因側風向上移動，其移動強度隨狀態產生時所在的行位置而有不同的向上移動格數，如每行下方的數字所示。例如，如果在目標右側的一個網格，那麼向左的動作會移動到目標上方的網格。這是一個無折扣的分節性問題，在達到目標狀態前所有獎勵為 -1。

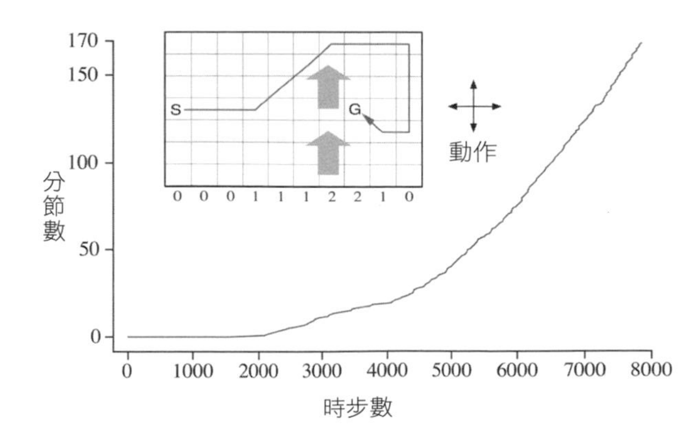

右圖顯示了在此問題中使用 ε – 貪婪 Sarsa 方法的結果，其中 ε = 0.1、α= 0.5 及所有 s,a 的初始值 $Q(s,a)$ = 0。圖中的斜率增加表示隨時間的推移將更快達到目標。在 8000 個時步時，貪婪策略早已是最佳策略（圖中顯示的軌跡）。持續使用 ε- 貪婪探索將使平均分節長度大約保持在 17 步，比最低值 15 步多了兩個時步。請注意蒙地卡羅方法無法輕易地用於此問題，因為並非所有策略都能保證會到達終止。如果找到一個策略使代理人一直停留在同一個狀態，則下一個分節將永遠不會結束。逐步學習的方法如 Sarsa 並沒有這個問題，因為在執行分節時很快就會學習到目前採取的策略很差並切換到其他策略。 ■

練習 6.9：可對角線移動的側風網格世界。重新解決有風的網格世界問題，假設有包含對角線移動的八種可能動作而非一般的四種動作。有額外的動作能比只有四種動作的情形好多少？如果加入第 9 種動作，即除了因側風引起的移動外不做任何移動，你能表現得更好嗎？ □

練習 6.10：隨機的側風。重新解決可對角線移動的側風網格世界問題，假設側風的影響（如果有的話）是隨機的，有時會與每行的平均值相差正負 1。也就是有三分之一的時間你完全根據這些值移動，如同前一個練習的情形，但也有三分之一的時間你將向上多移動一格，另外三分之一的時間你將向下多移動一格。例如，如果你在目標右側的網格並且向左移動，那麼有三分之一的時間你將移動到目標上方，另外三分之一的時間你將移動到目標下方，而在最後三分之一的時間你將正好移動到目標。 □

6.5 Q 學習：off-policy TD 控制

強化學習的早期突破之一，是提出了一種稱為 Q 學習（*Q-learning*）的 off-policy TD 控制演算法（Watkins，1989），其定義為：

$$Q(S_t, A_t) \leftarrow Q(S_t, A_t) + \alpha \Big[R_{t+1} + \gamma \max_a Q(S_{t+1}, a) - Q(S_t, A_t) \Big]. \tag{6.8}$$

在此情形下，待學習的動作值函數 Q 直接近似最佳動作值函數 q_*，並與所遵循的策略無關，這大幅簡化了演算法的分析並實現了早期收斂的證明。該策略仍有一個作用就是決定哪些狀態 - 動作對被訪問和更新，但要達到正確的收斂需要對所有狀態 - 動作對持續更新。正如我們在第 5 章中所觀察到的，這是一個最低要求，即在一般情形下保證找到最佳行為的任何方法都必須滿足此要求。在該假設和一個步長參數序列相關的一般隨機近似條件的變化下，已經顯示出 Q 以 1 的機率收斂到 q_*。Q 學習演算法虛擬碼如下所示。

Q 學習（off–policy TD 控制），用於估計 $\pi \approx \pi_*$

演算法參數：步長 $\alpha \in (0,1]$，一個數值小的 $\varepsilon > 0$
對所有 $s \in \mathcal{S}^+$，$a \in \mathcal{A}(s)$，任意初始化 $Q(s,a)$，除了 Q（終端,·）= 0

對每一個分節循環：
  初始化 S
  對分節的每一步驟循環：
    使用源自於 Q 的策略在狀態 S 選擇動作 A（例如 ε- 貪婪策略）
    採取動作 A，觀察 R 和 S'
    $Q(S,A) \leftarrow Q(S,A) + \alpha\big[R + \gamma \max_a Q(S',a) - Q(S,A)\big]$
    $S \leftarrow S'$
  直到狀態 S 為終端狀態

Q 學習的回溯圖長什麼樣子呢？我們根據規則 (6.8) 更新狀態 - 動作對，因此頂點（更新的根節點）必須是一個小的、實心的動作節點。因為更新是從下一個狀態下所有可能執行的動作中選擇最大化的動作節點，因此回溯圖的底部節點應該是所有可能的動作節點。最後請記住，我們需要用一條弧線來表示使用這些「下個動作」中具有最大價值的（圖 3.4 右）。現在你可以猜到圖長什麼樣子了嗎？如果你已經有一些想法，請在翻到第 145 頁圖 6.4 中的答案前先進行猜測。

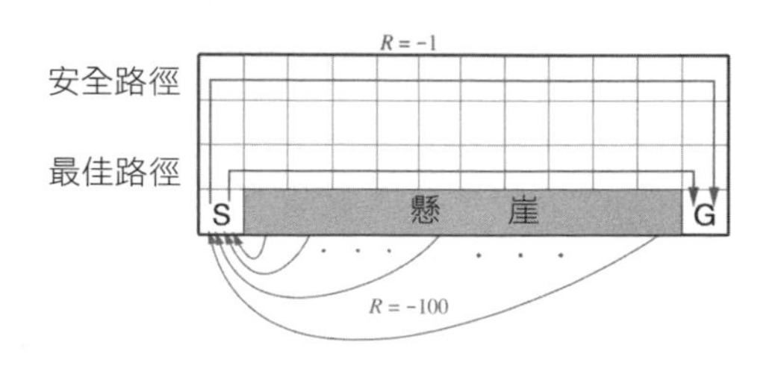

範例 6.6：懸崖行走。此網格世界範例比較了 Sarsa 方法和 Q 學習並顯示出 on-policy（Sarsa）和 off-policy（Q 學習）方法之間的差異。考慮右圖所示的網格世界。這是一個標準未折扣的分節性任務，具有起始和目標狀態及引發向上、向下、向右和向左移動的四個常見動作。除了標記為「懸崖」的區域外所有轉移的獎勵均為 -1。步入懸崖區域會產生 -100 的獎勵，並立即將代理人送回起始點。

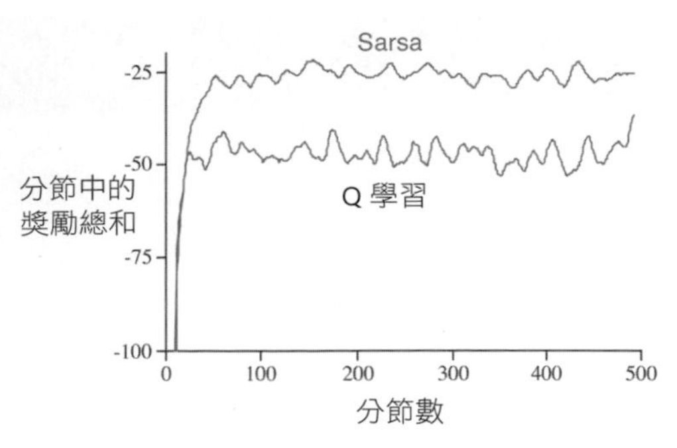

右圖顯示了使用 $\varepsilon = 0.1$ 的 ε- 貪婪策略選擇動作的 Sarsa 方法和 Q 學習方法的表現。在經過一段時間的學習後，Q 學習學到了最佳策略並沿著懸崖的邊緣行走。不幸的是，由於透過 ε- 貪婪策略選擇動作導致有時會落入懸崖區域中。另一方面，Sarsa 方法考慮了動作選擇並學到網格上半部更長但更安全的路徑。儘管 Q 學習實際上學到了最佳策略的價值，但其線上表現比學到迂迴策略的 Sarsa 方法差。當然，如果 ε 逐漸減小，則兩種方法都會漸近地收斂到最佳策略。 ■

練習 6.11：為什麼 Q 學習被視為是一種 *off-policy* 控制方法？ □

練習 6.12：假設動作選擇是貪婪的，此時 Q 學習與 Sarsa 方法的演算法是否完全相同？它們會做出完全相同的動作選擇和權重更新嗎？ □

6.6 預期的 Sarsa

讓我們考慮一種如 Q 學習一樣的學習演算法，除了對於下一個狀態 - 動作對使用期望值來代替最大值，並考慮每個動作在當前策略下的可能性。也就是考慮具有以下更新規則的演算法：

$$\begin{aligned}Q(S_t, A_t) &\leftarrow Q(S_t, A_t) + \alpha\Big[R_{t+1} + \gamma\mathbb{E}_\pi[Q(S_{t+1}, A_{t+1}) \mid S_{t+1}] - Q(S_t, A_t)\Big]\\ &\leftarrow Q(S_t, A_t) + \alpha\Big[R_{t+1} + \gamma\sum_a \pi(a|S_{t+1})Q(S_{t+1}, a) - Q(S_t, A_t)\Big],\end{aligned} \tag{6.9}$$

除了更新規則外都遵循 Q 學習的模式。給定下一個狀態 S_{t+1}，此演算法朝著與 Sarsa 方法的**期望**（*expectation*）相同的方向上**確定性地**（*deterministically*）移動，因此它被稱為**預期的** *Sarsa*。其回溯圖如圖 6.4 右側所示。

預期的 Sarsa 方法在計算上比 Sarsa 方法更複雜，但它消除了由隨機選擇 A_{t+1} 而導致的變異數作為補償。在相同經驗的情形下，我們當然希望它表現得比 Sarsa 方法更好，而實際上也確實是如此。圖 6.3 顯示了在懸崖行走問題中預期的 Sarsa 對比 Sarsa 方法和 Q 學習的總結結果。預期的 Sarsa 在這個問題上保留了 Sarsa 方法對 Q 學習的顯著優勢。此外，預期的 Sarsa 在不同步長參數 α 的情形下都明顯優於 Sarsa 方法。

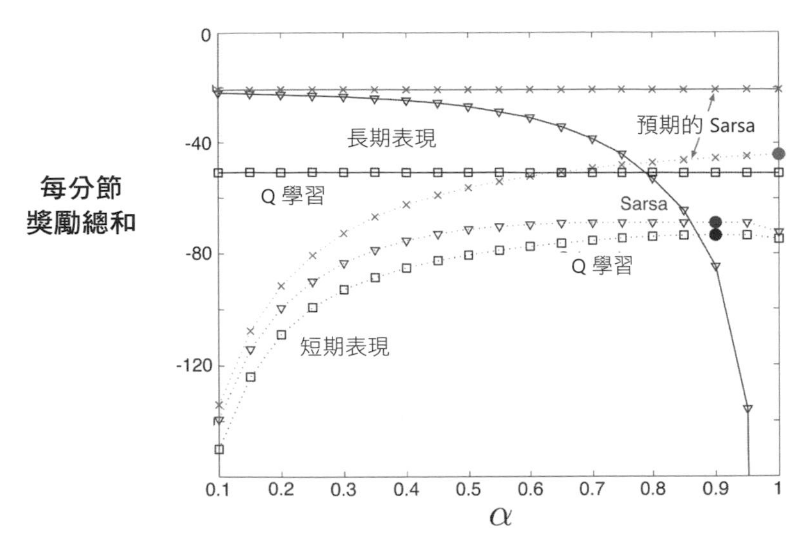

圖 6.3 在懸崖行走問題中 TD 控制方法的短期和長期表現與步長參數 α 的關係。所有演算法都使用 $\varepsilon = 0.1$ 的 ε– 貪婪策略。長期表現是以 100,000 個分節來進行平均，而短期表現是前 100 個分節的平均值。短期表現和長期表現的資料分別是以 50,000 次執行和 10 次執行的平均值。實心圓圈表示為每種方法的最佳短期表現。改編自 van Seijen 等人的研究（2009）。

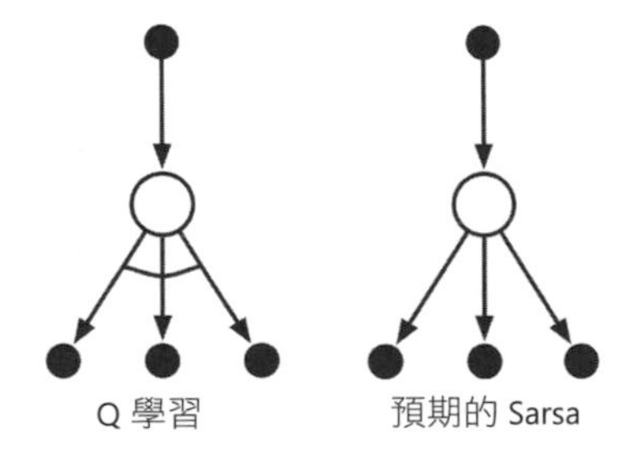

圖 6.4 Q 學習和預期的 Sarsa 的回溯圖。

在懸崖行走問題中，狀態轉移都是確定性的，所有隨機性都是來自於策略。在此情形下，預期的 Sarsa 可以安全地將 α 設為 1 而不會導致任何長期表現上的退化，而 Sarsa 僅在小的 α 值時能有良好的長期表現，但短期執行下則表現較差。在懸崖行走問題和其他相關的例子中，預期的 Sarsa 相對於 Sarsa 方法都具有一定的經驗優勢。

在這懸崖行走問題的結果中，預期的 Sarsa 以 on-policy 的方式進行，但一般而言它可能會使用與目標策略 π 不同的策略來產生行為，在此情形下預期的 Sarsa 就成為一種 off-policy 策略。例如，假設 π 為貪婪策略其行為更具探索性，則預期的 Sarsa 就可以被視為是 Q 學習。就意義上而言，預期的 Sarsa 包含並概括了 Q 學習的範疇同時可靠地改善了 Sarsa 方法。除了少量的額外計算成本外，預期的 Sarsa 可能完全優於另外兩個更知名的 TD 控制演算法。

6.7 最大化偏差和雙重學習

到目前為止我們討論的所有控制演算法在其目標策略的設計中都涉及到最大化。例如在 Q 學習中，目標策略是給定當前動作值並選取最大動作值的貪婪策略，而在 Sarsa 方法中策略通常是 ε– 貪婪策略，這其中也涉及了最大化操作。在這些演算法中，對於估計值的最大化被隱含地用於最大值的估計，這可能導致出現明顯的正偏差。為了找出原因，讓我們考慮單個狀態 s 中有許多動作 a 的真實值 $q(s,a)$ 為 0，但其估計值 $Q(s,a)$ 是不確定的，因此估計值的分布有些會大於 0 而有些則會小於 0。真實值的最大值為 0，但其最大估計值為正數，即為一個正偏差。我們稱此情形為**最大化偏差**（*maximization bias*）。

範例 6.7：最大化偏差範例。圖 6.5 中顯示的小型 MDP 提供了一個簡單的例子說明最大化偏差如何影響 TD 控制演算法的表現。MDP 中有兩個非終端狀態 A 和 B。分節總是從 A 開始，可以選擇向左和向右兩個動作。向右的動作立即以獎勵和回報為 0 轉移至終端狀態。向左的動作則以獎勵為 0 轉移至狀態 B，而狀態 B 中有多個可能的動作會立即轉移至終端狀態，並以平均值為 -0.1 和變異數為 1.0 的常態分布獎勵。因此任何從向左動作開始的軌跡其預期回報均為 -0.1，也因此在狀態 A 中向左的動作是一個錯誤的選擇。

然而我們的控制方法可能會偏好向左的動作，因為最大化偏差使狀態 B 看起來具有正值。圖 6.5 顯示使用 ε– 貪婪策略進行動作選擇的 Q 學習最初學會強烈偏好向左的動作。即使性能表現經過長期執行逐漸收斂，Q 學習在我們的參數設定下（$\varepsilon = 0.1$、$\alpha = 0.1$ 和 $\gamma = 1$）採取向左的動作也比最佳情形大約高 5%。 ■

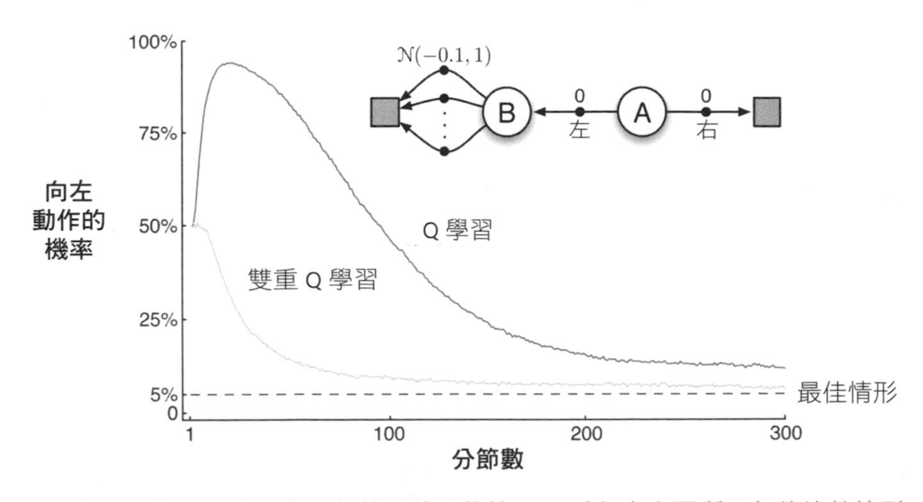

圖 6.5 Q 學習和雙重 Q 學習在一個簡單的分節性 MDP（如上方圖所示）的比較情形。Q 學習最初學習採取向左的機率遠大於採取向右，並且採取向左的機率總是明顯大於 5%。5% 也是 $\varepsilon = 0.1$ 的 ε - 貪婪策略選擇向左的最小機率。相比之下，雙重 Q 學習基本上不受最大化偏差的影響。這些資料是根據 10,000 次執行的平均值，初始動作估計值皆為 0。在使用 ε - 貪婪策略進行動作選擇時，如果有多個最大值的動作則隨機選取其中一個。

是否存在避免最大化偏差的演算法？首先讓我們考慮一個拉霸機問題，在此問題中我們有許多動作值的雜訊估計值，這些估計值是透過在每一場遊戲中每個動作所得到的樣本獎勵平均值獲得的。如上所述，如果我們使用最大化的估計值作為最大真實值的估計值，則將存在一個正的最大化偏差。觀察此問題的一種方法是，由於我們使用相同的樣本（遊戲）來決定最大化動作並估計其值，假設我們將這些遊戲分成兩組集合，並對於所有的 $a \in \mathcal{A}$ 學習兩個獨立的估計值$Q_1(a)$ 和 $Q_2(a)$，兩個都是對真實值 $q(a)$ 的估計值，我們可以使用其中一個估計值例如 Q_1 來確定最大化動作 $A^* = \arg\max_a Q_1(a)$，並利用 Q_2 來獲得此最大化動作值的估計值 $Q_2(A^*) = Q_2(\arg\max_a Q_1(a))$。由於 $\mathbb{E}[Q_2(A^*)] = q(A^*)$ 此估計值將會是無偏差的。我們可以將 $Q_1(a)$ 和 $Q_2(a)$ 對調重複上述過程來產生第二個無偏差估計值 $Q_1(\arg\max_a Q_2(a))$。這就是**雙重學習**（*double learning*）的概念。請注意，雖然我們學習了兩個估計值，但每次遊戲中只會更新一個估計值。雙重學習需要兩倍的資料儲存空間，但每個步驟的計算量並不會增加。

雙重學習的概念可以很自然地延伸到完整 MDP 演算法中。例如 Q 學習的雙重學習演算法稱為雙重 Q 學習，我們將原先的時步分成兩個時步並透過擲硬幣的方式在新增的時步上擲一次硬幣。如果正面朝上則更新為

$$Q_1(S_t, A_t) \leftarrow Q_1(S_t, A_t) + \alpha\Big[R_{t+1} + \gamma Q_2\big(S_{t+1}, \arg\max_a Q_1(S_{t+1}, a)\big) - Q_1(S_t, A_t)\Big]. \tag{6.10}$$

如果硬幣反面朝上，則將 Q_1 和 Q_2 對調進行相同的更新以便更新 Q_2。這兩個近似值函數可以完全對稱地進行處理。這兩個的動作估計值都可以用於相同的行為策略。例如，雙重 Q 學習的 ε- 貪婪策略可以基於兩個動作估計值的平均值（或總和）。雙重 Q 學習的完整虛擬碼如下面的方框中所示，此虛擬碼也是用於產生圖 6.5 結果的雙重 Q 學習演算法。在這個例子中雙重學習似乎消除了最大化偏差所造成的影響。當然也有 Sarsa 方法和預期的 Sarsa 的雙重學習版本。

雙重 Q 學習，用於估計 $Q_1 \approx Q_2 \approx q_*$

演算法參數：步長 $\alpha \in (0, 1]$，一個數值小的 $\varepsilon > 0$
對所有 $s \in \mathcal{S}^+$，$a \in \mathcal{A}(s)$，初始化 $Q_1(s, a)$ 和 $Q_2(s, a)$，使得 Q（終端,·）= 0

對每一個分節循環：
  初始化 S
  對分節的每一步驟循環：
    在 $Q_1 + Q_2$ 中使用 ε - 貪婪策略從狀態 S 中選擇動作 A
    採取動作 A，觀察 R 和 S'
    以 0.5 的機率：
      $Q_1(S, A) \leftarrow Q_1(S, A) + \alpha\Big(R + \gamma Q_2\big(S', \arg\max_a Q_1(S', a)\big) - Q_1(S, A)\Big)$
    否則：
      $Q_2(S, A) \leftarrow Q_2(S, A) + \alpha\Big(R + \gamma Q_1\big(S', \arg\max_a Q_2(S', a)\big) - Q_2(S, A)\Big)$
    $S \leftarrow S'$
  直到狀態 S 為終端狀態

* **練習 6.13**：具有 ε- 貪婪目標策略的雙重預期的 Sarsa 其更新方程式為？ □

6.8 遊戲、後位狀態及其他特例

在本書中我們嘗試對一系列問題提出統一的解決方法，當然總是有一些特殊的問題需要透過特別的方式以獲得更好的結果。例如我們的一般方法通常涉及學習一個**動作值函數**，但是在第 1 章中我們描述了一種學習玩井字遊戲的 TD 方法，所學到更像是一個**狀態值函數**。如果我們仔細觀察第 1 章的例子，很明顯在那裡學到的函數既非動作值函數也非一般意義上的狀態值函數。傳統的狀態值函數是在代理人可以選擇動作的狀態進行評估，但是在井字遊戲中所使用的狀態值函數是在代理人進行移動**之後**才評估棋盤上的位置。

我們將其稱為**後位狀態**（*afterstate*），而其對應的函數稱為**後位狀態價值函數**（*afterstate value functions*）。當我們了解初始的環境動態但不一定了解完整的環境動態時，後位狀態是相當有用的。例如，在遊戲中我們通常知道移動後的立即影響。我們可以知道每次西洋棋移動可能會產生什麼樣的棋子分布情形，但無從得知對手將如何應對。後位狀態值函數是一種自然地利用這種知識的技巧，進而產生更有效的學習方法。

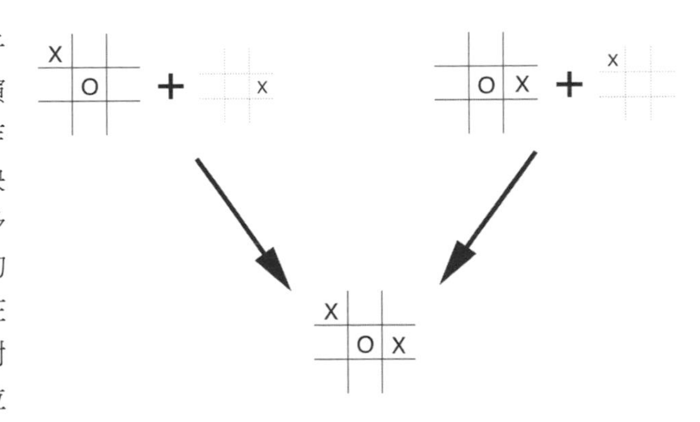

我們可以從井字遊戲的例子看出根據後位狀態設計的演算法更為有效。傳統的動作值函數會將從位置和移動映射到價值的估計。但是許多位置 – 移動對會產生相同的結果位置，如右圖所示。在這種情形下，位置 – 移動對不同但產生相同的「後續位置」，因此必須具有相同的值。傳統的動作值函數會分別針對這兩個位置 – 移動對進行評估，而後位狀態價值函數則會立即以相同的方式評估這兩個位置 – 移動對。任何關於左側的位置 – 移動對的學習資訊將立即傳遞至右側的位置 – 移動對進行學習，反之亦然。

在許多任務中都會使用到後位狀態，而不僅僅是應用於遊戲中。例如，在佇列任務中存在著將用戶分配到伺服器、拒絕用戶和丟棄資訊等動作。在此情形下，動作實際上是以其直接的效果進行定義，而這些效果是完全已知的。

我們不可能描述所有可能的特例及其相對應的特殊學習演算法，但是我們可以更廣泛地應用本書介紹的各個學習方法。例如我們仍然可以根據廣義策略疊代適當地描述後位狀態方法，其中策略和（後位狀態）價值函數基本上可以以相同的方式進行交互作用。在許多情形中我們仍將面臨 on-policy 與 off-policy 方法之間的選擇，以維持持續探索的需求。

練習 6.14：說明如何以後位狀態的方式重新設計傑克汽車租賃問題（範例 4.2）。就此問題而言，為什麼以這樣的方式重新設計可能會加速收斂？ □

6.9　本章總結

在本章中我們介紹了一種新的學習方法 —— 時序差分（TD）學習，並展示如何將其應用於強化學習問題中。如往常一樣，我們將問題分為預測問題和控制問題。TD 方法是用於解決預測問題的蒙地卡羅方法的替代方法。在這兩種方法下，對於控制問題的延伸都是透過我們在動態規劃中提到的廣義策略疊代（GPI）的概念。這就是近似策略和價值函數以朝著最佳值方向移動的方式進行相互作用的概念。

預測問題是構成 GPI 的兩個過程之一，它驅使了價值函數準確地預測當前策略的回報。另一個過程驅使策略根據當前價值函數進行區域性改善（例如 ε– 貪婪）。當根據經驗進行預測時，將會產生如何維持探索性的問題。在處理這個問題時，我們可以根據使用的是 on-policy 方法還是 off-policy 方法對 TD 控制方法進行分類。Sarsa 方法是一種 on-policy 方法，而 Q 學習則是一種 off-policy 方法。在本章所描述的預期的 Sarsa 也是一種 off-policy 方法。還有第三種方法被稱為演員 - 評論家方法可以擴展 TD 方法進行控制，我們在本章中並未描述，但將在第 13 章進行詳細介紹。

本章所介紹的方法是目前使用最廣泛的強化學習方法。這可能是因為它們具有相當大的簡便性：它們可以使用線上（online）的方式來應用，僅需極少的計算量就可以透過與環境的交互作用進行體驗。它們僅需單個方程組就可以完整地表達問題並可以利用小型程式來實現。在接下來的幾章中我們將擴展這些演算法，使它們稍微複雜一些並突顯它們更強大的功能性。所有延伸版本的新演算法將保留本章所描述的演算法核心：能夠以線上方式處理相關經驗、計算量相對較少及透過 TD 誤差進行修正。本章所介紹的 TD 方法特例更準確的名稱為單步的（*one-step*）、表格式的（*tabular*）、無模型（*model-free*）TD 方法，在接下來的兩章中，我們將擴展為 n 步形式（與蒙地卡羅方法的連結）和包含環境模型的形式（與規劃和動態規劃的連結）。在本書的第二部分，我們將這些表格式的方法擴展到各種形式的函數近似方法（與深度學習和人工神經網路的連結）。

最後，在本章中我們完全在強化學習問題的背景下討論 TD 方法，但 TD 方法的實際應用更為普遍。它們是學習對動態系統進行長期預測的通用方法。例如 TD 方法可能與預測金融數據、壽命、選舉結果、天氣模式、動物行為、發電站需求或顧客購買能力有關。只有將 TD 方法當作純粹的預測方法進行分析，而不是關注它們在強化學習中的應用，我們才能充分理解它們的理論性質。即便如此，TD 學習方法的其他潛在應用尚未被深入地探索。

參考文獻與歷史評注

正如我們在第 1 章中所描述，TD 學習的概念早期源於動物學習心理學和人工智慧，最著名的是 Samuel（1959）和 Klopf（1972）的研究。Samuel 的研究將在第 16.2 節中的案例研究介紹。與 TD 學習有關的還有 Holland（1975, 1976）早期對於價值預測一致性的想法。這些研究影響了本書其中一位作者 Barto，他是 1970 年至 1975 年的密西根大學的研究生，同時 Holland 也任教於該校。Holland 的想法激發了許多 TD 相關系統，包括 Booker（1982）的研究和將在下面進行說明與 Sarsa 有關的 Holland 斗鏈式儲存區（1986）。

6.1-2 在這兩節中的大部分相關資料來自 Sutton（1988），包括 TD(0) 演算法、隨機漫步範例和「時差學習」一詞。Watkins（1989）、Werbos（1987）和其他相關學者對動態規劃和蒙地卡羅方法的關係進行了許多相關描述。備份圖的使用對於本書的第一版來說是一種新的方式。

基於 Watkins 和 Dayan（1992）的研究，Sutton（1988）證明表格式 TD(0) 的平均值是收斂的，Dayan（1992）以機率為 1 證明其收斂性。Jaakkola、Jordan 和 Singh（1994）及 Tsitsiklis（1994）透過使用現有強大的隨機近似理論的延伸，擴展並加強了收斂性質的結果。其他相關延伸和概括的內容將在後面的章節中介紹。

6.3 Sutton（1988）建立了批次訓練下 TD 演算法的最佳性。闡明此結果的是 Barnard（1993）將 TD 演算法結合了用於學習馬可夫鏈模型的增量方法和從模型計算預測的方法。*確定性等價*（*certainty equivalence*）一詞源自於自適應控制的相關研究論文中（例如，Goodwin and Sin, 1984）。

6.4　Sarsa 演算法是由 Rummery 和 Niranjan（1994）提出。他們結合人工神經網路對其進行了探索並將其稱為「修正的連結型 Q 學習」。「Sarsa」這個名稱是由 Sutton（1996）提出。Singh、Jaakkola、Littman 和 Szepesvári（2000）證明了單步表格式 Sarsa（本章所描述的形式）的收斂性。Tom Kalt 提出了「有風的網格世界」的範例。

Holland（1986）的斗鏈式儲存區的概念演變成一種與 Sarsa 方法密切相關的演算法。斗鏈式儲存區的最初概念涉及相互觸發的規則鏈，其著重在將信用從當前規則傳遞回觸發它的規則。隨著時間的推移，斗鏈式儲存區更像是 TD 學習將信用傳遞回任何時間上的先前規則，而不僅僅是觸發當前規則。斗鏈式儲存區的現代形式進行簡化後，幾乎與單步 Sarsa 方法相同，詳見 Wilson（1994）。

6.5　Watkins（1989）提出了 Q 學習，Watkins 和 Dayan（1992）對其收斂證明進行了嚴格的描述。Jaakkola、Jordan 和 Singh（1994）以及 Tsitsiklis（1994）證明了更籠統的收斂性結果。

6.6　預期的 Sarsa 演算法是由 George John（1994）提出，他稱其為「$\bar{Q}$ 學習」。George John 強調作為一個 off-policy 演算法時，$\bar{Q}$ 學習是優於 Q 學習的。當我們在本書第一版中將預期 Sarsa 作為練習時以及 van Seijen、van Hasselt、Whiteson 和 Weiring（2009）設計出預期的 Sarsa 的收斂性和優於一般的 Sarsa 和 Q 學習的條件時，John 的研究並不為我們所知。圖 6.3 是由 van Seijen 等人的研究結果改編而來的。van Seijen 等人將「預期的 Sarsa」定義為一個專門的 on-policy 方法（正如我們在第一版中所做的那樣），而現在我們將這個名稱用於目標策略和行為策略可能不同的一般演算法。van Hasselt（2011）注意到了預期的 Sarsa 的一般 off-policy 觀點，他稱為「廣義 Q 學習」。

6.7　最大化偏差和雙重學習是由 van Hasselt（2010, 2011）提出並進行廣泛的研究。圖 6.5 中的範例 MDP 改編自圖 4.1 中的範例（van Hasselt, 2011）。

6.8　後位狀態的概念與「決策後狀態」的概念相同（Van Roy, Bertsekas, Lee, and Tsitsiklis, 1997; Powell, 2011）。

Chapter 7

n 步自助法

本章我們將統一前兩章中介紹的蒙地卡羅（MC）方法和單步時序差分（TD）方法。無論是 MC 方法還是單步 TD 方法都不可能總是最佳的方法。在本章中，我們將介紹 ***n* 步 TD 方法**（*n-step TD methods*），它包含了兩種方法，可以根據需求平滑地從一種方法轉換到另一種方法，以滿足特定任務的需求。n 步方法在一端採用 MC 方法，在另一端則採用單步 TD 方法，而最好的方法往往介於這兩個極端之間。

n 步方法的另一個優點是讓我們能擺脫時步的限制。在單步 TD 方法中我們需要在同一時步內決定動作變化的頻率及完成自助的時間間隔。在許多應用中我們總是希望能夠非常快速地更新動作來考慮所有已經發生的變化，但是自助需要在發生顯著且可識別的狀態變化超過一段時間才能發揮最佳的效果。在單步式 TD 方法中時間間隔都是相同的，因此我們必須在自助發揮最佳效果與時間間隔之間做出妥協。n 步方法使自助能夠在多個時步中進行，使我們擺脫單一時步的限制。

n 步方法的概念通常用於介紹**資格痕跡**（*eligibility traces*）（第 12 章）的演算法概念，資格痕跡可以讓自助在多個時間間隔內同時進行。在本章我們僅考慮 n 步自助的概念，將資格痕跡機制的處理方式放到後面的章節介紹。這樣做使我們能夠將問題分解，在更簡單的 n 步設定下盡可能處理更多問題。

如往常一樣，我們首先考慮預測問題，然後再考慮控制問題。也就是我們首先考慮 n 步方法如何針對一個固定策略的狀態函數預測回報（例如估計 v_π），然後我們再將概念擴展到動作值和控制方法。

7.1 n 步 TD 預測

在蒙地卡羅和 TD 方法之間存在一個什麼樣的方法空間？考慮使用策略 π 生成的樣本分節來估計 v_π。蒙地卡羅方法根據從該狀態到分節結束所觀察到的整個獎勵序列進行每個狀態的更新。另一方面，單步 TD 方法的更新僅根據下一個獎勵，以下一個狀態值作為後續其他狀態的累積獎勵進行自助。那麼一種折衷的方法是根據兩者數量之間的獎勵執行更新：多於一個但少於到達終端狀態的所有獎勵。例如兩步更新將根據前兩個獎勵以及兩個步驟之後的狀態估計值。同樣地，我們可以進行三步或四步更新。圖 7.1 顯示了 v_π 的 ***n* 步更新**（***n-step updates***）的回溯圖，最左側是單步 TD 更新，最右側直到終端狀態的是蒙地卡羅更新。

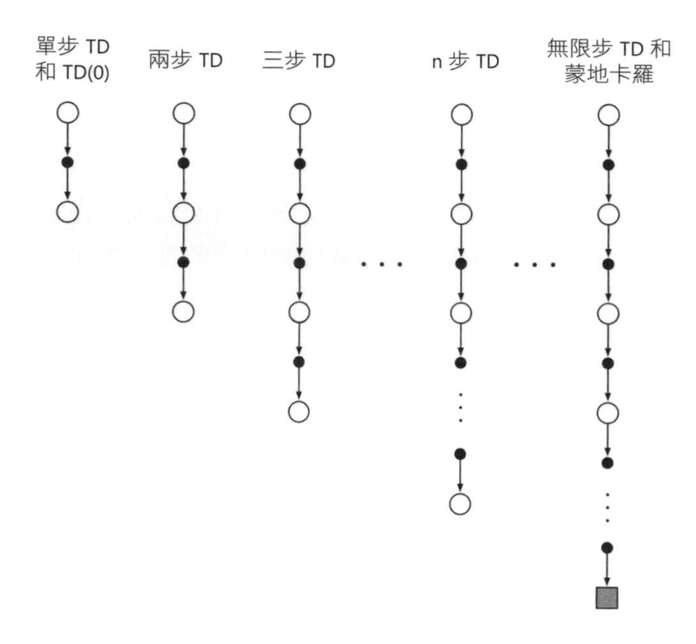

圖 7.1 n 步方法的備份圖。由單步 TD 方法到蒙地卡羅方法所組成。

使用 n 步更新的方法仍然為 TD 方法，因為這些方法改變先前估計值的方式仍然是根據先前估計值與後續估計值之間的差異，此處的後續估計值並非一步之後的狀態估計值，而是 n 步之後的狀態估計值。我們將時序差分延伸為 n 步形式的方法稱為 ***n* 步 *TD* 方法**。前一章所介紹的 TD 方法都僅使用了單步更新，這就是它們被稱為單步 TD 方法的緣故。

讓我們更正式地考慮狀態 S_t 的估計值更新作為狀態－獎勵序列 $S_t, R_{t+1}, S_{t+1}, R_{t+2}, \ldots, R_T, S_T$（省略動作）的結果。我們知道在蒙地卡羅更新中，$v_\pi(S_t)$ 的估計值會沿著完整回報的方向上進行更新：

$$G_t \doteq R_{t+1} + \gamma R_{t+2} + \gamma^2 R_{t+3} + \cdots + \gamma^{T-t-1} R_T,$$

其中 T 是分節的最後一個時步。我們將這個量稱為更新的**目標**（*target*）。在蒙地卡羅更新中，目標為回報，而在單步更新中，目標是第一個獎勵加上下一個狀態經過折扣後的估計值，我們稱之為**單步回報**（*one-step return*）：

$$G_{t:t+1} \doteq R_{t+1} + \gamma V_t(S_{t+1}),$$

其中這裡的 $V_t : \mathcal{S} \to \mathbb{R}$ 是 v_π 在時步 t 時的估計值。如我們在第 5 章中所介紹的，$G_{t:t+1}$ 的下標表示它是一種截斷回報，由時步 t 至時步 t+1 的累積獎勵和後續狀態的折扣估計值組成，其中折扣估計值 $\gamma V_t(S_{t+1})$ 代替了完整回報中的 $\gamma R_{t+2} + \gamma^2 R_{t+3} + \cdots + \gamma^{T-t-1} R_T$。現在我們的觀點是這個概念在經過兩個步驟之後也有同樣的含義。 兩步更新的目標是**兩步回報**（*two-step return*）：

$$G_{t:t+2} \doteq R_{t+1} + \gamma R_{t+2} + \gamma^2 V_{t+1}(S_{t+2}),$$

現在 $\gamma^2 V_{t+1}(S_{t+2})$ 修正了缺少 $\gamma^2 R_{t+3} + \gamma^3 R_{t+4} + \cdots + \gamma^{T-t-1} R_T$ 的部分。同樣地，任意 n 步更新的目標是 ***n* 步回報**（*n-step return*）：

$$G_{t:t+n} \doteq R_{t+1} + \gamma R_{t+2} + \cdots + \gamma^{n-1} R_{t+n} + \gamma^n V_{t+n-1}(S_{t+n}), \tag{7.1}$$

對於所有 n 和 t 滿足 $n \geq 1$ 和 $0 \leq t < T - n$。所有 n 步回報可以被視為是完整回報的近似值，在 n 個步驟後被截斷然後透過 $V_{t+n-1}(S_{t+n})$ 修正剩餘的缺少項。如果 $t + n \geq T$（如果 n 步回報到達或超出終端狀態），則所有缺少項都為 0，n 步回報等於一般的完整回報（$G_{t:t+n} \doteq G_t$，如果 $t + n \geq T$）。

注意到 $n > 1$ 的 n 步回報涉及到從 t 到 t+1 轉移時還無法得知的未來的獎勵及狀態。在觀察到 R_{t+n} 和計算出 V_{t+n-1} 之後，n 步回報才能被使用。由於在 $t + n$ 時我們才能得知這些資訊，因此對於使用 n 步回報的狀態值學習演算法為

$$V_{t+n}(S_t) \doteq V_{t+n-1}(S_t) + \alpha \big[G_{t:t+n} - V_{t+n-1}(S_t) \big], \qquad 0 \leq t < T, \tag{7.2}$$

而其他所有狀態值保持不變：對於所有 $s \neq S_t$，$V_{t+n}(s) = V_{t+n-1}(s)$。我們將此演算法稱為 ***n* 步 TD**（*n-step TD*）。請注意，在每個分節的前 n-1 步中沒有做任何變化。為了彌補這一點，在分節結束後（到達終端狀態後和開始下一個分節前）會進行相同數量的額外更新。完整的虛擬碼如下一頁的方框中所示。

練習 7.1：在第 6 章中，我們注意到如果估計值不是逐著步驟進行變化，蒙地卡羅誤差可以寫成 TD 誤差的總和 (6.6)。請證明如果估計值一樣沒有變化，(7.2) 中所使用的 n 步誤差同樣也可以寫為 TD 誤差的總和，以歸納第 6 章介紹的結果。 □

練習 7.2（程式設計）：使用 n 步方法估計值會逐著步驟進行變化，因此一個演算法會使用 TD 誤差的總和（請參考上一個練習）來代替 (7.2) 中的誤差，實際上這會是一個略有不同的演算法。這是一個更好的還是更糟糕的演算法呢？請設計一個小程式根據實驗結果回答這個問題。 □

n 步 TD，用於估計 $V \approx v_\pi$

輸入：一個策略 π

演算法參數：時步長 $\alpha \in (0, 1]$、一個正整數 n

對所有 $s \in \mathcal{S}$，任意初始化 $V(s)$

所有儲存和訪問操作（對於 S_t 和 R_t）都可以使用其索引除以 $n+1$ 取餘數進行

對每個分節循環：
　初始化並儲存 $S_0 \neq$ 終端狀態
　$T \leftarrow \infty$
　對於 $t = 0, 1, 2, \ldots$ 循環：
　| 如果 $t < T$，則：
　| 　根據 $\pi(\cdot|S_t)$ 採取動作
　| 　觀察並將下一個獎勵儲存為 R_{t+1}，將下一個狀態儲存為 S_{t+1}
　| 　如果 S_{t+1} 是終端狀態，則 $T \leftarrow t+1$
　| $\tau \leftarrow t - n + 1$（$\tau$ 是狀態估計正在更新的時步）
　| 如果：$\tau \geq 0$
　| 　$G \leftarrow \sum_{i=\tau+1}^{\min(\tau+n, T)} \gamma^{i-\tau-1} R_i$
　| 　如果 $\tau + n < T$，則 $G \leftarrow G + \gamma^n V(S_{\tau+n})$ 　　　　$(G_{\tau:\tau+n})$
　| 　$V(S_\tau) \leftarrow V(S_\tau) + \alpha [G - V(S_\tau)]$
　直到 $\tau = T - 1$

n 步回報使用價值函數 V_{t+n-1} 來修正超出 R_{t+n} 所缺少的獎勵。n 步回報的一個重要特性是在最差狀態的情形下，它們的期望值被保證是比 V_{t+n-1} 更好的 v_π估計值。也就是對於所有 $n \geq 1$，預期的 n 步回報的最糟誤差保證小於或等於 V_{t+n-1} 下最糟誤差的 γ^n 倍：

$$\max_s \left| \mathbb{E}_\pi[G_{t:t+n}|S_t = s] - v_\pi(s) \right| \leq \gamma^n \max_s \left| V_{t+n-1}(s) - v_\pi(s) \right|, \tag{7.3}$$

這被稱為 n 步回報的**誤差減少特性**（*error reduction property*）。由於誤差減少特性可以正式地顯示出所有 n 步 TD 方法在適當的技術條件下收斂到正確的預測，因此 n 步 TD 方法就形成一系列可行的方法集合，而單步 TD 方法和蒙地卡羅方法為其中的兩個極端成員。

範例 7.1：隨機漫步的 n 步 TD 方法。讓我們對範例 6.2（第 135 頁）中描述的 5 個狀態隨機漫步問題使用 n 步 TD 方法。假設第一個分節直接從中心狀態 C 向右前進通過 D 和 E，然後在右邊終止並獲得 1 的回報。現在回想一下，所有狀態的估計值都是從中間值 $V(s) = 0.5$ 開始。根據這種經驗的結果，單步方法只改變最後一個狀態 $V(\mathsf{E})$ 的估計值向 1 遞增，即朝著觀察所獲得的回報。

另一方面，兩步方法將增加終止前兩個狀態的值：$V(\mathsf{D})$ 和 $V(\mathsf{E})$ 都將向 1 遞增。對於 $n > 2$ 的三步方法或任何 n 步法會將三個訪問過的狀態值向 1 遞增相同的量。

到底哪一個 n 值比較好？圖 7.2 顯示了一個更大的包含 19 個而非 5 個狀態（左邊結果為 -1，所有狀態的初始值皆為 0）的隨機漫步簡單經驗測試結果，我們以此作為本章的執行範例。我們以不同的 n 和 α 值顯示 n 步 TD 方法的結果。垂直軸上所顯示的、不同參數設定下的性能指標是在具有 19 個狀態的分節結束時，其預測值與實際值之間的均方根誤差，由前 10 個分節和重複執行 100 次進行平均的結果（所有參數設定都使用相同的漫步動作集合）。我們注意到 n 為中間值時的方法表現最好。這也說明了由 TD 和蒙地卡羅方法擴展到 n 步方法為何能夠比這兩種極端方法表現更好。 ■

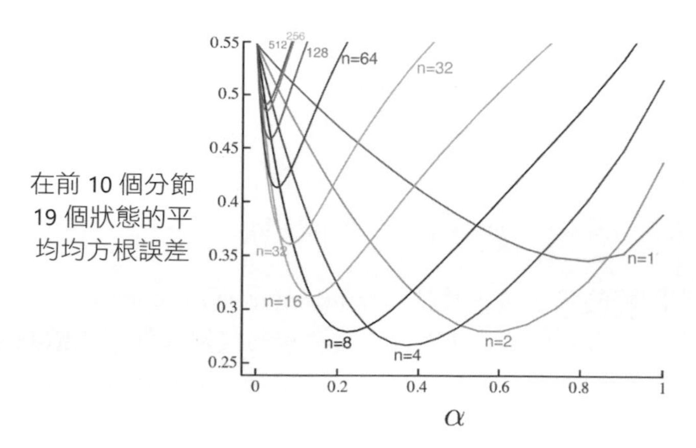

圖 7.2 對於 19 狀態的隨機漫步問題使用 n 步 TD 方法在各種 n 值及 α 函數的性能表現（範例 7.1）。

練習 7.3：你認為為什麼要在本章的範例中使用了更大的隨機漫步問題（19 個狀態而非 5 個）？較少的漫步狀態會將優勢轉移到不同的 n 值嗎？在較多狀態的漫步問題中，為什麼左側的結果會從 0 變為 -1 ？你認為這會造成 n 的最佳價值有任何差異嗎？ □

7.2 n 步 Sarsa

我們如何將 n 步方法不僅用於預測也用於控制？在本節中我們將展示如何以簡單的方式將 n 步方法與 Sarsa 方法結合，以產生一種 on-policy TD 控制方法。

Sarsa 的 n 步版本我們稱為 n 步 Sarsa，而前一章中所介紹的原始版本我們稱之為*單步 Sarsa* 或 *Sarsa(0)*。

主要的概念是簡單地將狀態轉換為動作（狀態 - 動作對），然後使用 ε – 貪婪策略。n 步 Sarsa 的回溯圖（如圖 7.3 所示）與 n 步 TD 十分相似（圖 7.1），兩者是狀態和動作交替出現的串鏈，除了 Sarsa 都是以動作而非以狀態開始和結束。我們根據估計的動作值重新定義 n 步回報（更新目標）：

$$G_{t:t+n} \doteq R_{t+1}+\gamma R_{t+2}+\cdots+\gamma^{n-1}R_{t+n}+\gamma^{n}Q_{t+n-1}(S_{t+n},A_{t+n}),\quad n\geq 1, 0\leq t<T-n, \tag{7.4}$$

如果 $t+n\geq T$ 則 $G_{t:t+n}\doteq G_t$，那麼演算法則為

$$Q_{t+n}(S_t,A_t) \doteq Q_{t+n-1}(S_t,A_t)+\alpha\left[G_{t:t+n}-Q_{t+n-1}(S_t,A_t)\right],\qquad 0\leq t<T, \tag{7.5}$$

而其他所有狀態值保持不變：對於所有滿足 $s \neq S_t$ 或 $a \neq A_t$ 的 s 和 a，$Q_{t+n}(s,a) = Q_{t+n-1}(s,a)$。我們稱為 n 步 *Sarsa* 的演算法，其虛擬碼顯示在下面的方框中，圖 7.4 呈現了與單步方法相比可以加速學習的原因。

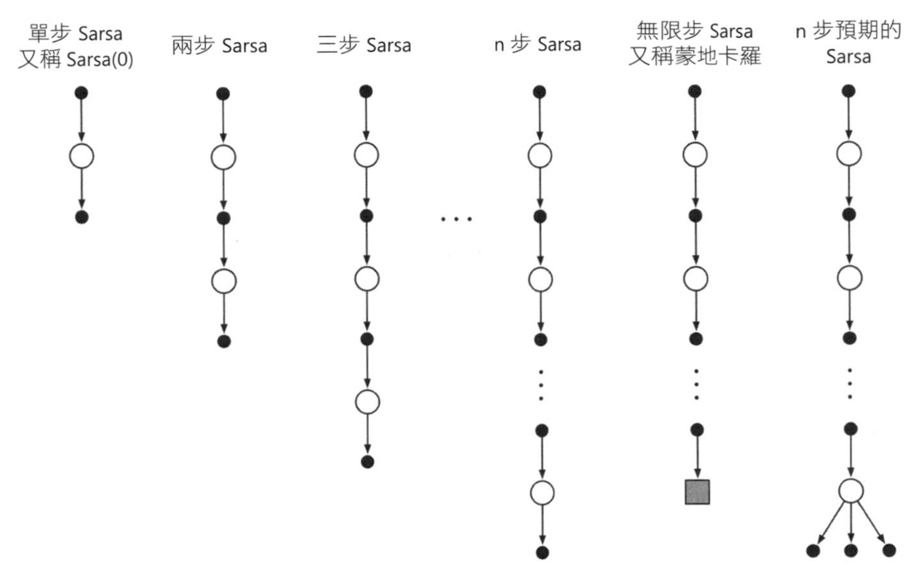

圖 7.3　狀態 - 動作值的 n 步方法的回溯圖。範圍從 Sarsa(0) 的單步更新到蒙地卡羅方法的多步更新直到更新至終端。在兩者中間是根據實際獎勵的 n 個步驟和第 n 個下一個狀態 - 動作對的估計值，並包含適當地折扣的 n 步更新。最右邊則是 n 步預期 Sarsa 的回溯圖。

n 步 Sarsa，用於估計 $Q \approx q_*$ 或 q_π

對所有 $s \in \mathcal{S}$，$a \in \mathcal{A}$，任意初始化 $Q(s,a)$

初始化策略 π 為關於 Q 的 ε - 貪婪策略或固定的給定策略

演算法參數：時步長 $\alpha \in (0,1]$，一個數值小的 $\varepsilon > 0$ 和一個正整數 n

所有儲存和訪問操作（對於 S_t、A_t 和 R_t）都可以使用其索引除以 $n+1$ 取餘數進行

對每個分節循環：

　初始化並儲存 $S_0 \neq$ 終端狀態

　選擇並儲存動作 $A_0 \sim \pi(\cdot|S_0)$

$T \leftarrow \infty$
對於 $t = 0, 1, 2, \ldots$ 循環：
| 如果 $t < T$，則：
| 採取動作 A_t
| 觀察並將下一個獎勵儲存為 R_{t+1}，將下一個狀態儲存為 S_{t+1}
| 如果 S_{t+1} 是終端狀態，則
| $T \leftarrow t + 1$
| 否則：
| 選擇並儲存動作 $A_{t+1} \sim \pi(\cdot|S_{t+1})$
| $\tau \leftarrow t - n + 1$（$\tau$ 是狀態估計正在更新的時步）
| 如果 $\tau \geq 0$：
| $G \leftarrow \sum_{i=\tau+1}^{\min(\tau+n,T)} \gamma^{i-\tau-1} R_i$
| 如果 $\tau + n < T$，則 $G \leftarrow G + \gamma^n Q(S_{\tau+n}, A_{\tau+n})$ $(G_{\tau:\tau+n})$
| $Q(S_\tau, A_\tau) \leftarrow Q(S_\tau, A_\tau) + \alpha \left[G - Q(S_\tau, A_\tau)\right]$
| 如果 π 正在被學習，則確保 $\pi(\cdot|S_\tau)$ 為關於 Q 的 ε - 貪婪策略
直到 $\tau = T - 1$

圖 7.4 使用 n 步方法使策略學習加速的網格世界範例。第一個網格中顯示了一個代理人在單個分節中所採取的路徑，在一個標記為 G 的高獎勵位置結束。在此例子中，最初值都為 0，除了 G 的正獎勵外所有獎勵都為 0。另外兩個網格中的箭頭顯示了透過單步 Sarsa 方法和 n 步 Sarsa 方法加強了該路徑中哪些動作值。單步方法只強化了引起高獎勵的動作序列中最後一個動作，而 n 步法強化序列的最後 n 個動作，因此可以從一個分節中學習到更多知識。

練習 7.4：證明 Sarsa 的 n 步回報 (7.4) 可以完全按照新的 TD 誤差形式呈現，如

$$G_{t:t+n} = Q_{t-1}(S_t, A_t) + \sum_{k=t}^{\min(t+n,T)-1} \gamma^{k-t} \left[R_{k+1} + \gamma Q_k(S_{k+1}, A_{k+1}) - Q_{k-1}(S_k, A_k)\right]. \tag{7.6}$$

□

那麼預期的 Sarsa 呢？預期 Sarsa 的 n 步版本的回溯圖顯示在圖 7.3 的最右側。n 步預期的 Sarsa 是由一串線性的樣本動作和狀態組成，就像在 n 步 Sarsa 中一樣，除了最後一個元素是所有可能的動作透過在策略 π 下的機率進行加權的分支。該演算法可以用與 n 步 Sarsa 相同的方程式來描述，除了將 n 步回報重新定義為

$$G_{t:t+n} \doteq R_{t+1} + \cdots + \gamma^{n-1} R_{t+n} + \gamma^n \bar{V}_{t+n-1}(S_{t+n}), \qquad t+n < T, \tag{7.7}$$

（對於 $t+n \geq T$，$G_{t:t+n} \doteq G_t$）其中 $\bar{V}_t(s)$ 是狀態 s 的**預期近似值**（*expected approximate value*），它使用在目標策略下時步 t 時的動作估計值進行計算：

$$\bar{V}_t(s) \doteq \sum_a \pi(a|s) Q_t(s,a), \qquad \text{對所有 } s \in \mathcal{S} \tag{7.8}$$

本書接下來的內容中，許多動作值方法都使用了預期近似值進行設計。如果 s 是終端狀態，則其預期近似值被定義為 0。

7.3 n 步 off-policy 學習

讓我們回想一下，off-policy 學習是學習一個策略 π 的價值函數，同時遵循另一個策略 b。通常策略 π 是針對當前動作值函數估計的貪婪策略，而 b 是一個更具探索性的策略，可以是 ε – 貪婪策略。為了使用來自策略 b 的資料，我們必須考慮到兩個策略之間的差異，利用它們採取動作的相對機率（詳見第 5.5 節）。在 n 步法中回報是建立在 n 個步驟之上，因此我們只對這 n 個動作的相對機率感興趣。例如要建構一個簡單的 off-policy 版本的 n 步 TD 方法，時步 t 的更新（實際上在時間 $t+n$ 進行）可以簡單地利用 $\rho_{t:t+n-1}$ 進行加權：

$$V_{t+n}(S_t) \doteq V_{t+n-1}(S_t) + \alpha \rho_{t:t+n-1} \left[G_{t:t+n} - V_{t+n-1}(S_t)\right], \qquad 0 \leq t < T, \tag{7.9}$$

其中 $\rho_{t:t+n-1}$ 稱為**重要性抽樣率**（*importance sampling ratio*），是兩個策略中從 A_t 到 A_{t+n-1} 採取 n 個動作的相對機率（詳見方程式 5.3）：

$$\rho_{t:h} \doteq \prod_{k=t}^{\min(h,T-1)} \frac{\pi(A_k|S_k)}{b(A_k|S_k)}. \tag{7.10}$$

例如，如果任何一個動作永遠不會被 π 採取（即 $\pi(A_k|S_k)=0$），那麼其 n 步回報的權重為 0 並且被完全忽略。另一方面，如果碰巧某個動作被策略 n 採取的機率比策略 b 更大，則將增加對應回報的權重。這是有道理的，因為該動作具有策略 n 的特徵（因此我們想要了解它），但很少被策略 b 選擇，因此很少出現在資料中。為了彌補這一點，我們必須在它發生時增加其權重。請注意到如果兩個策略實際上是相同的（在 on-policy 的情況下），那麼重要性抽樣率始終為 1。因此新的更新方式 (7.9) 概括了並可以完全取代我們之前的 n 步 TD 更新。同樣地，我們之前的 n 步 Sarsa 更新也可以完全替換為簡單的 off-policy 形式：

$$Q_{t+n}(S_t, A_t) \doteq Q_{t+n-1}(S_t, A_t) + \alpha \rho_{t+1:t+n} \left[G_{t:t+n} - Q_{t+n-1}(S_t, A_t)\right], \tag{7.11}$$

對於 $0 \leq t < T$。請注意到這裡的重要性抽樣率比 n 步 TD (7.11) 晚一步開始和結束，這是因為在此我們更新的是狀態 - 動作對。我們不必關心我們選擇動作的可能性有多大，既然已經選擇了它，就要完全用後續動作進行重要性抽樣從所發生的事情中進行充分學習。完整演算法的虛擬碼如下面的方框所示。

off-policy n 步 Sarsa，用於估計 $Q \approx q_*$ 或 q_π

輸入：對所有 $s \in \mathcal{S}$，$a \in \mathcal{A}$，一個任意的行為策略 b 使得 $b(a|s) > 0$
對所有 $s \in \mathcal{S}$，$a \in \mathcal{A}$，任意初始化 $Q(s,a)$
初始化策略 π 為關於 Q 的貪婪策略或固定的給定策略
演算法參數：時步長 $\alpha \in (0,1]$，一個正整數 n
所有儲存和訪問操作（對於 S_t、A_t 和 R_t）都可以使用其索引除以 $n+1$ 取餘數進行

對每個分節循環：
　初始化並儲存 $S_0 \neq$ 終端狀態
　選擇並儲存動作 $A_0 \sim b(\cdot|S_0)$
　$T \leftarrow \infty$
　對於 $t = 0, 1, 2, \ldots$ 循環：
　| 如果 $t < T$，則：
　| 　採取動作 A_t

| 觀察並將下一個獎勵儲存為 R_{t+1}，將下一個狀態儲存為 S_{t+1}
| 如果 S_{t+1} 是終端狀態，則
| $T \leftarrow t+1$
| 否則：
| 選擇並儲存動作 $A_{t+1} \sim b(\cdot|S_{t+1})$
| $\tau \leftarrow t-n+1$（τ 是狀態估計正在更新的時步）
| 如果 $\tau > 0$：
| $\rho \leftarrow \prod_{i=\tau+1}^{\min(\tau+n-1,T-1)} \frac{\pi(A_i|S_i)}{b(A_i|S_i)}$ $(\rho_{\tau+1:t+n-1})$
| $G \leftarrow \sum_{i=\tau+1}^{\min(\tau+n,T)} \gamma^{i-\tau-1} R_i$
| 如果 $\tau+n<T$，則 $G \leftarrow G+\gamma^n Q(S_{\tau+n}, A_{\tau+n})$ $(G_{\tau:\tau+n})$
| $Q(S_\tau, A_\tau) \leftarrow Q(S_\tau, A_\tau) + \alpha\rho\,[G - Q(S_\tau, A_\tau)]$
| 如果 π 正在被學習，則確保 $\pi(\cdot|S_\tau)$ 為關於 Q 的貪婪策略
直到 $\tau = T-1$

n 步預期的 Sarsa 的 off-policy 版本使用與上述 n 步 Sarsa 相同的更新方式，除了重要性抽樣率減少一個因子。也就是說，上面的方程式將使用 $\rho_{t+1:t+n-1}$ 而非 $\rho_{t+1:t+n}$，並且也會使用預期的 Sarsa 版本的 n 步回報 (7.7)。這是因為在預期的 Sarsa 中，在最後一個狀態中考慮了所有可能的動作，實際採取的動作並不會有任何影響也不需要進行修正。

7.4 * 具有控制變量的每一決策方法

上一節中介紹的多步 off-policy 方法既簡單且概念清晰，但可能不是最有效率的方法。一種更複雜的方法是使用如第 5.9 節中介紹的每一決策重要性抽樣的概念。要理解這種方法我們首先要注意一般的 n 步回報 (7.1)，就像所有回報一樣可以寫為遞迴形式。對於以視野 h 結束的 n 個步驟，n 步回報可以表示為

$$G_{t:h} = R_{t+1} + \gamma G_{t+1:h}, \qquad t < h < T, \tag{7.12}$$

其中 $G_{h:h} \doteq V_{h-1}(S_h)$（回想一下，此回報是在時間 h 使用的，先前表示為 $t+n$），現在讓我們考慮遵循與目標策略 π 不同的行為策略 b 所產生的影響。所有產生的經驗，包括第一個獎勵 R_{t+1} 和下一狀態 S_{t+1}，都必須透過時步 t 的重要性採樣率$\rho_t = \frac{\pi(A_t|S_t)}{b(A_t|S_t)}$ 進行加權。你可能會想對上述等式的右側進行加權，但

其實可以使用更好的方法。假設在時步 t 的動作永遠不會被 π 選擇，因此 $\rho_t = 0$。那麼一般的加權將使 n 步回報也為 0，這可能導致當它被用於作為目標時的變異數很大。相反地，在這種更為複雜的方法中，我們使用了另一種在視野 h 結束的 *off-policy* n 步回報，定義為

$$G_{t:h} \doteq \rho_t \left(R_{t+1} + \gamma G_{t+1:h}\right) + (1 - \rho_t)V_{h-1}(S_t), \qquad t < h < T, \tag{7.13}$$

其中 $G_{h:h} \doteq V_{h-1}(S_h)$。在這種方法中，如果 ρ_t 為 0，則目標與估計值相同並且不會導致變化，而非使目標為 0 導致估計值收縮。重要性抽樣率為 0 表示我們應該忽略這個樣本，因此保持估計值不變似乎是合適的方式。(7.13) 中的第二個附加項稱為**控制變量**（*control variate*）（原因不明）。請注意控制變量不會更改預期的更新，重要性抽樣率具有 1 的期望值（第 5.9 節）並且與估計值不相關，因此控制變量的期望值為 0。另請注意 off-policy 版本的定義 (7.13) 是對先前 n 步回報的 on-policy 定義 (7.1) 的嚴格廣義化，因為在 on-policy 的情況下兩者是等價的，其中 ρ_t 永遠為 1。

對於傳統的 n 步方法，與 (7.13) 結合使用的學習規則是 n 步 TD 更新 (7.2)，除了嵌入在回報中的部分並沒有明確的重要性抽樣率。

練習 7.5：請試著寫出上述 off-policy 狀態值預測演算法的虛擬碼。 □

對於動作值，n 步回報的 off-policy 定義有點不同，因為第一個動作在重要性抽樣中不發揮任何作用。第一個動作是正在學習的動作，在目標策略下它不太可能發生或甚至不可能出現也沒有關係，因為它已經被採用，我們現在必須對其後續的獎勵和狀態給予全部的單位權重。重要性抽樣僅會作用於其後續的動作。

首先請注意，對於動作值，在視野 h 結束時的 n 步 *on-policy* 回報 (7.7) 其期望形式可以如同 (7.12) 中一樣以遞迴方式呈現，除了對於動作值其遞迴以 $G_{h:h} \doteq \bar{V}_{h-1}(S_h)$ 結束，如 (7.8) 所示。具有控制變量的 off-policy 形式為

$$\begin{aligned} G_{t:h} &\doteq R_{t+1} + \gamma\Big(\rho_{t+1}G_{t+1:h} + \bar{V}_{h-1}(S_{t+1}) - \rho_{t+1}Q_{h-1}(S_{t+1}, A_{t+1})\Big), \\ &= R_{t+1} + \gamma\rho_{t+1}\Big(G_{t+1:h} - Q_{h-1}(S_{t+1}, A_{t+1})\Big) + \gamma\bar{V}_{h-1}(S_{t+1}), \quad t < h \le T. \end{aligned} \tag{7.14}$$

如果是 $h < T$，則遞迴以 $G_{h:h} \doteq Q_{h-1}(S_h, A_h)$ 結束，但如果 $h \ge T$，則遞迴以 $G_{T-1:h} \doteq R_T$ 結束。我們得到的預測演算法（在與 (7.5) 組合後）將類似於預期的 Sarsa。

練習 7.6：證明上述方程式中的控制變量不會改變回報的預期值。 □

* **練習 7.7**：請試著寫出上述 off-policy 動作值預測演算法的虛擬碼。在到達視野或分節結束時要特別注意遞迴的終止條件。 □

練習 7.8：如果近似狀態值函數沒有改變，請證明 n 步回報的通用（off-policy）版本 (7.13) 仍然可以精確而簡潔地表示為根據狀態 TD 誤差 (6.5) 的總和。 □

練習 7.9：以動作值版本 off-policy n 步回報 (7.14) 和預期的 Sarsa TD 誤差（公式 6.9 中的括號裡的數量）重複上面的練習。 □

練習 7.10（程式設計）：設計一個小的 off-policy 預測問題，並用它來證明使用 (7.13) 和 (7.2) 的 off-policy 學習演算法比使用 (7.1) 和 (7.9) 的演算法更有效率。 □

我們在本節、上一節和第 5 章中使用的重要性抽樣實現了可行的 off-policy 學習，但也帶來了更大的變異數更新迫使我們使用小的步長參數，進而導致學習變慢。畢竟資料與所學內容的相關性較低，因此 off-policy 的訓練速度比 on-policy 慢是不可避免的，但可以透過一些方式進行改善。控制變量是減少變異數的一種方式。另一種方式是透過觀察到的變異數快速地調整步長如 Autostep 方法（Mahmood, Sutton, Degris and Pilarski, 2012）。另一種有可能的方法是 Karampatziakis 和 Langford（2010）的不變量更新，此方法由 Tian（準備中）進一步延伸為 TD 形式。Mahmood（2017; Mahmood and Sutton, 2015）的使用技巧也可能是一種解決方式。

在下一節中，我們將介紹不使用重要性抽樣的 off-policy 學習方法。

7.5 無重要性抽樣的 off-policy 學習：n 步樹回溯演算法

沒有重要性抽樣，off-policy 學習是否可行？第 6 章中的 Q 學習和預期的 Sarsa 都是無重要性抽樣的單步 off-policy 學習，但是否有相應的多步演算法？在本節中我們將介紹一種稱為*樹回溯演算法*（*tree-backup algorithm*）的無重要性抽樣 n 步方法。

第 166 頁右側的 3 步樹回溯的回溯圖顯示出此演算法的概念。沿著中心線向下並在圖中標記的是三個樣本狀態和獎勵及兩個樣本動作，表示為在初始狀態 - 動作對 S_t, A_t 後發生事件的隨機變數。未被選擇的動作連接到每個狀態的兩側（對於最後一個狀態，所有動作都被視為尚未或沒有被選中）。因為我們沒有未選擇的動作樣本資料，所以我們進行自助並使用它們的價值估計來形成更新目標。這樣的方式略微擴展了回溯圖的概念。到目前為止我們總是結合沿途的獎勵（包含適當的折扣）與底部節點的估計值，朝向一個目標來更新圖中頂點的估計值。在樹回溯更新中，目標包括以上這些內容**加上**連接於各層中未被選擇的動作節點估計值。這就是它被稱為**樹回溯**（*tree-backup*）更新的原因，因為它是對整個樹中所有動作估計值進行更新。

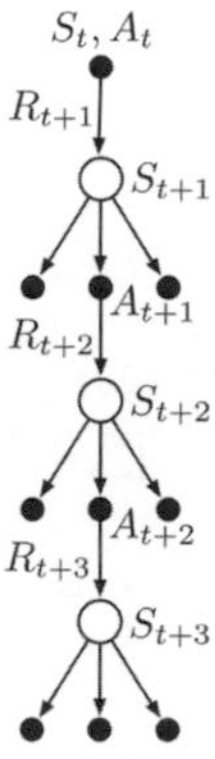

3 步樹回溯更新

更確切地說，更新是根據樹的**葉節點**（*leaf nodes*）的動作估計值。對於所採取實際動作的內部動作節點則不參與。每個葉節點對目標的貢獻會被加權，其權重正比於它在目標策略 π 下發生的機率。因此每個第一層動作 a 的貢獻權重為 $\pi(a|S_{t+1})$，除了實際採取的動作 A_{t+1} 沒有任何貢獻，它的機率 $\pi(A_{t+1}|S_{t+1})$ 被用於加權第二層所有動作值。因此每個未被選擇的第二層動作 a' 的貢獻權重為 $\pi(A_{t+1}|S_{t+1})\pi(a'|S_{t+2})$。因此，每個第三層的動作都有權重 $\pi(A_{t+1}|S_{t+1})\pi(A_{t+2}|S_{t+2})\pi(a''|S_{t+3})$，以此類推。就好像圖中到動作節點的每個箭頭都被此動作在目標策略下被選中的機率加權，如果此動作下面還有一棵樹，則該權重適用於樹中的所有葉節點。

我們可以將 3 步樹回溯更新視為由 6 個半步驟所組成，在從動作到後續狀態的樣本半步驟，與從該狀態考慮所有可能採取的動作，及其在策略下發生機率的預期半步驟之間交替進行。

現在讓我們介紹 n 步樹回溯演算法中相關方程式的詳細內容。單步回報（目標）與預期的 Sarsa 相同，

$$G_{t:t+1} \doteq R_{t+1} + \gamma \sum_a \pi(a|S_{t+1}) Q_t(S_{t+1}, a), \tag{7.15}$$

對於 $t < T-1$。兩步樹回溯回報為

$$\begin{aligned}
G_{t:t+2} &\doteq R_{t+1} + \gamma \sum_{a \neq A_{t+1}} \pi(a|S_{t+1}) Q_{t+1}(S_{t+1}, a) \\
&\qquad + \gamma \pi(A_{t+1}|S_{t+1}) \Big(R_{t+2} + \gamma \sum_a \pi(a|S_{t+2}) Q_{t+1}(S_{t+2}, a) \Big) \\
&= R_{t+1} + \gamma \sum_{a \neq A_{t+1}} \pi(a|S_{t+1}) Q_{t+1}(S_{t+1}, a) + \gamma \pi(A_{t+1}|S_{t+1}) G_{t+1:t+2},
\end{aligned}$$

對於 $t < T-2$。第二種形式顯示出樹回溯 n 步回報的一般遞迴形式：

$$G_{t:t+n} \doteq R_{t+1} + \gamma \sum_{a \neq A_{t+1}} \pi(a|S_{t+1}) Q_{t+n-1}(S_{t+1}, a) + \gamma \pi(A_{t+1}|S_{t+1}) G_{t+1:t+n}, \quad t < T-1, \tag{7.16}$$

對於 $t < T-1, n \geq 2$。當 $n = 1$ 時使用 (7.15) 處理，除了 $G_{T-1:t+n} \doteq R_T$ 以外。此目標可以與 n 步 Sarsa 的一般動作值更新規則 (7.5) 一起使用，即對於 $0 \leq t < T$，

$$Q_{t+n}(S_t, A_t) \doteq Q_{t+n-1}(S_t, A_t) + \alpha \left[G_{t:t+n} - Q_{t+n-1}(S_t, A_t) \right],$$

而所有其他狀態 - 動作對的值保持不變：$Q_{t+n}(s,a) = Q_{t+n-1}(s,a)$，對於所有 s, a 滿足 $s \neq S_t$ 或 $a \neq A_t$。此演算法的虛擬碼顯示於下一頁的方框中。

練習 7.11：證明如果近似動作值不變，則樹回溯回報 (7.16) 可以寫為基於期望的 TD 誤差的總和：

$$G_{t:t+n} = Q(S_t, A_t) + \sum_{k=t}^{\min(t+n-1, T-1)} \delta_k \prod_{i=t+1}^{k} \gamma \pi(A_i|S_i),$$

其中 $\delta_t \doteq R_{t+1} + \gamma \bar{V}_t(S_{t+1}) - Q(S_t, A_t)$ 並且 $\bar{V}_t$ 由 (7.8) 提供。 □

n 步樹回溯，用於估計 $Q \approx q_*$ 或 q_π

對所有 $s \in \mathcal{S}$，$a \in \mathcal{A}$，任意初始化 $Q(s,a)$
初始化策略 π 為關於 Q 的貪婪策略或固定的給定策略
演算法參數：時步長 $\alpha \in (0,1]$，一個正整數 n
所有儲存和訪問操作都可以使用其索引除以 $n+1$ 取餘數進行

對每個分節循環：
  初始化並儲存 $S_0 \neq$ 終端狀態
  任意選擇動作 A_0 作為 S_0 的函數；儲存 A_0
  $T \leftarrow \infty$
  對於 $t = 0, 1, 2, \ldots$ 循環：
  | 如果 $t < T$，則：

| 採取動作 A_t；觀察並將下一個獎勵儲存為 R_{t+1}，將下一個狀態儲存為 S_{t+1}
| 如果 S_{t+1} 是終端狀態，則：
| $T \leftarrow t+1$
| 否則：
| 任意選擇動作 A_{t+1} 作為 S_{t+1} 的函數；儲存 A_{t+1}
| $\tau \leftarrow t+1-n$（τ 是狀態估計正在更新的時步）
| 如果 $\tau \geq 0$：
| 如果 $t+1 \geq T$：
| $G \leftarrow R_T$
| 否則：
| $G \leftarrow R_{t+1} + \gamma \sum_a \pi(a|S_{t+1})Q(S_{t+1}, a)$
| 循環直到 $k = \min(t, T-1)$ 遞減至 $\tau+1$：
| $G \leftarrow R_k + \gamma \sum_{a \neq A_k} \pi(a|S_k)Q(S_k, a) + \gamma\pi(A_k|S_k)G$
| $Q(S_\tau, A_\tau) \leftarrow Q(S_\tau, A_\tau) + \alpha\left[G - Q(S_\tau, A_\tau)\right]$
| 如果 π 正在被學習，則確保 $\pi(\cdot|S_\tau)$ 為關於 Q 的貪婪策略
直到 $\tau = T-1$

7.6 * 統一的演算法：n 步 $Q(\sigma)$

到目前為止，在本章中我們已經考慮了三種不同類型的動作值演算法，對應於圖 7.5 中所示的前三種回溯圖。n 步 Sarsa 具有所有樣本轉移，樹回溯演算法將所有狀態 - 動作對的轉移分支完全展開而不進行抽樣，n 步預期 Sarsa 具有除最後一個狀態到動作之外的所有樣本轉移，而最後一個狀態到動作的轉移則根據期望值將分支完全展開。我們可以用什麼方式將這些演算法進行統一？

圖 7.5 中的第四個回溯圖說明了一個統一的概念。這是一個我們可以逐步決定是否要像 Sarsa 一樣將動作作為樣本，還是像樹回溯更新那樣考慮所有動作的期望值。如果我們總是選擇抽樣，那麼就會獲得 Sarsa，而如果我們選擇永遠不抽樣，那麼就會得到樹回溯演算法。預期的 Sarsa 是除了最後一步外所有步驟都選擇抽樣的情形。

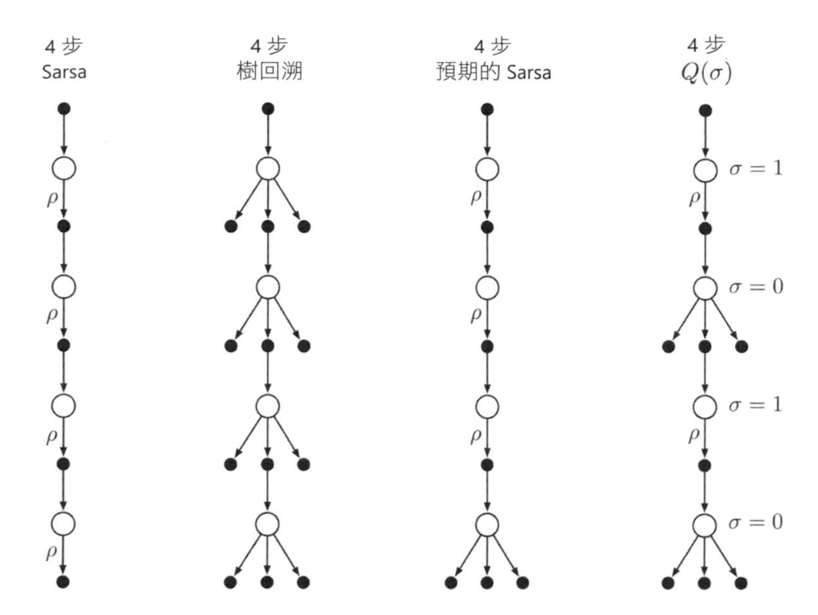

圖 7.5 到目前為止本章所考慮的三種 n 步動作值更新的回溯圖（4 步的情形）以及第四種更新的回溯圖。「ρ」表示在 off-policy 情形下需要重要性抽樣的半轉移。第四種更新透過逐個狀態選擇是否抽樣（$\sigma_t = 1$）或不抽樣（$\sigma_t = 0$）來統一其他三種更新方式。

當然還有許多其他可能性，如圖中最後一個圖所示。為了進一步提高可能性，我們可以考慮抽樣和期望之間的連續變化。設 $\sigma_t \in [0,1]$ 表示步驟 t 的抽樣程度，$\sigma = 1$ 表示完全抽樣，$\sigma = 0$ 表示沒有抽樣的純期望。隨機變數 σ_t 可以表示為狀態、動作或狀態 - 動作對在時步 t 時的函數。我們將這個新演算法稱為 n 步 $Q(\sigma)$。

現在讓我們介紹 n 步 $Q(\sigma)$ 中相關方程式。首先我們根據視野 $h = t + n$ 寫出樹回溯 n 步回報 (7.16)，然後以預期的近似值 $\bar{V}$(7.8)：

$$G_{t:h} \doteq R_{t+1} + \gamma\Big(\sigma_{t+1}\rho_{t+1} + (1-\sigma_{t+1})\pi(A_{t+1}|S_{t+1})\Big)\Big(G_{t+1:h} - Q_{h-1}(S_{t+1}, A_{t+1})\Big) + \gamma\bar{V}_{h-1}(S_{t+1}), \tag{7.17}$$

它與具有控制變量的 Sarsa 的 n 步回報 (7.14) 完全相同，除了以動作機率 $\pi(A_{t+1}|S_{t+1})$ 代替為重要性抽樣率 ρ_{t+1}。$Q(\sigma)$ 可以在這兩種情形之間線性滑動：

$$G_{t:h} \doteq R_{t+1} + \gamma\Big(\sigma_{t+1}\rho_{t+1} + (1-\sigma_{t+1})\pi(A_{t+1}|S_{t+1})\Big)\Big(G_{t+1:h} - Q_{h-1}(S_{t+1}, A_{t+1})\Big) + \gamma\bar{V}_{h-1}(S_{t+1}), \tag{7.18}$$

對於 $t < h \leq T$。如果 $h < T$ 則遞迴過程以 $G_{h:h} \doteq Q_{h-1}(S_h, A_h)$ 結束，或如果 $h = T$ 則遞迴過程以 $G_{T-1:T} \doteq R_T$ 結束。

然後我們使用無重要性抽樣率的 n 步 Sarsa 更新 (7.5) 代替 (7.11)，這是因為重要性抽樣率已經嵌入在回報中。完整的演算法顯示於方框中。

off-policy n 步 $Q(\sigma)$，用於估計 $Q \approx q_*$ 或 q_π

輸入：對所有 $s \in \mathcal{S}$，$a \in \mathcal{A}$，一個任意的行為策略 b 使得 $b(a|s) > 0$
對所有 $s \in \mathcal{S}$，$a \in \mathcal{A}$，任意初始化 $Q(s, a)$
初始化策略 π 為關於 Q 的 ε- 貪婪策略或固定的給定策略
演算法參數：時步長 $\alpha \in (0, 1]$，一個數值小的 $\varepsilon > 0$ 和一個正整數 n
所有儲存和訪問操作都可以使用其索引除以 $n + 1$ 取餘數進行

對每個分節循環：
　初始化並儲存 $S_0 \neq$ 終端狀態
　選擇並儲存動作 $A_0 \sim b(\cdot|S_0)$
　$T \leftarrow \infty$
　對於 $t = 0, 1, 2, \ldots$ 循環：
　| 如果 $t < T$，則：
　| 　採取動作 A_t；觀察並將下一個獎勵儲存為 R_{t+1}，將下一個狀態儲存為
　| 　S_{t+1}
　| 　如果 S_{t+1} 是終端狀態，則：
　| 　　$T \leftarrow t + 1$
　| 　否則：
　| 　　選擇並儲存動作 $A_{t+1} \sim b(\cdot|S_{t+1})$
　| 　　選擇並儲存 σ_{t+1}
　| 　　儲存 $\frac{\pi(A_{t+1}|S_{t+1})}{b(A_{t+1}|S_{t+1})}$ 為 ρ_{t+1}
　| $\tau \leftarrow t - n + 1$（$\tau$ 是狀態估計正在更新的時步）
　| 如果 $\tau \geq 0$：
　| 　$G \leftarrow 0$
　| 　循環直到 $k = \min(t + 1, T)$ 遞減至 $\tau + 1$：
　| 　　如果 $k = T$：

| $G \leftarrow R_T$
| 否則：
| $\bar{V} \leftarrow \sum_a \pi(a|S_k)Q(S_k, a)$
| $G \leftarrow R_k + \gamma\big(\sigma_k\rho_k + (1-\sigma_k)\pi(A_k|S_k)\big)\big(G - Q(S_k, A_k)\big) + \gamma\bar{V}$
| $Q(S_\tau, A_\tau) \leftarrow Q(S_\tau, A_\tau) + \alpha\,[G - Q(S_\tau, A_\tau)]$
| 如果 π 正在被學習，則確保 $\pi(\cdot|S_\tau)$ 為關於 Q 的貪婪策略
直到 $\tau = T - 1$

7.7 本章總結

在本章中我們介紹了一系列介於前一章的單步 TD 方法和第 5 章所介紹的蒙地卡羅方法之間的時序差分學習方法。增加適量自助過程的方法相當重要，因為它們通常比兩個極端方法表現更好。

我們在本章中的重點是 n 步方法，它們展望了 n 個步驟的獎勵、狀態和動作。右邊的兩個 4 步回溯圖總結了本章大多數介紹的方法。圖中所示的狀態值更新對應於具有重要性抽樣的 n 步 TD，而 n 步 $Q(\sigma)$ 對應於動作值更新，它同時也概括了預期的 Sarsa 和 Q 學習。所有 n 步方法都在更新之前延遲 n 個時步，因為只有這樣做才能知道所有必需的未來事件。另一個缺點是它們在每個時步中比先前方法有更多的計算。與單步方法相比，n 步法還需要更多儲存空間來記錄 n 個時步中的狀態、動作、獎勵及其他相關變數。最後，我們將在第 12 章看到如何使用資格痕跡以最小儲存空間和計算複雜度實現多步 TD 方法，但還是會比單步方法多出一些額外的計算。為了避免單步方法的限制這些成本是非常值得的。

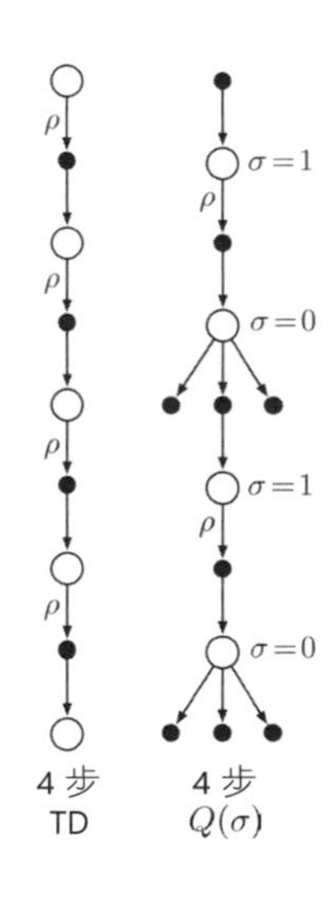

儘管 n 步方法比使用資格痕跡的方法更複雜，但它們在概念上更為清晰。我們試圖利用這一點，在 n 步問題中介紹兩種 off-policy 學習方法。一種是基於重要性抽樣的方法，它在概念上相當簡單，但可能具有很大的變異數。如果目標和行為策略非常不同，它可能需要一些新的演算法概念才能變得有效和實用。另一種是基於樹回溯更新的方法，它是具有隨機目標策略的多步驟 Q 學習的自然延伸。基於樹回溯更新的方法不涉及重要性抽樣，但如果目標和行為策略有很大的差異，即使 n 很大進行自助也只能跨越幾個步驟。

參考文獻與歷史評注

n 步回報的概念歸功於 Watkins（1989），他也是第一個討論它們的誤差減少性質的學者。在本書的第一版中探討了 n 步演算法，在第一版中它們被視為有趣的概念但在實踐中是不可行的。Cichosz（1995）的研究，特別是 van Seijen（2016）的研究證明它們實際上是完全實用的演算法。由於這個原因以及它們在概念上的清晰度和簡潔性，我們選擇在第二版中特別突顯這個主題。特別是我們將所有關於後向視角和資格痕跡的探討推遲至第 12 章再介紹。

7.1-2 本章中隨機漫步範例的結果是根據 Sutton（1988）及 Singh 和 Sutton（1996）的研究。本章使用回溯圖來描述這些演算法和其他演算法是新的方式。

7.3-5 此部分研究的發展是根據 Precup、Sutton 和 Singh（2000），及 Precup、Sutton 和 Dasgupta（2001）以及 Sutton、Mahmood、Precup 和 van Hasselt（2014）的研究。

樹回溯演算法歸功於 Precup、Sutton 和 Singh（2000），但是這裡介紹的內容是新的研究結果。

7.6 $Q(\sigma)$演算法對本書而言算是新的演算法，De Asis、Hernandez-Garcia、Holland 和 Sutton（2017）進一步探討了其他密切相關的演算法。

Chapter 8

表格式方法的規劃和學習

在本章中我們將介紹強化學習方法的統一觀點，其中包含需要環境模型的方法，如動態規劃和啟發式搜尋，以及可以在沒有模型情形下使用的方法，如蒙地卡羅和時序差分方法。這些方法分別被稱為**基於模型**（*model-based*）和**無模型**（*model-free*）強化學習方法。基於模型的方法主要以**規劃**（*planning*）作為主要組成部分，而無模型方法則主要仰賴於**學習**（*learning*）。雖然這兩種方法之間存在著差異，但也有著相當多的相似之處，特別是這兩種方法都是以計算價值函數作為核心。此外，兩者都是根據考慮未來事件來計算回溯值，並將回溯值視為近似值函數的更新目標。在本書前面的內容中，我們已經將蒙地卡羅方法和時序差分方法視為不同的解決方法，並展示了如何透過 n 步方法進行統一。在本章中我們的目標是將基於模型方法和無模型方法進行類似的整合，在前面的章節中我們已經確定了這兩種方法的不同之處，現在我們進一步來探討這兩者能夠整合的程度。

8.1 模型和規劃

環境的**模型**（*model*）指的是代理人可以用來預測環境對於其動作做出反應的任何資訊。給定一個狀態和一個動作，模型就可以產生下一個狀態和下一個獎勵的預測結果。如果模型是隨機的，則會產生多種可能的下一個狀態和下一個獎勵，每種狀態和獎勵都有一定的發生機率。有些模型提供了所有後續狀態和獎勵可能的結果及其機率分布情形，我們稱之為**分布模型**（*distribution models*），而根據機率進行抽樣只產生一種可能性的模型，我們稱之為**樣本模型**（*sample models*）。例如，對於擲 12 顆骰子的總和進行建模，分布模型將產生所有可能的總和及其發生的機率，而樣本模型將根據其機率分布產生一個單獨的總和。

在動態規劃中假設的模型（如 MDP 的動態估計模型 $p(s',r|s,a)$）是一種分布模型。我們在第 5 章二十一點範例中所使用的模型則是一種樣本模型。分布模型比樣本模型更強大，因為我們總是可以透過分布模型產生樣本。但在許多應用

中，獲得樣本模型比獲得分布模型容易得多。計算擲 12 顆骰子的點數總和就是一個簡單的例子，設計一個程式來模擬擲骰子並獲得其點數總和是很容易的，但要列出所有可能的總和及其機率將相當複雜且非常容易出現錯誤。

模型可用於模仿或模擬相關經驗。給定一個初始狀態和動作，樣本模型可以產生一個可能的轉移，而分布模型可以透過其發生的機率產生所有可能的轉移。給定一個初始狀態和一個策略，樣本模型可以產生一個完整的分節，而分布模型可以產生出所有可能的分節及其發生的機率。無論何種情形，模型都是用於**模擬**（*simulate*）環境並產生**模擬的經驗**（*simulated experience*）。

規劃（*planning*）一詞在不同的領域中有多種不同的用法。我們在此指的是一個計算過程，透過以一個模型作為輸入來產生或改善與環境模型進行交互作用的策略：

模型 —規劃→ 策略

根據我們的定義，在人工智慧領域中有兩種不同的規劃方法。其中一種是我們在本書中所採用的方法，稱為**狀態空間規劃**（*state-space planning*），主要是透過在狀態空間中搜尋最佳策略或達到目標的最佳路徑。對於狀態的各個動作將觸發狀態之間的轉移，並在各個狀態間計算價值函數。在另一種被稱為**計畫空間規劃**（*plan-space planning*）的方法中，規劃則是在計畫空間內進行搜尋。操作者將從一個計畫轉換至另一個計畫，並在計畫空間中定義價值函數（如果有的話）。計畫空間規劃包含了演化方法和在人工智慧中的一種經常使用的「偏序規劃（partial-order planning）」方法，在偏序規劃中規劃過程的所有階段並非都有完全確定的步驟順序。計畫空間方法很難有效地應用於隨機順序決策問題，而這些問題是強化學習中的重點，因此我們在此不會進一步探討相關內容（請詳見如 Russell and Norvig, 2010）。

我們在本章中提出的統一觀點是，所有的狀態空間規劃方法都有一個通用的結構，這種結構也存在於本書介紹的學習方法中。接下來我們將介紹這個觀點，此觀點有兩個基本概念：（1）所有狀態空間規劃方法都會利用計算價值函數作為策略改善過程中的關鍵步驟，（2）透過基於模擬經驗的更新或回溯操作來計算價值函數。此通用結構如下所示：

模型 ⟶ 模擬的經驗 —回溯→ 價值 ⟶ 策略

動態規劃方法顯然很適合這種結構：掃描狀態空間，為每個狀態生成可能的轉移分布，然後透過每個分布計算回溯值（更新目標）並更新狀態的估計值。

在本章中我們認為各種其他狀態空間規劃方法也適用這種結構，各種方法之間的差異只在於其更新方式、執行的順序以及回溯資訊的保留時間。

以這種方式觀察規劃方法加強了我們在本書中介紹的學習方法與規劃方法之間的關係。學習方法和規劃方法的核心都是透過回溯更新操作來估計價值函數。不同之處在於規劃使用模型產生的模擬經驗，而學習方法則使用環境產生的實際經驗。當然這種差異導致了許多其他方面的差異，例如如何評估表現及如何靈活地產生經驗。通用的結構表示許多概念和演算法可以在規劃和學習之間轉換。特別是在許多情形中，學習演算法可以代替規劃方法中關鍵的更新步驟，學習方法僅需將經驗資料作為輸入，同時在許多情形中也可以如同使用實際經驗般使用模擬的經驗。下面的方框中顯示了基於單步表格式 Q 學習和由樣本模型產生隨機樣本的規劃方法簡單範例。這種方法我們稱為**隨機樣本單步表格式 Q 規劃**（*random-sample one-step tabular Q-planning*），在與單步表格式 Q 學習收斂於實際環境中的最佳策略相同的條件下，隨機樣本單步表格式 Q 規劃將收斂到模型的最佳策略（在步驟 1 中每個狀態 - 動作對必須被選擇無限次且 α 必須隨時間適當地減少）。

隨機樣本單步表格式 Q 規劃

無限循環：

1. 隨機選擇一個狀態 $S \in \mathcal{S}$ 和動作 $A \in \mathcal{A}(S)$
2. 將 S 和 A 傳送至抽樣模型，並獲得下一個樣本獎勵 R 和下一個樣本狀態 S'
3. 對 S、A、R、S' 使用單步表格式 Q 學習：
   $Q(S,A) \leftarrow Q(S,A) + \alpha\big[R + \gamma \max_a Q(S',a) - Q(S,A)\big]$

除了規劃方法和學習方法的統一觀點外，本章的第二個主題將介紹以小的增量式步長進行規劃的好處。這個好處使得規劃方法能夠在花費少量計算資源的情形下隨時中斷或重新規劃，這似乎是有效地將規劃、動作及學習模型相互整合的關鍵條件。如果問題規模太大而難以準確地解決，即使是在純粹的規劃問題中，以非常小的步長進行規劃可能是最有效的方法。

8.2 Dyna：整合規劃、動作和學習

當規劃以線上方式與環境進行交互作用時會出現許多有趣的問題。從交互作用中獲得的新資訊可能會改變模型，進而與規劃相互作用。我們可能會希望以某種方式制定規劃過程，以適應當前正在考慮或在不久的將來預期的狀態或決策。

如果決策制定和模型學習都是計算密集型過程，我們可能需要將可用的計算資源在它們之間進行分配。為了開始探索這些問題，我們將在本節中介紹 Dyna-Q，一個集合了線上規劃代理人所需主要函數的簡單架構。在 Dyna-Q 中，每個函數都以簡單的形式出現。在後面的章節中我們將詳細說明實現每個函數的一些替代方式及它們之間的權衡，目前我們僅闡述這些概念來激發讀者的直覺。

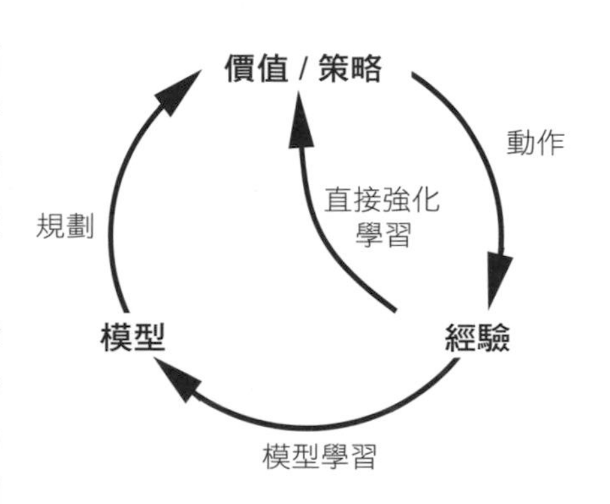

對於規劃代理人而言，實際經驗至少有兩個角色：它可用於改善模型（使其更準確地符合實際環境），也可用我們在前面章節介紹過的強化學習方法直接改善價值函數和策略。前者稱為**模型學習**（*model-learning*），而後者則稱為**直接強化學習**（*direct reinforcement learning,* direct RL）。右圖總結了經驗、模型、價值和策略之間可能存在的關係。每個箭頭表示影響和推測改善的關係。請注意經驗是如何透過模型直接或間接地改善價值函數和策略。以間接的方式進行改善有時被稱為**間接強化學習**（*indirect reinforcement learning*），其中涉及到規劃的過程。

直接和間接方法各有其優缺點。間接方法通常可以更充分地利用有限的經驗，進而以較少的環境互動實現更好的策略。另一方面，直接方法更為簡潔且不受模型設計中的偏差影響。有些人認為間接方法總是優於直接方法，而另一些人則認為直接方法是大多數人類和動物學習的原因。在心理學和人工智慧方面的相關爭議則涉及感知和試誤學習的相對重要性，以及審慎規劃和被動決策的相對重要性（詳見第 14 章從心理學角度討論其中的一些問題）。我們的觀點則是這些爭議之間的對比都被誇大了，透過了解兩者之間的相似性可以使我們獲得更深入的見解，而不是一昧地反對它們。例如在本書中，我們強調了動態規劃和時序差分方法之間的深層相似性，即使一個是為了規劃而另一個是為了進行無模型學習而設計的。

Dyna-Q 包括上圖中所示的所有過程，包含規劃、動作、模型學習和直接強化學習等持續發生的過程。規劃方法就是第 175 頁的隨機樣本單步表格式 Q 規劃方法，而直接強化學習就是單步表格式 Q 學習。模型學習方法也是基於表格的方法並假設環境是確定性的。在每次轉移 $S_t, A_t \rightarrow R_{t+1}, S_{t+1}$ 後，模型將在其表格中為 S_t, A_t 建立項目並記錄下預測轉移結果 R_{t+1}, S_{t+1}。因此，如果我們使用模型查詢一個之前經歷過的狀態 - 動作對，則將回傳最後觀察到的下一狀態和下一個獎勵作為其預測值。

在規劃期間，Q 規劃演算法僅從先前已經經歷過的狀態 - 動作對（在步驟 1 中）中隨機地進行抽樣，因此模型永遠不會查詢沒有任何資訊的狀態 – 動作對。

圖 8.1 顯示了 Dyna 代理人的整體架構，Dyna-Q 演算法是其中一個例子。中間的行代表了代理人與環境之間的基本互動產生實際經驗的軌跡。圖左側的箭頭表示根據實際經驗進行直接強化學習以改善價值函數和策略。圖右側是基於模型的流程，模型從實際經驗中學習並產生模擬的經驗。我們使用**搜尋控制**（*search control*）一詞來代表為模型產生的模擬經驗選擇初始狀態和動作的過程。最後透過將強化學習方法應用於模擬經驗中，如同它們確實發生過一樣來完成規劃。一般而言，如同在 Dyna-Q 中一樣，相同的強化學習方法既可以用於從實際經驗中學習，也可以用於從模擬經驗中進行規劃。因此，強化學習方法是學習和規劃的「最終共同路徑」。學習和規劃是緊密結合的，因為它們幾乎共享所有的機制，唯一不同的是經驗的來源。

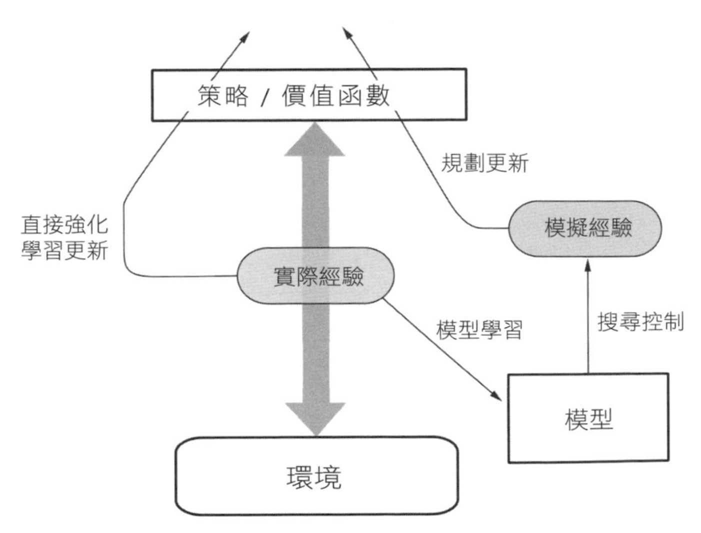

圖 8.1 一般 Dyna 架構。在環境和策略之間來回傳遞的實際經驗將會影響策略和價值函數，其影響方式與環境模型產生的模擬經驗大致相同。

就概念上而言，規劃、動作、模型學習和直接強化學習在 Dyna 代理人中同時平行地發生，但為了能在串列計算機（serial computer）上具體化並實現，我們完全指定它們在一個時步內發生的順序。在 Dyna-Q 中，動作執行、模型學習和直接強化學習的過程僅需進行少量的計算，我們假設它們只消耗了一小部分時間。因此每個步驟中的剩餘時間可視為用於規劃過程，而規劃過程本身就是計算密集型過程。讓我們假設在每個步驟中經過動作執行、模型學習和直接強化學習之後的剩餘時間足夠完成 Q 規劃演算法的 n 次疊代（步驟 1-3）。

在下面方框的 Dyna-Q 虛擬碼中，$Model(s,a)$ 表示為狀態 - 動作對 (s,a) 的內容（預測下一狀態和獎勵）。直接強化學習、模型學習和規劃分別透過步驟 (d)、(e) 和 (f) 進行。如果省略 (e) 和 (f)，則此演算法將變為單步表格式 Q 學習。

表格式 Dyna-Q

對所有 $s \in \mathcal{S}$ 和 $a \in \mathcal{A}(s)$ 初始化 $Q(s,a)$ 和 $Model(s,a)$

無限循環：

(a) $S \leftarrow$當前（非終端）狀態

(b) $A \leftarrow \varepsilon$-貪婪 (S,Q)

(c) 採取行動 A；觀察結果獎勵 R 和狀態 S'

(d) $Q(S,A) \leftarrow Q(S,A) + \alpha\big[R + \gamma \max_a Q(S',a) - Q(S,A)\big]$

(e) $Model(S,A) \leftarrow R, S'$（假設為確定性環境）

(f) 重複 n 次循環：

$S \leftarrow$ 隨機選擇先前觀察到的狀態

$A \leftarrow$ 隨機選擇先前在 S 中採取的動作

$R, S' \leftarrow Model(S,A)$

$Q(S,A) \leftarrow Q(S,A) + \alpha\big[R + \gamma \max_a Q(S',a) - Q(S,A)\big]$

範例 8.1：Dyna 迷宮。考慮圖 8.2 右上角的簡單迷宮。在 47 個狀態中每個狀態有四個動作，分別為向上、向下、向右和向左，這些動作將代理人確定性地帶到相對應的相鄰狀態，除非移動時被障礙物或迷宮的邊緣阻擋，當被阻擋時代理人仍會在原先的位置。所有轉移的獎勵都為 0，除了那些到達目標狀態（G）的過程獎勵為 +1。在到達目標狀態（G）之後代理人將回到初始狀態（S）並開始新的分節。這是一個折扣的分節性任務，$\gamma = 0.95$。

圖 8.2 的主要部分顯示了將 Dyna-Q 代理人應用於迷宮任務的平均學習曲線。初始動作值為 0，步長參數 $\alpha = 0.1$，探索參數 $\varepsilon = 0.1$。當在動作間貪婪地選擇時，狀態和動作之間的連結關係將因隨機選擇相同機率的動作而被打破。代理人在每個分節的實際步驟中進行的規劃步驟數量 n 並不相同。對於每個 n，透過 30 次重複實驗進行平均所產生的曲線顯示了代理人在每一個分節中達到目標所採取的步數。在每次重複實驗中，隨機數生成器的初始種子（initial seed）在演算法中保持不變。因此第一個分節對於所有 n 值都完全相同（大約 1700 步），但這個結果並未顯示在此圖中。在第一個分節之後所有 n 值的性能表現都有所提升，但對於較大的 n 值其性能表現提升更快。讓我們回想一下，在 $n = 0$ 時代理人是一個非規劃代理人，只使用直接強化學習（單步表格式 Q 學習），儘管有參數（α 和 ε）協助最佳化，但在這個問題上它是最慢的代理人。非規劃代理人使用了大約 25 個分節才達到 (ε-) 最佳性能表現，而 $n = 5$ 的代理人大約只用了 5 個分節，而 $n = 50$ 的代理人只用了 3 個分節。

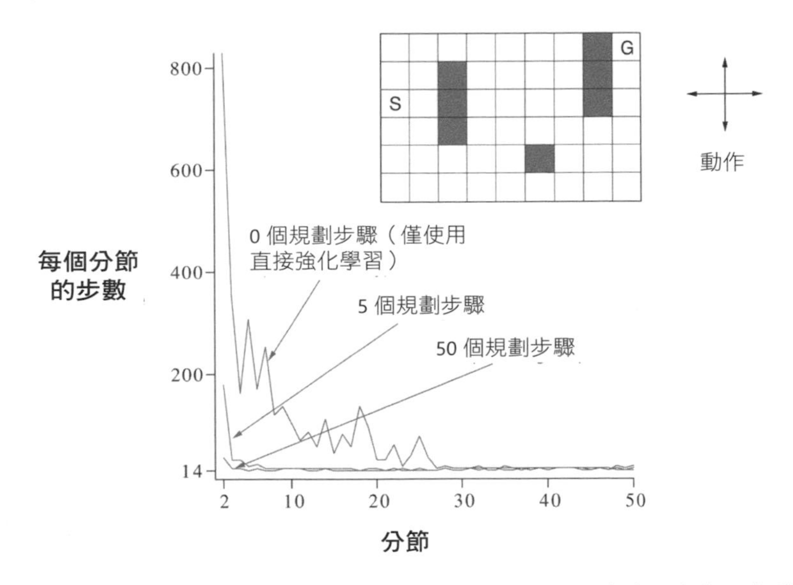

圖 8.2 一個簡單的迷宮（上方所插入的圖）和 Dyna-Q 代理人的平均學習曲線，每個實際步驟中的規劃步驟數（n）不同。此問題的目標是盡快從初始狀態 S 到達目標狀態 G。

圖 8.3 顯示了規劃代理人找到路線的速度比非規劃代理人快得多的原因。圖中顯示了在第二個分節中由 $n = 0$ 和 $n = 50$ 的代理人所發現的策略。如果沒有規劃（$n = 0$），每個分節只會為策略增加一個額外的步驟，因此只學習了一步（最後一步）。而透過規劃的方式在第一個分節中只學習一步，但在第二個分節中已經

延伸成為具有一定規模的策略，且在該分節結束時幾乎涵蓋到初始狀態。在第二個分節時的策略是由規劃過程建立，但代理人在初始狀態附近仍無有效的前進策略，因此代理人有可能會在初始狀態附近徘徊。到第三個分節結束時代理人將會找到完整的最佳策略，並可以獲得完美的性能表現。

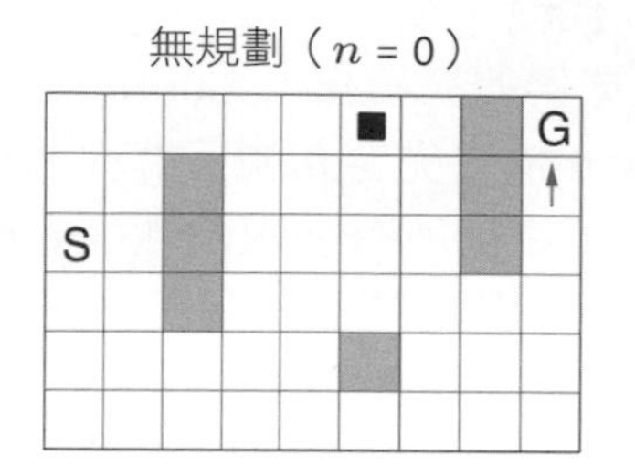

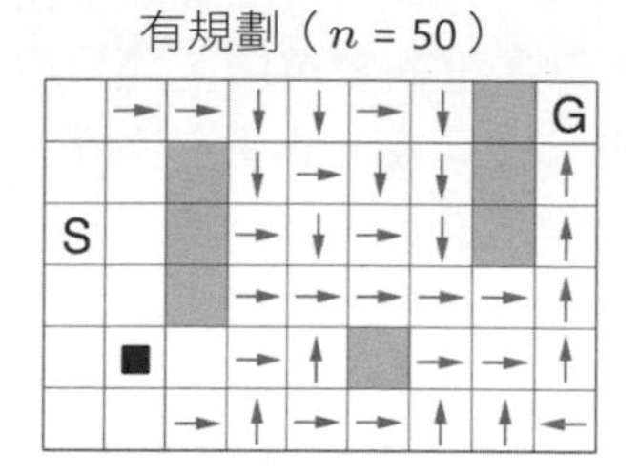

圖 8.3 在第二個分節中透過規劃和非規劃 Dyna-Q 代理人所找到的策略。箭頭表示在每個狀態下的貪婪動作。沒有顯示箭頭的狀態表示所有動作值都相等。黑色方塊表示代理目前的所在位置。 ■

在 Dyna-Q 中，學習和規劃是使用完全相同的演算法，將根據實際經驗進行學習及模擬的經驗進行規劃來完成操作。由於規劃是以增量方式進行，因此組合規劃和動作是相當容易且相當迅速的。代理人在這些過程中總是處於被動並會進行審慎的評估，對於最新的感知資訊會立即做出反應，但又總是在背景執行規劃。此外，模型學習過程也是在背景執行。隨著代理人獲得這些新資訊，模型將會進行更新以適應實際情形。當模型發生變化時，正在進行的規劃過程將計算出一個符合新模型的不同行為方式。

練習 8.1： 圖 8.3 中的非規劃方法表現看起來特別差，因為它是單步方法，也許使用多步自助的方法會有更好的結果。你認為使用第 7 章中的多步自助方法可以和使用 Dyna 方法得到相同的表現嗎？請試著解釋為什麼可以或為什麼不行。 □

8.3 當模型是錯誤的

在上一節中介紹的迷宮範例中，模型的變化相對較小。該模型最初是空的，然後僅填充完全正確的資訊。但一般而言我們不能指望如此幸運。如果環境是隨機的且只觀察到有限數量的樣本，或因模型使用廣義化能力較差的函數進行近似，又或者發生環境已經改變但尚未觀察到其新行為，這些情形都可能產生不正確的模型。當模型不正確時，規劃過程可能會產生出次佳策略。

在某些情形下，規劃所產生的次佳策略會使我們迅速發現並修正模型中的錯誤。這種情形通常發生在模型是「樂觀的」，即模型預測到比實際情形更大的獎勵或更好的狀態轉移。規劃產生的策略將試圖利用這些機會並在此過程中發現這些機會實際上並不存在。

範例 8.2：阻塞的迷宮。圖 8.4 顯示了一個迷宮範例來說明這種相對較小的模型錯誤並從中恢復。一開始從起始點到目標有一條經過屏障右側的最短路徑，如圖的左上方所示。在 1000 個時步之後這條最短路徑被「阻擋」，並在沿著屏障的左側開啟了一條更長的路徑，如圖的右上方所示。下方的圖顯示了 Dyna-Q 代理人和一個增強型 Dyna-Q+ 代理人的平均累積獎勵（Dyna-Q+ 代理人將在稍後進行介紹）。圖的前半部分顯示兩個 Dyna 代理人都在 1000 步內找到最短路徑。當環境發生變化時，圖中的曲線變得比較平坦，表示在這段時間兩個代理人都沒有獲得獎勵，這是因為它們原先的路徑被擋住了，只能在屏障後面徘徊。但經過一段時間後，它們能夠找到屏障的新開口並進行新的最佳行為。

更困難的情形是當環境變得比以前*更好*而先前正確的策略卻沒有對於這些環境變化做出調整。在這種情形下模型的錯誤有可能在很長時間甚至永遠都不會被察覺。

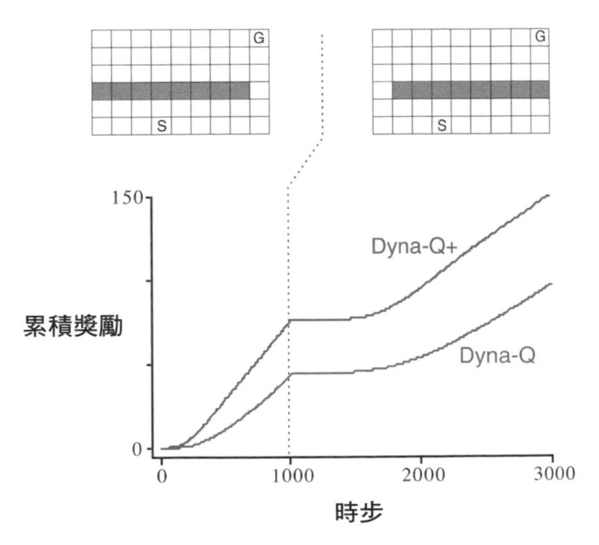

圖 8.4 Dyna 代理人在阻塞的迷宮上的平均表現。左側的環境用於前 1000 個步驟，右側的環境用於其餘步驟。Dyna-Q+ 是具有探索獎勵來鼓勵探索行為的 Dyna-Q。 ■

範例 8.3：有捷徑的迷宮。我們以圖 8.5 所示的迷宮範例來說明這種環境變化所引起的問題。一開始最佳路徑是沿著屏障的左側開口（左上方的圖）。然而在 3000 步之後，沿著屏障的右側開啟了一條較短且不會干擾較長路徑的路徑（右上方的圖）。下方的圖顯示了一般的 Dyna-Q 代理人從未切換到這條捷徑。事實上，它從未意識到捷徑的存在。它的模型表示沒有任何捷徑，所以規劃得越多，向右走並發現捷徑的可能性就越小。即使採用 ε- 貪婪策略，代理人也不太可能採取如此多的探索性動作來發現捷徑。 ■

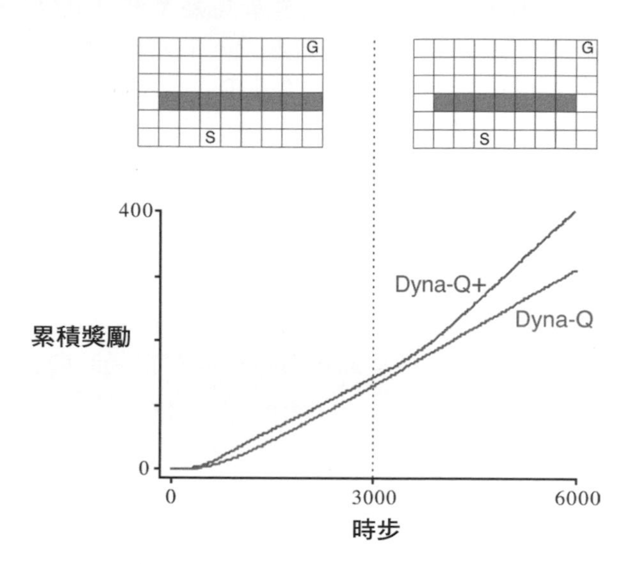

圖 8.5 Dyna 代理人在有捷徑的迷宮上的平均表現。左側的環境用於前 3000 個步驟，右側的環境用於其餘步驟。

這個問題可以視為另一種探索和利用之間的衝突。在規劃方法中，探索指的是嘗試那些能夠改進模型的動作，而利用指的是以當前模型的最佳方式執行動作。

我們希望代理人進行探索以找出環境中的變化，但探索又不能太多以致於效能大幅降低。這種探索與利用間的衝突與我們先前討論的相同，可能沒有既完美又實用的解決方案，但簡單的啟發式方法往往是有效的。

Dyna-Q+ 代理人就是以這種啟發式的方法來解決有捷徑的迷宮問題。Dyna-Q+ 代理人會個別針對每個狀態 - 動作對紀錄從上次嘗試與環境進行實際交互作用後到現在經過多少時步。經過的時間越長，（我們可以推測）狀態 - 動作對動態變化的可能性就越大，也就是它的模型錯誤的可能性就越大。為了鼓勵測試長期未嘗試過的動作對涉及這些動作的模擬經驗提供了「額外的獎勵」給代理人。假設一個轉移的模型獎勵為 r 且在經過 τ 個時步並未嘗試此轉移，則進行規劃更新時就會採用 $r + \kappa\sqrt{\tau}$ 的獎勵，其中 κ 為一個小的比例因子。這會鼓勵代理人持續測試所有可訪問的狀態轉移，甚至可能為了執行這樣的測試而嘗試尋找更長的動作序列[1]。當然所有這些測試都有它的代價，但在許多情形下，如在有捷徑的迷宮問題一樣，這種「計算上的好奇心」非常值得我們進行額外的探索。

練習 8.2：為什麼具有探索獎勵的 Dyna 代理人 —— Dyna-Q+，「阻塞的迷宮」和「有捷徑的迷宮」實驗的第一階段和第二階段都表現得比 Dyna-Q 代理人更好？ □

練習 8.3：仔細觀察圖 8.5 可以發現 Dyna-Q+ 和 Dyna-Q 之間的差異在實驗的第一部分略有縮小。這是什麼原因？ □

練習 8.4（程式設計）：上述的探索獎勵實際上改變了狀態和動作的估計值。這是必要的嗎？假設獎勵 $\kappa\sqrt{\tau}$ 不是用於更新，而是僅用於動作選擇。也就是假設總是選擇 $Q(S_t, a) + \kappa\sqrt{\tau(S_t, a)}$ 的值最大的動作。請試著設計一個網格世界實驗，測試並說明這種替代方法的優缺點。 □

練習 8.5：如何修改第 178 頁中表格式 Dyna-Q 演算法來處理隨機環境？修改後的演算法為何在如本節所述的變化環境中表現不佳？如何修改演算法來應付隨機環境和變化的環境？ □

8.4 優先掃描

在前面章節中介紹的 Dyna 代理人，其模擬的轉移是從所有先前經歷過的狀態 - 動作對中，以隨機等機率的方式進行選擇來開始。但等機率的選擇方式通常不是最好的選擇方式，如果模擬的轉移和更新能針對特定狀態 - 動作進行選擇會使規劃更有效。例如，考慮第一個迷宮問題第二個分節中所發生的情形（圖 8.3）。

---

1 Dyna-Q+ 代理人改變了兩個部分。首先，在先前介紹的表格式 Dyna-Q 演算法的規劃步驟 (f) 中，Dyna-Q+ 允許考慮某個狀態先前從未嘗試過的動作。其次，這些動作的初始模型是動作會以回報 0 的方式回到原本的狀態。

在第二個分節開始時，只有直接到達目標的狀態 - 動作對具有正值，其他狀態 - 動作對的值仍為 0。這表示根據幾乎所有的轉移執行更新並無任何意義，因為它們將代理人從一個零值狀態轉移到另一個零值狀態，因此更新不具有任何效果。只有轉移到目標之前的狀態或從此狀態跳出的更新才會發生估計值的改變。如果以等機率的方式產生模擬的轉移，則在獲得有用的轉移之前將會進行許多無意義且浪費資源的更新。隨著規劃過程的進行，這些有用的更新區域也會隨之增加，但是規劃的效率仍然相當低，除非我們能夠將更新集中在最有利的地方。在許多更大型的問題中，狀態的數量非常多，以致於沒有重點的搜尋將是極其低效的。

這個例子顯示出，透過從目標狀態進行**反向**（*backward*）操作可以有效地集中搜尋。當然我們並不是真的想要使用任何針對「目標狀態」的方法，我們想要的是能適用於一般獎勵函數的方法。目標狀態只是一個方便我們以直覺進行觀察的特殊情形。一般而言，我們希望不僅從目標狀態而能從任何價值已發生變化的狀態進行反向操作。假設在給定模型的情形下初始的價值在發現目標之前都是正確的，如同先前的迷宮範例所示。現在假設代理人發現了環境中的變化並改變其中一個狀態的估計值，無論是增加或是減少。通常這表示許多其他狀態的值也應該被改變，而唯一有用的單步更新是與特定動作有關的，這些動作直接使得代理人轉移至價值已經發生改變的狀態。如果上述情形成立，則引發轉移至這些前導狀態的動作也需要進行價值更新，與這些動作有關的前導狀態也會發生變化。透過這種方式可以從價值發生變化的任意狀態以反向操作執行有用的更新或終止這些變化傳遞。這樣的整體概念可以被稱為規劃計算的**反向聚焦**（*backward focusing*）。

隨著這些有用的更新不斷地被反向傳遞，這些更新的範圍會迅速擴大並產生許多可以有效更新的狀態 - 動作對，但這些狀態 - 動作對並非全部都是有用的。一些狀態的價值可能發生了很大的變化而其他狀態的變化可能很小。那些已經發生很大變化的狀態其前導狀態 - 動作對也更有可能發生巨大的變化。在隨機環境中，轉移機率估計值的變化也會影響價值變化的幅度以及狀態 - 動作對更新的緊迫性。根據緊迫性對更新進行優先順序排序並按照優先順序執行是很自然的，這就是**優先掃描**（*prioritized sweeping*）的概念。我們將每個發生更新後其估計值變化會造成影響的狀態 - 動作對組成一個佇列，在佇列中每個狀態 - 動作對根據估計值變化的大小進行排序。在更新佇列中第一個（目前估計值變化最大的）狀態 - 動作對時，將計算此狀態 - 動作對對於每個前導狀態 - 動作對的影響。如果這些影響超過某個閾值，則將被影響的前導狀態 - 動作對以新的優先順序插入至佇列中（如果佇列中已經存在該狀態 - 動作對的前導狀態 - 動作對，則保留優先順序較高的狀態 - 動作對）。透過這種方式，變化的影響可以有效地反向傳遞直到所有狀態 - 動作對不再受此影響。在確定性環境下的優先掃描完整演算法如以下方框所示。

確定性環境下的優先掃描

對所有 s、a 初始化 $Q(s,a)$ 和 $Model(s,a)$，$PQueue$ 為 0
無限循環：

(a) $S \leftarrow$ 當前（非終端）狀態
(b) $A \leftarrow$ 策略 (S,Q)
(c) 採取動作 A，觀察結果獎勵 R 和狀態 S'
(d) $Model(S,A) \leftarrow R, S'$
(e) $P \leftarrow |R + \gamma \max_a Q(S',a) - Q(S,A)|$
(f) 如果 $P > \theta$，則 S、A 將以優先順序為 P 插入 $PQueue$
(g) 當 $PQueue$ 不為空時重複循環 n 次：
  $S, A \leftarrow first(PQueue)$
  $R, S' \leftarrow Model(S,A)$
  $Q(S,A) \leftarrow Q(S,A) + \alpha\big[R + \gamma \max_a Q(S',a) - Q(S,A)\big]$
  對預計導向 S 的所有 $\bar{S}$、$\bar{A}$ 循環：
    $\bar{R} \leftarrow$ 對 $\bar{S}$、$\bar{A}$、S 預測的獎勵
    $P \leftarrow |\bar{R} + \gamma \max_a Q(S,a) - Q(\bar{S},\bar{A})|$
    如果 $P > \theta$，則將 $\bar{S}$、$\bar{A}$ 以優先順序為 P 插入 $PQueue$

範例 8.4：在迷宮中進行優先掃描。優先掃描已經被發現可以顯著提升迷宮問題中找到最佳解決方案的速度，通常為 5 到 10 倍。右圖顯示了一個典型的例子。這個例子中的資料是透過一系列與圖 8.2 所示結構完全相同的迷宮問題得出，只是網格的數量不同。優先掃描的 Dyna-Q 比一般的 Dyna-Q

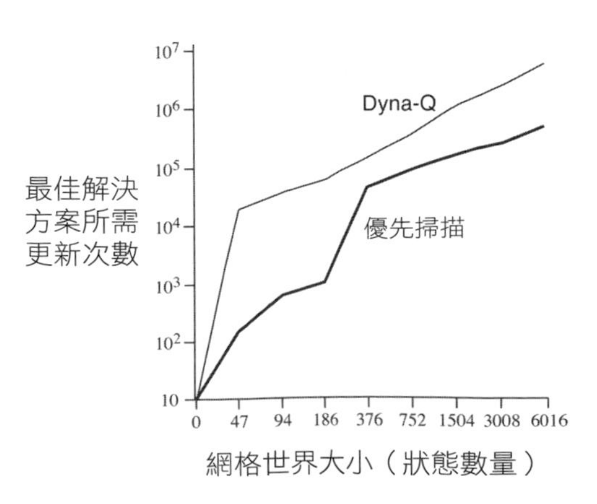

更具有決定性的優勢。兩個系統在每次與環境互動的過程中最多進行 5 次更新。改編自 Peng 和 Williams（1993）。 ■

將優先掃描延伸到隨機環境中是很自然的。透過紀錄每個狀態 - 動作對的出現次數和所有下一個狀態的出現次數來維持模型，然後很自然地更新每一個狀態 - 動作對。更新的方式並非使用先前我們一直使用的樣本更新，而是考慮到所有可能的下一個狀態及其發生的機率進行預期的更新。

優先掃描只是分配計算以提升規劃效率的一種方式，但可能不是最好的方法。優先掃描的限制之一是需要使用**預期的**（*expected*）更新，這在隨機環境中可能會進行大量的低機率轉移計算造成資源浪費。我們將在下一節中說明儘管抽樣會帶來變異數，但在許多情況下樣本更新可以更接近真實值函數且計算量更少。

範例 8.5　優先掃描對於操縱長桿

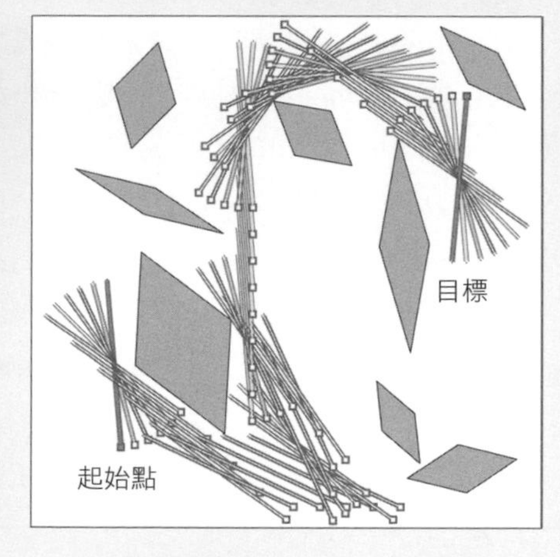

此問題的目標是在有限的矩形工作空間中，操縱長桿繞過一些放置在奇怪位置的障礙物以最少的步數到達目標位置。長桿可以順著長桿方向或以垂直於長桿的方向進行移動，也可以沿其中心進行任一方向的旋轉。每個移動的距離約為整個工作空間的 1/20，每次旋轉量為 10 度。這些移動是確定性的並量化到 20×20 個位置上。右圖顯示了這些障礙物及透過優先掃描從起始點到目標的最短解決方案。這個問題是確定性的，但有四個動作和 14,400 個潛在狀態（其中一些由於障礙而無法到達）。這個問題可能太大而無法使用非優先排序的方法解決。本圖取自 Moore 和 Atkeson（1993）。

樣本更新能夠比較好的原因是因為它們將整體回溯計算過程拆分成多個更小的部分（對應多個個別的轉移），使其能夠更集中在產生最大影響的部分。這個概念源自於 van Seijen 和 Sutton（2013）所提出的「小範圍的回溯」中的邏輯限制。這些更新如同樣本更新進行單個轉移的更新，但也如同預期的更新不進行抽樣而根據轉移機率進行更新。透過選擇順序依序完成小部分的更新，可以大幅提升規劃效率，甚至超越優先掃描的方式。

我們在本章中已經說明了可以將所有的狀態空間規劃視為價值更新的序列，只是更新方式上的不同，可能是預期的或樣本的、大的或小的或是更新順序上的不同。在本節中我們強調了反向聚焦，但這只是一種策略。例如另一種方法則是專注在依照當前策略下，經常訪問的狀態是否容易到達以聚焦於那些容易到達的狀態，這被稱為**前向聚焦**（*forward focusing*）。Peng 和 Williams（1993）以及 Barto、Bradtke 和 Singh（1995）已經探索了前向聚焦的多個版本，接下來幾節中將介紹這些方法的相關延伸。

8.5 預期更新與樣本更新

前面幾節中我們介紹了融合學習和規劃方法的概念。在本章的接下來部分將分析其中所涉及的相關概念，我們從預期更新和樣本更新的相對優勢談起。

本書的大部分內容都是關於不同類型的價值函數更新，我們在前面已考慮了許多不同的方式，現在讓我們專注於單步更新。它們主要以三個二元維度產生變化，前兩個維度是執行狀態值更新還是執行動作值更新，及估計最佳策略的值還是估計任意給定策略的值。這兩個維度產生四類更新，對應於四種價值函數 q_*、v_*、q_π 和 v_π。

最後一個二元維度是考慮所有可能發生事件**預期的**（*expected*）更新，還是只考慮所有可能發生的情況中一個單獨抽樣的樣**本**（*sample*）更新。這三個二元維度將產生八種情形，其中七種對應於特定的演算法，如右圖所示（第八種情況似乎不對應於任何有用的更新）。這其中任意一種單步更新都可用於規劃方法。先前討論的 Dyna-Q 代理人使用 q_* 樣本更新，但其實也可以使用 q_* 預期的更新或者使用 q_π 預期的更新或 q_π 樣本更新。Dyna-AC 系統

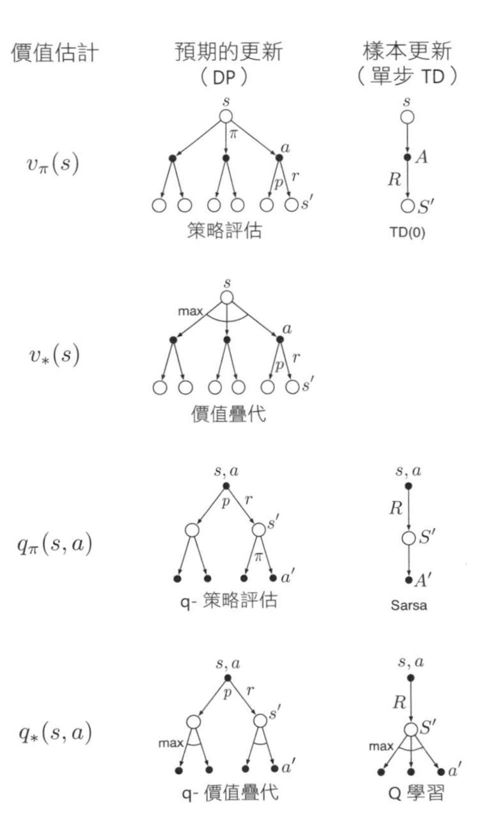

圖 8.6 本書中介紹的所有單步更新的回溯圖。

使用基於學習策略結構的 v_π 樣本更新（將在第 13 章進行介紹）。對於隨機問題優先掃描總是使用其中一種預期更新來完成。

當我們在第 6 章介紹單步樣本更新時，我們將它們視為預期更新的替代方式。在缺少分布模型的情形下，不可能進行預期的更新，但可以使用來自於環境或樣本模型的抽樣轉移來完成樣本更新。這裡隱含的是，如果可以的話預期的更新會比樣本更新更好。

但是事實是這樣嗎？預期的更新肯定會產生更好的估計值，因為它們沒有受到抽樣誤差的影響，但它們也需要更多的計算量，而在規劃中計算資源通常是有限的。為了正確評估預期的更新和樣本更新在規劃中的相對優勢，我們必須控制它們不同的計算需求。

具體而言，考慮使用預期的更新和樣本更新來近似 q_* 及離散狀態和動作的特殊情形，我們以查找表來表示近似值函數 Q，並使用估計動態形式的模型 $\hat{p}(s',r|s,a)$。則狀態 - 動作對 $s,a,$ 的預期更新是：

$$Q(s,a) \leftarrow \sum_{s',r} \hat{p}(s',r|s,a)\Big[r + \gamma \max_{a'} Q(s',a')\Big]. \tag{8.1}$$

而對應於 $s,a,$ 的樣本更新如下表示，給定樣本的下一個狀態 S' 和獎勵 R（來自模型），樣本更新是類似於 Q 學習的更新：

$$Q(s,a) \leftarrow Q(s,a) + \alpha\Big[R + \gamma \max_{a'} Q(S',a') - Q(s,a)\Big], \tag{8.2}$$

其中 α 是一般的、正的步長參數。

預期和樣本更新之間的差異在環境是隨機環境時相當明顯，特別是在給定狀態和動作的情形下，許多可能的下一個狀態會以各種機率發生。如果只有一種可能的下一個狀態，那麼上面所介紹的預期更新和樣本更新會是相同的（令 $\alpha = 1$）。如果有多種可能的下一個狀態，則這些狀態之間可能會存在顯著的差異。預期更新的優勢是它是一個精確的計算，計算出新的 $Q(s,a)$ 的正確性僅受限於後繼狀態 $Q(s',a')$ 的正確性，而樣本更新還會受到抽樣誤差的影響。另一方面，樣本更新的計算需求更低，因為它只考慮一個下一個狀態，而不是所有可能的下一個狀態。事實上更新操作所需的計算量通常由評估 Q 的狀態 - 動作對 s,a 的數量決定。對於一個特定的初始狀態 - 動作對，令 b 為**分支因子**（即可能的下一狀態 s' 的數量，其中 $\hat{p}(s'|s,a) > 0$），則該狀態 - 動作對的預期更新的計算量大約是樣本更新的 b 倍。

如果有足夠的時間來完成預期的更新，由於沒有抽樣誤差，因此所得到的估計結果通常優於 b 次的樣本更新。但如果沒有足夠的時間來完成預期的更新，則樣本更新的結果會優於預期的更新，因為它們至少在價值評估上有所提升而且更新次數少於 b 次。在具有多個狀態 - 動作對的大型問題中，我們經常處於第二種情形，由於有非常多的狀態 - 動作對，因此對所有狀態 - 動作對進行預期的更新將非常耗時。比起以一小部分的狀態 - 動作對進行預期的更新，我們可能會在更多狀態 - 動作對中進行樣本更新以獲得更好的結果。給定一定的計算資源，是進行一些預期的更新好還是進行 b 倍的樣本更新好呢？

圖 8.7 顯示了這個問題的分析結果。它顯示在不同的分支因子 b 下預期更新和樣本更新的估計誤差與對於計算數量的函數關係，其中所有 b 個後繼狀態有相同可能性且初始估計誤差為 1。

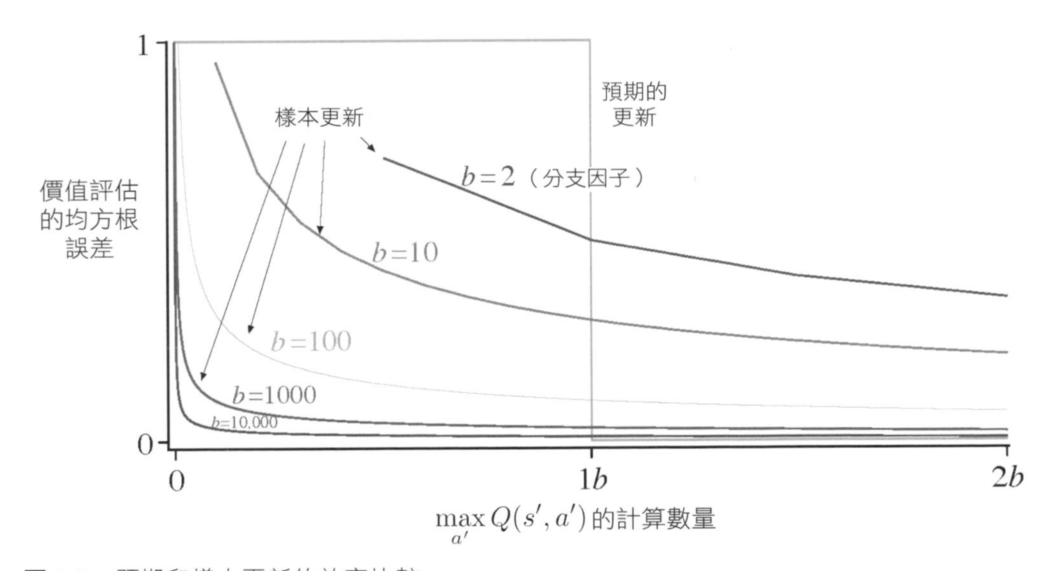

圖 8.7 預期和樣本更新的效率比較。

假設下一個狀態的估計值是正確的，則預期的更新在完成時可以將誤差降為 0。在這種情形下，樣本更新根據 $\sqrt{\frac{b-1}{bt}}$ 來減少誤差，其中 t 是已經執行的樣本更新數量（假設樣本平均值，即 $\alpha = 1/t$）。圖中最關鍵的觀察結果是，對於適當大小的 b，誤差僅需少量更新就能急劇下降。在這種情形下許多狀態 - 動作對可以使其估計值獲得顯著的改善，甚至達到與預期的更新差不多的效果，但在同計算量的情形下，可能只有單個狀態 - 動作對完成預期的更新。

圖 8.7 中顯示的樣本更新的優點可能低估了其實際效果。在實際問題中，後繼狀態的值將是被自身更新的估計值。透過使估計值更快達到準確值，樣本更新還會有第二個優勢，即從後繼狀態回溯的值將更準確。這些結果顯示出在具有大的隨機分支因子且有大量狀態的情況下，樣本更新將優於預期的更新。

練習 8.6：上面的分析假設所有可能的 b 個後繼狀態具有相同的機率。假設分布是更偏斜的，也就是 b 個後繼狀態中有一些狀態比大多數後繼狀態發生的機率更高。這是否會提升或降低樣本更新優於預期更新的可能性？請佐證你的答案。□

8.6 軌跡抽樣

在本節中我們將比較兩種分配計算能力進行更新的方法。源自於動態規劃的經典方法是透過對整個狀態（或狀態 - 動作對）空間中執行掃描，每次掃描會更新每個狀態（或狀態 - 動作對）的估計值。

這對於大型問題而言是有問題的，因為即使是一次掃描可能都沒有足夠的時間來完成。在許多問題中，絕大多數的狀態都是無直接關係的，因此只有在非常差的策略下或以非常低的機率才有可能會訪問到這些狀態。完整的掃描對於空間中每一個狀態所花費的時間是一致的，而非集中在實際需要關注的狀態上。正如我們在第 4 章中所討論的，完整的掃描及所隱含的平等對待所有狀態並不是動態規劃的必要性質。原則上更新可以以任何方式進行計算能力分布（為了確保收斂性，所有狀態或狀態 - 動作對必須在極限範圍內進行無限次訪問，但後面的第 8.7 節我們將介紹一種特例），但是實際上完整的掃描是經常被使用的。

而第二種方法是從狀態或狀態 - 動作對的空間中根據某種分布進行抽樣。可以像 Dyna-Q 代理人一樣採用均勻分布進行抽樣，但這可能會遭遇與完整掃描相同的問題。因此更具吸引力的方式是根據 on-policy 分布來分配更新的計算能力，即根據遵循當前策略時觀察到的分布。這種分布的一個優點是它易於生成，只需按照當前的策略與模型進行交互作用。在一個分節性任務中，代理人從一個初始狀態（或根據某種初始狀態分布）開始並模擬交互作用直到終端狀態。在一個連續性任務中，代理人從任一狀態開始並持續模擬。無論在哪一種情形下，樣本狀態轉移和獎勵都是透過模型來獲得，且樣本動作會由當前策略給定。換句話說，代理人模擬獨立且明確的軌跡並對軌跡中所訪問到的狀態或狀態 - 動作對進行更新。這種產生經驗和更新的方式我們稱為**軌跡抽樣**（*trajectory sampling*）。

除了軌跡抽樣外，很難想出其他有效方式可以根據 on-policy 分布分配更新計算能力。如果知道 on-policy 分布的明確形式，那麼就可以掃描所有狀態並根據 on-policy 分布對每個狀態的更新進行加權，但這會使我們再次面臨到完整掃描的所有計算成本。一種可能的方式是依照分布對各個狀態 - 動作對進行抽樣並更新，但即便這種方式可以有效進行，但這會為模擬軌跡帶來什麼好處？實際上，我們不太可能可以獲得 on-policy 分布的明確形式。即使知道 on-policy 分布的明確形式也不太可能。當策略發生變化時分布也會發生變化，且計算分布需要與完整策略評估過程相當的計算量。考慮到這些可能性使得軌跡抽樣看起來既有效又簡潔。

根據 on-policy 分布分配更新計算能力是否是好的方式？直覺上它似乎是一個不錯的選擇，至少比均勻分布更好。例如當你在學習下棋時，你可以學習棋子在實際棋局過程中可能出現的位置而非隨機位置。後者可能是有效的狀態，但是能夠準確地評估它們與評估實際棋局中的位置是不同的技巧。我們將在本書第二部分中介紹當使用函數近似時，on-policy 分布具有顯著的優勢。無論是否使用函數近似，我們都可以預期 on-policy 的方式能夠顯著提升規劃的速度。

專注於 on-policy 分布可能會有一些好處，因為它忽略了空間中相當大非關鍵的部分。但它可能也會有不利的地方，因為它會導致空間中某些相同的舊區域不斷地重複更新。我們進行了一項小實驗從經驗上來評估使用 on-policy 分布的影響。

為了避免更新分配的影響，我們使用 (8.1) 所定義的完整單步預期的表格式更新。在均勻（*uniform*）分布的情形中我們循環訪問所有狀態 - 動作對並進行更新，而在 *on-policy* 分布的情形中，我們全部從相同狀態開始來模擬分節，根據當前 ε– 貪婪策略（$\varepsilon = 0.1$）更新分節中所訪問的每個狀態 - 動作對。此任務是無折扣的分節性任務，並以接下來所描述的方式隨機產生。對於所有的 $|\mathcal{S}|$ 個狀態，每個狀態中有兩個動作可以選擇，每個動作會轉移到 b 個後繼狀態中的其中一個狀態，每個狀態 - 動作對採用不同機率分布進行 b 個後繼狀態的選擇。對於所有狀態 - 動作對分支因子 b 是相同的。此外在所有轉移中都有 0.1 機率轉移到終端狀態來結束這一個分節。每次轉移的預期獎勵是由平均值為 0 和變異數為 1 的高斯分布中獲得。在規劃過程中的任何一點，我們都可以停止並詳盡地計算 $v_{\tilde{\pi}}(s_0)$，即給定的當前動作值函數 Q 在貪婪策略 $\tilde{\pi}$ 下的初始狀態真實值，用來顯示代理人採取貪婪策略在新分節中的表現效果（假設模型一直是正確的）。

右圖的上半部顯示了包含 1000 個狀態及對應的分支因子為 1、3 和 10 的 200 個樣本任務的平均結果。各策略所獲得的結果以預期更新完成次數的函數進行描繪。在所有情形中，根據 on-policy 分布進行抽樣在一開始的規劃速度相當迅速，但隨後規劃速度會減緩。當分支因子較小時這種效應更強，初始階段的快速規劃持續時間更長。在其他實驗中，我們發現隨著狀態數量的增加，這種效應也變得更強。例如，右圖的下半部顯示了對於具有 10,000 個狀態在分支因子為 1 的結果，在此情形下 on-policy 的優勢更大且持續時間更久。

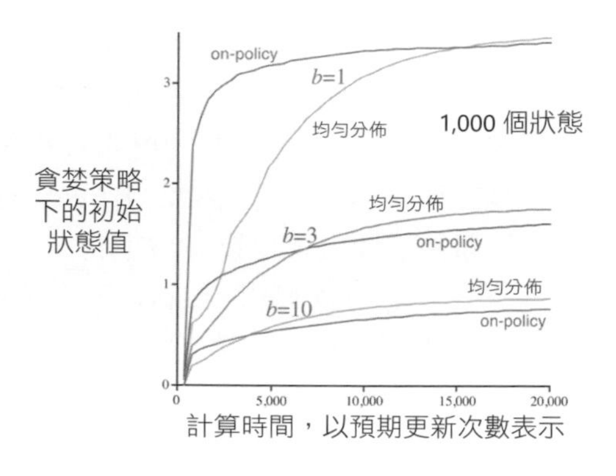

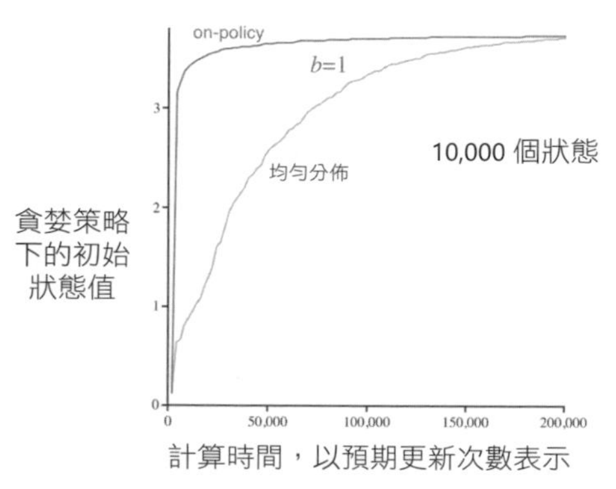

圖 8.8 對整個狀態空間進行均勻分布的更新與從相同狀態開始模擬 on-policy 軌跡的相對效率。圖中的結果是由兩種不同狀態數量及不同分支因子 b 隨機產生的。

所有這些結果都是合理的。在短期內根據 on-policy 分布進行抽樣有助於專注於靠近初始狀態的後繼狀態。

如果有許多狀態且分支因子較小，則這樣的效應將會相當大且持續很久。從長期來看，專注於 on-policy 分布可能會帶來不利的影響，因為通常已經發生的狀態都已經獲得正確值，對它們再進行抽樣是沒有效益的，而抽樣其他狀態才可能會帶來實際上的好處。這可能就是為什麼從長期來看，詳盡的且聚焦不明確的方法至少在小型問題中表現會更好的原因。但這些結果並不是完全確定的，因為它們僅適用於以特定方式隨機產生的問題，但它們確實顯示出根據 on-policy 分布進行抽樣對於大型問題具有很大的優勢，特別是針對那些根據 on-policy 分布只有狀態 - 動作對空間中一小部分子集被訪問的問題。

練習 8.7：圖 8.8 中的一些圖形在它們的初始階段似乎是扇形的，特別是在圖 8.8 的上半部 $b = 1$ 並以均勻分布更新的曲線。你認為為什麼會有這樣的情形？請根據圖中所顯示的資料說明你的論點。 □

練習 8.8（程式設計）：設計圖 8.8 的下半部的實驗並顯示其結果，然後嘗試以 $b = 3$ 進行相同的實驗。請說明兩個實驗結果的意義。 □

8.7 即時動態規劃

即時動態規劃（*Real-time dynamic programming,* RTDP）是動態規劃（DP）價值疊代演算法的 on-policy 軌跡抽樣版本。由於 RTDP 與傳統上基於掃描的策略疊代方法緊密相關，因此 RTDP 能夠更加突顯 on-policy 軌跡抽樣的優勢。RTDP 透過 (4.10) 所定義的預期表格式價值疊代更新來對實際或模擬軌跡中訪問的狀態進行價值更新，這是產生出圖 8.8 所示 on-policy 結果的核心演算法。

RTDP 與傳統 DP 之間的緊密關係使得我們可以透過調整已知的理論來推導出與 RTDP 相關的理論結果。RTDP 是第 4.5 節中所描述的**非同步**（*asynchronous*）DP 演算法的一個例子。非同步 DP 演算法並非根據狀態集合的掃描順序進行組合，它們可以使用任何可以獲得的狀態值並透過任何順序進行狀態值更新。在 RTDP 中，更新順序是由狀態在實際或模擬軌跡中訪問的順序來決定。

如果軌跡只能從特定的一組初始狀態集合開始且為一個給定策略的預測問題，則 on-policy 軌跡採樣可以使演算法完全跳過從任何初始狀態開始在給定策略下無法到達的狀態：這些狀態與預測問題**無關**（*irrelevant*）。對於控制問題的目標是找到最佳策略而不是評估給定的策略，可能有一些狀態根據任意最佳策略從任何初始狀態開始都無法到達，因此也就不需要對這些無關的狀態指定最佳動作。

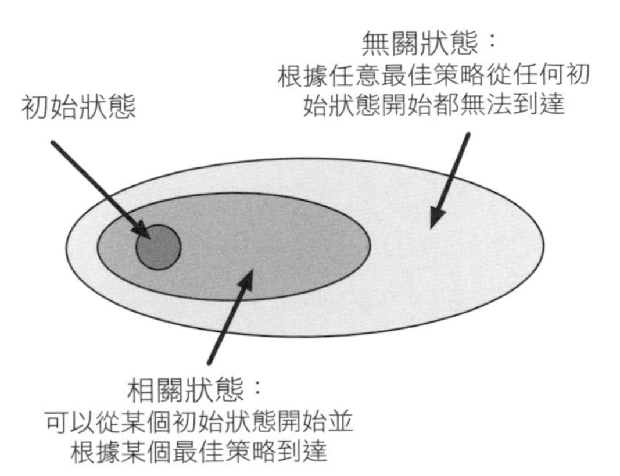

我們所需要的是一個**最佳部分策略**（*optimal partial policy*），也就是對於相關狀態的最佳策略，但對於無關狀態可以指定任意動作或甚至未定義的動作。

但是透過使用 on-policy 軌跡採樣控制方法如 Sarsa（第 6.4 節）來**尋找**（*finding*）一個最佳部分策略通常需要訪問所有狀態 - 動作對（即使是那些無關的狀態 - 動作對）無數次。這可以透過使用如探索啟動（第 5.3 節）來完成。這對 RTDP 也是如此：對於具有探索啟動的分節性任務，RTDP 是一種非同步價值疊代演算法，它對於折扣的有限 MDP 問題（以及在特定條件下無折扣的情形）可以收斂至最佳策略。不同於預測問題的情形，如果收斂到最佳策略非常重要的話，通常不太可能停止更新任何狀態或狀態 - 動作對。

RTDP 最有趣的地方是對於滿足一些特定條件的問題，RTDP 能保證在未進行無限次訪問所有狀態或甚至不訪問某些狀態的情形下找到在相關狀態下的最佳策略。實際上在一些問題中只需要訪問一小部分的狀態。對於具有非常大量狀態集和即使是單次完整的掃描都可能是不可行的問題中，這是一個相當大的優勢。

上述結果成立的問題是一個無折扣的 MDP 分節性問題，此問題如同第 3.4 節所述將具有產生零獎勵的吸收目標狀態。在實際或模擬軌跡的每一步中，RTDP 選擇貪婪動作（動作機率相同實則隨機選擇斷開連結性），並針對當前狀態使用期望值疊代更新。它同樣可以在每一步更新任意其他狀態集合的值，例如可以對從當前狀態透過有限範圍前瞻搜尋（look-ahead search）訪問到的狀態進行更新。

這些問題的每一個分節都是從初始狀態集合中隨機選擇一個狀態開始，並終止於目標狀態。只要滿足以下條件，RTDP 會以機率 1 收斂到所有相關狀態都是最佳的策略：1）每個目標狀態的初始值都為 0，2）至少存在一個策略保證從任何初始狀態開始都能夠以機率為 1 到達目標狀態，3）從非目標狀態轉移的所有獎勵嚴格限制為負值，4）所有狀態的初始值等於或大於其最佳值（可以透過簡單地將所有狀態的初始值設為 0 來滿足）。Barto、Bradtke 和 Singh（1995）透過將非同步 DP 的結果與源自於 Korf（1990）的啟發式搜尋演算法*學習即時 A**（*learning real-time A**）的結果相結合證明了此結論。

滿足這些性質的問題就是*隨機最佳路徑問題*（*stochastic optimal path problems*）的例子，這類問題的目標通常以成本最小化而不是像我們在此所描述的獎勵最大化來呈現。在本書中最大化負值的回報等同於最小化從初始狀態到目標狀態的路徑成本。這類問題的例子包括最小時間控制問題，其中達到目標前所需的每個時步產生 -1 的獎勵，或者如第 3.5 節中的高爾夫範例以最少的擊球數進洞為目標。

範例 8.6：賽車場的 RTDP。練習 5.12（第 122 頁）的賽車場問題是一個隨機最佳路徑問題。在賽車場問題上比較 RTDP 和傳統 DP 價值疊代演算法可以顯示出 on-policy 軌跡抽樣的優勢。

讓我們回想一下第 5 章的練習，一個代理人必須學習如何在如圖 5.5 所示的右彎賽道上駕駛賽車，並在不偏離賽道的情形下盡可能快速地越過終點線。初始狀態是起跑線上所有速度為 0 的狀態，目標狀態則是在一個時步內可以從賽道中的位置越過終點線的所有狀態。不同於練習 5.12，在此對於賽車的速度沒有限制，所以狀態集合可能是無限大。但是從初始狀態集合透過任何策略到達的狀態集合是有限的，我們可以視為是此問題的狀態集合。每一個分節從一個隨機選擇的初始狀態開始，並在賽車越過終點線時結束。賽車越過終點線前每一時步的獎勵都是 -1。如果賽車撞到了賽道邊界，則賽車將回到一個隨機的初始狀態且分節繼續。

類似於圖 5.5 左側的小型賽道有 9,115 個狀態可以透過任何策略從初始狀態到達，但其中只有 599 個是相關的，這表示它們可以透過一些最佳策略從某個初始狀態到達（相關狀態的數量計算是透過在 10^7 個分節中執行最佳動作時對訪問的狀態進行統計所獲得的）。

下面的表格顯示了傳統 DP 和 RTDP 解決此問題的比較情形。這些結果是透過進行 25 次執行且每次執行都以不同的隨機數種子開始所獲得的平均值。在此情形下傳統的 DP 使用了對整個狀態集進行完整掃描的價值疊代，每個時步在其相應的狀態位置上進行一次更新，這表示每個狀態的更新使用了其他狀態的最新估計值（此為價值疊代的 Gauss-Seidel 版本，其速度大約是在這個問題上使用 Jacobi 版本的兩倍，詳見第 4.8 節）。在此對於更新的順序並沒有特別的限制，其他排序方式有可能會產生更快的收斂速度。這兩種方法的每次執行的狀態初始值均為 0。當掃描狀態值的最大變化小於 10^{-4} 時，則將 DP 視為已收斂。RTDP 判斷已收斂的方式則是在經過 20 個分節中，每個分節越過終點線的平均時間穩定到一個漸近數時。此外，本版本的 RTDP 在每個時步僅更新當前狀態值。

	動態規劃 (DP)	即時動態規劃 (RTDP)
收斂所需平均計算次數	28 次掃描	4000 個分節
收斂所需平均更新次數	252,784	127,600
每個分節平均更新次數	—	31.9
狀態更新 ≦ 100 次的百分比	—	98.45
狀態更新 ≦ 10 次的百分比	—	80.51
狀態更新 0 次的百分比	—	3.18

這兩種方法都產生了平均 14 到 15 步就能跨越終點線的策略，但是 RTDP 的更新次數大約只需要 DP 的一半。這是 RTDP 的 on-policy 軌跡抽樣的結果。不同於 DP 在每次掃描時都會更新每個狀態值，RTDP 僅針對少量的狀態進行更新。

我們從執行平均結果進行觀察，RTDP 有 98.45％的狀態更新次數不超過 100 次，有 80.51％的狀態更新次數不超過 10 次，大約有 290 個狀態值完全沒有進行更新。 ■

RTDP 的另一個優點是當價值函數接近最佳價值函數 v_* 時，代理人用於生成軌跡的策略也會接近最佳策略，因為它對於當前價值函數總是保持貪婪。這與傳統價值疊代的情況形成對比。實際上當價值函數在掃描過程中變化很小時價值疊代將會終止，這就是我們如何終止它以獲得上述表格中的結果。此時價值函數非常接近 v_* 且貪婪策略也會非常接近最佳策略。但是在價值疊代終止之前，對於最新價值函數貪婪的策略可能就已經是最佳的或非常近似最佳策略（回顧一下第 4 章所介紹的，最佳策略對於許多不同的價值函數可能都是貪婪的，而不僅僅對於 v_*）。在價值疊代收斂之前檢查是否已經獲得最佳策略並不是傳統 DP 演算法的一部分，且檢查的動作需要大量額外的計算。

在賽車場的範例中，透過在每次 DP 掃描後執行多次測試分節並根據掃描結果貪婪地選擇動作，在 DP 計算過程中有可能可以及早發現夠好的近似最佳評估函數及其對應的近似最佳貪婪策略。對於此賽車場問題，在經過 15 次價值疊代的掃描之後，或在 136,725 次價值疊代更新之後出現了近似最佳的策略。這遠低於 DP 演算法收斂到 v_* 所需的 252,784 次更新，但仍比 RTDP 所需的 127,600 次更新次數多。

儘管這些模擬並不是 RTDP 方法與傳統基於掃描的價值疊代方法的明確比較情形，但仍然顯示出 on-policy 軌跡抽樣的一些優勢。相較於傳統價值疊代持續更新所有狀態的值，RTDP 更專注於與問題目標相關的狀態子集，隨著持續學習，專注的狀態子集範圍將逐漸變窄。由於 RTDP 的收斂定理適用於模擬情形，我們可以得知 RTDP 最終只專注於相關狀態，即構成最佳路徑的狀態。RTDP 達到近似最佳控制大約只需要基於掃描的價值疊代方法所需計算量的一半。

8.8 決策時規劃

規劃可以以兩種形式進行。一種是我們在本章中到目前為止所考慮的，根據從模型（樣本模型或分布模型）中獲得的模擬經驗透過規劃逐步改善策略或價值函數，其中以動態規劃和 Dyna 演算法作為代表。其中選擇動作的方式可以以我們目前為止所考慮的表格式解決方法從表格中獲得當前狀態的動作值進行比較，或是透過我們接下來將在本書第二部分中所介紹的近似方法以數學表達式進行評估。在為任意一個當前狀態 S_t 選擇動作之前，規劃已經在改善表格中的項目或數學表達式發揮了重要作用，這些項目或數學表達式對於許多狀態（包含 S_t）的動作選擇是必需的。以這種方式來選擇動作，規劃並非僅專注於當前的狀態。因此，透過這種方式進行規劃我們稱之為**背景規劃**（*background planning*）。

另一種規劃方式則是在每次遇到一個新狀態 S_t 之後開始進行規劃並完成，透過狀態 S_t 進行計算產生出動作 A_t 的選擇。在下一步時規劃重新開始並使用 S_{t+1} 產生 A_{t+1}，依此類推。使用這種規劃方式最簡單的例子是當只能獲得狀態值時，動作的選擇是透過比較每個動作由模型所預測出的下一個狀態值（或透過比較後位狀態值，如第 1 章中的井字遊戲範例）。一般而言，使用這種規劃方式通常會比單步所觀察到更多，並且可以評估會引發多種不同的預測狀態和獎勵軌跡的動作選取。不同於第一種規劃方式，此規劃方式著重於一個特定的狀態，我們稱之為**決策時規劃**（*decision-time planning*）。

這兩種規劃方式 —— 使用模擬經驗逐步改善策略或價值函數，或使用模擬經驗對當前狀態選擇動作 —— 可以以自然和有趣的方式進行融合，但它們往往被分開研究，這是首先理解這兩種規劃方式比較好的途徑。現在讓我們進一步觀察決策時規劃。

即使在決策時才進行規劃，我們仍然可以像在 8.1 節中那樣從模擬經驗到更新價值函數和價值最終到策略來進行觀察。只是現在價值和策略與當前狀態和可用的動作選擇有關，以致於規劃過程中所產生的價值和策略通常在選擇了當前動作後就進行拋棄。在許多應用中這並不會造成很大的損失，因為問題通常會有許多狀態，我們不太可能會長期訪問同一個狀態。一般而言，我們可能會想要兩者兼顧：專注於對當前狀態進行規劃並儲存規劃結果，以便在以後回到相同狀態時直接輸出結果。決策時規劃在不需要立即反應的應用中相當有用。例如在西洋棋遊戲中，每次移動有幾秒鐘或幾分鐘的時間可以進行計算，計算能力較強的程式可以在此時間內規劃出數十步移動。另一方面，如果低延遲的動作選擇是首要考慮的因素，則通常最好在背景進行規劃以便計算出可以快速應用於每個新遇到狀態的策略。

8.9 啟發式搜尋

人工智慧中的經典狀態空間規劃方法是統稱為*啟發式搜尋*（*heuristic search*）的決策時規劃方法。在啟發式搜尋中，對於訪問到的每個狀態將考慮各種可能的後續情形並形成一個大型的樹狀結構。接著將近似值函數應用於樹的葉節點，然後以樹的根節點向當前狀態進行回溯更新。搜尋樹中的回溯與本書中所討論的最大值的預期更新（v_* 和 q_* 的更新）相同。回溯會在當前狀態的狀態 - 動作節點處停止，一旦計算出這些節點的回溯值，將從這些回溯值中選出最佳值作為當前動作並丟棄所有回溯值。

傳統的啟發式搜尋中並不會透過改變近似值函數來儲存回溯值。實際上價值函數通常是人為設計的，並不會隨著搜尋結果而改變。然而，使用啟發式搜尋期間所計算出的回溯值或是使用本書中提供的任何其他方法使得價值函數隨時間獲得改善是很自然的方式。從意義上而言，我們一直在採用這種方法。儘管規模較小，但先前所介紹的貪婪、ε- 貪婪和信賴上界（第 2.7 節）等動作選擇方法與啟發式搜尋並沒有什麼不同。例如為了計算出在給定模型和狀態值函數的貪婪動作，我們必須考慮每一種可能的動作以及每個可能的下一個狀態，進而考慮獎勵和估計值並選出最佳動作。如同在傳統啟發式搜尋中一樣，此過程計算了所有可能動作的回溯值，但不嘗試去儲存這些回溯值。因此，啟發式搜尋可以被視為單步貪婪策略概念的延伸。

進行更深的搜尋深度是為了獲得更好的動作選擇。如果我們有一個完美的模型和一個不完美的動作價值函數，那麼更深的搜尋通常會帶來更好的策略[2]。如果搜尋一直持續到分節的結尾，那麼不完美價值函數的影響就會被消除，以這種方式所選出的動作一定是最佳的。如果搜尋具有足夠的深度 k 使得 γ^k 非常小，則所選出的動作也將非常接近最佳動作。另一方面，搜尋的深度越深表示所需要的計算量也會越大，這通常會導致更慢的反應時間。Tesauro 的大師級雙陸棋程式 TD-Gammon（第 16.1 節）提供了我們一個很好的例子。該程式使用 TD 學習透過多次自我對弈來學習一個後位狀態值函數，並使用啟發式搜尋來決定下一步的移動。作為一個模型，TD-Gammon 使用了擲骰子機率的先前知識，並假設對手總是選擇 TD-Gammon 認為最佳的動作。Tesauro 發現啟發式搜尋的深度越深 TD-Gammon 所採取的策略越好，但每次移動所需的時間也會越長。雙陸棋具有較大的分支因子，但在遊戲過程中必須在短時間內完成移動，因此只選擇性地向前搜尋幾步，即便如此透過搜尋仍然會帶來更好的動作選擇。

---

2 有一些有趣的例外。詳見如 Pearl (1984)。

我們不應忽略啟發式搜尋聚焦更新計算能力最顯著的方式：專注於更新當前狀態。啟發式搜尋的有效性大多源自於其搜尋樹專注於與當前狀態緊密相關的後續狀態及動作。在現實生活中你可能花更多時間下西洋棋而非西洋跳棋，但是當你在玩西洋跳棋時就需要以西洋跳棋的思維下每一步棋，你需要考慮跳棋數量、特定的跳棋位置、可能的下一步動作以及後續位置。無論你如何選擇動作，這些狀態和動作的更新都具有最高優先權，同時也是你最迫切希望你的近似值函數是準確無誤的地方。不僅是你的計算資源需要優先用於即將發生的事件，有限的儲存資源同樣也應如此。例如在西洋棋中存在太多可能的位置以致於無法針對每一個位置都儲存不同的估計值，但是基於啟發式搜尋的西洋棋程式可以很輕易地儲存它們從一個位置開始進行前瞻搜尋所遇到的數百萬個不同位置的估計值。這種將儲存和計算資源高度集中於當前決策可能是啟發式搜尋能夠如此有效的原因。

更新的計算能力分配可以類似的方式進行修改，以專注於當前狀態及其可能的後繼狀態。我們可以利用啟發式搜尋的方法來建構一棵搜尋樹作為一個極端情形的例子，在此我們透過由下往上進行個別的單步更新，如圖 8.9 所示。如果以這種方式對更新進行排序並使用表格表示，則整體更新的情形將與深度優先啟發式搜尋完全相同。任何的狀態空間搜尋都可以透過這種方式觀察，即以大量的個別單步更新組合在一起。因此，透過更深入的搜尋所觀察到的性能提升並不是由於使用多步更新，而是由於專注於與當前狀態相關的後繼狀態及動作更新。透過投入大量與候選動作相關的計算，決策時規劃可以產生比透過未聚焦的方式進行更新產生更好的決策。

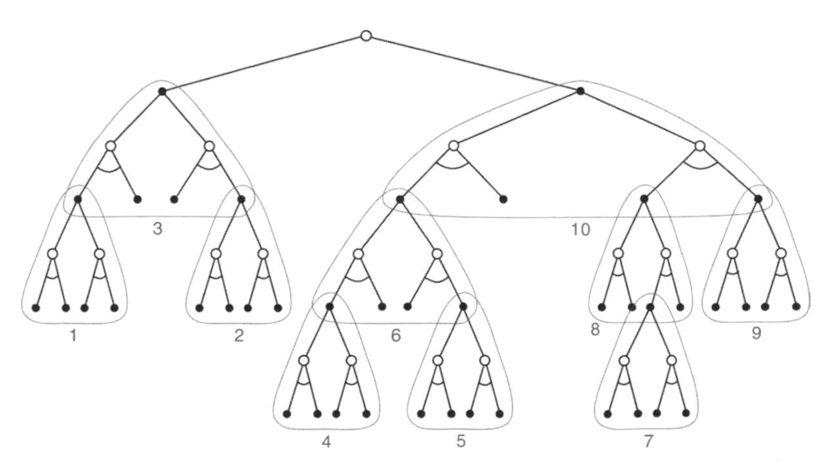

圖 8.9 啟發式搜尋可以透過一系列從葉節點向根節點進行的單步更新來完成（此處以三角形表示）。此處所顯示的順序是選擇性深度優先搜尋的結果。

8.10 rollout 演算法

rollout 演算法是一種將蒙地卡羅控制應用於模擬軌跡的決策時規劃演算法，所有的模擬軌跡都從當前環境狀態開始。此演算法透過從每個可能的動作開始，並遵循給定策略的多個模擬軌跡回報進行平均來估計給定策略的動作值。當動作值估計被認定足夠準確時，具有最高估計值的動作（或其中一個動作）將被執行，接著從所得到的下一狀態重新執行上述過程。

正如 Tesauro 和 Galperin（1997）所描述的，他們試驗了使用 rollout 演算法玩雙陸棋，「rollout」一詞源自於完成遊戲來估計雙陸棋棋局位置的價值，例如透過骰子擲骰的隨機生成序列及固定的落子策略來推演從開局到遊戲結束的結果，然後以多次遊戲的預演結果推測出該當前局面位置的價值。

不同於第 5 章中所描述的蒙地卡羅控制演算法，rollout 演算法的目標不是估計完整的最佳動作值函數 q_*，或在給定策略 π 的情況下估計出完整的動作值函數 q_π。而是僅針對每個當前狀態以及一般稱為 ***rollout* 策略**（*rollout policy*）的給定策略下對動作值進行蒙地卡羅估計。作為決策時規劃演算法，rollout 演算法會立即使用這些動作值估計然後將其丟棄。這使得 rollout 演算法實現起來相對簡單，因為不需要每個狀態 - 動作對的抽樣結果，且不需要在狀態空間或狀態 - 動作空間上進行函數近似。

那麼使用 rollout 演算法可以完成些什麼呢？第 4.2 節中所描述的策略改善理論告訴我們，給定任意兩個策略 π 和 π'，這兩個策略幾乎是相同的，除了某個特定狀態 s 使得 $\pi'(s) = a \neq \pi(s)$，如果 $q_\pi(s,a) \geq v_\pi(s)$，那麼策略 π' 會與策略 π 一樣好甚至更好。更進一步地，如果此不等式是嚴格的，則策略 π' 實際上會優於策略 π。這同樣適用於 rollout 演算法，其中 s 是當前狀態而策略 π 是 rollout 策略。模擬軌跡的平均回報可以對每個動作 $a' \in \mathcal{A}(s)$ 產生出 $q_\pi(s,a')$ 的估計。在此基礎上，一個策略在狀態 s 選擇估計值最大化的動作並在其他狀態依照策略 π 進行選擇，則此策略將會是一個能夠改善策略 π 的良好候選策略。這種結果類似於 4.3 節中所探討的動態規劃中策略疊代演算法的一個步驟（儘管它更像第 4.5 節中所描述的**非同步**（*asynchronous*）價值疊代的一個步驟，因為它僅改變了當前狀態的動作）。

換句話說，rollout 演算法的目的是改善 rollout 策略而非尋找最佳策略。過去相關研究上的經驗已經證明 rollout 演算法的效果相當驚人。例如，Tesauro 和 Galperin（1997）對於使用 rollout 演算法在玩雙陸棋時所產生的顯著能力提升感到驚訝。在某些應用中即使 rollout 策略是完全隨機的，透過 rollout 演算法也可以產生良好的表現。但是，改善後的策略表現取決於 rollout 策略的特性以及由蒙地卡羅價值估計所產生的動作排序。很直覺地，越好的 rollout 策略及越準確的價值估計，rollout 演算法所產生的策略可能越好（請詳見 Gelly and Silver, 2007）。

這涉及必要的權衡，因為更好的 rollout 策略通常表示需要更多的時間來模擬足夠的軌跡以獲得更好的價值估計。作為決策時規劃方法，rollout 演算法通常必須滿足嚴格的時間限制。rollout 演算法所需的計算時間取決於每個決策所需評估的動作數量、獲得有用的樣本回報所需的模擬軌跡時步數、rollout 策略做出決策所需的時間，以及獲得較好的蒙地卡羅動作值估計所需的模擬軌跡數量。

平衡這些因素在任何 rollout 演算法的應用中都十分重要，有許多方法可以減輕這些因素所帶來的挑戰。由於蒙地卡羅試驗是相互獨立的，因此在多個處理器上平行化處理多個試驗是可行的。另一種方法是截斷完整分節的模擬軌跡，並透過儲存的評估函數修正截斷的回報（這使得我們在前面章節中所描述的關於截斷的回報和更新發揮了作用）。正如 Tesauro 和 Galperin（1997）所建議的，還可以透過監測蒙地卡羅模擬並剔除不太可能成為最佳的候選動作，或是剔除價值與當前最佳值相近且選擇它們並不會帶來實際影響的動作（儘管 Tesauro 和 Galperin 指出這會使得平行處理複雜化）。

通常我們不會將 rollout 演算法視為*學習*演算法，因為它們並不會儲存價值或策略的長期資訊。但 rollout 演算法利用了我們在本書中所強調的強化學習的一些特性。作為蒙地卡羅控制的例子，rollout 演算法透過樣本軌跡集合的平均回報來估計動作值，在此情形下這些軌跡是模擬與環境樣本模型交互作用的軌跡。如此一來，rollout 演算法就像其他強化學習演算法一樣，透過軌跡抽樣以避免進行動態規劃的徹底掃描，並可以透過依據樣本更新而非預期的更新來避免對分布模型的需求。最後，rollout 演算法透過策略改善的特性對估計的動作值進行貪婪的操作。

8.11 蒙地卡羅樹搜尋

蒙地卡羅樹搜尋（*Monte Carlo Tree Search*, MCTS）是近期在決策時規劃方法中非常成功的一個例子。從根本上而言，MCTS 就是前一節所描述的 rollout 演算法，但其透過增加了從蒙地卡羅模擬所獲得的價值估計進行累加來增強，使得

它能夠不斷地將模擬引導到更高獎勵的軌跡。MCTS 是圍棋程式能從 2005 年業餘愛好者的水平提升到 2015 年的大師級水平（6 段或更高級）的主要原因。相關研究學者已經開發了許多基於此演算法的變化版本，包括我們在 16.6 節中將介紹的變化版本，此變化版本對於圍棋程式 AlphaGo 在 2016 年能夠戰勝一位取得 18 次世界冠軍的圍棋選手發揮了非常重要的作用。MCTS 已經被證明在各種競爭環境下都十分有效，包括一般的遊戲（例如詳見 Finnsson and Björnsson, 2008; Genesereth and Thielscher, 2014），但它的應用不僅限於遊戲。對於單一代理人順序性決策問題，如果可以一個簡單的環境模型進行快速多步模擬，則 MCTS 可以有效地解決問題。

MCTS 在遇到每個新狀態後執行以選擇該狀態下代理人的動作，然後在下一個狀態再次執行來進行動作選擇，依此類推。與 rollout 演算法相同，每次執行都是一個疊代過程，該過程模擬從當前狀態開始到終端狀態的多個軌跡（或直到折扣使任何進一步的獎勵相對於整體回報而言都可以忽略不計的狀態）。MCTS 的核心概念是透過擴展從早期模擬中獲得較高評價的軌跡初始部分來持續專注於從當前狀態開始的多個模擬。MCTS 不需要保留從一個動作選擇到下一個動作選擇的近似值函數或策略，不過在許多實際操作中，MCTS 會保留那些可能對下一次執行有用的、已選擇過的動作值。

在大多數情況下，模擬軌跡中的動作是採用簡單的策略產生，這種策略通常被稱為 rollout 策略，因為它適用於更簡單的 rollout 演算法。當 rollout 策略和模型都不需要大量計算時，可以在短時間內產生許多模擬軌跡。如同在任何表格式蒙地卡羅方法中一樣，狀態 - 動作對的值是由該對的（模擬的）回報平均值所估計。如圖 8.10 所示，蒙地卡羅價值估計僅儲存最有可能在幾步之內達到狀態 - 動作對的子集，這形成了以當前狀態為根節點的樹。MCTS 透過增加由模擬軌跡結果顯示可能訪問的狀態節點來逐步擴展樹。任何模擬的軌跡都會沿著這棵樹並在某個葉節點處離開。在這棵樹以外和葉節點處採用 rollout 策略進行動作選擇，但是對於樹內部的狀態可能會有更好的選擇。對於樹內部的狀態，我們至少擁有一些動作的估計值，因此我們可以使用一種了解部分情形的策略 —— 樹策略（*tree policy*）來進行選擇，進而平衡探索與利用。例如，樹策略可以使用 ε- 貪婪或信賴上界選擇規則（第 2 章）進行動作選擇。

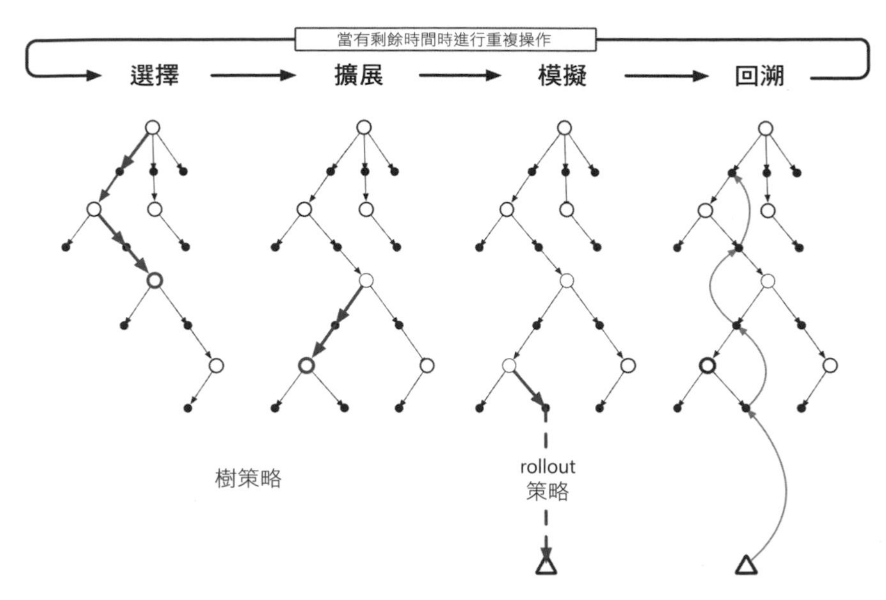

圖 8.10　蒙地卡羅樹搜尋。當環境變化到新狀態時，MCTS 會在需要選擇動作之前盡可能執行多次疊代，以增量方式建構以當前狀態為根節點的樹。每次疊代均由四個操作組成：**選擇**、**擴展**（儘管在某些疊代中可能會跳過）、**模擬**和**回溯**，如本節內容所述並在樹中以粗體箭頭表示。 改編自 Chaslot、Bakkes、Szita 和 Spronck（2008）。

更詳細地說，MCTS 的基本形式每次疊代都包含以下四個步驟，如圖 8.10 所示：

1. **選擇**：從根節點開始，根據附加到樹邊緣的動作值建立樹策略，以此樹策略在樹中進行葉節點選擇。

2. **擴展**：在某些疊代中（取決於應用的詳細資訊），樹從選定的葉節點開始，透過未探索的動作增加從選定節點能到達的一個或多個子節點進行擴展。

3. **模擬**：從選定的節點或從其新增加的子節點之一（如果存在）開始，使用 rollout 策略來選擇動作執行完整的分節模擬。模擬的結果是一次蒙地卡羅試驗，其中動作首先由樹策略進行選擇，而超出樹的範圍則透過 rollout policy 進行選擇。

4. **回溯**：由模擬完整分節產生的回報值進行回溯，以更新或初始化 MCTS 的疊代中透過樹策略附加在樹邊緣的動作值。對於樹以外以 rollout 策略訪問的狀態和動作，不會儲存任何值。圖 8.10 顯示了從模擬軌跡的終端狀態直接回溯到樹中 rollout 策略開始的狀態 - 動作節點（儘管一般而言，整個模擬軌跡的完整回報都回溯到該狀態 - 動作對節點）。

MCTS 會持續執行這四個步驟，每次都從樹的根節點開始，直到沒有剩餘時間或耗盡其他計算資源為止。最後，根據樹中累積的統計資訊以某種機制從根節點（仍然表示為環境的當前狀態）選擇一個動作。例如，被選擇的動作可能是從根節點狀態可用的所有動作中具有最大的值的動作，或可能是具有最多訪問次數以避免選擇異常的動作。當環境轉移到新的當前狀態後，MCTS 將再次執行，有時從代表新狀態的單個根節點開始，但通常會包含先前執行的 MCTS 在此狀態節點下的後繼節點，其他剩餘節點及其相關動作值都將被丟棄。

MCTS 最初是用於如圍棋這種兩人制競技遊戲的程式中進行移動選擇。對於遊戲而言，每個模擬分節都是遊戲中的一場完整遊戲，其中兩個玩家都透過樹策略和 rollout 策略選擇動作。第 16.6 節將介紹 AlphaGo 程式中使用的 MCTS 擴展形式，該形式透過自我對弈強化學習將 MCTS 的蒙地卡羅評估與由深度人工神經網路學習到的動作值結合在一起。

將 MCTS 與我們在本書中所描述的強化學習原理聯繫起來，可以使我們了解到如何實現如此令人印象深刻的結果。MCTS 本質上是一種基於蒙地卡羅控制的決策時間規劃演算法，應用於從根節點狀態開始的模擬，也就是說，MCTS 屬於在上一節中所介紹的 rollout 演算法，因此它受益於線上、增量及基於樣本的價值估計和策略改善。除此之外，它還儲存了附加到樹邊緣的動作估計值，並使用強化學習的樣本更新方法進行更新，這樣可以使蒙地卡羅試驗集中於其初始部分與先前模擬中具有高回報的軌跡相同的軌跡上。此外，透過逐步擴展樹，MCTS 有效地產生了一個查找表來儲存部分動作值函數，並為初始階段中所訪問的高回報樣本軌跡相關狀態 - 動作對估計值提供了儲存空間。因此，MCTS 避免了全域性最佳化一個動作值函數的問題，同時也保留了使用過去經驗來引導探索的優勢。

使用MCTS進行決策時規劃帶來的巨大成功對人工智慧領域產生了正面的影響，許多研究人員正在研究用於遊戲及單一代理人應用中基本步驟的改進和擴展。

8.12 本章總結

規劃需要一個環境的模型。**分布模型**（*distribution models*）包含了下一個狀態的機率和可能動作的獎勵。樣本模型根據這些機率來產生單個狀態轉移極其相應的獎勵。動態規劃需要一個分布模型，因為它使用**預期的更新**（*expected updates*），需要計算所有可能的下一個狀態和獎勵的預期結果。另一方面，樣本模型（*sample model*）是模擬與環境交互作用的過程中採用樣本更新（*sample updates*）所需要的（這也是許多強化學習演算法所採用的）。樣本模型通常比分布模型更容易獲得。

我們展示了一個觀點來強調規劃最佳行為與學習最佳行為之間令人驚訝的緊密關係。兩者都涉及評估相同的價值函數，在這兩種情形下，一系列小規模的回溯操作來增量地更新估計值是很自然的。這使得透過簡單地允許兩者更新相同的估計值函數，就可以直接融合學習和規劃的過程。此外，任何學習方法都可以簡單地透過採用模擬（模型產生的）經驗而非實際經驗轉化成規劃方法。在這種情形下學習和規劃將變得更為相似，它們可能是使用不同經驗來源執行的相同演算法。

將增量式規劃方法與動作執行及模型學習結合是很簡單的。規劃、動作執行與模型學習以循環的方式交互作用（如第 176 頁的圖所示），每一個過程都產生其他過程需要改善的部分，而且它們之間不需要也不禁止其他交互作用。最自然的方法是讓所有過程非同步並平行地進行。如果有些過程必須共享計算資源，則在處理時可以任意地劃分資源，透過最方便、最高效的結構來執行任務。

在本章中，我們已經介紹了在狀態空間規劃方法中一些維度上的變化，其中一個維度是更新規模的變化。更新的規模越小規劃方法的增量就越多。最小規模的更新是單步樣本更新（如 Dyna）。另一個重要的維度是更新的分布，即搜尋的著重點。優先掃描反向聚焦於近期狀態值發生變化的前導狀態。on-policy 軌跡抽樣著重於代理人在控制其環境時可能會遇到的狀態或狀態 - 動作對。這使得計算可以跳過狀態空間中與預測或控制問題無關的部分。即時動態規劃是價值疊代的一種 on-policy 軌跡抽樣形式，它展示了該策略相對於傳統的基於掃描的策略疊代所具有的一些優勢。

規劃還可以從相關狀態進行前向聚焦，例如在代理人與環境交互作用的過程中實際遇到的狀態。這種方式最重要的形式是在決策時進行規劃，即作為動作選擇過程的一部分。在人工智慧中研究的經典啟發式搜尋就是決策時規劃的一個例子。其他例子還包括 rollout 演算法及蒙地卡羅樹搜尋，它們受益於線上、增量及基於樣本的價值估計和策略改善。

8.13 第 I 部分總結：維度

本章總結了本書的第 I 部分，我們試圖不以幾個獨立方法的組合來介紹強化學習，而是以貫穿各種方法的概念集合來呈現。每個概念都可以視為方法變化的一個維度，這些維度的集合以可能的方法構成了一個巨大的空間。透過從維度層面上探索這個空間，我們希望獲得對強化學習最廣泛且持續性的理解。在本節中我們使用方法空間中維度的概念來概括本書到目前為止所介紹的強化學習觀點。

到目前為止我們在本書中探索的所有方法都具有三個共同的關鍵概念：首先，它們都試圖估計價值函數。其次是它們都透過沿實際或可能的狀態軌跡對價值進行回溯。最後，它們都遵循廣義策略疊代（GPI）的通用策略，也就是它們都維持著一個近似值函數和一個近似策略，並且不斷地在彼此的基礎上進行相互改善。這三個概念是本書所涵蓋主題的核心。我們認為價值函數、回溯價值更新及廣義策略疊代是與任何智慧模型（無論是人工的還是自然的）潛在相關且強而有力的建構原則。

圖 8.11 顯示了方法變化中兩個最重要的維度。這些維度與用於改善價值函數的更新類型有關。水平維度表示它們是樣本更新（基於樣本軌跡）還是預期的更新（基於可能的軌跡分布）。預期的更新需要一個分布模型，而樣本更新則只需要樣本模型，或者可以完全不依賴模型根據實際經驗來完成（另一個維度的變化）。圖 8.11 的垂直維度與更新的深度有關，即自助的程度。在方法空間的四個角落中有三個角落分別為三種用於估計價值的主要方法：動態規劃、時序差分學習及蒙地卡羅方法。沿著方法空間的左邊為樣本更新方法，範圍從單步 TD 更新到完整回報蒙地卡羅更新。

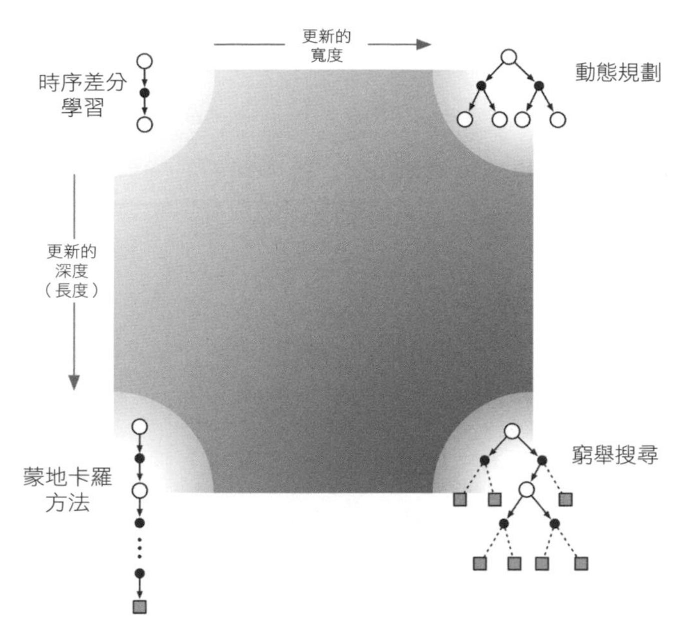

圖 8.11 強化學習方法空間的剖析，突顯了本書第 I 部分中所探討的兩個最重要的維度：更新的深度和寬度。

在這兩者之間的範圍內包含一些基於 n 步更新的方法（在第 12 章中，我們會將其擴展到 n 步更新的組合形式，例如透過資格痕跡實現的 λ- 更新）。

動態規劃方法顯示在空間的右上角，因為它們包含了單步預期的更新。右下角是預期更新的極端情形，其深度非常深以致於它們一直執行到終端狀態（或在連續性任務中，持續執行直到折扣後的後續獎勵對整個回報的影響可以忽略不計），這就是窮舉搜尋的情形。沿著這個維度的中間也有一些方法，包括啟發式搜尋及可能會選擇性地搜尋並更新到有限深度的相關方法。沿著水平維度的中間也有一些方法，包括結合預期更新和樣本更新的方法，以及在單一更新中結合樣本和分布的方法。正方形的內部被填滿表示這些中間的方法所形成的空間。

我們在本書中強調的第三個維度是 on-policy 方法和 off-policy 方法之間的區別。在前一種情形下，代理人對於當前正在遵循的策略學習其對應的價值函數，而在後一種情況下，代理人所學習的價值函數會與當前正在遵循的策略不同（通常是代理人當前認為最佳的策略）。由於需要進行探索，因此策略生成行為通常與當前認為最佳的策略不同。第三個維度可以視為垂直於圖 8.11 平面的維度。

除了剛才所討論的三個維度，我們在本書中所介紹的方法還存在這些維度：

回報的定義：任務是分節性的還是連續的，折扣的還是未折扣的？

動作價值、狀態價值與後位狀態價值：哪一種形式的價值應該被評估？如果只有狀態價值被評估，則在動作選擇時還需要模型或單獨的策略（如在演員 - 評論家方法）。

動作選擇和探索：如何選擇動作以確保在探索和利用之間進行適當的權衡？我們目前只考慮了最簡單的方式：ε- 貪婪、樂觀的初始值，soft-max 分布和信賴上界方法。

同步與非同步：所有狀態的更新是同時執行還是按照某種順序依序執行？

實際與模擬：更新應該根據實際經驗還是模擬經驗進行？如果兩者都有，如何分配？

更新的位置：應該更新哪些狀態或狀態 - 動作對？無模型方法僅能選擇實際遇到的狀態和狀態 - 動作對，但基於模型的方法可以任意選擇。這裡有很多種可能性。

更新的時間：更新應該作為選擇動作的一部分進行，還是在選擇動作後進行？

更新值的儲存：更新值需要被保留多久？是永久保留，還是如啟發式搜尋那樣僅在計算動作選擇時保留？

當然這些並不是所有的維度，不同維度之間也並非互斥。各個演算法在許多維度上有著不同的情形，許多演算法在某些維度上可能會具備多種特性。例如 Dyna 方法同時使用實際經驗和模擬經驗來評估同一個價值函數。同時維護多個價值函數以不同的方式進行計算，或以不同的狀態和動作表徵進行表示也是完全合理的，但這些維度確實構成了一套連貫的概念來描述和探索各種可能的方法。

在此沒有提及並且在本書的第 I 部分中沒有涉及到的最重要維度是函數近似。函數近似可以看作與之前的維度正交的另一個維度，它的範圍從一端的表格式方法到狀態聚合和各種線性方法，再到各種非線性方法。此維度我們將在第 II 部分中進行說明。

參考文獻與歷史評注

8.1 本節所介紹關於規劃和學習的整體觀點是經過數年研究逐漸形成的，部分是由作者提出（Sutton, 1990, 1991a, 1991b; Barto, Bradtke, and Singh, 1991, 1995; Sutton and Pinette, 1985; Sutton and Barto, 1981b）。Agre 和 Chapman（1990; Agre 1988）、Bertsekas 和 Tsitsiklis（1989 年）和 Singh（1993）等人的研究對於這個觀點具有深遠影響。作者也受到了潛在學習的心理學研究（Tolman, 1932）和對思想本質的心理學觀點（例如 Galanter and Gerstenhaber, 1956; Craik, 1943; Campbell, 1960; Dennett, 1978）的強烈影響。在本書的第 III 部分中，第 14.6 節將基於模型和無模型的方法與學習和行為的心理學理論聯繫起來，在第 15.11 節將探討關於大腦如何實現這些方法的概念。

8.2 我們用來描述不同類型的強化學習的**直接**（*direct*）和**間接**（*indirect*）一詞來自於自適應控制的論文（例如 Goodwin and Sin, 1984），在論文中它們被用來進行相同的區分。自適應控制中的**系統識別**（*system identification*）一詞我們稱為**模型學習**（*model-learning*）（例如 Goodwin and Sin, 1984; Ljung and Söderstrom, 1983; Young, 1984）。Dyna 的架構源自於 Sutton（1990）的研究，本節和下一節的結果取自研究中的結果。Barto 和 Singh（1990）在比較直接和間接強化學習方法時考慮了一些問題。將 Dyna 擴展到線性函數近似的早期研究（第 9 章）是由 Sutton、Szepesvári、Geramifard 和 Bowling（2008）及 Parr、Li、Taylor、Painter-Wakefield 和 Littman（2008）完成的。

8.3 已經有一些基於模型的強化學習研究將探索獎勵和樂觀初始化的概念導向邏輯極端化，將所有未完全探索的選擇都被假定為最大獎勵，並計算出最佳路徑來對這些選擇進行測試。Kearns 和 Singh（2002）的 E^3 演算法以及 Brafman 和 Tennenholtz（2003）的 R-max 演算法確保了在和狀態數量及動作數量有關的多項式時間內找到近似最佳解。對於實際情形通常過於緩慢，但在最壞的情形下可能是最好的方法。

8.4 Moore 和 Atkeson（1993）及 Peng 和 Williams（1993）同時並獨立地開發了優先掃描。第 185 頁方框中的結果源自於 Peng 和 Williams（1993）。第 186 頁方框中的結果源自於 Moore 和 Atkeson。此領域後續的主要研究包括了 McMahan 和 Gordon（2005）以及 van Seijen 和 Sutton（2013）。

8.5　本節主要受到 Singh（1993）實驗的影響。

8.6-7　軌跡抽樣從一開始就隱含了部分強化學習的概念，但是 Barto、Bradtke 和 Singh（1995）在介紹 RTDP 時更明確地強調了這一點。他們意識到 Korf（1990）的**學習即時** *A**（*learning real-time A**, LRTA*）演算法是一種非同步 DP 演算法，適用於隨機問題以及 Korf 所關注的確定性問題。

除了 LRTA*，RTDP 還包括在執行動作之間的時間間隔內更新多個狀態值的方式。Barto 等人（1995）透過將 Korf（1990）關於 LRTA* 的收斂性證明與 Bertsekas（1982）（以及 Bertsekas 和 Tsitsiklis，1989）的結果相結合，證明了 RTDP 的收斂結果，進而確保了非同步 DP 在未折扣情形下的隨機最短路徑問題的收斂性。Barto 等人（1995）還提出了將模型學習與 RTDP 相結合的方法，稱為**自適應**（*Adaptive*）RTDP，Barto（2011）並對其進行了深入的探討。

8.9　為了進一步了解啟發式搜尋的相關內容，建議讀者可以參考 Russell 和 Norvig（2009）和 Korf（1988）的研究和調查。Peng 和 Williams（1993）探討了更新的前向聚焦，與本節中所建議的非常相似。

8.10　Abramson（1990）的預期結果模型是一種適用於兩人遊戲的 rollout 演算法，其中兩個模擬玩家的遊戲模式都是隨機的。他認為即使是隨機遊戲模式，它也是一種「強大的啟發式方式」，即「明確的、精準的、易於估計的、可有效地計算且具有區域獨立性」。Tesauro 和 Galperin（1997）證明了 rollout 演算法改善雙陸棋程式的有效性，他採用「rollout」一詞透過在不同隨機生成的擲骰子序列進行位置計算來評估雙陸棋中下棋的位置。Bertsekas、Tsitsiklis 和 Wu（1997）研究了應用於組合最佳化問題的 rollout 演算法，Bertsekas（2013）調查了 rollout 演算法在離散確定性最佳化問題中的使用情形，並指出使用 rollout 演算法「經常是令人感到驚訝地有效」。

8.11　MCTS 的核心概念是由 Coulom（2006）及 Kocsis 和 Szepesvári（2006）所提出的。他們的研究是建立在先前關於蒙地卡羅規劃演算法的研究基礎上並經過這些作者審閱。Browne、Powley、Whitehouse、Lucas、Cowling、Rohlfshagen、Tavener、Perez、Samothrakis 和 Colton（2012）對 MCTS 方法及其相關應用進行了完整的調查。David Silver 為本節中的概念及相關展示做出了許多貢獻。

第 II 部分　近似解決方法

在本書的第 II 部分中，我們擴展了第 I 部分中所介紹的表格式解決方法以適用於具有任意巨大狀態空間的問題。在許多我們想要應用強化學習的問題中，其狀態空間是具有組合性且巨大的，例如世界上所有相機照片數量遠大於宇宙中的原子數。上述的例子即使在無限的時間和資料情形下，我們也無法期望能夠找到最佳的策略或最佳的價值函數。相反地，我們的目標是使用有限的計算資源來找到一個比較好的近似解。在本書的這一部分中，我們將深入探討這種近似解決方法。

對於巨大狀態空間的問題不僅需要能存放大型表格所需的儲存空間，同時所需的時間和資料也要能夠被精準地儲存。在許多這種問題中，幾乎每個訪問的狀態都是過去從未遇過的。為了在遇到這樣的狀態時做出正確的決策，我們需要透過先前與當前狀態在某種程度上類似的不同狀態，從過去處理的經驗中進行歸納。換句話說，關鍵的方式是**廣義化**（*generalization*）。如何有效地歸納狀態空間的有限子集，以便在更大的子集上產生良好的近似結果呢？

幸運的是，透過一些例子進行廣義化的方式已經被廣泛研究，我們不需要創造用於強化學習的全新方法。在某種程度上我們僅需將強化學習方法與現有的一般化方法相結合。

我們所需的廣義化在形式上通常稱為**函數近似**（*function approximation*），因為它從一個所需函數（例如價值函數）中獲得一些例子，並嘗試從中進行廣義化以建立整個函數的近似情形。函數近似是**監督式學習**（*supervised learning*）的一個例子，而監督式學習是機器學習、人工神經網路、圖形識別及統計曲線擬合中主要研究主題之一。就理論而言，在這些領域中所研究的任何方法都可以作為強化學習演算法中的函數近似器，儘管在實際上某些方法可能會比其他方法更適合。

具有函數近似的強化學習涉及許多新的問題，這些問題通常是傳統的監督式學習中不會出現的，例如非平穩性、自助和延遲目標。我們將在本部分的五個章節中依序介紹這些問題和其他相關問題。首先，我們將注意力集中於 on-policy 的問題，在第 9 章中說明在給定策略並僅對價值函數進行近似的情形下，其預測方式要如何進行，然後在第 10 章中我們將詳細說明近似最佳策略進行控制的方式。off-policy 學習的函數近似將在第 11 章中詳細說明。在這三章中，每一章我們都必須回到最初的原則，重新審視學習的目標以考慮如何進行函數近似。

第 12 章將介紹並分析**資格痕跡**演算法的機制，這在許多情況下可以大幅改善多步強化學習方法的計算效能。本部分的最後一章將探討一種不同的控制方法，即**策略梯度方法**，該方法不需形成近似的價值函數就可以直接近似最佳策略（儘管近似一個與策略相應的價值函數可能會更有效率）。

Chapter 9

on-policy 預測的近似方法

在本章中我們開始研究強化學習中的函數近似方法，根據 on-policy 的資料將函數近似方法用於估計狀態值函數，即使用已知策略 π 生成的經驗來近似 v_π 的過程。本章的創新之處在於近似的價值函數不使用表格來表示，而是用權重向量 $\mathbf{w} \in \mathbb{R}^d$ 的參數化函數形式來表示。給定權重向量 $\mathbf{w}$，我們將狀態 s 的近似值表示為 $\hat{v}(s,\mathbf{w}) \approx v_\pi(s)$。例如，$\hat{v}$ 可能是狀態特徵的線性函數，其中 $\mathbf{w}$ 是特徵權重的向量。在一般常見的情形中，$\hat{v}$ 可能是多層人工神經網路計算的函數，其中 $\mathbf{w}$ 是各層中連接權重的向量，人工神經網路可以透過調整權重來實現各種不同的函數。或者 $\hat{v}$ 可能是一個由決策樹計算得到的函數，其中 $\mathbf{w}$ 是樹的所有分支節點和葉子節點的值。通常權重的數量（$\mathbf{w}$ 的維度）比狀態數量（$d \ll |\mathcal{S}|$）小很多，一個權重的變化會改變許多狀態的估計值。因此，當更新單個狀態時，該狀態的變化會透過廣義化的方式進而影響許多其他狀態的值。這種**廣義化**的方式可能使學習更強大，但也可能更難管理和理解。

令人驚訝的是，將強化學習擴展到函數近似的形式也使得它適用於解決部分可觀測的問題，也就是代理人僅能獲得部分狀態資訊的問題。如果 $\hat{v}$ 的參數化函數形式不允許估計值取決於狀態中的某個特定的部分，則狀態中的這些部分可視為是不可觀測的。實際上，本書這一部分介紹的所有使用函數近似方法的理論結果都能有效運用在部分可觀測的情形。但是函數近似不能使用過去觀察的記錄來擴充當前狀態表徵。我們將在第 17.3 節中簡要討論一些可能的擴展方式。

9.1 價值函數近似

本書所涵蓋的所有預測方法均被描述為對價值函數在特定狀態下的估計值朝向該狀態的「回溯值」或「**更新目標**（*update target*）」進行更新的過程。讓我們使用 $s \mapsto u$ 符號來表示單個更新，其中 s 為被更新的狀態，u 為 s 的估計值朝向的更新目標，例如用於價值預測的蒙地卡羅更新為 $S_t \mapsto G_t$，TD(0) 的更新為 $S_t \mapsto R_{t+1} + \gamma\hat{v}(S_{t+1},\mathbf{w}_t)$，$n$ 步 TD 的更新為 $S_t \mapsto G_{t:t+n}$。在動態規劃（DP）

的策略評估更新中，$s \mapsto \mathbb{E}_\pi[R_{t+1} + \gamma\hat{v}(S_{t+1},\mathbf{w}_t) \mid S_t = s]$，其中更新的是任意狀態 s，而其他方法只會更新在實際經驗中遇到的狀態 S_t。

我們可以很自然地將每次更新過程解釋為對價值函數指定期望輸入 – 輸出行為的一個例子。就意義上而言，更新 $s \mapsto u$ 表示狀態 s 的估計值應更接近更新目標 u。對於目前我們介紹過的表格式方法其實際更新過程相當簡單：在表格中只有狀態 s 的估計值朝向 u 偏移一小部分，其他狀態的估計值保持不變。現在我們允許使用任意複雜的方法執行更新並在狀態 s 的更新過程中進行廣義化，以便同時更新其他狀態的估計值。透過這種方式學習模擬輸入 – 輸出例子的機器學習方法被稱為**監督式學習**（*supervised learning*）方法，當輸出為數字（即更新目標 u 為數字）時，此過程一般稱為**函數近似**（*function approximation*）。函數近似方法希望能接收到它們試圖近似的函數其期望輸入 – 輸出行為的例子，我們只需透過將每次更新時所使用的 $s \mapsto g$ 作為訓練例子就可以將這些方法用於價值預測，並將這些方法產生的近似函數視為估計值函數。

以這種方式將每個更新視為常規的訓練例子，我們就能夠廣泛的使用現有任何一種函數近似方法進行價值預測。原則上我們可以使用任何方法在這些例子中進行監督式學習，包括人工神經網路、決策樹和各種多變量迴歸。但並非所有函數近似方法都適用於強化學習。最複雜的人工神經網路和統計方法都假定使用靜態訓練集，並在該訓練集上進行多次訓練。然而，在強化學習中，當代理人與其環境或環境模型進行交互作用時，同時進行線上學習是相當重要的要求，因此需要能夠從增量的採集資料中進行有效學習的方法。此外，強化學習通常需要具有能夠處理非平穩目標函數（隨時間變化的目標函數）的函數近似方法。例如在基於廣義策略疊代（GPI）的控制方法中，我們經常嘗試在 π 變化時學習 q_π。即使策略保持不變，但如果這些訓練例子的目標值是透過自助方法（DP 和 TD 學習）生成的，則目標值將會是不穩定的。無法輕鬆應付這種不穩定性的方法不太適合強化學習。

9.2 預測目標（$\overline{\text{VE}}$）

到目前為止我們尚未為預測指定明確的目標。在表格形式的價值函數計算中我們不需要持續量測預測品質，因為學習到的價值函數可以精準地與真實價值函數相等。此外，在各狀態下所學習到的價值是解耦的，即一個狀態的更新不會影響其他狀態。但如果採用函數近似方式，則一個狀態的更新會影響許多其他狀態，而且不可能使所有狀態的值都完全正確。根據假設，我們擁有比權重數量更多的狀態數，因此使一個狀態的估計值更加精準總是意味著使其他狀態的估計準確性降低，所以我們必須說明那些狀態是我們最重視的。我們必須指定一個狀態分布 $\mu(s) \geq 0, \sum_s \mu(s) = 1$ 來表示我們對每個狀態 s 中誤差的重視程度。狀態 s 的誤差是指近似值 $\hat{v}(s,\mathbf{w})$ 與真實值 $v_\pi(s)$ 之間的差值平方。透過使用 μ 對狀態空間進行加權，我們可以獲得一個自然的目標函數：**均方值誤差**（*Mean Squared Value Error*），表示為 $\overline{\text{VE}}$：

$$\overline{\text{VE}}(\mathbf{w}) \doteq \sum_{s \in \mathcal{S}} \mu(s) \Big[v_\pi(s) - \hat{v}(s,\mathbf{w}) \Big]^2. \tag{9.1}$$

上述計算式的平方根，即 $\overline{\text{VE}}$ 的平方根，粗略地提供了我們近似值與真實值之間的差異並經常在繪圖中使用。通常我們會使用 $\mu(s)$ 作為花費在每個狀態 s 中的時間占比。在 on-policy 的訓練情形下這稱為 *on-policy* **分布**（*on-policy distribution*），本章我們將完全專注於這種情形。在連續性任務中，on-policy 分布是策略 π 下的平穩分布。

分節性任務中的 on-policy 分布

在分節性任務中，on-policy 分布有所不同，這取決於如何選擇分節的起始狀態。令 $h(s)$ 表示為分節從每個狀態 s 開始的機率，並令 $\eta(s)$ 表示狀態 s 在單個分節中所花費的平均時步數。如果情節從 s 開始，或如果從之前的狀態 $\bar{s}$ 轉移到 s，則在狀態 s 中所花費的時間為：

$$\eta(s) = h(s) + \sum_{\bar{s}} \eta(\bar{s}) \sum_a \pi(a|\bar{s}) p(s|\bar{s}, a)\text{，對所有 } s \in \mathcal{S} \tag{9.2}$$

此方程組可以用來求解預期的訪問次數 $\eta(s)$。則 on-policy 分布就是將每個狀態所花費的時間進行加總並正規化為：

$$\mu(s) = \frac{\eta(s)}{\sum_{s'} \eta(s')}\text{，對所有 } s \in \mathcal{S} \tag{9.3}$$

這是無折扣的自然情形。如果存在折扣（$\gamma < 1$），則應將其視為終止形式，只需在 (9.2) 的第二項中加入 γ 即可。

連續性和分節性情形的行為雖然很類似，但是在近似時必須在形式分析中將它們分別進行處理，正如我們將在本書的這一部分的內容中反覆看到的。這樣就完成了學習目標的規範。

到目前為止我們還不清楚 $\overline{\mathrm{VE}}$ 就是強化學習的正確性能目標。請記住，我們的最終目的（我們學習價值函數的原因）是找到更好的策略。達成此目的的最佳價值函數不一定是最小化 $\overline{\mathrm{VE}}$ 的最佳價值函數。儘管如此，目前還不清楚對於價值預測而言更有用的替代目標是什麼。現在，讓我們先專注於 $\overline{\mathrm{VE}}$。

對 $\overline{\mathrm{VE}}$ 而言，一個理想的目標是找到一個**全域最佳解**（*global optimum*），即權重向量 $\mathbf{w}^*$，其中所有可能的 $\mathbf{w}$ 滿足 $\overline{\mathrm{VE}}(\mathbf{w}^*) \le \overline{\mathrm{VE}}(\mathbf{w})$。對於簡單的函數近似器（例如以線性方式）有時可能會達到此目標，但對於複雜的函數近似器（例如人工神經網路和決策樹）有可能無法獲得全域最佳解。因缺少全域最佳解，複雜的函數近似器可能會試圖收斂到一個**區域最佳解**（*local optimum*），即權重向量 $\mathbf{w}^*$ 在其某些相鄰區域中的所有 $\mathbf{w}$ 都滿足 $\overline{\mathrm{VE}}(\mathbf{w}^*) \le \overline{\mathrm{VE}}(\mathbf{w})$。儘管這種保證只是稍微讓人放心，但對於非線性函數近似器而言這通常是最好的情形，在解決一些問題時通常是足夠的。然而在許多我們感興趣的強化學習問題中並不一定能保證收斂到最佳解，甚至不能收斂到最佳解的有效範圍內。實際上有些方法可能會造成發散使得 $\overline{\mathrm{VE}}$ 趨於無窮。

在前兩節中我們概述了一個框架，將用於價值預測的各種強化學習方法與各種函數近似方法相結合，並使用各種強化學習方法的更新為函數近似方法生成訓練例子。我們還描述了一種 $\overline{\mathrm{VE}}$ 的性能指標，這些近似方法會嘗試將其最小化。但可用的函數近似方法範圍太大以致於我們無法涵蓋所有方法，而且目前我們對於大多數近似方法的了解太少，以致於無法進行可靠的評估或提供建議，因此我們僅會考慮幾種可能的方式。在本章接下來的內容我們將重點介紹基於梯度原理的函數近似方法，特別是線性梯度下降方法，之所以專注於這些方法的部分原因是因為我們認為它們特別具有前瞻性並能反映出關鍵的理論問題，同時也因為它們相當簡單且本書所能描述的內容有限。

9.3 隨機梯度法及半梯度法

現在讓我們詳細描述一種用於價值預測中函數近似的學習方法，即基於隨機梯度下降法（stochastic gradient descent, SGD）的學習方法。SGD 方法是所有函數近似方法中最廣泛使用的方法之一，特別適用於線上強化學習。

在梯度下降法中，權重向量是具有固定數量實數值分量的行向量 $\mathbf{w} \doteq (w_1, w_2, \dots, w_d)^\top$[1]，近似值函數 $\hat{v}(s,\mathbf{w})$ 是 $\mathbf{w}$ 對於所有 $s \in \mathcal{S}$ 的可微函數。我們會在一系列離散時步的每個時步 $t = 0, 1, 2, 3, \dots$ 中更新 $\mathbf{w}$，因此我們需要一個符號 $\mathbf{w}_t$ 來表示每個時步的權重向量。

現在讓我們假設在每個時步上，我們都觀察到一個新的例子，$S_t \mapsto v_\pi(S_t)$，這個例子由一個狀態 S_t（可能是隨機選擇的）及此狀態在策略下的真實值所組成。這些狀態可能是與環境互動後所產生的連續狀態，但目前我們不做這樣的假設。即使我們獲得了關於每個 S_t 其準確且正確的價值 $v_\pi(S_t)$ 仍然存在困難，因為我們的函數近似器資源有限，因此分辨率也是有限的。特別是幾乎不存在一個 $\mathbf{w}$ 可以使所有狀態甚至所有例子都完全正確。此外，我們還須對例子中未出現的其他狀態進行廣義化。

我們假設在例子中的所有狀態具有相同分布，在該分布上我們試圖最小化 (9.1) 中所描述的 $\overline{\mathrm{VE}}$。在此情形下，一個好的策略是嘗試使觀察的例子中其誤差最小化。**隨機梯度下降**（*stochastic gradient-descent*, SGD）方法透過在每個例子之後，將權重向量以最大程度減少該例子誤差的方向上進行少量調整來實現此目的：

$$\mathbf{w}_{t+1} \doteq \mathbf{w}_t - \frac{1}{2}\alpha\nabla\Big[v_\pi(S_t) - \hat{v}(S_t,\mathbf{w}_t)\Big]^2 \tag{9.4}$$

$$= \mathbf{w}_t + \alpha\Big[v_\pi(S_t) - \hat{v}(S_t,\mathbf{w}_t)\Big]\nabla\hat{v}(S_t,\mathbf{w}_t), \tag{9.5}$$

其中 α 是一個正的步長參數，對於向量函數（在此為 $\mathbf{w}$）的任意純量表示式 $f(\mathbf{w})$，$\nabla f(\mathbf{w})$ 表示為表示式相對於向量的分量其偏導數的行向量：

$$\nabla f(\mathbf{w}) \doteq \left(\frac{\partial f(\mathbf{w})}{\partial w_1}, \frac{\partial f(\mathbf{w})}{\partial w_2}, \dots, \frac{\partial f(\mathbf{w})}{\partial w_d}\right)^\top. \tag{9.6}$$

此導數向量是 f 相對於 $\mathbf{w}$ 的**梯度**（*gradient*）。SGD 方法是「梯度下降」方法，因為 $\mathbf{w}_t$ 的總時步與例子的均方誤差 (9.4) 的負梯度成正比，這是誤差下降最快的方向。此處所示梯度下降方法被稱為「隨機」是因為僅在一個隨機選擇的例子中完成更新。採取多個例子及少量的時步，我們就可以在整體上使得如 $\overline{\mathrm{VE}}$ 之類的平均性能指標最小化。

1 $^\top$ 表示轉置，此處需要將本書內容中所描述的水平列向量轉換為垂直行向量。在本書中除非明確將向量標示為列向量或進行轉置，否則向量通常視為行向量。

目前你可能無法理解為什麼 SGD 在梯度方向上只走一小步。我們不能一直朝這個方向移動並完全消除例子中的誤差嗎？在許多情況下是可以這樣做的，但我們通常不希望這樣做。請記住，我們並不是在尋找或期望找到一個對所有狀態都具有零誤差的價值函數，而是在尋找一個可以平衡不同狀態下誤差的近似價值函數。如果我們在一個時步中就完全修正每個例子，那麼我們將找不到這種平衡。實際上 SGD 方法的收斂結果是假設 α 隨著時間的推移而減少。如果 α 以滿足標準隨機近似條件 (2.7) 的方式降低，則 SGD 方法 (9.5) 可以保證收斂到區域最佳解。

現在讓我們轉向第 t 個訓練例子，$S_t \mapsto U_t$ 的目標輸出（在此為 $U_t \in \mathbb{R}$）不是實際值 $v_\pi(S_t)$，而是一個（可能是隨機的）近似值的情形。例如 U_t 可能是 $v_\pi(S_t)$ 受到雜訊破壞的情形，或者它可能是上一節中使用 $\hat{v}$ 進行自助（bootstrapping）的目標之一。

在此情形下由於 $v_\pi(S_t)$ 是未知的，我們無法執行精準的更新 (9.5)，但是可以透過利用 U_t 來代替 $v_\pi(S_t)$ 進行近似。這將產生以下用於狀態值預測的一般 SGD 方法：

$$\mathbf{w}_{t+1} \doteq \mathbf{w}_t + \alpha\Big[U_t - \hat{v}(S_t,\mathbf{w}_t)\Big]\nabla\hat{v}(S_t,\mathbf{w}_t). \tag{9.7}$$

如果 U_t 是*無偏差*（*unbiased*）估計值，也就是對於每個 t 如果 $\mathbb{E}[U_t|S_t{=}s] = v_\pi(S_t)$，則在 α 遞減的一般隨機近似條件 (2.7) 下，$\mathbf{w}_t$ 將保證收斂到區域最佳解。

例如，假設這些例子中的狀態是透過使用策略 π 與環境進行交互作用（或透過模擬的交互作用）生成的狀態。因為一個狀態的實際值是其隨後回報的期望值，所以根據定義蒙地卡羅目標 $U_t \doteq G_t$ 是 $v_\pi(S_t)$ 的無偏差估計值。透過這種方式，一般 SGD 方法 (9.7) 將收斂到 $v_\pi(S_t)$ 的區域最佳近似解，因此也保證了蒙地卡羅狀態值預測的梯度下降方式可以找到區域最佳解。演算法的完整虛擬碼如以下方框中所示。

梯度蒙地卡羅演算法，用於估計 $\hat{v} \approx v_\pi$

輸入：要評估的策略 π

輸入：可微分的函數 $\hat{v} : \mathcal{S} \times \mathbb{R}^d \rightarrow \mathbb{R}$

演算法參數：步長 $\alpha > 0$

任意初始化價值函數權重 $\mathbf{w} \in \mathbb{R}^d$（例如 $\mathbf{w} = \mathbf{0}$）

無限循環（對於每個分節）：

　使用策略 π 生成一個分節 $S_0, A_0, R_1, S_1, A_1, \ldots, R_T, S_T$

　對分節的每一步循環，$t = 0, 1, \ldots, T-1$：

　　$\mathbf{w} \leftarrow \mathbf{w} + \alpha\big[G_t - \hat{v}(S_t,\mathbf{w})\big]\nabla\hat{v}(S_t,\mathbf{w})$

如果以 $v_\pi(S_t)$ 的自助估計值作為 (9.7) 中的目標 U_t，則無法獲得相同的收斂保證。自助方法的目標如 n 步回報 $G_{t:t+n}$ 或 DP 的目標 $\sum_{a,s',r} \pi(a|S_t)p(s',r|S_t,a)$ $[r + \gamma\hat{v}(s',\mathbf{w}_t)]$ 皆取決於當前權重向量 $\mathbf{w}_t$ 的值，這表示這種情形下會發生偏差且不會產生一個真正的梯度下降方法。一種觀察此情形的方法是，從 (9.4) 到 (9.5) 的關鍵步驟中，目標 U_t 必須與 $\mathbf{w}_t$ 無關。如果使用 $v_\pi(S_t)$ 的自助估計值來代替則會使這些步驟變得無效。自助方法實際上並不是真正的梯度下降方式（Barnard, 1993），它們考量了權重向量 $\mathbf{w}_t$ 的變化對於估計值的影響，但卻忽略了對於目標的影響。由於僅考慮到部分的梯度，因此，我們將其稱為***半梯度方法***（*semi-gradient methods*）。

儘管半梯度（自助）方法的收斂性不如梯度方法穩健，但是在一些重要情形下，例如在下一節中將討論的線性情形，它們確實可以可靠地收斂。此外，它們具有一些重要的優勢使得半梯度方法經常成為優先首選。原因之一是它們通常能夠顯著地加快學習速度，正如我們在第 6 章和第 7 章中看到的情形。另一個原因是它們使學習能夠持續不斷地線上進行，而無需等待一個分節結束。這使它們可以用於連續性問題中並提供計算優勢。一個典型的半梯度方法是半梯度 TD(0) 方法，它使用 $U_t \doteq R_{t+1} + \gamma\hat{v}(S_{t+1},\mathbf{w})$ 作為目標。下面的方框中提供了此方法的完整虛擬碼。

半梯度 TD(0)，用於估計 $\hat{v} \approx v_\pi$

輸入：要評估的策略 π

輸入：一個可微分的函數 $\hat{v} : \mathcal{S}^+ \times \mathbb{R}^d \to \mathbb{R}$ 使得 $\hat{v}$(終端狀態,$\cdot$) $= 0$

演算法參數：步長 $\alpha > 0$

任意初始化價值函數權重 $\mathbf{w} \in \mathbb{R}^d$（例如 $\mathbf{w} = \mathbf{0}$）

對於每個分節循環：

　初始化 S

　對於分節的每一步循環：

　　選擇 $A \sim \pi(\cdot|S)$

　　採取動作 A，觀察 R 和 S'

　　$\mathbf{w} \leftarrow \mathbf{w} + \alpha\big[R + \gamma\hat{v}(S',\mathbf{w}) - \hat{v}(S,\mathbf{w})\big]\nabla\hat{v}(S,\mathbf{w})$

　　$S \leftarrow S'$

　直到 S 為終端狀態

狀態聚合（*state aggregation*）是廣義化函數近似的一種簡單形式，在狀態聚合中各個狀態被分組，每組具有一個共享的估計值（權重向量 $\mathbf{w}$ 的一個分量）。一個狀態值被估計為該組對應的分量，並在更新狀態時僅更新該分量。狀態聚合是 SGD(9.7) 的一種特例，其中梯度 $\nabla\hat{v}(S_t,\mathbf{w}_t)$ 對於 S_t 所在組的分量為 1，對於其他組的分量為 0。

範例 9.1：具有 1000 個狀態隨機漫步的狀態聚合。考慮具有 1000 個狀態的隨機漫步問題（第 135 和 157 頁上的範例 6.2 和 7.1）。狀態由左至右以 1 到 1000 進行編號，且所有分節都從中心處第 500 個狀態開始。狀態轉移是從當前狀態轉移至其左側 100 個相鄰狀態中其中一個狀態，或轉移至其右側的 100 個相鄰狀態中其中一個狀態，所有轉移機率皆相等。如果當前狀態在邊緣附近，則靠近邊緣方向上的相鄰狀態數量可能少於 100。在此情形下，缺少的相鄰狀態數量與原先應有相鄰狀態總數量的比值為當前狀態於該邊緣側終止的機率（因此，狀態 1 有 0.5 的機率在左側終止，狀態 950 有 0.25 的機率在右側終止）。如先前我們所描述，在左側終止將產生 -1 的獎勵，而在右邊終止將產生 +1 的獎勵。其他所有轉移的獎勵皆為 0。在本節中我們以此問題作為狀態聚合的執行範例。

圖 9.1 顯示了此問題的實際價值函數 v_π。此實際價值函數幾乎是一條直線，但在兩端的前 100 個以及最後 100 個狀態略微向水平彎曲。圖中還顯示了梯度蒙地卡羅演算法透過狀態聚合學習以 $\alpha = 2 \times 10^{-5}$ 的步長執行 100,000 個分節後的最終近似價值函數。對於狀態聚合，1000 個狀態被分為 10 組，每組 100 個狀態（即狀態 1–100 為一組，狀態 101–200 為另一組，依此類推）。

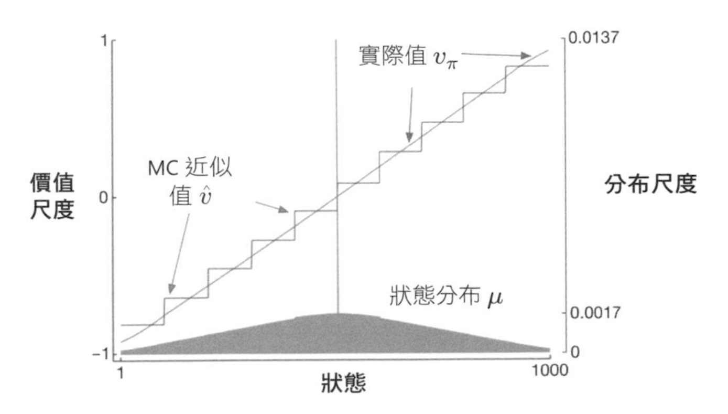

圖 9.1 使用梯度蒙地卡羅演算法（第 219 頁）在具有 1000 個狀態的隨機漫步問題透過狀態聚合進行函數近似。

圖中所顯示的階梯效應是狀態聚合的典型特徵，在各組中近似值是恆定的並從各組的第 100 個狀態後變化至下一組。這些近似值接近 $\overline{\text{VE}}$ 的全域最小值 (9.1)。

透過參考此問題的狀態分布 μ 可以讓我們更容易了解這些近似值的一些細節，此狀態分布在圖的下半部並以右側的尺度表示。在中央的第 500 個狀態是每個分節的第一個狀態，但很少會再次訪問，平均而言大約有 1.37％的時步處於開始狀態。從開始狀態採取一步可到達的狀態是訪問量第二高的狀態，大約有 0.17％的時步會停留在此類狀態。從訪問量第二高的狀態之後 μ 幾乎呈線性下降，在兩個極端狀態 1 和 1000 處大約為 0.0147％。在分布中影響最明顯是左右兩側的組，最左邊的組其近似值明顯高於狀態實際值的未加權平均值，而在最右邊的組其近似值則明顯偏低，這是由於兩個區域中的狀態在根據 μ 的權重中具有最大的不對稱性。例如在最左側的組中狀態 100 的權重是狀態 1 的 3 倍以上，因此該組的估計值將偏向狀態 100 的實際值，而此估計值大於狀態 1 的實際值。 ■

9.4 線性方法

函數近似最重要的特殊情形之一為近似函數 $\hat{v}(\cdot,\mathbf{w})$ 是權重 $\mathbf{w}$ 向量的線性函數。對於每個狀態 s，存在一個實值向量 $\mathbf{x}(s) \doteq (x_1(s), x_2(s), \ldots, x_d(s))^\top$，其分量數量（即維度）與 $\mathbf{w}$ 相同。線性方法透過 $\mathbf{w}$ 和 $\mathbf{x}(s)$ 的內積來近似狀態值函數：

$$\hat{v}(s,\mathbf{w}) \doteq \mathbf{w}^\top \mathbf{x}(s) \doteq \sum_{i=1}^{d} w_i x_i(s). \tag{9.8}$$

在此情形下近似值函數被稱為**在權重上是線性的**（*linear in the weights*）或簡潔地稱為**線性的**（*linear*）。

向量 $\mathbf{x}(s)$ 稱為狀態 s 的**特徵向量**（*feature vector*）。$\mathbf{x}(s)$ 中的每個分量 $x_i(s)$ 是一個 $x_i : \mathcal{S} \to \mathbb{R}$ 的函數。我們將一個**特徵**（*feature*）視為這些函數的整體屬性之一，因此我們將狀態 s 的值稱為 ***s* 的特徵**。對於線性方法而言特徵是**基底函數**（*basis functions*），因為它們形成近似函數集合的線性基底（linear basis）。建構表示狀態的 d 維特徵向量與選擇一組 d 個基底函數相同。特徵可以用許多不同的方式進行定義，我們將在下一節中介紹一些可能的方式。

我們可以自然地將 SGD 更新與線性函數近似結合進行使用。在此情形下近似值函數相對於 $\mathbf{w}$ 的梯度為

$$\nabla \hat{v}(s,\mathbf{w}) = \mathbf{x}(s).$$

因此，在線性情形下，一般 SGD 更新（9.7）將會簡化為一種特別簡單的形式：

$$\mathbf{w}_{t+1} \doteq \mathbf{w}_t + \alpha \Big[U_t - \hat{v}(S_t,\mathbf{w}_t) \Big] \mathbf{x}(S_t).$$

因為線性 SGD 非常簡單，所以它成為數學分析時最常使用的方法之一。對於所有類型的學習系統，幾乎所有有效的收斂結果都是使用線性（或更簡單的）函數近似方法獲得的。

特別是在線性情形下，只有一個最佳值（或者在退化的情形下有一組一樣好的最佳值），因此任何可以保證收斂或接近於區域最佳值的方法都會自動保證收斂或接近於全域最佳值。例如，如果 α 根據一般條件的情形下隨著時間減少，則上一節中所介紹的梯度蒙地卡羅演算法在線性函數近似下將收斂到 $\overline{\text{VE}}$ 的全域最佳值。

上一節中所介紹的半梯度 TD(0) 演算法同樣也會在線性函數近似下收斂，但這並不符合 SGD 的一般結果。因此，一個單獨的定理是必要的。權重向量也並非收斂到全域最佳情形，而是接近區域最佳情形的一個點。詳細地分析這個重要的情形對我們而言相當有用，特別是對於連續性情形。每個時步 t 的更新為

$$\begin{aligned}\mathbf{w}_{t+1} &\doteq \mathbf{w}_t + \alpha\Big(R_{t+1} + \gamma\mathbf{w}_t^\top\mathbf{x}_{t+1} - \mathbf{w}_t^\top\mathbf{x}_t\Big)\mathbf{x}_t \\ &= \mathbf{w}_t + \alpha\Big(R_{t+1}\mathbf{x}_t - \mathbf{x}_t\big(\mathbf{x}_t - \gamma\mathbf{x}_{t+1}\big)^\top\mathbf{w}_t\Big),\end{aligned} \tag{9.9}$$

在此我們使用了簡化形式 $\mathbf{x}_t = \mathbf{x}(S_t)$。一旦系統達到穩定狀態，對於任何給定的 $\mathbf{w}_t$ 我們可以得出下一個預期權重向量

$$\mathbb{E}[\mathbf{w}_{t+1}|\mathbf{w}_t] = \mathbf{w}_t + \alpha(\mathbf{b} - \mathbf{A}\mathbf{w}_t), \tag{9.10}$$

其中

$$\mathbf{b} \doteq \mathbb{E}[R_{t+1}\mathbf{x}_t] \in \mathbb{R}^d \text{ 和 } \mathbf{A} \doteq \mathbb{E}\Big[\mathbf{x}_t\big(\mathbf{x}_t - \gamma\mathbf{x}_{t+1}\big)^\top\Big] \in \mathbb{R}^d \times \mathbb{R}^d \tag{9.11}$$

由 (9.10) 可以明顯看出如果發生收斂時，則必須收斂到權重向量 $\mathbf{w}_{\mathrm{TD}}$ 並滿足以下特性：

$$\begin{aligned} & & \mathbf{b} - \mathbf{A}\mathbf{w}_{\mathrm{TD}} &= \mathbf{0} \\ \Rightarrow & & \mathbf{b} &= \mathbf{A}\mathbf{w}_{\mathrm{TD}} \\ \Rightarrow & & \mathbf{w}_{\mathrm{TD}} &\doteq \mathbf{A}^{-1}\mathbf{b}. \end{aligned} \tag{9.12}$$

這個量稱為 *TD 固定點*（*TD fixed point*），實際上線性半梯度 TD(0) 將收斂到這一點。下面的方框提供了我們線性 TD(0) 的收斂性證明，以及上述逆矩陣的存在性證明。

線性 TD(0) 的收斂性證明

哪些特性可確保線性 TD(0) 演算法 (9.9) 收斂？我們透過將 (9.10) 改寫為

$$\mathbb{E}[\mathbf{w}_{t+1}|\mathbf{w}_t] = (\mathbf{I} - \alpha\mathbf{A})\mathbf{w}_t + \alpha\mathbf{b}. \tag{9.13}$$

注意到矩陣 $\mathbf{A}$ 是乘以權重向量 $\mathbf{w}_t$ 而非 $\mathbf{b}$，對於收斂而言只有 $\mathbf{A}$ 是重要的。為了更直覺說明，我們考慮 $\mathbf{A}$ 是對角矩陣的特殊情形。如果任何一個對角線元素為負，則 $\mathbf{I} - \alpha\mathbf{A}$ 對應的對角線元素將大於 1 且 $\mathbf{w}_t$ 的對應分量將被放大，如果持續放大將導致發散的情形。另一方面，如果 $\mathbf{A}$ 的對角線元素全部為正，則

α 可以選擇它們之中小於 1 的最大值使得 $\mathbf{I}-\alpha\mathbf{A}$ 的所有對角線元素介於 0 到 1 之間。在此情形下 $\mathbf{I}-\alpha\mathbf{A}$ 將趨向於縮減 $\mathbf{w}_t$ 並確保其穩定性。通常當 $\mathbf{A}$ 為**正定**（*positive definite*）矩陣時 $\mathbf{w}_t$ 將向 0 縮減，這表示對於任何實數向量 $y \neq 0$ 時 $y^\top \mathbf{A} y > 0$。正定性質還保證了其逆矩陣 $\mathbf{A}^{-1}$ 的存在。

對於線性 TD(0)，在 $\gamma < 1$ 的連續情形下，$\mathbf{A}$ 矩陣 (9.11) 可以表示為

$$\begin{aligned}
\mathbf{A} &= \sum_s \mu(s) \sum_a \pi(a|s) \sum_{r,s'} p(r,s'|s,a)\mathbf{x}(s)\big(\mathbf{x}(s)-\gamma\mathbf{x}(s')\big)^\top \\
&= \sum_s \mu(s) \sum_{s'} p(s'|s)\mathbf{x}(s)\big(\mathbf{x}(s)-\gamma\mathbf{x}(s')\big)^\top \\
&= \sum_s \mu(s)\mathbf{x}(s)\bigg(\mathbf{x}(s)-\gamma\sum_{s'} p(s'|s)\mathbf{x}(s')\bigg)^\top \\
&= \mathbf{X}^\top \mathbf{D}(\mathbf{I}-\gamma\mathbf{P})\mathbf{X},
\end{aligned}$$

其中 $\mu(s)$ 是在策略 π 下的平穩分布，$p(s'|s)$ 是在策略 π 下從狀態 s 轉移到狀態 s' 的機率，$\mathbf{P}$ 是這些機率對應的 $|\mathcal{S}|\times|\mathcal{S}|$ 矩陣，$\mathbf{D}$ 是 $|\mathcal{S}|\times|\mathcal{S}|$ 的對角矩陣其對角線為 $\mu(s)$，$\mathbf{X}$ 是以 $\mathbf{x}(s)$ 為列向量的 $|\mathcal{S}|\times d$ 矩陣。從這裡可以清楚地看出，中間的矩陣 $\mathbf{D}(\mathbf{I}-\gamma\mathbf{P})$ 是確定矩陣 $\mathbf{A}$ 的正定性關鍵因素。

對於這種形式的關鍵矩陣，如果其所有行向量的總和為非負數，則可保證其正定性質。Sutton（1988, p. 27）基於兩個先前建立的定理證明了這一點。第一個定理是，任何矩陣 $\mathbf{M}$ 為正定矩陣當且僅當對稱矩陣 $\mathbf{S}=\mathbf{M}+\mathbf{M}^\top$ 為正定矩陣（Sutton 1988, appendix）。第二個定理是如果對稱實數矩陣 $\mathbf{S}$ 的所有對角元素均為正且大於其對應的非對角元素絕對值之和，則對稱實數矩陣 $\mathbf{S}$ 為正定矩陣（Varga 1962, p. 23）。我們的關鍵矩陣 $\mathbf{D}(\mathbf{I}-\gamma\mathbf{P})$ 中對角線元素為正，非對角元素為負，因此我們只需證明每列總和加上其對應的行總和為正即可。由於 $\mathbf{P}$ 是隨機矩陣且 $\gamma<1$，所以列總和均為正。因此我們僅需證明行總和為非負數。請注意，任何矩陣 $\mathbf{M}$ 的列向量其行總和都可以寫成 $\mathbf{1}^\top\mathbf{M}$，其中 $\mathbf{1}$ 是所有分量為 1 的行向量。令 $\boldsymbol{\mu}$ 表示為 $\mu(s)$ 的 $|\mathcal{S}|$- 維向量，因為 $\boldsymbol{\mu}$ 是平穩分布所以 $\boldsymbol{\mu}=\mathbf{P}^\top\boldsymbol{\mu}$。因此我們的關鍵矩陣的行總和為：

$$\begin{aligned}
\mathbf{1}^\top\mathbf{D}(\mathbf{I}-\gamma\mathbf{P}) &= \boldsymbol{\mu}^\top(\mathbf{I}-\gamma\mathbf{P}) \\
&= \boldsymbol{\mu}^\top-\gamma\boldsymbol{\mu}^\top\mathbf{P} \\
&= \boldsymbol{\mu}^\top-\gamma\boldsymbol{\mu}^\top && \text{（因為 } \boldsymbol{\mu} \text{ 是平穩分布）} \\
&= (1-\gamma)\boldsymbol{\mu}^\top,
\end{aligned}$$

所有分量均為正。因此，關鍵矩陣及 **A** 矩陣均為正定矩陣，所以 on-policy TD(0) 是穩定的（要證明以 1 的機率收斂還需要其他條件和 α 隨時間減少的相關資訊）。

在 TD 固定點上，已經有相關證據證明（在連續性情形下）其 $\overline{\mathrm{VE}}$ 在帶有擴展因子的最小誤差範圍內。

$$\overline{\mathrm{VE}}(\mathbf{w}_{\mathrm{TD}}) \;\leq\; \frac{1}{1-\gamma} \min_{\mathbf{w}} \overline{\mathrm{VE}}(\mathbf{w}). \tag{9.14}$$

也就是 TD 方法的漸近誤差不超過使用蒙地卡羅方法在極限情形下其最小誤差的 $\frac{1}{1-\gamma}$ 倍。由於 γ 通常很接近 1，擴展因子可能會非常大，因此使用 TD 方法的漸近情形會存在很大的潛在損失。另一方面，請記住與蒙地卡羅方法相比，TD 方法的變異數通常縮減情形較大，因此收斂速度會更快，就如我們在第 6 章和第 7 章中所觀察到的情形。採取哪種方法最好取決於近似情形和問題的性質，以及學習時間的長短。

與 (9.14) 類似的收斂邊界也適用於其他 on-policy 自助方法。 例如線性半梯度 DP（公式 9.7，$U_t \doteq \sum_a \pi(a|S_t) \sum_{s',r} p(s',r|S_t,a)[r+\gamma\hat{v}(s',\mathbf{w}_t)]$）根據 on-policy 分布進行更新也將收斂到 TD 固定點。單步半梯度**動作值**方法（例如下一章中將介紹的半梯度 Sarsa(0)）也會收斂到類似的固定點和相似的界限。對於分節性任務存在著一個略有不同但相關的邊界（詳見 Bertsekas and Tsitsiklis, 1996）。我們在此省略了一些關於獎勵、特徵和步長參數的縮減方面的技術內容，完整的細節讀者可以參考原始論文（Tsitsiklis and Van Roy, 1997）。

這些收斂結果的關鍵在於根據 on-policy 分布來更新狀態。對於其他更新分布方式，使用函數近似的自助方法實際上可能會造成發散到無窮大的情形發生。我們將在第 11 章說明這樣的情形並探討可能的解決方法。

範例 9.2：具有 1000 個狀態隨機漫步的問題中使用自助方法。狀態聚合是線性函數近似的一種特例，因此讓我們回到具有 1000 個狀態隨機漫步的問題來說明本章的一些觀點。圖 9.2 的左側顯示了透過半梯度 TD(0) 演算法（第 220 頁），並使用與範例 9.1 中相同的狀態聚合進行學習的最終價值函數。我們可以看到與圖 9.1 所示的蒙地卡羅近似方法相比，近乎漸近的 TD 近似情形確實距離實際值更遠。

儘管如此，TD 方法在學習率方面仍具有巨大的潛在優勢，而且正如我們在第 7 章中對 n 步 TD 方法所充分探討的相同，它對於進一步廣義化為蒙地卡羅方法有很大的幫助。圖 9.2 的右側顯示了 n 步半梯度 TD 方法在具有 1000 個狀態的隨機漫步的問題中使用狀態聚合的結果，這與我們之前使用表格式方法在具有 19 個狀態的隨機漫步所獲得的結果極為相似（圖 7.2）。為了獲得在數量上相似的結果，我們將狀態聚合變更為 20 組每組 50 個狀態，使得這 20 個小組在數量上能接近先前表格式問題的 19 個狀態。

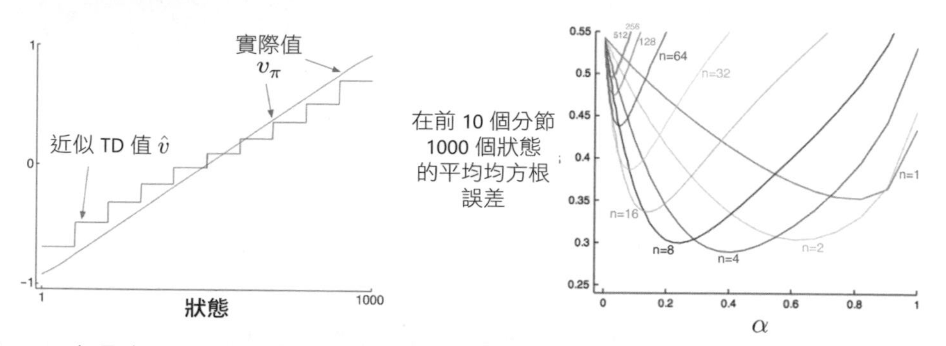

圖 9.2 在具有 1000 個狀態隨機漫步的問題中使用狀態聚合進行自助。*左側*：半梯度 TD 的漸近值比圖 9.1 中蒙地卡羅方法的漸近值差。*右側*：具有狀態聚合的 n 步方法的性能表現與採用表格式方法的情形極為相似（請參見圖 7.2）。這些資料是經過 100 次執行行的平均值。

特別要注意的是，先前的狀態轉移最多可向左或向右轉移 100 個狀態，而在此的轉移則是向左或向右 50 個狀態，這樣在數量上就類似於 19 個狀態的表格式方法中的單個狀態轉移。為了能夠匹配先前的問題，在此我們使用相同的指標進行比較（在前 10 個分節的所有狀態下均方根誤差的未加權平均值），而非在函數近似時更合適的 $\overline{\text{VE}}$。■

上述範例中所使用的半梯度 n 步 TD 演算法是將第 7 章所介紹的表格式 n 步 TD 演算法自然擴展到半梯度函數近似，虛擬碼如下面的方框中所示。

n 步半梯度 TD，用於估計 $\hat{v} \approx v_\pi$

輸入：待評估的策略 π

輸入：一個可微分的函數 $\hat{v} : \mathcal{S}^+ \times \mathbb{R}^d \to \mathbb{R}$ 使得 $\hat{v}(終端,\cdot) = 0$

演算法參數：步長 $\alpha > 0$、正整數 n

任意初始化價值函數權重 $\mathbf{w}$（例如 $\mathbf{w} = \mathbf{0}$）

所有儲存和訪問的操作（S_t 和 R_t）都可以使用其索引除以 $n+1$ 取餘數進行

對每個分節循環：

  初始化並儲存 $S_0 \neq$ 終端

  $T \leftarrow \infty$

  對 $t = 0, 1, 2, \ldots$ 循環：

  | 如果 $t < T$，則：

  | 根據 $\pi(\cdot|S_t)$ 採取動作

  | 觀察並將下一個獎勵儲存為 R_{t+1}，將下一個狀態儲存為 S_{t+1}

  | 如果 S_{t+1} 是終端狀態，則 $T \leftarrow t+1$

  | $\tau \leftarrow t - n + 1$（$\tau$ 是狀態估計正在更新的時步）

  | 如果 $\tau \geq 0$：

  | $G \leftarrow \sum_{i=\tau+1}^{\min(\tau+n,T)} \gamma^{i-\tau-1} R_i$

  | 如果 $\tau + n < T$，則 $G \leftarrow G + \gamma^n \hat{v}(S_{\tau+n}, \mathbf{w})$ $(G_{\tau:\tau+n})$

  | $\mathbf{w} \leftarrow \mathbf{w} + \alpha \left[G - \hat{v}(S_\tau, \mathbf{w})\right] \nabla \hat{v}(S_\tau, \mathbf{w})$

  直到 $\tau = T - 1$

類似於 (7.2)，此演算法的關鍵方程式為

$$\mathbf{w}_{t+n} \doteq \mathbf{w}_{t+n-1} + \alpha \left[G_{t:t+n} - \hat{v}(S_t, \mathbf{w}_{t+n-1})\right] \nabla \hat{v}(S_t, \mathbf{w}_{t+n-1}), \quad 0 \leq t < T, \tag{9.15}$$

其中 n 步回報從 (7.1) 廣義化為

$$G_{t:t+n} \doteq R_{t+1} + \gamma R_{t+2} + \cdots + \gamma^{n-1} R_{t+n} + \gamma^n \hat{v}(S_{t+n}, \mathbf{w}_{t+n-1}), \quad 0 \leq t \leq T-n. \tag{9.16}$$

練習 9.1：證明表格式方法（如本書第一部分中所介紹的）為線性函數近似的一種特例。其特徵向量為？ □

9.5 線性方法的特徵結構

線性方法的有趣之處在於具有收斂性的保證，同時在實際應用中對於資料和計算上都具有高效性。是否真是如此的關鍵取決於狀態如何以特徵的結構形式來

表示，我們將在本節中進行探討。對問題選擇合適的特徵是一個將先前的領域知識添加到強化學習系統中的重要方式。就直觀的角度而言，這些特徵應該對應於狀態空間的各個層面使我們可以沿其進行適當的廣義化。例如我們評估幾何物體時可能會希望針對每種可能的形狀、顏色、大小或功能等建構特徵。如果要評估移動機器人的狀態可能會需要位置、電池剩餘電量及最近的聲納讀取值等特徵的資訊。

線性形式的限制在於它不能考慮特徵之間的任何相互作用，如特徵 i 的存在僅在不存在特徵 j 的情況下才是好的。例如在桿平衡問題中（範例 3.4），角速度高是好或壞取決於角度。如果角度大，則角速度高表示存在立即的危險使桿倒下（一個不好的狀態）。反之，如果角度小，則角速度越高表示桿處於平衡的狀態（一個良好的狀態）。如果在桿平衡問題中的特徵我們分別針對角度和角速度進行獨立編碼，則線性價值函數將無法有效表示桿子當下的情形。相反地或著換句話說，在桿平衡問題中我們需要使用這兩個基礎狀態維度所組合出的特徵來呈現桿子當下的情形。在接下來幾個小節中，我們將詳細介紹使用這種方式的各種常規方法。

9.5.1 多項式

在許多問題中狀態最初都以數字表示，例如在桿平衡問題中的位置和速度（範例 3.4）、傑克的汽車租賃問題中每個租車地點汽車的數量（範例 4.2）或賭徒問題中賭徒的賭資（範例 4.3）。在這些問題中，用於強化學習的函數近似概念上與我們熟悉的內插和迴歸問題有許多共同點，通常一些常用於內插和迴歸的特徵也可以用於強化學習。多項式是能夠將用於內插和迴歸中的特徵進行組合最簡單的方式之一，雖然我們在此所討論的基本多項式特徵在強化學習中不如其他類型的特徵那樣有效，但由於它們簡單易懂，因此可以作為介紹特徵結構一個很好的開始。

例如，假設一個強化學習問題的狀態具有兩個數值維度。對於一個代表性的狀態 s 令其兩個數值分別為 $s_1 \in \mathbb{R}$ 和 $s_2 \in \mathbb{R}$。你可以簡單地透過其兩個狀態維度來表示 s，即 $\mathbf{x}(s) = (s_1, s_2)^\top$，但你將無法考慮這些維度之間的任何相互作用關係。此外，如果 s_1 及 s_2 均為 0，則近似值也必須為 0。我們可以透過使用四維特徵向量 $\mathbf{x}(s) = (1, s_1, s_2, s_1 s_2)^\top$ 表示 s 來克服這兩個限制。一開始的特徵 1 用於以原始狀態數值表示一個仿射函數，而最後的乘積特徵 $s_1 s_2$ 則用於考慮維度之間的交互作用。或者你可以選擇使用更高維度的特徵向量，例如 $\mathbf{x}(s) = (1, s_1, s_2, s_1 s_2, s_1^2, s_2^2, s_1 s_2^2, s_1^2 s_2, s_1^2 s_2^2)^\top$ 以考慮維度之間更複雜的交互作用。

這樣的特徵向量使近似值成為狀態數值的任意二次函數，儘管近似值相對於必須學習的權重仍為線性。將此上述的例子從兩個數值延伸到 k 個數值，我們就可以表示出問題中狀態維度之間高度複雜的相互作用關係：

假設每個狀態 s 對應於 k 個數值 $s_1, s_2, ..., s_k$，每個 $s_i \in \mathbb{R}$。對於該 k 維狀態空間，每個 n 階多項式基底特徵 x_i 可以表示為

$$x_i(s) = \Pi_{j=1}^{k} s_j^{c_{i,j}}, \tag{9.17}$$

其中每個 $c_{i,j}$ 是集合 $\{0, 1, \ldots, n\}$ 中的整數，$n \geq 0$。這些特徵構成了維度 k 的 n 階多項式基底，其中包含 $(n+1)^k$ 個不同的特徵。

高階多項式基底可以更準確地近似更複雜的函數。但由於在 n 階多項式基底中的特徵數量隨自然狀態空間的維數 k 呈指數成長（如果 $n{>}0$），通常會選擇它們的一個子集來進行函數近似。這可以透過使用關於要近似的函數其性質的先前經驗來完成，並且可以採用一些多項式迴歸自動選擇方法以適應強化學習的增量和非平穩性質。

練習 9.2：為什麼對於 k 維狀態 (9.17) 定義 $(n+1)^k$ 個不同的特徵？ □

習題 9.3：產生特徵向量 $\mathbf{x}(s) = (1, s_1, s_2, s_1 s_2, s_1^2, s_2^2, s_1 s_2^2, s_1^2 s_2, s_1^2 s_2^2)^\top$ 的 n 和 $c_{i,j}$ 各為？ □

9.5.2 傅立葉基底

另一個線性函數近似方法是基於歷史悠久的傅立葉級數，傅立葉級數將週期函數表示為不同頻率的正弦基底函數和餘弦基底函數（特徵）的加權和（如果對於所有 x 和某個週期 τ，$f(x) = f(x+\tau)$，則函數 f 是週期性的）。傅立葉級數和更通用的傅立葉轉換在應用科學中被廣泛使用，部分原因是因為如果要近似的函數是已知的，則我們可透過簡單的公式給予這些基本函數對應的權重，此外，有了足夠的基底函數，基本上任何函數都可以根據需求準確地近似。在強化學習當中要近似的函數是未知的時候，傅立葉基底函數相當具有吸引力，因為它們易於使用且可以在一系列強化學習問題中有非常好的表現。

首先讓我們考慮一維的情形。具有週期 τ 的一維函數其一般傅立葉級數表徵是將函數表示為週期性正弦函數及餘弦函數的線性組合，其函數週期是將 τ 進行均等劃分（換句話說，其頻率為基頻 $1/\tau$ 的整數倍）。但如果想要近似有限區間內的非週期性函數，則可以使用這些傅立葉基底特徵並將 τ 設為區間的長度。這樣一來，我們所感興趣的函數就可以以週期性正弦特徵與餘弦特徵線性組合的一個週期呈現。

此外，如果將 τ 設為感興趣區間長度的兩倍並將注意力集中在半區間 $[0, \tau/2]$，則可以僅使用餘弦特徵。這是可以做到的，因為你可以只用餘弦基底函數來表示任意偶（*even*）函數，即任何於原點對稱的函數。因此在半週期 $[0, \tau/2]$ 上的任何函數都可以根據需求使用足夠的餘弦特徵進行近似（「任何函數」的說法並不完全正確，因為該函數必須在數學上具有良好的行為特性，但在此我們跳過此技術細節），或者也可以只使用正弦特徵，其線性組合始終是奇（*odd*）函數，即於原點反對稱的函數。但通常我們最好保留餘弦特徵，因為「半偶」函數比「半奇」函數更容易近似，半奇函數通常在原點處是不連續的。當然這並不排除同時使用正弦和餘弦特徵在區間 $[0, \tau/2]$ 進行近似，這在某些情況下可能是有利的。

遵循此邏輯規則並令 $\tau = 2$ 使得特徵在半 τ 區間 $[0, 1]$，一維 n 階傅立葉餘弦基底由 $n + 1$ 個特徵組成

$$x_i(s) = \cos(i\pi s), \quad s \in [0, 1],$$

對於 $i = 0, \ldots, n$。圖 9.3 顯示了 $i = 1, 2, 3, 4$ 時的一維傅立葉餘弦特徵 x_i，x_0 為一個常數函數。

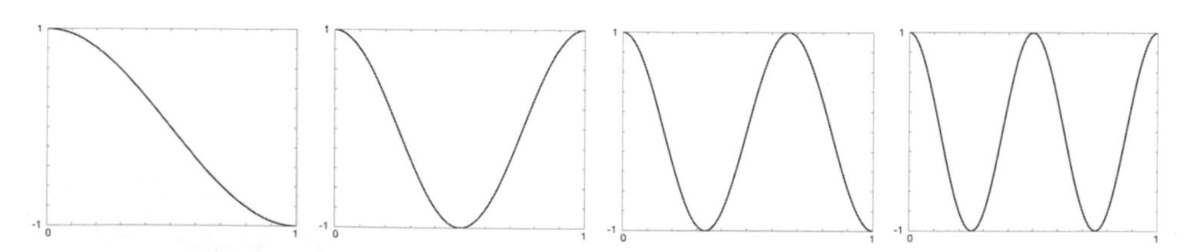

圖 9.3 一維傅立葉餘弦特徵 x_i，$i = 1, 2, 3, 4$，對於近似函數在區間 $[0, 1]$ 的情形。取自 Konidaris 等人的論文（2011）。

相同的推理同樣適用於多維情況下的傅立葉餘弦級數近似，如下一頁的方框所述。

假設每個狀態 s 為對應於 k 個數值的向量 $\mathbf{s} = (s_1, s_2, ..., s_k)^\top$，且每個 $s_i \in [0,1]$。n 階傅立葉餘弦基的第 i 個特徵可以表示為

$$x_i(s) = \cos\left(\pi \mathbf{s}^\top \mathbf{c}^i\right) \tag{9.18}$$

其中 $\mathbf{c}^i = (c_1^i, \ldots, c_k^i)^\top$。對於 $j = 1, \ldots, k$ 和 $i = 0, \ldots, (n+1)^k$，$c_j^i \in \{0, \ldots, n\}$。這為 $(n+1)^k$ 個可能的整數向量 $\mathbf{c}^i$ 分別定義了一個特徵。內積 $\mathbf{s}^\top \mathbf{c}^i$ 具有將 $\{0, \ldots, n\}$ 中分配整數到狀態 $\mathbf{s}$ 每個維度的效果。與一維的情形相同，此整數將會決定出沿著該維度的特徵頻率。這些特徵可以移動和縮放以適應特定應用情形中有限的狀態空間。

例如，讓我們考慮 $k = 2$ 的情形 $\mathbf{s} = (s_1, s_2)^\top$，其中每個 $\mathbf{c}^i = (c_1^i, c_2^i)^\top$。圖 9.4 顯示了六個我們挑選出來的傅立葉餘弦特徵，每個特徵由定義它的向量 $\mathbf{c}^i$ 來標示（s_1 為橫軸而 $\mathbf{c}^i$ 以省略索引 i 的列向量來標示）。$\mathbf{c}$ 中的 0 表示該特徵在該狀態維度上是恆定的。如果 $\mathbf{c} = (0,0)^\top$，則該特徵在兩個維度上都是恆定的，如果 $\mathbf{c} = (c_1, 0)^\top$，則該特徵在第二維度上恆定並在第一維度上隨 c_1 的頻率變化，這對於 $\mathbf{c} = (0, c_2)^\top$ 也是類似的情形。當 $\mathbf{c} = (c_1, c_2)^\top$ 且沒有任何 $c_j = 0$ 時，特徵將沿兩個維度發生變化，代表兩個狀態變數之間的相互作用。c_1 和 c_2 的值將決定出沿著各維度的特徵頻率，而其比例值提供了交互作用的方向。

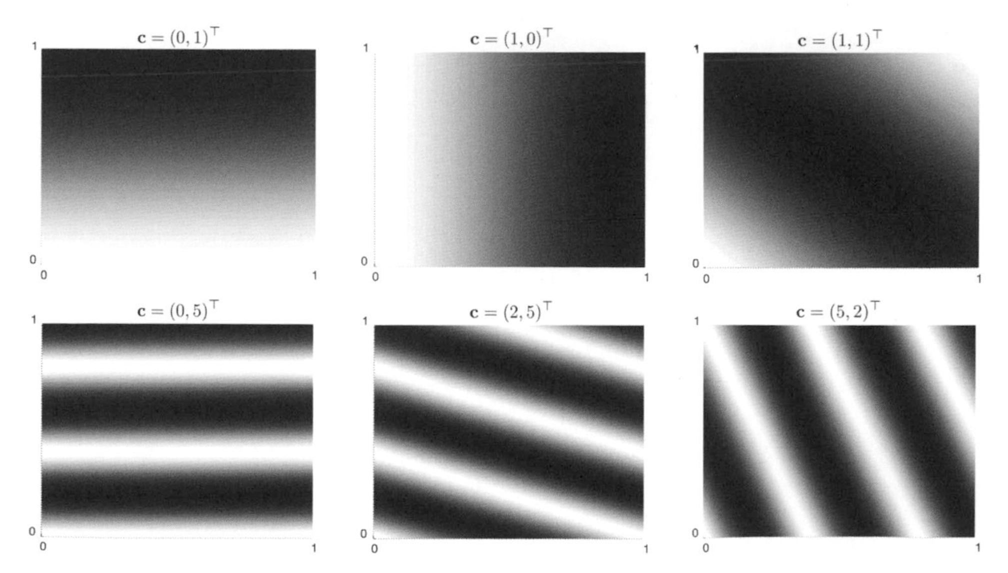

圖 9.4 六個挑選出來的二維傅立葉餘弦特徵，每個特徵由定義它的向量 $\mathbf{c}^i$ 來標示（s_1 為橫軸而以 $\mathbf{c}^i$ 省略索引 i 的行向量來標示）。取自 Konidaris 等人的論文（2011）。

當將傅立葉餘弦特徵與 (9.7)、半梯度 TD(0) 或半梯度 Sarsa 等學習演算法結合使用時，對於每個特徵使用不同的步長參數可能會有所幫助。如果 α 是基本步長參數，Konidaris、Osentoski 和 Thomas（2011）建議將特徵 x_i 的步長參數設為 $\alpha_i = \alpha/\sqrt{(c_1^i)^2 + \cdots + (c_k^i)^2}$（除了當 $c_j^i = 0$ 時，在此情形下 $\alpha_i = \alpha$）。

與其他幾種基本函數集合（包括多項式函數和徑向基函數）相比，結合 Sarsa 的傅立葉餘弦特徵可以產生更好的性能表現。然而不意外的是，傅立葉特徵在不連續性的情形會遇到麻煩，因為除非特徵包含了非常高頻率的基底函數，否則很難避免在不連續點周圍出現「震盪」。

n 階傅立葉基底的特徵數量隨狀態空間的維度數呈指數成長，但如果維度數足夠小（例如 $k \leq 5$），則可以選擇 n 以便所有 n 階傅立葉特徵都能被使用。這使得特徵的選擇幾乎是自動的。但是對於具有高維度的狀態空間，我們必須選擇這些特徵的子集，這可以使用關於要近似的函數其性質的先前經驗來完成，也可以使用一些適用於處理強化學習的增量和非平穩性質的自動選擇方法。在這方面傅立葉基底特徵的優點在於，透過設定 $\mathbf{c}^i$ 向量來考慮狀態變數之間的可能的相互作用輕鬆地選擇特徵，並透過限制 $\mathbf{c}^j$ 向量中的值以便近似情形可以濾除被認為是噪音的高頻分量。另一方面，由於傅立葉特徵在整個狀態空間中都是非零的（除了少數幾個為零），它們代表狀態的全域特性使得我們很難找到顯示區域特性的好方法。

圖 9.5 顯示了在具有 1000 個狀態隨機漫步問題中，比較傅立葉基底和多項式基底的學習曲線。通常我們不建議採用多項式進行線上學習[2]。

2　有些多項式比我們討論的更複雜，例如正交多項式，使用它們可能會獲得更好的結果，但目前尚未運用在強化學習相關的應用中。

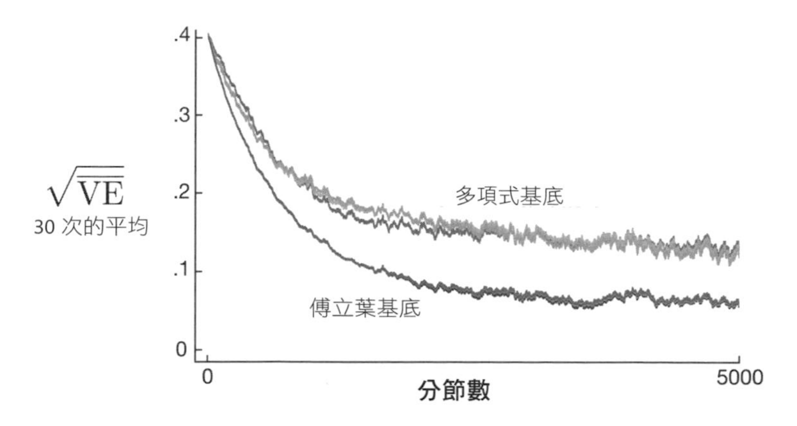

圖 9.5 在具有 1000 個狀態隨機漫步問題中的傅立葉基底與多項式基底。圖中顯示了具有 5、10 和 20 階傅立葉基底和多項式基底的梯度蒙地卡羅方法學習曲線。對於每種情形步長參數都進行了粗略地最佳化：對於多項式基底 $\alpha = 0.0001$，而對於傅立葉基底 $\alpha = 0.00005$。性能表現指標（y 軸）是均方根誤差 (9.1)。

9.5.3 粗編碼

考慮一個任務其狀態集的自然表徵是一個連續的二維空間，在此狀態空間中由特徵組成對應的圓（*circles*），如右圖所示。若狀態在圓內，則相應的特徵值為 1 表示*存在*（*present*），否則該特徵為 0 表示*不存在*（*absent*）。這種 1–0 值的特徵稱為**二元特徵**（*binary feature*）。給定一個狀態，這些二元特徵的「存在」表示該狀態位於哪些圓圈內並以此粗略地編碼其位置。將特徵以這種圖形重疊的方式來表示狀態（儘管它們不一定是圓形或二元的）稱為**粗編碼**（*coarse coding*）。

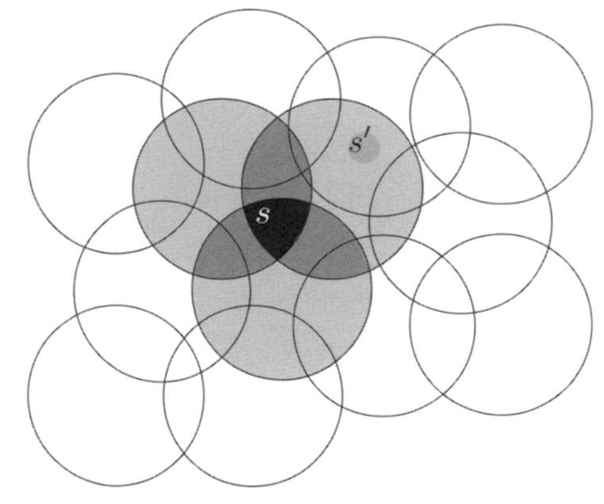

圖 9.6 粗編碼。從狀態 s 到狀態 s' 的廣義化取決於其接受區域（在此情形下為圓形）重疊的特徵數量。這些狀態有一個共同的特徵，因此它們之間具有輕微的廣義化情形。

假設使用線性梯度下降函數近似，考慮圓的大小和密度的影響。每個圓對應於一個受學習影響的權重（$\mathbf{w}$ 的一個分量）。如果我們在一個狀態（空間中的一點）進行訓練，則與該狀態相交的所有圓的權重都會受到影響。因此，透過 (9.8)，近似價值函數將影響在圓聯集內的所有狀態，狀態空間中的一點與該狀態「相同」的圓越多受其影響的情形越大，如圖 9.6 所示。如果圓很小，則廣義化的影響距離較短，如圖 9.7（左）。反之，如果圓很大，則將廣義化的影響距離較大，如圖 9.7（中）。

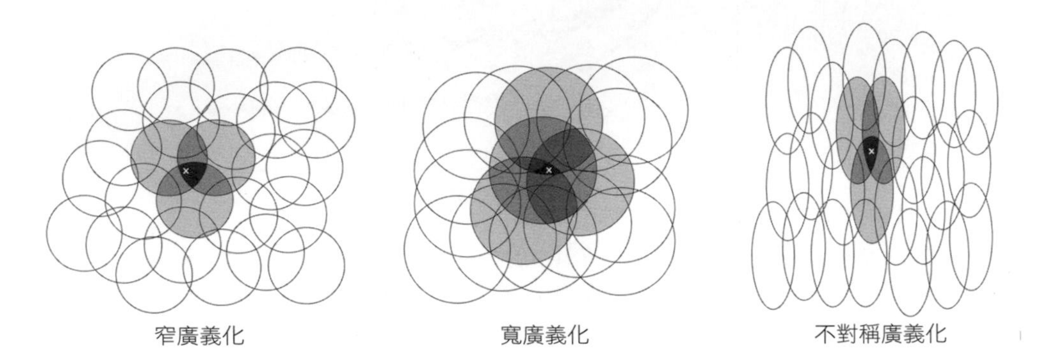

圖 9.7 線性函數近似方法的廣義化是由特徵接受區域的大小和形狀決定。這三種情形的特徵數量和密度大致相同。

此外，特徵的形狀將決定廣義化的性質。例如，如果它們不是嚴格的圓形，而是沿一個方向拉長的，則廣義化的情形將受到同樣的影響，如圖 9.7（右）所示。

具有較大接受區域的特徵可以進行寬廣義化，但似乎也將學習函數限制為粗略的近似情形，無法做出比接受區域寬度更精細的區分。幸運的是事實並非如此，從一個點到另一個點的初始廣義化確實是由接受區域的大小和形狀所控制，但更精細的區分最終會取決於特徵的總數。

範例 9.3：粗編碼的粗糙度。此範例說明了在粗編碼中接受區域大小的影響。使用基於粗編碼和 (9.7) 的線性函數近似來學習一維方波函數（如圖 9.8 的最上方所示），以此函數的值作為目標 U_t。在此範例中僅使用一維，因此接受區域為區間而並非圓。使用三種不同大小的區間反覆進行學習：窄、中等和寬，如圖中底部所示。這三種情形都具有相同的特徵密度，在每個區間內大約有 50 個特徵，並在此範圍內均勻地隨機生成訓練例子。步長參數 $\alpha = \frac{0.2}{n}$，其中 n 是同時出現的特徵數量。圖 9.8 顯示了學習過程中在這三種情形下所學到的函數。請注意，特徵的寬度在學習初期就具有強烈的影響力。寬的特徵會使得廣義化範圍更廣。窄的特徵僅會影響每個訓練點在狀態空間的鄰近點，進而使該學習到的函數變得更顛簸。但學習到的函數對於特徵的寬度最終僅會受到輕微的影響。接受區域的形狀往往對於廣義化有較強的影響，但對於漸近解（asymptotic solution）的品質影響較小。

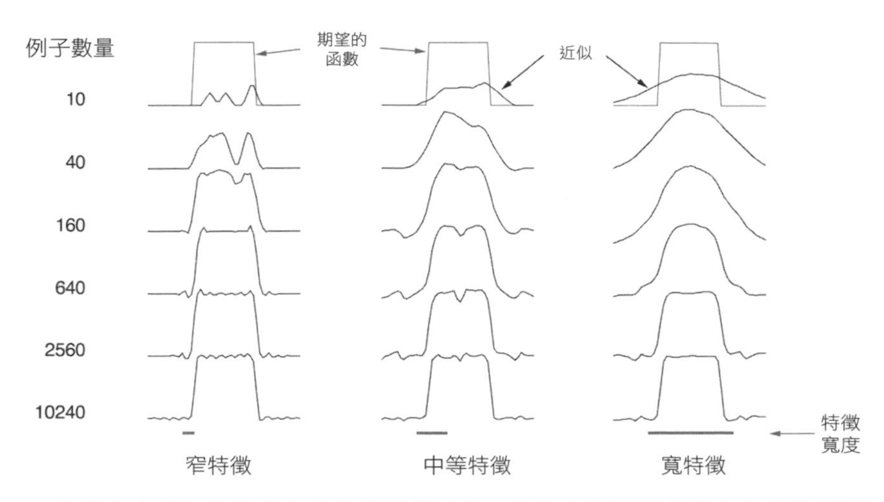

圖 9.8 特徵寬度對初始廣義化較強烈影響（第一列）和對漸近精準度有微弱影響（最後一列）的例子。 ■

9.5.4 瓦片編碼

瓦片編碼是一種靈活且具有高計算效率在多維連續空間進行粗編碼的形式。對現代順序式數位計算機而言，它可能是最實用的特徵表示方式。

在瓦片編碼中，特徵的接受區域被劃分為狀態空間的分區，每個分區稱為**鋪面**（*tiling*），而分區中的每個元素稱為**瓦片**（*tile*）。例如，在二維狀態空間中最簡單的鋪面是一個均勻的網格，如圖 9.9 左側所示，此處的瓦片或接受區域是正方形而非圖 9.6 中的圓形。如果僅使用此單個鋪面，則白點所表示的狀態將由白點所在的單個特徵（所位於的瓦片）來表示。廣義化將影響位於同一瓦片內的所有狀態，而對於瓦片以外的狀態則不受影響。僅使用一個鋪面不會產生粗編碼，僅會產生狀態聚合的情形。

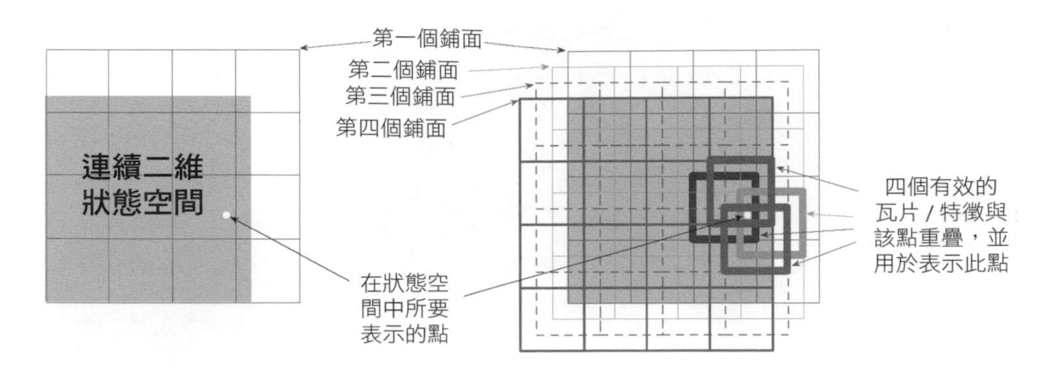

圖 9.9 在有限二維空間上多個重疊的網格鋪面。這些鋪面在每個維度上彼此偏移相同的量。

為了獲得粗編碼的優勢，我們需要重疊的接受區域，並根據定義各分區中的瓦片是不重疊的。為了透過瓦片編碼獲得真正的粗編碼，我們使用了多個鋪面，每個鋪面以一個瓦片寬度的一定比例進行偏移。圖 9.9 的右側顯示了一個具有四個鋪面的簡單例子。每個狀態（例如由白點表示的狀態）都恰好落在四個鋪面中的一個瓦片中。這四個瓦片對應於在狀態發生時變為有效的（active）四個特徵。具體而言，特徵向量 $\mathbf{x}(s)$ 在每個鋪面中的每個瓦片都具有一個分量。在此例子中有 $4 \times 4 \times 4 = 64$ 個分量，除了 s 所位於的瓦片對應的四個分量外其他分量均為 0。圖 9.10 顯示了在具有 1000 狀態隨機漫步的問題中，多個偏移的鋪面（粗編碼）優於單個瓦片的優勢。

瓦片編碼的直接實際優勢是，由於它是透過分區（鋪面）進行的，所以對於任何狀態在同一時間有效的特徵總數是相同的。每個鋪面中恰好只有一個特徵是有效的，因此有效的特徵總數始終與鋪面數相同。這使得我們可以以簡單、直觀的方式設定步長參數 α。例如選擇 $\alpha = \frac{1}{n}$，其中 n 是鋪面的數量，這將會產生精確的一次學習 (one-trial learning)。如果以例子 $s \mapsto v$ 進行訓練，則無論先前的估計值 $\hat{v}(s,\mathbf{w}_t)$ 是多少，新的估計值將為 $\hat{v}(s,\mathbf{w}_{t+1}) = v$。通常我們希望改變得更慢，使得目標輸出可以產生一定的廣義化特性和隨機變化。例如我們可能會選擇 $\alpha = \frac{1}{10n}$，在此情形下對於被訓練的狀態其估計值將在一次更新中移動到目標的十分之一，而其相鄰狀態將移動得更少，並與狀態間同時擁有的瓦片數量成正比。

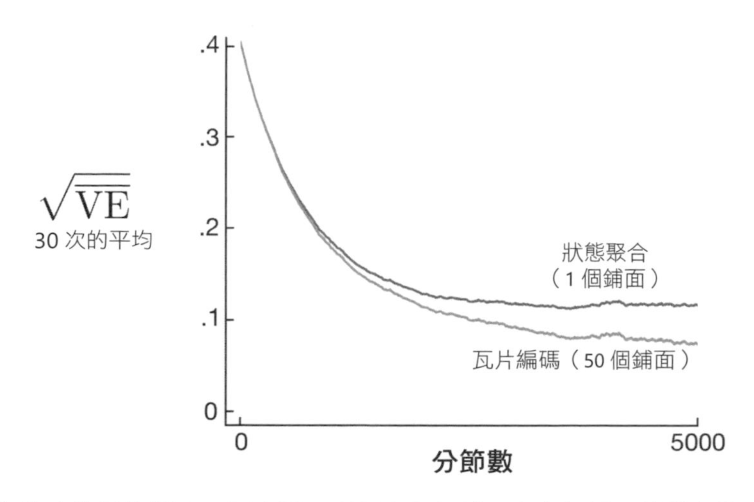

圖 9.10 為什麼使用粗編碼。圖中顯示了具有單個鋪面和多個鋪面的梯度蒙地卡羅演算法在具有 1000 狀態隨機漫步問題的學習曲線。將具有 1000 個狀態的空間視為單個連續的維度，並以每個大小為 200 個狀態寬的瓦片覆蓋。在使用多個鋪面的情形下，每個鋪面彼此偏移了 4 個狀態。設置步長參數使得兩種情形下的初始學習率相同，對於單個鋪面 $\alpha = 0.0001$，而對於 50 個鋪面 $\alpha = 0.0001/50$。

瓦片編碼還透過使用二元特徵向量來獲得一些計算上的優勢。由於每個分量都是 0 或 1，所以組成近似值函數 (9.8) 的加權總和其計算過程相當簡單。我們並不需要執行 d 次乘法和加法，只需簡單地計算 $n \ll d$ 個有效特徵對應的權重，再將權重向量的 n 個對應分量相加即可。

廣義化會發生在被訓練的狀態以外屬於相同瓦片的其他狀態，這些狀態的廣義化影響強度會與共同的瓦片數量成正比。甚至是鋪面之間偏移量的選擇也會影響廣義化，如果它們在每個維度上都均等地偏移（（如圖 9.9 所示），則不同的狀態可以根據其對於特徵性質上的差異進行廣義化，如圖 9.11 的上半部所示。八個子圖中每一個都顯示了從被訓練的狀態到鄰近點的廣義化模式。在此例子中存在八個鋪面，所以在一個瓦片中有 64 個不同的廣義化子區域，每個子區域會根據八種模式中的其中一種進行廣義化。請注意到均勻的偏移量在許多模式中會沿對角線產生強烈影響。我們可以透過使用非對稱偏移的鋪面來避免這些假影（artifacts）的影響，如圖 9.11 的下半部所示。下半部這些的廣義化模式更好，因為它們都有效地集中在被訓練的狀態上，沒有明顯的不對稱性。

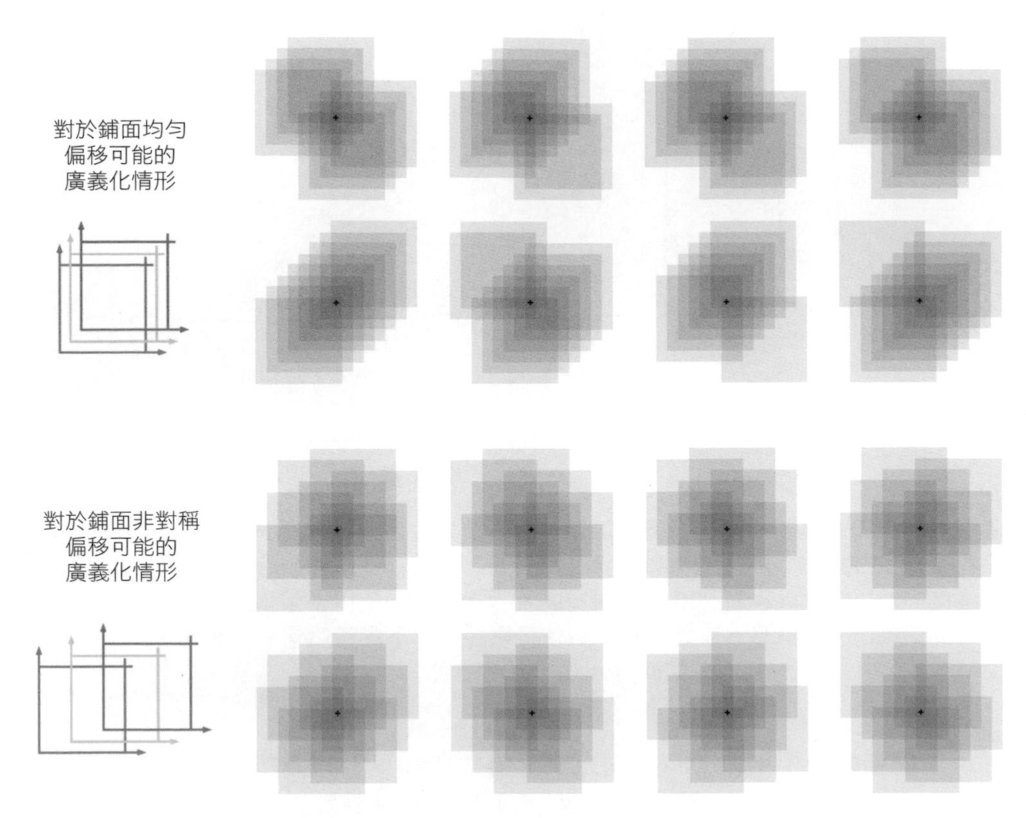

圖 9.11 為什麼在瓦片編碼中偏好非對稱偏移。圖中顯示的是在具有八個鋪面的情形下從被訓練的狀態（以小的黑色加號來表示）到鄰近狀態的廣義化強度。如果鋪面均勻地偏移（圖中上半部），對於廣義化而言將會產生對角線假影和實質性的變化，而對於鋪面非對稱偏移，廣義化影響範圍將類似於球形且更為均勻。

在所有情形下，鋪面在每個維度上的偏移量均為瓦片寬度的一定比例。如果 w 表示瓦片寬度，而 n 表示鋪面數，則 $\frac{w}{n}$ 是一個基本單位。在一個邊長為 $\frac{w}{n}$ 的小方塊內，所有狀態均有相同的有效瓦片，因此具有相同的特徵表示及相同的近似值。如果一個狀態在任何笛卡爾方向上移動了 $\frac{w}{n}$，則其特徵表示中的一個分量 / 瓦片將會發生變化。在鋪面均勻偏移的情形下，鋪面彼此之間以此基本單位作為偏移的距離。在二維空間中，如果我們說每個鋪面都是透過位移向量 $(1, 1)$ 進行偏移，則表示鋪面與前一個鋪面相比偏移了此位移向量的 $\frac{w}{n}$ 倍。根據以上描述，圖 9.11 下半部所示的非對稱偏移透過位移向量 $(1, 3)$ 進行偏移。

許多研究學者已經針對不同位移向量對於瓦片編碼廣義化的影響進行了廣泛的研究（Parks and Militzer, 1991; An, 1991; An, Miller and Parks, 1991; Miller, An, Glanz and Carter, 1990），這些研究評估了廣義化的同質性和對角線假影的趨勢，如同上述 $(1,1)$ 位移向量的情形。

基於這項研究，Miller 和 Glanz（1996）建議使用由奇整數組成的位移向量。特別是對於維數為 k 的連續空間，使用奇整數 $(1,3,5,7,\ldots,2k-1)$ 是一個不錯的選擇，並將 n（鋪面數）設為 2 的整數冪且大於或等於 $4k$。這就是我們在圖 9.11 的下半部分生成鋪面的過程，其中，$k=2$，$n=2^3\geq 4k$，位移向量為 $(1,3)$。在三維情況下，前四個鋪面相對於基本位置的偏移量分別為 $(0,0,0)$、$(1,3,5)$、$(2,6,10)$ 和 $(3,9,15)$。已經有許多開源軟體可以有效地對任意 k 進行以上所描述的多個鋪面偏移。

在選擇鋪面策略時必須考慮到鋪面的數量及片的形狀。鋪面的數量以及瓦片的大小決定了漸近近似的分辨率或精細度，這和圖 9.8 所示的一般的粗編碼情形相同。這和圖 9.8 所示的一般的粗編碼情形相同瓦片的形狀將決定廣義化的性質，如圖 9.7 所示。正方形的瓦片在每個維度上的廣義化效果大致相同，如圖 9.11 下半部所示。沿一個維度將瓦片拉長如圖 9.12（中間）的條紋鋪面將會促進在垂直方向上進行廣義化的情形。在圖 9.12（中間）的鋪面中左側的瓦片更密集且更細，這進而促進了沿水平方向在該維度較低值處的區分情形。圖 9.12（右）中的對角條紋鋪面將促進沿著對角線進行廣義化的情形。在更高維度的情形中，使用與軸對齊的條紋在一些鋪面中會忽略某些維度，即超平面切片。圖 9.12（左）所示的不規則鋪面也是可行的，儘管在實際情形中很少見並在一般軟體中較難實現。

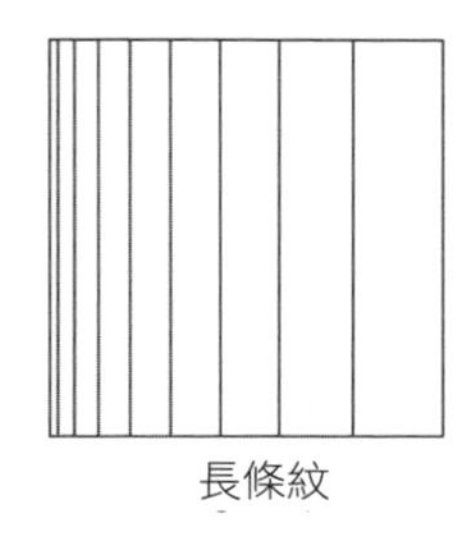

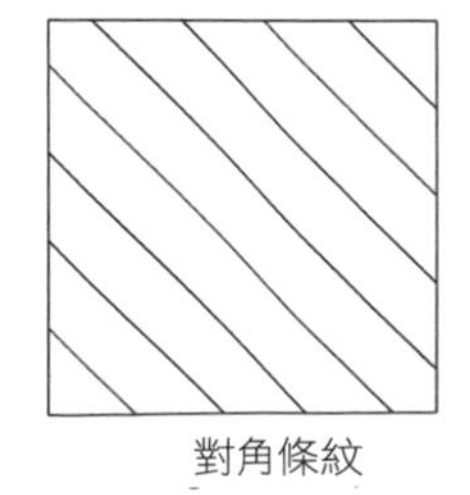

圖 9.12 鋪面不一定是網格狀的。它們可以是任意形狀也可以是不均勻的，在許多情形下仍然可以高效地計算出最終結果。

在實際情形中經常需要在不同的鋪面中使用不同形狀的瓦片。例如我們可能會使用一些垂直條紋鋪面及一些水平條紋鋪面，這會促進沿著任一維度進行廣義的情形化。但是，僅使用條形鋪面就不可能學習到水平坐標和垂直坐標的特定交界點處具有的獨特價值（無論學到什麼，它都會落入具有相同水平坐標和垂直坐標的狀態）。為此我們需要正方形的瓦片，如同在圖 9.9 中所描繪的。透過多個鋪面（一些是水平條紋的、一些是垂直條紋的及一些是正方形的），我們可以獲得所有內容：可以根據偏好沿每個維度進行廣義化，但仍可以學習到對於特定交界點處的價值（例如詳見 Sutton, 1996）。鋪面的選擇決定了廣義化的情形，在可以有效地自動化選擇之前，選擇更彈性且有意義的瓦片編碼是很重要的。

減少儲存需求的另一個有用技巧是**雜湊**（*hashing*），將鋪面經過相同的偽隨機分解拆分成更小的瓦片集合。經過雜湊所產生的瓦片集合隨機分布在整個狀態空間中不連續、不相交的區域，但仍形成一個完整的分區。例如一個瓦片可能由右圖所示的四個子瓦片組成。透過雜湊的方式我們可以在輕微損失性能的情形下透過大量因子降低儲存需求。這是可以做到的，因為高分辨率的需求僅佔狀態空間的一小部分。雜湊使我們擺脫了維數災難，因為儲存需求不需要在維度數量上呈指數關係，只需視問題的實際需求即可。開源軟體中通常也包含了以高效的雜湊方式實現瓦片編碼。

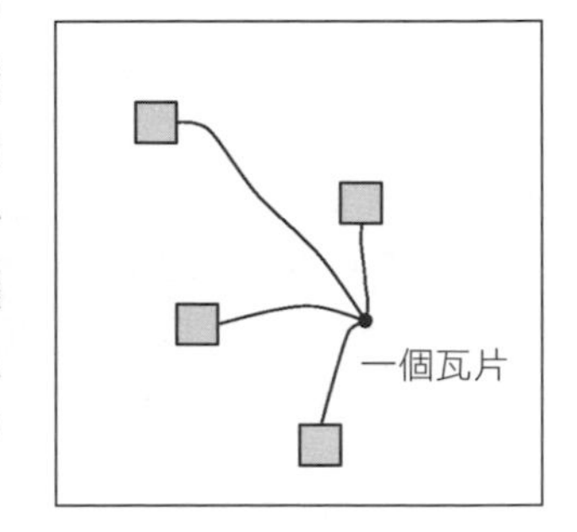

練習 9.4：假設我們認為兩個狀態維度中，其中一個維度比另一個更有可能對價值函數產生影響，則廣義化應該要橫跨這個維度而非沿著這個維度進行。我們可以使用哪種鋪面來利用此先前知識？ □

9.5.5 徑向基底函數

徑向基底函數（Radial basis function, RBF）是從粗編碼到連續值特徵的自然延伸。不同於每個特徵只能為 0 或 1，它可以是區間 $[0, 1]$ 中的任意實數來表示該特徵存在的不同**程度**（*degree*）。典型的 RBF 特徵 x_i 具有高斯（鐘形）響應 $x_i(s)$，其值僅取決於狀態 s 與特徵原型或中心狀態 c_i 之間的距離及特徵的相對寬度 σ_i：

$$x_i(s) \doteq \exp\left(-\frac{||s - c_i||^2}{2\sigma_i^2}\right).$$

可以以任何最適合當前狀態及問題的方式來選擇範數（或稱距離度量）。下圖顯示了具有歐幾里德距離度量的一維例子。

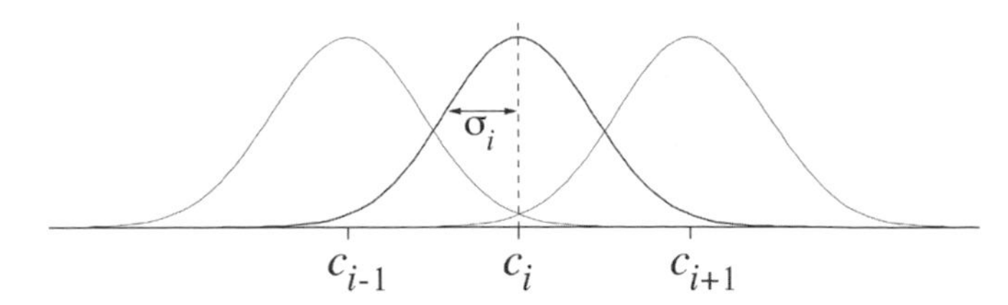

圖 9.13 一維徑向基底函數。

與二元特徵相比，RBF 的主要優勢在於它們能夠產生可平滑變化且可微的近似函數。儘管這很吸引人，但在大多數情況下不具有任何實際意義。然而在瓦片編碼的背景下，已經有許多對於分級響應函數例如 RBF 的相關研究（An, 1991; Miller et al., 1991; An et al., 1991; Lane, Handelman and Gelfand, 1992）。這些方法都需要大量額外的計算複雜度（相對於一般瓦片編碼），並通常在狀態維度多於兩個時性能表現會降低。在高維度中瓦片的邊緣更加重要，並且已證明很難在邊緣附近獲得良好控制的瓦片。

RBF 網路（*RBF network*）是使用 RBF 為其特徵的線性函數近似器，其學習方式與方程式 (9.7) 和 (9.8) 所定義的完全相同。此外，一些用於 RBF 網路的學習方法也會改變特徵的中心和寬度，進而將它們帶入非線性函數近似器的領域。非線性方法可能會更加精確地契合目標函數。RBF 網路（特別是非線性 RBF 網路）的缺點是計算複雜度高，同時它在學習情形達到穩健且有效之前通常需要進行多次的手動調整。

9.6 手動選擇步長參數

大多數 SGD 方法要求設計者選擇合適的步長參數 α，在理想情形下此選擇將是自動的。在某些情形下確實是如此，但在大多數情形下手動設定仍然是一種普遍的做法。了解如何手動選擇及更深入地理解各個演算法，透過直觀的方式了解步長參數的作用對我們是相當有用的。我們能夠說明一般應該如何設定嗎？

遺憾的是理論上的分析對我們而言並沒有多大幫助。隨機近似理論提供了我們在緩慢遞減的步長序列上能夠保證其收斂性質的條件 (2.7)，但這些條件往往會導致學習速度過慢。在表格式 MC 方法中用於生成樣本平均值的經典選擇 $\alpha_t = 1/t$ 並不適用於 TD 方法、非平穩問題或任何使用函數近似的方法。對於線性方法我們可以透過遞迴最小平方法來設置最佳的**矩陣**（*matrix*）步長，這些方法同樣可以擴展到時序差分學習，如將在 9.8 節中所描述的 LSTD 方法，但是這些方法所需的步長參數為 $O(d^2)$ 數量級或是我們正在學習的參數數量 d 倍以上。因此我們並不會在最需要函數近似的大型問題中使用這些方法。

為了更直觀地理解如何手動設置步長參數，我們先暫時回到表格形式。在表格形式的情形中我們了解到當步長 $\alpha = 1$ 時，樣本誤差將會在達到一個目標後完全消除（請詳閱 (2.4) 步長為 1 的情形）。正如我們在第 217 頁中所討論的，我們通常希望學習速度能夠更慢一些。在表格形式的情形下，當步長 $\alpha = \frac{1}{10}$ 時大約需要 10 次經驗才能收斂至其平均目標，如果我們想透過 100 次經驗進行學習則會使用 $\alpha = \frac{1}{100}$。一般而言，在表格形式的情形中如果 $\alpha = \frac{1}{\tau}$，則對於一個狀態的估計值大約會在經歷 τ 次經驗後收斂至其目標的平均值，同時其最近一次的目標值將具有最大的影響力。

但在一般的函數近似的情形中，對於一個狀態我們並沒有明確的經驗**次數**（*number*）概念，因為每個狀態與其他所有狀態可能會有不同程度上的相似或是不同。但在線性函數近似的情形下有一個類似的規則可以提供類似的行為。假設你想在 τ 次經驗內透過大致相同的特徵向量進行學習，則在線性 SGD 方法中設定步長參數一個很好的經驗法則為

$$\alpha \doteq \left(\tau \mathbb{E}\left[\mathbf{x}^\top \mathbf{x}\right]\right)^{-1}, \tag{9.19}$$

其中 x 是在 SGD 中以輸入向量相同的分布所選擇的隨機特徵向量。當特徵向量的長度變化不大時效果最好。理想情況下 $\mathbf{x}^\top \mathbf{x}$ 會是一個常數。

練習 9.5：假設你正在使用瓦片編碼將一個七維連續狀態空間轉換為二元特徵向量以估計狀態值函數 $\hat{v}(s,\mathbf{w}) \approx v_\pi(s)$。你認為維度之間的相互作用不強，因此你決定在每個維度中分別使用八個鋪面（條紋鋪面），即總共 $7 \times 8 = 56$ 個鋪面。此外，為了描述維度間存在一些成對的相互作用，你又對所有 $\binom{7}{2} = 21$ 對維度對使用矩形瓦片將每對維度對進行連結。你為每對維度對使用了兩個鋪面，因此總共將使用 $21 \times 2 + 56 = 98$ 個鋪面。在給定這些特徵向量的情形下，你覺得仍需消除一些雜訊影響，因此你決定要以漸進的方式進行學習，在學習接近漸近線之前需要使用同一個特徵向量進行大約 10 次學習。你應該如何設定步長參數 α？為什麼？ □

9.7 非線性函數近似：人工神經網路

人工神經網路（artificial neural networks, ANN）廣泛地用於非線性函數近似。人工神經網路是由相互連接的單元所組成的網路，這些單元具有神經元的某些特性，而神經元是神經系統的主要組成部分。人工神經網路發展的歷史相當悠久，在訓練深層人工神經網路（深度學習）方面的近期進展是包含強化學習系統在內的機器學習系統中最令人印象深刻的能力之一。在第 16 章中我們將描述使用 ANN 函數近似的強化學習系統幾個令人印象深刻的例子。

圖 9.14 顯示了一個通用的前饋式 ANN，這表示網路中沒有迴圈，也就是網路中沒有路徑使單元的輸出影響其輸入。圖中的網路具有一個由兩個輸出單元所組成的輸出層、一個具有四個輸入單元的輸入層和兩個「隱藏層」（既不是輸入層也不是輸出層的網路層）。每個連結都有一個實數值權重，此權重相當於真實神經網路中突觸連接的效能（詳見第 15.1 節）。如果在 ANN 的連接中至少有一個迴圈，則它將是遞迴式 ANN 而非前饋式 ANN。儘管前饋式神經網路和遞迴式神經網路都已用於強化學習中，但在此我們僅關注較為簡單的前饋式 ANN。

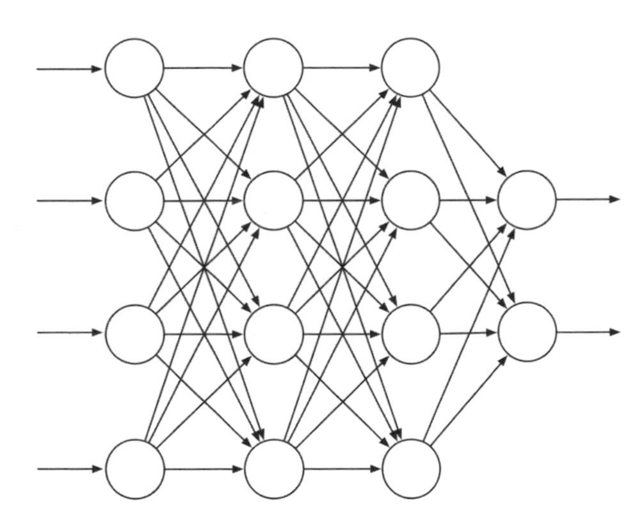

圖 9.14 具有四個輸入單元、兩個輸出單元和兩個隱藏層的前饋式 ANN

ANN 的計算單元（圖 9.14 中的圓圈）通常是半線性的，這表示它們會先計算輸入訊號的加權和，然後再將結果使用非線性函數（稱為**激勵函數**（*activation function*））產生單元的輸出（或稱激勵）。有許多不同的激勵函數可以被使用，但是它們通常是 S 形函數或 sigmoid 函數，例如邏輯函數 $f(x) = 1/(1 + e^{-x})$，有時也會使用非線性整流函數 $f(x) = \max(0, x)$。或是使用階梯函數，例如當 $x \geq \theta$ 時 $f(x) = 1$，否則為 0，透過閾值 θ 可以使得計算單元的輸出是二元的。網路的輸入層單元有些不同，其激勵的方式是透過外部所提供的值，這些值是網路所近似的函數輸入值。

前饋式 ANN 的每個輸出單元的激勵是針對網路輸入單元以非線性的激勵函數進行計算的結果，這些函數的參數由網路的連接權重決定。一個沒有隱藏層的 ANN 只能表示一小部分可能的輸入 – 輸出函數。然而，具有單個隱藏層且包含足夠數量 sigmoid 單元的 ANN 可以在網路輸入空間的一個緊湊區域內以任何精度近似任意連續函數（Cybenko, 1989）。對於滿足適當條件的其他非線性激勵函數也成立，但是非線性是必需的：如果多層前饋式 ANN 中的所有單元都為線性激勵函數，則整個網路就相當於沒有隱藏層的網路（因為線性函數的線性函數本身仍然是線性的）。

儘管具有單層 ANN 的「通用近似」特性，但是經驗和理論均表明，對於許多人工智慧任務中所需的複雜函數，透過多層抽象化進行近似將變得更容易，這些抽象化是由許多低層抽象化的階層式結構組合而成，即由多個隱藏層的 ANN 深度結構所產生的抽象化（進一步的探討請詳見 Bengio, 2009）。深度 ANN 的各層逐步計算與網路「原始」輸入相比越來越抽象的表徵，每個單元所提供的特徵有助於網路整體輸入 - 輸出的階乘式表徵。

因此，訓練 ANN 的隱藏層是一種對於給定問題自動創建合適特徵的方法，這樣就可以在完全不依賴手動設定特徵的情形下自動產生階乘式表徵。對於人工智慧而言，這一直是一個持續的挑戰，並解釋了為什麼具有多個隱藏層的 ANN 學習演算法多年來一直受到如此重視的原因。ANN 通常會採用隨機梯度法（第 9.3 節）進行學習，每個權重朝著提高網路整體性能的方向上進行調整，而整體性能是由一個目標函數使其達到最小化或最大化來衡量。在大多數的監督式學習情形中，目標函數是對一組標注的訓練例子的預期誤差或損失。在強化學習中，人工神經網路可以使用 TD 誤差來學習價值函數，或像是在梯度拉霸機（第 2.8 節）或策略梯度演算法（第 13 章）中那樣嘗試使預期的回報最大化。在這些情形下需要估計每個連接權重的變化將如何影響網路的整體性能，也就是，在給定網路中所有權重當前值的情形下估計目標函數相對於每個權重的偏導數，而梯度是這些偏導數所組成的向量。

對於具有隱藏層的 ANN（前提是單元的激勵函數可微）最成功的方法是反向傳播演算法，此演算法會在網路中交替進行正向和反向傳遞。每個正向傳遞透過給定網路輸入單元的當前激勵來計算出每個單元的激勵輸出。在每次正向傳遞後，反向傳遞可以有效地為每個權重計算偏導數（與其他隨機梯度學習演算法相同，這些偏導數所組成向量是真實梯度的估計值）。在 15.10 節中，我們將探討使用強化學習原理而非反向傳播演算法來訓練具有隱藏層的 ANN，這些方法的效率比反向傳播演算法低，但它們可能更接近實際神經網路學習的方式。

反向傳播演算法對於具有 1 個或 2 個隱藏層的淺層網路可以獲得良好的結果，但對於更深層的 ANN 可能效果不佳。實際上，訓練一個具有 $k+1$ 個隱藏層的網路會比訓練一個具有 k 個隱藏層的網路產生更差的效能，即使更深層的網路可以表示出較淺層的網路中可以表示的所有函數（Bengio, 2009）。解釋這樣的結果並不容易，但是有幾個因素很重要。首先，大量的權重使得典型的深度 ANN 難以避免過度擬合（overfitting）的問題，即無法正確地進行廣義化至網路尚未訓練的部分。其次，反向傳播不適用於深層 ANN，因為透過其反向傳遞計算的偏導數不是迅速衰減使得深層學習變得非常緩慢，就是迅速增長使學習變得不穩定。近期使用深度 ANN 的系統獲得了許多令人印象深刻的成果，主要是因為這些系統解決了以上我們所敘述的問題。

過度擬合是任何以有限資料訓練多個自由度函數的函數近似方法都會遇到的問題。對於不依賴有限訓練集合的線上強化學習而言這並不是一個大問題，但是如何有效地進行廣義化仍然是一個重要的問題。過度擬合是 ANN 中相當普遍的問題，尤其是對於深層 ANN，因為它們往往具有大量的權重。目前已經開發出許多方法來降低過度擬合發生的情形，包括：當使用與訓練資料不同的驗證資料進行學習時性能開始下降即停止訓練（交叉驗證）、修改目標函數限制近似的複雜度（正則化）、在權重之間導入依賴關係以降低自由度（如權重分配）。

Srivastava、Hinton、Krizhevsky、Sutskever 和 Salakhutdinov（2014）提出了一種特別有效用於減少深度 ANN 過度擬合的方法。在訓練時，網路中的單元及其對應的連接會被隨機刪除（中斷），我們可以將其視為訓練大量「精簡」後的網路。在測試時將這些精簡網路的結果組合在一起來提高廣義化的性能表現。中斷方法透過將一個單元的每個輸出權重、乘以該單元在訓練過程中被保留的機率來有效地近似此組合。Srivastava 等人發現此方法可以顯著提升廣義化的性能表現，它鼓勵每個獨立隱藏層單元學習到的特徵能夠適應與其他特徵的隨機組合。這使得隱藏層單元所形成的特徵其通用性得到強化，因此網路不會過度地專注於那些罕見的情形。

Hinton、Osindero 和 Teh（2006）在解決訓練深層 ANN 的問題方面邁出了重要的一步，當時他們使用了深層信念網路，它是一種分層式的網路且與我們在此討論的深層 ANN 緊密相關。在他們的方法中，由最深層開始使用無監督式學習演算法進行逐層訓練。在不依賴於整體目標函數的情形下，無監督式學習能夠擷取出具有輸入流統計規律性的特徵。首先訓練最深的層，然後使用該訓練過的層所提供的輸入來訓練次深的層，依此類推，直到網路中所有或大部分層的權重值訓練完畢，並將這些值作為監督式學習的初始值進行使用，接著再透過反向傳播對整體目標函數進行微調。研究結果顯示此方法通常比使用隨機初始化的權重值進行反向傳播更好。使用此方法能產生更好的性能表現可能有很多因素，其中一個原因是此方法可以將網路的權重值訓練至適合梯度的演算法進行調整的區域內。

批次正規化（*batch normalization*）（Ioffe and Szegedy, 2015）是另一種使深度 ANN 訓練變得容易的方式。我們從過去研究中發現，如果將網路輸入正規化，則 ANN 的學習將變得更加容易，例如透過將每個輸入變數調整為均值為 0 和變異數為 1。用於訓練深度 ANN 的批次正規化可在深層的輸出輸入至下一層之前對其進行正規化。Ioffe 和 Szegedy（2015）使用訓練例子的子集或稱「小量批次」對層與層之間的訊號進行正規化以提升深度 ANN 的學習率。

另一種用於訓練深度 ANN 的方式是**深度殘差學習**（*deep residual learning*）（He, Zhang, Ren, and Sun, 2016）。有時學習一個函數與恆等函數之間的差異比學習函數本身更容易，我們可以將此差異或稱殘差函數加到輸入中即可產生所需的函數。在深度 ANN 中，我們可以將多個隱藏層組成一個區塊並透過在區塊旁加入捷徑連接（或跳躍連接）來學習殘差函數，這些連接將區塊的輸入直接傳遞至輸出且無需增加額外的權重。He 等人（2016）使用在每對相鄰層間都具有跳躍連接的深度卷積網路對此方法進行評估，他們發現在基準圖像分類任務中，相較於沒有跳躍連接的網路，此方法大幅度提升了網路的性能表現。批次正規化和深度殘差學習同時被運用在圍棋遊戲的強化學習相關應用中，我們將在第 16 章中描述相關內容。

深度卷積網路（*deep convolutional network*）是一種深度神經網路，它已被證明可以在許多應用中獲得良好的效果，其中也包括令人印象深刻的強化學習相關應用（第 16 章）。這種類型的網路專門用於處理以空間陣列排列的高維度資料（例如圖像），它受到大腦中早期視覺訊號處理工作機制的啟發（LeCun, Bottou,

Bengio and Haffner, 1998）。由於其特殊結構，深度卷積網路無需借助先前所敘述的各個方法就可以透過反向傳播訓練深層網路。

圖 9.15 描繪了深度卷積網路的整體架構。這個例子來自於 LeCun 等人（1998）對於手寫字元辨識的研究，網路是由在前半部中交替出現的卷積層和局部抽樣層以及後半部數個全連接層所組成。每個卷積層都會生成多個特徵圖，每一個特徵圖都是一個單元陣列上的行為模式，每個單元在其接受區域內的資料執行相同的操作，這個接受區域就是該單元能夠「看到」的前一層資料（在第一個卷積層的情形下則為外部輸入）。特徵圖中的每個單元除了它們的接受區域不同外其他都是相同的，它們的大小和形狀都相同，只是分別被移動到輸入資料陣列中不同的位置。同一特徵圖中的單元具有相同的權重，這表示無論特徵圖在輸入資料陣列中的位置如何，它都會檢測相同的特徵。

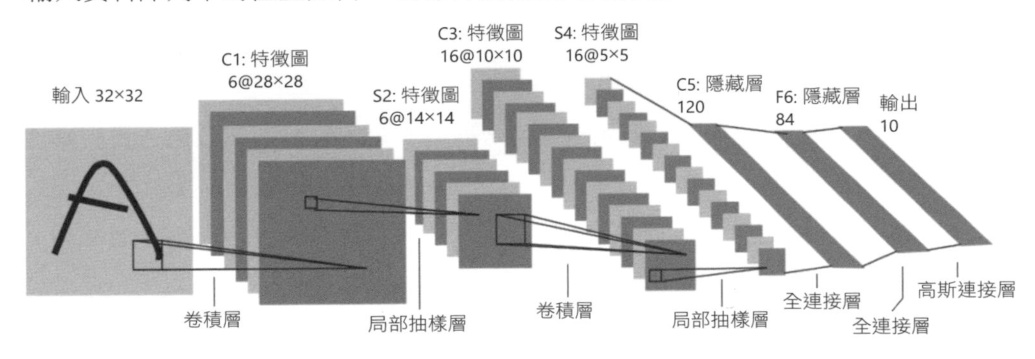

圖 9.15 深度卷積網路。已獲得 Proceedings of the IEEE 的重新發行許可，源自於 "Gradient-based learning applied to document recognition"，作者為 LeCun、Bottou、Bengio 和 Haffner，發表於第 86 卷，1998 年。該許可由著作權授權中心（Copyright Clearance Center, Inc.）授權。

例如在圖 9.15 的網路中，第一個卷積層將產生 6 個特徵圖，每個特徵圖由 28 × 28 個單元組成。每個特徵圖中的每個單元都有 5 × 5 的接受區域，這些接受區域相互重疊（在此情形下有四行和四列重疊）。因此，6 個特徵圖中每一個僅透過 25 個可調整的權重進行表示。

深度卷積網路的局部抽樣層降低了特徵圖的空間分辨率。在局部抽樣層中，每個特徵圖的每一個單元均為前一個卷積層的特徵圖中接受區域內單元的平均值。例如，在圖 9.15 第一個局部抽樣層內的 6 個特徵圖中，每個特徵圖中的單元是第一個卷積層產生的一個特徵圖中的 2 × 2 個非重疊接受區域的平均值，共產生了 6 個 14 × 14 的特徵圖。局部抽樣層降低了網路對於偵測到的特徵所在空間位置的敏感度，也就是它們有助於網路輸出的空間不變性。這對我們而言相當有用，因為在特徵圖某個位置檢測到的特徵可能在其他位置也有用。

在本節中我們僅介紹了一些 ANN 的設計和訓練方面的進展，這些進展對於強化學習研究有著相當大的助益。儘管目前的強化學習理論主要集中於使用表格形式或線性函數近似的方法，但強化學習的相關應用能有如此令人印象深刻的性能表現主要歸功於多層 ANN 的非線性函數近似。我們將在第 16 章中介紹這些相關應用。

9.8 最小平方 TD

到目前為止，我們在本章中討論的所有方法都需要在每一個時步進行正比於參數數量的計算，透過更多的計算可以獲得更好的結果。在本節中我們介紹一種線性函數近似的方法，此方法可能是在這種情形下可以做到最好的一個。

正如我們在 9.4 節所討論的，使用線性函數近似的 TD(0) 將漸近收斂（對於適當地減小步長）到 TD 固定點：

$$\mathbf{w}_{\mathrm{TD}} = \mathbf{A}^{-1}\mathbf{b},$$

其中

$$\mathbf{A} \doteq \mathbb{E}\big[\mathbf{x}_t(\mathbf{x}_t - \gamma\mathbf{x}_{t+1})^\top\big] \text{ 和 } \mathbf{b} \doteq \mathbb{E}[R_{t+1}\mathbf{x}_t].$$

可能有人會問，為什麼我們必須使用疊代計算求解呢？這對於資料而言是一種浪費！我們是否能透過計算 $\mathbf{A}$ 和 $\mathbf{b}$ 的估計值來直接計算出 TD 固定點呢？**最小平方 *TD*（*Least-Squares TD*）**演算法（通常稱為 *LSTD*）正是這樣做的，它以更直接的方式進行估計

$$\widehat{\mathbf{A}}_t \doteq \sum_{k=0}^{t-1}\mathbf{x}_k(\mathbf{x}_k - \gamma\mathbf{x}_{k+1})^\top + \varepsilon\mathbf{I} \text{ 和 } \widehat{\mathbf{b}}_t \doteq \sum_{k=0}^{t-1} R_{k+1}\mathbf{x}_k, \tag{9.20}$$

其中 $\mathbf{I}$ 為單位矩陣，對於一些比較小的 $\varepsilon > 0$，$\varepsilon\mathbf{I}$ 可確保 $\widehat{\mathbf{A}}_t$ 始終是可逆的。看起來似乎這兩個估計值都應除以 t，事實上也確是如此。按照此處的定義，這些估計值實際上是 t *乘以* $\mathbf{A}$ 和 t *乘以* $\mathbf{b}$。但當 LSTD 使用這些估計值來估計 TD 固定點時，額外的 t 因數將被抵消，因此

$$\mathbf{w}_t \doteq \widehat{\mathbf{A}}_t^{-1}\widehat{\mathbf{b}}_t. \tag{9.21}$$

上述的方程式是線性 TD(0) 資料使用效率最高的形式，但計算複雜度也更高。讓我們回想一下，半梯度 TD(0) 所需的儲存空間和每一步計算複雜度僅為 $O(d)$。

那 LSTD 的計算複雜度是多少？正如上面所描述的，複雜度似乎隨著 t 的增加而遞增，但是 (9.20) 中的兩個近似值可以使用我們先前介紹的方法（如第 2 章）以增量式演算法來實現，以便每一步可以在常數時間複雜度內完成。即使如此 $\widehat{\mathbf{A}}_t$ 的更新還會涉及到外積計算（一個行向量乘以一個列向量），因此將會是一個矩陣更新，它的計算複雜度為 $O(d^2)$，而儲存 $\widehat{\mathbf{A}}_t$ 矩陣所需的儲存空間當然也是 $O(d^2)$。

一個更大的潛在問題是我們的最終計算式 (9.21) 使用了 $\widehat{\mathbf{A}}_t$ 的逆矩陣，而一般逆計算的計算複雜度為 $O(d^3)$。幸運的是，在此特殊形式的逆矩陣（外積的和）也可以透過 $O(d^2)$ 的計算複雜度進行增量式更新。對於 $t > 0$，則

$$\begin{aligned}\widehat{\mathbf{A}}_t^{-1} &= \left(\widehat{\mathbf{A}}_{t-1} + \mathbf{x}_t(\mathbf{x}_t - \gamma\mathbf{x}_{t+1})^\top\right)^{-1} && \text{（從 (9.20)）}\\ &= \widehat{\mathbf{A}}_{t-1}^{-1} - \frac{\widehat{\mathbf{A}}_{t-1}^{-1}\mathbf{x}_t(\mathbf{x}_t - \gamma\mathbf{x}_{t+1})^\top\widehat{\mathbf{A}}_{t-1}^{-1}}{1 + (\mathbf{x}_t - \gamma\mathbf{x}_{t+1})^\top\widehat{\mathbf{A}}_{t-1}^{-1}\mathbf{x}_t}, && (9.22)\end{aligned}$$

而 $\widehat{\mathbf{A}}_0 \doteq \varepsilon\mathbf{I}$。雖然被稱為 *Sherman-Morrison* 公式的 (9.22) 方程式看似相當複雜，但它僅涉及「向量－矩陣」和「向量－向量」的乘法，因此其計算複雜度僅為 $O(d^2)$。因此我們可以使用 (9.22) 儲存並維持逆矩陣 $\widehat{\mathbf{A}}_t^{-1}$，然後將其用於 (9.21) 中，每步的計算和儲存都僅需 $O(d^2)$，完整的演算法如下一頁的方框中所示。

當然 $O(d^2)$ 仍然比半梯度 TD 的 $O(d)$ 複雜得多。LSTD 更高的資料使用效率是否值得此計算花費取決於 d 的大小、學習速率的重要性以及系統其他部分的花費。雖然 LSTD 經常被吹捧具有不需要設定步長參數的優勢，但是這個優勢其實是被誇大的。LSTD 確實不需要步長，但它需要 ε，如果 ε 選擇的太小，則在計算過程中這些逆矩陣可能會變化非常大；如果 ε 選擇的太大，則學習速度會變慢。此外，LSTD 缺少步長參數表示它沒有遺忘機制，雖然有時這是合乎問題需求的，但如果目標策略 π 像在強化學習和 GPI 中那樣發生變化則會產生問題。在控制應用中，LSTD 經常與其他具有遺忘機制的方法相結合，這使得不需要步長參數的優勢消失。

LSTD，用於估計 $\hat{v} = \mathbf{w}^\top \mathbf{x}(\cdot) \approx v_\pi$（$O(d^2)$ 的版本）

輸入：特徵表示 $\mathbf{x} : \mathcal{S}^+ \to \mathbb{R}^d$ 使得 $\mathbf{x}$（終端狀態）= 0
演算法參數：一個很小的 $\varepsilon > 0$

$\widehat{\mathbf{A}^{-1}} \leftarrow \varepsilon^{-1}\mathbf{I}$ 　　一個 $d \times d$ 矩陣
$\widehat{\mathbf{b}} \leftarrow \mathbf{0}$ 　　一個 d 維向量
對每一個分節循環：
　初始化 S；$\mathbf{x} \leftarrow \mathbf{x}(S)$
　對分節中每一步循環：
　　選擇並採取動作 $A \sim \pi(\cdot|S)$，觀察 R 和 S'; $\mathbf{x}' \leftarrow \mathbf{x}(S')$
　　$\mathbf{v} \leftarrow \widehat{\mathbf{A}^{-1}}^\top (\mathbf{x} - \gamma\mathbf{x}')$
　　$\widehat{\mathbf{A}^{-1}} \leftarrow \widehat{\mathbf{A}^{-1}} - (\widehat{\mathbf{A}^{-1}}\mathbf{x})\mathbf{v}^\top / (1 + \mathbf{v}^\top\mathbf{x})$
　　$\widehat{\mathbf{b}} \leftarrow \widehat{\mathbf{b}} + R\mathbf{x}$
　　$\mathbf{w} \leftarrow \widehat{\mathbf{A}^{-1}}\widehat{\mathbf{b}}$
　　$S \leftarrow S'$; $\mathbf{x} \leftarrow \mathbf{x}'$
　直到 S' 為終端狀態

9.9 基於記憶的函數近似

到目前為止我們已經討論了近似價值函數的**參數化**（*parametric*）方法。在這種方法中，學習演算法會透過調整函數形式的參數，在問題的整個狀態空間中近似價值函數。在每次更新中，$s \mapsto g$ 是學習演算法用來更改參數的訓練例子使得近似誤差能夠減少。每次更新後訓練例子就可以被丟棄（儘管也可以將其保存供之後使用）。當我們需要一個狀態的近似值時（我們將其稱為**查詢狀態**（*query state*））時，只需使用學習演算法產生的最新參數在該狀態下對近似函數進行評估。

基於記憶的函數近似方法則完全不同。它們只是簡單地將訓練例子保存在儲存空間中（或至少保存訓練例子中的一個子集）而無需更新任何參數。每當需要查詢狀態的估計值時就會從儲存空間中檢索出一組訓練例子，並使用這組例子來計算查詢狀態的估計值。這種方法有時被稱為**懶惰學習**（*lazy learning*），因為處理訓練例子被延遲到當系統被查詢以提供輸出的時候。

基於記憶的函數近似方法是**非參數化**（*nonparametric*）方法的主要例子。不同於參數化方法，近似函數的形式不限於固定的參數化函數（例如線性函數或多項式函數），而是由訓練例子本身及一些將它們組合用於查詢狀態輸出估計值的方法來決定。隨著越來越多的訓練例子保存在儲存空間中，我們希望非參數化方法對任何目標函數能夠產生越來越精準的近似估計值。

有許多不同的基於記憶的函數近似方法，取決於如何選擇儲存的訓練例子以及如何使用它們來回應查詢操作。在此我們專注於**局部學習**（*local-learning*）方法，此方法僅使用當前查詢狀態的相鄰狀態來估計其價值函數近似值。局部學習方法將從儲存空間中檢索出與查詢狀態最相關的一組訓練例子，其相關性通常取決與查詢狀態之間的距離：訓練例子的狀態與查詢狀態越接近其相關性就越高，狀態之間的距離可以用許多不同方式進行定義。在獲得查詢狀態估計值後，局部近似值將被捨棄。

基於記憶的函數近似方法最簡單的例子是**最鄰近**（*nearest neighbor*）方法，此方法在儲存空間中找最接近查詢狀態的狀態所對應的訓練例子，並將該例子的值作為查詢狀態的近似值回傳。換句話說，如果查詢狀態為 s 且 $s' \mapsto g$ 是儲存空間中的訓練例子，其中 s' 是最接近 s 的狀態，則將 g 作為 s 的近似值回傳。稍微複雜一些的方法是**加權平均**（*weighted average*）法，此方法檢索一組最鄰近的訓練例子並回傳其目標值的加權平均值，其中權重通常隨著狀態與查詢狀態之間距離的增加而減少。**局部加權迴歸**（*locally weighted regression*）法與加權平均法非常類似，但是它透過相鄰狀態集合的值使用參數化近似方法擬合出一個曲面，該曲面會最小化類似於 (9.1) 的加權誤差，其中權重取決於與查詢狀態之間的距離。回傳值是查詢狀態在此局部擬合曲面上的值，在獲得回傳值後會捨棄此曲面。

與參數化方法相比，基於記憶的方法由於是非參數化的方法，因此其近似函數具有不需預先指定函數形式的優勢。隨著更多的資料保存在儲存空間，準確性也得以提高。基於記憶的局部近似方法還具有其他特性使其非常適合強化學習。如第 8.6 節所述，由於軌跡抽樣在強化學習中非常重要，因此基於記憶的局部近似方法可以將函數近似集中於真實或模擬軌跡中訪問過的狀態（或狀態 - 動作對）的局部鄰近區域。全域近似似乎是沒有必要的，因為狀態空間中許多區域將永遠不會（或幾乎不會）被訪問到。此外，與參數化方法需要增量式調整參數來獲得全域近似相比，基於記憶的方法允許代理人的經驗對當前狀態附近的價值估計有相對直接的影響。

避免全域近似也是解決維數災難的一種方法。例如，對於具有 k 維的狀態空間，儲存全域近似的表格式方法需要 k 的指數級儲存空間。另一方面，在儲存基於記憶的方法的訓練例子時，每個例子都需要與 k 成正比的儲存空間，例如儲存 n 個訓練例子所需的儲存空間將線性正比於 n，以上兩種情形並不需要 k 或 n 的指數級儲存空間。剩下的關鍵問題就是基於記憶的方法是否可以足夠快地回覆對代理人有用的查詢，與其相關的問題是隨著儲存空間需求增加速度降低的情形。許多實際應用中，在大型資料庫中查找最近的相鄰狀態相關資訊可能要花費很長的時間。

基於記憶的方法的支持者已開發出許多加速最鄰近搜尋的方法。使用平行計算架構或是使用專用硬體是方法之一。另一種方法則是使用特殊的多維資料結構來儲存訓練資料，其中一種資料結構的應用研究為 k-d 樹（k 維樹的簡稱），它將 k 維空間遞迴地劃分為二元樹的節點。根據資料量及資料在狀態空間上的分布方式，使用 k-d 樹進行最鄰近搜尋可以快速消除空間中較無關係的區域，進而使得搜尋操作在一些使用暴力搜尋過於耗時的問題中得以進行。

局部加權迴歸還需要快速的方法來進行局部迴歸計算，這些計算必須重複操作才能夠回應每次的查詢。研究人員已經開發出許多解決方案，包括遺忘項目的方法以便將資料庫的大小限制在一定範圍內。本章結尾處的「參考文獻與歷史評注」提供了一些相關文獻，包括一些基於記憶的學習方法在強化學習應用的論文。

9.10 基於核函數的函數近似

上一節所描述的基於記憶的方法（如加權平均方法和局部加權迴歸方法）將資料庫中訓練例子 $s' \mapsto g$ 取進行權重分配，其權重往往決於 s' 和查詢狀態 s 之間的距離。分配這些權重的函數稱為**核函數**（*kernel function*）或簡稱為**核**（*kernel*）。在加權平均方法和局部加權迴歸方法中，如核函數 $k : \mathbb{R} \to \mathbb{R}$ 根據狀態之間的距離分配權重。一般而言權重不一定取決於距離，也可以取決於狀態之間其他相似性的衡量指標。在這種情形下 $k : \mathcal{S} \times \mathcal{S} \to \mathbb{R}$，因此 $k(s, s')$ 是在查詢狀態為 s 時，為 s' 對於查詢回覆的影響所分配的權重。

從稍微不同的視角觀察，$k(s, s')$ 是從 s' 到 s 的廣義化強度的衡量指標。核函數以數字化的方式表示關於任意狀態與其他狀態的**相關性**（*relevant*）知識。例如圖 9.11 所示的瓦片編碼廣義化強度對應於均勻和不對稱瓦片偏移所產生的不同核函數。儘管在瓦片編碼的操作中未明確表示出使用核函數，但實際上它的廣義化情形是根據某個核函數進行的。事實上正如我們接下來將要探討的，線性參數化函數近似所產生的廣義化強度始終可以以一個核函數來表示。

核迴歸（*Kernel regression*）是一種基於記憶的方法，此方法計算儲存在儲存空間中所有訓練例子的對應目標其核函數加權平均值，並將結果回覆給查詢狀態。如果 $\mathcal{D}$ 是儲存例子的集合且 $g(s')$ 為儲存例子中狀態 s' 的目標，則核迴歸會近似於目標函數，在此情形下基於 $\mathcal{D}$ 的價值函數可表示為

$$\hat{v}(s,\mathcal{D}) = \sum_{s' \in \mathcal{D}} k(s,s')g(s'). \tag{9.23}$$

上述的加權平均方法是一種特例，僅當 s 和 s' 彼此接近時 $k(s,s')$ 才不為 0，因此求總和時無需對 $\mathcal{D}$ 中所有元素都進行計算。

一般常見的核函數是在第 9.5.5 節中所描述的 RBF 函數近似中所使用的高斯徑向基底函數。在之前的描述中，RBF 是中心和寬度從一開始就是固定的特徵，其中心主要集中於許多例子預期會出現的區域，或是在學習過程中以某種方式不斷地進行調整。調整中心和寬度的排除方法（barring methods）是一種線性參數化方法，其參數是每個 RBF 的權重，這些權重通常透過隨機梯度或半梯度下降進行學習，近似形式是預先決定的 RBF 其線性組合。使用 RBF 核函數進行核迴歸與排除法有兩點不同。首先，它是基於記憶的：RBF 以儲存例子的狀態為中心。其次，它是非參數化的：沒有要學習的參數。對查詢操作的回覆由 (9.23) 提供。

當然，核迴歸的實際實現必須解決許多問題，這些問題超出了我們的討論範圍。然而事實證明，任何線性參數化迴歸方法（如我們在 9.4 節中所描述的方法），其狀態由特徵向量 $\mathbf{x}(s) = (x_1(s), x_2(s), \ldots, x_d(s))^\top$ 表示的都可以重塑為核迴歸的形式，其中 $k(s,s')$ 是 s 和 s' 的特徵向量內積，即

$$k(s,s') = \mathbf{x}(s)^\top \mathbf{x}(s'). \tag{9.24}$$

如果使用這些特徵向量並使用相同的訓練資料進行學習，則使用此核函數的核迴歸與線性參數化迴歸方法將產生相同的近似結果。

我們在此跳過一些數學上的證明過程，因為這可以在任何現代機器學習文獻中找到，例如 Bishop（2006），在此只是點出了一個重要的含義。代替建構線性參數化函數近似器的特徵，我們可以直接建構核函數而完全不需參考特徵向量。並非所有的核函數都可以像 (9.24) 中那樣表示為特徵向量的內積，但是可以這

樣表示的核函數比起等價的參數化方法更具有明顯的優勢。對於許多特徵向量集合而言，(9.24) 具有一個簡潔的函數形式可以對其進行評估，而無需在 d 維特徵空間中進行任何計算。在此情形下，與直接使用這些特徵向量的線性參數化方法相比，核迴歸要簡單得多。這就是所謂的「核技巧」，它可以在廣大的高維度特徵空間上有效地操作，而實際上僅需要儲存的訓練例子集合。核技巧是許多機器學習方法的基礎，許多研究人員已經證明了有時它對於強化學習是有幫助的。

9.11 深入了解 on-policy 學習：「興趣」與「重點」

到目前為止，我們在本章中已經討論過的演算法都將所有遇到的狀態平等地看待，就好像它們同樣重要一樣。但是在某些情形下，我們對某些狀態比對其他狀態更感興趣。例如，在折扣的分節性問題中，我們可能會對分節中具有精確估計值的早期狀態更感興趣，因為後期狀態的獎勵會由於折扣而使得對於初始狀態的價值重要性大幅降低。或者，如果我們正在學習動作價值函數，那麼精準地估計價值比貪婪動作更差的動作可能就不那麼重要了。函數近似資源總是有限的，如果以更有目的性的方式使用資源，則性能也將得以提升。

我們將所有遇到的狀態平等對待的原因是因為我們根據 on-policy 分布進行更新，在此情形下半梯度方法可獲得更好的理論結果。讓我們回想一下，on-policy 分布被定義為遵循目標策略時在 MDP 中遇到的狀態分布。現在，我們將對這個概念進行廣義化。對於 MDP 我們將擁有許多 on-policy 分布而非只有一個，所有分布都遵循著目標策略在軌跡中遇到的狀態分布，但是就某種意義上而言，它們的軌跡在初始化時會有所不同。

現在讓我們介紹一些新概念。首先，我們引入一個非負的隨機純量變數 I_t 稱為**興趣**（*interest*），表示我們在時步 t 時有多大興趣要精準評估一個狀態（或狀態 - 動作對）。如果我們根本不在意此狀態，則興趣為 0，如果我們非常在意，則興趣為 1，儘管理論上它可以採用任何非負值。興趣可以透過任何前後因果關係進行設定，例如它可能取決於從初始到時步 t 的軌跡或在時步 t 時的學習參數。接著我們將 $\overline{\text{VE}}$ (9.1) 中的分布 μ 定義為遵循目標策略時遇到的狀態，以興趣為權重進行加權的分布。其次，我們引入另一個非負隨機純量變量，即變數 – **重點**（*emphasis*）M_t，此純量會乘上學習過程中的更新量，進而重視或不重視在時步 t 所做的學習。取代 (9.15) 的一般 n 步學習規則表示為

$$\mathbf{w}_{t+n} \doteq \mathbf{w}_{t+n-1} + \alpha M_t \left[G_{t:t+n} - \hat{v}(S_t,\mathbf{w}_{t+n-1})\right] \nabla \hat{v}(S_t,\mathbf{w}_{t+n-1}), \; 0 \le t < T, \quad (9.25)$$

由 (9.16) 所提供的 n 步回報，並透過以下方式根據興趣遞迴地決定重點值：

$$M_t = I_t + \gamma^n M_{t-n}, \qquad 0 \leq t < T, \tag{9.26}$$

對於所有 $t < 0$，$M_t \doteq 0$。這些方程式也包含括了蒙地卡羅的情形，其中 $G_{t:t+n} = G_t$，所有更新均在分節結束時進行，$n = T - t$ 且 $M_t = I_t$。

範例 9.5 說明了興趣和重點如何能夠更精準地估計價值函數。

範例 9.5 興趣與強調

為了觀察使用興趣和重點的潛在優勢，我們考慮以下所示的四狀態馬可夫獎勵過程：

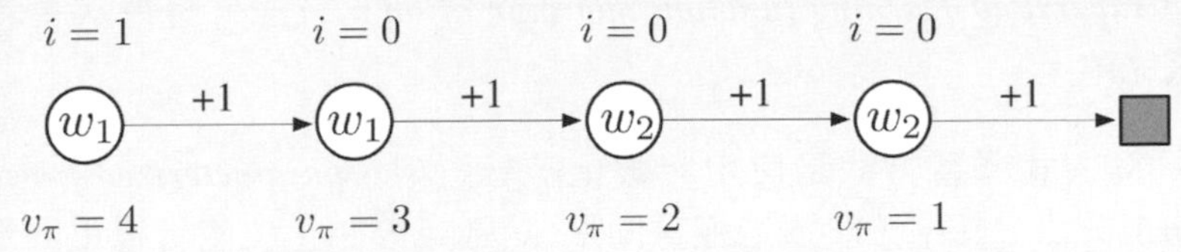

分節從最左邊的狀態開始，然後在每個步驟以 +1 的獎勵從一個狀態向右轉移直到達到終端狀態。因此，第一個狀態的實際值為 4，第二個狀態的實際值為 3，以此類推，如每個狀態的下方所示。這些是狀態的實際值，估計值只能近似於這些值，因為它們受到參數化設定的限制。參數向量 $\mathbf{w} = (w_1, w_2)^\top$ 有兩個分量，參數化的限制也被寫入每個狀態中。前兩個狀態的估計值僅由 w_1 單獨提供，因此即使與狀態的實際值不同，這兩個估計值也必須相同。同樣地，第三個和第四個狀態的估計值僅由 w_2 單獨提供，即使它們的真實值不同，它們的估計值也必須相同。假設我們僅對最左邊狀態的精確估計值感興趣，我們將其興趣值設為 1，並將其他所有狀態的興趣值設為 0，如狀態上方所示。

首先考慮將梯度蒙地卡羅演算法應用於此問題。本章先前所介紹的演算法並沒有考慮到興趣及重點（(9.7) 和第 219 頁方框中的演算法），該演算法將收斂（透過減少步長）至參數向量 $\mathbf{w}_\infty = (3.5, 1.5)$，這將賦予我們唯一感興趣的第一個狀態 3.5 的估計值（即介於第一個狀態和第二個狀態的真實值之間）。另一方面，本節所介紹的使用興趣和重點的方法將學習到第一個狀態完全正確的值。w_1 將收斂到 4，而 w_2 將永遠不會被更新，因為除了最左邊的狀態外其他所有狀態的重點值都為零。

現在讓我們考慮使用兩步半梯度 TD 方法。使用本章先前所介紹的沒有使用興趣和重點的方法（在 (9.15) 和 (9.16) 中以及第 226 頁的方框中）將再次收斂到 $\mathbf{w}_\infty = (3.5, 1.5)$，而使用具有興趣和重點的方法將收斂到 $\mathbf{w}_\infty = (4, 2)$。後者會為第一個狀態和第三個狀態（由第一個狀態進行自助）產生完全正確的值，而不會為第二個或第四個狀態進行任何更新。

9.12 本章總結

如果希望強化學習系統適用於人工智慧或大型工程應用，則系統必須能夠進行**廣義化**（*generalization*）。為了實現這一點，我們可以使用現有大量的**監督式學習函數近似**（*supervised-learning function approximation*）方法，將每次更新作為訓練例子來完成。

可能最適合的監督式學習方法是使用參數化函數近似（*parameterized function approximation*）方法，其中策略透過權重向量 $\mathbf{w}$ 進行參數化。儘管權重向量有很多分量，但是狀態空間相當大，因此我們必須找到一個近似。我們將均方值誤差（*mean squared value error*）$\overline{\text{VE}}(\mathbf{w})$ 定義為在 ***on-policy* 分布**（*on-policy distribution*）μ 下使用權重向量 $\mathbf{w}$ 在價值 $v_{\pi_\mathbf{w}}(s)$ 的誤差。$\overline{\text{VE}}$ 為我們提供了一種明確的方法可以在 on-policy 的情形下衡量不同的價值函數近似。

為了找到一個好的權重向量，最受歡迎的方法是**隨機梯度下降**（*stochastic gradient descent*, SGD）的各種變化版本。在本章中，我們專注於探討具有**固定策略**（*fixed policy*）的 *on-policy* 情形，這也被稱為策略評估或預測。對於這種情形一種很自然的學習演算法是 ***n* 步半梯度 *TD***（*n-step semi-gradient TD*），它包含了梯度蒙地卡羅演算法和半梯度 TD(0) 演算法，分別作為 $n=\infty$ 和 $n=1$ 時的特殊情形。半梯度 TD 方法並不是真正的梯度方法。在這樣的自助方法（包括 DP）中，權重向量出現在更新目標中，但在計算梯度時並沒有考慮這一點，因此它們被稱為**半梯度**方法。也正因為如此，它們不能依賴傳統的 SGD 結果進行分析。

然而，半梯度方法在**線性**函數近似的特例中可以獲得很好的結果，其中價值估計是特徵乘以相應權重的總和。線性情形往往是理論上最容易理解的，當具有適當的特徵在實際使用時也非常有效。選擇特徵是將現有領域知識添加到強化學習系統中最重要的方法之一，可以選擇使用多項式的形式，但是這種情形通常在強化學習所考慮的線上學習環境中普遍較差。選擇特徵更好的方法是根據傅立葉基底，或是根據接受區域重疊稀疏情形的粗編碼來進行選擇。瓦片編碼是一種在計算上特別有效且靈活的粗編碼形式。徑向基底函數可用於解決一維或二維問題，在這類問題中平穩變化的響應非常重要。LSTD 是資料使用效率最高的線性 TD 預測方法，但其計算需求與權重數量的平方成正比，而其他方法的計算複雜度相對於權重數量上都是線性的。非線性方法包括透過反向傳遞和各種 SGD 所訓練的人工神經網路，這些方法在近幾年變得非常流行，也被稱為**深度強化學習**（*deep reinforcement learning*）。

線性半梯度 n 步 TD 在標準條件下對於所有 n 都保證收斂到最佳誤差範圍 $\overline{\text{VE}}$ 內（可透過蒙地卡羅方法漸近地實現）。此誤差範圍會隨著 n 的增加而縮小，並隨著 $n \to \infty$ 趨近於零。但是在實際使用時，選擇很大的 n 會導致學習速度變得非常慢，通常最好採用一定程度的自助方法（$n < \infty$），這和我們在第 7 章的表格式 n 步方法及在第 6 章中表格式 TD 和蒙地卡羅方法是類似的。

參考文獻與歷史評注

廣義化和函數近似一直是強化學習不可或缺的一部分。Bertsekas 和 Tsitsiklis（1996）、Bertsekas（2012）以及 Sugiyama 等人（2013）介紹了強化學習中函數近似最新的技術進展。本節最後將討論一些在強化學習中採用函數近似的早期研究。

9.3 在監督式學習中，最小化均方誤差的梯度下降方法是眾所周知的。Widrow 和 Hoff（1960）提出的最小均方（LMS）演算法是典型的增量式梯度下降演算法。許多研究（如 Widrow and Stearns, 1985; Bishop, 1995; Duda and Hart, 1973）都提供了有關此演算法和相關演算法的詳細資訊。

半梯度 TD(0) 是由 Sutton（1984, 1988）提出的，它是我們將在第 12 章介紹的線性 TD（λ）演算法的一部分。描述這些自助方法的「半梯度」一詞是本書第二版新提出的。

最早在強化學習中使用狀態聚合的概念可能是 Michie 和 Chambers 的 BOXES 系統（1968）。強化學習中的狀態聚合理論是由 Singh、Jaakkola 和 Jordan（1995）及 Tsitsiklis 和 Van Roy（1996）提出的。狀態聚合的概念從一開始就被用於動態規劃中（如 Bellman, 1957a）。

9.4 Sutton（1988）證明了在特徵向量 $\{\mathbf{x}(s) : s \in \mathcal{S}\}$ 是線性獨立的情況下，線性 TD(0) 在均值上收斂於最小 $\overline{\text{VE}}$ 的解。幾位研究人員幾乎在同一時期證明了機率為 1 的收斂性（Peng, 1993; Dayan and Sejnowski, 1994; Tsitsiklis, 1994; Gurvits, Lin, and Hanson, 1994）。此外，Jaakkola、Jordan 和 Singh（1994）證明了在線上更新情形下的收斂性。所有這些結果均假定特徵向量為線性獨立的，這表示 $\mathbf{w}_t$ 的分量至少與狀態的數量相等。在更重要的情形下，即一般的（可線性相關的）特徵向量的收斂性是由 Dayan（1992）首先證明的。Tsitsiklis 和 Van Roy（1997）加強並廣義化了 Dayan 的研究結果，他們證明了本節介紹的主要結果，即線性自助方法其漸近誤差的界限。

9.5 我們對於線性函數近似可能性範圍的介紹是基於 Barto（1990）的觀點。

9.5.2 Konidaris、Osentoski 和 Thomas（2011）以一種簡單的形式介紹了傅立葉基底，這種形式適用於具有多維連續狀態空間和非週期性函數的強化學習問題。

9.5.3 「粗編碼」一詞源自於 Hinton（1984），而我們的圖 9.6 是根據他研究中的一張圖。Waltz 和 Fu（1965）提供了一個早期在強化學習系統中使用這種函數近似的例子。

9.5.4 Albus（1971, 1981）介紹了瓦片編碼，包括雜湊的方式。他在他的「小腦模型咬合控制器」或稱 CMAC 的研究中進行介紹，在許多研究中有時會使用瓦片編碼一詞。「瓦片編碼」一詞對於本書的第一版而言是新的內容，儘管用這個詞來描述 CMAC 的概念是由 Watkins（1989）所提出的。瓦片編碼已被用於許多強化學習系統中（如 Shewchuk and Dean, 1990; Lin and Kim, 1991; Miller, Scalera, and Kim, 1994; Sofge and White, 1992; Tham, 1994; Sutton, 1996; Watkins, 1989），以及其他類型的學習控制系統中（如 Kraft 和 Campagna，1990；Kraft、Miller 和 Dietz，1992）。本節重點描述了 Miller 和 Glanz（1996）的研究。用於瓦片編碼的通用軟體提供了多種語言版本（請參見 *http://incompleteideas.net/tiles/tiles3.html*）。

9.5.5 自從 Broomhead 和 Lowe（1988）將使用徑向基底函數的函數近似與 ANN 連結以來，使用徑向基底函數的函數近似一直受到廣泛的關注。Powell（1987）回顧了早期對 RBF 的使用，而 Poggio 和 Girosi（1989, 1990）廣泛地推廣和應用了這種方法。

9.6 自動調整步長參數的方法包括 RMSprop（Tieleman and Hinton, 2012）、Adam（Kingma and Ba, 2015）、隨機元下降方法如 Delta-Bar-Delta（Jacobs, 1988）、其增量廣義化版本（Sutton, 1992b, c; Mahmood et al., 2012）以及其非線性廣義化版本（Schraudolph, 1999, 2002）。專門為強化學習設計的方法包括 AlphaBound（Dabney and Barto, 2012）、SID 及 NOSID（Dabney, 2014）、TIDBD（Kearney et al., in preparation）以及將隨機元下降方法應用於策略梯度學習（Schraudolph, Yu, and Aberdeen, 2006）。

9.7 McCulloch 和 Pitts（1943）使用閾值邏輯單元作為抽象模型神經元是 ANN 研究的開始。作為分類或迴歸的學習方法，人工神經網路的發展歷史已經經歷了多個階段，大致可分為：單層人工神經網路進行學習的階段是以感知器（Rosenblatt, 1962）和自適應線性元素（ADALINE）（Widrow and Hoff, 1960）為主要代表，以誤差反向傳播（LeCun, 1985; Rumelhart, Hinton, and Williams, 1986）使用多層人工神經網路進行學習的階段，以及目前強調特徵學習（如 Bengio, Courville, and Vincent, 2012; Goodfellow, Bengio, and Courville, 2016）的深度學習階段。關於介紹人工神經網路的書籍相當多，包括 Haykin（1994）、Bishop（1995）和 Ripley（2007）。

使用 ANN 作為強化學習的函數近似可以追溯到 Farley 和 Clark（1954）的早期研究，他們使用類似於強化學習的方法來修改代表策略的線性閾值函數的權重。Widrow、Gupta 和 Maitra（1973）提出了一種類似於神經元的線性閾值單元用於實現一種學習過程，他們稱之為**與評論家學習或選擇性自助適應**，這是一種基於 ADALINE 演算法變化版本的強化學習過程。Werbos（1987, 1994）開發了一種預測和控制方法，此方法使用透過誤差反向傳播訓練的 ANN，並使用類似於 TD 演算法學習策略和價值函數。

Barto、Sutton 和 Brouwer（1981）以及 Barto 和 Sutton（1981b）將關聯記憶網路的概念（例如 Kohonen, 1977; Anderson, Silverstein, Ritz, and Jones, 1977）擴展到了強化學習。Barto、Anderson 和 Sutton（1982）使用兩層 ANN 來學習非線性控制策略，並強調了第一層的作用是用來學習合適的表徵。Hampson（1983, 1989）是使用多層 ANN 學習價值函數的早期提倡者。Barto、Sutton 和 Anderson（1983）提出了一個基於 ANN 形式的演員 - 評論家演算法來學習如何平衡一個模擬的桿子（詳見第 15.7 和 15.8 節）。Barto 和 Anandan（1985）提出了 Widrow 等人（1973）的選擇性自助演算法的隨機版本，稱為**關聯獎勵懲罰**（A_{R-P}）**演算法**。Barto（1985, 1986）及 Barto 和 Jordan（1987）介紹了由多個 $\mathrm{A_{R-P}}$ 單元所組成

並透過全域傳遞的強化訊號進行訓練的多層 ANN，他們以此 ANN 來學習不可線性分離的分類規則。Barto（1985）探討了這種 ANN 的方法，並說明這類學習規則與當時相關研究中其他規則之間的關係（關於探討如何訓練多層 ANN 的相關內容詳見第 15.10 節）。Anderson（1986, 1987, 1989）評估了多種訓練多層 ANN 的方法，並展示了一個演員 - 評論家演算法，其中演員和評論家均為透過誤差反向傳播訓練的兩層 ANN，此演算法對於解決桿平衡和河內塔內的問題其性能優於單層 ANN。Williams（1988）介紹了幾種結合反向傳播和強化學習來訓練人工神經網路的方法。Gullapalli（1990）和 Williams（1992）為具有連續值輸出而非二元輸出的類神經元單元設計了強化學習演算法。Barto、Sutton 和 Watkins（1990）認為 ANN 在解決順序決策問題所需的近似函數方面可以發揮重要作用。Williams（1992）將 REINFORCE 學習規則（第 13.3 節）與誤差反向傳播方法進行連結來訓練多層 ANN。Tesauro 的 TD-Gammon（Tesauro 1992, 1994; Section 16）展示了透過多層 ANN 進行函數近似的 TD(λ) 演算法學習雙陸棋的能力。Silver 等人的 *AlphaGo*、*AlphaGo Zero* 和 *AlphaZero* 程式（2016, 2017a, b; Section 16.6）使用了深度學習卷積人工神經網路的強化學習在圍棋賽局中獲得了令人印象深刻的結果。Schmidhuber（2015）回顧了人工神經網路在強化學習中的應用，包括遞迴人工神經網路的應用。

9.8 LSTD 是由 Bradtke 和 Barto 提出（詳見 Bradtke, 1993, 1994; Bradtke and Barto, 1996; Bradtke, Ydstie, and Barto, 1994），並由 Boyan（1999, 2002）、Nedić 和 Bertsekas（2003）及 Yu（2010）進行進一步發展。逆矩陣的增量更新至少自 1949 年以來就為人所知（Sherman and Morrison, 1949）。Lagoudakis 和 Parr（2003; Buşoniu, Lazaric, Ghavamzadeh, Munos, Babuška, and De Schutter, 2012）介紹了最小平方法對於控制的延伸應用。

9.9 我們對基於記憶的函數近似的討論主要源自於 Atkeson、Moore 和 Schaal（1997）對局部加權學習的回顧。Atkeson（1992）討論了在基於記憶的機器人學習中使用局部加權迴歸，並提供了大量涵蓋該概念的參考文獻。Stanfill 和 Waltz（1986）強調基於記憶的方法在人工智慧中的重要性，特別在平行處理架構方面如連接機（Connection Machine）。Baird 和 Klopf（1993）介紹了一種創新的基於記憶方法，並將其應用於桿平衡問題中 Q 學習的函數近似方法。Schaal 和 Atkeson（1994）將局部加權迴歸應用於機器人的雜耍控制問題中，在此問題中局部加權迴歸被用於學習一個系統模型。Peng（1995）使用桿平衡問題實驗了幾種鄰近的方法來近似價值函數、策略和環境模型。Tadepalli 和 Ok（1996）透過局部加權線性迴歸學習模擬自動引導車問題的價值函數獲得了令人振奮的結果。Bottou 和 Vapnik（1992）證明了在某些圖形識別問題中與非局部演算法相比，幾種局部學習演算法具有驚人的效率，並討論了局部學習對廣義化的影響。

Bentley（1975）介紹了 k-d 樹並說明對於 n 筆記錄的最鄰近搜尋平均執行時間為 $O(\log n)$。Friedman、Bentley 和 Finkel（1977）提出了使用 k-d 樹進行最鄰近搜尋的演算法。Omohundro（1987）討論了使用分層資料結構（例如 k-d 樹）可能帶來的效率增益。Moore、Schneider 和 Deng（1997）介紹了使用 k-d 樹進行有效的局部加權迴歸。

9.10 核函數迴歸源自於 Aizerman、Braverman 和 Rozonoer（1964）的***勢函數方法***。他們將資料比喻為在空間中各種正負和大小不同的電荷。透過將點電荷的電勢相加產生在空間上的最終電勢來對應於內插表面。在這個比喻中，核函數是點電荷的電勢，它隨著與電荷的距離的倒數而下降。Connell 和 Utgoff（1987）將演員 - 評論家方法應用於桿平衡問題中，其中評論家使用具有反距離加權的核函數迴歸來近似價值函數。在人們對機器學習中的核函數迴歸感興趣之前，有些作者並沒有使用「核」一詞，而是使用了「Shepard 方法」一詞（Shepard, 1968）。其他基於核函數的強化學習方法包括 Ormoneit 和 Sen（2002）、Dietterich 和 Wang（2002）、Xu、Xie、Hu 和 Lu（2005）、Taylor 和 Parr（2009）、Barreto，Precup 和 Pineau（2011）以及 Bhat、Farias 和 Moallemi（2012）。

9.11 對於重點 TD 方法，請參閱第 11.8 節的參考文獻。

我們所知道最早使用函數近似方法來學習價值函數的例子是 Samuel 的跳棋程式（1959, 1967）。Samuel 遵循 Shannon（1950）的建議，在棋局中作為選擇下棋位置的價值函數不必非常精確，可以透過特徵的線性組合來近似即可。除了線性函數近似外，Samuel 還嘗試使用查找表及稱為簽名表的分層查找表（Griffth, 1966, 1974; Page, 1977; Biermann, Fairfield, and Beres, 1982）。

幾乎在 Samuel 研究的同一時期，Bellman 和 Dreyfus（1959）提出將函數近似方法與 DP 結合使用（人們認為 Bellman 和 Samuel 的研究彼此之間有相互影響，但我們知道在兩者的研究中都沒有提及彼此）。現在已經有大量關於函數近似方法和 DP 的文獻，例如多重網格方法以及使用樣條和正交多項式的方法（Bellman and Dreyfus, 1959; Bellman, Kalaba, and Kotkin, 1973; Daniel, 1976; Whitt, 1978; Reetz, 1977; Schweitzer and Seidmann, 1985; Chow and Tsitsiklis, 1991; Kushner and Dupuis, 1992; Rust, 1996）。

Holland（1986）的分類系統使用了一種選擇性特徵匹配技術來對狀態 - 動作對中的評估資訊進行歸納。每個分類器都對具有子集特徵指定值的狀態子集進行匹配，其餘特徵則具有任意值（類似於撲克牌遊戲中的「萬用牌」），然後將這些子集用於傳統的狀態聚合方法中以進行函數近似。Holland 的概念是使用基因演算法來進化出一組分類器，這組分類器將會共同執行有用的動作值函數，Holland 的概念影響了作者對於強化學習的早期研究，但我們專注於不同的函數近似方法。作為一個函數近似器，分類器在多個方面受到限制：首先，它們是狀態聚合方法，在縮放和有效表示平滑函數方面都受到限制，此外，分類器的匹配規則只能實現與特徵軸平行的聚合邊界。傳統分類系統最重要的限制可能在於分類器必須透過基因演算法（一種進化方法）進行學習。正如我們在第 1 章中所討論的，在學習過程中可以獲得大量如何學習的資訊而非進化方法所能使用的資訊。這種觀點使我們改採用監督式學習的方法進行強化學習，特別是在梯度下降法和 ANN 方法。Holland 的方法與我們的方法之間的差異並不令人訝異，因為 Holland 的概念是在 ANN 被普遍認為計算能力太弱以致於不實用的時期所提出的，而我們的研究工作則起始於人們普遍質疑傳統方法的時期。這些不同方法的結合在各個方面仍然有許多的可能性。

Christensen 和 Korf（1986）在西洋棋賽局中嘗試使用迴歸方法修正線性值函數近似係數。Chapman 和 Kaelbling（1991）及 Tan（1991）採用決策樹方法學習價值函數。基於解釋的學習方法也適用於學習價值函數，它可以產生緊湊的表徵（Yee, Saxena, Utgoff, and Barto, 1990; Dietterich and Flann, 1995）。

Chapter 10

on-policy 控制的近似方法

在本章中我們將專注於使用動作值函數 $\hat{q}(s,a,\mathbf{w}) \approx q_*(s,a)$ 進行參數化近似估計的控制問題，其中 $\mathbf{w} \in \mathbb{R}^d$ 是一個有限維度的權重向量。我們繼續將注意力集中在 on-policy 的問題上，而 off-policy 的方法我們將在第 11 章進行討論。本章將以半梯度 Sarsa 演算法為例，即前一章半梯度 TD(0) 演算法對動作值和策略控制的自然延伸。在分節性問題的情形下這種延伸是很直接的，但在連續性問題的情形下我們則必須退回幾步，然後重新審視我們如何使用折扣來定義最佳策略。令人驚訝的是，一旦獲得真正的函數近似時，我們就必須放棄折扣並將原先的控制問題變更為帶有新「差分」價值函數的新「平均獎勵」形式。

從分節性問題的情形開始，我們將上一章所介紹的函數近似概念從狀態值函數擴展到動作值函數，我們將遵循 on-policy GPI 的一般模式並使用 ε - 貪婪策略進行動作選擇。我們將展示針對高山行車的問題使用 n 步線性 Sarsa 的結果。接著我們將目光轉至連續性問題的情形，並將這個概念應用於帶有差分價值的平均獎勵情形中。

10.1 分節性半梯度控制

將第 9 章的半梯度預測方法擴展到動作值形式是相當簡單的工作，在此情形下近似動作值函數 $\hat{q} \approx q_\pi$ 表示為具有權重向量 $\mathbf{w}$ 的參數化函數形式。先前我們已經討論過 $S_t \mapsto U_t$ 形式的隨機訓練例子，現在讓我們來觀察形式為 $S_t, A_t \mapsto U_t$ 的例子。更新目標 U_t 可以是 $q_\pi(S_t,A_t)$ 的任何近似值，包括一般的回溯值如完整的蒙地卡羅回報（G_t）或任何 n 步 Sarsa 回報 (7.4)。對於動作值預測的一般梯度下降更新，其形式為

$$\mathbf{w}_{t+1} \doteq \mathbf{w}_t + \alpha \Big[U_t - \hat{q}(S_t, A_t, \mathbf{w}_t) \Big] \nabla \hat{q}(S_t, A_t, \mathbf{w}_t). \tag{10.1}$$

例如，單步 Sarsa 方法的更新為

$$\mathbf{w}_{t+1} \doteq \mathbf{w}_t + \alpha\Big[R_{t+1} + \gamma\hat{q}(S_{t+1}, A_{t+1}, \mathbf{w}_t) - \hat{q}(S_t, A_t, \mathbf{w}_t)\Big]\nabla\hat{q}(S_t, A_t, \mathbf{w}_t). \quad (10.2)$$

我們將此方法稱為**分節性半梯度單步** *Sarsa*（*episodic semi-gradient one-step Sarsa*）。對於一個固定的策略，此方法的收斂情形與 TD(0) 相同且具有相同的誤差邊界 (9.14)。

為了形成控制方法，我們需要將這種動作值預測方法與策略改善及動作選擇技巧相結合。適用於連續動作或從大型離散集合中選擇動作的技巧是當前研究的重點，目前尚無明確的解決方案。另一方面，如果動作集合是離散的且不是太大，那麼我們可以使用前面章節中已經提過的技巧。也就是說，對於當前狀態 S_t 中每個可用的可能動作 a，我們可以計算 $\hat{q}(S_t, a, \mathbf{w}_t)$，然後找出貪婪的動作 $A_t^* = \arg\max_a \hat{q}(S_t, a, \mathbf{w}_t)$。透過將原先估計的策略更改為貪婪策略（例如 ε - 貪婪策略）的柔性近似來完成策略改善（在本章中所討論的 on-policy 情形下）。動作的選擇也是根據相同的策略。演算法的完整虛擬碼如方框中所示。

分節性半梯度單步 Sarsa，用於估計 $\hat{q} \approx q_*$

輸入：一個參數化可微分的動作值函數 $\hat{q} : \mathcal{S} \times \mathcal{A} \times \mathbb{R}^d \to \mathbb{R}$
演算法參數：步長 $\alpha > 0$，一個小的 $\varepsilon > 0$
任意初始化價值函數權重 $\mathbf{w} \in \mathbb{R}^d$（例如 $\mathbf{w} = \mathbf{0}$）

對每一分節循環：
　$S, A \leftarrow$ 分節的初始狀態和動作（例如 ε - 貪婪策略）
　對分節的每一步循環：
　　採取動作 A，觀察 R、S'
　　如果 S' 為終端狀態：
　　　$\mathbf{w} \leftarrow \mathbf{w} + \alpha\big[R - \hat{q}(S, A, \mathbf{w})\big]\nabla\hat{q}(S, A, \mathbf{w})$
　　　到下一分節
　　根據 $\hat{q}(S', \cdot, \mathbf{w})$ 選擇 A'（例如 ε - 貪婪策略）
　　$\mathbf{w} \leftarrow \mathbf{w} + \alpha\big[R + \gamma\hat{q}(S', A', \mathbf{w}) - \hat{q}(S, A, \mathbf{w})\big]\nabla\hat{q}(S, A, \mathbf{w})$
　　$S \leftarrow S'$
　　$A \leftarrow A'$

範例 10.1：高山行車問題。如圖 10.1 左上圖所示，考慮在陡峭的山路上駕駛動力不足的汽車。困難點在於重力比汽車的引擎強，即使在全油門的情形下汽車也無法在陡坡上加速開至目標。唯一的解決方法是先遠離目標向左側反方向的斜坡上移動。然後再透過施加全油門使汽車可以累積足夠的慣性使其可以通過陡峭的斜坡，儘管過程中汽車會一直減速。

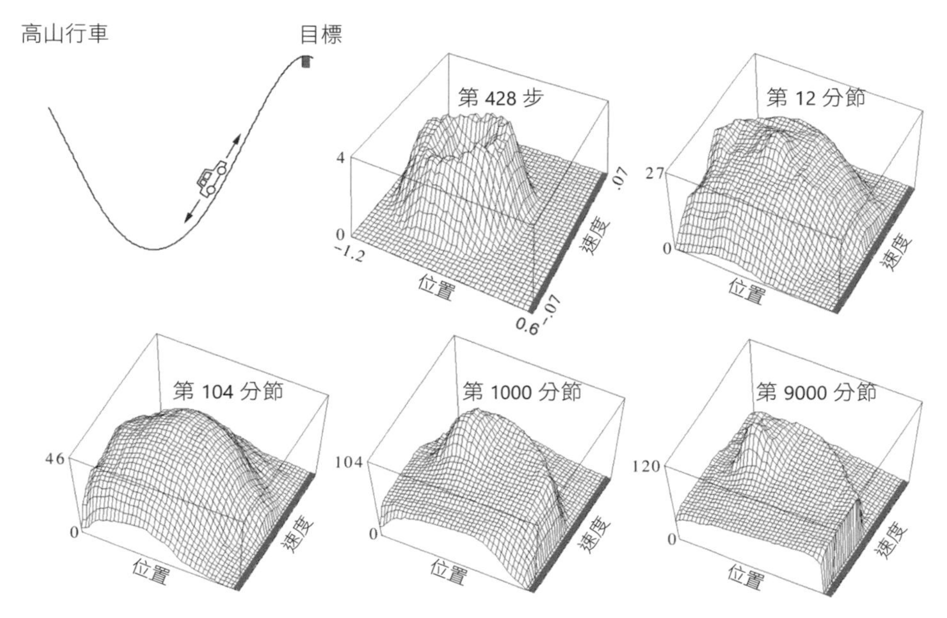

圖 10.1 高山行車問題（左上圖）、和一次行駛中學習到的成本函數（$-\max_a \hat{q}(s,a,\mathbf{w})$）。

這是一個連續控制問題的簡單範例，其中情形在某種意義上必須先變得更糟（遠離目標）然後才能變得更好。除非有人類設計者的明確協助，否則許多控制方法都無法完成此類任務。

此問題的獎勵在所有時步中皆為 -1，直到汽車駛過山頂的目標位置為止，這也表示該分節結束。有三種可能的動作：正向全油門（+1），反向全油門（-1）和零油門（0）。汽車按照簡化的物理學原理運動，其位置 x_t 和速度 $\dot{x}_t$ 透過以下方式進行更新

$$x_{t+1} \doteq bound\big[x_t + \dot{x}_{t+1}\big]$$

$$\dot{x}_{t+1} \doteq bound\big[\dot{x}_t + 0.001A_t - 0.0025\cos(3x_t)\big],$$

其中 $bound$ 操作限制了 $-1.2 \leq x_{t+1} \leq 0.5$ 和 $-0.07 \leq \dot{x}_{t+1} \leq 0.07$。此外，當 x_{t+1} 到達左邊界時，$\dot{x}_{t+1}$ 將重置為零，而到達右邊界時就抵達目標且分節終止。每個分節從一個隨機位置 $x_t \in [-0.6, -0.4)$ 和零速度開始。為了將兩個連續狀態變數轉換為二元特徵，我們使用了圖 9.9 的網格鋪面。我們使用了 8 個鋪面，每個瓦片在每個維度上覆蓋邊界距離的 1/8，並使用 9.5.4 節所介紹的非對稱偏移[1]。然後透過瓦片編碼所產生的特徵向量 $\mathbf{x}(s,a)$ 與參數向量進行線性組合來近似動作值函數，即對於每對狀態 - 動作對中的狀態 s 和動作 a：

$$\hat{q}(s,a,\mathbf{w}) \doteq \mathbf{w}^\top \mathbf{x}(s,a) = \sum_{i=1}^{d} w_i \cdot x_i(s,a), \tag{10.3}$$

圖 10.1 顯示了使用這種形式的函數近似來學習解決此問題時通常會發生什麼情形[2]。圖中顯示的是單次執行中學習到的價值函數負值（成本（*cost-to-go*）函數）。最初的動作值全為零，這是樂觀的（此問題中所有實際值均為負），使得即使探索參數 ε 為 0 也會引起廣泛的探索。我們可以從圖中頂部標示為「第 428 步」的圖看到這樣的情形，儘管這時甚至還沒有完成一個分節，但是汽車會沿著山谷中的弧形軌跡在山谷中來回擺動。所有經常訪問的狀態其價值都比未探索的狀態差，因為實際獎勵比（不切實際的）預期的還要差。這會不斷地驅使代理人離開曾經訪問過的狀態並探索新的狀態，直到找到解決方案為止。

圖 10.2 顯示了多種針對該問題的半梯度 Sarsa 學習曲線，不同的學習曲線其步長也各不相同。

---

1 我們特別使用了在 http://incompleteideas.net/tiles/tilles3.html 的瓦片編碼軟體來獲取狀態（`x,xdot`）和動作 A 其特徵向量對應的數值，其中參數設定為 `iht=IHT(4096)` 和 `tiles(iht,8,[8*x/(0.5+1.2),8*xdot/(0.07+0.07)],A)`。

2 此資料實際上來自「半梯度 Sarsa(λ) 演算法」，我們將在第 12 章進行討論，但是半梯度 Sarsa 有類似的特性。

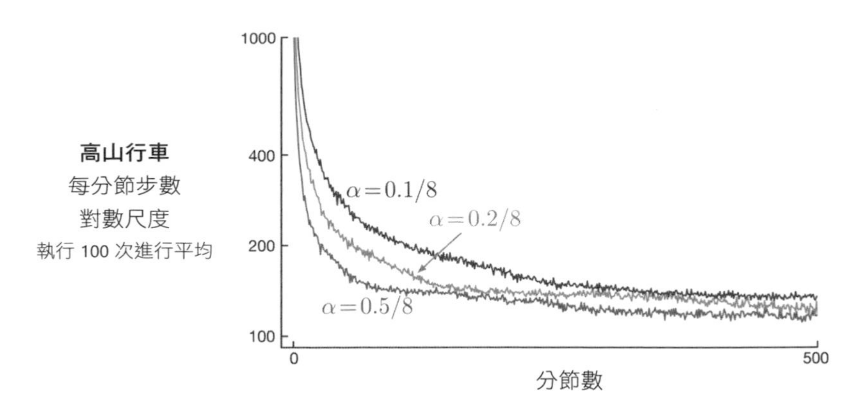

圖 10.2 在高山行車問題中使用瓦片編碼函數近似和 ε- 貪婪動作選擇的半梯度 Sarsa 方法學習曲線。■

10.2 半梯度 n 步 Sarsa

我們可以透過使用 n 步回報作為半梯度 Sarsa 更新方程式 (10.1) 中的更新目標來獲得分節性半梯度 Sarsa 的 n 步版本。n 步回報可以很快地從其表格形式 (7.4) 廣義化為函數近似形式：

$$G_{t:t+n} \doteq R_{t+1}+\gamma R_{t+2}+\cdots+\gamma^{n-1}R_{t+n}+\gamma^n\hat{q}(S_{t+n},A_{t+n},\mathbf{w}_{t+n-1}), \qquad t+n<T \tag{10.4}$$

如果 $t+n \geq T$ 則 $G_{t:t+n} \doteq G_t$，與先前相同。n 步更新方程式為

$$\mathbf{w}_{t+n} \doteq \mathbf{w}_{t+n-1}+\alpha\left[G_{t:t+n}-\hat{q}(S_t,A_t,\mathbf{w}_{t+n-1})\right]\nabla\hat{q}(S_t,A_t,\mathbf{w}_{t+n-1}), \qquad 0\leq t<T. \tag{10.5}$$

完整的虛擬碼如底下的方框所示。

分節性半梯度 n 步 Sarsa，用於估計 $\hat{q}\approx q_*$ 或 q_π

輸入：一個參數化可微分的動作值函數 $\hat{q}:\mathcal{S}\times\mathcal{A}\times\mathbb{R}^d\to\mathbb{R}$
輸入：一個策略 π（如果估計 q_π）
演算法參數：步長 $\alpha>0$，一個小的 $\varepsilon>0$ 和一個正整數 n
任意初始化價值函數權重 $\mathbf{w}\in\mathbb{R}^d$（例如 $\mathbf{w}=\mathbf{0}$）

所有儲存和訪問操作（對於 S_t、A_t 和 R_t）都可以使其索引除以 $n+1$ 取餘數進行

對每個分節循環：
  初始化並儲存 $S_0 \neq$ 終端
  選擇並儲存動作 $A_0 \sim \pi(\cdot|S_0)$ 或根據 $\hat{q}(S_0, \cdot, \mathbf{w})$ 進行 ε- 貪婪
  $T \leftarrow \infty$
  對於 $t = 0, 1, 2, \ldots$ 循環：
  | 如果 $t < T$，則：
  | 採取動作 A_t
  | 觀察並將下一個獎勵儲存為 R_{t+1}，將下一個狀態儲存為 S_{t+1}
  | 如果 S_{t+1} 是終端狀態，則：
  | $T \leftarrow t+1$
  | 否則：
  | 選擇並儲存動作 $A_{t+1} \sim \pi(\cdot|S_{t+1})$ 或根據 $\hat{q}(S_{t+1}, \cdot, \mathbf{w})$ 進行 ε- 貪婪
  | $\tau \leftarrow t - n + 1$（$\tau$ 是估計值進行更新的時步）
  | 如果 $\tau \geq 0$：
  | $G \leftarrow \sum_{i=\tau+1}^{\min(\tau+n,T)} \gamma^{i-\tau-1} R_i$
  | 如果 $\tau + n < T$，則 $G \leftarrow G + \gamma^n \hat{q}(S_{\tau+n}, A_{\tau+n}, \mathbf{w})$ $(G_{\tau:\tau+n})$
  | $\mathbf{w} \leftarrow \mathbf{w} + \alpha \left[G - \hat{q}(S_\tau, A_\tau, \mathbf{w})\right] \nabla \hat{q}(S_\tau, A_\tau, \mathbf{w})$
  直到 $\tau = T - 1$

如先前所看到的，如果使用中等程度的自助法（對應於大於 1 的 n）往往可以獲得最佳的性能表現。圖 10.3 顯示了此演算法在高山行車問題中，使用 n=8 相比於n=1 時如何學習得更快並獲得更好的漸近性能。圖 10.4 顯示了參數 α 和 n 對此問題學習率的影響更詳細的研究結果。

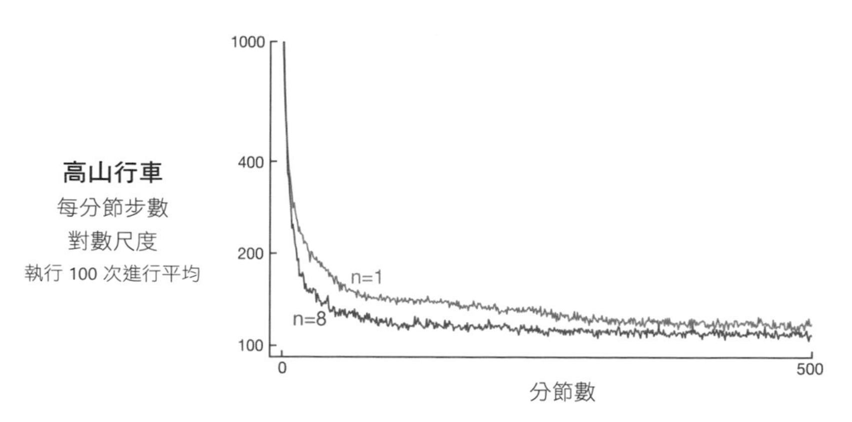

圖 10.3 在高山行車問題中，單步與 8 步半梯度 Sarsa 的性能表現。這裡使用了有良好性能表現的步長參數：對於 $n = 1$ 時 $\alpha = 0.5/8$，對於 $n = 8$ 時 $\alpha = 0.3/8$。

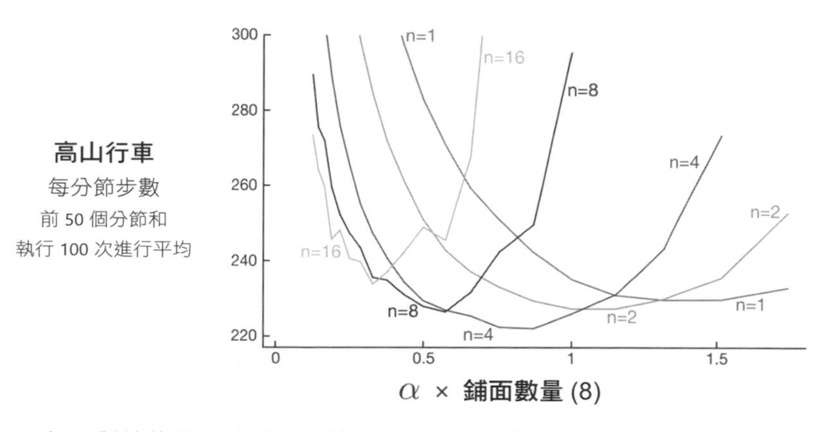

圖 10.4 α 和 n 對於使用瓦片編碼函數近似及 n 步半梯度 Sarsa 在高山行車問題中初期性能表現的影響。與先前相同，使用中等程度的自助法（$n = 4$）表現最佳。這些結果是以對數尺度選擇多個 α 值進行計算的，然後將這些結果以直線進行連接。標準誤差範圍在 $n = 1$ 時為 0.5（小於線的寬度），在 $n = 16$ 時大約為 4，因此主要的影響在統計學上都是有意義的。

練習 10.1：在本章中我們沒有明確討論任何蒙地卡羅方法或提供任何蒙地卡羅方法的虛擬碼。它們應該是怎麼樣的呢？為什麼不為其提供虛擬碼？它們在高山行車問題會有什麼樣的表現？ □

練習 10.2：請寫出用於控制問題的半梯度單步預期 Sarsa 虛擬碼。 □

練習 10.3：為什麼在圖 10.4 所示的結果中，較大的 n 比較小的 n 有更高的標準誤差？ □

10.3 平均獎勵：對於連續性任務新的問題設定方式

我們現在介紹第三種不同於先前分節性與折扣設定的經典馬可夫決策問題（MDP）目標設定方式：如同先前的折扣設定一樣，**平均獎勵**（*average reward*）設定適用於連續性問題，此問題中代理人與環境之間的交互作用將會一直持續而沒有相對應的終止或開始狀態。但與折扣設定不同的是這裡不考慮任何折扣，代理人對於延遲獎勵與立即獎勵的重視程度相同。平均獎勵設定是經典的動態規劃理論中經常考慮的主要設定之一，但在強化學習中則較少被注意。如同我們在下一節中將要討論的，折扣設定在函數近似方面會存在一些問題，因此需要使用平均獎勵設定來替代。

在平均獎勵設定中，策略 π 的品質被定義為遵循該策略的平均獎勵率或稱為**平均獎勵**，我們將其表示為 $r(\pi)$：

$$r(\pi) \doteq \lim_{h\to\infty} \frac{1}{h} \sum_{t=1}^{h} \mathbb{E}[R_t \mid S_0, A_{0:t-1} \sim \pi] \tag{10.6}$$

$$= \lim_{t\to\infty} \mathbb{E}[R_t \mid S_0, A_{0:t-1} \sim \pi], \tag{10.7}$$

$$= \sum_s \mu_\pi(s) \sum_a \pi(a|s) \sum_{s',r} p(s', r \mid s, a) r,$$

期望值取決於初始狀態 S_0 和遵循策略 π 所產生的後續動作 $A_0, A_1, \ldots, A_{t-1}$，$\mu_\pi$ 是一個穩態分布，假設對於任何一個 π 都存在且獨立於 S_0，則 $\mu_\pi(s) \doteq \lim_{t\to\infty} \Pr\{S_t = s \mid A_{0:t-1} \sim \pi\}$。這種關於 MDP 的假設稱為**遍歷性**（*ergodicity*），這表示在 MDP 開始的位置或代理人做出的任何早期決策只具有臨時的效果。從長遠來看，一個狀態的期望值僅取決於策略本身和 MDP 的轉移機率。遍歷性足以保證上述方程式中極限的存在。

在沒有折扣的連續性問題中，不同類型的最佳性之間可能有微小的區別。然而對於大多數實際目標而言，根據每個時步的平均獎勵（即根據它們的 $r(\pi)$）簡單地對策略進行排序往往就足夠了。如 (10.7) 所示，此數量本質上是策略 π 的平均獎勵。具體而言，我們認為所有達到 $r(\pi)$ 最大值的策略都是最佳的。

請注意到穩態分布是一種特殊的分布，在該分布下如果根據 π 選擇動作，則將保持在相同的分布中。也就是

$$\sum_s \mu_\pi(s) \sum_a \pi(a|s) p(s' \mid s, a) = \mu_\pi(s'). \tag{10.8}$$

在平均獎勵設定中，回報是根據各時步的獎勵與平均獎勵之間的差進行定義：

$$G_t \doteq R_{t+1} - r(\pi) + R_{t+2} - r(\pi) + R_{t+3} - r(\pi) + \cdots. \tag{10.9}$$

這稱為**差分回報**（*differential return*），其相應的價值函數稱為**差分價值函數**（*differential value functions*）。它們的定義方式和之前相同，我們將一如既往地使用相同的符號：$v_\pi(s) \doteq \mathbb{E}_\pi[G_t|S_t = s]$ 和 $q_\pi(s,a) \doteq$ 及 $S_t = s, A_t = a]$（類似的還有 v_* 和 q_*）。差分價值函數也具有貝爾曼方程，但與我們之前看到的略有不同。我們只需刪除所有的 γs，並將所有獎勵替換為立即獎勵與實際平均獎勵之間的差即可：

$$v_\pi(s) = \sum_a \pi(a|s) \sum_{r,s'} p(s',r|s,a)\Big[r - r(\pi) + v_\pi(s')\Big],$$

$$q_\pi(s,a) = \sum_{r,s'} p(s',r|s,a)\Big[r - r(\pi) + \sum_{a'} \pi(a'|s')q_\pi(s',a')\Big],$$

$$v_*(s) = \max_a \sum_{r,s'} p(s',r|s,a)\Big[r - \max_\pi r(\pi) + v_*(s')\Big], \text{ and}$$

$$q_*(s,a) = \sum_{r,s'} p(s',r|s,a)\Big[r - \max_\pi r(\pi) + \max_{a'} q_*(s',a')\Big]$$

（請詳閱 (3.14)、練習 (3.17)、(3.19) 和 (3.20)）。

對於兩種價值函數其 TD 誤差也有對應的差分形式：

$$\delta_t \doteq R_{t+1} - \bar{R}_{t+1} + \hat{v}(S_{t+1},\mathbf{w}_t) - \hat{v}(S_t,\mathbf{w}_t), \tag{10.10}$$

及

$$\delta_t \doteq R_{t+1} - R_{t+1} + \hat{q}(S_{t+1}, A_{t+1}, \mathbf{w}_t) - \hat{q}(S_t, A_t, \mathbf{w}_t), \tag{10.11}$$

其中 $\bar{R}_t$ 是在時步 t 對平均獎勵 $r(\pi)$ 的估計值。透過這些替代的定義，大多數演算法和許多理論結果都可以直接應用於平均獎勵設定。

例如，除了使用 TD 誤差的差分版本外，半梯度 Sarsa 的平均獎勵版本和 (10.2) 完全相同，即

$$\mathbf{w}_{t+1} \doteq \mathbf{w}_t + \alpha\delta_t \nabla\hat{q}(S_t, A_t, \mathbf{w}_t), \tag{10.12}$$

其中 δ_t 根據 (10.11)。演算法的完整虛擬碼如下一頁的方框中所示。

練習 10.4：請寫出半梯度 Q 學習的差分版本虛擬碼。 □

練習 10.5：除了 (10.10) 以外，還需要哪些方程式來定義 TD(0) 的差分版本？ □

差分半梯度 Sarsa，用於估計 $\hat{q} \approx q_*$

輸入：一個參數化可微分的動作值函數 $\hat{q}: \mathcal{S} \times \mathcal{A} \times \mathbb{R}^d \to \mathbb{R}$
演算法參數：步長 $\alpha, \beta > 0$
任意初始化價值函數權重 $\mathbf{w} \in \mathbb{R}^d$（例如 $\mathbf{w} = \mathbf{0}$）
任意初始化平均獎勵估計值 $\bar{R} \in \mathbb{R}$（例如 $R = 0$）

初始化狀態 S 和 A
對每一步循環：
採取動作 A，觀察 R、S'
  根據 $\hat{q}(S', \cdot, \mathbf{w})$ 選擇 A'（例如 ε- 貪婪）
  $\delta \leftarrow R - \bar{R} + \hat{q}(S', A', \mathbf{w}) - \hat{q}(S, A, \mathbf{w})$
  $\bar{R} \leftarrow \bar{R} + \beta\delta$
  $\mathbf{w} \leftarrow \mathbf{w} + \alpha\delta\nabla\hat{q}(S, A, \mathbf{w})$
  $S \leftarrow S'$
  $A \leftarrow A'$

練習 10.6：考慮一個由三個狀態 A、B 和 C 所組成的環狀馬可夫獎勵過程，狀態確定地沿著該環進行轉移。當到達 A 時會獲得 +1 的獎勵，否則獎勵為 0。請問這三個狀態的差分價值分別為？ □

範例 10.2：存取控制佇列問題。這是一個對一組具有 10 台伺服器進行存取控制的決策問題，其中四個不同優先級的用戶排在一個佇列中。如果我們對用戶授予伺服器的存取權限，則用戶將根據其優先等級向伺服器支付 1、2、4 或 8 的獎勵，優先等級越高的客戶需要支付的獎勵也越多。在每個時步中，位於佇列前端的用戶要麼被接受（分配一台伺服器給用戶），要麼被拒絕（從佇列中移出，獎勵為零）。無論哪種情形，在下一個步驟中都會考慮佇列中的下一個用戶。佇列永遠不會被清空且佇列中用戶的優先級是等機率隨機分布的。當然，如果沒有閒置的伺服器就無法為客戶提供服務；在此情形下，用戶發出的存取需求將總是會被拒絕。每個忙碌的伺服器在每個時步上的閒置機率為 $p = 0.06$。雖然我們對此問題提供了明確的描述定義，但我們假設用戶到達和離開的統計資訊是未知的。此問題的目標是根據每個用戶的優先級和閒置伺服器的數量來決定是接受還是拒絕下一位用戶，以便在無折扣的情形下最大化長期獎勵。

在此範例中我們考慮了此問題的表格式解決方案。儘管狀態之間無法進行廣義化，但是我們仍可以使用一般函數近似的設定將表格式的計算結果進行廣義化。因此，對於每對狀態（閒置伺服器的數量和在佇列前端的用戶其優先等級）和動作（接受或拒絕），我們都有一個差分動作估計值。圖 10.5 顯示了由參數 α = 0.01、β = 0.01 和 ε = 0.1 的差分半梯度 Sarsa 所獲得的解。初始動作值和 $\bar{R}$ 均為 0。

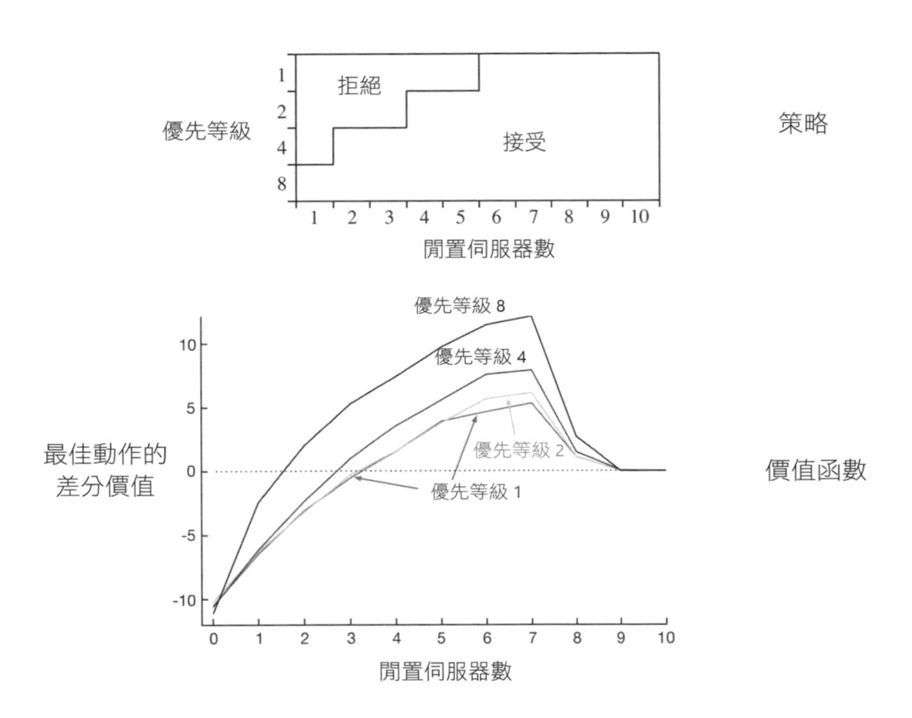

圖 10.5 差分半梯度單步 Sarsa 在存取控制佇列問題中，經過 200 萬步後所獲得的策略和價值函數。圖中右側的下降可能是由於缺少資料，這一部分有許多狀態從未訪問過。學習到的 $\bar{R}$ 約為 2.31。 ■

練習 10.7：假設存在一個 MDP 在任何策略下都能產生確定性的獎勵序列；$+1, 0, +1, 0, +1, 0, \ldots$ 直到永遠。就技術上而言這是不被允許的，因為它違反了遍歷性。沒有穩定的極限分布 μ_π 且極限 (10.7) 不存在。儘管如此，平均獎勵 (10.6) 還是很明確的。它會是什麼樣的呢？現在考慮此 MDP 中的兩個狀態，從 A 開始獎勵序列完全如上所述並會從 $+1$ 開始，而從 B 開始獎勵序列會從 0 開始

然後以 $+1, 0, +1, 0, \ldots$ 續持下去。由於極限不存在，因此我們無法有效定義差分回報 (10.9)。為了解決這個問題，我們可以將狀態值的定義替代為

$$v_\pi(s) \doteq \lim_{\gamma \to 1} \lim_{h \to \infty} \sum_{t=0}^{h} \gamma^t \Big(\mathbb{E}_\pi[R_{t+1} | S_0 = s] - r(\pi) \Big). \tag{10.13}$$

在此定義下，狀態 A 和 B 的值分別為？ □

練習 10.8：第 272 頁的方框中的虛擬碼使用 δ_t 作為誤差來更新 $\bar{R}_{t+1}$ 而不是簡單地使用 $R_{t+1} - \bar{R}_{t+1}$ 進行更新。雖然兩種誤差均有效，但使用 δ_t 更好。為了探究原因，我們討論練習 10.6 中三個狀態的環狀 MRP，其平均獎勵的估計值應趨向於其實際值 $\frac{1}{3}$。假設已經達到這個值並保持固定，誤差 $R_t - \bar{R}_t$ 的序列是怎麼樣的呢？誤差 δ_t 的序列是怎麼樣的呢（請使用 (10.10)）？如果允許平均獎勵的估計值隨著誤差的響應而變更，那麼哪一個誤差序列將對平均獎勵產生更穩定的估計值？為什麼？ □

10.4 棄用折扣設定

連續性帶有折扣的問題表述在表格式的情形下非常有用，因為每個狀態的回報可以分別被確定並進行平均。但是在使用函數近似的情形下，是否應該使用這種問題表述是值得我們懷疑的。

為了探究原因，我們考慮一個沒有開始和結束且沒有明確狀態標識的無限回報序列。狀態可能僅由特徵向量表示，特徵向量對區分狀態之間的作用很小。作為一個特例，所有特徵向量可能都是一樣的。因此，我們實際上只有獎勵序列（和動作），而且只能從這些序列中進行性能評估。我們應該怎麼做？一種方法是計算較長時間間隔的平均獎勵，這就是平均獎勵設定的概念。那麼如何使用折扣呢？對於每一個時步，我們都可以計算其具有折扣的回報。有些回報會很小而又有些很大，所以我們必須在足夠長的時間間隔內對它們進行平均。在連續性的問題中並沒有開始和結束，也沒有特殊的時步，因此我們沒有其他選擇。但是如果這樣做，其結果是具有折扣的回報平均值與平均獎勵成正比。實際上，對於策略 π，具有折扣的回報平均值始終為 $r(\pi)/(1-\gamma)$，也就是說它本質上就是平均回報 $r(\pi)$。特別是在具有折扣的平均回報設定中，所有策略的**排序**將與平均獎勵設定中的情形完全相同。因此，折扣率對問題表述沒有任何影響。實際上，它可能為零，排序依然保持不變。

這個令人驚訝的事實將在下一頁的方框中證明，其基本概念可以透過對稱的論點來觀察。每個時步彼此完全相同，透過折扣，每個獎勵都會在回報中的某個位置恰好出現一次。第 t 個獎勵將會無折扣地出現在第 $t-1$ 個回報中，在第 $t-2$ 個回報中折扣一次，並在第 $t-1000$ 個回報中折扣 999 次。因此，第 t 個獎勵的權重為 $1+\gamma+\gamma^2+\gamma^3+\cdots=1/(1-\gamma)$。因為所有狀態都相同，所以它們都將以此進行加權，因此回報的平均值將是此權重乘以平均獎勵，即 $r(\pi)/(1-\gamma)$。

這個例子以及下面方框中更一般的論點表明，如果我們根據 on-policy 分布最佳化折扣值，則其效果將與最佳化**未折扣**（*undiscounted*）的平均獎勵相同，γ 的實際值對排序不會產生任何影響。這顯示出折扣在函數近似的控制問題定義中不起任何作用。但我們仍可以繼續在解決方案中使用折扣，將折扣參數 γ 從一個問題參數變為一個解決方案的參數！然而在這種情形下，我們不能保證能夠最佳化平均獎勵（或 on-policy 分布的折扣值）。

持續性問題中折扣的無用性

也許我們可以透過設定一個關於策略的目標函數來省略折扣，此函數會根據給定策略下的狀態分布將折扣值進行加總：

$$
\begin{aligned}
J(\pi) &= \sum_s \mu_\pi(s) v_\pi^\gamma(s) && \text{（其中 } v_\pi^\gamma \text{ 是折扣值函數）} \\
&= \sum_s \mu_\pi(s) \sum_a \pi(a|s) \sum_{s'} \sum_r p(s', r|s, a)\left[r + \gamma v_\pi^\gamma(s')\right] && \text{（貝爾曼方程）} \\
&= r(\pi) + \sum_s \mu_\pi(s) \sum_a \pi(a|s) \sum_{s'} \sum_r p(s', r|s, a) \gamma v_\pi^\gamma(s') && \text{（由 (10.7)）} \\
&= r(\pi) + \gamma \sum_{s'} v_\pi^\gamma(s') \sum_s \mu_\pi(s) \sum_a \pi(a|s) p(s'|s, a) && \text{（由 (3.4)）} \\
&= r(\pi) + \gamma \sum_{s'} v_\pi^\gamma(s') \mu_\pi(s') && \text{（由 (10.8)）} \\
&= r(\pi) + \gamma J(\pi) \\
&= r(\pi) + \gamma r(\pi) + \gamma^2 J(\pi) \\
&= r(\pi) + \gamma r(\pi) + \gamma^2 r(\pi) + \gamma^3 r(\pi) + \cdots \\
&= \frac{1}{1-\gamma} r(\pi).
\end{aligned}
$$

這裡所提出具有折扣的策略排序與未折扣的（平均獎勵）情形相同。因此折扣率 γ 不影響排序！

使用函數近似的折扣控制設定其困難點在於我們將無法使用策略改善定理（第 4.2 節），改善一個狀態的折扣值將不再保證我們可以改善整個策略。這個保證是強化學習控制方法理論的核心，使用函數近似我們將失去這個核心！

實際上，缺乏策略改善定理也是分節性設定及平均獎勵設定的理論缺陷。一旦引入函數近似，我們將無法再保證在任何設定上策略的改善。我們將在第 13 章介紹一種基於參數化策略的強化學習演算法，並有一個類似於策略改善定理被稱為「策略梯度定理」的理論保證。但是到目前為止對於學習動作值的方法似乎沒有一個區域性改善的保證（Perkins 和 Precup（2003）採取的方法可能提供了部分解答）。我們可以確定的是 ε- 貪婪方法有時可能會導致一個較差的策略，因為可能會在良好的策略之間來回振盪而無法收斂（Gordon, 1996a）。這是一個存在多個開放性理論問題的領域。

10.5 差分半梯度 n 步 Sarsa

為了延伸至 n 步自助法，我們需要一個 n 步版本的 TD 誤差。我們首先將 n 步回報 (7.4) 廣義化為其差分形式，並使用函數近似：

$$G_{t:t+n} \doteq R_{t+1}-\bar{R}_{t+1} + R_{t+2}-\bar{R}_{t+2} + \cdots + R_{t+n}-\bar{R}_{t+n} + \hat{q}(S_{t+n}, A_{t+n}, \mathbf{w}_{t+n-1}), \tag{10.14}$$

其中 $\bar{R}$ 是對 $r(\pi)$ 的估計值，$n \geq 1$ 且 $t+n < T$。如果 $t+n \geq T$，則如往常一樣定義 $G_{t:t+n} \doteq G_t$。則 n 步 TD 誤差為

$$\delta_t \doteq G_{t:t+n} - \hat{q}(S_t, A_t, \mathbf{w}), \tag{10.15}$$

接著我們可以使用一般的半梯度 Sarsa 更新 (10.12)。方框中提供了演算法的完整虛擬碼。

差分半梯度 n 步 Sarsa，用於估計 $\hat{q} \approx q_*$ 或 q_π

輸入：一個參數化可微分的動作值函數 $\hat{q} : \mathcal{S} \times \mathcal{A} \times \mathbb{R}^d \to \mathbb{R}$，一個策略 π
任意初始化價值函數權重 $\mathbf{w} \in \mathbb{R}^d$（例如 $\mathbf{w} = \mathbf{0}$）
任意初始化平均獎勵估計 $\bar{R} \in \mathbb{R}$（例如 $\bar{R} = 0$）
演算法參數：步長 $\alpha, \beta > 0$，一個正整數 n

所有儲存和訪問操作（對於 S_t、A_t 和 R_t）都可以使其索引除以 $n+1$ 取餘數進行

初始化並儲存 S_0 和 A_0

對每一步循環，$t = 0, 1, 2, \ldots$：
  採取動作 A_t
  觀察並將下一個獎勵儲存為 R_{t+1}，將下一個狀態儲存為 S_{t+1}
  選擇並儲存動作 $A_{t+1} \sim \pi(\cdot|S_{t+1})$，或根據 $\hat{q}(S_{t+1}, \cdot, \mathbf{w})$ 進行 ε- 貪婪
  $\tau \leftarrow t - n + 1$（$\tau$ 是狀態估計正在更新的時步）
  如果 $\tau \geq 0$：
    $\delta \leftarrow \sum_{i=\tau+1}^{\tau+n}(R_i - \bar{R}) + \hat{q}(S_{\tau+n}, A_{\tau+n}, \mathbf{w}) - \hat{q}(S_\tau, A_\tau, \mathbf{w})$
    $\bar{R} \leftarrow \bar{R} + \beta\delta$
    $\mathbf{w} \leftarrow \mathbf{w} + \alpha\delta\nabla\hat{q}(S_\tau, A_\tau, \mathbf{w})$

練習 10.9：在差分半梯度 n 步 Sarsa 演算法中，平均獎勵的步長參數 β 必須非常小，以保證 $\bar{R}$ 成為對平均獎勵良好的長期估計。不幸的是，$\bar{R}$ 會由於其初始值而在許多步驟中產生偏差，這可能會使得學習效率降低，我們可以使用觀察到的樣本獎勵平均值來代替 $\bar{R}$。這在初期會快速適應，但長期而言會適應得很慢。隨著策略的緩慢變化 $\bar{R}$ 也將發生變化。這種長期不穩定性使得樣本平均方法不合適。實際上，平均獎勵的步長參數是使用練習 2.7 中的無偏恆定步長技巧的理想區域。請描述上面方框中的差分半梯度 n 步 Sarsa 演算法使用此技巧所需的具體更改部分。 □

10.6 本章總結

在本章中，我們將上一章所介紹的參數化函數近似和半梯度下降的概念延伸到控制問題中。對於分節性問題而言這種延伸是很直接的，但是對於連續性問題，我們必須基於最大化每個時步的**平均獎勵設定**（*average reward setting*）來引入全新的問題表述。令人驚訝的是，在函數近似的情形下具有折扣的表述無法運用於控制問題中。在近似情形下，大多數策略不能用一個價值函數表示。當需要對任意的策略進行排序時，平均獎勵 $r(\pi)$ 提供了我們一種有效的方法。

平均獎勵公式化表述涉及到價值函數、貝爾曼方程和 TD 誤差新的**差分**（*differential*）版本，但這些都與舊版本相似且概念上的變化很小。當然也有類似舊版本的一組對於平均獎勵的情形下的差分演算法。

參考文獻與歷史評注

10.1 具有函數近似的半梯度 Sarsa 演算法是由 Rummery 和 Niranjan（1994）首次提出。使用 ε- 貪婪選擇動作的線性半梯度 Sarsa 在一般情形下不會收斂，但是會落入最佳解附近的有限範圍內（Gordon, 1996a, 2001）。Precup 和 Perkins（2003）證明了差分動作選擇設定的收斂性。另請詳見 Perkins 和 Pendrith（2002）以及 Melo、Meyn 和 Ribeiro（2008）。高山行車問題是基於 Moore（1990）對於一個類似問題的研究，但本節中所使用的確切形式來自 Sutton（1996）。

10.2 分節性 n 步半梯度 Sarsa 基於 van Seijen（2016）的前向 Sarsa(λ) 演算法，本節顯示的實證結果是本書第二版的新內容。

10.3 平均獎勵的公式化表述已經被用於從動態規劃（如 Puterman, 1994）以及強化學習的角度（Mahadevan, 1996; Tadepalli and Ok, 1994; Bertsekas and Tsitiklis, 1996; Tsitsiklis and Van Roy, 1999）進行描述。本節所描述的演算法是 Schwartz（1993）提出的「R 學習」演算法的 on-policy 版本。R 學習這個名稱可能是由於 Q 學習（R 為 Q 的下一個字母），但是我們更傾向將其解釋為對於差分值或相對（*relative*）值的學習。存取控制佇列問題源自於 Carlström 和 Nordström（1997）的研究。

10.4 在本書第一版出版後不久，作者就察覺到在強化學習使用函數近似的問題表述中關於折扣的局限性。Singh、Jaakkola 和 Jordan（1994）可能是第一批在研究中觀察到這種特性的學者。

Chapter 11

*off-policy 的近似方法

本書從第 5 章開始就將 on-policy 學習和 off-policy 學習方法作為兩種主要的方法來處理廣義策略疊代學習形式中利用與探索之間固有的矛盾。在前兩章中我們使用函數近似來處理 *on*-policy 的問題，而在這一章中我們將使用函數近似來處理 *off*-policy 的問題。相較於 on-policy 學習，函數近似的擴展對於 off-policy 學習明顯不同且難度更高。在第 6 章和第 7 章中所介紹的表格式 off-policy 方法很容易擴展到半梯度演算法，但這些演算法並不像 on-policy 訓練下那樣具有穩健的收斂性。在本章中我們將深入探討收斂性的問題，並進一步專注於線性函數近似的理論，我們引入可學習性的概念並探討針對 off-policy 情形下具有更強收斂性保證的新演算法。在本章最後我們將介紹一些改進的方法，但是相比於運用在 on-policy 學習中，它們的理論結果不會那麼強大，其實際效果也不那麼令人滿意。但在此過程中我們將會對強化學習中 on-policy 學習和 off-policy 學習的近似方法有更深入的了解。

讓我們回想一下，在 off-policy 學習中我們試圖學習目標策略（*target policy*）π 的價值函數，而相關資料是由不同的行為策略（*behavior policy*）b 所提供。在預測的情形下，這兩個策略都是固定的且給定的，我們的目的是學習狀態值 $\hat{v} \approx v_\pi$ 或動作值 $\hat{q} \approx q_\pi$。在控制情形下，動作值是透過學習獲得的且兩個策略通常在學習期間發生變化，策略 π 逐漸變成關於 $\hat{q}$ 的貪婪策略，而 b 逐漸變成更具探索性的策略如關於 $\hat{q}$ 的 ε- 貪婪策略。

off-policy 學習的挑戰可以分為兩部分，一是來自於表格式情形，而另一部分僅在函數近似的情形下出現。第一個挑戰與更新的目標有關（請注意不要與目標策略混淆），第二個挑戰則與更新的分布有關。在第 5 章和第 7 章中所討論的重要性抽樣相關的方法可以應付第一個挑戰，這些方法可能會使得變異數增加，但對於所有成功的演算法而言這是必需的，無論是在表格式方法或是函數近似方法。在本章的第一節我們將快速說明這些方法如何擴展到函數近似的情形。

具有函數近似的 off-policy 學習的第二個挑戰還需要做得更多，因為在 off-policy 的情形下更新的分布與 on-policy 分布不同。on-policy 分布對於半梯度方法的穩定性相當重要，有兩種通用的方式可以解決這個問題：一種是再次使用重要性抽樣方法，這一次將更新分布轉變回 on-policy 分布以確保半梯度方法收斂（在線性情形下）。另一種則是使用不依賴任何特殊分布維持穩定性的真實梯度方法。對於這兩種方式我們都提出了一些方法，這是一個相當具有前瞻性的研究領域，目前還不清楚哪種方式在實際運用中是最有效的。

11.1 半梯度法

我們首先描述在前幾章針對 off-policy 問題所設計的方法如何輕鬆地作為半梯度方法擴展至近似函數的情形。這些方法解決了 off-policy 學習的第一個挑戰（更新目標的變更），但並未解決第二個（更新分布的變更）。因此，這些方法在某些情況下可能會發散，就這個意義上而言它們是不合理的，但仍然經常被成功使用。請記住，這些方法只對於表格形式的情形保證穩定且漸近無偏，這相當於函數近似的一種特例。因此，我們仍可以將它們與特徵選擇方法組合在一起，以確保組合系統的穩定性。無論如何，這些方法都很簡單，因此是一個很好的開始。

在第 7 章中，我們描述了各種表格式 off-policy 演算法。要將它們轉換為半梯度形式，我們只需使用近似值函數（$\hat{v}$ 或 $\hat{q}$）及其梯度，將對於一個陣列（V或 Q）的更新替換為對於一個權重向量（$\mathbf{w}$）的更新。這些演算法中的許多演算法都使用了每步重要性抽樣率：

$$\rho_t \doteq \rho_{t:t} = \frac{\pi(A_t|S_t)}{b(A_t|S_t)}. \tag{11.1}$$

例如，單步狀態值演算法就是半梯度 off-policy TD(0)，它與相對應的 on-policy 演算法（第 220 頁）類似，只是額外增加了 ρ_t：

$$\mathbf{w}_{t+1} \doteq \mathbf{w}_t + \alpha\rho_t\delta_t\nabla\hat{v}(S_t,\mathbf{w}_t), \tag{11.2}$$

根據問題是分節性的、折扣的，還是持續的、未折扣的，以平均獎勵來適當地定義 δ_t：

$$\delta_t \doteq R_{t+1} + \gamma\hat{v}(S_{t+1},\mathbf{w}_t) - \hat{v}(S_t,\mathbf{w}_t), \text{，或} \tag{11.3}$$

$$\delta_t \doteq R_{t+1} - \bar{R}_t + \hat{v}(S_{t+1},\mathbf{w}_t) - \hat{v}(S_t,\mathbf{w}_t). \tag{11.4}$$

對於動作值，單步演算法是半梯度預期的 Sarsa 演算法：

$$\mathbf{w}_{t+1} \doteq \mathbf{w}_t + \alpha\delta_t \nabla\hat{q}(S_t, A_t, \mathbf{w}_t) \text{，和} \tag{11.5}$$

$$\delta_t \doteq R_{t+1} + \gamma \sum_a \pi(a|S_{t+1})\hat{q}(S_{t+1}, a, \mathbf{w}_t) - \hat{q}(S_t, A_t, \mathbf{w}_t) \text{，或} \quad \text{（分節性情形）}$$

$$\delta_t \doteq R_{t+1} - \bar{R}_t + \sum_a \pi(a|S_{t+1})\hat{q}(S_{t+1}, a, \mathbf{w}_t) - \hat{q}(S_t, A_t, \mathbf{w}_t). \quad \text{（連續性情形）}$$

請注意，此演算法並未使用重要性抽樣。在表格式的情形下這樣做很明顯是合適的，因為 A_t 是唯一進行抽樣的動作，在學習其價值的過程中我們不必考慮任何其他動作。但在使用函數近似的情形下就不是那麼確定的了，因為一旦各個狀態 - 動作對對於相同的整體近似都有貢獻，我們可能會希望針對不同的狀態 - 動作對給予不同的權重。要正確解決此問題有待我們對強化學習中的函數近似理論有更全面的理解。

在這些演算法的多步廣義化中，狀態值和動作值演算法都涉及重要性抽樣。例如，n 步半梯度預期的 Sarsa 為

$$\mathbf{w}_{t+n} \doteq \mathbf{w}_{t+n-1} + \alpha\rho_{t+1}\cdots\rho_{t+n-1}\left[G_{t:t+n} - \hat{q}(S_t, A_t, \mathbf{w}_{t+n-1})\right]\nabla\hat{q}(S_t, A_t, \mathbf{w}_{t+n-1}) \tag{11.6}$$

其中

$$G_{t:t+n} \doteq R_{t+1} + \cdots + \gamma^{n-1}R_{t+n} + \gamma^n\hat{q}(S_{t+n}, A_{t+n}, \mathbf{w}_{t+n-1}) \text{，或（分節性情形）}$$

$$G_{t:t+n} \doteq R_{t+1} - \bar{R}_t + \cdots + R_{t+n} - \bar{R}_{t+n-1} + \hat{q}(S_{t+n}, A_{t+n}, \mathbf{w}_{t+n-1}), \text{（連續性情形）}$$

在這裡我們對於分節結束時的處理有點不太正式。在第一個方程式中，$k \geq T$ 的 ρ_k（其中 T 是分節最後一個時步）都應取為 1，如果 $t+n \geq T$ 應將 $G_{t:n}$ 取為 G_t。

回想一下，我們在第 7 章中還介紹了一種完全不涉及重要性抽樣的 off-policy 演算法：n 步樹回溯演算法。以下是它的半梯度版本：

$$\mathbf{w}_{t+n} \doteq \mathbf{w}_{t+n-1} + \alpha\left[G_{t:t+n} - \hat{q}(S_t, A_t, \mathbf{w}_{t+n-1})\right]\nabla\hat{q}(S_t, A_t, \mathbf{w}_{t+n-1}), \tag{11.7}$$

$$G_{t:t+n} \doteq \hat{q}(S_t, A_t, \mathbf{w}_{t-1}) + \sum_{k=t}^{t+n-1} \delta_k \prod_{i=t+1}^{k} \gamma\pi(A_i|S_i), \tag{11.8}$$

其中 δ_t 與本頁上半部預期的 Sarsa 中所定義的相同。在第 7 章中我們還定義了一種統一所有動作值的演算法：n 步 $Q(\sigma)$。我們保留該演算法的半梯度形式以及 n 步狀態值演算法的半梯度形式供讀者練習。

練習 11.1：將 n 步 off-policy TD（7.9）的方程式轉換為半梯度形式。請寫出分節性情形及連續性情形下所對應的回報定義。 □

* **練習 11.2**：將 n 步 $Q(\sigma)$ 的方程式（7.11 和 7.18）轉換為半梯度形式。請寫出分節性情形及連續性情形下的定義。 □

11.2 off-policy 發散的例子

在本節中我們將開始討論具有函數近似的 off-policy 學習第二個挑戰，即更新分布與 on-policy 分布不一致。我們將描述了一些有關 off-policy 學習中具有啟發性意義的反例，即半梯度演算法和其他簡單的演算法都不穩定且會發散的情形。

為了建立更直覺的思考，我們首先考慮一個非常簡單的例子。假設作為一個較大的 MDP 的一部分，我們存在兩種狀態，其估計值的函數形式分別為 w 和 $2w$，其中參數向量 $\mathbf{w}$ 僅包含單個分量 w。這在線性函數近似的情形下會發生，根據下圖的情形兩個狀態的特徵向量均為單個數字（只有單一分量向量），分別為 1 和 2。在第一個狀態下只有一個動作可選，它將確定性地轉移至獎勵為 0 的第二個狀態：

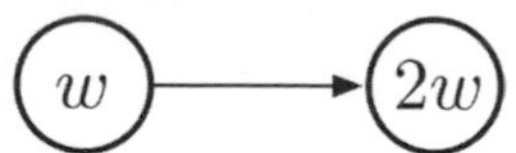

其中這兩個圓圈內的表達式表示這兩個狀態的值。

假設最初 $w = 10$，則上述情形會從估計值為 10 的狀態轉移到估計值為 20 的狀態。這看起來像是一個良好的轉移且 w 將會增加以提高第一個狀態的估計值。如果 γ 接近 1，則 TD 誤差將接近 10，且如果 $\alpha = 0.1$，則 w 將增加至接近 11 以嘗試減少 TD 誤差。然而第二個狀態的估計值也將增加到接近 22。如果再次發生轉移，則它將會從估計值的 ≈11 狀態轉移到估計值 ≈22 的狀態，TD 誤差 ≈11，誤差相比於之前變得更大而非更小。看起來更像是第一個狀態被低估了，並且它的值將再次增加達到 ≈12.1。這看起來很糟糕，實際上隨著進一步的更新 w 會發散到無限大。

為了明確地觀察這一點，我們必須更仔細地查看一下更新序列。兩個狀態間轉移的 TD 誤差為

$$\delta_t = R_{t+1} + \gamma\hat{v}(S_{t+1},\mathbf{w}_t) - \hat{v}(S_t,\mathbf{w}_t) = 0 + \gamma 2w_t - w_t = (2\gamma - 1)w_t,$$

且 off-policy 半梯度 TD(0) 更新（根據 (11.2)）為

$$w_{t+1} = w_t + \alpha\rho_t\delta_t\nabla\hat{v}(S_t,w_t) = w_t + \alpha\cdot 1\cdot(2\gamma-1)w_t\cdot 1 = \big(1+\alpha(2\gamma-1)\big)w_t.$$

請注意，在此轉移過程中重要性抽樣率 ρ_t 為 1，因為從第一個狀態開始只有一個動作可選擇，所以在目標和行為策略下採取該動作的機率都必須為 1。在上述最後一個更新中，新的參數是舊參數乘以純量常數，$1+\alpha(2\gamma-1)$。如果此常數大於 1，則系統將不穩定，同時 w 會根據其初始值變為正無窮大或負無窮大。當$\gamma > 0.5$ 時，此常數就大於 1。請注意，只要 $\alpha > 0$ 穩定性就不取決於設定的步長大小，更小或更大的步長只會影響 w 變為無窮大的速度，但不影響它是否發散。

此例子的關鍵在於，一個轉移重複發生而 w 不會在其他轉移上進行更新。這在 off-policy 的訓練下是可能會發生的，因為行為策略可能會選擇目標策略永遠不會選擇的其他轉移所對應的動作。對於這些轉移而言，ρ_t 將為 0 且不會進行任何更新。但是在 on-policy 訓練的情形中，ρ_t 始終為 1。每次從 w 狀態轉移到 $2w$ 狀態時，w 會增加，而之後必定也會有一個從 $2w$ 狀態開始的轉移。除非轉移到值大於（因為 $\gamma < 1$）$2w$ 的狀態，否則該轉移將使得 w 減小，然後在該狀態之後必須接著一個價值更高的狀態，否則將再次使得 w 減小。每個狀態只能透過創造更高的期望值來對應前一個狀態。 最終這種行為將付出代價，在 on-policy 的情形下，對未來獎勵的承諾將被保留並對系統進行控制。但是在 off-policy 的情形下，可以做出承諾，然後在採取目標策略永遠不會採取的動作後將其遺忘並原諒。

這個簡單的例子充分說明了 off-policy 的訓練可能導致發散的原因，但由於它並不完整而僅僅是完整 MDP 的一部分，因此並不能完全令人信服。真的會有一個完整且具有不穩定性的系統嗎？*Baird 的反例*（*Baird's counterexample*）是一個簡單且完整的發散例子。讓我們考慮圖 11.1 所示具有七個狀態和兩動作的分節性 MDP，其中虛線（dashed）動作以相等的機率讓系統進入六個較高狀態之一，而實線（solid）動作會讓系統轉移至第七個狀態。行為策略 b 分別以 $\frac{6}{7}$ 和 $\frac{1}{7}$ 的機率選擇虛線和實線動作，因此下一個狀態的分布是均勻的（對於所有非終端狀態都相同），這也是每個分節的起始分布。目標策略 π 始終採取實線動作，因此 on-policy 分布（對於 π）集中於第七個狀態。所有轉移的獎勵均為 0，折扣率 $\gamma = 0.99$。

現在讓我們考慮在每個狀態圈中所示的表達式其線性參數化狀態估計值。例如，最左邊狀態的估計值為 $2w_1+w_8$，其中下標對應於總權重向量 $\mathbf{w} \in \mathbb{R}^8$ 的分量，這對應於第一個狀態的特徵向量 $\mathbf{x}(1)=(2,0,0,0,0,0,0,1)^\top$。

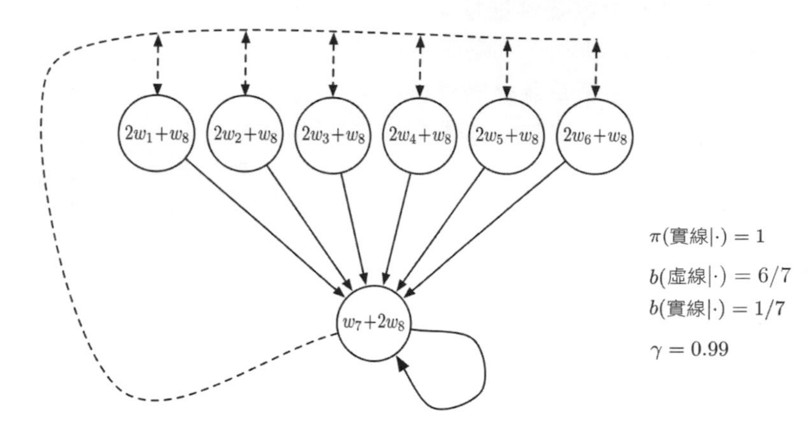

圖 11.1 Baird 的反例。此馬可夫過程的近似狀態值函數具有線性表達式，如每個狀態圈內部所示。實線（solid）動作會導致進入第七個狀態，而虛線（dashed）動作會導致以相等的機率進入其他六個狀態之一。所有轉移的獎勵均為 0。

所有轉移的獎勵均為 0，因此對於所有 s 實際價值函數均為 $v_\pi(s)=0$，如果 $\mathbf{w}=\mathbf{0}$ 就可以精準地近似。實際上我們可以得到許多解，因為權重向量的分量數（8）大於非終端狀態的個數（7）。此外，特徵向量的集合 $\{\mathbf{x}(s): s \in \mathcal{S}\}$ 是一個線性獨立集合。以這些方面來看，這個問題很適合線性函數近似的情形。

如果將半梯度 TD(0) 應用於此問題 (11.2)，則權重將發散到無窮，如圖 11.2（左）所示。無論步長多小，對於任何正的步長都會出現不穩定性。實際上，即使使用了像動態規劃（DP）中完成預期更新的方式也會發生這種情形，如圖 11.2（右）所示。也就是說，如果使用 DP（基於期望的）目標以半梯度方式同時針對所有狀態更新權重向量 $\mathbf{w}_k$：

$$\mathbf{w}_{k+1} \doteq \mathbf{w}_k + \frac{\alpha}{|\mathcal{S}|}\sum_s \Big(\mathbb{E}_\pi[R_{t+1}+\gamma\hat{v}(S_{t+1},\mathbf{w}_k) \mid S_t=s] - \hat{v}(s,\mathbf{w}_k)\Big)\nabla\hat{v}(s,\mathbf{w}_k). \quad (11.9)$$

在此情形下，就像經典的 DP 更新中一樣，沒有隨機性和非同步性。這個方法是一個傳統的方法，除了它使用了半梯度函數近似以外，但是系統仍然是不穩定的。

如果僅在 Baird 的反例中更改 DP 更新的分布，從均勻分布更改為 on-policy 分布（通常需要非同步更新），那麼就可以保證收斂到誤差在 (9.14) 以內的解。這個例子很引人注目，因為使用的 TD 和 DP 方法可以說是最簡單、最容易理解的自助方法，而使用的線性半梯度下降法可以說是最簡單且最容易理解的函數近似方法。

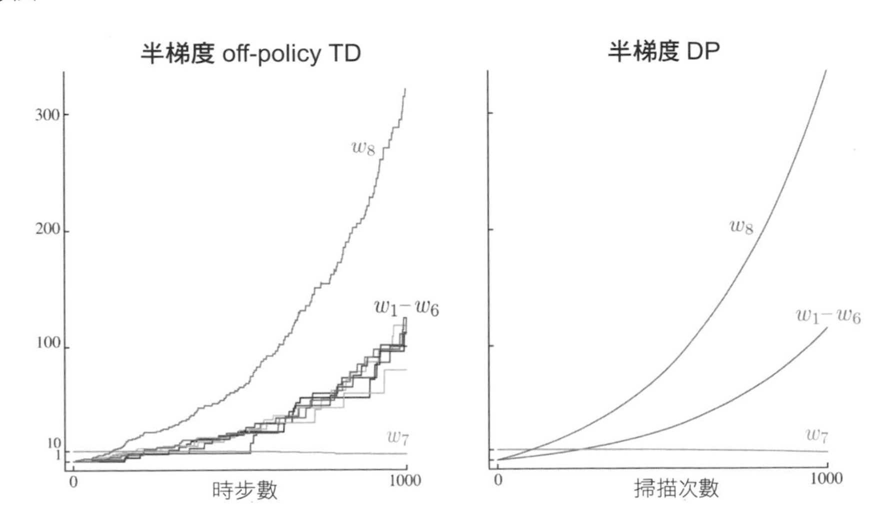

圖 11.2 關於 Baird 的反例的不穩定性展示。圖中顯示了兩種半梯度演算法中參數向量 $\mathbf{w}$ 各分量的變化過程。步長為 $\alpha = 0.01$，初始權重為 $\mathbf{w} = (1, 1, 1, 1, 1, 1, 10, 1)^\top$。

此例子表明，如果不根據 on-policy 分布進行更新，那麼即使是最簡單的自助法與函數近似的組合也可能是不穩定的。

在 Q 學習中也有與 Baird 的反例相似的發散情形。這相當值得我們關注，因為 Q 學習通常在所有控制方法中都有最佳的收斂保證。許多研究人員付出了相當大的努力為了解決這個問題或獲得一些較弱但仍可用的保證。例如，只要行為策略足夠接近目標策略（比如當它是 ε- 貪婪策略時），就有可能可以保證 Q 學習的收斂性。就我們所知，Q 學習在這種情形下從未被發現會發散，但目前尚無相關理論分析。在本節的接下來部分中，我們將介紹一些其他已經被研究的概念。

假設不像 Baird 的反例那樣，每次疊代都朝著預期的單步回報邁出一步，而是實際上一直朝著最佳的最小平方近似值來最佳化價值函數，這樣可以解決不穩定性的問題嗎？如果特徵向量 $\{\mathbf{x}(s) : s \in \mathcal{S}\}$ 形成線性獨立的集合（如在 Baird 的反例中所做的那樣），這會是一個可行的辦法，因為這樣就可以在每次疊代中獲得精確解，同時該方法可以簡化為標準的表格式 DP。但是在這裡的重點是要考慮精確解不存在的情形。在此情形下，即使在每次疊代中都獲得最佳近似值也無法保證其穩定性，如以下範例中所示。

範例 11.1：Tsitsiklis 和 Van Roy 的反例。此範例顯示出即使在每個步驟都找到最小平方解，線性函數近似也不適用於 DP。如右圖所示，反例是透過將 w 到 $2w$ 例子（從本節的前面所提的例子）擴展為具有終端狀態的情形。如先前所描述的，第一個狀態的估計值為 w，第二個狀態的估計值為 $2w$。所有轉移的獎勵均為 0，因此在兩種狀態下的實際值均為 0，可以精確表示為 w = 0。如果我們在每一步都調整 w_{k+1} 使其估計值與預期單步回報之間的 $\overline{\text{VE}}$ 最小化，則可獲得

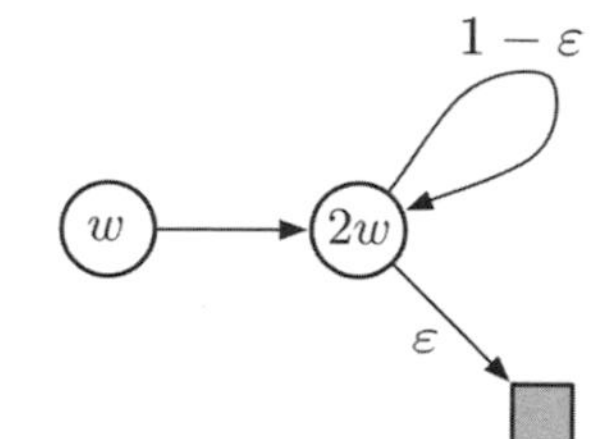

$$
\begin{aligned}
w_{k+1} &= \underset{w\in\mathbb{R}}{\arg\min} \sum_{s\in\mathcal{S}}\Big(\hat{v}(s,w) - \mathbb{E}_\pi\big[R_{t+1} + \gamma\hat{v}(S_{t+1},w_k) \mid S_t = s\big]\Big)^2 \\
&= \underset{w\in\mathbb{R}}{\arg\min} \; \big(w - \gamma 2w_k\big)^2 + \big(2w - (1-\varepsilon)\gamma 2w_k\big)^2 \\
&= \frac{6-4\varepsilon}{5}\gamma w_k. \qquad (11.10)
\end{aligned}
$$

當 $\gamma > \frac{5}{6-4\varepsilon}$ 和 $w_0 \neq 0$ 時，序列 $\{w_k\}$ 發散。 ■

另一種避免不穩定的方法是使用函數近似中的一些特殊方法。特別是對於不從觀察目標推測的函數近似方法而言，這是可以保證穩定性的。這些被稱為**平均器**（*averager*）的方法包括最鄰近方法和局部加權迴歸，但不包括現在相當流行的方法，例如瓦片編碼和人工神經網路（ANN）。

練習 11.3（程式設計）：將單步半梯度 Q 學習應用於 Baird 的反例中，並實際執行程式以證明其權重會發散。 □

11.3 致命的三要素

到目前為止所討論的不穩定性和發散的風險都來自於對以下三種要素的組合，我們稱這三種要素為**致命的三要素**：

函數近似。一種功能強大且可擴展的方法，可以從遠大於儲存空間和計算資源的狀態空間中進行廣義化（例如線性函數近似或 ANN）。

自助法。利用當前估計值進行目標更新（如動態規劃或 TD 方法），而不是僅依賴於實際獎勵和完整回報（如 MC 方法）。

off-policy 訓練。在不同於目標策略所產生的轉移分布進行訓練。類似於在動態規劃所做的，在狀態空間中進行掃描並統一更新所有狀態而不遵守目標策略就是 off-policy 訓練的一個例子。

特別要注意的是，這種風險**不是**由於控制或廣義策略疊代所造成的。這些情形更加難以分析，但只要包含致命三要素的所有要素，在更簡單的預測情形下不穩定性也會出現。這種風險也不是由於學習或對環境的不確定性所造成的，因為它在環境完全已知的規劃方法（例如動態規劃）中也會發生。

如果只有滿足致命三要素中任何兩個要素就可以避免不穩定性的產生。因此，我們只要仔細檢查這三個要素，並觀察是否有任何一個是不必要的。

在致命三要素中，**函數近似**（*function approximation*）顯然是最不能被捨棄的方法。我們需要能夠應付大型問題和具有強大表達能力的方法。我們至少需要一個具有大量特徵和參數的線性函數近似。狀態聚合或非參數化方法的複雜度會隨著資料量增加而增長，且它們的效果太差或代價太昂貴。最小平方法（例如 LSTD）其複雜度為平方級的，因此對於大型問題而言代價過於昂貴。

不使用**自助法**（*bootstrapping*）進行操作是可行的，但代價是計算和資料上的效率會降低。也許最重要的還是計算效率上的損失。蒙地卡羅（非自助法）方法需要儲存空間來記錄從每次預測到獲得最終回報之間發生的所有資訊，而所有計算都是在獲得最終回報時才開始進行。這些計算問題的成本在序列式馮紐曼型計算機（serial von Neumann computer）上並不明顯，但對於專用硬體而言會非常明顯。透過自助法和資格痕跡（第 12 章）可以在資料生成時立刻進行處理且之後不會再被使用。使用自助法可以節省非常可觀的資料傳輸量及儲存空間需求。

棄用**自助法**（*bootstrapping*）所造成的資料效率損失也很明顯。我們在第 7 章（圖 7.2）和第 9 章（圖 9.2）中都看過這樣的情形：在隨機漫步預測問題中使用某種程度的自助法其性能表現會比使用蒙地卡羅方法要好得多。在第 10 章的高山行車控制問題（圖 10.4）中也可以看到類似的情形。在解決許多其他問題時，自助法都顯示出可以使學習變得更快（如圖 12.14）。使用自助法通常會提高學習速度，因為它允許學習利用狀態特性，即在回到某個狀態時識別此狀態的能力。另一方面，使用自助法可能會削弱在某些問題上的學習，這些問題通常其狀態表徵能力較差，進而導致其廣義化能力也較差（如「俄羅斯方塊」似乎就是這種情形，詳見 Şimşek, Algórta, and Kothiyal, 2016）。狀態表徵不佳也會導致偏差，這就是為何使用自助法其漸近近似的邊界較差的原因（方程式 9.14）。總而言之，自助能力被認為是非常有價值的。有時我們可能會選擇不使用它而選擇使用長期的 n 步更新（或使用一個較大的自助參數，如 $\lambda \approx 1$，詳見第 12 章），但使用自助法通常會大幅提高學習效率，這樣的能力使得我們非常希望能夠把它保留下來。

最後一個是 *off-policy 學習*（*off-policy learning*），我們是否可以放棄它呢？使用 on-policy 方法通常已經足夠了。對於無模型的強化學習，我們可以簡單地使用 Sarsa 方法而不使用 Q 學習。off-policy 方法使得行為策略與目標策略分離，這樣的便利性可以說是相當吸引人的，但它並不是必需的。但 off-policy 學習對於一些預期的應用例子中是*必需的*（*essential*），在本書中我們並沒有提到這些情形，但是對於建立強大且具有智慧的代理人這個遠大目標而言可能相當重要。

在這些應用例子中，代理人不僅學習一個價值函數和一個策略，而是平行地學習多個價值函數及多個策略。有大量的心理學證據顯示人和動物會學習預測許多不同的感官事件，而不僅僅是獎勵。我們會對異常事件感到驚訝並糾正我們對事件的預測，即使它們具有中性價值（既不是好的也不是壞的）。這種預測大概是我們對於整個世界建立預測模型的基礎，例如用於規劃的模型。我們預測轉動眼睛之後會看到的東西、回家所需的時間、打籃球時跳投得分的機率以及承接新計畫所獲得的滿足感。在這些例子中，我們希望預測的事件都取決於我們的某種行為。為了要同時學習這些，我們需要從一種經驗流中進行學習。目標策略有很多個，因此一個行為策略不可能等同於所有目標策略。平行學習在概念上是可行的，因為行為策略可能會與多個目標策略有部分重疊。為了要充分利用這一點我們需要進行 off-policy 學習。

11.4 線性價值函數的幾何性質

為了更好地理解 off-policy 學習中穩定性方面的挑戰，我們最好能以更抽象、獨立於學習的方式來思考價值函數近似問題。我們可以想像所有可能的狀態值函數構成的空間，所有函數都將狀態映射到一個實數 $v : \mathcal{S} \to \mathbb{R}$。這些價值函數大多數都不對應任何一個策略。對於我們的目的而言，更重要的是大多數的函數都不能透過函數近似器進行表示，即我們所設計的函數近似器的參數數量遠少於狀態的參數數量。

給定一組狀態空間的列舉狀態 $\mathcal{S} = \{s_1, s_2, \ldots, s_{|\mathcal{S}|}\}$，任何價值函數 v 對應於一個由價值函數在狀態空間中，按順序作用於每個狀態所產生的值組成的向量 $[v(s_1), v(s_2), \ldots, v(s_{|\mathcal{S}|})]^\top$，此向量的分量數與列舉狀態數量相同。在大多數情形下我們希望能夠使用函數近似方法，但由於分量數太多導致我們無法有效地表示此向量。儘管如此，此向量的想法在概念上是相當有用的。在本節接下來的內容中，我們將交替使用此價值函數及其向量表示方式。

為了能更直覺思考，我們現在考慮具有三個狀態 $\mathcal{S} = \{s_1, s_2, s_3\}$ 和兩個參數 $\mathbf{w} = (w_1, w_2)^\top$ 的情形，我們可以將所有價值函數 / 向量視為三維空間中的點。這兩個參數建構出二維子空間上的另一個坐標系，任何權重向量 $\mathbf{w} = (w_1, w_2)^\top$ 是二維子空間中的一個點，因此也是賦值給這三個狀態的完整價值函數 $v_\mathbf{w}$。在使用一般函數近似的情形下，全部空間與可表示函數的子空間之間其關係可能很複雜，但是在**線性**（*linear*）價值函數近似的情形下子空間是一個平面，如圖 11.3 所示。

現在我們考慮一個固定的策略 π。我們假設其實際值函數 v_π 太複雜，無法精確表示成一個近似值，因此 v_π 不在子空間中。它在圖中被描繪為位於可表示函數的子空間（平面）上方。

如果 v_π 不能精確表示，那麼最接近它的可表示價值函數會是什麼樣呢？原來這是一個有趣的、包含多個答案的問題。首先我們需要測量兩個價值函數之間的距離。給定兩個價值函數 v_1 和 v_2，我們可以討論它們之間的向量差 $v = v_1 - v_2$。如果 v 很小，則兩個價值函數彼此很接近。但我們如何測量此差異向量的大小？傳統的歐氏範數並不適用，因為正如 9.2 節所述，某些狀態比其他狀態更重要，因為它們發生的頻率更高或我們對它們更感興趣（第 9.11 節）。如同在第 9.2 節所做的方式，我們使用分布 $\mu : \mathcal{S} \to [0, 1]$ 來表示我們對不同狀態被準確估計的關注程度（通常被視為 on-policy 分布）。然後我們可以使用以下範數來定義價值函數之間的距離：

$$\|v\|_\mu^2 \doteq \sum_{s \in \mathcal{S}} \mu(s) v(s)^2. \tag{11.11}$$

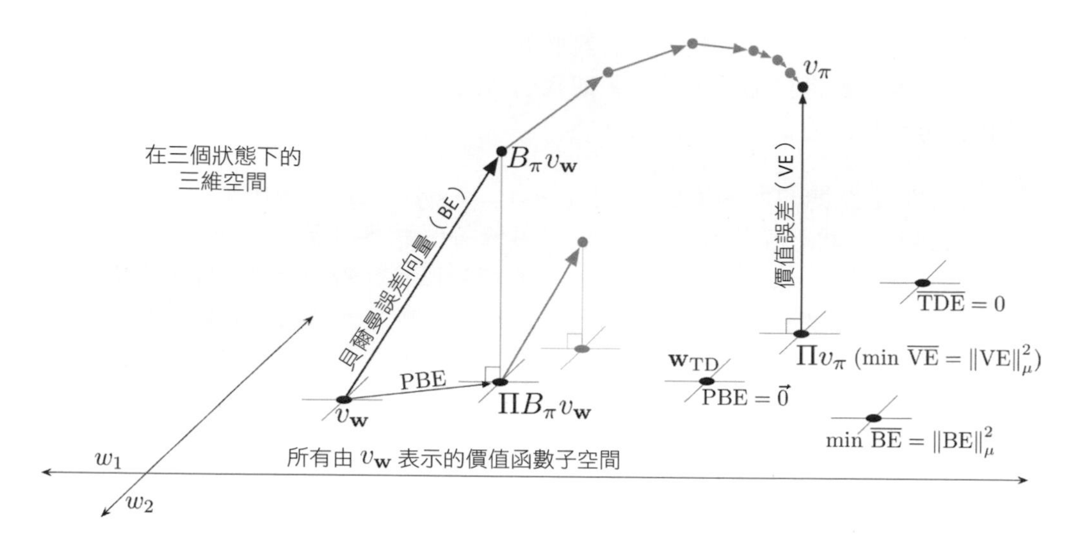

圖 11.3 線性價值函數近似的幾何性質。圖中顯示的是在三個狀態下所有價值函數的三維空間，圖中的平面為透過參數 $\mathbf{w} = (w_1, w_2)^\top$ 的線性函數近似器進行表示的所有價值函數子空間。實際值函數 v_π 在一個更大的空間中且可以向下投影（使用投影運算子 Π 投影到子空間中）至其價值誤差（VE）意義上的最佳近似值。貝爾曼誤差（Bellman error, BE）、投影貝爾曼誤差（projected Bellman error, PBE）及時序差分誤差（temporal difference error, TDE）意義上的最佳近似值可能都不同，皆顯示於圖中右下角（VE、BE 及 PBE 在此圖中都以相對應的向量來表示）。貝爾曼運算子作用於平面中的價值函數來獲得一個平面外的價值函數，並可以將其投影回平面中。如果在子空間外疊代使用 Bellman 運算子（如圖中上方灰色所示），則會像在傳統的動態規劃所做的，最終將獲得實際值函數。相反地，如果在每一步都持續投影回子空間（如圖中下方的灰色步驟所示），則最終的固定點將會落在 PBE 為零向量的位置。

注意到在第 9.2 節中的 $\overline{\text{VE}}$ 可簡單地使用此範數表示為 $\overline{\text{VE}}(\mathbf{w}) = \|v_\mathbf{w} - v_\pi\|_\mu^2$。對於任何價值函數 v，在可表示價值函數的子空間中尋找最接近價值函數的操作是一個投影操作。我們定義一個投影運算子 Π 將任意價值函數投影到我們的範數定義下最接近的可表示函數：

$$\Pi v \doteq v_\mathbf{w} \quad 其中 \quad \mathbf{w} = \operatorname*{argmin}_{\mathbf{w}\in\mathbb{R}^d} \|v - v_\mathbf{w}\|_\mu^2. \tag{11.12}$$

因此最接近於實際值函數 v_π 的可表示價值函數就是其投影 Πv_π，如圖 11.3 所示。這是透過蒙地卡羅方法找到的漸近解，儘管收斂速度通常較慢。在下一頁的方框中我們將更進一步地探討投影操作。

投影矩陣

對於一個線性函數逼近器，投影操作是線性的，這意味著可以將其表示為一個 $|\mathcal{S}| \times |\mathcal{S}|$ 矩陣：

$$\Pi \doteq \mathbf{X}\left(\mathbf{X}^\top \mathbf{D}\mathbf{X}\right)^{-1}\mathbf{X}^\top \mathbf{D}, \tag{11.13}$$

如第 9.4 節所述，$\mathbf{D}$ 表示為在對角線上為 $\mu(s)$ 的 $|\mathcal{S}| \times |\mathcal{S}|$ 對角矩陣，$\mathbf{X}$ 表示為一個 $|\mathcal{S}| \times d$ 矩陣，矩陣中每一列對應每個狀態 s 的特徵向量 $\mathbf{x}(s)^\top$。如果 (11.13) 的逆矩陣不存在則使用偽逆矩陣代替。使用這些矩陣，向量的範數可以表示為

$$\|v\|_\mu^2 = v^\top \mathbf{D} v, \tag{11.14}$$

近似線性價值函數可以表示為

$$v_\mathbf{w} = \mathbf{X}\mathbf{w}. \tag{11.15}$$

TD 方法提供了不同的解決方案。為了解其基本原理，讓我們回想一下價值函數 v_π 的貝爾曼方程：

$$v_\pi(s) = \sum_a \pi(a|s) \sum_{s',r} p(s',r|s,a)\left[r + \gamma v_\pi(s')\right]，對於所有的 s \in \mathcal{S} \tag{11.16}$$

實際值函數 v_π 是唯一能正確解出 (11.16) 的價值函數。如果用一個近似值函數 $v_\mathbf{w}$ 代替 v_π，則修正後的方程式左右兩側之間的差異可以作為衡量 $v_\mathbf{w}$ 與 v_π 的差距。我們稱為在狀態 s 時的**貝爾曼誤差**（*Bellman error*）：

$$\bar{\delta}_\mathbf{w}(s) \doteq \left(\sum_a \pi(a|s) \sum_{s',r} p(s',r|s,a)\left[r + \gamma v_\mathbf{w}(s')\right]\right) - v_\mathbf{w}(s) \tag{11.17}$$

$$= \mathbb{E}_\pi\left[R_{t+1} + \gamma v_\mathbf{w}(S_{t+1}) - v_\mathbf{w}(S_t) \mid S_t = s, A_t \sim \pi\right], \tag{11.18}$$

它清楚地顯示了貝爾曼誤差與 TD 誤差 (11.3) 之間的關係。貝爾曼誤差是 TD 誤差的期望值。

在所有狀態下的貝爾曼誤差所組成的向量 $\bar{\delta}_{\mathbf{w}} \in \mathbb{R}^{|\mathcal{S}|}$ 被稱為**貝爾曼誤差向量**（*Bellman error vector*）（在圖 11.3 中以 BE 表示）。通常此向量在範數中的整體大小是以價值函數中的整體誤差進行衡量，我們稱為**均方貝爾曼誤差**（*Mean Squared Bellman Error*）：

$$\overline{\mathrm{BE}}(\mathbf{w}) = \left\|\bar{\delta}_{\mathbf{w}}\right\|_{\mu}^{2}. \tag{11.19}$$

通常不可能將 $\overline{\mathrm{BE}}$ 縮減至 0（此時 $v_{\mathbf{w}} = v_\pi$），但是在線性函數近似中會有一個唯一的 **w** 值使得 $\overline{\mathrm{BE}}$ 最小化。這一點在可表示函數的子空間中（在圖 11.3 中以 min $\overline{\mathrm{BE}}$ 標記）並與使 $\overline{\mathrm{VE}}$ 最小化的點不同（標記為 Πv_π）。在接下來的兩節中我們將探討如何使 $\overline{\mathrm{BE}}$ 最小化的方法。

貝爾曼誤差向量如圖 11.3 所示，這是將**貝爾曼運算子**（*Bellman operator*）$B_\pi : \mathbb{R}^{|\mathcal{S}|} \to \mathbb{R}^{|\mathcal{S}|}$ 作用於近似值函數的結果。對於所有 $s \in \mathcal{S}$ 和 $v : \mathcal{S} \to \mathbb{R}$，貝爾曼運算子定義為：

$$(B_\pi v)(s) \doteq \sum_{a} \pi(a|s) \sum_{s',r} p(s', r \,|\, s, a) \left[r + \gamma v(s')\right], \tag{11.20}$$

對於 v 的貝爾曼誤差向量，可以表示為 $\bar{\delta}_{\mathbf{w}} = B_\pi v_{\mathbf{w}} - v_{\mathbf{w}}$。

如果將貝爾曼運算子應用於一個可表示子空間內的價值函數中，通常會產生一個在子空間以外的新價值函數，如圖所示。在動態規劃中（不包含函數近似），此運算子會反覆作用於可表示空間以外的點，如圖 11.3 上方的灰色箭頭所示。此過程最後將收斂到實際值函數 v_π，它是貝爾曼運算子唯一的固定點，也是唯一滿足以下方程式的價值函數：

$$v_\pi = B_\pi v_\pi, \tag{11.21}$$

這是另一種對於 π 的貝爾曼方程（11.16）表示方式。

然而，我們無法透過函數近似表示出位於子空間以外收斂到實際值函數 v_π 前的價值函數。我們無法遵循圖 11.3 上方的灰色箭頭進行操作，因為在第一次更新（黑色線條）之後，必須將價值函數投影回可表示空間中。接著會在子空間內進行下一次疊代，價值函數會再次由貝爾曼運算子帶到子空間以外，然後由投影運算子映射回可表示空間中，如下方的灰色箭頭和線條所示。這些箭頭表示一個類似 DP 的近似過程。

在此情形下，我們感興趣的是將貝爾曼誤差向量投影回可表示空間的操作。這就是投影的貝爾曼誤差向量 $\Pi\bar{\delta}_{v_{\mathbf{w}}}$，在圖 11.3 中以 PBE 標示。此向量的範數大小是另一種計算近似價值函數誤差的衡量指標。對於任何近似價值函數 v，我們定義*均方投影貝爾曼誤差*（*Mean Square Projected Bellman Error*），並表示為

$$\overline{\text{PBE}}(\mathbf{w}) = \left\|\Pi\bar{\delta}_{\mathbf{w}}\right\|_{\mu}^{2}. \tag{11.22}$$

對於線性函數近似，始終存在一個近似價值函數（在子空間內）使得 $\overline{\text{PBE}}$ 為 0，這就是在 9.4 節中所介紹的 TD 固定點 $\mathbf{w}_{\text{TD}}$。正如我們所觀察到的，這個點在半梯度 TD 方法和 off-policy 訓練下並非總是穩定的。如圖所示，此價值函數通常與最小化 $\overline{\text{VE}}$ 或 $\overline{\text{BE}}$ 所獲得的價值函數不同。我們將在第 11.7 節和第 11.8 節中討論保證收斂到此固定點的方法。

11.5 對貝爾曼誤差進行梯度下降

對價值函數近似及其各種目標有一定程度的理解之後，我們現在回到 off-policy 學習的穩定性挑戰中。我們想應用隨機梯度下降方法（SGD，第 9.3 節），其中更新量在期望值上等於目標函數的負梯度。這些方法總是會讓目標函數減小（在期望值上），因此通常是穩定的且具有良好的收斂性。在本書到目前為止研究的演算法中，只有蒙地卡羅方法是真正的 SGD 方法，這些方法在 on-policy 和 off-policy 以及一般的非線性（可微分）函數近似器下均能有效收斂，儘管它們的收斂速度通常比使用自助的半梯度方法（非 SGD 方法）慢。正如我們在本章前面所描述的，在 off-policy 訓練下半梯度方法可能會發散，也可能會在人為設計的非線性函數近似的例子中（Tsitsiklis and Van Roy, 1997）發散。使用真正的 SGD 方法，這樣的發散情形是不可能出現的。

SGD 的吸引力如此之大，以致於許多研究學者為了找到實用的方法來利用它進行強化學習付出了相當大的努力，這些嘗試的出發點是選擇要最佳化的誤差或目標函數。在本節和下一節中我們將根據上一節所介紹的*貝爾曼誤差*（*Bellman error*）來探討最受歡迎的目標函數其起源和限制。儘管這是一種相當流行且具有影響力的方法，但我們得出的結論是，這是一個錯誤的研究方向且不能產生良好的學習演算法。另一方面，此方法的失敗方式非常有趣，提供了我們如何建構一個好方法的靈感。

首先，我們先不考慮貝爾曼誤差，先討論一些更直接且簡單的東西。時序差分學習是由 TD 誤差所驅動的，那為何不將最小化 TD 誤差期望值的平方作為目標？在一般函數近似的情形下，具有折扣的單步 TD 誤差為

$$\delta_t = R_{t+1} + \gamma\hat{v}(S_{t+1},\mathbf{w}_t) - \hat{v}(S_t,\mathbf{w}_t).$$

因此，一個可能的目標函數就是所謂的*均方 TD 誤差*（*Mean Squared TD Error*）：

$$\begin{aligned}\overline{\mathrm{TDE}}(\mathbf{w}) &= \sum_{s\in\mathcal{S}} \mu(s)\mathbb{E}\big[\delta_t^2 \mid S_t = s, A_t \sim \pi\big] \\ &= \sum_{s\in\mathcal{S}} \mu(s)\mathbb{E}\big[\rho_t\delta_t^2 \mid S_t = s, A_t \sim b\big] \\ &= \mathbb{E}_b\big[\rho_t\delta_t^2\big]. \qquad \text{（如果 } \mu \text{ 是在策略 } b \text{ 下所獲得的分布）}\end{aligned}$$

最後一個方程式是 SGD 所需的形式，它提供了期望值形式的目標函數，此期望值可以從經驗中抽樣獲得（請記住，經驗是根據行為策略 b 所獲得的）。因此，按照標準的 SGD 方法，我們可以基於此期望值的樣本推導出每一步更新：

$$\begin{aligned}\mathbf{w}_{t+1} &= \mathbf{w}_t - \frac{1}{2}\alpha\nabla(\rho_t\delta_t^2) \\ &= \mathbf{w}_t - \alpha\rho_t\delta_t\nabla\delta_t \\ &= \mathbf{w}_t + \alpha\rho_t\delta_t\big(\nabla\hat{v}(S_t,\mathbf{w}_t) - \gamma\nabla\hat{v}(S_{t+1},\mathbf{w}_t)\big),\end{aligned} \tag{11.23}$$

你會發現除了額外的最後一項外，此更新與半梯度 TD 演算法 (11.2) 相同。最後一項補足了梯度的部分，使其成為真正的且具有出色收斂性保證的 SGD 算法。我們將此演算法稱為**單純殘差梯度演算法**（*naive residual-gradient algorithm*）（根據 Baird，1995）。儘管單純殘差梯度演算法能夠穩健地收斂，但不一定會收斂到理想的位置。

範例 11.2　一個 A- 分裂的例子，顯示了單純殘差梯度演算法的不足

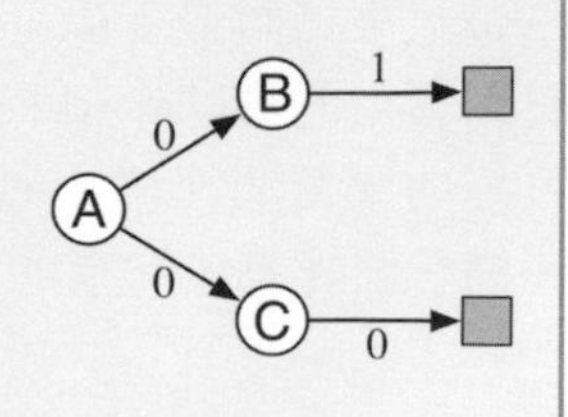

考慮右圖所示具有三個狀態的分節性 MRP。分節從狀態 A 開始，然後隨機地「分裂」，有一半的機率到達 B（然後獲得 1 的獎勵終止），有一半的機率到達狀態 C（然後獲得 0 的獎勵終止）。無論分節如何進展，從 A 中獲得的第一次轉移獎勵始終為 0。由於這是一個分節性問題，我們可以假定 γ 為 1。我們還假設使用 on-policy 訓練，因

此 ρ_t 始終為 1。同時我們採用表格式函數近似，以便學習演算法可以自由地提供這三個狀態任意的、獨立的值。因此，這應該是一個簡單的問題。

這些值應該是多少？從 A 開始，有一半的機率回報為 1，有一半的機率回報為 0，因此 A 應該具有的價值為 $\frac{1}{2}$。從 B 開始的回報始終為 1，因此其價值應為 1。類似地，從 C 開始的回報始終為 0，因此其價值應為 0。這些是實際值且為一個表格式問題，因此先前所介紹的所有方法都會完全收斂至這些值。

但是，單純殘差梯度演算法會找到 B 與 C 的不同值。它會使 B 的價值收斂至 $\frac{3}{4}$，而 C 的價值收斂至 $\frac{1}{4}$（A 正確收斂至 $\frac{1}{2}$）。這些實際上是使 $\overline{\text{TDE}}$ 最小化的值。

讓我們使用這些值來計算 $\overline{\text{TDE}}$。每個分節的第一個轉移是從 A 的 $\frac{1}{2}$ 提升到 B 的 $\frac{3}{4}$，變化為 $\frac{1}{4}$，或者從 A 的 $\frac{1}{2}$ 下降到 C 的 $\frac{1}{4}$，變化為 $-\frac{1}{4}$。因為在這些轉移的獎勵為 0 且 $\gamma = 1$，所以這些變化是 TD 誤差，因此在第一次轉移的 TD 誤差平方始終為 $\frac{1}{16}$。第二次轉移是類似的，它要麼從 B 的 $\frac{3}{4}$ 提升到獎勵為 1（到達價值為 0 的終端狀態），要麼從 C 的 $\frac{1}{4}$ 下降到獎勵為 0（到達價值為 0 的終端狀態）。因此，TD 誤差始終為 $\pm\frac{1}{4}$ 而誤差平方為 $\frac{1}{16}$。對於這組價值使得 $\overline{\text{TDE}}$ 在所有步驟均為 $\frac{1}{16}$。

現在，讓我們使用實際值計算 $\overline{\text{TDE}}$（B 為 1、C 為 0 和 A 為 $\frac{1}{2}$）。在此情形下，第一次轉移是在狀態 B 從 $\frac{1}{2}$ 提升到 1，或在狀態 C 從 $\frac{1}{2}$ 下降到 0。在這兩種情形下，誤差絕對值均為 $\frac{1}{2}$ 而誤差平方為 $\frac{1}{4}$。第二次轉移誤差為 0，因為無論初始值為 1 或 0（取決於轉移是從 B 還是 C 開始），始終與即時獎勵和回報完全相等。因此，TD 誤差平方在第一次轉移為 $\frac{1}{4}$ 而在第二次轉移為 0，兩次轉移的平均獎勵為 $\frac{1}{8}$。由於 $\frac{1}{8}$ 大於 $\frac{1}{16}$，根據 $\overline{\text{TDE}}$ 這個解比先前所找到的更差。在這個簡單的問題中實際值並沒有最小的 $\overline{\text{TDE}}$。

在 A- 分裂範例中我們使用了表格式形式，因此可以準確表示出實際狀態值，但是單純殘差梯度演算法會找到不同的值且這些值的 $\overline{\text{TDE}}$ 比實際值的 $\overline{\text{TDE}}$ 更低。最小化 $\overline{\text{TDE}}$ 單純地透過縮減所有 TD 誤差，進而在時序上產生平滑的效果，並非精準的預測。

另一個更好的方式是最小化貝爾曼誤差。如果學習到確切的價值，則貝爾曼誤差在任何位置皆為 0。因此，A- 分裂範例中使用貝爾曼誤差最小化演算法應該沒有問題。我們一般不能期望實現貝爾曼誤差為 0，因為這將包含尋找實際值函數的過程，然而我們假設實際值函數是在可表示價值函數空間之外，但是接近於實際值函數是一個很自然的目標。正如我們先前所看到的，貝爾曼誤差也與 TD 誤差緊密相關，一個狀態的貝爾曼誤差是該狀態下預期的 TD 誤差。因此，我們可以使用預期的 TD 誤差重複上面的推導（這裡所有的期望值都隱含地取決於 S_t）：

$$
\begin{aligned}
\mathbf{w}_{t+1} &= \mathbf{w}_t - \frac{1}{2}\alpha\nabla(\mathbb{E}_\pi[\delta_t]^2) \\
&= \mathbf{w}_t - \frac{1}{2}\alpha\nabla(\mathbb{E}_b[\rho_t\delta_t]^2) \\
&= \mathbf{w}_t - \alpha\mathbb{E}_b[\rho_t\delta_t]\,\nabla\mathbb{E}_b[\rho_t\delta_t] \\
&= \mathbf{w}_t - \alpha\mathbb{E}_b\big[\rho_t(R_{t+1} + \gamma\hat{v}(S_{t+1},\mathbf{w}) - \hat{v}(S_t,\mathbf{w}))\big]\,\mathbb{E}_b[\rho_t\nabla\delta_t] \\
&= \mathbf{w}_t + \alpha\Big[\mathbb{E}_b\big[\rho_t(R_{t+1} + \gamma\hat{v}(S_{t+1},\mathbf{w}))\big] - \hat{v}(S_t,\mathbf{w})\Big]\Big[\nabla\hat{v}(S_t,\mathbf{w}) - \gamma\mathbb{E}_b\big[\rho_t\nabla\hat{v}(S_{t+1},\mathbf{w})\big]\Big].
\end{aligned}
$$

此更新和對其進行各種抽樣的方式稱為**殘差梯度演算法**（*residual-gradient algorithm*）。如果你在所有期望值中使用樣本值，則上面的方程式幾乎可以精確地還原為單純殘差梯度演算法 (11.23)[1]。但這樣的想法有點天真，因為上面的方程式包含了下一個狀態 S_{t+1}，它出現在兩個相乘的期望值中。為了獲得乘積的無偏差樣本，我們需要下一個狀態的兩個獨立樣本，但是在與外部環境的正常交互作用過程中我們只能獲得一個樣本。我們可以使用一個期望值及一個樣本值，但不能同時使用期望值或樣本值。

有兩種方法可以使殘差梯度演算法發揮作用。一種是確定性的環境，如果到下一狀態的轉移是確定性的，則這兩個樣本將必定是相同的，並且可以有效使用單純殘差梯度演算法。另一種方法則是從 S_t 獲得下一個狀態 S_{t+1} 的兩個獨立樣本，一個用於第一個期望值，另一個用於第二個期望值。在與真實環境的交互作用中這似乎是不可能的，但在與模擬環境進行交互作用時是可行的。在第一次進入後繼狀態之前，可以簡單地退回到前一個狀態並獲得另一個後繼狀態。無論以上哪一種方法，殘差梯度演算法都可以保證在一般步長參數上收斂到 $\overline{\text{BE}}$ 的最小值。作為一種真正的 SGD 方法，將此演算法用於線性和非線性函數近似

---

1 對於狀態值而言，在處理重要性抽樣率 ρ_t 時仍有些不同。在類似動作值的情形下（對於控制演算法而言這是最重要的情形），殘差梯度演算法將精確地還原為單純的版本。

器都可以保證會穩健地收斂。在線性情形下，收斂結果一定是一個**唯一的 w** 能夠將 $\overline{\mathrm{BE}}$ 最小化。

但是，殘差梯度演算法的收斂性仍然有三點不能讓人滿意。首先，在應用經驗中它非常地慢，遠遠慢於半梯度方法。實際上，此方法的支持者已提出透過先將其與更快的半梯度方法結合來提高其速度，然後逐漸切換到殘差梯度演算法以保證收斂性（Baird and Moore, 1999）。殘差梯度演算法令人不滿意的第二點是它仍然會收斂至錯誤的值。在所有表格形式的情形下（例如 A- 分裂範例），它的確獲得了正確的值，因為在此情形下貝爾曼方程可以獲得精確的解。

範例 11.3 A- 預先分裂的例子，$\overline{\mathrm{BE}}$ 的一個反例

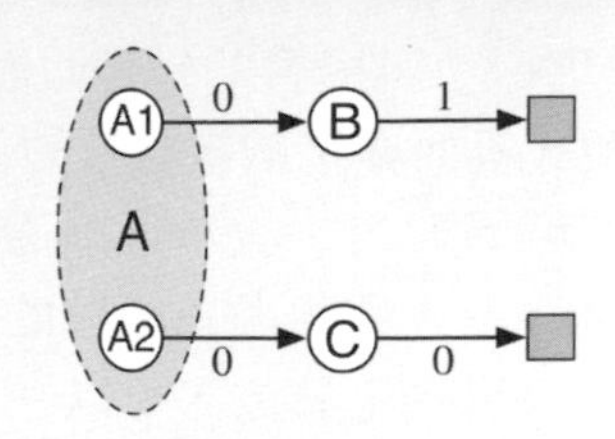

考慮右圖所示具有三個狀態的分節性 MRP：分節以相同的機率從 A1 或 A2 開始。對於函數近似器而言這兩個狀態看起來完全相同，就像一個單一的狀態 A，其特徵表示與另外兩個狀態 B 和 C 的特徵表示不同且彼此獨立。具體而言，函數近似器的參數包含三個部分，一個提供狀態 B 的值，一個提供狀態 C 的值，而最後一個提供狀態 A1 和 A2 的值。系統是確定性的，除了初始狀態的選擇以外。如果從 A1 開始，則它將轉移到 B 並獲得 0 的獎勵，然後到達終止並獲得 1 的獎勵。如果從 A2 開始，則它將轉移到 C 然後終止，兩步的獎勵均為 0。

對於僅專注於特徵的學習演算法，此系統看起來與 A- 分裂範例相同。系統看起來總是從 A 開始，然後等機率地轉移至 B 或 C，之後再根據先前的狀態確定性地以 1 或 0 終止。如同在 A- 分裂範例一樣， B 和 C 的實際值為 1 和 0，而透過對稱性 A1 和 A2 的最佳共享值為 $\frac{1}{2}$。

由於此問題在外觀上與 A- 分裂範例相同，因此我們已經知道演算法會找到什麼值。半梯度 TD 收斂到先前提到的理想值，而單純殘差梯度演算法對於 B 和 C 分別收斂到 $\frac{3}{4}$ 和 $\frac{1}{4}$。所有狀態轉移都是確定性的，因此非單純殘差梯度演算法也將收斂到這些值（在此情形下是相同的演算法）。隨之而來的是，這種「單純」的解法也必須是最小化 $\overline{\mathrm{BE}}$ 的解決方案，並且確實是如此。在確定性問題中貝爾曼誤差總是和 TD 誤差相同，因此 $\overline{\mathrm{BE}}$ 始終與 $\overline{\mathrm{TDE}}$ 相同。在此範例中最佳化 $\overline{\mathrm{BE}}$ 將會導致與 A- 分裂範例中的單純殘差梯度演算法相同的失敗情形。

但如果我們使用真正的函數近似來檢查例子，我們會發現殘差梯度演算法（實際上就是 $\overline{\mathrm{BE}}$ 的目標）似乎會找到錯誤的價值函數。最有說服力的例子就是上一頁 A- 分裂範例的變化版本，即被稱為 A- **預先**分裂的例子，其中殘差梯度演算法發現的解與其原始版本相同。此範例直觀地顯示出最小化 $\overline{\mathrm{BE}}$（殘差梯度演算法確實在做的事）可能也不是一個理想的目標。

我們將在下一節說明殘差梯度演算法的收斂性令人不滿意的第三點。如同第二點，第三點也是 $\overline{\mathrm{BE}}$ 目標本身的問題，而不是任何特定演算法的問題。

11.6 無法學習的貝爾曼誤差

我們在本節中所介紹的可學習性概念與機器學習中常用的概念不同。在機器學習中，「可學習的」是假設它可以被**有效地**（*efficiently*）學會，這表示可以在多項式級而非指數級數量的例子中學會。在此我們以更基本的方式使用此關鍵詞，「可學習的」表示可以透過任何數量的經驗學會。然而事實證明，在強化學習中許多我們明顯感興趣的事物即使透過無限多的經驗資料也無法學會。這些事物是明確定義的，可以在已知環境內部結構的情形下進行計算，但不能根據觀察到的特徵向量、動作和獎勵序列進行計算或估計 [2]，我們稱它們為**無法學習的**（*not learnable*）。就此意義上而言，前兩節所介紹的貝爾曼誤差目標（$\overline{\mathrm{BE}}$）是無法學習的。貝爾曼誤差目標無法從觀察到的資料進行學習可能是不使用它的最大原因。

為了使可學習性的概念更清晰，讓我們從一些簡單的例子開始。考慮以下兩個馬可夫獎勵過程（MRP）[3]：

在兩條邊離開同一個狀態的情形下，假定兩個轉移都以相同的機率發生且數字表示獲得的獎勵。所有狀態看起來都是相同的，它們具有相同的單分量特徵向量 $x=1$ 及相同的近似值 w。因此，獎勵序列是資料軌跡中唯一變化的部分。左

2 如果能觀察到**狀態**序列而非僅能觀察到所對應的特徵向量，則可以估計它們。

3 所有的 MRP 都可以視為所有狀態都只有一個動作的 MDP。我們在此處所得出關於 MRP 的結論也適用於 MDP。

側的 MRP 保持相同的狀態，並以機率為 0.5 隨機產生 0 和 2 的無限流。右側的 MRP 在每個步驟上都以相同的機率停留在當前狀態或切換到另一個狀態，在此 MRP 中獎勵是確定性的，從一個狀態出發的獎勵始終為 0，而從另一狀態出發的獎勵始終為 2，但是由於在每個步驟上每個狀態的機率都相同，因此可觀察到的資料一樣是隨機產生 0 和 2 的無限流，等同於左側 MRP 所產生的結果（我們可以假設右側的 MRP 以相等的機率隨機地從兩個狀態之一開始）。因此，即使提供了無限多的資料，我們也無法判斷是哪一個 MRP 產生的。特別是在我們無法確定 MRP 具有一種還是兩種狀態，是隨機的還是確定的。這些情形下都是無法學習的。

這一對 MRP 也說明了 $\overline{\mathrm{VE}}$ 目標（9.1）是無法學習的。如果 $\gamma = 0$，則三個狀態（在兩個 MRP 中）的實際值從左到右分別為 1、0 和 2。假設 $w = 1$，則 $\overline{\mathrm{VE}}$ 對於左側的 MRP 為 0，對於右側的 MRP 為 1。由於 $\overline{\mathrm{VE}}$ 在這兩個問題中是不同的，但是產生的資料卻具有相同的分布，因此 $\overline{\mathrm{VE}}$ 是無法學習的。$\overline{\mathrm{VE}}$ 不是資料分布唯一的函數，如果它是無法學習的，那麼作為一個學習目標 $\overline{\mathrm{VE}}$ 要如何才能成為有用的呢？

如果一個目標不能被學習，它的效用的確會讓人質疑。然而對於 $\overline{\mathrm{VE}}$ 的例子還有另一個解決方式。請注意到對於上面的兩個 MRP 有相同的最佳解 $w = 1$（假設右側的 MRP 中 μ 對於這兩個無法區分的狀態是相同的）。這是一種巧合，還是對於所有具有相同資料分布且具有相同的最佳參數向量的 MDP 都會成立呢？如果這是成立的（我們將在稍後證明），則 $\overline{\mathrm{VE}}$ 仍然是一個有用的目標。$\overline{\mathrm{VE}}$ 是無法學習的，但是最佳化它的參數是可以學習的！

為了要理解這一點，引入另一個自然的目標函數會是相當有用的方法，這次顯然是一個可以學習的函數。一個總是可以觀察到每次價值估計與該時刻之後所產生的回報之間的誤差。**均方回報誤差**（*Mean Square Return Error*）（以 $\overline{\mathrm{RE}}$ 表示）是在 μ 分布下對於該誤差平方的期望值。在 on-policy 的情形下，$\overline{\mathrm{RE}}$ 可以表示為

$$\begin{aligned}\overline{\mathrm{RE}}(\mathbf{w}) &= \mathbb{E}\Big[\big(G_t - \hat{v}(S_t,\mathbf{w})\big)^2\Big] \\ &= \overline{\mathrm{VE}}(\mathbf{w}) + \mathbb{E}\Big[\big(G_t - v_\pi(S_t)\big)^2\Big]. \end{aligned} \tag{11.24}$$

因此，除了一個不依賴參數向量的變異數項以外，這兩個目標會是相同的。這兩個目標必須具有相同的最佳參數值 $\mathbf{w}^*$。整體的關係如圖 11.4 左側所示。

*** 練習 11.4：**證明 (11.24)。提示：將 $\overline{\mathrm{RE}}$ 表示為在給定 $S_t = s$ 的情形下，平方誤差在所有可能狀態 s 的期望值。然後透過誤差加減狀態 s 的實際值（平方之前），將減少的實際值與回報放在一組，並將增加的實際值與估計值放在一組。接下來，如果你展開平方項則最複雜的項將會變為 0，剩下的方程式就是 (11.24)。 □

現在讓我們回到 $\overline{\mathrm{BE}}$。$\overline{\mathrm{BE}}$ 與 $\overline{\mathrm{VE}}$ 的情形相似，因為它可以根據 MDP 的知識進行計算但無法從資料中學習，然而不同於 $\overline{\mathrm{VE}}$ 的情形在於它的最小解是無法學習的。底下的方框中顯示了一個反例，兩個 MRP 產生相同的資料分布但具有不同的最小化參數向量，這證明了最佳參數向量不是一個關於資料的函數，因此無法從中學習。

範例 11.4　貝爾曼誤差可學習的反例

為了顯示所有可能性，我們需要比先前介紹更複雜的一對馬可夫獎勵過程（MRP）。考慮以下兩個 MRP：

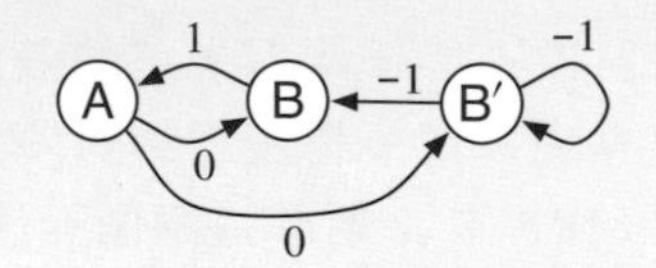

在兩條邊離開同一個狀態的情形下，假定兩個轉移都以相同的機率發生且數字表示獲得的獎勵。左側的 MRP 具有兩個狀態，分別以不同的字母表示。右側的 MRP 具有三個狀態，其中 B 和 B′ 這兩個狀態看起來是相同的且會使用相同的近似值。具體而言，$\mathbf{w}$ 有兩個分量，狀態 A 的值由第一個分量提供，B 和 B′ 的值則由第二個分量提供。第二個 MRP 被設計成在三個狀態下花費的時間相同，因此我們可以對所有 s 取 $\mu(s) = \frac{1}{3}$。

注意到兩個 MRP 的可觀察資料分布是相同的。在這兩種情形下代理人都將觀察到伴隨著獎勵 0 的單個 A 出現，然後是一定數量的 B，每個 B 都伴隨著 -1 的獎勵，除了最後一個的獎勵為 1，接著我們又回到伴隨著獎勵 0 的狀態 A 重新開始。所有統計細節也相同，在兩個 MRP 中產生具有 k 個 B 的序列其機率為 2^{-k}。

現在我們假設 $\mathbf{w} = \mathbf{0}$。在第一個 MRP 中這是一個精確解且 $\overline{\mathrm{BE}}$ 為 0。在第二個 MRP 中，這個解在 B 和 B′ 均產生一個值為 1 的平方誤差，使得 $\overline{\mathrm{BE}} = \mu(\mathsf{B})1 + \mu(\mathsf{B}')1 = \frac{2}{3}$。這兩個產生相同的資料分布的 MRP 具有不同的 $\overline{\mathrm{BE}}$，因此 $\overline{\mathrm{BE}}$ 是無法學習的。

此外（與先前的 $\overline{\text{VE}}$ 例子不同），對於兩個 MRP 而言 $\mathbf{w}$ 的最小值是不同的。對於第一個 MRP，$\mathbf{w} = \mathbf{0}$ 可使任何 γ 值的 $\overline{\text{BE}}$ 最小化。對於第二個 MRP，最小化 $\mathbf{w}$ 是一個關於 γ 的複雜函數，但在極限情形下例如 $\gamma \to 1$，它將為 $(-\frac{1}{2}, 0)^{\top}$。因此，不能僅從資料中估計出使 $\overline{\text{BE}}$ 最小化的解。除了資料中顯示的內容外，還需要了解 MRP 其他相關資訊。就這個意義上而言，原則上我們不能將 $\overline{\text{BE}}$ 作為學習目標。

令人驚訝的是，在第二個 MRP 中，A 使 $\overline{\text{BE}}$ 最小化的值距離 0 非常遠。回想一下，A 具有一個專用的權重，因此其值不受函數近似的限制。A 伴隨著 0 的獎勵並轉移至一個值接近於 0 的狀態，這表示 $v_{\mathbf{w}}(\mathsf{A})$ 應該為 0。那為什麼其最佳值實際上是負數而不是 0 呢？答案是因為將 $v_{\mathbf{w}}(\mathsf{A})$ 變為負數會減少從 B 到達 A 時的誤差，此確定性的轉移獎勵為 1，這表示 B 的值應比 A 大 1。因為 B 的值接近於 0，所以 A 的值將接近於 -1。對於 A 而言 $\overline{\text{BE}}$ 其最小值 $\approx -\frac{1}{2}$，這是一個減少離開和進入 A 之間誤差的折衷方案。

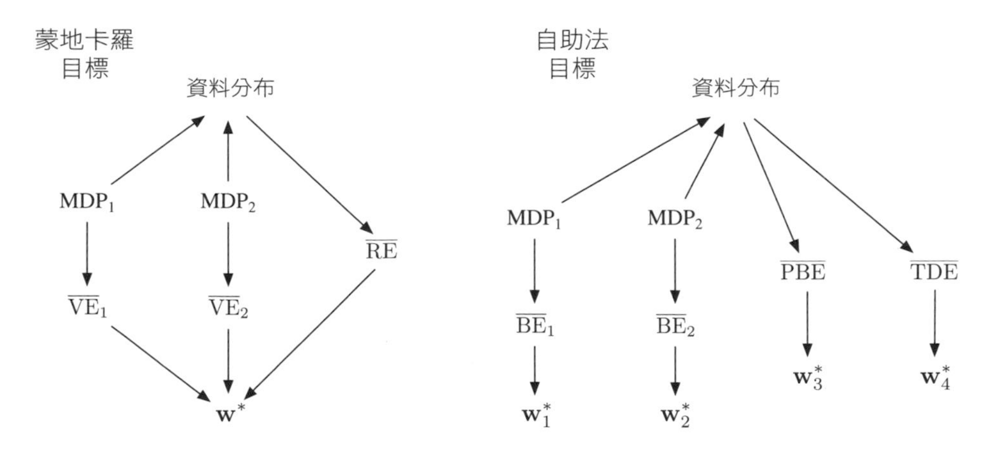

圖 11.4 資料分布、MDP 和各種目標之間的因果關係。**左側，蒙地卡羅目標：**兩個不同的 MDP 可以產生相同的資料分布，但也產生不同的 $\overline{\text{VE}}$，這證明 $\overline{\text{VE}}$ 目標不能從資料中確定且為無法學習的。但是，所有這些 $\overline{\text{VE}}$ 必須具有相同的最佳參數向量，$\mathbf{w}^*$！此外，這個相同的 $\mathbf{w}^*$ 可以從另一個目標 $\overline{\text{RE}}$ 確定，此目標是從資料分布中唯一確定的。因此即使 $\overline{\text{VE}}$ 是無法學習的，但 $\mathbf{w}^*$ 和 $\overline{\text{RE}}$ 是可學習的。**右側，自助法目標：**兩個不同的 MDP 可以產生相同的資料分布，但也產生不同的 $\overline{\text{BE}}$ 且具有不同的最小化參數向量，這些都無法從資料分布中學習到。$\overline{\text{PBE}}$ 和 $\overline{\text{TDE}}$ 目標及其（不同的）最小值可以直接根據資料確定，因此是可學習的。

我們也考慮了其他的自助法目標，即 $\overline{\text{PBE}}$ 和 $\overline{\text{TDE}}$，可以從資料中確定（可學習）並可決定最佳解。這些最佳解通常彼此不同，也與 $\overline{\text{BE}}$ 最小值不同。一般情形下的關係如圖 11.4 右側所示。

因此 $\overline{\text{BE}}$ 是無法學習的；它不能從特徵向量和其他可觀察資料進行估計。這將 $\overline{\text{BE}}$ 限制在只能用於基於模型的設定中。幾乎沒有演算法可以在不接觸特徵向量以外的基礎 MDP 狀態的情形下最小化 $\overline{\text{BE}}$。殘差梯度演算法是唯一能最小化 $\overline{\text{BE}}$ 的演算法，因為它允許從同一狀態抽樣兩次 —— 並非具有相同特徵向量的狀態，而是具有相同基礎狀態的狀態。我們現在可以了解到沒有辦法解決這個問題，最小化 $\overline{\text{BE}}$ 需要能夠接觸到這些所謂的基礎 MDP，但這超出了第 297 頁 A- 預先分裂範例中所確定的一個 $\overline{\text{BE}}$ 的重要限制。以上這些使我們將注意力轉向 $\overline{\text{PBE}}$。

11.7 梯度 TD 方法

我們現在考慮使用 SGD 方法來最小化 $\overline{\text{PBE}}$。作為真正的 SGD 方法，即使在 off-policy 訓練和非線性函數近似的情形下，這些*梯度 TD 方法*（*Gradient-TD methods*）仍具有穩健的收斂性。請記住在線性情形下，總會有一個精確的解，即 TD 固定點 $\mathbf{w}_{\text{TD}}$，在該點 $\overline{\text{PBE}}$ 為 0。這個解可以透過最小平方法（第 9.8 節）找到，但只能透過時間複雜度為參數數量平方級 $O(d^2)$ 的方法找到。現在我們改為尋求時間複雜度為 $O(d)$ 且具有穩健收斂性的 SGD 方法。梯度 TD 方法可以實現這些目標，但代價是計算時間複雜度大約增加一倍。

為了推導用於 $\overline{\text{PBE}}$（假設在線性函數近似的情形下）的 SGD 方法，我們首先以矩陣形式擴展和重寫目標函數 (11.22) 開始：

$$
\begin{aligned}
\overline{\text{PBE}}(\mathbf{w}) &= \left\|\Pi\bar{\delta}_{\mathbf{w}}\right\|_{\mu}^{2} \\
&= (\Pi\bar{\delta}_{\mathbf{w}})^{\top}\mathbf{D}\Pi\bar{\delta}_{\mathbf{w}} \qquad \text{（由 (11.14)）} \\
&= \bar{\delta}_{\mathbf{w}}^{\top}\Pi^{\top}\mathbf{D}\Pi\bar{\delta}_{\mathbf{w}} \\
&= \bar{\delta}_{\mathbf{w}}^{\top}\mathbf{D}\mathbf{X}\left(\mathbf{X}^{\top}\mathbf{D}\mathbf{X}\right)^{-1}\mathbf{X}^{\top}\mathbf{D}\bar{\delta}_{\mathbf{w}} \qquad (11.25)
\end{aligned}
$$

（使用 (11.13) 和單位矩陣 $\Pi^{\top}\mathbf{D}\Pi = \mathbf{D}\mathbf{X}\left(\mathbf{X}^{\top}\mathbf{D}\mathbf{X}\right)^{-1}\mathbf{X}^{\top}\mathbf{D}$）

$$
= \left(\mathbf{X}^{\top}\mathbf{D}\bar{\delta}_{\mathbf{w}}\right)^{\top}\left(\mathbf{X}^{\top}\mathbf{D}\mathbf{X}\right)^{-1}\left(\mathbf{X}^{\top}\mathbf{D}\bar{\delta}_{\mathbf{w}}\right). \qquad (11.26)
$$

相對於 $\mathbf{w}$ 的梯度為

$$
\nabla\overline{\text{PBE}}(\mathbf{w}) = 2\nabla\left[\mathbf{X}^{\top}\mathbf{D}\bar{\delta}_{\mathbf{w}}\right]^{\top}\left(\mathbf{X}^{\top}\mathbf{D}\mathbf{X}\right)^{-1}\left(\mathbf{X}^{\top}\mathbf{D}\bar{\delta}_{\mathbf{w}}\right).
$$

為了將其轉換為 SGD 方法，我們必須在每個時步上抽樣一些以該數量作為其期望值的資訊。讓我們以 μ 作為行為策略下訪問狀態的分布。上述三個因子都可以寫成根據此分布下的期望值形式。例如，最後一個因子可以寫成

$$\mathbf{X}^\top \mathbf{D}\bar{\delta}_\mathbf{w} = \sum_s \mu(s)\mathbf{x}(s)\bar{\delta}_\mathbf{w}(s) = \mathbb{E}[\rho_t\delta_t\mathbf{x}_t],$$

這就是半梯度 TD(0) 更新 (11.2) 的期望值。第一個因子是此更新梯度的轉置矩陣：

$$\begin{aligned}\nabla\mathbb{E}[\rho_t\delta_t\mathbf{x}_t]^\top &= \mathbb{E}\left[\rho_t\nabla\delta_t^\top\mathbf{x}_t^\top\right] \\ &= \mathbb{E}\left[\rho_t\nabla(R_{t+1}+\gamma\mathbf{w}^\top\mathbf{x}_{t+1}-\mathbf{w}^\top\mathbf{x}_t)^\top\mathbf{x}_t^\top\right] \qquad \text{（使用分節性 } \delta_t\text{）} \\ &= \mathbb{E}\left[\rho_t(\gamma\mathbf{x}_{t+1}-\mathbf{x}_t)\mathbf{x}_t^\top\right].\end{aligned}$$

最後，中間的因子是特徵向量外積矩陣期望的逆矩陣：

$$\mathbf{X}^\top\mathbf{D}\mathbf{X} = \sum_s \mu(s)\mathbf{x}_s\mathbf{x}_s^\top = \mathbb{E}\left[\mathbf{x}_t\mathbf{x}_t^\top\right].$$

將 $\overline{\text{PBE}}$ 梯度的三個因子替換為這些期望值，我們得到

$$\nabla\overline{\text{PBE}}(\mathbf{w}) = 2\mathbb{E}\left[\rho_t(\gamma\mathbf{x}_{t+1}-\mathbf{x}_t)\mathbf{x}_t^\top\right]\mathbb{E}\left[\mathbf{x}_t\mathbf{x}_t^\top\right]^{-1}\mathbb{E}[\rho_t\delta_t\mathbf{x}_t]. \tag{11.27}$$

將梯度表示成這種形式可能看不出有任何好處。它是三個表達式的乘積，第一個和最後一個不是獨立的，它們都依賴於下一個特徵向量 $\mathbf{x}_{t+1}$。我們不能簡單地對這兩個期望值進行抽樣，然後將樣本相乘。就像在單純殘差梯度演算法中一樣，這將會使我們對梯度產生一個有偏差估計值。

另一個想法是分別估計這三個期望值，然後將它們組合以產生對於梯度的無偏差估計值。這是可行的，但需要大量的計算資源，尤其是要儲存前兩個期望值需要$d \times d$ 的矩陣並計算第二個期望值的逆矩陣。我們可以試著改進這個想法。如果我們估計並儲存了三個期望值中的兩個，則可以對第三個期望值進行抽樣並與兩個儲存的期望值結合使用。例如，你可以儲存後兩個表達式的估計值（使用第 9.8 節中逆矩陣的增量式更新方式），然後再對第一個表達式進行抽樣。不幸的是，整個演算法仍將具有平方級複雜度 $O(d^2)$。

分別儲存一些估計值然後再將其與樣本組合是一個很好的想法，並且可以用於梯度 TD 方法中。梯度 TD 方法估計並儲存 (11.27) 中的後兩個因子的乘積。這些因子是 $d \times d$ 的矩陣和一個 d 維向量，因此它們的乘積就像 $\mathbf{w}$ 本身一樣只是一個 d 維向量。我們將第二個學習到的向量表示為 $\mathbf{v}$：

$$\mathbf{v} \approx \mathbb{E}\left[\mathbf{x}_t\mathbf{x}_t^\top\right]^{-1}\mathbb{E}[\rho_t\delta_t\mathbf{x}_t]. \tag{11.28}$$

這種形式對於學過線性監督式學習的學生相當熟悉。這是線性最小平方問題的解，試圖從特徵中近似 $\rho_t\delta_t$。透過最小化期望平方誤差 $\left(\mathbf{v}^\top\mathbf{x}_t - \rho_t\delta_t\right)^2$ 增量式地尋找向量 $\mathbf{v}$ 的標準 SGD 方法，又被稱為最小均方（LMS）規則（此處增加了一個重要性抽樣率）：

$$\mathbf{v}_{t+1} \doteq \mathbf{v}_t + \beta\rho_t\left(\delta_t - \mathbf{v}_t^\top\mathbf{x}_t\right)\mathbf{x}_t,$$

其中 $\beta > 0$ 是另一個步長參數。我們可以使用此方法透過 $O(d)$ 空間及時間複雜度完成 (11.28)。

給定一個近似於 (11.28) 的儲存估計值 $\mathbf{v}_t$，我們可以使用基於 (11.27) 的 SGD 方法更新主要參數向量 $\mathbf{w}_t$。最簡單的規則是

$$\begin{aligned}
\mathbf{w}_{t+1} &= \mathbf{w}_t - \frac{1}{2}\alpha\nabla\overline{\text{PBE}}(\mathbf{w}_t) && \text{（SGD 一般規則）}\\
&= \mathbf{w}_t - \frac{1}{2}\alpha 2\mathbb{E}\left[\rho_t(\gamma\mathbf{x}_{t+1} - \mathbf{x}_t)\mathbf{x}_t^\top\right]\mathbb{E}\left[\mathbf{x}_t\mathbf{x}_t^\top\right]^{-1}\mathbb{E}[\rho_t\delta_t\mathbf{x}_t] && \text{（由 (11.27)）}\\
&= \mathbf{w}_t + \alpha\mathbb{E}\left[\rho_t(\mathbf{x}_t - \gamma\mathbf{x}_{t+1})\mathbf{x}_t^\top\right]\mathbb{E}\left[\mathbf{x}_t\mathbf{x}_t^\top\right]^{-1}\mathbb{E}[\rho_t\delta_t\mathbf{x}_t] && (11.29)\\
&\approx \mathbf{w}_t + \alpha\mathbb{E}\left[\rho_t(\mathbf{x}_t - \gamma\mathbf{x}_{t+1})\mathbf{x}_t^\top\right]\mathbf{v}_t && \text{（基於 (11.28)）}\\
&\approx \mathbf{w}_t + \alpha\rho_t\left(\mathbf{x}_t - \gamma\mathbf{x}_{t+1}\right)\mathbf{x}_t^\top\mathbf{v}_t. && \text{（抽樣）}
\end{aligned}$$

此演算法稱為 *GTD2*。注意到如果最後的內積（$\mathbf{x}_t^\top\mathbf{v}_t$）是最先完成的，則整個演算法的複雜度為 $O(d)$。

在替換為 $\mathbf{v}_t$ 前我們可以透過執行更多分析步驟來得出一個更好的演算法。以下從 (11.29) 開始：

$$\begin{aligned}
\mathbf{w}_{t+1} &= \mathbf{w}_t + \alpha\mathbb{E}\left[\rho_t(\mathbf{x}_t - \gamma\mathbf{x}_{t+1})\mathbf{x}_t^\top\right]\mathbb{E}\left[\mathbf{x}_t\mathbf{x}_t^\top\right]^{-1}\mathbb{E}[\rho_t\delta_t\mathbf{x}_t]\\
&= \mathbf{w}_t + \alpha\left(\mathbb{E}\left[\rho_t\mathbf{x}_t\mathbf{x}_t^\top\right] - \gamma\mathbb{E}\left[\rho_t\mathbf{x}_{t+1}\mathbf{x}_t^\top\right]\right)\mathbb{E}\left[\mathbf{x}_t\mathbf{x}_t^\top\right]^{-1}\mathbb{E}[\rho_t\delta_t\mathbf{x}_t]\\
&= \mathbf{w}_t + \alpha\left(\mathbb{E}\left[\mathbf{x}_t\mathbf{x}_t^\top\right] - \gamma\mathbb{E}\left[\rho_t\mathbf{x}_{t+1}\mathbf{x}_t^\top\right]\right)\mathbb{E}\left[\mathbf{x}_t\mathbf{x}_t^\top\right]^{-1}\mathbb{E}[\rho_t\delta_t\mathbf{x}_t]\\
&\approx \mathbf{w}_t + \alpha\left(\mathbb{E}[\mathbf{x}_t\rho_t\delta_t] - \gamma\mathbb{E}\left[\rho_t\mathbf{x}_{t+1}\mathbf{x}_t^\top\right]\mathbf{v}_t\right) && \text{（基於 (11.28)）}\\
&\approx \mathbf{w}_t + \alpha\rho_t\left(\delta_t\mathbf{x}_t - \gamma\mathbf{x}_{t+1}\mathbf{x}_t^\top\mathbf{v}_t\right), && \text{（抽樣）}
\end{aligned}$$

如果最後的乘積（$\mathbf{x}_t^\top\mathbf{v}_t$）是最先完成的，則整個演算法的複雜度也為 $O(d)$。此演算法稱為具有梯度校正的 *TD(0)*（*TD(0) with gradient correction, TDC*）或 *GTD(0)*。

圖 11.5 顯示了在 Baird 的反例中 TDC 的樣本行為和預期行為。正如我們所預期的，$\overline{\text{PBE}}$ 將降為 0，但注意到參數向量的各個分量並不會接近 0。實際上對於所有 s 而言，這些值仍距離最佳解 $\hat{v}(s) = 0$ 非常遠，因此 $\mathbf{w}$ 必須與 $(1,1,1,1,1,1,4,-2)^\top$ 成正比。從 $\overline{\text{VE}}$ 中可以看到，在經過 1000 次疊代後我們距離最佳解仍然非常遠，而 $\overline{\text{VE}}$ 仍然接近於 2。此系統確實能收斂到最佳解，只是速度非常緩慢，因為 $\overline{\text{PBE}}$ 已經非常接近 0。

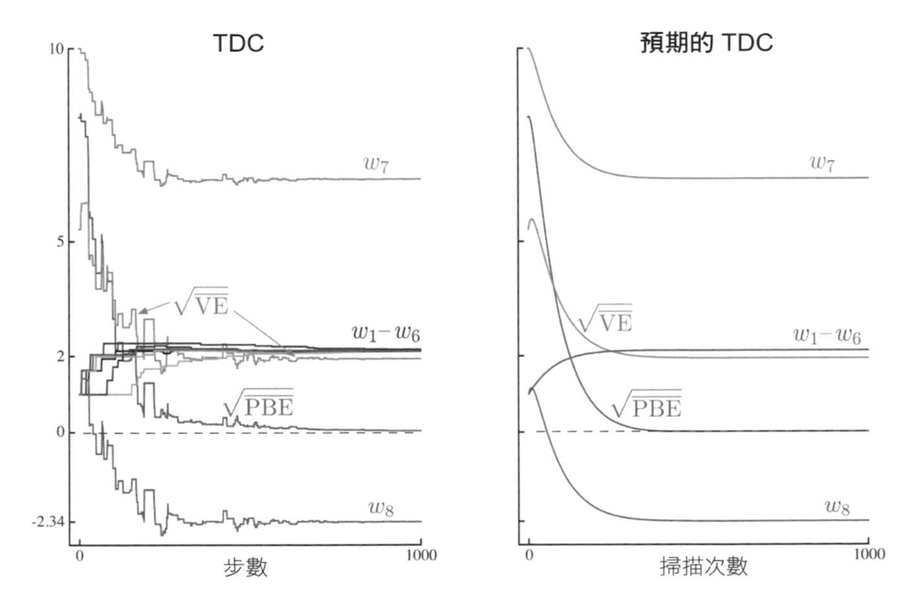

圖 11.5 在 Baird 的反例中 TDC 演算法的行為。左側顯示的是典型的單次執行結果，右側顯示的是如果同步完成更新（類似於（11.9），除了兩個 TDC 參數向量以外）此演算法的預期行為。步長為 $\alpha = 0.005$ 和 $\beta = 0.05$。

GTD2 和 TDC 都包含了兩個學習過程，學習 $\mathbf{w}$ 的主要過程和學習 $\mathbf{v}$ 的次要過程。主要學習過程的邏輯依賴於完成次要學習過程，至少要接近完成，而次要學習過程在不受主要學習過程影響的情形下進行。我們稱這種非對稱依賴關係為**串級**（*cascade*）。在串級中我們經常假設次要學習過程進行較快，因此它始終處於其漸近值，隨時且準確地協助主要學習過程。這些方法的收斂性證明通常會明確地做出這種假設。這些被稱為**雙時間尺度**（*two-time-scale*）證明，較快的時間尺度是次要學習過程的時間尺度，而較慢的時間尺度是主要學習過程的時間尺度。如果 α 是主要學習過程的步長而 β 是次要學習過程的步長，則這些收斂證明通常會要求極限 $\beta \to 0$ 和 $\frac{\alpha}{\beta} \to 0$。

梯度 TD 方法是目前最廣為人知且最廣泛使用的穩定 off-policy 方法。它可以擴展到動作值函數和控制問題（GQ, Maei et al., 2010）、資格痕跡（GTD(λ) 和 GQ(λ)，Maei, 2011; Maei and Sutton, 2010），以及非線性函數近似（Maei et al., 2009）。也有研究學者提出了介於半梯度 TD 和梯度 TD 之間的混合演算法（Hackman, 2012; White and White, 2016）。在目標和行為策略差異很大時，混合 TD 演算法的行為類似於梯度 TD 演算法，而在目標和行為策略相同的情形下，混合 TD 演算法的行為將類似於半梯度演算法。最後，將梯度 TD 概念與近端方法和控制變量的概念相結合產生了更有效的方法（Mahadevan et al., 2014; Du et al., 2017）。

11.8 重點 TD 方法

現在我們介紹第二種主流方法，為了獲得一種具有低成本且有效的函數近似 off-policy 學習方法，許多研究學者已經對此方法進行了廣泛的討論。回想一下，我們已經在 9.4 節中證明過在 on-policy 分布進行訓練時線性半梯度 TD 方法是有效且穩定的，這與矩陣 $\mathbf{A}$(9.11)[4] 的正定性及目標策略下的 on-policy 狀態分布與狀態轉移機率 $p(s|s,a)$ 之間的匹配有關。在 off-policy 學習中，我們使用重要性抽樣重新分配狀態轉移的權重使它們適合學習目標策略，但是狀態分布仍然是由行為策略產生的，因此會產生不匹配的情形。一個簡單的概念是以某種方式重新分配狀態的權重，著重某一部分並淡化其他部分使更新分布變為 on-policy 分布。這樣就可以完成匹配且可以從現有結果中獲得穩定性和收斂性。這就是重點 TD 方法的概念，我們在第 9.11 節中首次將此概念用於 on-policy 訓練。

實際上「on-policy 分布」的概念並不正確，因為存在許多 on-policy 分布且其中任何一種都能保證穩定性。考慮一個無折扣的分節性問題，分節終止的方式完全由轉移機率決定，但分節可能有多種不同的開始方式。無論分節如何開始，如果所有狀態的轉移都遵循目標策略，則所獲得的狀態分布就是一個 on-policy 分布。你可能從最終狀態附近開始，在結束分節前僅訪問少數幾個具有高機率的狀態。或者你可能從距離最終狀態相當遠的狀態開始，並在結束分節前訪問了多個狀態。這兩種情形都是 on-policy 分布，使用線性半梯度方法進行的訓練都將保證其穩定性。無論該過程如何開始，只要遇到的所有狀態都被更新直到終止，則其狀態分布就會是一個 on-policy 分布。

---

4 在 off-policy 的情況下，矩陣 $\mathbf{A}$ 通常定義為 $\mathbb{E}_{s\sim b}\big[\mathbf{x}(s)\mathbb{E}\big[\mathbf{x}(S_{t+1})^\top \mid S_t=s, A_t\sim\pi\big]\big]$。

如果存在折扣，則可以將其視為部分終止或按機率終止。如果 $\gamma = 0.9$，則我們可以認為該過程以 0.1 的機率在每個時步終止並立即從轉移到的狀態重新開始。折扣問題是指每一步以 $1-\gamma$ 的機率不斷地終止並重新開始的問題。這種思考折扣的方式是**偽終止**（*pseudo termination*）在概念上更通用的例子，這種終止不影響狀態轉移的序列，但是影響學習過程及學習量。偽終止對於 off-policy 學習相當重要，因為重新開始是可選擇的（請記住我們可以以任何想要的方式開始），並且終止免除了訪問的狀態需要存在於 on-policy 分布中的要求。也就是說，當我們不考慮在新狀態上重新開始，折扣會迅速地提供我們一個受限的 on-policy 分布。

用於學習分節性狀態值的單步重點 TD 演算法定義如下：

$$\delta_t = R_{t+1} + \gamma\hat{v}(S_{t+1},\mathbf{w}_t) - \hat{v}(S_t,\mathbf{w}_t),$$

$$\mathbf{w}_{t+1} = \mathbf{w}_t + \alpha M_t \rho_t \delta_t \nabla\hat{v}(S_t,\mathbf{w}_t),$$

$$M_t = \gamma\rho_{t-1}M_{t-1} + I_t,$$

其中 I_t 為**興趣值**（*interest*），可以取任意值；M_t 為**重點值**（*emphasis*），被初始化為 $M_{-1} = 0$。此演算法在 Baird 的反例中其表現情形會是如何呢？圖 11.6 顯示了參數向量中每個分量的期望值軌跡（對於所有 t，$I_t = 1$ 的情形）。從圖中我們得知有一些分量會發生振盪，但最終所有分量都會收斂，$\overline{\text{VE}}$ 變為 0。這些軌跡是透過疊代的方式計算參數向量軌跡的期望值獲得的，沒有任何由於狀態轉移及獎勵進行抽樣所產生的變異數。我們沒有顯示直接使用重點 TD 演算法的結果，因為它在 Baird 的反例上的變異數很大，以致於透過電腦模擬幾乎不可能獲得一致性的結果。這個演算法在理論上收斂於此問題的最佳解，但實際上並非如此。我們將在下一節中討論如何減少這些演算法的變異數。

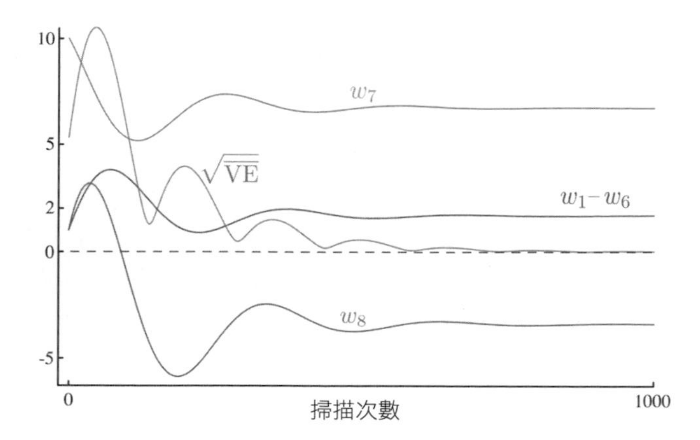

圖 11.6 單步重點 TD 演算法在 Baird 的反例中的期望值。步長 $\alpha = 0.03$。

11.9 減少變異數

與 on-policy 學習相比，off-policy 學習在本質上具有更大的變異數。這並不令人覺得奇怪，如果你收到的資料與策略的關聯度較低，你應該可以預期將會學習到較少關於該策略的相關價值資訊。在極端情形下你可能什麼都學不到。例如，你不能藉由煮晚餐來學習如何開車。只有當目標和行為策略相關時，即它們訪問相似的狀態並採取相似的動作，才能夠在 off-policy 訓練中獲得明顯的進步。

另一方面，任何策略都有許多「鄰居」，許多相似的策略在訪問的狀態和選擇的動作上有相當大的重疊，但是它們並不完全相同。off-policy 學習存在的原因是能夠將這些廣泛相關但不完全相同的策略進行廣義化，但是問題仍然在於如何充分利用這些經驗。既然我們已經有一些在期望值中（如果步長設定正確）穩定的方法，我們自然會將注意力轉向減少估計值的變異數。有相當多關於減少變異數的方法，我們在本節中僅介紹其中幾個。

為什麼在基於重要性抽樣的 off-policy 方法中控制變異數特別重要呢？如我們先前所描述的，重要性抽樣通常涉及策略比率的乘積。在期望值 (5.13) 中此比率總是為 1，但是它們的實際值可能非常高，也可能低至 0。連續的比率之間是互不相關的，因此它們的乘積期望值也總是為 1，但是它們的變異數可能很大。回想一下，在 SGD 方法中我們將這些比率乘以步長，因此變異數很大表示步長之間的變化幅度很大。這對於 SGD 將會造成問題，因為偶爾會有非常大的步長。步長的大小不能太大，否則可能會將參數帶到一個梯度非常大的空間中。SGD

方法透過對多個步驟求平均值來維持良好的梯度，如果它們在單個樣本中進行較大的移動，它們將變得不可靠。將步長參數設置得很小可以防止這種情形出現，但預期的步長可能會變得非常小進而導致學習速度變慢。動量的概念（Derthick, 1984）、Polyak-Ruppert 求平均的概念（Polyak, 1990; Ruppert, 1988; Polyak and Juditsky, 1992），或是進一步擴展這些概念的方法可能對此有很大的幫助。對於參數向量的不同分量自適應地分別設定獨立的步長也是很合適的（例如 Jacobs, 1988; Sutton, 1992b, c），Karampatziakis 和 Langford（2010）的「重要性權重感知」更新也是使用這樣的方式。

在第 5 章中，我們看到了加權重要性抽樣與一般重要性抽樣相比，加權重要性抽樣具有較小的變異數及更佳的性能表現。然而，將加權重要性抽樣用於函數近似是一項相當大的挑戰且可能需要 $O(d)$ 複雜度才能完成（Mahmood and Sutton, 2015）。

樹回溯演算法（第 7.5 節）顯示出可以在不使用重要性抽樣的情形下執行一些 off-policy 學習。Munos、Stepleton、Harutyunyan 和 Bellemare（2016）以及 Mahmood、Yu 和 Sutton（2017）已經將此概念擴展到 off-policy 的問題中以建構穩定且更有效的方法。

另一種補充的方法是允許部分目標策略由行為策略確定，這樣目標策略與行為策略差異就不會太大，也就永遠不會產生太大的重要性抽樣比率。例如，可以參考行為策略來定義目標策略，如 Precup 等人（2006）所提出的「識別器」中所述。

11.10 本章總結

off-policy 學習是一個誘人的挑戰，它能測試我們在設計穩定且有效的學習演算法的創造力。表格式 Q 學習使 off-policy 學習看起來很容易，並且能夠很自然地推廣到預期的 Sarsa 和樹回溯演算法。但正如我們在本章中所看到的，將這些概念擴展到重要的函數近似甚至是線性函數近似都會帶來新的挑戰，並迫使我們加深對強化學習演算法的理解。

為什麼要花這麼長的篇幅介紹？我們尋求 off-policy 演算法的一個原因是為了在處理探索與利用之間的權衡問題上提供靈活性。另一個原因是使行為獨立於學習來避免目標策略的獨裁。TD 學習似乎提供了平行學習多個事物的可能性，即使用一種經驗流來同時解決許多問題。在某些特例中，我們當然可以做到這一點，但並非在所有我們期望的情況下都能做到或是都能達到我們想要的效率。

在本章中我們將 off-policy 學習的挑戰分為兩個部分。第一部分是修正行為策略的學習目標，我們使用先前針對表格式的情形所設計的方法直接處理，儘管代價是增加了更新的變異數進而減慢了學習速度。大的變異數可能始終是 off-policy 學習的挑戰。

off-policy 學習挑戰的第二部分是涉及自助的半梯度 TD 方法不穩定性。我們尋求強大的函數近似、off-policy 學習以及自助 TD 方法的效率和靈活性，但是在不引入潛在不穩定因素的情形下，在一個演算法中將**致命的三要素**（*deadly triad*）的三個部分進行組合是一項相當大的挑戰。過去的研究中已經進行了許多嘗試，其中最受歡迎的方法是嘗試在貝爾曼誤差（又稱 Bellman 殘差）中執行真正的隨機梯度下降（SGD）。然而我們的分析得出的結論是，在許多情形下這並不是一個吸引人的目標且無論如何都無法透過學習演算法實現，$\overline{\mathrm{BE}}$ 的梯度是無法僅從特徵向量而非真正基礎狀態的經驗進行學習的。另一種方法是梯度 TD 方法，它在**投影貝爾曼誤差**中執行 SGD。$\overline{\mathrm{PBE}}$ 的梯度可以以 $O(d)$ 複雜度學習到，但是需要第二個步長的第二個參數向量作為代價。最新的方法是重點 TD 方法，它改善了重新分配權重進行更新的舊概念，它著重某一部分並淡化其他部分。透過計算簡單的半梯度方法使 off-policy 學習恢復了 on-policy 學習中穩定的特性。

off-policy 學習的整個領域相對較新且許多問題尚未被解決，哪種方法最好甚至是哪種方法最適合都還沒有定論。本章最後介紹的新方法所產生的複雜度真的是必要的嗎？這些方法之中哪些可以與變異數減少的方法有效地組合呢？ off-policy 學習的潛力仍然很吸引人，實現它的最佳方法仍然是一個謎。

參考文獻與歷史評注

11.1 第一個半梯度方法是線性 TD(λ)（Sutton, 1988）。「半梯度」這個名稱是最近才使用的（Sutton, 2015a）。直到 Sutton、Mahmood 和 White（2016）才明確提出具有一般重要性抽樣率的半梯度 off-policy TD(0)，但動作值函數形式是由 Precup、Sutton 和 Singh（2000）提出的，他們也完成了這些演算法的資格痕跡形式（詳見第 12 章）。目前尚未對連續、無折扣的半梯度方法進行更深入的研究。本節所描述的 n 步半梯度方法是新的形式。

11.2 最早的 w 到 $2w$ 例子由 Tsitsiklis 和 Van Roy（1996）提出，在第 286 頁的範例中我們介紹了此例子具體的反例。Baird 的反例是由 Baird（1995）提出，我們在本節所展示的版本作了部分的修改。函數近似的平均方法是由 Gordon（1995, 1996b）提出的。Boyan 和 Moore（1995）提出了 off-policy DP 方法的其他不穩定性例子和更複雜的函數近似方法。Bradtke（1993）提出了一個在線性二次調節問題中使用線性函數近似的 Q 學習將會收斂到不穩定策略的例子。

11.3 致命的三要素最早由 Sutton（1995b）確定，並由 Tsitsiklis 和 Van Roy（1997）進行了詳盡的分析。「致命的三要素」的名稱是由 Sutton（2015a）提出。

11.4 這種線性分析是由 Tsitsiklis 和 Van Roy（1996; 1997）率先提出的，其中包含動態規劃運算子。類似於圖 11.3 的示意圖是由 Lagoudakis 和 Parr（2003）提出的。

我們以 B_π 來表示所謂的貝爾曼運算子，更常見的表示方式為 T^π 並被稱為「動態規劃運算子」，而其廣義形式 $T^{(\lambda)}$ 被稱為「TD(λ) 運算子」（Tsitsiklis and Van Roy, 1996, 1997）。

11.5 Schweitzer 和 Seidmann（1985）首次提出將 $\overline{\text{BE}}$ 作為動態規劃的目標函數。Baird（1995, 1999）將其擴展到基於隨機梯度下降的 TD 學習中。 在相關文獻中，$\overline{\text{BE}}$ 最小化通常被稱為貝爾曼殘差最小化。

最早的 A- 分裂例子是源於 Dayan（1992）。本節介紹的兩種形式是由 Sutton 等人（2009a）所提出的。

11.6 本節所介紹的內容是本版新增的。

11.7 梯度 TD 方法由 Sutton、Szepesvári 和 Maei（2009b）提出。本節所介紹的相關方法是由 Sutton 等人（2009a）及 Mahmood 等人（2014）提出的。Mahadeval 等人（2014）研究了近端 TD 方法的主要擴展方式。Geist 和 Scherrer（2014），Dann、Neumann 和 Peters（2014），White（2015）以及 Ghiassian、White、White 和 Sutton（進行中）提出了迄今為止梯度 TD 及相關方法最詳細的實證研究。Yu（2017）介紹了梯度 TD 方法理論的最新進展。

11.8 重點 TD 方法由 Sutton、Mahmood 和 White（2016）提出。Yu（2015; 2016; Yu, Mahmood, and Sutton, 2017），Hallak、Tamar 和 Mannor（2015）以及 Hallak、Tamar、Munos 和 Mannor（2016）隨後建立了完整的收斂性證明和其他相關理論。

Chapter 12

資格痕跡

資格痕跡是強化學習的基本方法之一。例如，在著名的 TD(λ) 演算法中，λ 指的就是資格痕跡的應用。幾乎所有的時序差分（TD）方法（例如 Q 學習或 Sarsa）都可以與資格痕跡結合使用，以獲得一個更通用的方法使得學習可以更加有效地進行。

資格痕跡統一並歸納了 TD 方法和蒙地卡羅方法。當 TD 方法透過資格痕跡進行擴展時將會產生一系列方法，這些擴展出的方法一端為蒙地卡羅方法（$\lambda = 1$），而在另一端則為單步 TD 方法（$\lambda = 0$），而最好的方法往往介於這兩個極端之間。資格痕跡還提供了一種方法使得蒙地卡羅方法可以在線上且不具有分節的連續性問題中使用。

我們已經看過了一種統一 TD 方法和蒙地卡羅方法的方式：第 7 章的 n 步 TD 方法。除此之外，資格痕跡還提供了一種優雅的、具有顯著計算優勢的演算法機制，此機制的核心是一個短期記憶向量，即**資格痕跡**（*eligibility trace*）$\mathbf{z}_t \in \mathbb{R}^d$，它平行於長期權重向量 $\mathbf{w}_t \in \mathbb{R}^d$。大略的概念是，當 $\mathbf{w}_t$ 的一個分量參與計算並產生一個估計值時，對應的 $\mathbf{z}_t$ 分量會突然升高然後逐漸衰減。如果在痕跡歸零之前發現非零的 TD 誤差，則將在該 $\mathbf{w}_t$ 的分量中進行學習。痕跡衰減參數 $\lambda \in [0, 1]$ 將決定痕跡衰減的速率。

資格痕跡相對於 n 步方法的主要計算優勢是僅需要單個痕跡向量而不需儲存最近的 n 個特徵向量。學習在時間上會持續並均勻地進行而不需延遲到分節結束時才進行學習。此外，學習會在遇到狀態後立即進行並影響後續狀態，而不需延遲到 n 步後才進行更新。

資格痕跡顯示出有時我們可以透過不同的方式實現學習演算法以獲得計算優勢。許多演算法以最自然的方式被形式化並被理解為某個狀態的價值更新，此更新是根據此狀態在未來多個時步後所發生的事件。例如，蒙地卡羅方法（第 5 章）

基於所有未來的獎勵進行狀態更新，而 n 步 TD 方法（第 7 章）基於接下來的 n 個獎勵和 n 步之後的狀態進行更新。

這種透過待更新的狀態向前觀察的形式化方式稱為**前向視角**（*forward views*）。使用前向視角在實現上是一種較為複雜的方式，因為它的更新取決於當時尚未發生的未來資訊。但正如我們將在本章所展示的，使用當前 TD 誤差演算法並使用資格痕跡往回觀察到最近訪問的狀態通常可以實現與前向視角幾乎相同的更新（有時甚至是**完全**相同的更新），這種替代的、用來實現學習演算法的觀察方式稱為**後向視角**（*backward views*）。後向視角的概念、前後向視角之間的轉換以及它們之間的等價性可以追溯到時序差分學習的導入，但自 2014 年以來的相關研究使它們變得更加強大及複雜。在此我們僅介紹現代觀點上的基礎知識。

如同以往，我們首先針對狀態值和預測的概念進行完整的介紹，然後再延伸到動作值和控制。我們首先以 on-policy 的例子進行說明，接著再擴展至 off-policy 的學習。我們將特別專注在處理線性函數近似的情形，在此情形下使用資格痕跡的結果更好。這些結果也同樣適用於表格式學習和狀態聚合的情形，因為它們是線性函數近似的特例。

12.1 λ- 回報

在第 7 章中我們定義了 n 步回報為前 n 步的獎勵總和加上 n 步後到達的狀態估計值，其中每步均進行了適當的折扣 (7.1)。對於任意參數化函數近似其方程式的一般形式可表示為

$$G_{t:t+n} \doteq R_{t+1} + \gamma R_{t+2} + \cdots + \gamma^{n-1} R_{t+n} + \gamma^n \hat{v}(S_{t+n}, \mathbf{w}_{t+n-1}), \quad 0 \leq t \leq T-n, \tag{12.1}$$

其中 T 為分節終止的時間（如果有）。我們在第 7 章中了解到，對於 $n \geq 1$ 的每一個 n 步回報均為表格式學習更新的有效更新目標，就如同 (9.7) 的近似 SGD 學習更新一樣。

現在我們注意到，一次有效的更新不僅可以透過任何 n 步回報進行，也可以使用任何不同的 n 透過 n 步回報的平均值進行。例如，更新目標可以為兩步回報的一半和四步回報的一半：$\frac{1}{2}G_{t:t+2} + \frac{1}{2}G_{t:t+4}$。對於任何一組 n 步回報，即使是一個無限集合，只要各分量回報的權重為正且總和為 1 就可以使用這種方式進行平均。複合型式的回報具有類似於單個 n 步回報 (7.3) 減少誤差的特性，因此

可用於建構具有收斂性保證的更新。平均回報的方式產生了一系列新的演算法。例如，我們可以平均單步和無限步的回報來獲得另一種結合 TD 和蒙地卡羅的方法。原則上，我們甚至可以將基於經驗的更新與 DP 更新進行平均來獲得一個結合基於經驗的方法、和基於模型的方法的簡單方法（詳閱第 8 章）。

將簡單的分量更新進行組合的更新方式稱為**複合更新**（*compound update*）。複合更新的回溯圖是由每個分量更新的回溯圖所組成，其上方有一條水平線，而下方則註明每個分量更新的權重。例如，本節一開始所提到的複合更新例子將兩步回報的一半和四步回報的一半組合在一起，如右圖所示。一個複合更新只能在最長的分量更新完成後才可以進行。例如，對於右圖所示的更新只能在時步 $t+4$ 時才能更新時步 t 時所形成的估計值。一般而言，我們會限制最長的分量更新時間長度，因為它決定了整體更新的延遲時間。

TD(λ) 演算法可以視為平均 n 步更新的一種特定方式。此平均值包含所有 n 步更新，每個更新按比例 λ^{n-1} 進行加權（其中 $\lambda \in [0,1]$），並以 $1-\lambda$ 進行正規化以確保權重和為 1（圖 12.1）。最終的更新結果稱為 **λ- 回報**（*λ-return*），此回報以基於狀態的形式定義為

$$G_t^{\lambda} \doteq (1-\lambda)\sum_{n=1}^{\infty}\lambda^{n-1}G_{t:t+n}. \tag{12.2}$$

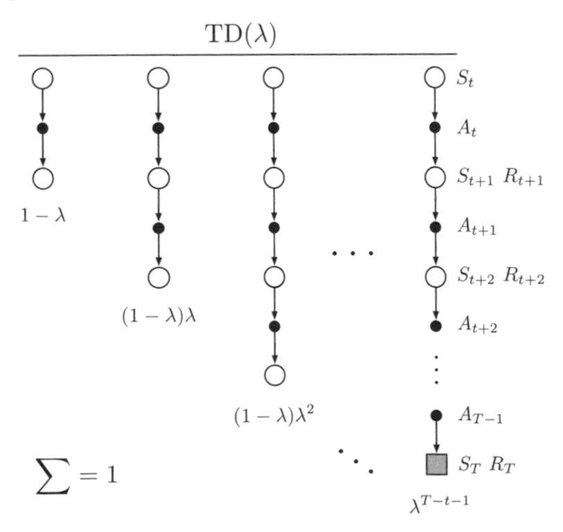

圖 12.1 TD(λ) 的回溯圖。如果 $\lambda = 0$，則整體更新將簡化為只有最左側第一個部分，即單步 TD 更新；而如果 $\lambda = 1$，則整體更新將簡化只有最右側最後一個部分，即蒙地卡羅更新。

圖 12.2 進一步說明了 λ- 回報中 n 步回報序列的權重。單步回報獲得最大的權重 $1-\lambda$；兩步回報的權重為次大權重 $(1-\lambda)\lambda$；三步回報獲得的權重為 $(1-\lambda)\lambda^2$，以此類推。每增加一步，權重就會衰減 λ。當達到終端狀態後，所有後續的 n 步回報都會等於常規回報 G_t。

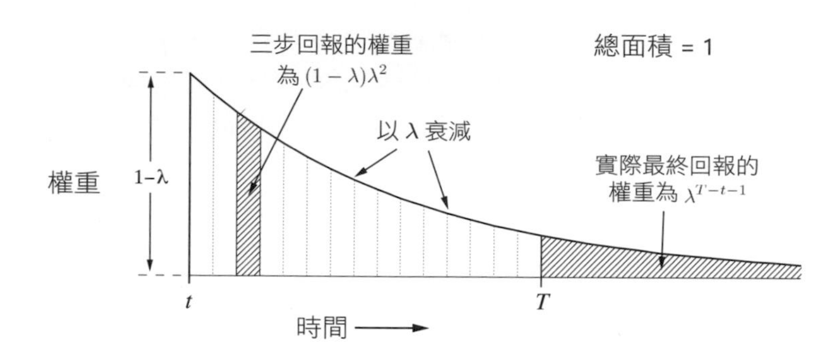

圖 12.2 λ- 回報中每個 n 步回報的權重。

如果我們願意的話，可以將這些終端狀態之後的計算項從主要的求和項獨立出來，如圖所示，產生出：

$$G_t^\lambda = (1-\lambda)\sum_{n=1}^{T-t-1}\lambda^{n-1}G_{t:t+n} + \lambda^{T-t-1}G_t, \tag{12.3}$$

此方程式使我們可以更清楚當 $\lambda = 1$ 時會發生什麼情形。在此情形下，主要求和項變為零，剩餘項簡化為常規回報。因此，當 $\lambda = 1$ 時，根據 λ- 回報的更新方式即為蒙地卡羅演算法。另一方面，當 $\lambda = 0$ 時，λ- 回報將簡化為 $G_{t:t+1}$，即單步回報。因此，當 $\lambda = 0$ 時，根據 λ- 回報的更新方式即為單步 TD 方法。

練習 12.1：正如回報可以透過第一個獎勵及其下一步的回報加總 (3.9) 以遞迴的方式表示，對於 λ- 回報而言也可以這麼做。請利用 (12.2) 和 (12.1) 推導出類似的遞迴關係。 □

練習 12.2：參數 λ 顯示出圖 12.2 中的指數權重衰減的速度，因此可以得知 λ- 回報演算法在確定其更新時觀察的有多遠。但是使用 λ 這樣的衰減因子表示衰減速率有時是一種較為笨拙的方式。在某些情形下，最好指定一個時間常數或半衰期。與 λ 和半衰期 τ_λ 半衰期有關的方程式會是什麼樣子？此處的半衰期指的是權重序列下降到其初始值的一半所需的時間。 □

現在我們可以開始定義基於 λ- 回報的第一個學習演算法：**離線 λ- 回報演算法**（*off-line λ-return algorithm*）。作為一種離線演算法，在分節期間它不會更改權重向量，而是在分節結束後再按照我們一般的半梯度法則，使用 λ- 回報作為目標對整個序列進行離線更新：

$$\mathbf{w}_{t+1} \doteq \mathbf{w}_t + \alpha \Big[G_t^\lambda - \hat{v}(S_t,\mathbf{w}_t) \Big] \nabla \hat{v}(S_t,\mathbf{w}_t), \quad t = 0, \ldots, T-1. \tag{12.4}$$

λ- 回報提供了我們另一種在蒙地卡羅和單步 TD 方法之間平滑移動的方法，我們可以將其與第 7 章介紹的 n- 步自助方法進行比較。在此我們評估了它在 19 個狀態的隨機漫步問題（範例 7.1，第 157 頁）的效果。圖 12.3 顯示了離線 λ- 回報演算法及 n 步方法在此問題上的性能表現（與圖 7.2 相同）。除了對於 λ- 回報演算法我們針對 λ 而非 n 進行變化外，實驗與之前相同。性能表現的衡量方式是由前 10 個分節的 19 個狀態中，每個狀態在分節結束時測得的正確值和估計值之間的均方根誤差平均值。注意到離線 λ- 回報演算法和 n 步演算法的整體性能表現相當。在這兩種情形下我們都使用自助參數的中間值，n 步方法使用 n 而離線 λ- 回報演算法使用 λ 獲得最佳性能表現。

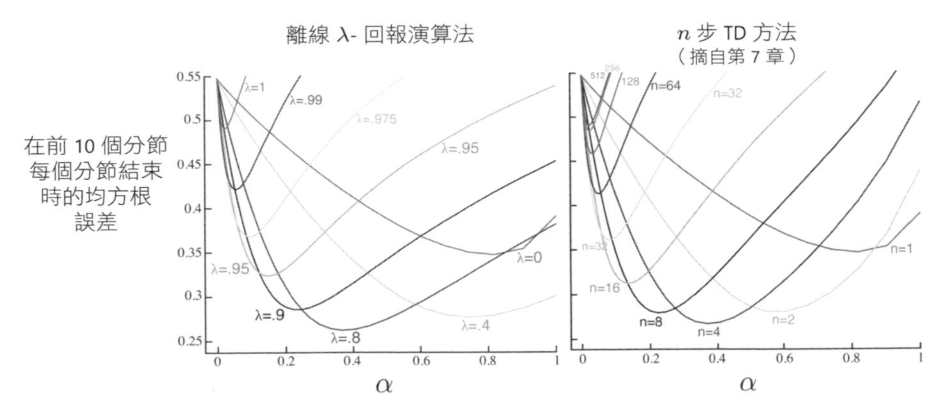

圖 12.3 19 個狀態的隨機漫步問題的結果（範例 7.1）：離線 λ- 回報演算法與 n 步 TD 方法的性能表現。在這兩種情形下自助參數（λ 或 n）的中間值均表現最佳。使用離線 λ- 回報演算法的結果在 α 和 λ 為最佳值及在 α 值較大時的情形下都略好一些。

到目前為止我們採用的方法都是學習演算法中所謂的理論視角或**前向**（*forward*）**視角**。對於每個訪問的狀態，我們都會向前觀察所有未來的獎勵並決定如何以最好的方式組合它們。我們可以想像自己身處狀態流中，從每個狀態向前觀察來決定如何更新此狀態，如圖 12.4 所示。在向前觀察並更新了一個狀態之後，我們繼續進入下一個狀態並且不再處理前一個狀態。此外，對於未來的狀態我們會從它們之前的每個有利位置重複地進行觀察和處理。

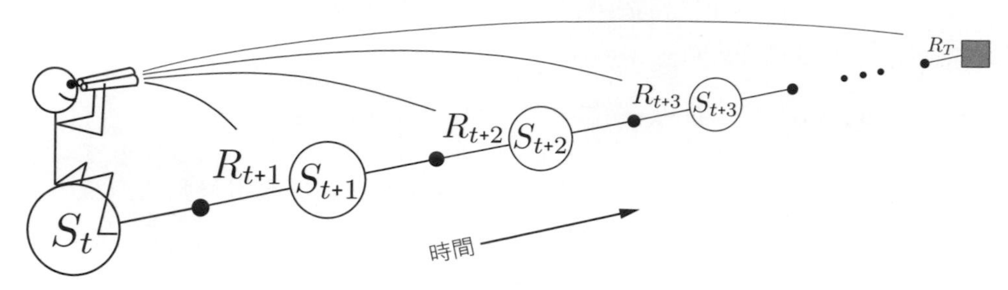

圖 12.4 前向視角。透過向前觀察未來的獎勵和狀態來更新每個狀態。

12.2 TD(λ)

TD(λ) 是強化學習中最古老和使用最廣泛的演算法之一。它是第一種使用資格痕跡展示較為理論的前向視角、和計算上較為容易的後向視角之間關係的演算法。在此我們將以實證的方式證明它近似於上一節介紹的離線 λ- 回報演算法。

TD(λ) 以三種方式改進了離線 λ- 回報演算法。首先，它在分節的每一步更新權重向量而不是在分節結束時才進行，因此估計速度會更快。其次，其計算平均分配在整個時間軸上，而不是在分節結束時才處理。第三，它可以應用於連續性的問題，而非僅適用於分節性問題。在本節中我們將介紹基於函數近似的 TD(λ) 半梯度版本。

透過函數近似，資格痕跡 $\mathbf{z}_t \in \mathbb{R}^d$ 為一個分量數量與權重向量 $\mathbf{w}_t$ 相同的向量。權重向量是一個長期記憶，在系統的整個生命週期內不斷累積，而資格痕跡則是一個短期記憶，通常持續時間少於一個分節的長度。資格痕跡有助於學習過程；它們唯一的作用是影響權重向量，而權重向量決定了估計值。

在 TD(λ) 中，資格痕跡向量在分節開始時初始化為零，在每個時步上以價值梯度遞增，並以 $\gamma\lambda$ 衰減：

$$
\begin{aligned}
&\mathbf{z}_{-1} \doteq \mathbf{0}, \\
&\mathbf{z}_t \doteq \gamma\lambda\mathbf{z}_{t-1} + \nabla\hat{v}(S_t,\mathbf{w}_t), \quad 0 \le t \le T, \qquad (12.5)
\end{aligned}
$$

其中 γ 是折扣率，而 λ 是上一節介紹的參數，接下來我們統稱為痕跡衰減率。資格痕跡記錄權重向量中哪些分量對最近的狀態估計值產生了正面或負面的影響，其中「最近」以 $\gamma\lambda$ 來定義（回想一下，在線性函數近似中 $\nabla\hat{v}(S_t,\mathbf{w}_t)$ 就是特徵向量 $\mathbf{x}_t$，在此情形下，資格痕跡向量就是過去不斷衰減的輸入向量總和）。此痕跡顯示出當強化事件發生時，權重向量的每個分量可以進行學習變化的「資格」。我們所關注的強化事件是每個時步的單步 TD 誤差，狀態值預測的 TD 誤差為

$$\delta_t \doteq R_{t+1} + \gamma\hat{v}(S_{t+1},\mathbf{w}_t) - \hat{v}(S_t,\mathbf{w}_t). \tag{12.6}$$

在 TD(λ) 中，權重向量在每一步的更新都正比於 TD 純量誤差和資格痕跡：

$$\mathbf{w}_{t+1} \doteq \mathbf{w}_t + \alpha\delta_t\mathbf{z}_t. \tag{12.7}$$

半梯度 TD(λ)，用於估計 $\hat{v} \approx v_\pi$

輸入：要評估的策略 π
輸入：一個可微分的函數 $\hat{v} : \mathcal{S}^+ \times \mathbb{R}^d \rightarrow \mathbb{R}$ 使得 $\hat{v}(\text{終端狀態},\cdot) = 0$
演算法參數：步長 $\alpha > 0$，痕跡衰減率 $\lambda \in [0, 1]$
任意初始化價值函數權重 $\mathbf{w}$（例如 $\mathbf{w} = \mathbf{0}$）

對於每個分節循環：
  初始化 S
  $\mathbf{z} \leftarrow \mathbf{0}$ （一個 d 維向量）
  對於分節的每一步循環：
  | 選擇 $A \sim \pi(\cdot|S)$
  | 採取動作 A，觀察 R 和 S'
  | $\mathbf{z} \leftarrow \gamma\lambda\mathbf{z} + \nabla\hat{v}(S,\mathbf{w})$
  | $\delta \leftarrow R + \gamma\hat{v}(S',\mathbf{w}) - \hat{v}(S,\mathbf{w})$
  | $\mathbf{w} \leftarrow \mathbf{w} + \alpha\delta\mathbf{z}$
  | $S \leftarrow S'$
  直到為 S' 終端狀態

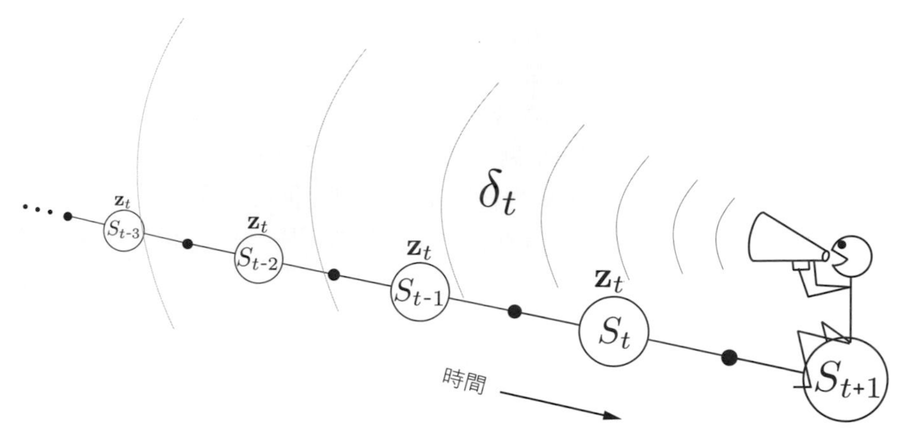

圖 12.5 TD(λ) 的後向視角。每次更新取決於當前的 TD 誤差及對於過去事件的當前資格痕跡。

TD(λ) 在時間上是往回觀察的。在每個時刻我們都會觀察當前的 TD 誤差，並根據當時該狀態對當前資格痕跡的貢獻程度將其往回分配給每個先前狀態。我們可以想像自己身處狀態流中，計算 TD 誤差，然後將它們回傳至先前訪問過的狀態，如圖 12.5 所示。當 TD 誤差和痕跡同時作用時我們將得到 (12.7) 所示的更新，這將會更改過去的狀態值以備未來再次出現時使用。

為了更容易理解 TD(λ) 的後向視角，我們考慮 λ 為不同值時會發生什麼情形。如果 λ = 0，根據重點 (12.5) 在 t 時的痕跡恰好為 S_t 對應的價值函數梯度。因此 TD(λ) 更新重點 (12.7) 將簡化為第 9 章中所介紹的單步半梯度 TD 更新（在表格式的情形下將簡化為一般的 TD 規則 (6.2)）。這就是為什麼該演算法被稱為 TD(0) 的原因。根據圖 12.5，TD(0) 僅讓當前狀態的前一個狀態因 TD 誤差而改變。對於 λ 較大但 $\lambda < 1$ 的值，將改變更多的先前狀態，但是在時間上較遠的狀態改變較少，因為相對應的資格痕跡也較小，如圖所示。我們也可以說，較早的狀態對於 TD 誤差所被賦予的**信用度**（*credit*）較少。

如果 λ = 1，則分配給較早狀態的信用度每步僅下降 γ。事實證明，這是實現蒙地卡羅行為的正確方法。例如，TD 誤差 δ_t 包含未折扣的 R_{t+1} 項，在將它回傳 k 個步時需要以 γ^k 計算折扣，如同回報中任何時刻的獎勵一樣，這就是不斷衰減的資格痕跡所做的事情。如果 λ = 1 且 $\gamma = 1$，則資格痕跡不會隨時間衰減，在此情形下，該方法就是用於未折扣分節性問題的蒙地卡羅方法。如果 λ = 1，此演算法也被稱為 TD(1)。

TD(1) 是一種比先前介紹的演算法更為通用的實現蒙地卡羅演算法的方法，並且顯著地增加了其適用的範圍。先前的蒙地卡羅方法僅限於分節性問題，而 TD(1) 可以適用於具有折扣的連續性問題。此外，TD(1) 可以增量式地線上執行。蒙地卡羅方法的一個缺點是，在分節結束前它無法從分節中學習任何東西。例如，如果一個蒙地卡羅控制方法採取的動作會產生非常差的獎勵但並未結束分節，則代理在此分節期間重複此動作的趨勢將不會減弱。相較之下，線上 TD(1) 從不完整的、正在進行中的分節裡以 n 步 TD 的方式學習，其中學習的資訊為直到當前步驟為止的 n 步資訊。如果在一個分節中發生某些特別好或特別壞的情形，則基於 TD(1) 的控制方法可以立即學習並改變它在同一個分節的行為。

讓我們再次以 19 個狀態的隨機漫步問題（範例 7.1）比較 TD(λ) 與離線 λ- 回報演算法在此問題上的性能表現。兩種演算法的結果如圖 12.6 所示。對於每個 λ 值，如果為它選擇了最佳的（或著更小）α 值，則兩種演算法的執行效果幾乎相同。但如果選擇的 α 值大於最佳值，則離線 λ- 回報演算法僅會變差一些，而 TD(λ) 演算法則會變差較多，甚至有可能會不穩定。這對於 TD(λ) 而言這樣的情形並不是災難性的，因為我們通常不會使用這些較高的參數值，但是對於某一些問題這可能是一個明顯的弱點。

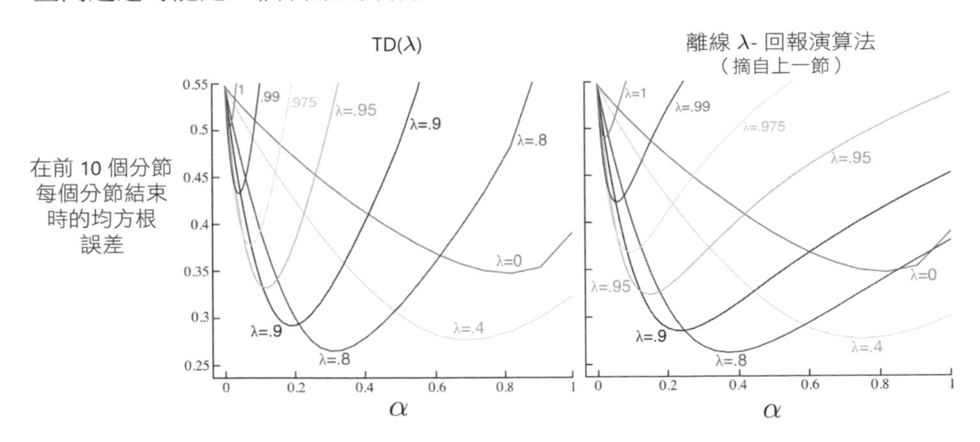

圖 12.6 19 個狀態的隨機漫步問題的結果（範例 7.1）：TD(λ) 與離線 λ- 回報演算法的性能表現。兩種演算法在低 α 值（或小於最佳值）時的性能表現幾乎相同，但 TD(λ) 在高 α 值時較差。

如果步長參數根據一般條件 (2.7) 隨時間減小，則線性 TD(λ) 已被證明在 on-policy 的情形下收斂。如同在 9.4 節中我們所討論的，此處的收斂並不是收斂到最小誤差權重向量，而是根據 λ 收斂到其附近的權重向量。現在我們可以將 9.4

節中所提出的誤差邊界 (9.14) 推廣為適用於任何 λ 的情形。對於具有折扣的連續性問題：

$$\overline{\text{VE}}(\mathbf{w}_\infty) \leq \frac{1-\gamma\lambda}{1-\gamma} \min_{\mathbf{w}} \overline{\text{VE}}(\mathbf{w}). \tag{12.8}$$

也就是漸近誤差不大於最小可能誤差的 $\frac{1-\gamma\lambda}{1-\gamma}$ 倍。當 λ 接近 1 時，此邊界接近最小誤差（並且在 $\lambda = 0$ 時最鬆散）。但實際上 $\lambda = 1$ 通常是最差的選擇，我們將在後面的圖 12.14 中進行說明。

練習 12.3：透過觀察 TD(λ) 如何近似離線 λ- 回報演算法可以了解到後者的誤差項（(12.4) 括號中的項）能夠表示成單個固定 $\mathbf{w}$ 的 TD 誤差總和 (12.6)。請遵循 (6.6) 的模式並利用練習 12.1 中所獲得的 λ- 回報遞迴關係進行證明。 □

練習 12.4：如果在一個分節中每一步都計算權重更新，但並未實際進行權重更新（即 $\mathbf{w}$ 保持固定），則 TD(λ) 的權重更新總和將與使用離線 λ- 回報演算法的更新總和相同。請使用上一個練習的結果進行證明。 □

12.3 n 步截斷 λ- 回報方法

離線 λ- 回報演算法是一個重要的理想演算法，但是其用途是有限的，因為它使用了直到分節結束才能獲得的 λ- 回報 (12.2)。在連續性問題的情形下，λ- 回報在技術上而言永遠是未知的，因為它取決於任意大的 n 所對應的 n 步回報，因此取決於任意遙遠的未來所產生的獎勵。但對於延遲較長的獎勵，每一步延遲都會有 $\gamma\lambda$ 的衰減使得對於未來獎勵依賴性降低。因此，一種自然的近似方式是在一定步數後截斷序列。我們現有的 n 步回報概念提供了一種自然的方法：將缺少的獎勵替換為估計值。

我們一般定義時步 t 的**截斷 λ- 回報**（*truncated λ-return*），其給定的資料最遠只能到時步上某個較晚的視野 h，即

$$G_{t:h}^{\lambda} \doteq (1-\lambda) \sum_{n=1}^{h-t-1} \lambda^{n-1} G_{t:t+n} + \lambda^{h-t-1} G_{t:h}, \qquad 0 \leq t < h \leq T. \tag{12.9}$$

如果將此方程式與 λ- 回報 (12.3) 進行比較，可以明顯看出視野 h 的作用與先前的終止時間 T 作用相同。在 λ- 回報中原本的回報 G_t 有一個剩餘權重，而在此它為最長的 n 步回報 $G_{t:h}$ 的權重（圖 12.2）。

與第 7 章的 n 步方法類似，使用截斷 λ- 回報可以立即產生一系列 n 步 λ- 回報演算法。在這些演算法中，更新被延遲 n 步並僅考慮前 n 個獎勵，但現在將所有的 k 步回報（$1 \leq k \leq n$）都考慮進來（而先前的 n 步演算法僅使用 n 步回報），它的權重結構如圖 12.2 所示。在使用狀態值函數的情形下，此一系列的演算法稱為截斷 TD(λ) 或 TTD(λ)，其複合回溯圖如圖 12.7 所示，與 TD(λ) 相似（圖 12.1），不同之處在於最長的分量更新最多為 n 步，而非一直到分節結束。TTD(λ) 定義為（詳見 (9.15)）：

$$\mathbf{w}_{t+n} \doteq \mathbf{w}_{t+n-1} + \alpha \left[G^{\lambda}_{t:t+n} - \hat{v}(S_t,\mathbf{w}_{t+n-1}) \right] \nabla \hat{v}(S_t,\mathbf{w}_{t+n-1}), \qquad 0 \leq t < T.$$

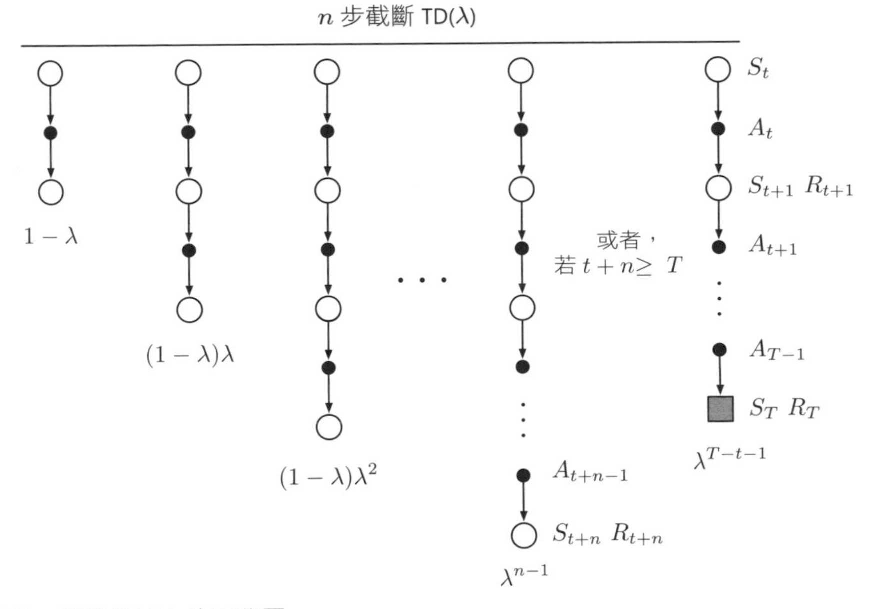

圖 12.7 截斷 TD(λ) 的回溯圖。

系統可以高效率地執行此演算法使得每步計算量不會隨著 n 變化（雖然儲存空間仍會隨著 n 大小改變）。如同在 n 步 TD 方法中一樣，在前 $n-1$ 個時步中不進行任何更新，並且在終止時需進行 $n-1$ 個額外更新。高效率的實現仰賴於 k 步 λ- 回報完全依照以下方程式執行：

$$G^{\lambda}_{t:t+k} = \hat{v}(S_t,\mathbf{w}_{t-1}) + \sum_{i=t}^{t+k-1} (\gamma\lambda)^{i-t} \delta'_i, \tag{12.10}$$

其中

$$\delta'_t \doteq R_{t+1} + \gamma \hat{v}(S_{t+1},\mathbf{w}_t) - \hat{v}(S_t,\mathbf{w}_{t-1}).$$

練習 12.5：我們在本書中已多次（通常是在練習中）確立如果價值函數保持不變，則回報可以寫為 TD 誤差的總和。請證明 (12.10) 也符合此論點。 □

12.4 重做更新：線上 λ- 回報演算法

在截斷 TD(λ) 中選擇截斷參數 n 是需要進行權衡的。n 應該盡量大以便該方法更接近離線 λ- 回報演算法，但也應該盡量小以便可以更快地進行更新並可以更迅速地影響行為。我們可以兩者兼顧嗎？原則上是可行的，儘管這需要以增加計算複雜度作為代價。

這個概念是，在每個時步收集新資料增量的同時，回到當前分節的起點並重做所有的更新。新的更新將比先前進行的更新更好，因為現在它們獲得了時步上的新資料，也就是更新總是朝著截斷 λ- 回報的目標，但是每次都使用最新的視野。在每次回到當前分節起點時可以使用一個稍長的視野來獲得更好的效果。回想一下，截斷 λ- 回報定義如下：

$$G^{\lambda}_{t:h} \doteq (1-\lambda)\sum_{n=1}^{h-t-1}\lambda^{n-1}G_{t:t+n} + \lambda^{h-t-1}G_{t:h}.$$

讓我們逐步介紹在計算複雜度不是問題的情形下，如何理想地使用此目標。分節從時步 0 開始，使用前一分節結尾處的權重 $\mathbf{w}_0$ 進行估計。當資料視野擴展到時步 1 時開始學習。給定到視野 1 為止的資料，時步 0 的估計目標只能是單步回報 $G_{0:1}$，其中包含了 R_1 和估計的自助項 $\hat{v}(S_1,\mathbf{w}_0)$。請注意當方程式第一項中的總和退化為零時即為 $G^{\lambda}_{0:1}$。使用此更新目標我們產生出 $\mathbf{w}_1$。然後，隨著資料視野擴展到時步 2 時我們可以做什麼呢？我們擁有從 R_2 和 S_2 獲得的新資料以及新的權重值 $\mathbf{w}_1$，因此現在我們可以為第一個從 S_0 的更新產生出更好的更新目標 $G^{\lambda}_{0:2}$，以及第二個從 S_1 的更新產生出更好的更新目標 $G^{\lambda}_{1:2}$。使用這些改善過的目標，我們再次從 $\mathbf{w}_0$ 開始重做 S_1 和 S_2 的更新以生成 $\mathbf{w}_2$。接著我們將視野擴展到時步 3 並重複上述過程，回到分節開始處以產生三個新目標，從原來的 $\mathbf{w}_0$ 開始重做所有的更新以產生 $\mathbf{w}_3$，以此類推。每次擴展視野時，都會使用前一個視野的權重向量從 $\mathbf{w}_0$ 開始重做所有更新。

這種概念性演算法涉及到整個分節的多次重做流程，每個不同的視野都會重做一次，每次生成不同的權重向量序列。為了清楚地描述此演算法，我們必須區分在不同視野上計算的權重向量。讓我們使用 $\mathbf{w}_t^h$ 表示在時步 t 以視野 h 的序列產生的權重值。每個序列中的第一個權重向量 $\mathbf{w}_0^h$ 是從前一分節繼承而來的（因此對於所有 h，都是相同的 $\mathbf{w}_0^h$），每個序列中的最後一個權重向量 $\mathbf{w}_h^h$ 定義為演算法的最終權重向量序列。在最終視野 $h = T$ 處我們獲得最終權重 $\mathbf{w}_T^T$，此權重將傳遞作為下一個分節的初始權重。使用以上規定，上一段中所描述的前三個權重向量序列可以表示為：

$$h = 1: \quad \mathbf{w}_1^1 \doteq \mathbf{w}_0^1 + \alpha \left[G_{0:1}^{\lambda} - \hat{v}(S_0,\mathbf{w}_0^1) \right] \nabla \hat{v}(S_0,\mathbf{w}_0^1),$$

$$\begin{aligned} h = 2: \quad \mathbf{w}_1^2 &\doteq \mathbf{w}_0^2 + \alpha \left[G_{0:2}^{\lambda} - \hat{v}(S_0,\mathbf{w}_0^2) \right] \nabla \hat{v}(S_0,\mathbf{w}_0^2), \\ \mathbf{w}_2^2 &\doteq \mathbf{w}_1^2 + \alpha \left[G_{1:2}^{\lambda} - \hat{v}(S_1,\mathbf{w}_1^2) \right] \nabla \hat{v}(S_1,\mathbf{w}_1^2), \end{aligned}$$

$$\begin{aligned} h = 3: \quad \mathbf{w}_1^3 &\doteq \mathbf{w}_0^3 + \alpha \left[G_{0:3}^{\lambda} - \hat{v}(S_0,\mathbf{w}_0^3) \right] \nabla \hat{v}(S_0,\mathbf{w}_0^3), \\ \mathbf{w}_2^3 &\doteq \mathbf{w}_1^3 + \alpha \left[G_{1:3}^{\lambda} - \hat{v}(S_1,\mathbf{w}_1^3) \right] \nabla \hat{v}(S_1,\mathbf{w}_1^3), \\ \mathbf{w}_3^3 &\doteq \mathbf{w}_2^3 + \alpha \left[G_{2:3}^{\lambda} - \hat{v}(S_2,\mathbf{w}_2^3) \right] \nabla \hat{v}(S_2,\mathbf{w}_2^3). \end{aligned}$$

更新的一般形式可以表示為：

$$\mathbf{w}_{t+1}^h \doteq \mathbf{w}_t^h + \alpha \left[G_{t:h}^{\lambda} - \hat{v}(S_t,\mathbf{w}_t^h) \right] \nabla \hat{v}(S_t,\mathbf{w}_t^h), \quad 0 \le t < h \le T.$$

此更新方程式與 $\mathbf{w}_t \doteq \mathbf{w}_t^t$ 結合，我們就可以定義出**線上 λ- 回報演算法**（*online λ-return algorithm*）。

線上 λ- 回報演算法是一個完全線上的演算法，它僅使用時步 t 時獲得的資訊來決定分節中每個時步 t 的新權重向量 $\mathbf{w}_t$。它的主要缺點是計算上相當複雜，每個時步都需要跳回分節起點，就目前為止獲得的資訊進行調整。請注意，它的計算複雜度比離線 λ- 回報演算法更複雜，離線 λ- 回報演算法在終止時雖然也會針對所有步驟進行調整，但在分節期間不會進行任何更新。作為回報，線上演算法可以比離線演算法獲得更佳的性能表現，它不僅在分節中進行更新（而離線演算法不進行更新），同時在分節結束時用於自助所使用的權重向量（以 $G_{t:h}^{\lambda}$ 表示）有用資訊更新數量更多。圖 12.8 將兩種演算法在 19 個狀態的隨機漫步問題上進行了比較，如果我們仔細觀察就可以看出這種效果。

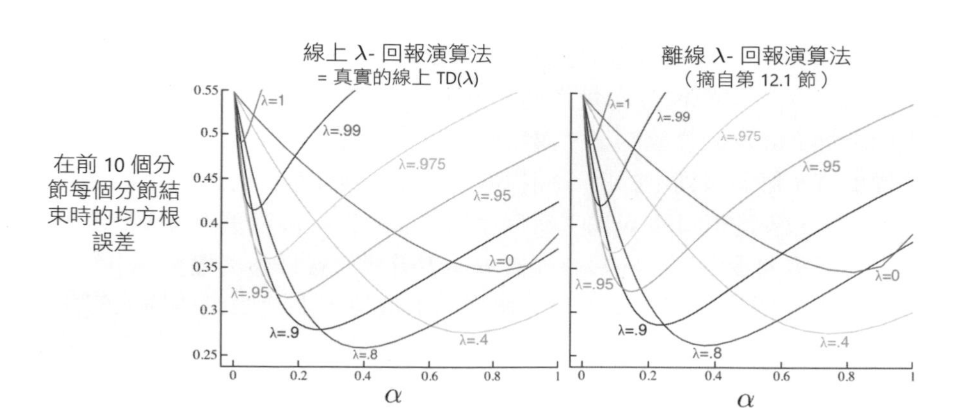

圖 12.8 19 個狀態的隨機漫步問題的結果（範例 7.1）：線上與離線 λ- 回報演算法的性能表現。此處的性能指標為分節結束時的 $\overline{\mathrm{VE}}$，這對於離線演算法應該是最好的情形，不過線上演算法的性能表現要好一些。為了方便比較，兩種方法在 $\lambda=0$ 時的性能表現相同。

12.5 真實的線上 TD(λ)

前一節所提出的線上 λ- 回報演算法是目前性能表現最佳的時序差分演算法。它是一個線上 TD(λ) 演算法僅能近似其結果的理想演算法。但如前所述，線上 λ- 回報演算法是一個計算複雜度相當複雜的演算法。是否有一種方法可以將這種前向視角演算法反轉，以產生一個使用資格痕跡的高效後向視角演算法？事實證明，對於線性函數近似的情形，確實存在一個實現這種精確計算的線上 λ- 回報演算法。這種演算法被稱為真實的線上 TD(λ) 演算法，因為它比 TD(λ) 演算法「更真實」貼近線上 λ- 回報演算法的理想條件。

真實的線上 TD(λ) 演算法的推導有點複雜，因此我們不在本節內容中進行介紹（詳閱下一節及 van Seijen 等人的論文附錄，2016），但此演算法的策略相當簡單。線上 λ- 回報演算法產生的權重向量的序列可以組合成一個三角形：

$$
\begin{array}{llllll}
\mathbf{w}_0^0 & & & & & \\
\mathbf{w}_0^1 & \mathbf{w}_1^1 & & & & \\
\mathbf{w}_0^2 & \mathbf{w}_1^2 & \mathbf{w}_2^2 & & & \\
\mathbf{w}_0^3 & \mathbf{w}_1^3 & \mathbf{w}_2^3 & \mathbf{w}_3^3 & & \\
\vdots & \vdots & \vdots & \vdots & \ddots & \\
\mathbf{w}_0^T & \mathbf{w}_1^T & \mathbf{w}_2^T & \mathbf{w}_3^T & \cdots & \mathbf{w}_T^T
\end{array}
$$

在每個時步中都會產生出三角形的一列。只有對角線上的權重向量 $\mathbf{w}_t^t$ 才是我們真正需要的。第一個元素 $\mathbf{w}_0^0$ 是分節的初始權重向量；最後一個元素 $\mathbf{w}_T^T$ 是最終的權重向量；在對角線上每個權重向量 $\mathbf{w}_t^t$ 在 n 步回報更新中用於自助的操作。在最終的演算法中，對角線的權重向量以去除了上標的方式重新命名，$\mathbf{w}_t \doteq \mathbf{w}_t^t$。接著此策略是找到一種簡潔、有效的方法從前一個權重值計算出每個 $\mathbf{w}_t^t$。當計算都完成時，對於 $\hat{v}(s,\mathbf{w}) = \mathbf{w}^\top \mathbf{x}(s)$ 的線性情形我們可以獲得真實的線上 TD(λ) 演算法：

$$\mathbf{w}_{t+1} \doteq \mathbf{w}_t + \alpha \delta_t \mathbf{z}_t + \alpha \left(\mathbf{w}_t^\top \mathbf{x}_t - \mathbf{w}_{t-1}^\top \mathbf{x}_t\right)(\mathbf{z}_t - \mathbf{x}_t),$$

其中我們使用了 $\mathbf{x}_t \doteq \mathbf{x}(S_t)$，$\delta_t$ 的定義如 TD(λ)(12.6)，而 $\mathbf{z}_t$ 的定義為：

$$\mathbf{z}_t \doteq \gamma\lambda \mathbf{z}_{t-1} + \left(1 - \alpha\gamma\lambda \mathbf{z}_{t-1}^\top \mathbf{x}_t\right)\mathbf{x}_t. \tag{12.11}$$

此演算法已被證明可產生與線上 λ- 回報演算法（van Seijen et al. 2016）完全相同的權重向量序列 $\mathbf{w}_t$，$0 \le t \le T$。因此，圖 12.8 左側的隨機漫步問題的結果也是真實的線上 TD(λ) 所計算出的結果，但是現在演算法的成本要低得多。真實的線上 TD(λ) 的儲存空間需求與一般 TD(λ) 相同，而每步的計算量增加了約 50%（在資格痕跡的更新中多了一個內積）。整體而言，每步的計算複雜度保持為 $O(d)$，與 TD(λ) 相同。完整演算法的虛擬碼如底下的方框中所示。

真實的線上 TD(λ)，用於估計 $\mathbf{w}^\top\mathbf{x} \approx v_\pi$

輸入：要評估的策略 π
輸入：一個特徵函數 $\mathbf{x} : \mathcal{S}^+ \to \mathbb{R}^d$ 使得 $\hat{v}(終端狀態,\cdot) = 0$
演算法參數：步長 $\alpha > 0$，痕跡衰減率 $\lambda \in [0,1]$
任意初始化價值函數權重 $\mathbf{w} \in \mathbb{R}^d$（例如 $\mathbf{w} = \mathbf{0}$）

對於每個分節循環：
　初始化狀態並獲得初始特徵向量 $\mathbf{x}$
　$\mathbf{z} \leftarrow \mathbf{0}$　　（一個 d 維向量）
　$V_{old} \leftarrow 0$　　（一個臨時的純量變數）
　對於分節的每一步循環：
　|　選擇 $A \sim \pi$
　|　採取動作 A，觀察 R 和 $\mathbf{x}'$（下一個狀態的特徵向量）
　|　$V \leftarrow \mathbf{w}^\top\mathbf{x}$
　|　$V' \leftarrow \mathbf{w}^\top\mathbf{x}'$

| $\delta \leftarrow R + \gamma V' - V$
| $\mathbf{z} \leftarrow \gamma\lambda\mathbf{z} + \left(1 - \alpha\gamma\lambda\mathbf{z}^\top\mathbf{x}\right)\mathbf{x}$
| $\mathbf{w} \leftarrow \mathbf{w} + \alpha(\delta + V - V_{old})\mathbf{z} - \alpha(V - V_{old})\mathbf{x}$
| $V_{old} \leftarrow V'$
| $\mathbf{x} \leftarrow \mathbf{x}'$
直到 $\mathbf{x}' = \mathbf{0}$（到達終端狀態）

真實的線上 TD(λ) 中使用的資格痕跡 (12.11) 稱為**荷蘭痕跡**（*dutch trace*），用以與 TD(λ) 中使用的痕跡 (12.5) 做區分，而 TD(λ) 中所使用稱為**累積痕跡**（*accumulating trace*）。早期的研究中通常使用稱為**替換痕跡**（*replacing trace*）的第三種痕跡，此痕跡僅適合針對表格形式或二進制特徵向量（例如由瓦片編碼產生的特徵向量）的情形進行定義。根據特徵向量的分量是 1 或 0 逐個分量地定義替換痕跡：

$$z_{i,t} \doteq \begin{cases} 1 & \text{如果 } x_{i,t} = 1 \\ \gamma\lambda z_{i,t-1} & \text{其他情形} \end{cases} \tag{12.12}$$

如今大部分替換痕跡已被荷蘭痕跡取代，將痕跡替換為荷蘭痕跡的粗略近似。荷蘭痕跡通常比替換痕跡表現更好，並且具有更清晰的理論基礎。累積痕跡對於無法獲得荷蘭痕跡的非線性函數近似仍然非常重要。

12.6 ＊蒙地卡羅學習中的荷蘭痕跡

儘管資格痕跡在歷史的發展上與 TD 學習緊密相關，但實際上它們之間並沒有關係。實際上，正如我們在本節中將介紹的，資格痕跡甚至出現在蒙地卡羅學習中。我們將證明作為前向視角的線性 MC 演算法（第 9 章）可以透過使用荷蘭痕跡推導出等價但計算成本較低的後向視角演算法。這是我們在本書中唯一明確證明前向和後向視角的等價性的地方。它有助於我們了解真實的線上 TD(λ) 和線上 λ- 回報演算法的等價性證明，但是要簡單得多。

梯度蒙地卡羅預測演算法的線性版本（第 219 頁）進行以下一系列的更新，每次對分節的每個時步進行更新：

$$\mathbf{w}_{t+1} \doteq \mathbf{w}_t + \alpha\left[G - \mathbf{w}_t^\top\mathbf{x}_t\right]\mathbf{x}_t, \qquad 0 \le t < T. \tag{12.13}$$

為了簡化例子，我們在此假設回報 G 是在分節結束時獲得的單個獎勵（因此 G 沒有時間的下標符號）且沒有折扣。在此情形下，更新也被稱為最小均方（LMS）規則。作為一種蒙地卡羅演算法，所有的更新都取決於最終的獎勵或回報，因此直到分節結束之前都無法進行更新。MC 演算法是一種離線演算法，因此我們不打算對其進行改進，而是僅尋求實現此演算法的計算優勢。我們仍僅在分節結束時更新權重向量，但是我們將在分節的每個步驟中多進行一些運算，而在分節結束時少做一些運算。這將使計算量分配更為平均（每步的計算複雜度為 $O(d)$），同時也無需在每個步驟中儲存特徵向量以便稍後在每個分節的結束時使用。取而代之的是我們將導入一個附加的向量儲存器，即資格痕跡，它總結了到目前為止所觀察到的所有特徵向量。在分節結束時，這將足以有效地重新建構與 MC 更新序列 (12.13) 完全相同的整體更新：

$$\begin{aligned}
\mathbf{w}_T &= \mathbf{w}_{T-1} + \alpha\left(G - \mathbf{w}_{T-1}^\top \mathbf{x}_{T-1}\right)\mathbf{x}_{T-1} \\
&= \mathbf{w}_{T-1} + \alpha \mathbf{x}_{T-1}\left(-\mathbf{x}_{T-1}^\top \mathbf{w}_{T-1}\right) + \alpha G \mathbf{x}_{T-1} \\
&= \left(\mathbf{I} - \alpha \mathbf{x}_{T-1}\mathbf{x}_{T-1}^\top\right)\mathbf{w}_{T-1} + \alpha G \mathbf{x}_{T-1} \\
&= \mathbf{F}_{T-1}\mathbf{w}_{T-1} + \alpha G \mathbf{x}_{T-1}
\end{aligned}$$

其中 $\mathbf{F}_t \doteq \mathbf{I} - \alpha \mathbf{x}_t \mathbf{x}_t^\top$ 是一個遺忘矩陣（*forgetting matrix*）或衰減矩陣（*fading matrix*）。現在根據上述方程式進行遞迴。

$$\begin{aligned}
&= \mathbf{F}_{T-1}\left(\mathbf{F}_{T-2}\mathbf{w}_{T-2} + \alpha G \mathbf{x}_{T-2}\right) + \alpha G \mathbf{x}_{T-1} \\
&= \mathbf{F}_{T-1}\mathbf{F}_{T-2}\mathbf{w}_{T-2} + \alpha G\left(\mathbf{F}_{T-1}\mathbf{x}_{T-2} + \mathbf{x}_{T-1}\right) \\
&= \mathbf{F}_{T-1}\mathbf{F}_{T-2}\left(\mathbf{F}_{T-3}\mathbf{w}_{T-3} + \alpha G \mathbf{x}_{T-3}\right) + \alpha G\left(\mathbf{F}_{T-1}\mathbf{x}_{T-2} + \mathbf{x}_{T-1}\right) \\
&= \mathbf{F}_{T-1}\mathbf{F}_{T-2}\mathbf{F}_{T-3}\mathbf{w}_{T-3} + \alpha G\left(\mathbf{F}_{T-1}\mathbf{F}_{T-2}\mathbf{x}_{T-3} + \mathbf{F}_{T-1}\mathbf{x}_{T-2} + \mathbf{x}_{T-1}\right) \\
&\ \ \vdots \\
&= \underbrace{\mathbf{F}_{T-1}\mathbf{F}_{T-2}\cdots\mathbf{F}_0\mathbf{w}_0}_{\mathbf{a}_{T-1}} \quad + \quad \alpha G \underbrace{\sum_{k=0}^{T-1}\mathbf{F}_{T-1}\mathbf{F}_{T-2}\cdots\mathbf{F}_{k+1}\mathbf{x}_k}_{\mathbf{z}_{T-1}} \\
&= \mathbf{a}_{T-1} + \alpha G \mathbf{z}_{T-1},
\end{aligned} \tag{12.14}$$

其中 $\mathbf{a}_{T-1}$ 和 $\mathbf{z}_{T-1}$ 是在時間 $T-1$ 時兩個輔助儲存向量的值，可以在不了解 G 的情形下進行增量更新且每個時步的複雜度為 $O(d)$。實際上 $\mathbf{z}_t$ 向量為荷蘭痕跡，其初始值為 $\mathbf{z}_0 = \mathbf{x}_0$，然後根據以下方程式進行更新：

$$
\begin{aligned}
\mathbf{z}_t &\doteq \sum_{k=0}^{t} \mathbf{F}_t \mathbf{F}_{t-1} \cdots \mathbf{F}_{k+1} \mathbf{x}_k, \qquad\qquad 1 \le t < T \\
&= \sum_{k=0}^{t-1} \mathbf{F}_t \mathbf{F}_{t-1} \cdots \mathbf{F}_{k+1} \mathbf{x}_k + \mathbf{x}_t \\
&= \mathbf{F}_t \sum_{k=0}^{t-1} \mathbf{F}_{t-1} \mathbf{F}_{t-2} \cdots \mathbf{F}_{k+1} \mathbf{x}_k + \mathbf{x}_t \\
&= \mathbf{F}_t \mathbf{z}_{t-1} + \mathbf{x}_t \\
&= \left(\mathbf{I} - \alpha \mathbf{x}_t \mathbf{x}_t^\top\right) \mathbf{z}_{t-1} + \mathbf{x}_t \\
&= \mathbf{z}_{t-1} - \alpha \mathbf{x}_t \mathbf{x}_t^\top \mathbf{z}_{t-1} + \mathbf{x}_t \\
&= \mathbf{z}_{t-1} - \alpha \left(\mathbf{z}_{t-1}^\top \mathbf{x}_t\right) \mathbf{x}_t + \mathbf{x}_t \\
&= \mathbf{z}_{t-1} + \left(1 - \alpha \mathbf{z}_{t-1}^\top \mathbf{x}_t\right) \mathbf{x}_t,
\end{aligned}
$$

這是 $\gamma\lambda{=}1$ 情形下的荷蘭痕跡（詳見方程式 12.11）。輔助向量 $\mathbf{a}_t$ 的初始值為 $\mathbf{a}_0 = \mathbf{w}_0$，然後根據以下方程式進行更新。

$$
\mathbf{a}_t \;\doteq\; \mathbf{F}_t \mathbf{F}_{t-1} \cdots \mathbf{F}_0 \mathbf{w}_0 \;=\; \mathbf{F}_t \mathbf{a}_{t-1} \;=\; \mathbf{a}_{t-1} - \alpha \mathbf{x}_t \mathbf{x}_t^\top \mathbf{a}_{t-1}, \quad 1 \le t < T.
$$

輔助向量 $\mathbf{a}_t$ 和 $\mathbf{z}_t$ 在每個時步 $t < T$ 上進行更新，然後在時間 T 觀察到 G 時它們被用於根據 (12.14) 計算 $\mathbf{w}_T$。以此方式我們可以獲得與 MC / LMS 演算法（(12.13)，具有較差的計算性能表現）完全相同的最終結果，但是由於現在使用了增量演算法，其每步的計算複雜度和儲存空間複雜度為 $O(d)$。這是令人驚訝且具吸引力的結果，因為資格痕跡（特別是荷蘭痕跡）的概念是在沒有時序差分（TD）學習（與 van Seijen 和 Sutton 在 2014 年的論文對比）概念的情形下就被提出的。資格痕跡似乎不局限用於 TD 學習，它們是更加基礎的技巧。每當我們試圖以一種有效的方式學習長期預測時似乎都需要使用到資格痕跡。

12.7 Sarsa(λ)

本章已經介紹的概念幾乎不需要更改就可以將資格痕跡擴展到動作值方法中。為了學習近似的動作值函數 $\hat{q}(s, a, \mathbf{w})$ 而非近似的狀態值函數 $\hat{v}(s,\mathbf{w})$，我們需要使用到第 10 章中 n 步回報的動作值函數：

$$
G_{t:t+n} \doteq R_{t+1} + \cdots + \gamma^{n-1} R_{t+n} + \gamma^n \hat{q}(S_{t+n}, A_{t+n}, \mathbf{w}_{t+n-1}), \qquad t + n < T,
$$

如果 $t+n \geq T$，則 $G_{t:t+n} \doteq G_t$。使用此函數，我們可以獲得截斷 λ- 回報的動作值函數，它與 (12.9) 狀態值函數很類似。離線 λ- 回報演算法 (12.4) 的動作值形式使用 $\hat{q}$ 取代 $\hat{v}$：

$$\mathbf{w}_{t+1} \doteq \mathbf{w}_t + \alpha\Big[G_t^\lambda - \hat{q}(S_t, A_t, \mathbf{w}_t)\Big]\nabla\hat{q}(S_t, A_t, \mathbf{w}_t), \quad t = 0, \ldots, T-1, \qquad (12.15)$$

其中 $G_t^\lambda \doteq G_{t:\infty}^\lambda$。此前向視角的複合回溯圖如圖 12.9 所示。請注意，它與 TD(λ) 演算法的圖類似（圖 12.1）。第一個更新向前觀察一個完整的步驟到下一個狀態 - 動作對，第二個更新則向前觀察兩個步驟到第二個狀態 - 動作對，以此類推，最後一個更新則根據完整的回報。λ- 回報中每個 n 步更新的權重與 TD(λ) 和 λ- 回報演算法 (12.3) 相同。

動作值函數的時序差分方法（稱為 *Sarsa(λ)*）近似於此前向視角。它與先前介紹的 TD(λ) 有著相同的更新規則：

$$\mathbf{w}_{t+1} \doteq \mathbf{w}_t + \alpha\delta_t\mathbf{z}_t,$$

我們可以很自然地使用 TD 誤差的動作值形式：

$$\delta_t \doteq R_{t+1} + \gamma\hat{q}(S_{t+1}, A_{t+1}, \mathbf{w}_t) - \hat{q}(S_t, A_t, \mathbf{w}_t), \qquad (12.16)$$

以及資格痕跡的動作值形式：

$$\mathbf{z}_{-1} \doteq \mathbf{0},$$
$$\mathbf{z}_t \doteq \gamma\lambda\mathbf{z}_{t-1} + \nabla\hat{q}(S_t, A_t, \mathbf{w}_t), \quad 0 \leq t \leq T.$$

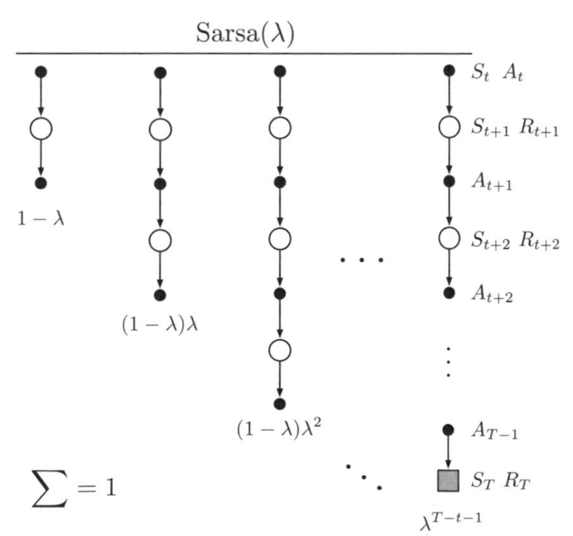

圖 12.9 Sarsa(λ) 的回溯圖。可以與圖 12.1 進行比較。

下面的方框中提供了具有線性函數近似、二進制特徵及可以使用累積痕跡或替換痕跡的 Sarsa(λ) 完整虛擬碼。該虛擬碼強調在二進制特徵的特殊情形下（特徵有效為 1，無效則為 0）可進行的一些最佳化方式。

範例 12.1：網格世界中的痕跡。資格痕跡的使用不僅可以大幅提升控制演算法的效率，其效能比單步甚至是 n 步方法更好。以下的網格世界範例將說明其原因。

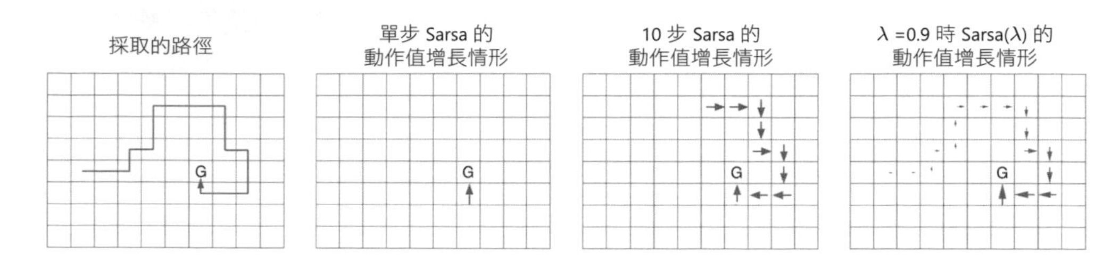

第一個圖顯示了代理人在單個分節中所採取的路徑。初始估計值為 0，除了在以 G 標記的目標位置獎勵為正外，所有獎勵均為 0。其他三個圖中的箭頭顯示出在代理人達到目標時各個演算法將增加哪些動作值以及增加多少。單步方法僅會增加最後一個動作值，n 步方法將均勻地增加最後 n 個動作值，而資格痕跡方法則會從分節開始以不同程度更新所有動作值，更新程度隨著與終點的距離逐漸衰減。衰減策略通常是最好的方法。 ■

具有二進制特徵及線性函數近似的 Sarsa(λ)，用於估計 $\mathbf{w}^\top\mathbf{x} \approx q_\pi$ 或 q_*

輸入：一個函數 $\mathcal{F}(s,a)$，返回值為 s,a 的一組有效特徵（或有效特徵的索引）
輸入：一個策略 π（如果要評估 q_π）
演算法參數：步長 $\alpha > 0$，痕跡衰減率 $\lambda \in [0,1]$
初始化：$\mathbf{w} = (w_1, \ldots, w_d)^\top \in \mathbb{R}^d$（例如 $\mathbf{w} = \mathbf{0}$），$\mathbf{z} = (z_1, \ldots, z_d)^\top \in \mathbb{R}^d$

對每個分節循環：
  初始化 S
  選擇 $A \sim \pi(\cdot|S)$ 或根據 $\hat{q}(S,\cdot,\mathbf{w})$ 使用 ε- 貪婪選擇 A
  $\mathbf{z} \leftarrow \mathbf{0}$
  對於分節的每一步循環：
    採取動作 A，觀察 R 和 S'
    $\delta \leftarrow R$
    對 $\mathcal{F}(S,A)$ 的元素 i 循環：

$\delta \leftarrow \delta - w_i$
$z_i \leftarrow z_i + 1$ （累積痕跡）
或 $z_i \leftarrow 1$ （替換痕跡）
如果 S' 為終端狀態：
$\mathbf{w} \leftarrow \mathbf{w} + \alpha\delta\mathbf{z}$
跳至下一個分節
選擇 $A' \sim \pi(\cdot|S')$ 或根據 $\sim \hat{q}(S', \cdot, \mathbf{w})$ 近似選擇 A'
對 $\mathcal{F}(S', A')$ 的元素 i 循環：$\delta \leftarrow \delta + \gamma w_i$
$\mathbf{w} \leftarrow \mathbf{w} + \alpha\delta\mathbf{z}$
$\mathbf{z} \leftarrow \gamma\lambda\mathbf{z}$
$S \leftarrow S'$；$A \leftarrow A'$

練習 12.6：修改 Sarsa(λ) 的虛擬碼，使用荷蘭痕跡 (12.11) 而不使用真實的線上演算法的其他特徵。假設具有線性函數近似和二進制特徵。 □

範例 12.2：使用 Sarsa(λ) 的高山行車問題。下圖 12.10（左圖）顯示了範例 10.1 所描述的高山行車問題中使用 Sarsa(λ) 的結果。函數近似、動作選擇和環境細節與第 10 章完全相同，因此將左圖結果與第 10 章關於 n 步 Sarsa（右圖）的結果進行數值比較是合適的。n 步 Sarsa 的結果是以更新步長 n 的變化進行呈現，而對於 Sarsa(λ) 我們以痕跡參數的變化顯示結果，和 n 有著類似的作用。Sarsa(λ) 的痕跡衰減自助策略對此問題產生出更高的學習效率。

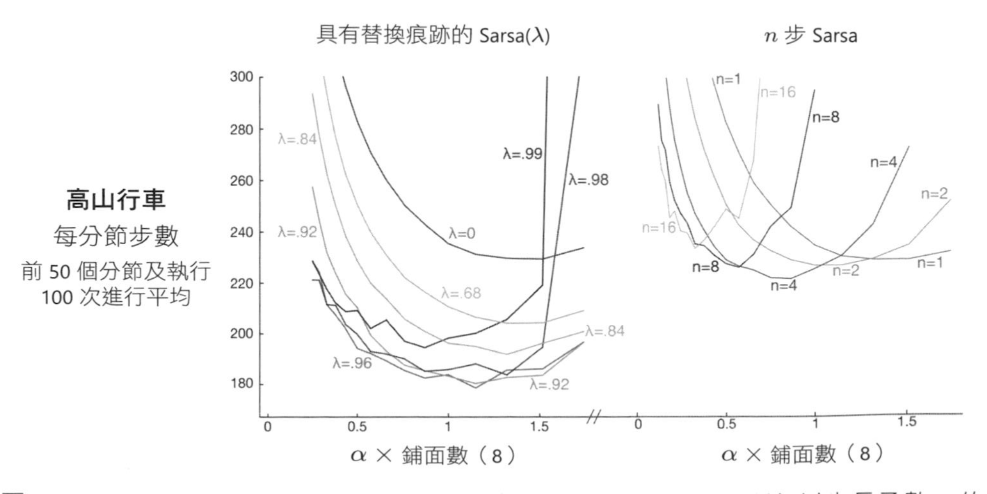

圖 12.10 具有替換痕跡的 Sarsa(λ)，及 n 步 Sarsa（從圖 10.4 複製）以步長函數 α 的變化在高山行車問題上的初期性能表現。

我們的理想 TD 方法還有一個動作值版本，線上 λ- 回報演算法（第 12.4 節）以及作為真實的線上 TD(λ) 的高效執行版本（第 12.5 節）。除了使用在本節一開始所介紹的 n 步回報的動作值形式外，第 12.4 節中的所有內容都不需進行更改。針對動作值的代入，在第 12.5 節和第 12.6 節中的分析也進行了一些調整，唯一的變化是使用狀態 - 動作特徵向量 $\mathbf{x}_t = \mathbf{x}(S_t, A_t)$ 而非狀態特徵向量 $\mathbf{x}_t = \mathbf{x}(S_t)$。

下一頁的方框中顯示了 Sarsa(λ) 高效執行版本的虛擬碼，稱為**真實的線上 *Sarsa*(λ)**（*true online Sarsa*(λ)）。圖 12.11 比較了各種版本的 Sarsa(λ) 在高山行車問題上的性能表現。最後，還有一個截斷版本 Sarsa(λ) 稱為**前向 *Sarsa*(λ)**（*forward Sarsa*(λ)）（van Seijen, 2016），它是一種與多層人工神經網路結合使用特別有效的無模型控制方法。

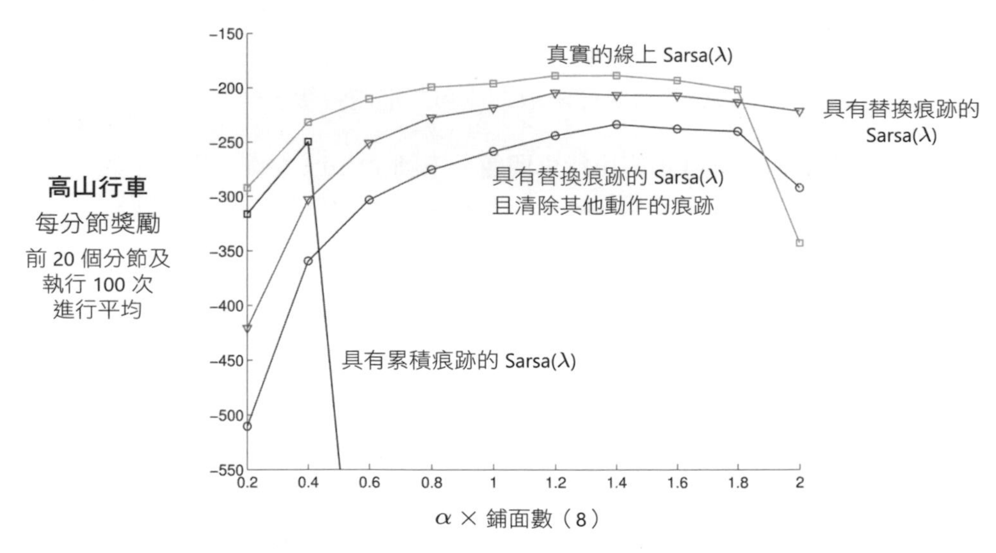

圖 12.11 在高山行車問題上的 Sarsa(λ) 演算法的總結比較。真實的線上 Sarsa(λ) 優於具有累積痕跡的 Sarsa(λ) 和具有替換痕跡的 Sarsa(λ)。圖中還包含具有替換痕跡的 Sarsa(λ) 演算法另一個版本，它在每個時步會將未選擇的狀態痕跡和動作痕跡設置為 0。

真實的線上 Sarsa(λ)，用於估計 $\mathbf{w}^\top\mathbf{x} \approx q_\pi$ 或 q_*

輸入：一個特徵函數 $\mathbf{x} : \mathcal{S}^+ \times \mathcal{A} \to \mathbb{R}^d$ 使得 $\mathbf{x}$(終端狀態,·) $= 0$
輸入：一個策略 π（如果要評估 q_π）
演算法參數：步長 $\alpha > 0$，痕跡衰減率 $\lambda \in [0, 1]$
任意初始化價值函數權重 $\mathbf{w} \in \mathbb{R}^d$（例如 $\mathbf{w} = \mathbf{0}$）

對於每個分節循環：
  初始化 S
  選擇 $A \sim \pi(\cdot|S)$ 或從 S 根據 $\mathbf{w}$ 以近似貪婪的方式選擇 A
  $\mathbf{x} \leftarrow \mathbf{x}(S, A)$
  $\mathbf{z} \leftarrow \mathbf{0}$
  $Q_{old} \leftarrow 0$
  對於分節的每一步循環：
  | 採取動作 A，觀察 R 和 S'
  | 選擇 $A' \sim \pi(\cdot|S')$ 或從 S' 根據 $\mathbf{w}$ 以近似貪婪的方式選擇 A'
  | $\mathbf{x}' \leftarrow \mathbf{x}(S', A')$
  | $Q \leftarrow \mathbf{w}^\top\mathbf{x}$
  | $Q' \leftarrow \mathbf{w}^\top\mathbf{x}'$
  | $\delta \leftarrow R + \gamma Q' - Q$
  | $\mathbf{z} \leftarrow \gamma\lambda\mathbf{z} + \left(1 - \alpha\gamma\lambda\mathbf{z}^\top\mathbf{x}\right)\mathbf{x}$
  | $\mathbf{w} \leftarrow \mathbf{w} + \alpha(\delta + Q - Q_{old})\mathbf{z} - \alpha(Q - Q_{old})\mathbf{x}$
  | $Q_{old} \leftarrow Q'$
  | $\mathbf{x} \leftarrow \mathbf{x}'$
  | $A \leftarrow A'$
  直到 S' 為終端狀態

12.8 變數 λ 和 γ

現在來到了基本的 TD 學習演算法最後一個部分。為了以最通用的形式呈現最終的演算法，我們將自助和折扣程度的參數廣義化為根據狀態和動作的函數。也就是每個時步都有一個不同的 λ 和 γ 分別以 λ_t 和 γ_t 表示。我們現在更改表示方式使 $\lambda : \mathcal{S} \times \mathcal{A} \to [0, 1]$ 為一個狀態和動作映射到單位區間的函數，且 $\lambda_t \doteq \lambda(S_t, A_t)$，同樣地 $\gamma : \mathcal{S} \to [0, 1]$ 為一個狀態狀態映射到單位區間的函數且 $\gamma_t \doteq \gamma(S_t)$。

導入函數 λ（**終止函數**（*termination function*））特別重要，因為它會改變回報值，即我們試圖估計的基本隨機變數期望值。現在，我們將回報以更通用的方式定義為：

$$\begin{aligned} G_t &\doteq R_{t+1} + \gamma_{t+1} G_{t+1} \\ &= R_{t+1} + \gamma_{t+1} R_{t+2} + \gamma_{t+1}\gamma_{t+2} R_{t+3} + \gamma_{t+1}\gamma_{t+2}\gamma_{t+3} R_{t+4} + \cdots \\ &= \sum_{k=t}^{\infty} R_{k+1} \prod_{i=t+1}^{k} \gamma_i, \end{aligned} \tag{12.17}$$

為了確保總和是有限的，我們要求 $\prod_{k=t}^{\infty} \gamma_k = 0$ 對所有 t 皆成立。如此定義的一個方便之處是使得分節設定及其演算法可以透過單一經驗流呈現，而無需特殊的終端狀態、起始分布或終止時間。先前的終端狀態變為一個 $\gamma(s) = 0$ 並轉移到起始分布的狀態。透過這種方式（並透過在所有其他狀態下選擇 $\gamma(\cdot)$ 作為常數函數），我們可以將經典的分節性設定作為特例。依賴於狀態的終止包含其他預測情形，例如**偽終止**（*pseudo termination*），在此情形下我們試圖預測一個量而不改變馬可夫過程的流量。折扣回報可以被認為是一個這樣的量，在此情形下依賴於狀態的終止將分節性和具有折扣的連續性問題連結在一起（未折扣的連續性問題仍需要進行特殊處理）。

對於自助變數的廣義化並不像折扣一樣是問題本身的改變，而是解決策略的改變。這個廣義化影響了狀態和動作的 λ- 回報。我們可以將新的基於狀態的 λ- 回報以遞迴方式表示為：

$$G_t^{\lambda s} \doteq R_{t+1} + \gamma_{t+1} \left((1 - \lambda_{t+1}) \hat{v}(S_{t+1}, \mathbf{w}_t) + \lambda_{t+1} G_{t+1}^{\lambda s} \right), \tag{12.18}$$

現在我們在符號上標增加了「s」，以提醒我們這是一個從狀態值進行自助的回報值，將它與從動作值進行自助的回報值（我們將在下一個方程式的符號上標處以「a」表示）區分。此方程式表示 λ- 回報是第一個獎勵，未折扣且不受自助的影響，並加上一個可能的第二項，第二項反映了我們在下一個狀態會有多大的程度不打折（即根據 γ_{t+1} 來決定折扣。請記住如果下一個狀態是終端狀態則為 0）。當我們不在下一個狀態終止時就會有第二項，並根據該狀態中的自助程度分為兩種情形，在有自助的情形下這一項是狀態估計值，而在無自助的情形下這一項是下一個時步的 λ- 回報。基於動作的 λ- 回報可能是 Sarsa 形式：

$$G_t^{\lambda a} \doteq R_{t+1} + \gamma_{t+1} \Big((1 - \lambda_{t+1}) \hat{q}(S_{t+1}, A_{t+1}, \mathbf{w}_t) + \lambda_{t+1} G_{t+1}^{\lambda a} \Big), \tag{12.19}$$

或者可能是預期的 Sarsa 形式：

$$G_t^{\lambda a} \doteq R_{t+1} + \gamma_{t+1}\Big((1-\lambda_{t+1})\bar{V}_t(S_{t+1}) + \lambda_{t+1}G_{t+1}^{\lambda a}\Big), \tag{12.20}$$

其中 (7.8) 被廣義化為函數似近，如下所示：

$$\bar{V}_t(s) \doteq \sum_a \pi(a|s)\hat{q}(s,a,\mathbf{w}_t). \tag{12.21}$$

練習 12.7：將以上三個遞迴方程式廣義化為截斷形式，定義 $G_{t:h}^{\lambda s}$ 和 $G_{t:h}^{\lambda a}$。 □

12.9 具有控制變量的 off-policy 痕跡

最後一步是導入重要性抽樣。與 n 步方法不同，對於完全不截斷的 λ- 回報，我們沒有一個可以讓重要性抽樣在目標回報之外進行的可行方案。相反地，我們直接轉向使用具有控制變量的每一決定重要性抽樣的自助廣義化（第 7.4 節）。在考慮狀態的情形下我們對 λ- 回報的最終定義是根據模型 (7.13) 將 (12.18) 廣義化為：

$$G_t^{\lambda s} \doteq \rho_t\Big(R_{t+1} + \gamma_{t+1}\big((1-\lambda_{t+1})\hat{v}(S_{t+1},\mathbf{w}_t) + \lambda_{t+1}G_{t+1}^{\lambda s}\big)\Big) + (1-\rho_t)\hat{v}(S_t,\mathbf{w}_t) \tag{12.22}$$

其中 $\rho_t = \frac{\pi(A_t|S_t)}{b(A_t|S_t)}$ 是一般的單步重要性抽樣率。如同我們在本書中所看到的其他回報一樣，此回報的截斷版本可以簡單地根據基於狀態的 TD 誤差總和進行近似表示：

$$\delta_t^s \doteq R_{t+1} + \gamma_{t+1}\hat{v}(S_{t+1},\mathbf{w}_t) - \hat{v}(S_t,\mathbf{w}_t), \tag{12.23}$$

因此

$$G_t^{\lambda s} \approx \hat{v}(S_t,\mathbf{w}_t) + \rho_t \sum_{k=t}^{\infty} \delta_k^s \prod_{i=t+1}^{k} \gamma_i\lambda_i\rho_i \tag{12.24}$$

如果近似值函數不變，則上述的近似值將變為精確值。

練習 12.8：請證明如果價值函數不變，則 (12.24) 將變為精確值。為了節省篇幅，請考慮 $t = 0$ 的情形並使用符號 $V_k \doteq \hat{v}(S_k,\mathbf{w})$。 □

練習 12.9：一般 off-policy 回報的截斷形式表示為 $G_{t:h}^{\lambda s}$，請根據 (12.24) 寫出正確的方程式。 □

以上述的 λ- 回報形式 (12.24) 進行前向視角更新相當方便：

$$\begin{aligned}
\mathbf{w}_{t+1} &= \mathbf{w}_t + \alpha \left(G_t^{\lambda s} - \hat{v}(S_t,\mathbf{w}_t) \right) \nabla \hat{v}(S_t,\mathbf{w}_t) \\
&\approx \mathbf{w}_t + \alpha \rho_t \left(\sum_{k=t}^{\infty} \delta_k^s \prod_{i=t+1}^{k} \gamma_i \lambda_i \rho_i \right) \nabla \hat{v}(S_t,\mathbf{w}_t),
\end{aligned}$$

在經驗豐富的人眼中它看起來像是基於資格的 TD 更新，其中乘積就像是資格痕跡並乘以 TD 誤差。但這只是前向視角單個時步的情形。我們正在尋找的關係是根據時間累加的前向視角更新約略等於根據時間累加的後向視角更新（這種關係只是近似的，因為我們再次忽略了價值函數的變化）。隨著時間累加的前向視角更新為：

$$\begin{aligned}
\sum_{t=1}^{\infty} (\mathbf{w}_{t+1} - \mathbf{w}_t) &\approx \sum_{t=1}^{\infty} \sum_{k=t}^{\infty} \alpha \rho_t \delta_k^s \nabla \hat{v}(S_t,\mathbf{w}_t) \prod_{i=t+1}^{k} \gamma_i \lambda_i \rho_i \\
&= \sum_{k=1}^{\infty} \sum_{t=1}^{k} \alpha \rho_t \nabla \hat{v}(S_t,\mathbf{w}_t) \delta_k^s \prod_{i=t+1}^{k} \gamma_i \lambda_i \rho_i \\
&\qquad\qquad \text{（使用求和定則：} \textstyle\sum_{t=x}^{y} \sum_{k=t}^{y} = \sum_{k=x}^{y} \sum_{t=x}^{k} \text{）} \\
&= \sum_{k=1}^{\infty} \alpha \delta_k^s \sum_{t=1}^{k} \rho_t \nabla \hat{v}(S_t,\mathbf{w}_t) \prod_{i=t+1}^{k} \gamma_i \lambda_i \rho_i,
\end{aligned}$$

如果可以將第二個求和項中的整個表達式表示為資格痕跡的形式並進行增量更新，則上式可以表示成後向視角 TD 更新總和的形式。也就是我們要證明，如果此表達式是時步 k 時的痕跡，則可以透過以下方式從時步 $k-1$ 時的值更新它：

$$\begin{aligned}
\mathbf{z}_k &= \sum_{t=1}^{k} \rho_t \nabla \hat{v}(S_t,\mathbf{w}_t) \prod_{i=t+1}^{k} \gamma_i \lambda_i \rho_i \\
&= \sum_{t=1}^{k-1} \rho_t \nabla \hat{v}(S_t,\mathbf{w}_t) \prod_{i=t+1}^{k} \gamma_i \lambda_i \rho_i \quad + \quad \rho_k \nabla \hat{v}(S_k,\mathbf{w}_k) \\
&= \gamma_k \lambda_k \rho_k \underbrace{\sum_{t=1}^{k-1} \rho_t \nabla \hat{v}(S_t,\mathbf{w}_t) \prod_{i=t+1}^{k-1} \gamma_i \lambda_i \rho_i}_{\mathbf{z}_{k-1}} \quad + \quad \rho_k \nabla \hat{v}(S_k,\mathbf{w}_k) \\
&= \rho_k \big(\gamma_k \lambda_k \mathbf{z}_{k-1} + \nabla \hat{v}(S_k,\mathbf{w}_k) \big),
\end{aligned}$$

將符號 k 更改為 t 就是狀態值的一般累積痕跡更新：

$$\mathbf{z}_t \doteq \rho_t\big(\gamma_t\lambda_t\mathbf{z}_{t-1} + \nabla\hat{v}(S_t,\mathbf{w}_t)\big), \tag{12.25}$$

此資格痕跡與 TD(λ) 的半梯度參數更新規則 (12.7) 共同形成了可應用於 on-policy 資料或 off-policy 資料的通用 TD(λ) 演算法。在 on-policy 的情況下此演算法正好是 TD(λ)，因為 ρ_t 始終為 1 並且 (12.25) 成為通用的累積痕跡 (12.5)（擴展到變數 λ 和 γ）。在 off-policy 的情況下此演算法通常效果很好，但是作為半梯度方法，它不能保證穩定性。在接下來幾節的內容中，我們將考慮對其進行擴展以確保穩定性。

可以遵循一系列非常相似的步驟獲得動作值方法的 off-policy 資格痕跡和相應的通用 Sarsa(λ) 演算法。我們可以從一般基於動作的 λ- 回報遞迴形式開始，(12.19) 或 (12.20) 都可以，但後者（預期的 Sarsa 形式）較為簡單。我們將 (12.20) 根據 (7.14) 的模型擴展到 off-policy 的情形：

$$\begin{aligned}G_t^{\lambda a} &\doteq R_{t+1} + \gamma_{t+1}\Big((1-\lambda_{t+1})\bar{V}_t(S_{t+1}) + \lambda_{t+1}\big[\rho_{t+1}G_{t+1}^{\lambda a} + \bar{V}_t(S_{t+1}) \\ &\qquad -\rho_{t+1}\hat{q}(S_{t+1},A_{t+1},\mathbf{w}_t)\big]\Big) \\ &= R_{t+1} + \gamma_{t+1}\Big(\bar{V}_t(S_{t+1}) + \lambda_{t+1}\rho_{t+1}\big[G_{t+1}^{\lambda a} - \hat{q}(S_{t+1},A_{t+1},\mathbf{w}_t)\big]\Big)\end{aligned} \tag{12.26}$$

其中 $\bar{V}_t(S_{t+1})$ 由 (12.21) 提供。同樣地，λ- 回報可以近似表示成 TD 誤差總和：

$$G_t^{\lambda a} \approx \hat{q}(S_t,A_t,\mathbf{w}_t) + \sum_{k=t}^{\infty}\delta_k^a \prod_{i=t+1}^{k}\gamma_i\lambda_i\rho_i, \tag{12.27}$$

使用基於動作的 TD 誤差期望值形式：

$$\delta_t^a = R_{t+1} + \gamma_{t+1}\bar{V}_t(S_{t+1}) - \hat{q}(S_t,A_t,\mathbf{w}_t). \tag{12.28}$$

如前所述，如果近似值函數不變，則上述的近似值將變為精確值。

練習 12.10：證明如果價值函數不變，則 (12.27) 將變為精確值。為了節省篇幅，請考慮 $t = 0$ 的情形並使用符號 $Q_k = \hat{q}(S_k,A_k,\mathbf{w})$。提示：首先寫出 δ_0^a 和 $G_0^{\lambda a}$，然後再寫出 $G_0^{\lambda a} - Q_0$。 □

練習 12.11：一般 off-policy 回報的截斷形式表示為 $G_{t:h}^{\lambda a}$。請根據 (12.27) 寫出正確的方程式。 □

使用與基於狀態的情形完全類似的步驟，我們可以根據 (12.27) 寫出前向視角更新，使用求和定則轉換更新的求和項，最後得出以下形式的動作值資格痕跡：

$$\mathbf{z}_t \doteq \gamma_t \lambda_t \rho_t \mathbf{z}_{t-1} + \nabla \hat{q}(S_t, A_t, \mathbf{w}_t). \tag{12.29}$$

資格痕跡與基於期望值的 TD 誤差 (12.28) 和半梯度參數更新規則 (12.7) 一起形成了一種優雅、高效的預期的 Sarsa(λ) 演算法，此演算法可應用於 on-policy 資料或 off-policy 資料，它可能是當前同類型中最佳的演算法（當然，除非以某種方式與接下來各節中所介紹的方法組合，否則不能保證它是穩定的）。在具有 λ 和 γ 為常數及一般狀態 - 動作 TD 誤差 (12.16) 的 on-policy 情形下，此演算法與第 12.7 節中介紹的 Sarsa(λ) 演算法相同。

練習 12.12：詳細說明以上從 (12.27) 推導出 (12.29) 的步驟。可以從更新 (12.15) 開始，將 (12.26) 中的 $G_t^{\lambda a}$ 替換為 G_t^{λ}，然後遵循 (12.25) 類似的步驟進行。 □

在 $\lambda = 1$ 時，這些演算法與相應的蒙地卡羅演算法緊密相關。你可能會期望分節性問題和離線更新具有確切的等價關係，但實際上這種關係是微妙的且稍嫌薄弱的。在最有利的條件下，仍然不能保證逐個分節的更新等價性，只能保證它們的期望值等價性。這並不令人驚訝，因為這些方法會隨著軌跡的展開而進行不可逆的更新，而真正的蒙地卡羅方法如果在目標策略下的任何動作的機率為 0，則不會對該軌跡進行任何更新。特別是這些方法即使在 $\lambda = 1$ 時，它們的目標仍取決於當前估計值，就意義上而言仍然為自助，只是在期望值中這種依賴性被抵消了。在實踐中這是好是壞又是另一個問題了。最近提出的一些方法已經能實現精確的等價性（Sutton, Mahmood, Precup and van Hasselt, 2014），這些方法需要一個「臨時權重」的附加向量，此向量可以追蹤已完成但可能需要撤消（或著重）的更新，具體的行為取決於之後採取的動作。這些方法的狀態和狀態 - 動作版本分別被稱為 PTD(λ) 和 PQ(λ)，其中「P」表示臨時的（Provisional）。

這些新的 off-policy 方法的實際結果都尚未確定。但毫無疑問的是與使用重要性抽樣的所有 off-policy 方法都一樣會出現高變異數問題（第 11.9 節）。

如果 $\lambda < 1$，則這些 off-policy 演算法都涉及自助法和致命的三要素（詳見第 11.3 節），這表示它們僅能在表格式情形、狀態聚合以及其他有限形式的函數近似情形下保證穩定。對於線性及較為一般的函數近似形式，參數向量可能會如第 11 章中的例子發散到無窮大。正如我們在第 11 章中所討論的，off-policy 學習的挑戰包含兩個部分。off-policy 資格痕跡有效地處理了挑戰的第一部分，修

正了目標的期望值，但完全沒有解決挑戰的第二部分，即與更新的分布有關的挑戰。我們將在第 12.11 節總結一些透過資格痕跡解決 off-policy 學習挑戰第二部分的演算法策略。

練習 12.13：請寫出對於狀態值方法和動作值方法，off-policy 資格痕跡的荷蘭痕跡和替換痕跡版本。 □

12.10 從 Watkins 的 Q(λ) 到樹回溯 (λ)

多年來許多研究學者已經提出了多種方法將 Q 學習擴展到資格痕跡。最早的是 *Watkins 的 Q(λ) 演算法*，只要採取貪婪的動作它就會以一般的方式衰減其資格痕跡，然後在第一個非貪婪的動作之後將痕跡縮減為 0。Watkins 的 Q(λ) 的回溯圖如圖 12.12 所示。在第 6 章中，我們將 Q 學習和預期的 Sarsa 在後者的 off-policy 版本進行結合，將 Q 學習視為預期的 Sarsa 中的一個特例並將其廣義化至任意目標策略，而在本章的上一節中我們透過將預期的 Sarsa 廣義化為 off-policy 資格痕跡來完成我們對預期的 Sarsa 相關介紹。但在第 7 章中我們將 n 步預期的 Sarsa 與 n 步樹回溯區分開來，後者保留了不使用重要性抽樣的特性。現在我們將介紹樹回溯的資格痕跡版本，我們將其稱為**樹回溯 (λ)**（*Tree-Backup*(λ)）或簡稱為 *TB*(λ)。我們可以說它才是 Q 學習的真正繼承者，因為既可以將其應用於 off-policy 資料，也保留了不使用重要性抽樣的特性。

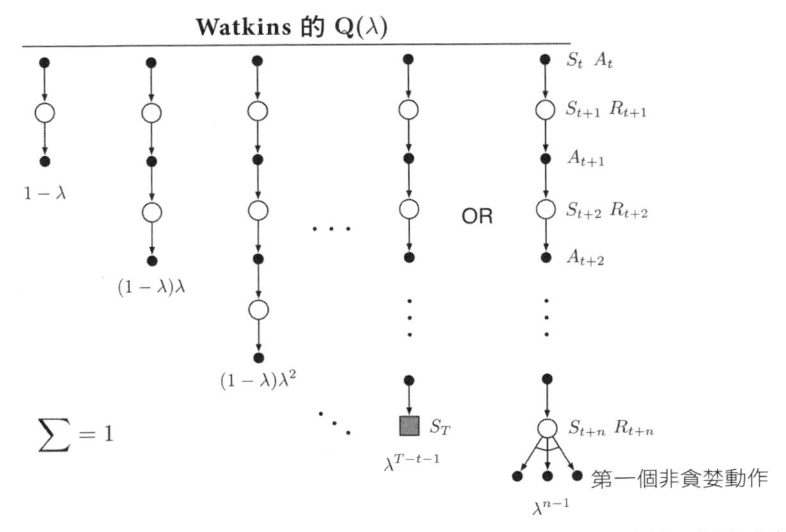

圖 12.12 Watkins 的 Q(λ) 回溯圖。一系列分量更新以分節結尾或第一個非貪婪動作（以較早出現者）作為結束。

TB(λ) 的概念相當簡單，如圖 12.13 的回溯圖中所示，不同長度的樹回溯更新（擷自第 7.5 節）都根據自助參數 λ 以一般的方式進行加權。為了獲得包含正確的一般自助法索引及折扣參數的詳細方程式，最好從動作值函數的 λ- 回報遞迴形式 (12.20) 開始，然後再根據 (7.16) 的模型擴展成以自助法表示的目標方程式：

$$G_t^{\lambda a} \doteq R_{t+1} + \gamma_{t+1}\Bigg((1-\lambda_{t+1})\bar{V}_t(S_{t+1}) + \lambda_{t+1}\Big[\sum_{a \neq A_{t+1}} \pi(a|S_{t+1})\hat{q}(S_{t+1}, a, \mathbf{w}_t) + \pi(A_{t+1}|S_{t+1})G_{t+1}^{\lambda a}\Big]\Bigg)$$

按照一般情形，它也可以使用基於動作的 TD 誤差的期望值形式 (12.28) 近似地表示為 TD 誤差的總和（忽略近似值函數的變化）

$$G_t^{\lambda a} \approx \hat{q}(S_t, A_t, \mathbf{w}_t) + \sum_{k=t}^{\infty} \delta_k^a \prod_{i=t+1}^{k} \gamma_i \lambda_i \pi(A_i|S_i),$$

按照與上一節相同的步驟，我們可以獲得一個與目標策略所選動作機率相關的特殊資格痕跡更新：

$$\mathbf{z}_t \doteq \gamma_t \lambda_t \pi(A_t|S_t)\mathbf{z}_{t-1} + \nabla\hat{q}(S_t, A_t, \mathbf{w}_t).$$

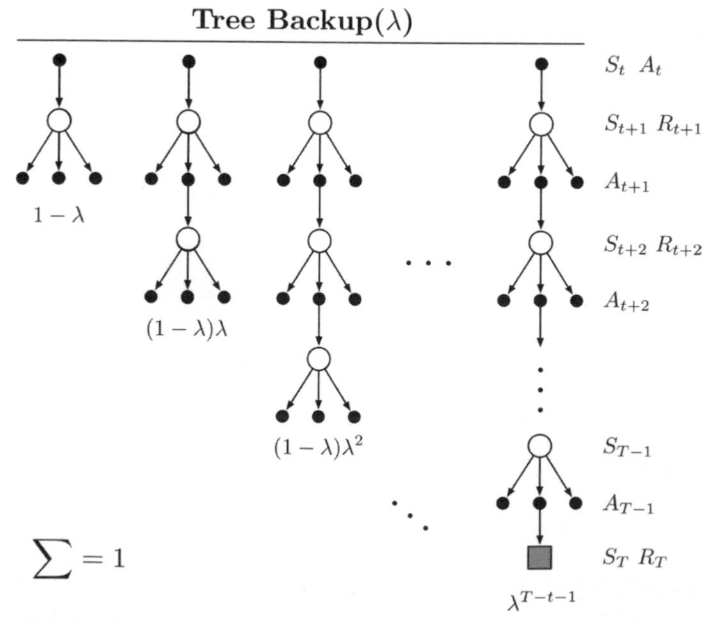

圖 12.13 樹回溯演算法版本的回溯圖。

這與一般的參數更新規則 (12.7) 結合即為 TB(λ) 演算法。如同所有半梯度演算法，當與 off-policy 資料和一個功能強大的函數近似器配合使用時，TB(λ) 不能保證其穩定性。為了確保穩定性，我們必須將 TB(λ) 與下一節介紹的其中一種方法結合使用。

*** 練習 12.14**：如何將雙重預期的 Sarsa 擴展到資格痕跡？ □

12.11 具有資格痕跡的穩定 off-policy 方法

目前已經有多種使用資格痕跡在 off-policy 訓練下可以確保穩定性的方法，在本節中我們將使用本書標準符號介紹四種最重要的方法，其中包含了一般的自助和折扣函數。這些方法都是基於第 11.7 節梯度 TD 方法或第 11.8 節重點 TD 方法的概念。儘管在相關研究中可以找到這些方法在非線性函數近似時的擴展方式，但在此所有演算法我們都假定為近似線性函數。

GTD(λ) 是類似於 TDC 的資格痕跡演算法，TDC 是第 11.7 節中討論的兩種狀態值梯度 TD 預測演算法中較好的。*GTD(λ)* 的目標是學習一個參數 $\mathbf{w}_t$ 使得 $\hat{v}(s,\mathbf{w}) \doteq \mathbf{w}_t^\top \mathbf{x}(s) \approx v_\pi(s)$，學習時的訓練資料甚至可以使用遵循另一個策略 b 所產生的資料。它的更新方程式為：

$$\mathbf{w}_{t+1} \doteq \mathbf{w}_t + \alpha\delta_t^s \mathbf{z}_t - \alpha\gamma_{t+1}(1-\lambda_{t+1})\left(\mathbf{z}_t^\top \mathbf{v}_t\right)\mathbf{x}_{t+1},$$

其中以一般的方式根據 (12.23)、(12.25) 和 (11.1) 等針對狀態值的方程式定義 δ_t^s、$\mathbf{z}_t$ 和 ρ_t，以及：

$$\mathbf{v}_{t+1} \doteq \mathbf{v}_t + \beta\delta_t^s \mathbf{z}_t - \beta\left(\mathbf{v}_t^\top \mathbf{x}_t\right)\mathbf{x}_t, \tag{12.30}$$

如第 11.7 節所述，其中 $\mathbf{v} \in \mathbb{R}^d$ 為一個與 $\mathbf{w}$ 具有相同維度的向量，並初始化為 $\mathbf{v}_0 = \mathbf{0}$，而 $\beta > 0$ 為第二個步長參數。

GQ(λ) 是具有資格痕跡的動作值梯度 TD 演算法，其目標是從 off-policy 資料中學習一個參數 $\mathbf{w}_t$ 使得 $\hat{q}(s,a,\mathbf{w}_t) \doteq \mathbf{w}_t^\top \mathbf{x}(s,a) \approx q_\pi(s,a)$。如果目標策略為 ε- 貪婪策略或趨向於 $\hat{q}$ 的貪婪策略，則 GQ(λ) 可以用來作為一種控制演算法。它的更新方程式為：

$$\mathbf{w}_{t+1} \doteq \mathbf{w}_t + \alpha\delta_t^a \mathbf{z}_t - \alpha\gamma_{t+1}(1-\lambda_{t+1})\left(\mathbf{z}_t^\top \mathbf{v}_t\right)\bar{\mathbf{x}}_{t+1},$$

其中 $\bar{\mathbf{x}}_t$ 為目標策略下 S_t 的平均特徵向量：

$$\bar{\mathbf{x}}_t \doteq \sum_a \pi(a|S_t)\mathbf{x}(S_t, a),$$

δ_t^a 為 TD 誤差的期望值形式，可表示為：

$$\delta_t^a \doteq R_{t+1} + \gamma_{t+1}\mathbf{w}_t^\top \bar{\mathbf{x}}_{t+1} - \mathbf{w}_t^\top \mathbf{x}_t,$$

以一般的方式根據 (12.29) 針對動作值的方程式定義 $\mathbf{z}_t$，其餘部分與 GTD(λ) 中的定義相同，包含 $\mathbf{v}_t$ 的更新 (12.30)。

HTD(λ) 為一個結合 GTD(λ) 和 TD(λ) 概念的混合狀態值函數演算法。它最吸引人的特性是：它是 TD(λ) 針對 off-policy 學習的嚴格廣義化形式，這表示如果行為策略恰好與目標策略相同，則 HTD(λ) 會與 TD(λ) 相同，但這一點在 GTD(λ) 中是不成立的。這個特性之所以具有吸引力是因為當兩種演算法都收斂時，TD(λ) 通常比 GTD(λ) 收斂得更快，並且 TD(λ) 只需要設定一個步長。HTD(λ) 被定義為：

$$\begin{aligned}
\mathbf{w}_{t+1} &\doteq \mathbf{w}_t + \alpha\delta_t^s \mathbf{z}_t + \alpha\left((\mathbf{z}_t - \mathbf{z}_t^b)^\top \mathbf{v}_t\right)(\mathbf{x}_t - \gamma_{t+1}\mathbf{x}_{t+1}), \\
\mathbf{v}_{t+1} &\doteq \mathbf{v}_t + \beta\delta_t^s \mathbf{z}_t - \beta\left({\mathbf{z}_t^b}^\top \mathbf{v}_t\right)(\mathbf{x}_t - \gamma_{t+1}\mathbf{x}_{t+1}), \text{其中} \mathbf{v}_0 \doteq \mathbf{0}, \\
\mathbf{z}_t &\doteq \rho_t\big(\gamma_t\lambda_t \mathbf{z}_{t-1} + \mathbf{x}_t\big), \text{其中} \mathbf{z}_{-1} \doteq \mathbf{0}, \\
\mathbf{z}_t^b &\doteq \gamma_t\lambda_t \mathbf{z}_{t-1}^b + \mathbf{x}_t, \text{其中} \mathbf{z}_{-1}^b \doteq \mathbf{0},
\end{aligned}$$

其中 $\beta > 0$ 再次為第二個步長參數。除了第二組權重 $\mathbf{v}_t$ 之外，HTD(λ) 還具有第二組資格痕跡 $\mathbf{z}_t^b$。這些是行為策略下的累積資格痕跡，如果所有 ρ_t 均為 1 則等於 $\mathbf{z}_t$，這將導致 $\mathbf{w}_t$ 更新中的最後一項為 0 並將整體更新簡化為 TD(λ)。

重點 TD(λ) 是將單步重點 TD 演算法（第 9.11 節和第 11.8 節）針對資格痕跡的擴展。所得到的演算法允許在任何程度的自助下依然保持強大的 off-policy 收斂性保證，儘管這是以較大的變異數和潛在的緩慢收斂速度作為代價。重點 TD(λ) 被定義為：

$$\begin{aligned}
\mathbf{w}_{t+1} &\doteq \mathbf{w}_t + \alpha\delta_t \mathbf{z}_t \\
\delta_t &\doteq R_{t+1} + \gamma_{t+1}\mathbf{w}_t^\top \mathbf{x}_{t+1} - \mathbf{w}_t^\top \mathbf{x}_t \\
\mathbf{z}_t &\doteq \rho_t\big(\gamma_t\lambda_t \mathbf{z}_{t-1} + M_t \mathbf{x}_t\big), \text{其中} \mathbf{z}_{-1} \doteq \mathbf{0}, \\
M_t &\doteq \lambda_t I_t + (1 - \lambda_t)F_t \\
F_t &\doteq \rho_{t-1}\gamma_t F_{t-1} + I_t, \text{其中} F_0 \doteq i(S_0),
\end{aligned}$$

如第 11.8 節所述，其中 $M_t \geq 0$ 是**強調值**（*emphasis*）的一般形式，$F_t \geq 0$ 被稱為**跟隨痕跡**（*followon trace*），而 $I_t \geq 0$ 為**興趣值**（*interest*）。請注意，M_t 如同 δ_t 一樣並不是真正的額外儲存變數，我們可以透過將其定義代入資格痕跡方程式中將其從演算法中去除。重點 TD(λ) 真實的線上版本虛擬碼及其模擬軟體可以從網站中獲得相關資訊（Sutton, 2015b）。

在 on-policy 的情形下（對於所有 t，$\rho_t = 1$），重點 TD(λ) 與傳統的 TD(λ) 類似，但仍然有相當大的不同。實際上，儘管保證重點 TD(λ) 對於所有狀態相關的 λ 函數都收斂，但在 TD(λ) 中並非永遠成立的。TD(λ) 僅對所有常數 λ 能保證其收斂性，詳見 Yu 所介紹的反例（Ghiassian, Rafiee, and Sutton, 2016）。

12.12 實現中的問題

乍看起來，使用資格痕跡的表格式方法比單步方法要複雜得多。最單純的實現方式需要每個狀態（或狀態 - 動作對）在每個時步同時更新其價值估計和資格痕跡。 對於在單指令流多資料流的平行計算機或在合理的人工神經網路（ANN）上實現並不是太大的問題，但是對於一般的串列計算機在實現上問題較大。幸運的是，對於典型的 λ 和 γ 值，幾乎所有狀態的資格痕跡幾乎總是趨近於 0，只有最近訪問過的那些狀態其資格痕跡才會有顯著大於 0 的值，因此僅需要更新這幾個狀態就能夠緊密近似這些演算法。

在實踐中，傳統計算機上的實現可以只追蹤並更新幾個明顯大於 0 的痕跡。使用此技巧，在表格式方法中使用資格痕跡的計算代價通常僅為單步方法的數倍。當然，確切的倍數取決於 λ 和 γ 以及其他計算的成本。請注意，表格形式的情形在某種意義上是資格痕跡的計算複雜度最壞情形。當使用函數近似時，不使用資格痕跡的計算優勢通常會降低。例如，如果使用了人工神經網路和反向傳播，則使用資格痕跡通常只會導致每步所需儲存和計算量增加一倍。截斷 λ- 回報方法（第 12.3 節）可以在傳統計算機上進行高效計算，儘管它總是需要一些額外的儲存空間。

12.13 本章總結

資格痕跡結合 TD 誤差提供了一種有效的增量方法，使得我們可在蒙地卡羅方法和 TD 方法之間進行轉換和選擇。第 7 章的 n 步方法也具有這種特性，但是資格痕跡方法更為普遍，通常學習速度更快，同時其計算複雜度也有所不同。本章提供了關於 on-policy 和 off-policy 學習以及自助變數和折扣的資格痕跡一個優雅而新興的理論見解。這種優雅理論一方面為真實的線上方法，它可以精確地重現理想方法中成本昂貴的行為，同時保留傳統 TD 方法的計算優勢。另一方面它提供了從直觀的前向視角方法自動轉換為更有效的增量式後向視角演算法的可能途徑。我們透過描述一個推導過程來說明整體概念，在此推導過程中使用了真實的線上 TD 方法中創新的資格痕跡，將一個經典的、計算複雜度高的蒙地卡羅演算法轉換為計算複雜度較低的增量式非 TD 情形。

正如我們在第 5 章中所提到的，蒙地卡羅方法由於不使用自助，在非馬可夫問題中可能較具有優勢。因為資格痕跡使 TD 方法更像蒙地卡羅方法，因此它們在這些情形下也同樣較具有優勢。如果我們由於其他優點而想要使用 TD 方法且問題本身具有部分非馬可夫特性，則使用資格痕跡方法會是一個好的選擇。資格痕跡是針對長延遲的獎勵和非馬可夫問題的首選方法。

透過調整 λ，我們可以將資格痕跡方法放置於蒙地卡羅方法與單步 TD 方法之間連續區間中的任何位置。那麼我們應該放在哪裡？對於這個問題還沒有一個很好的理論性答案，但從經驗中似乎出現了一個明確的解答。對於每個分節有多個步驟或在折扣半衰期內有多個步驟的問題，使用資格痕跡會優於不使用的情形（例如，詳見下頁圖 12.14）。另一方面，如果資格痕跡的長度足以或近似於產生純蒙地卡羅方法，則性能表現將急劇下降。介於兩種方法之間的混合方法似乎是最佳選擇。資格痕跡應該使我們趨向於使用蒙地卡羅方法，但我們不能完全偏向於這個方向。在未來也許可以透過使用變數 λ 更精確地調整 TD 和蒙地卡羅方法之間的權衡，但是目前尚不清楚如何可靠且有效地完成這一點。

使用資格痕跡方法需要比單步方法進行更多的計算，但是它們以明顯更快的學習速度作為回饋，尤其當獎勵被延遲多個步驟時。因此，在缺乏資料且無法重複處理的情形下使用資格痕跡通常是有意義的，在許多線上應用中經常會發生這樣的情形。另一方面，在離線應用中資料可以透過低成本的方式產生（可能是透過低成本的模擬產生），因此不太適合使用資格痕跡。在此情形下目標不是從有限數量的資料中獲取更多資料，而只是盡可能更快地處理更多的資料。使用資格痕跡在此情形下所帶來的學習加速通常不合乎其計算成本，因此更傾向於採用單步方法。

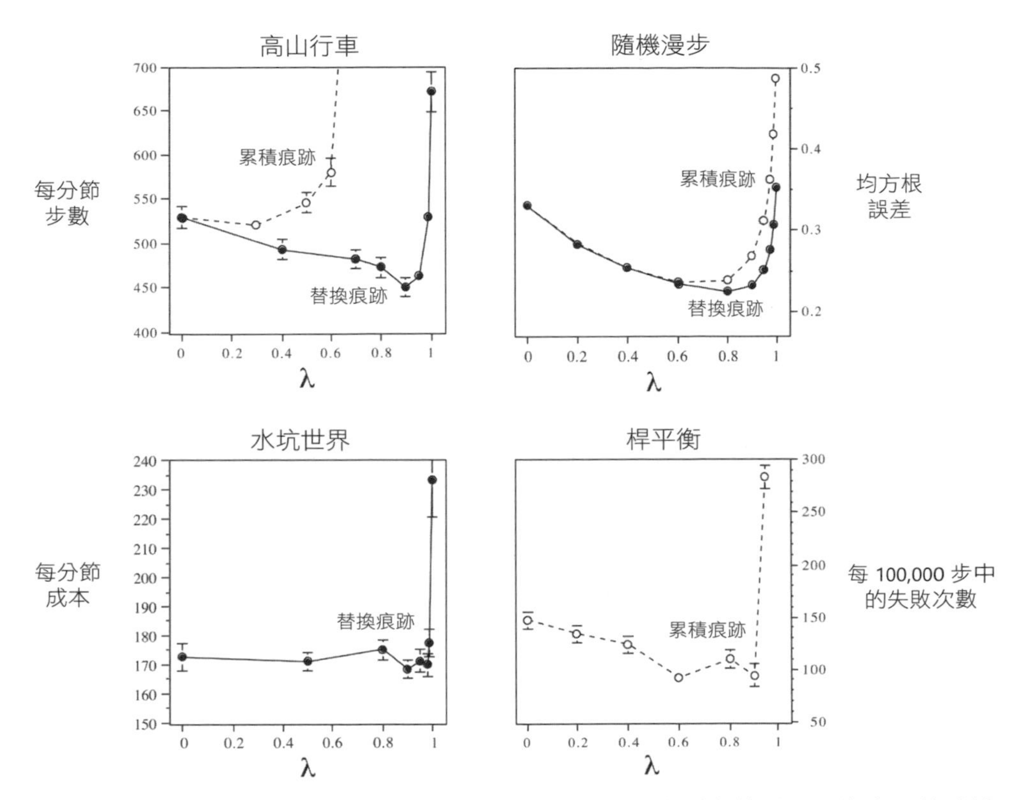

圖 12.14 四個不同測試問題中 λ 對於強化學習的影響。在所有情形下 λ 為中間值時性能表現通常是最佳的（圖中縱軸的數字較小）。左側的兩個圖為 Sarsa(λ) 演算法和瓦片編碼使用替換痕跡或累積痕跡在一般連續狀態控制問題的結果（Sutton, 1996）。右上方的圖為使用 TD(λ) 對隨機漫步問題進行策略評估的結果（Singh and Sutton, 1996）。右下方的圖為桿平衡問題（範例 3.4）的未公開資料，源自於 Sutton 的早期研究（Sutton, 1984）。

參考文獻與歷史評注

資格痕跡的技巧是透過 Klopf（1972）在研究中豐富的概念被帶入到強化學習領域，我們對於資格痕跡的使用也是源自於 Klopf 的研究（SSutton, 1978a, 1978b, 1978c; Barto and Sutton, 1981a, 1981b; Sutton and Barto, 1981a; Barto, Sutton, and Anderson, 1983; Sutton, 1984）。我們可能是最先使用「資格痕跡」一詞的人（Sutton and Barto, 1981a）。在神經系統中，接受刺激後產生的後續影響對學習而言相當重要已經是一個相當久的概念（詳見第 14 章）。資格痕跡最早用於將在第 13 章中討論的演員 - 評論家方法（Barto, Sutton, and Anderson, 1983; Sutton, 1984）。

12.1 在本書的第一版中，複合更新被稱為「複雜回溯」。

λ- 回報及其減少誤差的特性是由 Watkins（1989）所提出的，Jaakkola、Jordan 和 Singh（1994）對其進行了進一步的研究。在本節及後續各章節中所介紹的隨機漫步結果，如同術語「正向視角」和「後向視角」一樣對於本版而言是新的內容。在本書的第一版中介紹了 λ- 回報演算法的概念，本版中更為細緻的介紹內容是源自於與 Harm van Seijen 的共同研究（例如 van Seijen and Sutton, 2014）。

12.2 Sutton（1988, 1984）提出了使用累積痕跡的 TD(λ)。Dayan（1992）證明了平均值的收斂性，許多學者證明了會以機率為 1 進行收斂，包括 Peng（1993）、Dayan 和 Sejnowski（1994）、Tsitsiklis（1994）以及 Gurvits、Lin 和 Hanson（1994）。線性 TD(λ) 的漸近相關解的誤差邊界是由 Tsitsiklis 和 Van Roy（1997）提出的。

12.3 截斷 TD 方法是由 Cichosz（1995）和 van Seijen（2016）所提出的。

12.4 重做更新的概念是由 van Seijen 提出，最初以「最佳匹配學習」為名（van Seijen, 2011; van Seijen, Whiteson, van Hasselt, and Weiring, 2011）。

12.5 真實的線上 TD(λ) 演算法主要源自於 Harm van Seijen 的研究（van Seijen and Sutton, 2014; van Seijen et al., 2016），儘管其中一些關鍵概念是由 Hado van Hasselt 獨立發現的。「荷蘭痕跡」這個名稱是對於這兩位荷蘭科學家其重要貢獻的認可。替換痕跡源自於 Singh 和 Sutton（1996）。

12.6 本節中的內容源自於 van Hasselt 和 Sutton（2015）。

12.7 Rummery 和 Niranjan（1994; Rummery, 1995）首先提出使用累積痕跡的 Sarsa(λ) 作為控制方法。真實的線上 Sarsa(λ) 是由 van Seijen 和 Sutton（2014）提出。第 335 頁的演算法改編自 van Seijen 等人的研究（2016）。高山行車的結果是特別為本書設計的，但圖 12.11 改編自 van Seijen 和 Sutton 的研究（2014）。

12.8 首先發表關於探討變數 λ 的可能是 Watkins（1989），他在其研究中指出在 Q(λ) 中當非貪婪動作被選擇時，可以透過暫時設定 λ 為 0 截斷更新序列（圖 12.12）。

在本書的第一版中導入了變數 λ 的概念。變數 λ 的研究起源於關於選項的研究（Sutton, Precup, and Singh, 1999）及其前期研究（Sutton, 1995a），並在 GQ(λ) 的論文（Maei and Sutton, 2010）中明確地呈現其相關論述，此論文也介紹了一些 λ- 回報的遞迴形式。

Yu（2012）提出了不同的變數 λ 概念。

12.9 off-policy 資格痕跡是由 Precup 等人（2000, 2001）提出，然後由 Bertsekas 和 Yu（2009）、Maei（2011; Maei and Sutton, 2010）、Yu（2012）以及 Sutton、Mahmood、Precup 和 van Hasselt（2014）進一步延伸。特別是最後一個參考文獻採用了強大的前項視角觀點介紹具有與狀態相關的 λ 和 γ off-policy TD 方法。本節的介紹內容似乎相對較新。

本節以一個優雅的演算法 —— 預期的 Sarsa(λ) 作為結尾。儘管此演算法看似相當自然，但據我們所知，它並未在任何先前文獻中被描述或進行測試。

12.10 Watkins 的 Q(λ) 是由 Watkins（1989）提出的。Munos、Stepleton、Harutyunyan 和 Bellemare（2016）證明了其表格式分節性離線版本的收斂性。Peng 和 Williams（1994, 1996）以及 Sutton、Mahmood、Precup 和 van Hasselt（2014）提出了替代 Q(λ) 演算法。TB(λ) 演算法源自於 Precup、Sutton 和 Singh（2000）。

12.11 GTD(λ) 源自於 Maei（2011）的研究。GQ(λ) 源自於 Maei 和 Sutton（2010）的研究。HTD(λ) 為 White 和 White（2016）基於 Hackman（2012）的單步 HTD 演算法所提出的研究。Yu（2017）的研究是梯度 TD 方法理論的最新進展。重點 TD(λ) 是由 Sutton、Mahmood 和 White（2016）提出，並證明了其穩定性。Yu（2015, 2016）證明了重點 TD(λ) 的收斂性，Hallak 等人（2015, 2016）對此演算法進行了更深入的研究。

Chapter 13

策略梯度方法

在本章中我們將討論一些新內容。本書到目前為止介紹的所有方法幾乎都是**動作值方法**（*action-value methods*）。它們先學習動作的價值函數，然後根據估計的動作值選擇動作[1]，如果沒有進行動作值估計其策略也就不會存在。在本章中我們將介紹如何學習**參數化策略**（*parameterized policy*）的方法，此策略可以在不考慮價值函數的情形下選擇動作。價值函數仍可用於**學習**（*learn*）策略的參數，但對於動作選擇而言就不是必需的了。我們以 $\boldsymbol{\theta} \in \mathbb{R}^{d'}$ 來表示策略的參數向量。因此，假設在時步 t 時處於狀態 s 且參數為 $\boldsymbol{\theta}$，則 $\pi(a|s,\boldsymbol{\theta}) = \Pr\{A_t = a \mid S_t = s, \boldsymbol{\theta}_t = \boldsymbol{\theta}\}$ 表示在時步 t 時採取動作 a 的機率。如果一個方法也使用學習到的價值函數，則此價值函數的權重向量通常如 $\hat{v}(s,\mathbf{w})$ 中一樣以 $\mathbf{w} \in \mathbb{R}^d$ 表示。

在本章中我們將介紹一些使用純量性能指標 $J(\boldsymbol{\theta})$ 相對於策略參數的梯度來學習策略參數的方法。這些方法試圖使性能指標**最大化**（*maximize*），因此它們的更新會近似於 J 的梯度**上升**（*ascent*）：

$$\boldsymbol{\theta}_{t+1} = \boldsymbol{\theta}_t + \alpha \widehat{\nabla J(\boldsymbol{\theta}_t)}, \tag{13.1}$$

其中 $\widehat{\nabla J(\boldsymbol{\theta}_t)} \in \mathbb{R}^d$ 是一個隨機估計值，其期望值近似於性能指標相對於其參數 $\boldsymbol{\theta}_t$ 的梯度。我們將遵循這種模式的方法稱為**策略梯度方法**（*policy gradient methods*），無論它們是否同時學習一個近似值函數。同時學習策略和價值函數的近似方法通常稱為**演員 - 評論家方法**（*actor-critic methods*），其中「演員」是所學習的策略，而「評論家」是指所學習的價值函數，通常是狀態值函數。首先，我們先考慮分節性的情形，其中性能表現定義為參數化策略下的初始狀態的值，然後再繼續考慮連續性的情形，即性能表現定義為平均獎勵率，如 10.3 節所示。最後我們可以用非常相似的方式來表達這兩種情形下的演算法。

---

[1] 唯一的例外是第 2.8 節中的梯度拉霸機演算法。實際上，第 2.8 節單狀態拉霸機的情形類似於我們在這裡所討論的完整 MDP，兩者都執行許多相同的步驟。複習第 2.8 節將有助於充分理解本章的內容。

13.1 策略近似及其優勢

在策略梯度方法中可以透過任何方式將策略進行參數化，只要 $\pi(a|s,\boldsymbol{\theta})$ 相對於其參數是可微分的，即只要對於所有 $s \in \mathcal{S}$，$a \in \mathcal{A}(s)$ 和 $\boldsymbol{\theta} \in \mathbb{R}^{d'}$，$\nabla\pi(a|s,\boldsymbol{\theta})$（$\pi(a|s,\boldsymbol{\theta})$ 以 $\boldsymbol{\theta}$ 的分量進行偏微分所組成的行向量）存在且都是有限的。在實踐中為了確保探索，我們通常會要求策略永遠不會變為確定性的策略（即對於所有 s、a 和 $\boldsymbol{\theta}$ 而言，$\pi(a|s,\boldsymbol{\theta}) \in (0,1)$）。在本節中我們將介紹離散動作空間中最常用的策略參數化方法，並指出它相對於動作值方法的優勢。基於策略的方法也提供了處理連續動作空間的有效方法，我們將在第 13.7 節中進行介紹。

如果動作空間是離散的且不是非常大，則自然而普遍的參數化方法是針對每個狀態 - 動作對形成參數化的數值偏好 $h(s,a,\boldsymbol{\theta}) \in \mathbb{R}$。在每個狀態下具有最高偏好值的動作被賦予最高的被選擇機率，例如根據指數 soft-max 分布：

$$\pi(a|s,\boldsymbol{\theta}) \doteq \frac{e^{h(s,a,\boldsymbol{\theta})}}{\sum_b e^{h(s,b,\boldsymbol{\theta})}}, \tag{13.2}$$

其中 $e \approx 2.71828$ 是自然對數的底數。請注意，分母的作用僅使在每種狀態下選擇動作的機率總和為 1。我們將這種策略參數化稱為 *soft-max 動作偏好值*（*soft-max in action preferences*）。

這些動作偏好值可以被任意地參數化。例如，它們可以透過深度人工神經網路（ANN）進行計算，其中 $\boldsymbol{\theta}$ 是網路連接權重的向量（如第 16.6 節中所述的 AlphaGo 系統）。或者偏好值可能是基於特徵向量的線性函數：

$$h(s,a,\boldsymbol{\theta}) = \boldsymbol{\theta}^\top \mathbf{x}(s,a), \tag{13.3}$$

可以使用第 9 章描述的任何方法建構特徵向量 $\mathbf{x}(s,a) \in \mathbb{R}^{d'}$。

根據 soft-max 動作偏好值的參數化策略第一個優點是近似策略可以接近確定性策略，然而對於透過 ε- 貪婪策略進行動作選擇而言，總會有 ε 的機率選擇隨機動作的可能性。當然，我們可以根據基於動作值的 soft-max 分布進行選擇，但是僅根據此分布是無法使該策略趨向確定性策略。相反的是，動作估計值將收斂到其相應的實際值，此估計值與實際值之間的差異是有限的，進而使得動作對應到一個 0 和 1 以外的特定機率。如果 soft-max 分布包含一個溫度參數，則我們可以隨著時間的流逝降低溫度以接近一個確定值，但在實踐中如果關於實際動作值的先前知識少於我們假設的情形，我們將很難選擇減少的流程，甚至是初始溫度的設定都很難決定。

動作偏好值之所以不同是因為它們不趨近於特定值。相反地，它們會被驅使以產生最佳的隨機策略。如果最佳策略是確定性的，則最佳動作的偏好值將趨向無限地高於所有次佳動作（如果參數化允許的話）。

根據 soft-max 動作偏好值的參數化策略第二個優點，是它可以以任意的機率選擇動作。在具有顯著函數近似的問題中，最佳近似策略可能是一個隨機策略。例如，在資訊不完整的撲克牌遊戲中，最佳玩法通常是以特定機率進行兩種不同的玩法，例如在打撲克牌時虛張聲勢。基於動作值的方法並沒有一種自然的求解隨機最佳策略的方法，然而基於策略近似的方法卻可以完成，如範例 13.1 所示。

範例 13.1 帶有動作切換的短廊

考慮下圖所示的小型走廊網格世界。如往常一樣，每步的獎勵為 -1。在這三個非終端狀態中有兩個動作，**右**和**左**。這兩個動作在第一個和第三個狀態中具有正常的效果（在第一個狀態中，**左**不引起任何移動），但是在第二個狀態中動作的效果卻是相反的，因此**右**會向左，**左**會向右。這個問題是困難的，因為在函數近似下所有狀態看起來都相同。對於所有的狀態 s，我們定義 $\mathbf{x}(s, \textbf{右}) = [1,0]^\top$，$\mathbf{x}(s, \textbf{左}) = [0,1]^\top$。具有 ε- 貪婪動作選擇的動作值方法被限制在兩個策略之間進行選擇：在所有時步中以較高的機率 $1-\varepsilon/2$ 選擇**右**，或是在所有時步中以相同的機率選擇**左**。如果 ε = 0.1，則這兩個策略（在初始狀態下）的值分別小於 -44 和 -82，如圖所示。如果有一種方法可以學習以特定機率選擇**右**，則可以做得更好。最佳機率約為 0.59，其值約為 -11.6。

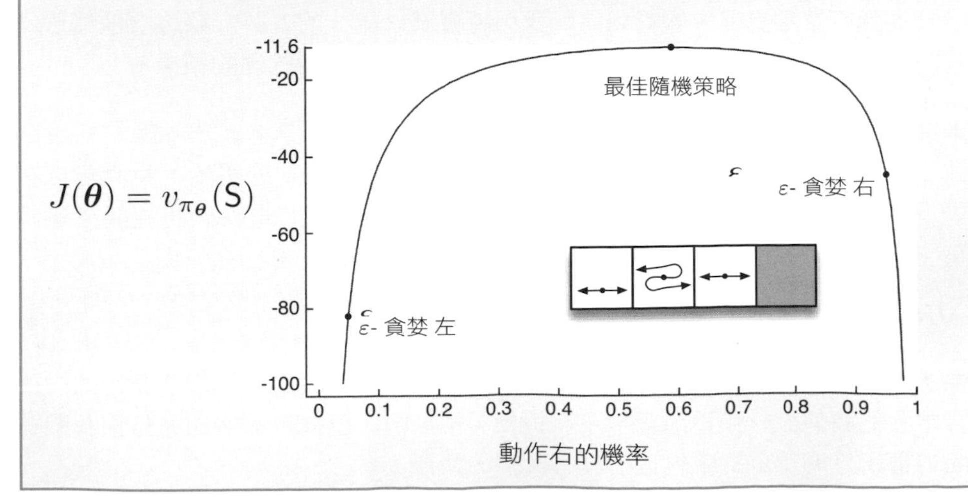

策略參數化相對於動作值參數化所具有的最簡單優勢，可能是策略可以用一個更簡單的函數來進行近似。策略函數和動作值函數的複雜度因問題而異，對於某些情形而言動作值函數更簡單，因此也更容易進行近似，但對於其他情形策略函數可能更簡單。在第二種情形下，基於策略的方法通常會學習得更快，並且會產生更好的漸近策略（如「俄羅斯方塊」，詳見 Şimşek, Algórta, and Kothiyal, 2016）。

最後，我們注意到以策略參數化進行選擇，有時是將理想中的策略形式相關先前知識注入強化學習系統的好方法。這也是我們使用基於策略的學習方法最重要的原因。

練習 13.1：根據你對網格世界及其環境動態的知識，以一個*精確的*（*exact*）符號表達式來表示範例 13.1 中選擇動作右的最佳機率。 □

13.2 策略梯度定理

策略參數化相對於 ε- 貪婪動作選擇除了具有實踐上的優勢以外，還有一個重要的理論優勢。在連續的策略參數化中，動作機率會作為學習的參數平滑地變化，而在 ε- 貪婪動作選擇中，如果動作估計值函數中任意一個小變化導致一個動作值變為最大值，則選擇此動作機率可能會發生顯著變化。由於這種特性使得策略梯度方法相比於動作值方法擁有更強的收斂性保證。特別是策略對於參數變化的連續性使得策略梯度方法能夠近似於梯度上升 (13.1)。

在分節性和連續性問題中分別定義了不同的性能指標 $J(\boldsymbol{\theta})$，因此必須在某種程度上分別進行單獨處理。儘管如此，我們將嘗試以統一的方式介紹這兩種情形，我們設計了一種表示法以便可以用同一組方程式描述主要的理論結果。

在本節中我們將考慮分節性問題的情形，我們將性能指標定義為分節的初始狀態值。透過假設每個分節都從某個特定的（非隨機）s_0 狀態開始，我們可以在不失一般性意義的情形下將表示法簡化。對於分節性的問題我們將性能指標定義為：

$$J(\boldsymbol{\theta}) \doteq v_{\pi_{\boldsymbol{\theta}}}(s_0), \tag{13.4}$$

其中 $v_{\pi_{\boldsymbol{\theta}}}$ 為在策略 $\pi_{\boldsymbol{\theta}}$ 下的實際值函數，策略由參數 $\boldsymbol{\theta}$ 決定。從這裡開始的討論內容中我們將假設分節性問題中沒有折扣（$\gamma = 1$），但為了描述的完整性我們在後面方框所示的演算法中包含了具有折扣的情形。

在函數近似中，以確保性能改善的方式來更改策略參數似乎相當具有挑戰性。問題在於性能表現取決於動作選擇及做出這些選擇時的狀態分布，而這兩者都受到策略參數的影響。在給定狀態的情形下，我們可以根據參數化的知識以相對直接的方式來計算出策略參數對動作選擇及其獎勵的影響。

策略梯度定理的證明（分節性問題）

只需要具備基本微積分的知識並重新調整方程式的各個項，我們就可以透過一些基本原理來證明策略梯度定理。為了簡化表示法，我們在證明過程中將 π 隱含為 $\boldsymbol{\theta}$ 的函數，並同時將梯度隱含於 $\boldsymbol{\theta}$ 的函數中。首先請注意，狀態值函數的梯度可以以動作值函數表示為：

$$
\begin{aligned}
\nabla v_\pi(s) &= \nabla \left[\sum_a \pi(a|s) q_\pi(s,a) \right], \text{對於所有 } s \in \mathcal{S} && \text{（練習 3.18）} \\
&= \sum_a \Big[\nabla \pi(a|s) q_\pi(s,a) + \pi(a|s) \nabla q_\pi(s,a) \Big] && \text{（微積分的乘積法則）} \\
&= \sum_a \Big[\nabla \pi(a|s) q_\pi(s,a) + \pi(a|s) \nabla \sum_{s',r} p(s',r|s,a) \big(r + v_\pi(s') \big) \Big] \\
& && \text{（練習 3.19 和方程式 3.2）} \\
&= \sum_a \Big[\nabla \pi(a|s) q_\pi(s,a) + \pi(a|s) \sum_{s'} p(s'|s,a) \nabla v_\pi(s') \Big] && \text{（方程式 3.4）} \\
&= \sum_a \Big[\nabla \pi(a|s) q_\pi(s,a) + \pi(a|s) \sum_{s'} p(s'|s,a) && \text{（展開）} \\
&\qquad \sum_{a'} \big[\nabla \pi(a'|s') q_\pi(s',a') + \pi(a'|s') \sum_{s''} p(s''|s',a') \nabla v_\pi(s'') \big] \Big] \\
&= \sum_{x \in \mathcal{S}} \sum_{k=0}^{\infty} \Pr(s \to x, k, \pi) \sum_a \nabla \pi(a|x) q_\pi(x,a),
\end{aligned}
$$

在反覆展開之後，$\Pr(s \to x, k, \pi)$ 是策略 π 下在 k 步內從狀態 s 轉移至狀態 x 的機率。然後我們可以立即得出：

$$
\begin{aligned}
\nabla J(\boldsymbol{\theta}) &= \nabla v_\pi(s_0) \\
&= \sum_s \left(\sum_{k=0}^{\infty} \Pr(s_0 \to s, k, \pi) \right) \sum_a \nabla \pi(a|s) q_\pi(s,a) \\
&= \sum_s \eta(s) \sum_a \nabla \pi(a|s) q_\pi(s,a) && \text{（第 215 頁的方框中）}
\end{aligned}
$$

$$= \sum_{s'} \eta(s') \sum_{s} \frac{\eta(s)}{\sum_{s'} \eta(s')} \sum_{a} \nabla \pi(a|s) q_\pi(s,a)$$

$$= \sum_{s'} \eta(s') \sum_{s} \mu(s) \sum_{a} \nabla \pi(a|s) q_\pi(s,a) \qquad \text{（方程式 9.3）}$$

$$\propto \sum_{s} \mu(s) \sum_{a} \nabla \pi(a|s) q_\pi(s,a) \qquad \text{（得證）}$$

但是策略對於狀態分布的影響是一個與環境相關的函數且通常是未知的。當梯度取決於狀態分布上策略變化的未知影響時，我們要如何估計此相對於策略參數的梯度？

幸運的是，**策略梯度定理**（*policy gradient theorem*）對這一個問題提供了極好的理論解答，它提供了一個與策略參數性能指標有關的解析表達式（這正是我們在近似梯度上升時所需要，詳見 (13.1)），其中不涉及狀態分布的導數。在分節性情形下的策略梯度定理表達式如以下所示：

$$\nabla J(\boldsymbol{\theta}) \propto \sum_{s} \mu(s) \sum_{a} q_\pi(s,a) \nabla \pi(a|s,\boldsymbol{\theta}), \tag{13.5}$$

其中梯度是以 $\boldsymbol{\theta}$ 的分量進行偏微分所組成的行向量，π 表示與參數向量 $\boldsymbol{\theta}$ 對應的策略。$\propto$ 符號在此表示「正比於」。在分節性的情形中，此比例常數是分節的平均長度，而在連續性情形中，此比例常數為 1，因此關係實際上是相等的。這裡的分布 μ（詳見第 9 章和第 10 章）是策略 π 下的 on-policy 分布（詳見第 215 頁）。在上面的方框中提供了在分節性情形下策略梯度定理的證明。

13.3 REINFORCE：蒙地卡羅策略梯度

現在我們將介紹第一個策略梯度學習演算法。回想一下隨機梯度上升的整體策略 (13.1)，它需要一種獲取樣本的方法，使得樣本梯度的期望值正比於作為策略參數函數性能指標的實際梯度。這些樣本梯度只需與實際梯度成正比，因為任何比例常數都可以被吸收到任意大小的步長 α 中。策略梯度定理提供了一個正比於梯度的精確表達式，現在我們只需要一種抽樣的方式使其樣本的期望值等於或近似於此表達式。注意到在策略梯度定理中右側是狀態的總和，並由每個狀態在目標策略 π 下出現的頻率進行加權，如果遵循策略 π，則狀態將按照這些比例出現。因此：

$$\begin{aligned}\nabla J(\boldsymbol{\theta}) &\propto \sum_s \mu(s) \sum_a q_\pi(s,a) \nabla \pi(a|s,\boldsymbol{\theta}) \\ &= \mathbb{E}_\pi\left[\sum_a q_\pi(S_t,a) \nabla \pi(a|S_t,\boldsymbol{\theta})\right]. \end{aligned} \tag{13.6}$$

我們可以在這裡停下來並將隨機梯度上升演算法 (13.1) 實例化為：

$$\boldsymbol{\theta}_{t+1} \doteq \boldsymbol{\theta}_t + \alpha \sum_a \hat{q}(S_t,a,\mathbf{w}) \nabla \pi(a|S_t,\boldsymbol{\theta}), \tag{13.7}$$

其中 $\hat{q}$ 是對 q_π 進行學習所獲得的近似值。此演算法被稱為**全部動作**（*all-actions*）演算法，因為它的更新涉及了所有動作，因此相當具有前瞻性並值得進一步研究，但是我們目前感興趣的還是經典的 REINFORCE 演算法（Willams，1992），它在時步 t 的更新僅涉及 A_t，即在時步 t 所實際採取的一個動作。我們以 (13.6) 中代入 S_t 的相同方式，透過代入 A_t 來繼續 REINFORCE 演算法的推導。我們將隨機變數的可能值總和替換為使用策略 π 所產生的期望值，然後對期望值進行抽樣。方程式 (13.6) 包含了對所有動作進行加總，但是每一項並沒有像在策略 π 下求期望值時使用 $\pi(a|S_t,\boldsymbol{\theta})$ 進行加權。因此，我們在不改變等價性的情形下，透過將求總和的各項分別乘上 $\pi(a|S_t,\boldsymbol{\theta})$ 再除以 $\pi(a|S_t,\boldsymbol{\theta})$ 來帶入權重。接續 (13.6) 的方程式，我們可以獲得：

$$\begin{aligned}\nabla J(\boldsymbol{\theta}) &= \mathbb{E}_\pi\left[\sum_a \pi(a|S_t,\boldsymbol{\theta}) q_\pi(S_t,a) \frac{\nabla \pi(a|S_t,\boldsymbol{\theta})}{\pi(a|S_t,\boldsymbol{\theta})}\right] \\ &= \mathbb{E}_\pi\left[q_\pi(S_t,A_t) \frac{\nabla \pi(A_t|S_t,\boldsymbol{\theta})}{\pi(A_t|S_t,\boldsymbol{\theta})}\right] \qquad \text{（用抽樣 } A_t \sim \pi \text{ 來替換 } a\text{）} \\ &= \mathbb{E}_\pi\left[G_t \frac{\nabla \pi(A_t|S_t,\boldsymbol{\theta})}{\pi(A_t|S_t,\boldsymbol{\theta})}\right], \qquad \text{（因為 } \mathbb{E}_\pi[G_t|S_t,A_t] = q_\pi(S_t,A_t)\text{）}\end{aligned}$$

其中 G_t 像往常一樣為回報。最後一個方程式括號內的表達式正是我們所需要的，在每個時步進行抽樣的數量其期望值就等於實際的梯度。使用此樣本來實例化我們通用的隨機梯度上升演算法 (13.1)，就可以得出 REINFORCE 演算法的更新方程式：

$$\boldsymbol{\theta}_{t+1} \doteq \boldsymbol{\theta}_t + \alpha G_t \frac{\nabla \pi(A_t|S_t,\boldsymbol{\theta}_t)}{\pi(A_t|S_t,\boldsymbol{\theta}_t)}. \tag{13.8}$$

此更新方程式具有直觀的吸引力。每個增量更新與回報 G_t 及向量的乘積成正比，此向量即實際採取動作的機率梯度除以採取該動作的機率。這個向量是參數空間中使得未來訪問狀態 S_t 時重複執行動作 A_t 的機率增加的最大方向。更新使參數向量沿著此方向增加，更新大小與回報成正比而與動作機率成反比。前者的意義在於它使得參數朝著能產生最高回報的動作其相對應的方向進行更新，而後者的意義在於，如果不這麼做，經常被選擇的動作將會具有較高優勢（更新將更頻繁地朝著這些動作所對應的方向進行），即使這些動作未獲得最高回報最後也可能會勝出。

注意到 REINFORCE 演算法需要使用從時步 t 開始的完整回報，其中包括直到分節結束前的所有獎勵。就這個意義而言 REINFORCE 演算法算是一種蒙地卡羅演算法，它只有在分節性問題中才能有效地被定義，因為在分節完成後所有更新才能進行（如第 5 章中的蒙地卡羅演算法）。強化演算法的虛擬碼如下面方框中所示。

請注意，虛擬碼最後一行中的更新與 REINFORCE 演算法的更新規則 (13.8) 看起來完全不同，其中的差異是在虛擬碼中我們使用了更緊湊的表達式 $\nabla \ln \pi(A_t|S_t, \boldsymbol{\theta}_t)$ 來表示 (13.8) 中的向量 $\frac{\nabla \pi(A_t|S_t,\boldsymbol{\theta}_t)}{\pi(A_t|S_t,\boldsymbol{\theta}_t)}$。從 $\nabla \ln x = \frac{\nabla x}{x}$ 的概念可以得知向量的這兩個表達式是相等的。在不同的相關研究中此向量有許多不同名稱和表示方式。在此我們將其稱為**資格**（*eligibility*）**向量**。請注意，這是在演算法中策略參數化唯一出現的地方。

REINFORCE：對於 π_* 的蒙地卡羅策略梯度控制（分節性）

輸入：一個可微分的參數化策略 $\pi(a|s, \boldsymbol{\theta})$
演算法參數：步長 $\alpha > 0$
初始化策略參數 $\boldsymbol{\theta} \in \mathbb{R}^{d'}$（例如，初使化為 $\mathbf{0}$）

無限循環（對於每一個分節）：
　根據 $\pi(\cdot|\cdot, \boldsymbol{\theta})$ 生成一個分節 $S_0, A_0, R_1, \ldots, S_{T-1}, A_{T-1}, R_T$
　對分節的每一步循環 $t = 0, 1, \ldots, T-1$：
　　$G \leftarrow \sum_{k=t+1}^{T} \gamma^{k-t-1} R_k$ 　　　(G_t)
　　$\boldsymbol{\theta} \leftarrow \boldsymbol{\theta} + \alpha \gamma^t G \nabla \ln \pi(A_t|S_t, \boldsymbol{\theta})$

虛擬碼中的更新方程式與 REINFORCE 演算法更新方程式 (13.8) 之間的另一個差異是前者包含一個因子 γ^t。如先前所述，這是因為在本章中我們考慮的是非折扣情形（$\gamma = 1$），而在上述的虛擬碼中，我們顯示的是一般具有折扣情形的演算法。所有概念在具有折扣的情形下都會進行適當的調整（包含第 215 頁方框中的內容），但這會增加額外的複雜度，進而分散了我們對於主要概念的注意力。

*** 練習 13.2**：請歸納第 215 頁方框中的內容、策略梯度定理 (13.5)、策略梯度定理的證明（第 355 頁）以及 REINFORCE 演算法更新方程式 (13.8) 的推導步驟，使得 (13.8) 的方程式中包含 γ^t，進而與虛擬碼中所顯示的演算法一致。 □

圖 13.1 顯示了 REINFORCE 演算法在範例 13.1 短廊網格世界中的性能表現。

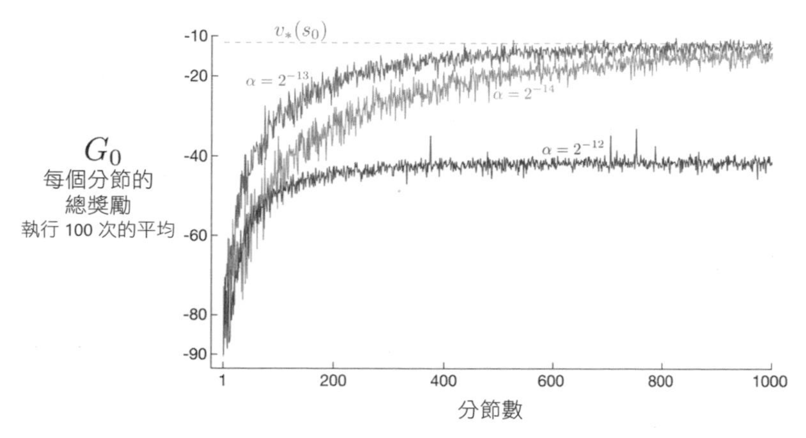

圖 13.1 REINFORCE 在短廊網格世界中的性能表現（範例 13.1）。在合適的步長下每個分節的總獎勵接近初始狀態的最佳值。

作為一種隨機梯度方法，REINFORCE 演算法在理論上具有良好的收斂性。根據其結構，分節的預期更新與性能指標的梯度方向相同。這樣可確保在 α 夠小的情形下提高預期的性能表現，並在減少 α 的標準隨機近似條件下收斂到區域最佳解。但作為一種蒙地卡羅方法，REINFORCE 演算法可能具有很大的變異數，因此會導致學習速度緩慢。

練習 13.3：在第 13.1 節中，我們介紹了使用 soft-max 動作偏好值 (13.2) 和線性動作偏好值 (13.3) 進行策略參數化。對於此參數化形式，請使用定義和基本的微積分知識證明資格向量為：

$$\nabla \ln \pi(a|s,\boldsymbol{\theta}) = \mathbf{x}(s,a) - \sum_b \pi(b|s,\boldsymbol{\theta})\mathbf{x}(s,b), \tag{13.9}$$

13.4 帶有基準線的 REINFORCE

策略梯度定理 (13.5) 可以廣義化為動作值與一個任意基準線（*baseline*）$b(s)$ 的比較情形：

$$\nabla J(\boldsymbol{\theta}) \propto \sum_s \mu(s) \sum_a \Big(q_\pi(s,a) - b(s)\Big) \nabla \pi(a|s,\boldsymbol{\theta}). \tag{13.10}$$

基準線可以是任何函數，甚至可以是隨機變數，只要它不隨動作 a 改變即可，上述方程式仍然成立，因為減去的量為 0：

$$\sum_a b(s) \nabla \pi(a|s,\boldsymbol{\theta}) \;=\; b(s) \nabla \sum_a \pi(a|s,\boldsymbol{\theta}) \;=\; b(s) \nabla 1 \;=\; 0.$$

具有基準線的策略梯度定理 (13.10) 可以使用與前一節類似的步驟來得出更新規則。我們最終推導所獲得的更新規則是 REINFORCE 演算法包含一個一般基準線的新版本：

$$\boldsymbol{\theta}_{t+1} \doteq \boldsymbol{\theta}_t + \alpha \Big(G_t - b(S_t)\Big) \frac{\nabla \pi(A_t|S_t,\boldsymbol{\theta}_t)}{\pi(A_t|S_t,\boldsymbol{\theta}_t)}. \tag{13.11}$$

因為基準線可能為 0，所以上述的更新方程式是 REINFORCE 演算法的嚴格廣義化形式。通常基準線不會使更新的期望值發生變化，但是對其變異數可能會有很大的影響。例如在 2.8 節中，類似的基準線可以顯著減少梯度拉霸機演算法的變異數（進而加快學習速度）。在拉霸機演算法中，基準線只是一個數值（到目前為止的平均回報），但是對於 MDP，基準線應隨著狀態的變化而改變。在某些狀態下所有的動作值都很高，我們需要較高的基準線才能區分價值較高的動作和價值較低的動作，而在所有動作值都較低的狀態下基準線也應較低。

一種相當自然的基準線選擇方式是使用對於狀態值的估計值 $\hat{v}(S_t,\mathbf{w})$，其中 $\mathbf{w} \in \mathbb{R}^m$ 是前面幾章介紹的學習方法中使用過的權重向量。由於 REINFORCE 演算法是用於學習策略參數 $\boldsymbol{\theta}$ 的蒙地卡羅方法，因此我們也可以很自然地使用蒙地卡羅方法來學習狀態值權重 $\mathbf{w}$。下面的方框中顯示了使用學習到的狀態值函數作為基準線的 REINFORCE 演算法虛擬碼。

具有基準線的 REINFORCE（分節性），用於估計 $\pi_\theta \approx \pi_*$

輸入：一個可微分的參數化策略 $\pi(a|s,\boldsymbol{\theta})$
輸入：一個可微分的參數化狀態值函數 $\hat{v}(s,\mathbf{w})$
演算法參數：步長 $\alpha^{\boldsymbol{\theta}} > 0$、$\alpha^{\mathbf{w}} > 0$
初始化策略參數 $\boldsymbol{\theta} \in \mathbb{R}^{d'}$ 和狀態值函數的權重 $\mathbf{w} \in \mathbb{R}^d$（例如，初使化為 $\mathbf{0}$）
無限循環（對於每一個分節）：
  根據 $\pi(\cdot|\cdot,\boldsymbol{\theta})$ 生成一個分節 $S_0, A_0, R_1, \ldots, S_{T-1}, A_{T-1}, R_T$

> 對分節的每一步循環 $t = 0, 1, \ldots, T-1$：
> $G \leftarrow \sum_{k=t+1}^{T} \gamma^{k-t-1} R_k$ $\quad (G_t)$
> $\delta \leftarrow G - \hat{v}(S_t, \mathbf{w})$
> $\mathbf{w} \leftarrow \mathbf{w} + \alpha^{\mathbf{w}} \delta \nabla \hat{v}(S_t, \mathbf{w})$
> $\boldsymbol{\theta} \leftarrow \boldsymbol{\theta} + \alpha^{\boldsymbol{\theta}} \gamma^t \delta \nabla \ln \pi(A_t | S_t, \boldsymbol{\theta})$

此演算法具有兩個步長，分別為 $\alpha^{\boldsymbol{\theta}}$ 和 $\alpha^{\mathbf{w}}$（其中 $\alpha^{\boldsymbol{\theta}}$ 在 (13.11) 中為 α）。狀態值函數的步長（此處為 $\alpha^{\mathbf{w}}$）設定相對較為容易，在線性情形下我們有設定的經驗法則，例如 $\alpha^{\mathbf{w}} = 0.1/\mathbb{E}\left[\|\nabla \hat{v}(S_t, \mathbf{w})\|_{\mu}^{2}\right]$（詳見第 9.6 節）。但對於如何為策略參數的步長 $\alpha^{\boldsymbol{\theta}}$ 進行設定並不是那麼明確，它的最佳值取決於獎勵的變化範圍和策略參數的設定。

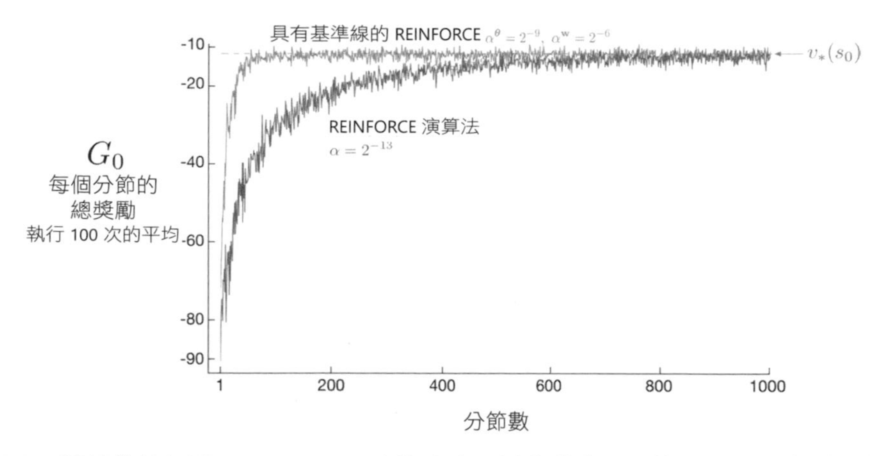

圖 13.2 將基準線加到 REINFORCE 演算法中可以使其學習更快，如同此處所示在短廊網格世界中（範例 13.1）的表現一樣。此處不含基準線的 REINFORCE 演算法，其步長是根據先前執行效果中選擇最佳的步長（詳見圖 13.1）。

圖 13.2 比較了 REINFORCE 演算法在短廊網格世界中（範例 13.1）具有基準線和不含基準線的性能表現。此處基準線使用的近似狀態值函數為 $\hat{v}(s,\mathbf{w}) = w$，即 $\mathbf{w}$ 是單個分量 w。

13.5 演員 - 評論家方法

儘管具有基準線的 REINFORCE 演算法既學習了一個策略函數也學習了一個狀態值函數，但我們不認為它是一個「演員 - 評論家」方法，因為它的狀態值函數僅用於基準線而非用於作為一個「評論家」。也就是它不用於自助操作（使用後續狀態的估計值來更新當前狀態的估計值），而僅用於更新當前狀態估計值時的基準線。這是一個相當有用的區別，因為只有透過自助我們才能帶入偏差和對函數近似的漸近依賴性。正如我們先前所描述的，透過自助所導入的偏差及對狀態表徵的依賴性通常是有益的，因為它可以降低變異數並加速學習。具有基準線的強化演算法是無偏差的，並且會漸近收斂到區域最小值，但是如同所有蒙地卡羅方法一樣，它的學習速度較為緩慢（產生較大變異數的估計值），並且不便於線上執行或應用於連續性問題。正如我們在本書先前所描述的，使用時序差分方法可以消除這些不便，並且透過使用多步方法可以靈活地選擇自助的程度。為了在策略梯度方法的情形下獲得這些優勢，我們使用具有自助評論家的演員 - 評論家方法。

首先考慮單步演員 - 評論家方法，它與第 6 章介紹的 TD 方法很類似，例如 TD(0)、Sarsa(0) 和 Q 學習。單步方法的主要優勢在於它們是完全線上的和增量式的，同時又避免了資格痕跡的複雜性。它們是資格痕跡方法的特例，雖然不是那麼通用，但更易於理解。單步演員 - 評論家方法使用單步回報（並使用學習到的狀態值函數作為基準線）代替 REINFORCE 演算法 (13.11) 中的全部回報，如下所示：

$$\boldsymbol{\theta}_{t+1} \doteq \boldsymbol{\theta}_t + \alpha\Big(G_{t:t+1} - \hat{v}(S_t,\mathbf{w})\Big)\frac{\nabla\pi(A_t|S_t,\boldsymbol{\theta}_t)}{\pi(A_t|S_t,\boldsymbol{\theta}_t)} \tag{13.12}$$

$$= \boldsymbol{\theta}_t + \alpha\Big(R_{t+1} + \gamma\hat{v}(S_{t+1},\mathbf{w}) - \hat{v}(S_t,\mathbf{w})\Big)\frac{\nabla\pi(A_t|S_t,\boldsymbol{\theta}_t)}{\pi(A_t|S_t,\boldsymbol{\theta}_t)} \tag{13.13}$$

$$= \boldsymbol{\theta}_t + \alpha\delta_t\frac{\nabla\pi(A_t|S_t,\boldsymbol{\theta}_t)}{\pi(A_t|S_t,\boldsymbol{\theta}_t)}. \tag{13.14}$$

我們可以很自然地使用半梯度 TD(0) 來學習狀態值函數。完整演算法的虛擬碼如下一頁方框中所示。請注意，它是一個完全線上的增量式演算法，狀態、動作和獎勵在出現時就進行處理，之後也不會再被訪問。

單步演員 - 評論家演算法（分節性），用於估計 $\pi_\theta \approx \pi_*$

輸入：一個可微分的參數化策略 $\pi(a|s,\boldsymbol{\theta})$
輸入：一個可微分的參數化狀態值函數 $\hat{v}(s,\mathbf{w})$
演算法參數：步長 $\alpha^{\boldsymbol{\theta}} > 0$、$\alpha^{\mathbf{w}} > 0$
初始化策略參數 $\boldsymbol{\theta} \in \mathbb{R}^{d'}$ 和狀態值函數的權重 $\mathbf{w} \in \mathbb{R}^d$（例如，初使化為 $\mathbf{0}$）
無限循環（對於每一個分節）：
　初始化 S（分節的第一個狀態）
　$I \leftarrow 1$
　當 S 不為終端狀態時循環（對於每個時步）：
　　$A \sim \pi(\cdot|S,\boldsymbol{\theta})$
　　採取動作 A，觀察 S' 和 R
　　$\delta \leftarrow R + \gamma\hat{v}(S',\mathbf{w}) - \hat{v}(S,\mathbf{w})$　　（如果 S' 是終端狀態，則 $\hat{v}(S',\mathbf{w}) \doteq 0$）
　　$\mathbf{w} \leftarrow \mathbf{w} + \alpha^{\mathbf{w}}\delta\nabla\hat{v}(S,\mathbf{w})$
　　$\boldsymbol{\theta} \leftarrow \boldsymbol{\theta} + \alpha^{\boldsymbol{\theta}} I\delta\nabla\ln\pi(A|S,\boldsymbol{\theta})$
　　$I \leftarrow \gamma I$
　　$S \leftarrow S'$

將單步方法延伸到 n 步方法的前向視角，然後再延伸到 λ- 回報演算法是相當簡單的，我們只需要將 (13.12) 中的單步回報分別替換為 $G_{t:t+n}$ 或 G_t^λ 即可。λ- 回報演算法的後向視角也相當簡單，我們只需要依照第 12 章中介紹的方法分別針對演員和評論家使用不同的資格痕跡即可。完整演算法的虛擬碼如以下方框所示。

具有資格痕跡的演員 - 評論家演算法（分節性），用於估計 $\pi_\theta \approx \pi_*$

輸入：一個可微分的參數化策略 $\pi(a|s,\boldsymbol{\theta})$
輸入：一個可微分的參數化狀態值函數 $\hat{v}(s,\mathbf{w})$
演算法參數：痕跡衰減率 $\lambda^{\boldsymbol{\theta}} \in [0,1]$、$\lambda^{\mathbf{w}} \in [0,1]$，步長 $\alpha^{\boldsymbol{\theta}} > 0$、$\alpha^{\mathbf{w}} > 0$
初始化策略參數 $\boldsymbol{\theta} \in \mathbb{R}^{d'}$ 和狀態值函數的權重 $\mathbf{w} \in \mathbb{R}^d$（例如，初使化為 $\mathbf{0}$）
無限循環（對於每一個分節）：
　初始化 S（分節的第一個狀態）
　$\mathbf{z}^{\boldsymbol{\theta}} \leftarrow \mathbf{0}$（$d'$ 維資格痕跡向量）

> $\mathbf{z}^{\mathbf{w}} \leftarrow \mathbf{0}$（$d$ 維資格痕跡向量）
> $I \leftarrow 1$
> 當 S 不為終端狀態時循環（對於每個時步）：
> 　$A \sim \pi(\cdot|S, \boldsymbol{\theta})$
> 　採取動作 A，觀察 S' 和 R
> 　$\delta \leftarrow R + \gamma \hat{v}(S',\mathbf{w}) - \hat{v}(S,\mathbf{w})$　　（如果 S' 是終端狀態，則 $\hat{v}(S',\mathbf{w}) \doteq 0$）
> 　$\mathbf{z}^{\mathbf{w}} \leftarrow \gamma\lambda^{\mathbf{w}}\mathbf{z}^{\mathbf{w}} + \nabla\hat{v}(S,\mathbf{w})$
> 　$\mathbf{z}^{\boldsymbol{\theta}} \leftarrow \gamma\lambda^{\boldsymbol{\theta}}\mathbf{z}^{\boldsymbol{\theta}} + I\nabla \ln \pi(A|S,\boldsymbol{\theta})$
> 　$\mathbf{w} \leftarrow \mathbf{w} + \alpha^{\mathbf{w}}\delta\mathbf{z}^{\mathbf{w}}$
> 　$\boldsymbol{\theta} \leftarrow \boldsymbol{\theta} + \alpha^{\boldsymbol{\theta}}\delta\mathbf{z}^{\boldsymbol{\theta}}$
> 　$I \leftarrow \gamma I$
> 　$S \leftarrow S'$

13.6 連續性問題的策略梯度

正如在 10.3 節所描述的，對於沒有分節邊界的連續性問題，我們需要根據每個時步的平均獎勵率來定義性能指標：

$$\begin{aligned} J(\boldsymbol{\theta}) \doteq r(\pi) &\doteq \lim_{h\to\infty}\frac{1}{h}\sum_{t=1}^{h}\mathbb{E}[R_t \mid S_0, A_{0:t-1}\sim\pi] \\ &= \lim_{t\to\infty}\mathbb{E}[R_t \mid S_0, A_{0:t-1}\sim\pi] \\ &= \sum_s \mu(s)\sum_a \pi(a|s)\sum_{s',r}p(s',r\,|\,s,a)r, \end{aligned} \tag{13.15}$$

其中 μ 是策略 π 下的平穩分布，$\mu(s) \doteq \lim_{t\to\infty}\Pr\{S_t = s|A_{0:t}\sim\pi\}$，假設其存在並獨立於 S_0（一種遍歷性假設）。請記住這是一種特殊的分布，如果一直根據策略 π 選擇動作，此分布將保持不變：

$$\sum_s \mu(s)\sum_a \pi(a|s,\boldsymbol{\theta})p(s'\,|\,s,a) = \mu(s')\text{，對於所有 } s' \in \mathcal{S} \tag{13.16}$$

下一頁的方框中顯示了在連續性問題的情形下，演員 - 評論家演算法（後向視角）的完整虛擬碼。

具有資格痕跡的演員 - 評論家演算法（連續性），用於估計 $\pi_\theta \approx \pi_*$

輸入：一個可微分的參數化策略 $\pi(a|s,\boldsymbol{\theta})$
輸入：一個可微分的參數化狀態值函數 $\hat{v}(s,\mathbf{w})$
演算法參數：$\lambda^{\mathbf{w}} \in [0,1]; \lambda^{\boldsymbol{\theta}} \in [0,1], \alpha^{\mathbf{w}} > 0$，$\alpha^{\boldsymbol{\theta}} > 0, \alpha^{\bar{R}} > 0$
初始化 $\bar{R} \in \mathbb{R}$（例如，初使化為 $\mathbf{0}$）
初始化狀態值函數的權重 $\mathbf{w} \in \mathbb{R}^d$ 和策略參數 $\boldsymbol{\theta} \in \mathbb{R}^{d'}$（例如，初使化為 $\mathbf{0}$）
初始化 $S \in \mathcal{S}$（例如，初使化為 s_0）

$\mathbf{z}^{\mathbf{w}} \leftarrow \mathbf{0}$（$d$ 維資格痕跡向量）
$\mathbf{z}^{\boldsymbol{\theta}} \leftarrow \mathbf{0}$（$d'$ 維資格痕跡向量）
無限循環（對於每個時步）：
  $A \sim \pi(\cdot|S,\boldsymbol{\theta})$
  採取動作 A，觀察 S' 和 R
  $\delta \leftarrow R - \bar{R} + \hat{v}(S',\mathbf{w}) - \hat{v}(S,\mathbf{w})$
  $\bar{R} \leftarrow \bar{R} + \alpha^{\bar{R}}\delta$
  $\mathbf{z}^{\mathbf{w}} \leftarrow \lambda^{\mathbf{w}}\mathbf{z}^{\mathbf{w}} + \nabla\hat{v}(S,\mathbf{w})$
  $\mathbf{z}^{\boldsymbol{\theta}} \leftarrow \lambda^{\boldsymbol{\theta}}\mathbf{z}^{\boldsymbol{\theta}} + \nabla \ln \pi(A|S,\boldsymbol{\theta})$
  $\mathbf{w} \leftarrow \mathbf{w} + \alpha^{\mathbf{w}}\delta\mathbf{z}^{\mathbf{w}}$
  $\boldsymbol{\theta} \leftarrow \boldsymbol{\theta} + \alpha^{\boldsymbol{\theta}}\delta\mathbf{z}^{\boldsymbol{\theta}}$
  $S \leftarrow S'$

在連續性問題的情形下，對於差分回報我們很自然地定義 $v_\pi(s) \doteq \mathbb{E}_\pi[G_t|S_t=s]$ 和 $q_\pi(s,a) \doteq \mathbb{E}_\pi[G_t|S_t=s, A_t=a]$：

$$G_t \doteq R_{t+1} - r(\pi) + R_{t+2} - r(\pi) + R_{t+3} - r(\pi) + \cdots. \tag{13.17}$$

有了這些定義，分節性情形下的策略梯度定理 (13.5) 對於連續性問題仍然適用，下一頁的方框中提供了證明過程。前向視角和後向視角方程式也保持不變。

策略梯度定理的證明（連續性問題）

連續性問題的策略梯度定理證明與分節性的情形類似。在此我們同樣將 π 隱含為 $\boldsymbol{\theta}$ 的函數，並將梯度隱含於 $\boldsymbol{\theta}$ 的函數中。回想一下，在連續性問題中 $J(\boldsymbol{\theta}) = r(\pi)$ (13.15)，而 v_π 和 q_π 是以差分回報 (13.17) 表示的值。對於任何 $s \in \mathcal{S}$，狀態值函數的梯度可以表示為

$$\nabla v_\pi(s) = \nabla \left[\sum_a \pi(a|s) q_\pi(s,a) \right], \text{對於所有 } s \in \mathcal{S} \qquad \text{（練習 3.18）}$$

$$= \sum_a \Big[\nabla \pi(a|s) q_\pi(s,a) + \pi(a|s) \nabla q_\pi(s,a) \Big] \qquad \text{（微積分的乘積法則）}$$

$$= \sum_a \Big[\nabla \pi(a|s) q_\pi(s,a) + \pi(a|s) \nabla \sum_{s',r} p(s',r|s,a) \big(r - r(\boldsymbol{\theta}) + v_\pi(s') \big) \Big]$$

$$= \sum_a \Big[\nabla \pi(a|s) q_\pi(s,a) + \pi(a|s) \big[-\nabla r(\boldsymbol{\theta}) + \sum_{s'} p(s'|s,a) \nabla v_\pi(s') \big] \Big].$$

重新調整方程式後，我們可以獲得

$$\nabla r(\boldsymbol{\theta}) = \sum_a \Big[\nabla \pi(a|s) q_\pi(s,a) + \pi(a|s) \sum_{s'} p(s'|s,a) \nabla v_\pi(s') \Big] - \nabla v_\pi(s).$$

請注意等式左側可以表示為 $\nabla J(\boldsymbol{\theta})$，它與 s 無關。因此等式右側也與 s 無關，我們可以對於所有 $s \in \mathcal{S}$ 放心地對其使用 $\mu(s)$ 進行加權求和，而無需進行任何修改（因為 $\sum_s \mu(s) = 1$）：

$$\nabla J(\boldsymbol{\theta}) = \sum_s \mu(s) \left(\sum_a \Big[\nabla \pi(a|s) q_\pi(s,a) + \pi(a|s) \sum_{s'} p(s'|s,a) \nabla v_\pi(s') \Big] - \nabla v_\pi(s) \right)$$

$$= \sum_s \mu(s) \sum_a \nabla \pi(a|s) q_\pi(s,a)$$
$$\quad + \sum_s \mu(s) \sum_a \pi(a|s) \sum_{s'} p(s'|s,a) \nabla v_\pi(s') - \sum_s \mu(s) \nabla v_\pi(s)$$

$$= \sum_s \mu(s) \sum_a \nabla \pi(a|s) q_\pi(s,a)$$
$$\quad + \sum_{s'} \underbrace{\sum_s \mu(s) \sum_a \pi(a|s) p(s'|s,a)}_{\mu(s') \ (13.16)} \nabla v_\pi(s') - \sum_s \mu(s) \nabla v_\pi(s)$$

$$= \sum_s \mu(s) \sum_a \nabla \pi(a|s) q_\pi(s,a) + \sum_{s'} \mu(s') \nabla v_\pi(s') - \sum_s \mu(s) \nabla v_\pi(s)$$

$$= \sum_s \mu(s) \sum_a \nabla \pi(a|s) q_\pi(s,a). \qquad \text{得證}$$

13.7 連續動作的策略參數化

基於策略的方法提供了處理大型動作空間（甚至是無限次數動作的連續空間）實用方法。我們不直接計算每個動作的機率，而是學習機率分布的統計資訊。例如，動作集合可能是一個實數集合，可以根據常態（高斯）分布進行動作選擇。

常態分布的機率密度函數通常可以表示為：

$$p(x) \doteq \frac{1}{\sigma\sqrt{2\pi}} \exp\left(-\frac{(x-\mu)^2}{2\sigma^2}\right), \tag{13.18}$$

其中 μ 和 σ 是常態分布的平均值和標準差，而 π 在此以 $\pi \approx 3.14159$ 來表示。右圖顯示了幾種不同平均值和標準差的機率密度函數。$p(x)$ 指的是在 x 處的機率密度而非機率，$p(x)$ 可以大於 1，而在 $p(x)$ 以下的總面積必須為 1。一般而言，我們可以對於任何範圍的 x 值取在 $p(x)$ 以下的積分來獲得 x 落入該範圍內的機率。

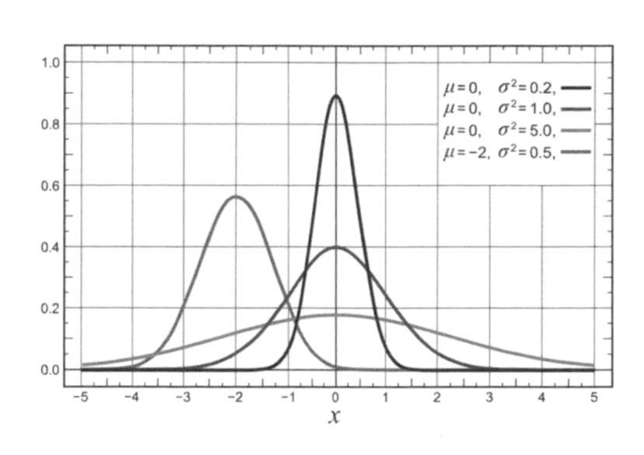

為了產生策略參數化，我們可以將策略定義為在實數形式的純量動作上的常態機率密度，平均值和標準差則由取決於狀態的參數化函數近似器決定。即為：

$$\pi(a|s,\boldsymbol{\theta}) \doteq \frac{1}{\sigma(s,\boldsymbol{\theta})\sqrt{2\pi}} \exp\left(-\frac{(a-\mu(s,\boldsymbol{\theta}))^2}{2\sigma(s,\boldsymbol{\theta})^2}\right), \tag{13.19}$$

其中 $\mu : \mathcal{S}\times\mathbb{R}^{d'} \to \mathbb{R}$ 和 $\sigma : \mathcal{S}\times\mathbb{R}^{d'} \to \mathbb{R}^+$ 分別為兩個參數化函數近似器。為了確保這個例子的完整性，我們需要為這兩個近似器提供一個形式。我們將策略的參數向量分為兩部分，$\boldsymbol{\theta} = [\boldsymbol{\theta}_\mu, \boldsymbol{\theta}_\sigma]^\top$，其中一部分用於平均值的近似，另一部分則用於標準差的近似。平均值可以近似為線性函數，而標準差必須始終為正數並且最好近似為線性函數的指數。因此：

$$\mu(s,\boldsymbol{\theta}) \doteq {\boldsymbol{\theta}_\mu}^\top \mathbf{x}_\mu(s) \quad \text{和} \quad \sigma(s,\boldsymbol{\theta}) \doteq \exp\left({\boldsymbol{\theta}_\sigma}^\top \mathbf{x}_\sigma(s)\right), \tag{13.20}$$

其中 $\mathbf{x}_\mu(s)$ 和 $\mathbf{x}_\sigma(s)$ 是透過第 9 章介紹的方法進行建構的狀態特徵向量。有了這些定義，本章接下來描述的所有演算法都可以用於學習如何選擇實數形式的動作。

練習 13.4：請證明對於高斯策略參數化（13.19），資格向量具有以下兩個部分：

$$\nabla \ln \pi(a|s,\boldsymbol{\theta}_\mu) = \frac{\nabla \pi(a|s,\boldsymbol{\theta}_\mu)}{\pi(a|s,\boldsymbol{\theta})} = \frac{1}{\sigma(s,\boldsymbol{\theta})^2}(a-\mu(s,\boldsymbol{\theta}))\mathbf{x}_\mu(s),$$

和

$$\nabla \ln \pi(a|s,\boldsymbol{\theta}_\sigma) = \frac{\nabla \pi(a|s,\boldsymbol{\theta}_\sigma)}{\pi(a|s,\boldsymbol{\theta})} = \left(\frac{\left(a-\mu(s,\boldsymbol{\theta})\right)^2}{\sigma(s,\boldsymbol{\theta})^2} - 1\right)\mathbf{x}_\sigma(s).$$ □

練習 13.5：**伯努利邏輯單元**是在一些人工神經網路中使用的隨機神經單元（第 9.7 節）。它在時步 t 的輸入是特徵向量 $\mathbf{x}(S_t)$，而它的輸出 A_t 是一個具有兩個可能值 0 和 1 的隨機變數，其中 $\Pr\{A_t=1\}=P_t$，$\Pr\{A_t=0\}=1-P_t$（伯努利分布）。令 $h(s,0,\boldsymbol{\theta})$ 和 $h(s,1,\boldsymbol{\theta})$ 為單元在狀態 s 中給定策略參數 $\boldsymbol{\theta}$ 的兩個動作偏好值。假設動作偏好值之間的差異是根據單元輸入向量的加權總和，即 $h(s,1,\boldsymbol{\theta})-h(s,0,\boldsymbol{\theta})=\boldsymbol{\theta}^\top\mathbf{x}(s)$，其中 $\boldsymbol{\theta}$ 為單元的權重向量。

(a) 證明如果使用指數 soft-max 分布（13.2）將動作偏好值轉換為策略，則 $P_t=\pi(1|S_t,\boldsymbol{\theta}_t)=1/(1+\exp(-\boldsymbol{\theta}_t^\top\mathbf{x}(S_t)))$（邏輯函數）。

(b) 當收到回報 G_t 時，蒙地卡羅 REINFORCE 演算法如何將 $\boldsymbol{\theta}_t$ 更新為 $\boldsymbol{\theta}_{t+1}$？

(c) 透過計算梯度，使用 a、$\mathbf{x}(s)$ 和 $\pi(a|s,\boldsymbol{\theta})$ 來表示伯努利邏輯單元的資格痕跡 $\nabla \ln \pi(a|s,\boldsymbol{\theta})$。

提示：首先分別針對每個動作計算相對於 $P_t=\pi(a|s,\boldsymbol{\theta}_t)$ 其對數函數的導數，將兩個結果組合成一個對應於 a 和 P_t 的表達式，然後再使用鏈鎖律。請注意邏輯函數 $f(x)$ 的導數為 $f(x)(1-f(x))$。 □

13.8 本章總結

在本章之前的內容主要著重於**動作值方法**，這些方法學習動作值並使用這些值來決定動作的選擇。而在本章中，我們介紹了學習一個參數化策略的方法，此方法無需根據動作估計值就可以進行動作選擇。我們特別介紹了**策略梯度方法**（*policy-gradient methods*），此方法在每個步驟上朝著性能指標相對於策略參數的梯度估計值的方向上更新策略參數。

學習和儲存策略參數的方法具有許多優點。它們可以學習選擇動作的特定機率、可以進行適當程度的探索並漸近地接近確定性策略，同時它們可以很自然地處理連續的動作空間。這些工作對於基於策略的方法來說都相當容易，但是對於 ε- 貪婪方法和動作值方法而言通常是難以應付或不可能的。此外，在某些問題上策略比價值函數更容易以參數表示，這些問題更適合使用參數化策略方法。

相較於動作值方法，參數化策略方法也因**策略梯度定理**（*policy gradient theorem*）擁有一個重要的理論優勢，根據此優勢我們可以在不涉及狀態分布導數的情形下獲得一個策略參數如何影響性能指標的精確方程式。策略梯度定理為所有策略梯度方法提供了理論基礎。

REINFORCE 演算法直接遵循策略梯度定理。加入狀態值函數作為**基準線**可以降低 REINFORCE 演算法的變異數且不會產生偏差。使用狀態值函數進行自助操作會產生偏差但通常是可接受的，因為使用自助 TD 方法通常優於蒙地卡羅方法（變異數將大幅度降低）。「狀態值函數」針對「策略的動作選擇」進行評分，前者被稱為**評論家**，後者被稱為**演員**，整個方法我們稱為**演員 - 評論家**（*actor-critic*）演算法。

整體而言，相較於動作值方法，策略梯度方法提供了許多明顯不同的優勢和劣勢。到目前為止我們對於策略梯度方法中某些方面的理解尚未完備，但是它確實是一個令人感興趣且正在進行研究的主題。

參考文獻與歷史評注

我們現在所看到與策略梯度有關的方法實際上是在強化學習中（Witten, 1977; Barto, Sutton, and Anderson, 1983; Sutton, 1984; Williams, 1987, 1992）和其前身的研究領域中（Phansalkar and Thathachar, 1995）最早研究的方法。在 1990 年代，這些方法被本書其他各章所介紹的重點 —— 動作值方法所取代。但近年來，人們的注意力又回到了演員 - 評論家方法和策略梯度方法。除了本書所提到的，其他相關研究的進展還包含了自然梯度方法（Amari, 1998; Kakade, 2002, Peters, Vijayakumar and Schaal, 2005; Peters and Schall, 2008; Park, Kim and Kang, 2005; Bhatnagar, Sutton, Ghavamzadeh and Lee, 2009; Grondman, Busoniu, Lopes and Babuska, 2012）、確定性策略梯度方法（Silver et al., 2014）、off-policy 策略梯度方法（Degris, White, and Sutton, 2012; Maei, 2018）以及熵正規化（請詳閱詳見 Schulman, Chen, and Abbeel, 2017）。主要應用包括特技直升機自動駕駛系統和 AlphaGo（第 16.6 節）。

本章的介紹內容主要基於 Sutton、McAllester、Singh 和 Mansour（2000）的研究，他們提出了「策略梯度方法」一詞。Bhatnagar 等人（2009）提供了有用的概述。最早的相關研究是由 Aleksandrov、Sysoyev 和 Shemeneva（1968）所提出的，Thomas（2014）最早意識到 γ^t 是具有折扣的分節性問題所必需的，如同在本章中介紹的相關演算法。

13.1 範例 13.1 及其在本章中的結果是由 Eric Graves 所提供的。

13.2 此處和第 366 頁所描述的策略梯度定理是由 Marbach 和 Tsitsiklis（1998, 2001）首先提出，然後由 Sutton 等人（2000）獨立推導而得的。Cao 和 Chen（1997）提出了類似的表達式。其他早期的研究結果源自於 Konda 和 Tsitsiklis（2000, 2003）、Baxter 和 Bartlett（2001），以及 Baxter、Bartlett 和 Weaver（2001）。Sutton、Singh 和 McAllester（2000）提出了一些其他相關的研究結果。

13.3 REINFORCE 演算法是由 Williams（1987, 1992）所提出的。Phansalkar 和 Thathachar（1995）所提出的改進版本證明了區域和全域收斂定理。全部動作演算法最初是在未正式發表但廣為流傳的未完成論文中提出的（Sutton, Singh, and McAllester, 2000），並由 Asadi、Allen、Roderick、Mohamed、Konidaris 和 Littman（2017）進行分析和研究並將其稱為「平均演員 - 評論家」演算法。Ciosek 和 Whiteson（2018）將其延伸至連續動作的情形，他們將其稱為「預期的策略梯度」。

13.4 基準線是源自於 Williams（1987, 1992）最初的研究。Greensmith、Bartlett 和 Baxter（2004）分析了一個理論上更好的基準線（詳見 Dick，2015）。Thomas 和 Brunskill（2017）認為使用與動作有關的基準線並不會產生偏差。

13.5-6 演員 - 評論家方法是最早用於強化學習的方法之一（Witten, 1977; Barto, Sutton, and Anderson, 1983; Sutton, 1984）。本節所介紹的演算法基於 Degris、White 和 Sutton（2012）的研究，他們還提出了 off-policy 策略梯度方法的研究。演員 - 評論家方法有時在研究中被稱為優勢（*advantage*）演員 - 評論家方法。

13.7 Williams（1987, 1992）可能是第一個展示如何以這種方式處理連續動作的人。第 367 頁的圖改編自維基百科。

第 III 部分　深入觀察

在本書的最後一部分中，我們將超出本書前兩部分提出的標準強化學習概念，簡要地介紹它們與心理學和神經科學之間的關係、強化學習的相關應用以及未來強化學習研究中一些正在進行的前瞻技術。

Chapter 14

心理學

在先前的章節中，我們僅從計算的角度針對演算法提出一些概念。在本章中我們從另一個角度來探討這些演算法：心理學的角度及對於動物如何學習的研究。本章的目標為：首先討論強化學習的概念和演算法與心理學家所發現的關於動物學習方法之間的關聯性，其次介紹強化學習對於動物學習研究的影響。強化學習提供了清晰的表達形式能將問題、回報和演算法系統化，它被證明在理解實驗數據、提出新的實驗以及指出可能對實驗操作和測量的關鍵因素等方面相當有用。作為強化學習的核心，最佳化長期回報的概念有助於我們理解動物學習和行為上一些令人困惑的特性。

強化學習與心理學理論之間的一些對應關係並不令人感到驚訝，因為強化學習的發展過程中受許多心理學學習理論的啟發。但正如本書所介紹的，強化學習是從人工智慧研究員或工程師的角度探索理想化的情形，目的是透過有效的演算法解決計算問題，而非複製或詳細解釋動物如何學習。因此，我們描述的一些對應關係是將各領域中獨立產生的概念進行連結，我們認為這些連結特別有意義，因為它們揭示了對於學習相當重要的計算原理，無論是透過人工系統還是自然系統進行學習。

在本章大部分的內容中，我們將描述強化學習與心理學學習理論之間的對應關係，這些理論是用來解釋老鼠、鴿子和兔子等動物如何在受控的實驗室中學習而提出的。在 20 世紀進行了成千上萬次這樣的實驗，許多實驗至今仍在進行中。儘管一些實驗有時被認為與廣泛的心理學問題無關，但這些實驗探討了動物學習的微妙特性，而且經常是受精確的理論問題驅使的。隨著心理學的研究重點轉移到更多關於行為認知方面，即思維和推理等心理過程，動物學習實驗在心理學中的作用已大不如前。但是這些實驗使我們發現在動物界中基本且普遍存在的學習原理，這些原理在設計人工學習系統時不應該被忽略。此外，正如我們將看到的，認知處理的某些方面自然地與強化學習所提供的計算視角有關。

本章的最後一部分不僅包含了與我們討論的連結相關的參考資料，同時也包含了一些與我們所忽略的連結有關的參考資料。我們希望本章能夠鼓勵讀者更深入地探討這些連結。本章最後還討論了強化學習中所使用的術語與心理學之間的關係。強化學習中使用的許多術語是從動物學習理論中借鑑而來的，但這些術語的計算 / 工程含義並非總是與它們在心理學中的含義一致。

14.1 預測與控制

我們在本書中所介紹的演算法分為兩大類：**預測**（*prediction*）演算法和**控制**（*control*）演算法。這種分類自然而然地出現在第 3 章介紹的強化學習問題解決方法中。在許多方面這種分類分別對應於心理學家廣泛研究的學習類別：**古典制約**（*classical conditioning*）或**巴夫洛夫制約**（*Pavlovian conditioning*）和**工具制約**（*instrumental conditioning*）或**操作制約**（*operant conditioning*）。由於心理學對強化學習的影響，這些對應關係並非完全是偶然的，但是它們卻相當引人注目，因為它們將不同目標所產生的概念連結起來。

本書中所介紹的預測演算法，其估計的價值具體取決於代理人所在環境的特徵在未來如何展現，我們特別著重於評估代理人在與環境進行交互作用時未來期望獲得的獎勵數量。就這個角度而言，預測演算法是**策略評估演算法**（*policy evaluation algorithm*），它是用於改善策略的演算法中不可或缺的組成部分。但預測演算法不僅限於預測未來的獎勵，它們也可以預測環境的任何特徵（例如，詳見 Modayil, White, and Sutton, 2014）。預測演算法和古典制約之間的對應關係取決於它們的共同屬性，即預測即將到來的刺激，無論這些刺激是否有獎勵（或懲罰）。

工具制約或操作制約實驗中的情形不同。在這些實驗中實驗設備被設定為根據動物的行為決定給予動物喜歡的東西（獎勵）或不喜歡的東西（懲罰）。動物學會增加其產生獎勵行為的趨勢，並減少其產生懲罰行為的趨勢。在工具制約中，強化的刺激會**偶然的**（*contingent*）影響動物的行為，但在古典制約卻不是如此（儘管在古典制約實驗中很難消除所有的行為偶然性）。工具制約實驗類似於我們在第 1 章中簡要討論過的受 Thorndike 效果律啟發的實驗。**控制**（*control*）[1] 是這種學習形式的核心，它與強化學習的策略改善演算法中的操作行為相對應。

1　對我們而言，「控制」一詞的含義不同於動物學習理論中所表示的含義。在動物學習理論中，環境控制代理人，而不是代理人控制環境。請詳閱本章結尾的術語說明。

從預測的角度思考古典制約，從控制的角度思考工具制約，這是我們將強化學習的計算觀點與動物學習連結的起點，但實際情形比這更複雜。古典制約中所做的比預測更多，它也會涉及動作，因此它也是一種控制方式，有時它被稱為**巴夫洛夫控制**（*Pavlovian control*）。此外，古典制約和工具制約會以有趣的方式相互作用，在大多數實驗情形下兩種學習方式可能同時進行。儘管存在這些複雜性，但在將強化學習與動物學習進行連結時，將古典制約 / 工具制約分別與預測 / 控制對應是一種相當方便的初步近似方法。

在心理學中，「強化」一詞用於描述在古典制約和工具制約下的學習。最初僅指加強某種行為模式，但也經常用於表示削弱某種行為模式。導致行為改變的刺激被稱為強化劑，無論它是否取決於動物先前的行為。在本章的最後，我們將更詳細地討論此術語以及它與機器學習中所使用的術語之間的關係。

14.2 古典制約

著名的俄羅斯生理學家 Ivan Pavlov 在研究消化系統的活動時發現，動物對某些觸發性刺激的先天反應可以被其他與先天觸發因素無關的刺激觸發。他的實驗對象是經過小手術得以精確測量其唾液反射強度的狗。在他描述的一個實驗記錄中，大多數情形下狗並不會產生唾液，但是在看到食物約 5 秒鐘後，牠在接下來的幾秒內產生了約 6 滴唾液。Ivan Pavlov 試著在給予牠食物前給予另一個與食物無關的刺激，如節拍器的聲音，經過多次重複操作之後，狗對節拍器的聲音也做出了與看到食物時相同的唾液反應。「因此，聲音訊號的脈衝使唾液腺的分泌功能發揮了作用，這是一個與食物完全無關的刺激」（Pavlov, 1927, p. 22）。總結了這項發現的意義，Pavlov 寫道：

> 顯然，在自然條件下，正常的動物不僅會對自身帶來直接好處或傷害的刺激作出反應，而且還會對其他物理或化學物質如聲波、光波等表示刺激接近的訊號做出反應。雖然正在獵食的猛獸其身影和聲音本身對小動物而言並不會造成傷害，但牠的牙齒和利爪卻會。（Pavlov, 1927, p. 14）

透過這種方式將新的刺激與先天的反射連結現在被稱為古典制約或巴夫洛夫制約。Pavlov（或更準確地說，他的翻譯者）將先天反應（如，上述論證中的唾液分泌）稱為「非制約反應」（unconditioned response, UR），將其自然的觸發刺激（例如食物）稱為「非制約刺激」（unconditioned stimuli, US），同時將預測性刺激觸發的新反應（在此同樣為唾液分泌）稱為「制約反應」（conditioned response, CR）。一種刺激最初為中性的表示它通常不會引起強烈的反應（例如節拍器的聲音），當動物學習到此中性刺激可以預測 US 的出現時，它就變成了「制約刺激」(conditioned stimuli, CS)，同時會根據 CS 產生 CR。這些術語仍用於描述古典制約實驗（儘管更正確的意思應該是「條件制約的」和「無條件制約的」，而不是「制約」和「非制約」）。US 之所以被稱為強化劑，是因為它強化了 CS 產生 CR 的反應情形。

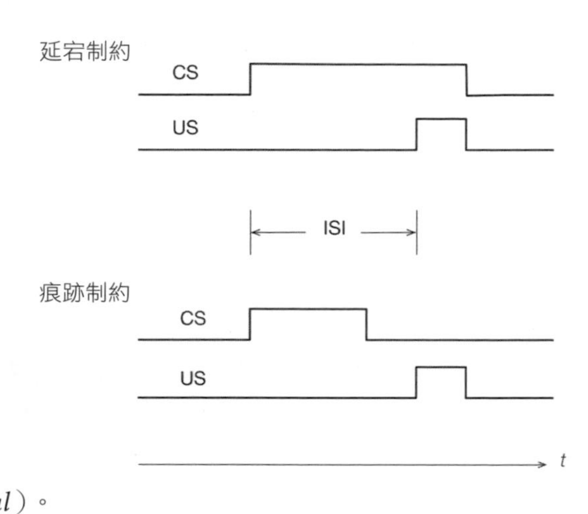

右圖顯示了古典制約實驗中兩種常見類型的刺激出現情形。在**延宕制約**（*delay conditioning*）中，CS 涵蓋了整個刺激間距（inter-stimulus interval, ISI)，ISI 為 CS 起始點和 US 起始點之間的時間區間（在此處所示的一般版本中，當 US 終止時 CS 也同時結束）。在**痕跡制約**（*trace conditioning*）中，US 在 CS 結束後才開始，而從 CS 結束到 US 開始之間的時間區間被稱為**痕跡區間**（*trace interval*）。

Pavlov 的狗聽到節拍器聲音後分泌唾液的實驗只是古典制約的一個例子，許多研究學者已對多種動物不同的反應系統進行了這種現象的深入研究。UR 通常是對於某種情形的預備措施，例如使 Pavlov 的狗分泌唾液，或是對於某種情形的保護措施，例如眼睛受到刺激引起的眨眼，或因看到掠食者而身體僵硬。透過一系列實驗中體驗到 CS-US 的預測關係會使動物學習到 CS 會預測 US，進而使動物可以根據 CS 產生 CR 為預測到的 US 做好準備或保護工作。有些 CR 與 UR 類似，但產生的時間較早，同時提高效果的方式也有所不同。例如，在一項經過深入研究的實驗中，一個聲音刺激（CS）可以可靠地預測向兔子眼睛吹氣的刺激（US）流量，進而觸發稱為瞬膜的保護性眼瞼閉合反應（UR）。經過一次或多次試驗後，聲音刺激將觸發瞬膜閉合反應（CR），閉合反應最初在吹氣之前開始，但最終變為在最有可能發生吹氣的時間點才產生閉合。此 CR 是在預期出現吹氣的情形下同步啟動的，它與 US 以受到刺激後產生反應單純地啟動閉合相比可以提供更好的保護。透過學習刺激之間的預測關係來預測重要事件的能力相當有益，以致於這項能力廣泛存在於動物界中。

14.2.1 阻斷與高階制約

透過實驗我們可以觀察到古典制約許多有趣的特性。除了 CR 的預期性質之外，在古典制約模型的發展中兩個被廣泛觀察到的特性也佔有相當重要的地位：阻斷（*blocking*）與高階制約（*higher-order conditioning*）。當一個潛在的 CS 以及另一個先前用於觸發動物產生該 CR 的 CS 同時出現時，若動物無法學習 CR 時就會發生阻斷。例如，在兔子瞬膜閉合的阻斷實驗第一階段中，首先以聲音刺激 CS 和向眼睛吹氣的刺激 US 對兔子進行制約，進而在預期出現吹氣時產生瞬膜閉合的反應 CR。此實驗的第二階段包含一個額外的試驗，在此試驗中將另一個刺激（例如燈光）與聲音刺激結合以形成一個聲音 / 燈光刺激的複合 CS，且依然包含相同的向眼睛吹氣刺激 US。在實驗的第三階段僅對兔子提供第二個刺激（燈光）以觀察兔子是否學會透過 CR 對其作出反應。實驗證明，兔子很少或幾乎沒有對燈光做出瞬膜閉合的反應 CR：對光的學習被先前對聲音的學習阻斷（*blocked*）[2]。如此的阻斷結果挑戰了以下概念，即制約僅取決於簡單的時間連續性，也就是制約的充要條件是在時間上一個 US 經常緊跟著一個 CS 之後出現。在下一節中我們將介紹 *Rescorla-Wagner* 模型（Rescorla and Wagner, 1972），此模型對阻斷提出了一種相當具有影響力的解釋。

當我們將一個先前已完成制約的 CS 作為 US 對另一個最初為中性的刺激進行制約時會形成高階制約。Pavlov 描述了一個實驗，他的助手首先對一隻狗進行制約使其對於能預測食物刺激 US 的節拍器聲音產生分泌唾液的反應，如同前一節所描述的實驗。經過這一階段的制約後另外進行了重複多次的試驗，此試驗在狗的視線內放置了一個黑色正方體並伴隨著節拍器的聲音，但並未伴隨著食物的出現。最初狗對這樣的情形沒有任何反應，但僅在重複十次此試驗後，狗在僅看到黑色正方體時就會開始分泌唾液，儘管事實上食物並沒有出現過。將節拍器的聲音作為 US 對黑色正方體 CS 進行制約以產生狗分泌唾液的反應 CR，就會形成一個二階制約的情形。如果將黑色正方體作為 US 並將另一個最初為中性的刺激設為 CS 進行制約以產生狗分泌唾液的反應 CR，則會形成一個三階制約的情形，以此類推。高階制約通常很難實現，特別是二階制約以上的情形，部分原因是因為在高階制約試驗中，高階強化劑並未反覆伴隨著原始 US 的出現而失去了強化的效果。但是在適當的條件下二階以上的高階制約是可以被實現的，

2 與對照組進行比較是必要的，用以證明先前對聲音的制約阻斷了對燈光的學習。對照組的試驗可以透過使用聲音 / 燈光刺激但未事先對聲音進行制約來完成，在此情形下對燈光的學習不會受到任何影響。Moore 和 Schmajuk（2008）對此過程進行了充分的說明。

例如將一階試驗與高階試驗混合使用或者透過提供通用的激勵刺激。正如我們接下來將介紹的**古典制約的 *TD* 模型**（*TD model of classical conditioning*）使用了自助概念，這是我們方法的核心，它透過納入 CR 的預期性質及高階制約擴展了 Rescorla-Wagner 模型對於阻斷的描述。

高階工具制約同樣也會發生。在此情形下，用來持續預測**主要強化**（*primary reinforcement*）的刺激本身變成了強化劑，其中主要強化是指一個強化作用為有益的或不利的是透過進化內建於動物體內，而非學習獲得的。而進行預測強化劑出現的刺激成為**次級強化劑**，或更普遍地稱為**高階強化劑**（*higher-order reinforcer*）或**制約強化劑**（*conditioned reinforcer*），當被預測的強化刺激本身為次級強化劑或是更高階的強化劑時，使用後者會是一個更恰當的稱呼。制約強化劑會產生**制約強化**（*conditioned reinforcement*）：制約獎勵或制約懲罰。制約強化就像主要強化一樣，它增加了動物產生會引發制約獎勵的行為趨勢，並降低了動物產生會導致制約懲罰的行為趨勢（詳閱本章結尾的術語說明，這些說明解釋了在此處所使用的術語其含義與心理學上所使用的不同之處）。

制約強化解釋了一些關鍵現象，例如，為什麼我們要為金錢這個制約強化劑工作，它的價值完全來自擁有它後所預期的結果。在第 13.5 節所介紹的演員 - 評論家方法（並在第 15.7 節和第 15.8 節以神經科學的觀點進行說明）中，評論家使用 TD 方法評估演員的策略，所估計出的價值為演員提供了制約強化進而允許演員改善其策略。這種對高階工具制約的模擬有助於解決第 1.7 節中所提到的信用分配問題，因為當主要的獎勵訊號被延遲時，評論家會在每個時刻強化演員的行為。我們將在第 14.4 節中對此進行更進一步地說明。

14.2.2 Rescorla-Wagner 模型

Rescorla 和 Wagner 建立模型的主要目的是為了解釋阻斷情形。Rescorla-Wagner 模型的核心概念是動物僅在事件違反其期望時才學習，也就是動物僅當感到驚訝時才學習（儘管不一定暗示任何**有意識的**（*conscious*）期望或情緒）。我們首先以 Rescorla 和 Wagner 所使用的術語和符號介紹其模型，然後再以我們描述 TD 模型時所使用的術語和符號進行說明。

以下是 Rescorla 和 Wagner 描述模型的方式；此模型會調整複合 CS 中每個刺激元素的「連結強度」，連結強度為刺激元素預測一個 US 出現的強度或準確度數值。在古典制約試驗中，當複合 CS 包含多個刺激元素時，每個刺激元素其連結強度的變化方式不僅取決於每個元素本身的連結強度，同時也取決於稱為「聚合連結強度」的整個複合 CS 的連結強度。

Rescorla 和 Wagner 考慮一個由刺激元素 A 和 X 所組成的複合 CS AX，其中動物可能已經經歷過刺激 A 但還未接觸過刺激 X。令 V_{A}、V_{X} 和 V_{AX} 分別表示刺激元素 A、X 和複合刺激 AX 的連結強度。假設在一個試驗中複合 CS AX 發生作用後緊跟著一個 US，在此我們將 US 標記為刺激 Y。因此刺激元素的連結強度會根據以下方程式產生變化：

$$\Delta V_{\text{A}} = \alpha_{\text{A}}\beta_{\text{Y}}(R_{\text{Y}} - V_{\text{AX}})$$
$$\Delta V_{\text{X}} = \alpha_{\text{X}}\beta_{\text{Y}}(R_{\text{Y}} - V_{\text{AX}}),$$

其中 $\alpha_{\text{A}}\beta_{\text{Y}}$和 $\alpha_{\text{X}}\beta_{\text{Y}}$ 為步長參數，它們取決於 CS 的各個元素及 US，R_{Y} 是 US Y 能提供的連結強度漸近程度（Rescorla 和 Wagner 在此使用是 λ 而非 R，但是我們使用 R 來避免與我們在本書原先的用法混淆，因為我們通常將 R 視為獎勵訊號的大小。需要注意的是，在古典制約中 US 不一定是獎勵或懲罰）。此模型的一個關鍵假設是聚合連結強度 V_{AX} 等於 $V_{\text{A}} + V_{\text{X}}$。透過這些 Δ 改變的連結強度則會成為下一次試驗時的初始連結強度。

為了模型的完整性，此模型還需要一個反應生成機制，這是一種將 V的值映射到 CR 的方式。因為映射的操作取決於實驗的詳細資訊，所以 Rescorla 和 Wagner 沒有詳細說明具體的映射原則，他們僅假設較大的 V值會產生更強或更有可能為有效的 CR，而 V值為負則不會產生任何 CR。

Rescorla-Wagner 模型以解釋阻斷的方式說明了如何獲得 CR。只要複合刺激的聚合連結強度 V_{AX} 低於 US Y 所能提供的連結強度漸近程度 R_{Y}，則預測誤差 $R_{\text{Y}} - V_{\text{AX}}$ 為正。這表示在連續的試驗中各個刺激元素的連結強度 V_{A} 和 V_{X} 會持續增加直到聚合連結強度 V_{AX} 等於 R_{Y} 為止，此時連結強度將停止變化（除非 US 改變）。當將一個新的元素加到一個已經對動物進行過制約的複合 CS 會形成一個增強的複合 CS，若我們對此增強的複合 CS 進行更進一步的制約，由於誤差已經降低至 0 或一個非常小的值，新加入元素的連結強度將少量增加或完全不增加。由於先前的複合 CS 已經可以幾乎完美地預測 US 的發生，因此新的 CS 元素只會引起少量或幾乎沒有誤差（或意外），先前學習到的知識阻斷了對新元素的學習。

為了從 Rescorla 和 Wagner 的模型轉移至古典制約的 TD 模型（我們簡稱為 TD 模型），我們首先根據本書中所使用的概念將他們的模型進行重塑。具體而言，我們將用於學習線性函數近似（第 9.4 節）的符號與此模型進行匹配，同時我們將制約過程視為一種基於複合 CS 學習預測「US 的大小」的試驗，其中 US Y 的大小為先前描述 Rescorla-Wagner 模型所提到的 R_{Y}。此外，我們還導入了狀態的概念。因為 Rescorla-Wagner 模型為**試驗層面**（*trial-level*）的模型，這表示它透過不斷試驗來確定連結強度的變化，而無須考慮試驗內部及試驗之間發生的任何細節變化。在下一節介紹完整的 TD 模型之前，我們不必考慮試驗期間狀態如何變化。在此我們僅需將狀態視為根據試驗中 CS 的元素集合來標記試驗的一種方式即可。

因此，假定試驗類型或狀態 s 以一個特徵實數向量 $\mathbf{x}(s) = (x_1(s), x_2(s), \ldots, x_d(s))^\top$ 表示，其中如果 CS_i（複合 CS 的第 i 個元素）在試驗中存在，則 $x_i(s) = 1$，否則為 0。如果連結強度的 d 維向量為 $\mathbf{w}$，則試驗類型 s 的聚合連結強度為：

$$\hat{v}(s,\mathbf{w}) = \mathbf{w}^\top \mathbf{x}(s). \tag{14.1}$$

這對應於強化學習中的**價值估計**（*value estimate*），我們將其視為對 US 的**預測**（*prediction*）。

現在我們暫時以 t 表示完整試驗的次數，而不是它在本書中的一般含義 —— 時步（當將 Rescorla-Wagner 模型擴展到下一節的 TD 模型時，我們將恢復使用 t 的一般含義），並假定 S_t 是與試驗 t 對應的狀態。制約試驗 t 將連結強度向量 $\mathbf{w}_t$ 更新為 $\mathbf{w}_{t+1}$，如下所示：

$$\mathbf{w}_{t+1} = \mathbf{w}_t + \alpha \delta_t \mathbf{x}(S_t), \tag{14.2}$$

其中 α 為步長參數，因為這裡我們描述的是 Rescorla-Wagner 模型，所以這裡的 δ_t 為預測誤差。

$$\delta_t = R_t - \hat{v}(S_t,\mathbf{w}_t). \tag{14.3}$$

R_t 是對試驗 t 進行預測的目標，即 US 的大小，或者用 Rescorla 和 Wagner 的術語來說就是 US 在試驗中能提供的連結強度。請注意，由於 (14.2) 中存在因子 $\mathbf{x}(S_t)$，因此只有出現於該次試驗的元素其連結強度會被調整。我們可以將預測誤差視為發生意外的程度，而將聚合連結強度視為動物的期望值，當期望值與目標 US 的大小不匹配時就表示違反了動物的期望值。

從機器學習的角度來看，Rescorla-Wagner 模型是一種誤差糾正的監督式學習規則。它在本質上與最小均方（LMS）或 Widrow-Hoff 學習規則（Widrow and

Hoff, 1960）相同，透過調整權重（此處為連結強度）使得所有誤差的均方值盡可能接近於 0。這是一種廣泛應用於工程和科學應用的「曲線擬合」或迴歸演算法（詳見第 9.4 節）[3]。

Rescorla-Wagner 模型在動物學習理論的發展歷史中具有相當大的影響力，因為它表明了「機械」理論可以解釋有關阻斷的主要事實，而無需訴諸更複雜的認知理論，例如當動物明確意識到新增另一個刺激元素時，牠會根據之前的短期記憶重新評估刺激元素與 US 之間的預測關係。Rescorla-Wagner 模型顯示出傳統的連續性制約理論（即刺激的時間連續性是學習的充要條件）透過簡單的方式進行調整可以用來解釋阻斷現象（Moore and Schmajuk, 2008）。

Rescorla-Wagner 模型提供了對阻斷和古典制約中一些其他特徵的簡單說明，但它並不是古典制約的完整模型或完美模型。還有許多其他的概念用來解釋各種觀察到的效應，目前對於理解古典制約的許多微妙之處仍在持續進行。我們接下來將介紹的 TD 模型雖然也不是古典制約的完整模型或完美模型，但它擴展了 Rescorla-Wagner 模型，並說明對於試驗內和試驗間，其刺激之間的時序關係如何影響學習以及如何產生高階制約。

14.2.3 TD 模型

不同於 Rescorla-Wagner 模型為試驗層面的模型，TD 模型是一種即時（*real-time*）模型。在 Rescorla-Wagner 模型中的一個步驟 t 表示一次完整的制約試驗，因此該模型不適用於說明進行試驗期間所發生的細節，或兩次試驗之間可能發生的事件資訊。在每次試驗中，動物可能會受到各種發生在特定時間且具有特定持續時間的刺激，這些時間關係對於學習的影響相當大。同時，Rescorla-Wagner 模型也並未考慮用於高階制約的機制，但對於 TD 模型而言，高階制約是基於 TD 演算法中自助概念的自然結果。

我們從前一節的 Rescorla-Wagner 模型結構開始對 TD 模型進行說明，但 t 現在標記為試驗中或試驗之間的時步而非一次完整的試驗。我們將 t 和 $t+1$ 之間的時間視為一個小的時間間隔（例如 0.01 秒），並將試驗視為一個狀態序列，每一個狀態對應於一個時步，因此時步 t 對應的狀態現在表示為時步 t 時刺激的各種

3 LMS 規則與 Rescorla-Wagner 模型之間的唯一區別是：對於 LMS，輸入向量可以以任意數量的實數作為分量，且其步長參數 α 不取決於輸入向量 $\mathbf{x}_t$、或設定預測目標的刺激其相關特性（至少在最簡單的 LMS 規則中是如此）。

細節，而非在一次試驗中 CS 各元素出現時的標籤。實際上我們可以完全丟棄試驗的概念。從動物的角度來看，一次試驗只是動物與世界互動的連續體驗其中一個片段。按照我們以代理人與其所在環境相互作用的一般觀點，我們可以想像成動物正在經歷無限長的狀態 s 序列，每個狀態由特徵向量 $\mathbf{x}(s)$ 表示。話雖如此，將多次試驗視為在一個實驗中重複刺激模式的多個時間片段仍然相當方便。

狀態特徵不僅限於描述動物所經歷的外部刺激，它還可以用於描述動物的外部刺激在動物大腦中產生的神經活動模式，而且這些模式是與歷史相關的，這表示可以透過外部刺激序列來產生持久性神經活動模式。當然，我們並不清楚這些神經活動模式具體細節是什麼，但是像 TD 模型這樣的即時模型可以讓我們探索關於外部刺激的內部表徵在不同假設情形下的學習結果。由於以上原因，TD 模型不侷限於任何特定的狀態表徵。此外，由於 TD 模型包含跨越不同刺激時間間隔的折扣和資格痕跡，因此 TD 模型還可以讓我們探索折扣和資格痕跡如何與刺激表徵相互作用，進而對古典制約實驗的結果做出預測。

接下來我們將說明了一些與 TD 模型一起使用的狀態表徵形式以及它們的含義，但是目前我們還不清楚表徵形式的具體細節，僅假設每個狀態 s 以一個特徵向量 $\mathbf{x}(s) = (x_1(s), x_2(s), \ldots, x_n(s))^\top$ 表示。接下來，對應於狀態 s 的聚合連結強度和 Rescorla-Wagner 模型相同，都是由 (14.1) 提供，但 TD 模型對於連結強度向量 $\mathbf{w}$ 的更新方式不同。現在 t 標記為時步而不是一次完整的試驗，因此 TD 模型將根據以下方程式進行更新：

$$\mathbf{w}_{t+1} = \mathbf{w}_t + \alpha \delta_t \mathbf{z}_t, \tag{14.4}$$

在此以資格痕跡向量 $\mathbf{z}_t$ 代替 Rescorla-Wagner 模型更新方程式 (14.2) 中的 $\mathbf{x}_t(S_t)$。同時，此處的 δ_t 與 (14.3) 中的不同，在此 δ_t 為 TD 誤差：

$$\delta_t = R_{t+1} + \gamma \hat{v}(S_{t+1},\mathbf{w}_t) - \hat{v}(S_t,\mathbf{w}_t), \tag{14.5}$$

其中 γ 為折扣因子（介於 0 和 1 之間），R_t 是在時步 t 的預測目標，$\hat{v}(S_{t+1},\mathbf{w}_t)$ 和 $\hat{v}(S_t,\mathbf{w}_t)$ 是在時步 $t+1$ 和時步 t 時的聚合連結強度，如 (14.1) 中所定義的。

資格痕跡向量 $\mathbf{z}_t$ 的每個分量 i 根據特徵向量 $\mathbf{x}(S_t)$ 的分量 $x_i(S_t)$ 遞增或遞減，並以 $\gamma\lambda$ 的速率衰減：

$$\mathbf{z}_{t+1} = \gamma\lambda \mathbf{z}_t + \mathbf{x}(S_t). \tag{14.6}$$

λ 在此為一般的資格痕跡衰減參數。

請注意，如果 $\gamma = 0$，則 TD 模型將簡化為 Rescorla-Wagner 模型，但兩者 t 的含義不同（在 Rescorla-Wagner 模型中表示為一次完整的試驗，而在 TD 模型中表示為時步）。並且在 TD 模型中，預測目標 R 多了一個時步。TD 模型等同於線性函數近似中半梯度 TD(λ) 演算法的後視向視角（第 12 章），不同之處在於當使用 TD 演算法學習價值函數進行策略改善時，模型中的 R_t 不必是獎勵訊號。

14.2.4 TD 模型模擬

像 TD 模型這樣的即時制約模型之所以有趣，主要是因為它們可以對無法透過試驗層面模型進行表示的各種情形做出預測。這些情形涉及可制約的刺激其出現時機和持續時間、與 US 出現時機相關的刺激其出現時機，以及 CR 的出現時機和形態等。例如，US 通常必須在用於制約的中性刺激（CS）出現後才開始產生，學習的速度和效果取決於刺激間距（inter-stimulus interval, ISI），即 CS 起始點和 US 起始點之間的時間區間。而 CR 往往在 US 出現之前開始，並且它們的時序輪廓會在學習過程中發生變化。在使用複合 CS 進行制約時，複合 CS 中各個刺激元素可能不會同時開始和同時結束，有時這些刺激元素會按照時間順序出現，形成所謂的*序列式複合刺激*（*serial compound*）。像這樣考慮時序的刺激最重要的是要考慮這些刺激是如何呈現的、它們的表徵是如何在試驗中和試驗之間隨時間展開，以及它們如何與折扣和資格痕跡相互作用。

圖 14.1 顯示了用於探索 TD 模型行為的三種刺激表徵：*完整的序列式複合刺激*（*Complete Serial Compound*, CSC）、*微刺激*（*microstimulus*, MS）和*存在*（*presence*）表徵（Ludvig, Sutton, and Kehoe, 2012）。這些表徵在刺激出現的時間點附近廣義化的程度不同。

在圖 14.1 中最簡單的表徵是右側的存在表徵，此表徵對一次試驗中存在的每個 CS 元素都有一個單一的特徵，當該元素存在時對應的特徵值為 1，否則為 0[4]，存在表徵並不是關於刺激在動物大腦中如何呈現的實際假設，但是正如我們接下來將要說明的，具有這種表徵的 TD 模型可以產生許多在古典制約中看到的時序現象。

4 在我們的架構中，試驗的每個時步 t 都有一個不同的狀態 S_t，而在一個試驗中一個複合 CS 是由 n 個出現時間和持續時間不同的 CS 元素所組成。令特徵 x_i 對應於每個 CS 元素 $\mathrm{CS_i}$，$i = 1, \ldots, n$，因此對於所有時間 t，當 $\mathrm{CS_i}$ 存在時 $x_i(S_t) = 1$，否則為 0。

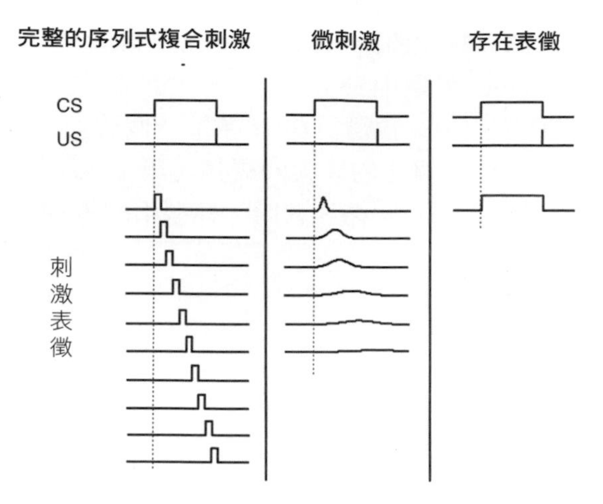

圖 14.1 經常與 TD 模型一起使用的三種刺激表徵（以行表示）。每一列代表刺激表徵的一個元素。這三個表徵在時間上的廣義化程度不同，在完整的序列式複合刺激（左行）中相鄰的時間點之間沒有進行廣義化，存在表徵（右行）中相鄰的時間點之間產生完全廣義化，而微刺激的表徵其廣義化程度則介於兩者之間。時間上的廣義化程度決定了用於學習 US 預測的時間粒度。改編自 *Learning & Behavior* 中「Evaluating the TD Model of Classical Conditioning」，第 40 卷，2012，第 311 頁，E. A. Ludvig、R. S. Sutton 和 E. J. Kehoe。已獲得 Springer 出版社授權使用。

對於 CSC 表徵（圖 14.1 的左行），每個外部刺激的產生都會觸發一個精準定時的短期內部訊號序列，這些訊號會一直持續直到外部刺激結束為止 [5]。這就像假設動物的神經系統中有一個時鐘，可以在刺激出現時精準紀錄時間，這就是工程師所謂的「分接式延遲線」。與存在表徵類似，將 CSC 表徵視為關於大腦內部如何呈現刺激的假設也是不切實際的，但是 Ludvig 等人（2012）將其稱為「有用的虛構情形」，因為它可以顯示出 TD 模型在相對不受刺激表徵約束的情形下如何工作的細節。CSC 表徵也被用於大多數關於大腦中製造多巴胺的神經元 TD 模型中，我們將在第 15 章中討論這個主題。CSC 表徵通常被視為 TD 模型的核心組成部分，儘管這種觀點是錯誤的。

---

5 在我們的架構中，對於試驗中出現的每個 CS 元素 $\mathrm{CS_i}$ 以及試驗中的每個時步 t 都有一個單獨的特徵 x_i^t，其中對於 $\mathrm{CS_i}$ 出現的任何 t'，如果 $t = t'$ 則 $x_i^t(S_{t'}) = 1$，否則為 0。這與 Sutton 和 Barto（1990）提出的 CSC 表徵不同，他們當時提出的 CSC 表徵在每個時步都具有與前述特徵特性相同的獨特特徵，但外部刺激並不會對它造成任何影響，因此被稱為「完整的序列式複合刺激」。

MS 表徵（圖 14.1 的中間行）類似於 CSC 表徵，每個外部刺激都會觸發內部刺激序列，但在此情形下內部刺激（微刺激）並不像在 CSC 那樣具有受限的、非重疊形式，它們會隨著時間的推移進行擴展並重疊。隨著刺激發生時間的流逝，不同集合的微刺激會變得更強或更弱，同時每個後續出現的微刺激其作用的持續時間將逐漸變長，但其最大值將逐漸降低。顯然，根據微刺激的性質可以有許多不同種類的 MS 表徵，在相關文獻中已經研究了許多 MS 表徵的例子，其中某些例子還包含了關於動物大腦如何產生它們的說明（詳見本章結尾的「參考文獻與歷史評注」）。MS 表徵對於神經系統中刺激表徵的假設比存在表徵或 CSC 表徵更符合實際情形，同時它可以將 TD 模型的行為與在動物實驗中觀察到的多種現象進行連結。特別是透過假設微刺激的序列由 US 和 CS 觸發並研究微刺激、資格痕跡和折扣之間的相互作用對於學習的重要影響，TD 模型可以幫助我們建構一些假設以說明古典制約中許多微妙的現象以及它們是如何在動物大腦中產生的。我們將在接下來的內容中對此進行更詳細地介紹，特別是在第 15 章我們將討論強化學習和神經科學之間的關係。

然而，即便是使用簡單的存在表徵，TD 模型也可以產生出古典制約中所有 Rescorla-Wagner 模型能夠解釋的基本特性，及一些超出試驗層面模型範圍的制約特徵。例如，我們先前已經說明過古典制約的一個顯著特徵是 US 通常必須在用於制約的中性刺激出現後才開始產生，而經過制約後 CR 必須在 US 出現之前開始。換言之，制約通常要求 ISI 為正且 CR 通常預測著 US 的出現。基於 ISI 的制約強度（例如，CS 觸發 CR 的百分比）在不同的物種和反應系統之間存在著很大的差異性，但通常具有以下特性：對於 ISI 為 0 或是負值時制約強度是可以忽略的，例如 US 與 CS 同時出現或 US 出現在 CS 之前時（儘管相關研究發現當 ISI 值為負時連結強度有時會略微增加或變為負值）。制約強度會在 ISI 為某個正值時增加到最大值，此時的制約作用是最有效的，然後隨著 ISI 值越來越大，制約強度將逐漸衰減至 0。TD 模型對於這種依賴關係的精準度取決於其參數值及刺激表徵的細節，但是這些基於 ISI 的基本特徵是 TD 模型的核心特性。

使用序列式複合制約所產生的一個理論問題是：當使用複合 CS 進行制約且複合 CS 的元素是按照序列順序依序出現時，元素之間遠距離的連結該如何增強？我們發現，如果在第一個 CS（CSA）和 US 之間空的痕跡間隔中加入第二個 CS（CSB）以形成一個序列式複合刺激，將有助於 CSA 的制約過程。

右圖顯示的是一個使用存在表徵的 TD 模型模擬結果，試驗過程的時序細節如圖中上半部所示。模擬結果與實際實驗結果一致（Kehoe, 1982），此模型由於第二個 CS 的加入使得第一個 CS 的制約產生機率和制約強度都獲得提升。

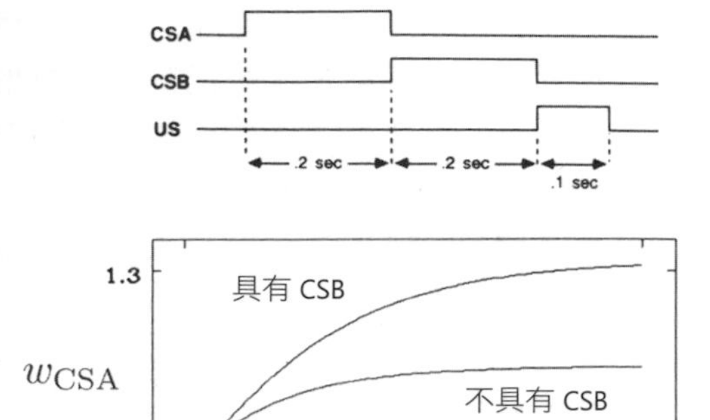

TD 模型中遠距離連結的增強情形

針對刺激之間時間關係對於制約的影響，Egger 和 Miller（1962）進行了一項著名的試驗，此試驗包含了在延遲配置下兩個重疊的 CS，如右圖所示（上半部）。儘管 CSB 在時間上的關係更接近 US，但與不具有 CSA 的對照組相比，CSA 的存在大幅降低了 CSB 的制約強度。右圖顯示了使用存在表徵的 TD 模型模擬結果，與實際實驗中產生的結果相同。

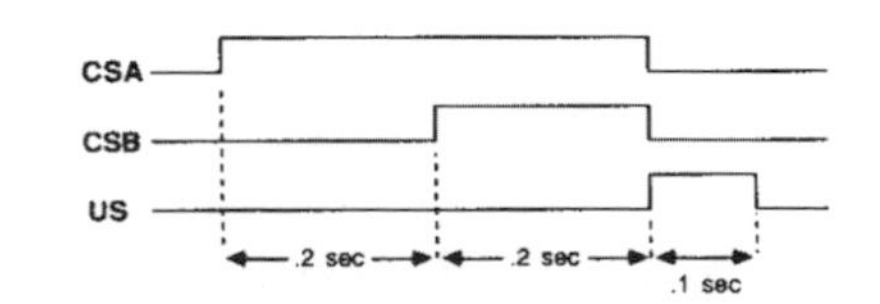

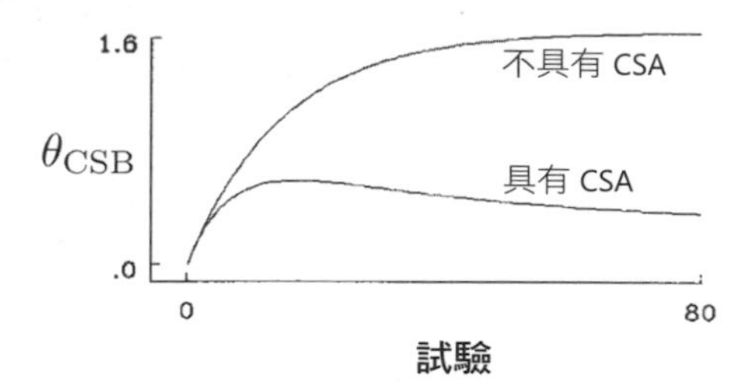

TD 模型的 Egger-Miller 效應

TD 模型考慮了阻斷的情形，因為它和 Rescorla-Wagner 模型一樣具有誤差糾正學習規則。除了考慮基本的阻斷情形外，TD 模型還預測了（在使用存在表徵和更複雜的表徵情形下）如果被阻斷的刺激提前一段時間，使其發生時間在產生阻斷的刺激（如右圖所示的 CSA）發生之前，則阻斷的情形將被逆轉。TD 模型所表現出的這項特性值得我們關注，因為之前導入模型時並未觀察到這種現象。回想一下我們之前討論阻斷的內容，如果一個動物已經學習到一個 CS 會預測 US 的發生，則對於另一個新加入的、能預測 US 的 CS 其學習效果將大幅降低，也就是第二個 CS 的學習被阻斷了。但如果新加入的 CS 其發生時間早於先前訓練的 CS，則（根據 TD

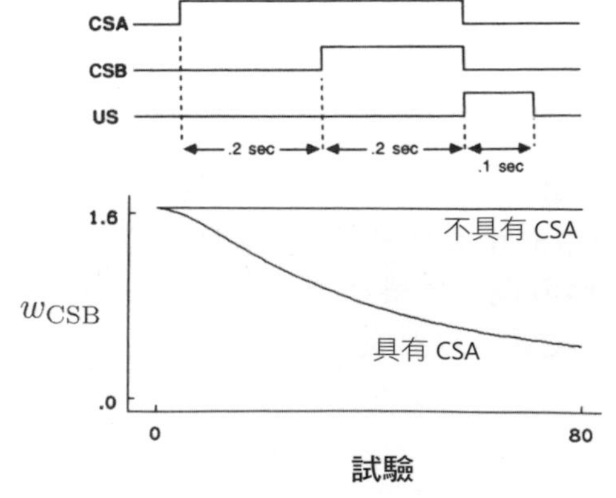

圖 14.2 TD 模型中時間優先性淩駕於阻斷特性。

模型）動物對新加入 CS 的學習不會被阻斷。實際上，隨著訓練持續進行，新加入的 CS 其連結強度將會增強，而先前訓練的 CS 其連結強度將會降低。在此情形下 TD 模型所表現出的行為如圖 14.2 的下半部所示。此模擬實驗與 Egger-Miller 實驗（上一頁的中間）不同，持續時間較短的且發生時間較晚的 CS 會先進行訓練直到與 US 完全相關。這樣令人驚訝的預測結果啟發了 Kehoe、Schreurs 和 Graham（1987）利用已經被深入研究過的兔子瞬膜閉合實驗進行分析。他們的結果證實了 TD 模型的預測情形，同時他們指出使用非 TD 模型難以解釋這樣的現象。

在 TD 模型中，一個較早出現的預測性刺激其時間優先性高於較晚出現的預測性刺激，因為它與本書中所描述的所有預測方法一樣，TD 模型是基於回溯或自助的概念：對連結強度的更新會改變某個特定的狀態對其後續狀態的強度。自助的另一個結果是 TD 模型提供了對高階制約的解釋，這是古典制約特性中 Rescorla-Wagner 和類似的模型無法涵蓋的部分。如先前所述，高階制約是一種將一個先前已完成制約的 CS 作為 US 對另一個最初為中性的刺激進行制約的現象。圖 14.3 顯示出 TD 模型（同樣在使用存在表徵的情形下）在高階制約實驗中的行為，此實驗為一個二階制約的情形。在第一階段（未在圖中顯示），CSB 被訓練用來預測 US，進而使其連結強度提高到 1.65。在第二階段中，CSA 在缺少 US 的情形下與 CSB 連結，它們出現的時間順序如圖上半部所示。CSA 即使從未與 US 連結仍然會獲得一定的連結強度。隨著持續訓練，CSA 的連結強度將達到一個峰值後下降，這是因為次級強化劑 CSB 的連結強度持續降低，進而使其失去了提供二階強化的能力。

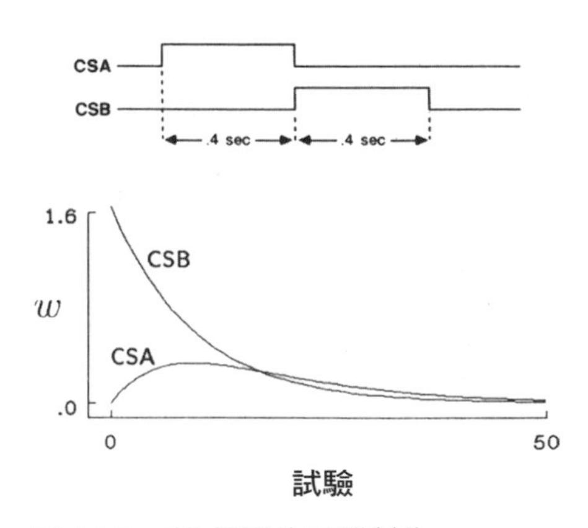

圖 14.3 TD 模型的二階制約。

CSB 的連結強度持續降低是因為在這些高階制約試驗中並未出現 US。這些試驗被稱為 CSB 的**削弱試驗**（*extinction trials*），因為 CSB 與 US 之間的預測關係遭受到破壞而使其作為強化劑的能力下降。在動物實驗中也可以觀察到這樣的現象。高階制約試驗中制約強化的削弱現象使得高階制約難以實現，除非透過定期地插入第一階的試驗恢復最初的預測關係。

TD 模型提供了二階和更高階制約的模擬，因為在 TD 誤差 δ_t (14.5) 的方程式中包含了 $\gamma\hat{v}(S_{t+1},\mathbf{w}_t)-\hat{v}(S_t,\mathbf{w}_t)$ 這一項。這表示作為先前學習的結果，$\gamma\hat{v}(S_{t+1},\mathbf{w}_t)$ 可以與 $\hat{v}(S_t,\mathbf{w}_t)$ 不同，進而使 δ_t 不為 0（時間上的差異）。此差異與（14.5）中的 R_{t+1} 具有相同的地位，這表示就學習而言，時間上的差異和 US 出現所導致的差異是相同的。實際上，TD 演算法的這種特性是其發展的主要原因之一，我們現在可以透過第 6 章中所描述的 TD 演算法與動態規劃之間的關係理解到自助值與二階制約和高階制約是密切相關的。

在上述 TD 模型行為的例子中，我們只考慮 CS 中各個元素連結強度的變化，並未觀察模型對於動物制約反應（CR）各種特性的預測：制約反應產生的時間、形態以及如何在制約試驗中形成。這些特性取決於動物的種類、觀察的反應系統以及制約試驗的各種參數等，但是在許多針對不同動物和不同反應系統的實驗中，CR 的大小，或 CR 的機率，隨著 US 預計出現時間的接近而增加。例如，在我們先前提到的對兔子瞬膜閉合反應的古典制約中，隨著制約試驗次數的增加，從 CS 出現到瞬膜開始閉合的時間間隔逐漸減小，同時這種預期閉合的幅度隨著時間從 CS 到 US 的推移逐漸增加，並在 US 預期發生的時間達到最大閉合幅度。CR 的產生的時間和形態對其適應性相當重要，就兔子瞬膜閉合反應的例子而言，過早閉合瞬膜會對兔子的視覺造成影響（即使瞬膜是半透明的），而過晚閉合瞬膜則無法有效保護眼睛。對於古典制約模型而言，要獲取這些 CR 的特性是一項相當具有挑戰性的工作。

TD 模型並不包含任何機制可以將 US 預測的時間過程 $\hat{v}(S_t,\mathbf{w}_t)$ 轉換為一種特性分析，使其可與動物 CR 的特性進行比較。因此最簡單的方式是讓模擬 CR 的時間過程等於 US 預測的時間過程。在此情形下，模擬 CR 的特徵及其在試驗中的變化方式僅取決於所選擇的刺激表徵以及模型參數 α、γ 和 λ 的值。

圖 14.4 顯示了使用三種不同的刺激表徵（圖 14.1）進行學習時，在不同時間點 US 預測的時間過程。在這些模擬中，US 在 CS 出現後的第 25 個時步出現，且 $\alpha = 0.05$，$\lambda = 0.95$，$\gamma = 0.97$。對於使用 CSC 表徵（圖 14.4 左半部），TD 模型形成的 US 預測曲線在 CS 和 US 之間的時間區間內將呈指數成長，在 US 出現的時間點恰好達到最大值（第 25 個時步），這種指數成長是 TD 模型學習規則中折扣所產生的結果。在使用存在表徵（圖 14.4 中間）的情形下，對於 US 的預測在刺激出現後幾乎是恆定的，因為每種刺激只能學習到一個權重（連結強度）。因此，使用存在表徵的 TD 模型無法重現 CR 在時間上的多種特徵。而對於使用 MS 表徵（圖 14.4 右半部），TD 模型的 US 預測進展地更加複雜。經過 200 次試驗後，US 預測曲線的表現情形將近似於使用 CSC 表徵所產生的預測曲線。

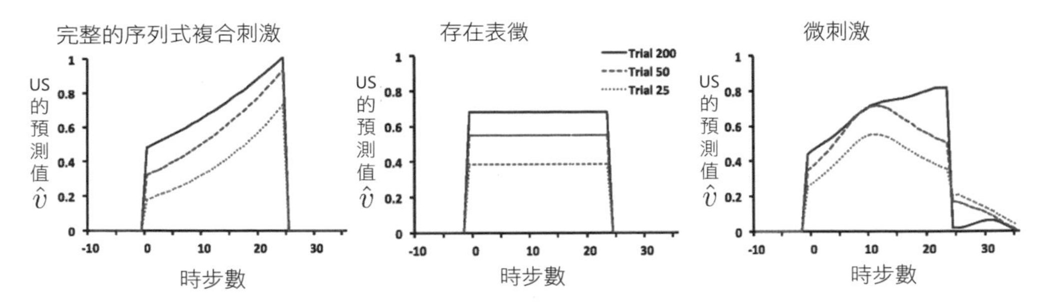

圖 14.4 具有三種不同刺激表徵的 TD 模型對於 US 預測的時間過程。左：使用完整的序列式複合刺激（CSC），US 的預測值在時間區間內呈指數成長，在 US 出現時達到峰值。在漸近線末端（第 200 次試驗），US 的預測值達到 US 強度的最高值（在這些模擬中，最高值為 1）。中：使用存在表徵，US 的預測值幾乎收斂到一個恆定值。此恆定值由 US 強度及 CS 和 US 之間的時間區間長度決定。右：使用微刺激表徵，在漸近線處，TD 模型透過不同微刺激的線性組合描繪出近似於 CSC 所產生的指數成長曲線。改編自 *Learning & Behavior* 中「Evaluating the TD Model of Classical Conditioning」，第 40 卷，2012，E. A. Ludvig、R. S. Sutton 和 E. J. Kehoe。已獲得 Springer 出版社授權使用。

圖 14.4 中所顯示的 US 預測曲線並非為了精確匹配某個特定動物的制約實驗中 CR 的表現情形，但它們顯示出刺激表徵對 TD 模型的預測結果有相當大的影響。此外，儘管我們只能在此提及，但刺激表徵如何與折扣和資格痕跡相互作用對於決定 TD 模型所產生的 US 預測曲線特性相當重要。另一方面，不同的反應生成機制對於將 US 的預測轉化為 CR 的表現情形也會產生相當大的影響。圖 14.4 中的曲線是「原始的」US 預測曲線。對於動物的大腦如何根據 US 預測產生明顯反應，即使我們沒有做出任何特殊假設，但仍能從圖 14.4 中觀察到 CSC 和 MS 表徵的曲線隨著 US 出現時間的接近而增加，並在 US 出現的時間點達到最大值，如同在許多動物制約實驗中看到的那樣。

當 TD 模型與特定的刺激表徵和反應生成機制結合使用時，我們就能夠解釋在動物古典制約實驗中觀察到的各種現象，但它並非是一個完美的模型。為了產生古典制約的其他細節，我們可能需要擴展模型，如透過加入基於模型的元素和機制以自適應地更改某些參數。其他對古典制約建模的方法與 Rescorla-Wagner 風格的誤差糾正過程有著相當大的不同。例如，貝葉斯模型以機率的架構進行分析，在此架構中實際經驗會修正機率估計。這些模型都有助於我們對古典制約的理解。

TD 模型最顯著的特徵也許是它基於一種理論（我們在本書中所描述的理論），此理論說明了動物神經系統在進行制約時**嘗試去做的事情**：試圖形成準確的長期預測（*long-term predictions*），這與刺激表徵所帶來的限制以及神經系統如何發揮作用保持一致性。換言之，此理論提出了針對古典制約的**規範性解釋**（*normative account*），它表明長期預測才是古典制約關鍵特徵，而非即時預測。

古典制約 TD 模型的發展是對動物學習行為的一些細節進行建模一個實例。因此，除了作為一個**演算法**（*algorithm*），TD 學習也是生物學習模型的基礎。正如我們將在第 15 章中討論的，TD 學習也被證明是一種具有影響力的多巴胺神經元活動模型，而多巴胺是哺乳類動物大腦中一種化學物質，它與獲得獎勵的過程密切相關。以上這些也是強化學習理論與動物行為和神經資料密切相關的實例。

接下來讓我們考慮強化學習與動物行為之間在工具制約實驗中的對應關係，它也是動物學習心理學家研究的另一種主要實驗。

14.3 工具制約

在**工具制約**（*instrumental conditioning*）實驗中，學習取決於行為的結果：強化刺激的傳遞取決於動物的行為。相反地，在古典制約實驗中，強化刺激（US）的傳遞是與動物的行為無關的。工具制約與**操作制約**通常被認為是相同的，操作制約一詞是由 B. F. Skinner（1938，1963）在**行為後效強化**（*behavior-contingent reinforcement*）實驗所提出的，但這兩個術語在實驗和理論方面仍有些許不同，在接下來的內容中我們將介紹這些差異。在此我們將使用「工具制約」來表示強化取決於行為的實驗。工具制約的起源可以追溯至本書第一版出版的前一百年美國心理學家 Edward Thorndike 進行的實驗。

Thorndike 將貓放進如右圖所示的「迷箱」中並觀察貓的行為，貓可以透過適當的動作從迷箱中逃脫。例如，貓可以透過包含三個獨立動作的動作序列打開迷箱的門：壓下箱子背面的板子，抓住並拉動繩子，然後向上或向下推動門閂。當貓第一次被放到迷箱中並可以看到外面的食物時，除了少數幾隻外，幾乎所有 Thorndike 的貓咪都表現出「明顯的不適」和異常活躍的動作來「本能地嘗試逃出監禁」（Thorndike, 1898）。

Thorndike 迷箱

轉載自 Thorndike，Animal Intelligence: An Experimental Study of the Associative Processes in Animals, *The Psychological Review, Series of Monograph Supplements* II(4), Macmillan, New York, 1898。

Thorndike 針對不同的貓和具有不同逃生機制的迷箱進行實驗，並記錄了每隻貓在每個迷箱的多次實驗中逃脫所花費的時間。他觀察到隨著成功逃脫次數的增加，逃脫所花費的時間也逐漸減少，例如從 300 秒縮減為 6 或 7 秒。他是這樣描述貓在迷箱中的行為：

> 由於衝動而在迷箱中拼命掙扎的貓可能會因為用爪子拉住了繩子、環或按按鈕成功打開箱子的門。其他不能成功打開門的衝動將逐漸消失，而成功打開門的衝動會因為開門時所產生的愉悅感逐漸增強。最終經過多次試驗後，當貓一被放進迷箱中，牠就會立即以一種確定的方式去按按鈕或拉環。（Thorndike 1898, p. 13）

Thorndike 透過這些實驗和其他實驗（實驗對象為狗、雞、猴子、甚至是魚）總結了一些學習上的「定律」，其中最有影響力的是我們在第 1 章中提到的「**效果律**（*Law of Effect*）」，此定律描述了我們一般所謂的試誤學習。如第 1 章所述，效果律中有許多觀點引起了爭議，多年來許多研究學者也不斷地對其內容細節進行修改。但無論此定律的形式如何改變，它仍然表述了長久以來學習的基本原則。

強化學習演算法的基本特徵可以對應到效果律中所描述的動物學習特徵。首先，強化學習演算法是**選擇性的**（*selectional*），這表示它們會嘗試不同的選擇並藉由比較其結果從其中進行挑選。其次，強化學習演算法是**關聯性的**（*associative*），這表示建構代理人的策略時，透過選擇找到的方案會與特定情形或狀態相關聯。如同效果律中所描述的學習，強化學習不僅是**尋找**（*finding*）動作以產生大量獎勵的過程，同時也是將這些動作與情形或狀態進行**連結**（*connecting*）的過程。Thorndike 透過「選擇和連結」來表示學習一詞（Hilgard, 1956）。演化過程中的自然選擇也是選擇性過程的一個典型例子，但它不具有關聯性（至少一般是這樣認為的）。監督式學習具有關聯性，但不是選擇性的，因為它依賴於直接通知代理人如何改變其行為的指令。

如果以計算機科學的概念進行描述，效果律是一種結合**搜尋**（*search*）和**儲存**（*memory*）的基本方法：搜尋會在每個情形下嘗試各種動作並從其中進行選擇，而儲存則是將目前情形與到目前為止在這些情形下找到的最佳動作進行連結。無論儲存的形式是以代理人的策略、價值函數或環境模型，搜尋和儲存都是所有強化學習演算法中重要的組成元素。

強化學習演算法對於搜尋的需求表示它必須以某種方式進行探索。毫無疑問，動物也會進行探索，但早期的動物學習研究人員對於動物在類似 Thorndike 迷箱實驗的情形下選擇動作時所使用的指引程度持不同意見。這些動作的選擇到底是「絕對隨機、盲目摸索」的結果（Woodworth, 1938, p. 777），還是動物從先前的學習、推理或其他方式獲得了一定程度的指引？儘管包括 Thorndike 在內的一些學者支持第一種立場，但仍有其他學者更傾向支持後者，即動作選擇是透過了更深度的探索。強化學習演算法對於代理人在選擇動作時採用多少指引提供了相當大的自由空間。在本書介紹的演算法中所使用的探索形式如 ε- 貪婪和信賴上界動作選擇等只是最簡單的一類。我們當然也可以使用更複雜的方法，唯一的規定是必須保證**某種**形式的探索能使演算法有效地執行。

在我們介紹的強化學習中有一個特性，此特性使得在任何時刻可選擇的動作集合取決於環境的當前狀態，這與貓在迷箱實驗時 Thorndike 所觀察到的行為是類似的。貓所選擇的動作是當前情形下它們本能會作出的動作，Thorndike 稱其為「本能衝動」。當貓第一次被放進迷箱時，貓會本能地用力抓撓和撕咬：這是貓發現自己在狹窄空間中的本能反應。成功的動作是從這些動作而不是從所有動作進行選擇的。這與我們所介紹的特徵表達形式類似，在一個狀態所選擇的動作都來自一個當前可選動作集合 $\mathcal{A}(s)$。確定這些集合是強化學習的一個重點，因為它可以從根本上簡化學習過程，這些動作集合就像是動物的本能衝動。另一方面，Thorndike 的貓可能是根據本能上針對動作的特定*順序*（*ordering*）進行探索，而非僅從一組本能衝動的動作中進行選擇。這是另一種簡化學習過程的方式。

著名的動物學習研究學者 Clark Hull（如 Hull, 1943）和 B. F. Skinner（如 Skinner, 1938）也受到了效果律的影響。他們研究的核心概念是根據行為的結果選擇行為。強化學習與 Hull 的理論具有許多相同的特性，其中包括類似資格痕跡的機制和次級強化，以說明在動作與後續強化刺激之間的時間區間學習能力（詳見第 14.4 節）。隨機性在 Hull 的理論中也扮演了重要的角色，他透過稱為「行為振盪」的方式將隨機性導入以獲得探索性的行為。

Skinner 並不完全認同效果律中關於儲存的描述。他反對關聯連結的概念，強調動作是從自發行為中進行選擇的。他導入了「操作」一詞以強調動作對動物所處環境的關鍵作用。與 Thorndike 等人的實驗（由一系列獨立的試驗所組成）不同，Skinner 的操作制約實驗允許動物可以長時間表現其行為而不會受到干擾。他發明了現在稱為「史金納箱」的操作制約室，其最原始的版本包含了一根槓桿或一個開關使動物可以按壓以獲取獎勵（例如食物或水），這些獎勵是由稱為強化程序的明確規則提供。透過記錄隨時間推移動物按壓槓桿（或開關）的累積次數，Skinner 和他的同事可以觀察不同的強化程序對於動物按壓頻率的影響。使用本書中介紹的強化學習方法對於類似的實驗結果進行建模尚未被深入研究，但我們在本章結尾的「參考文獻與歷史評注」部分中提到了一些例外的情形。

Skinner 的另一個貢獻是他發現透過強化對期望行為連續性的近似來訓練動物的有效方法，他將這種方法稱為**塑形**（*shaping*）。儘管這種方法已經被其他人包括 Skinner 本人使用過，但是此方法的重要性是在 Skinner 和他的同事嘗試訓練鴿子用牠的喙啄擊木球使球能滾動時才意識到的。他們等待了相當長的時間，但都沒有出現任何可以強化木球滾動的情形，他們

> ……首先決定強化所有與擊球有著細微相似的反應（一開始強化的可能只是看著木球的行為），然後再選擇強化更接近最終形式的反應。結果令我們相當吃驚。幾分鐘後，球從盒子的邊上掉了出來，彷彿那隻鴿子是壁球冠軍選手一樣。（Skinner, 1958, p. 94）

鴿子不僅學會了對牠而言較為不尋常的行為，同時還透過行為和強化事件相互反應而產生變化的互動過程進行快速學習。Skinner 將強化事件變化的過程與雕塑家使用黏土塑形的工作進行比較。Skinner 提出的塑形是一種用於強化學習計算系統的強大技術，當代理人難以獲得任何非零的獎勵訊號時（可能是由於獎勵的稀疏性或是由於從初始行為難以到達具有非零獎勵的狀態），從一個更簡單的問題開始並根據代理人的學習情形逐漸增加問題難度，這可能是一種有效的策略，有時甚至是一個不可或缺的策略。

在心理學中，**動機**（*motivation*）的概念是與工具制約緊密相關的，它是指影響行為的方向和強度（或活力）的過程。例如，在 Thorndike 的迷箱實驗中，貓想要逃出迷箱的動機是它們想要得到放在箱子外面的食物。實現這個目標的獎勵相當吸引牠們，因此強化了使牠們順利逃出迷箱的動作。由於動機的概念包含了多種特性，因此很難以一種準確的方式將其從計算的角度與強化學習進行連結，但是在某些特性上兩者存在著明確的關聯性。

就某種意義上而言，強化學習代理人的獎勵訊號是其動機的基礎：代理人的動機是使長期獲得的總獎勵最大化。因此，動機的一個關鍵在於是什麼使代理人的經驗獲得獎勵。在強化學習中，獎勵訊號取決於強化學習代理人所在環境的狀態和代理人的動作。此外，如第 1 章所描述的，代理人所在環境的狀態不僅

包含了關於容納代理人程序的機器（如生物或機器人）外部的資訊，同時也包含了關於此機器內部的資訊。一些內部資訊對應於心理學中動物的**動機狀態**（*motivational state*），進而影響了對動物的獎勵。例如，動物飢餓時的進食會比牠飽餐一頓後的進食獲得更多的獎勵。狀態依賴性的概念相當廣泛，可以對獎勵訊號的生成進行多種不同類型的調變。

價值函數為心理學中動機的概念提供了進一步的連結。如果選擇動作最基本的動機是盡可能獲得更多的獎勵，則對於使用價值函數選擇動作的強化學習代理人而言，更貼切的動機是**提高其價值函數的梯度**（*ascend the gradient of its value function*），即選擇預期能獲得下一個狀態最大狀態值的動作（換言之，選擇具有最大動作值的動作）。對於代理人而言，價值函數是決定其行為方向的主要驅動力。

動機的另一個特性是，動物的動機狀態不僅會影響學習，同時也影響動物學習後的行為強度（或活力）。例如，學會在迷宮的目標箱中找到食物後，飢餓的老鼠會比不餓的老鼠更快地跑向目標箱。動機這項特性並未與我們在此所介紹的強化學習框架緊密地聯繫在一起，但是在本章結尾的「參考文獻與歷史評注」中，我們有引用了幾篇提出基於強化學習的行為活力理論的論文。

我們接下來將介紹當強化刺激在強化事件發生之後才出現的學習。強化學習演算法中用於實現延遲強化的機制（資格痕跡和 TD 學習）與心理學家對於動物在這些條件下如何學習的假設有著緊密的關係。

14.4　延遲強化

效果律需要針對連結進行反向的影響，但早期的一些評論家無法認同現在能影響過去發生的事物。當動作和其引發的獎勵或懲罰之間有著相當大的延遲時仍能進行學習，這樣的情形進一步放大了評論家的擔憂。同樣地，在古典制約中，當 US 是在 CS 發生後間隔了一段時間才發生時仍能進行學習。我們將此問題稱為延遲強化，它與 Minsky（1961）所說的「學習系統的信用分配問題」有關：如何針對多個可能涉及引發成功的決策分配信用？在本書所介紹的強化學習演算法中包含了兩種解決此問題的基本機制。第一種是使用資格痕跡，第二種則是使用 TD 方法來學習價值函數，這些函數提供對動作近乎即時的評估（如同在工具制約實驗的情形），或提供即時的預測目標（如同在古典制約實驗中的情形），這兩種方法在動物學習理論中都有相對應的類似機制。

Pavlov（1927）指出每種刺激都會在神經系統中留下痕跡，這些痕跡會在刺激結束後保留一段時間，同時他還提出正是因為這些刺激留下的痕跡，使得當 CS 結束與 US 發生之間存在著一段時間間距時仍能進行學習。時至今日，在這些假設條件下的制約被稱為**痕跡制約**（*trace conditioning*）（第 376 頁）。假設當 US 出現時 CS 的痕跡還未消失，則學習將透過同時存在的痕跡和 US 進行。我們將在第 15 章中討論一些有關神經系統痕跡機制的議題。

刺激痕跡同時也被作為在工具制約中連接動作，和其引發的獎勵或懲罰之間時間間隔的橋樑。例如，在 Hull 的影響力學習理論中，「整體刺激痕跡」解釋了他所謂的動物**目標梯度**（*goal gradient*），它描述了一個工具制約反應的最大強度如何隨著強化的延遲時間增加而降低（Hull, 1932, 1943）。Hull 假設動物的動作會留下內部刺激，其痕跡會在動物採取動作後隨時間呈指數衰減。透過觀察當時動物的學習資料，他假設在 30 到 40 秒後痕跡就會衰減至 0。

本書描述的演算法中所使用的資格痕跡類似於 Hull 提出的痕跡：它們是過去訪問過的狀態或狀態 - 動作對的衰減痕跡。資格痕跡是 Klopf（1972）在其神經元理論中提出的，它是指過去突觸（神經元之間的連結）活動隨時間衰減的痕跡。Klopf 的痕跡比我們在演算法中所使用的指數衰減痕跡更加複雜，在第 15.9 節中討論 Klopf 的理論時會進一步討論這一點。

為了解釋目標梯度所跨越的時間比刺激痕跡更長的情形，Hull（1943）提出更長的梯度是由制約強化從目標反向傳遞而產生的，此過程與他提出的整體刺激痕跡是同時進行的。他透過動物實驗證明，如果在延遲期間的條件有利於制約強化的發展，則學習不會像在次級強化受到阻礙的情形那樣隨著延遲時間的增加而減少。如果在延遲間隔期間存在著規律發生的刺激，則將更有利於制約強化的形成。這樣的情形如同獎勵沒有延遲一樣，因為有更多的即時制約強化。因此，Hull 設想存在著一種基礎梯度，此梯度是基於主要強化的延遲並會受到刺激痕跡的影響，而透過制約強化可以逐步修改和延長梯度。

本書介紹的同時使用資格痕跡和價值函數在延遲強化的情形下進行學習的演算法，與 Hull 對於動物在此情形下如何學習的假設相對應。在第 13.5、15.7 和 15.8 節中所討論的演員 - 評論家架構最能清楚顯示出這種對應的關係。評論家使用 TD 演算法來學習與系統當前行為相關的價值函數，即預測當前策略的回報；而演員則根據評論家的預測更新當前策略，或更確切地說是根據評論家的預測變化進行更新。評論家產生的 TD 誤差將作為演員的制約強化訊號，即使主要獎勵訊號本身存在著相當大的延遲也能立即評估性能表現。估計動作值函數的演算法（例如 Q 學習和 Sarsa）同樣也使用了 TD 學習原理，透過制約強化的方式在具有延遲強化的情形下進行學習。我們將在第 15 章中討論的 TD 學習與產生多巴胺的神經元活動之間緊密的相似性，為強化學習演算法與 Hull 的學習理論之間的連結提供了進一步的支持論點。

14.5　認知地圖

基於模型的強化學習演算法使用的環境模型與心理學家所說的*認知地圖*（*cognitive maps*）有許多共同之處。回顧我們在第 8 章中所討論的規劃和學習，環境模型指的是代理人可以用來預測環境對於其動作所反應的任何資訊，這些資訊包含了狀態轉移和獎勵，而規劃指的是從一個環境模型中計算出策略的任何過程。環境模型由兩個部分組成：狀態轉移部分包含了對於動作如何影響狀態轉移的知識，而獎勵模型部分則包含了關於每個狀態或每個狀態 - 動作對其預期獎勵訊號的知識。基於模型的演算法透過使用模型來預測可能採取的動作過程所產生的未來狀態，以及從這些狀態中產生的預期獎勵訊號，然後再根據這些預測的結果進行動作選擇。最簡單的規劃方式是針對「想像出來的」決策序列預期結果進行比較。

動物是否會使用環境模型？如果使用了環境模型，這些模型是什麼樣的呢？動物又該如何學習環境模型？這些問題在動物學習研究的歷史中扮演了重要的角色。一些研究人員透過*潛在學習*（*latent learning*）的概念挑戰了在學習和行為之間普遍盛行的「刺激 - 反應」（S-R）的觀點（對應於最簡單的無模型學習策略）。在最早的潛在學習實驗中，研究人員在迷宮中放入兩組老鼠並觀察牠們奔跑的情形。實驗組在實驗的第一階段沒有任何獎勵，但是在第二階段開始時，研究人員將食物放置在迷宮的目標箱中，而對照組在實驗的兩個階段都會有食物放置在目標箱中。問題在於實驗組的老鼠在沒有食物獎勵的第一階段是否會學到任何東西。儘管實驗組的老鼠在第一個無獎勵的階段似乎沒有學到很多東西，但一旦牠們發現在第二階段放置的食物時便會迅速趕上對照組的老鼠。這樣的情形所得出的結論是：「在無獎勵期間，（實驗組的）老鼠對迷宮進行潛在學習，一旦獎勵導入時牠們便能夠快速利用」（Blodgett, 1929）。

與潛在學習的概念最密切相關的學者是心理學家 Edward Tolman，他解釋了這樣的結果並獲得許多人的認可。他表明動物可以在沒有獎勵或懲罰的情形下學習「環境的認知地圖」，並且動物可以在之後有動機達成一個目標時才使用此認知地圖（Tolman, 1948）。認知地圖甚至能讓老鼠規劃一條不同於在最初探索時到達目標所使用的路徑。對這種結果的解釋導致了心理學中行為主義和認知主義兩派長久以來的爭議。用現代的術語來說，認知地圖並非侷限於空間佈局模型，而是更廣義的環境模型或動物的「問題空間」模型。（例如，Wilson, Takahashi, Schoenbaum, and Niv, 2014）。透過認知地圖對潛在學習實驗的解釋可以視為動物使用了基於模型的演算法，即使在沒有明確的獎勵或懲罰的情形下仍能學習環境模型，而當獎勵或懲罰的出現使動物產生動機時就能將模型用於規劃。

Tolman 對於動物如何學習認知地圖的解釋是，牠們在探索環境時會經歷連續的刺激，進而學習到「刺激 - 刺激」（S-S）之間的連結。在心理學中這被稱為**期望理論**（*expectancy theory*）：給定 S-S 的連結，一個刺激的發生會產生對下一個刺激的期望。這很像控制工程師所說的**系統識別**（*system identification*），即從具有標籤的訓練例子中學習一個動態未知的系統模型。在最簡單的離散時間版本中，訓練例子為 S-S′ 對，其中 S 為狀態而後續狀態 S′ 為一個標籤。當觀察到 S 時模型會產生一個接下來將觀察到 S′ 的「期望」。對於規劃更有利的模型會包含動作，因此它的訓練例子會像 SA-S′，其中 S′ 為在狀態 S 下執行動作 A 時所期望的後續狀態。學習環境如何產生獎勵也是很有用的，在此情形下，訓練例子的形式為 S-R 或 SA-R，其中 R 為與 S 或 SA 對有關的獎勵訊號。以上這些都是監督式學習的形式，無論代理人在探索其環境時是否接收到任何非零的獎勵訊號，透過這些形式它都可以獲取類似於認知地圖的資訊。

14.6 習慣性行為和目標導向行為

無模型和基於模型的強化學習演算法之間的區別，對應於心理學家針對學習到的行為模式中**習慣性**（*habitual*）控制和**目標導向**（*goal-directed*）控制之間的區別。習慣是由適當的刺激觸發，之後或多或少會自動執行的行為模式。目標導向行為，根據心理學家對此詞句的使用可以看出，它是一種有目的性的行為，因為它是透過對於目標價值的知識以及動作與其結果之間的關係進行控制。習慣有時被認為是由過去的刺激所控制，而目標導向行為被認為是由其結果所控制（Dickinson, 1980, 1985）。目標導向控制的優勢在於，當環境改變了對動物動作的反應方式時它可以迅速地改變動物的行為。儘管習慣性行為能夠對來自熟悉環境的輸入做出快速反應，但它無法迅速適應環境的變化。目標導向行為控制的發展對於動物智力進化而言可能是重要的一步。

圖 14.5 說明了在一個假設性問題中，無模型和基於模型的決策策略之間的差異。在此問題中老鼠必須在具有多個目標箱的迷宮中行走，每個目標箱都會提供一

個如圖中所示數值大小的獎勵（圖 14.5 上半部）。從 S_1 開始，老鼠首先必須選擇左（L）或右（R），然後必須在 S_2 或 S_3 再次選擇左或右才能到達其中一個目標箱，這些目標箱是老鼠在此分節性問題中每個分節的終端狀態。無模型策略（圖 14.5 左下）會根據每個狀態 - 動作對的儲存值進行動作選擇。這些儲存的動作值是老鼠在每個（非終端）狀態可採取的動作中預期能獲得最高回報的估計值，而這些值是透過多次進行迷宮試驗獲得的。當這些動作值由於多次試驗而成為最佳回報的估計值時，老鼠只需要在每個狀態下選擇最大動作值的動作即可做出最佳決策。

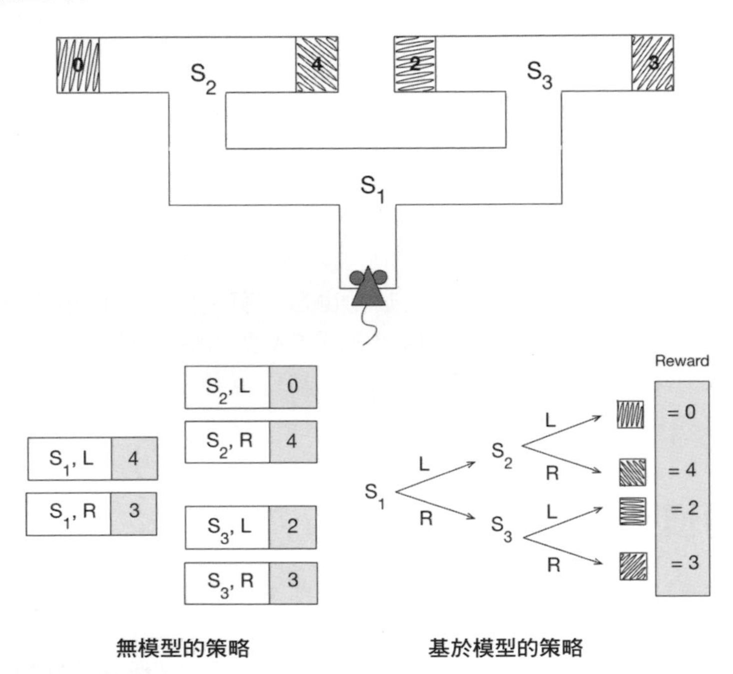

圖 14.5 基於模型和無模型的策略，用於解決假設性的序列動作選擇問題。上半部：一隻老鼠在具有多個目標箱的迷宮中行走，每一個目標箱都有一個如圖中所示的數值獎勵。左下：無模型的策略會根據經過多次學習試驗所儲存的所有狀態 - 動作對的動作值。為了做出決策，老鼠只需要在每個狀態下選擇最大動作值的動作即可。右下：在基於模型的策略中，老鼠會學習一個環境模型，此模型包含了狀態 - 動作 - 下一個狀態轉移的相關知識，及一個由每個獨特目標箱其相關獎勵知識所組成的獎勵模型。老鼠可以透過使用模型來模擬動作選擇序列以找出產生最高回報的路徑，進而決定在每個狀態下轉向的方向。改編自 *Trends in Cognitive Science* 中「A Normative Perspective on Motivation」，第 10 卷，第 8 期，2006，第 376 頁，Y. Niv、D. Joel 和 P. Dayan。已獲得 Elsevier 出版社授權使用。

在此情形下，當動作估計值變得越來越準確時，老鼠會在狀態 S_1 選擇左並在狀態 S_2 選擇右以獲得最大回報 4。另一種不同的無模型策略可能僅根據儲存的策略而不考慮動作值進行決策，這種策略會形成在狀態 S_1 選擇左以及在狀態 S_2 選擇右的直接連結。以上這兩種策略的決策都不依賴於環境模型和狀態轉移模型，也不需要任何關於目標箱特徵與其提供獎勵之間的關聯性。

圖 14.5（右下）說明了基於模型的策略，它使用由狀態轉移模型和獎勵模型組成的環境模型。狀態轉移模型以決策樹的方式呈現，獎勵模型將每個目標箱的獨特特徵與每個目標箱所提供的獎勵進行連結（與狀態 S_1、S_2 和 S_3 連結的獎勵也是獎勵模型的一部分，但此處為 0 且未顯示於圖中）。基於模型的代理人可以透過使用模型來決定在每個狀態下的轉向方向來模擬動作選擇序列以找出產生最高回報的路徑，在此情形下回報是從路徑末端的結果中獲得的獎勵。在圖中的例子裡有一個精確的模型，老鼠會先選擇左然後再選擇右以獲得 4 的獎勵。比較模擬路徑的預測回報是一種簡單的規劃方式，可以透過我們在第 8 章中討論過的各種方法來完成。

當無模型代理人的環境更改其對於代理人動作的反應方式時，代理人必須在這個已變化的環境中獲得新的經驗以更新其策略或價值函數（或是兩者皆更新）。例如在圖 14.5（左下）所示的無模型策略中，如果以某種方式改變某個目標箱的獎勵值時，則老鼠將不得不重新遍歷這個迷宮（可能要重複多次）才能體驗到到達目標箱時所獲得的新獎勵值，同時根據此經驗更新其策略或動作值函數（或是兩者皆更新）。關鍵點在於，對於無模型代理人而言，要更改其策略針對某個狀態所採取的動作或更改與某個狀態相關的動作值時，它必須移動至該狀態並從該狀態開始執行動作（可能需要重複多次）來體驗此動作所帶來的結果。

基於模型的代理人可以適應環境的變化而無需透過這種「個別經驗」來了解變化所影響的狀態和動作，模型會根據變化自動（透過規劃）更改其策略。規劃可以決定環境變化所導致的結果，而這些變化與代理人自身的經驗沒有任何關聯。例如，讓我們再次參考圖 14.5 的迷宮問題，假設將具有先前學習的狀態轉移模型和獎勵模型的老鼠直接放置在 S_2 右側的目標箱中，牠發現目標箱的獎勵現在為 1 而不是 4，即使並未涉及到在迷宮中找到此目標箱所需的動作選擇，老鼠的獎勵模型仍會改變。規劃過程會將新獎勵的知識帶到迷宮問題中而無需在迷宮中增加額外的經驗，在此情形下，策略將改為在狀態 S_1 和狀態 S_3 都向右轉以獲得 3 的回報。

這種邏輯正是對動物進行**結果貶值實驗**（*outcome-devaluation experiments*）的基礎。這些實驗的結果對於動物是否學習到一個習慣或其行為是否受到目標導向控制提供了深入的分析。結果貶值實驗就像潛在學習實驗一樣，獎勵會從一個階段變化到另一個階段。在學習的初始獎勵階段之後，結果的獎勵值會發生變化，有可能變為 0 或甚至變為負值。

這種類型的早期重要實驗是由 Adams 和 Dickinson（1981）完成的，他們透過工具制約來訓練老鼠，直到老鼠學會在訓練箱內大力按下用於獲得糖球的槓桿。接著將老鼠放到同一訓練箱中，把槓桿收回並放置非條件性的食物，這表示糖球的提供獨立於牠們的動作。在自由進食 15 分鐘後，將老鼠分成兩組並對其中一組老鼠注射會引發噁心的毒物氯化鋰。這個過程重複進行 3 次，在最後一次注射後，沒有任何一隻接受注射的老鼠會吃下這些非條件性的糖球，這表示糖球的獎勵值降低了（糖球已經貶值）。在一天後進行的下一階段中，老鼠再次被放入訓練箱中並進行一次削弱訓練，這表示反應桿已經被放回原位但與糖球分配器斷開連接，因此按下槓桿不會釋放糖球。問題在於，即使在沒有槓桿和分配器斷開而造成獎勵貶值的情形下，那些經歷糖球獎勵值降低的老鼠是否會比沒有經歷糖球獎勵價值降低的老鼠更少按壓槓桿。實驗證明，接受注射的老鼠**從削弱試驗開始**其反應率就明顯低於未注射的老鼠。

Adams 和 Dickinson 得出的結論是，接受注射的老鼠透過認知地圖將按壓槓桿與糖球進行連結，並將糖球與噁心進行連結，進而導致牠們認為按壓槓桿會引發噁心。因此，在削弱試驗中，老鼠「知道」按壓槓桿的結果是牠們不想要的，因此它們從一開始就降低了按壓槓桿的可能性。重點是牠們沒有真正經歷過按壓槓桿而引發噁心的經驗：牠們感到不舒服時槓桿並不存在。老鼠似乎能夠將行為選擇結果的知識（按壓槓桿後將獲得糖球）與結果的獎勵值（感到噁心而避免食用糖球）相結合，因此可以相應地改變自身的行為。並非每個心理學家都認同這種「認知」實驗的說法，這也不是解釋這些結果的唯一可行的方式，但是以基於模型的規劃來解釋以上結果是被廣泛接受的。

沒有什麼能阻止代理人同時使用無模型演算法和基於模型的演算法，並且有充分的理由可以同時使用兩者。根據我們自己的經驗可以了解到，經過足夠的重複操作，目標導向的行為往往會變成習慣性行為。根據實驗結果證明，老鼠也會發生這種情形。Adams（1982）進行了一項實驗來觀察擴大訓練量是否會將目標導向行為轉變為習慣行為，他透過比較結果貶值在不同訓練量的情形下對於老鼠的影響來完成。與接受較少訓練的老鼠相比，如果擴大訓練量會使老鼠對貶值的敏感度降低，則可證明擴大訓練會使老鼠對於該行為更加習慣。Adams 的實驗緊接著剛剛描述的 Adams 和 Dickinson（1981）的實驗之後進行。為了簡化實驗，Adams 對一組老鼠進行訓練直到獲得 100 次按壓槓桿的獎勵，而對另一組老鼠則進行大量訓練直到獲得 500 次按壓槓桿的獎勵。經過訓練後，兩組老鼠對於糖球的獎勵值均降低（透過使用氯化鋰進行注射而引發噁心的情形）。接著對這兩組老鼠進行削弱訓練。Adams 的問題在於，貶值對於接受大量訓練的老鼠其槓桿按壓率的影響是否會低於未接受大量訓練的老鼠，這可以證明擴大訓練量會降低對結果貶值的敏感度。由實驗證明，貶值會大幅度降低未接受大量訓練的老鼠其槓桿按壓率。相較之下，對於接受大量訓練的老鼠，貶值對其按壓槓桿的情形幾乎沒有影響。事實上，如果有的話，大量的訓練會使牠變得更加活躍（完整的實驗包含了對照組，它顯示出不同的訓練量本身並不能顯著影響學習後的槓桿按壓率）。由這些結果可以看出，儘管未接受大量訓練的老鼠以目標導向的方式（對其動作結果有相當程度的了解）進行動作，但接受大量訓練的老鼠養成了按壓槓桿的習慣。

從計算的角度來觀察這種結果和其他類似的結果，可以了解到為什麼人們會期望動物在某些情形下採取習慣性行為，而在其他情形下則以目標導向的方式進行動作選擇，以及為什麼牠們會從一種控制方式轉變為另一種控制方式來繼續學習。儘管動物使用的演算法與我們本書中所介紹的演算法並不完全匹配，但我們可以透過考慮各種強化學習演算法所隱含的折衷方法對動物的行為進行深入了解。計算神經科學家 Daw、Niv 和 Dayan（2005）提出的想法是，動物同時使用無模型和基於模型的決策過程。每個過程都會產生一個動作，而最終選擇執行的動作是兩個過程中被認為是更值得信賴的過程所提出的動作，而決策過程的選擇是由整個學習過程中所維持的信賴程度決定。

在早期學習時，基於模型的系統其規劃過程更值得信賴，因為它將短期預測串聯在一起，與無模型過程的長期預測相比，這些短期預測只需要很少的經驗就能準確預測。但是隨著經驗的不斷增加，無模型過程將變得更加值得信賴，由於模型的不準確性及使規劃可行所需的捷徑（如各種形式的「剪枝」作用：刪除搜尋樹中毫無希望獲得結果的分支），使得規劃很容易發生錯誤。根據這種想法，我們可以預期目標導向行為會隨著更多經驗的累積轉變為習慣性行為。關於動物如何在目標導向控制和習慣性控制之間進行權衡已經有學者提出了其他想法，同時在行為科學和神經科學領域也都針對這個問題和其他相關問題持續進行研究中。

無模型演算法與基於模型的演算法之間的差異被證明對本研究是有用的。我們可以在抽象設定中檢視這些演算法在計算上的含義，進而顯示每種類型的基本優勢和局限性。這有助於提出和銳化關於指引實驗設計的問題，以提高心理學家對習慣性行為控制和目標導向行為控制的理解。

14.7 本章總結

本章的目的是討論強化學習與心理學中動物學習實驗研究之間的對應關係。我們從一開始就強調，本書所介紹的強化學習並非為了模擬動物行為的細節，它是一個從人工智慧和工程學的角度探索理想化情形的抽象計算框架。但是許多基本的強化學習演算法是受到心理學理論啟發的，在某些情形下這些演算法會促進新的動物學習模型的發展。本章介紹了這些關聯中最顯著的部分。

在強化學習中，預測演算法和控制演算法的區別，與動物學習理論中的古典制約（或巴夫洛夫制約）和工具制約（或操作制約）的區別類似。工具制約實驗和古典制約實驗的關鍵區別在於，在前者中，強化刺激是取決於動物的行為，而後者則並非如此。透過 TD 演算法學習預測類似於古典制約，我們將**古典制約**（*classical conditioning*）的 *TD* **模型**（*TD model*）描述為用強化學習原理解釋動物學習行為部分細節的一個例子。此模型透過包含在獨立試驗中事件影響學習的時間維度來歸納出具有影響力的 Rescorla-Wagner 模型，它同時也提供了對於二階制約的說明，在二階制約中強化刺激的預測因子會成為強化刺激本身。此模型也是對於大腦中多巴胺神經元活動觀點的基礎，我們將在第 15 章中進行介紹。

透過試誤法來學習是強化學習控制部分的基礎。我們介紹了關於 Thorndike 用貓和其他動物進行實驗的一些細節，這些實驗引發了**效果律**（*Law of Effect*）的誕生，我們也在本章和第 1 章中對效果律的部分內容進行了說明。我們指出，在強化學習中探索並不僅限於「盲目摸索」，只要有**一定的**試探行為就可以使用先天知識和先前學習到的知識透過複雜的方法進行試驗。我們也討論了 B. F. Skinner 稱之為**塑形**（*shaping*）的訓練方法，透過逐步改變獎勵來訓練動物以逐步接近期望的行為，塑形不僅對於動物訓練而言是不可或缺的，同時它也是訓練強化學習代理人的有效工具。塑形也和動物的動機狀態概念有關，它影響了動物將要接近或避免的事物，以及事件對於動物的利害關係。

本書所介紹的強化學習演算法包含了兩種用於解決延遲強化問題的基本機制：資格痕跡和透過 TD 演算法學習的價值函數。這兩種方法在動物學習理論中都有相對應的類似機制。資格痕跡類似於早期理論中的刺激痕跡，而價值函數則與次級強化的作用類似，它提供了近乎即時的評估回饋。

本章討論的另一個對應關係是強化學習的環境模型與心理學家所說的**認知地圖**（*cognitive maps*）之間的對應關係。在 20 世紀中期進行的實驗證明了動物學習認知地圖的能力是對狀態 - 動作連結的替代或補充，並隨後使用它們來指引行為，尤其是在環境意外變化的情形下。強化學習中的環境模型就像認知地圖一樣，可以透過監督式學習的方法進行學習而不需依賴獎勵訊號，學習到的模型可以在未來用於規劃行為。

強化學習在**無模型**（*model-free*）演算法和**基於模型的**（*model-based*）演算法之間的區別，對應於心理學中**習慣性行為**（*habitual behavior*）和**目標導向行為**（*goal-directed behavior*）之間的區別。無模型演算法透過儲存在策略或動作值函數中的資訊進行決策，而基於模型的方法則透過使用代理人的環境模型進行預先規劃，並根據規劃的結果進行動作選擇。結果貶值實驗提供有關動物的行為是習慣性行為還是目標導向行為的資訊。強化學習理論有助於我們釐清對於這些問題的思考方向。

動物學習的許多概念顯然已深深地影響著強化學習，但是作為機器學習的一種類型，強化學習的目的是設計和理解有效的學習演算法，而不是重現或解釋動物行為的細節。我們專注於動物學習中與解決預測和控制問題的方法有著明確關係的部分，著重於強化學習和心理學之間富有成果的雙向概念交流，而無需深入探究許多動物學習研究人員在意的行為細節和爭議。隨著動物學習中其他特徵的計算效用變得更容易理解，未來強化學習理論和演算法的發展將很有可能會利用這些特徵。我們預期強化學習和心理學之間的概念交流將繼續為這兩個學科帶來更多的成果。

強化學習與心理學及其他行為科學領域之間的許多聯繫超出了本章的討論範圍。我們省略了大部分強化學習與決策心理學連結的內容，決策心理學主要著重於學習發生後如何選擇動作或如何做出決策。我們也並未討論動物行為學家和行為生態學家所研究的關於動物行為在生態和進化方面的連結：動物是如何與彼此以及周遭環境相互關聯，以及它們的行為如何有助於進化的適應性。最佳化、MDP 和動態規劃在這些領域中佔有重要的地位，我們對代理人與動態環境的交互作用的重視與對複雜生態環境中的代理人行為的研究連接在一起。本書中省略的多重代理人強化學習與社會層面的行為是相互關聯的，儘管我們在此沒有特別進行介紹，但強化學習絕不應被解釋為否定進化論的觀點。關於強化學習的任何內容都並非表示學習和行為要從頭開始。實際上，從工程應用中的經驗已經告訴我們，將知識建構在強化學習系統中與進化提供給動物的知識一樣都是十分重要的。

參考文獻與歷史評注

Ludvig、Bellemare 和 Pearson（2011）以及 Shah（2012）以心理學和神經科學為背景對強化學習進行了相關的探討。這些文獻對於深入理解本章及下一章關於強化學習和神經科學之間的關係相當有幫助。

14.1 Dayan、Niv、Seymour 和 Daw（2006）專注於古典制約和工具制約之間的相互作用，特別是在古典制約和工具制約相互衝突的情形。他們提出了一個 Q 學習的架構來對此相互作用進行建模。Modayil 和 Sutton（2014）透過一個移動機器人展示一種結合固定反應與線上預測學習的控制方法，並證明其有效性。他們稱其為巴夫洛夫控制並強調它與一般的強化學習控制方法不同，此方法是根據預測執行固定反應而非根據獎勵最大化進行。Ross（1933）的機電機器以及 Walter 的學習型機械烏龜（Walter, 1951）是巴夫洛夫控制的早期例證。

14.2.1 Kamin（1968）首次記錄了在古典制約下發生阻斷的現象，現在一般稱為 Kamin 阻斷。Moore 和 Schmajuk（2008）對阻斷現象提供了完整的總結，他們的研究成果激發了許多相關的研究，並對動物學習理論產生了長久的影響。Gibbs、Cool、Land、Kehoe 和 Gormezano（1991）描述了兔子瞬膜反應的二階制約與透過序列式複合刺激進行制約的關係。Finch 和 Culler（1934）在對狗進行的實驗中記錄著：「當透過各種指令維持其動機時，可以獲得狗前腳縮回的五階制約」。

14.2.2 Rescorla-Wagner 模型的概念是當動物受到驚嚇時就會發生學習，這源自於 Kamin（1969）的研究。除 Rescorla-Wagner 模型以外的古典制約模型還包括了 Klopf（1988）；Grossberg（1975）；Mackintosh（1975）；Moore 和 Stickney（1980）；Pearce 和 Hall（1980）及 Courville、Daw 和 Touretzky（2006）。Schmajuk（2008）回顧了關於古典制約的多個模型。Wagner（2008）針對 Rescorla-Wagner 模型和類似的學習基本理論提供了現代心理學的觀點。

14.2.3 Sutton 和 Barto（1981a）提出了關於古典制約 TD 模型的早期版本，此版本還包含了模型對於預測的特性，即時間優先性凌駕於阻斷的特性，後來由 Kehoe、Schreurs 和 Graham（1987）透過兔子瞬膜實驗證明。Sutton 和 Barto（1981a）的研究是最早了解到 Rescorla-Wagner 模型與最小均方（LMS）學習規則或稱 Widrow-Hoff 學習規則（Widrow and Hoff, 1960）之間的相似特性。此早期模型在 Sutton 提出 TD 演算法（Sutton, 1984, 1988）後進行了修正，在 Sutton 和 Barto（1987）的研究中首次作為 TD 模型進行發表，並在 Sutton 和 Barto（1990）的研究中進行了完整地介紹，本章大部分的內容也是根據此 TD 模型。Moore 和他的同事（Moore, Desmond, Berthier, Blazis, Sutton, and Barto, 1986; Moore and Blazis, 1989; Moore, Choi, and Brunzell, 1998; Moore, Marks, Castagna, and Polewan, 2001）進一步探索了 TD 模型及其可能的神經網路實現方法。Klopf（1988）的古典制約驅動強化理論擴展了 TD 模型來解決其他實驗細節，例如採集曲線的 S 形。在這些研究中，TD 被認為是指時間導數而非時間差異。

14.2.4 Ludvig、Sutton 和 Kehoe（2012）評估了 TD 模型在先前尚未探索、涉及古典制約的問題其性能表現，並研究了各種刺激表徵的影響，包含他們之前提出的微刺激表徵（Ludvig, Sutton, and Kehoe, 2008）。在 TD 模型的背景下，早期對於各種刺激表徵的影響及其在反應時間和形態上可能的神經網路實現方法，是由上一段提到的 Moore 和他的同事進行研究的。儘管不是在 TD 模型的背景下進行的，但 Grossberg 和 Schmajuk（1989）；Brown、Bullock 和 Grossberg（1999）；Buhusi 和 Schmajuk（1999）及 Machado（1997）也提出並研究了與 Ludvig 等人（2012）所提出微刺激表徵類似的表徵方式。第 386 頁和第 387 頁的圖改編自 Sutton 和 Barto（1990）。

14.3 第 1.7 節包含了有關試誤學習和效果律的歷史評論。Peter Dayan 提出 Thorndike 的貓可能是根據本能上針對動作的特定排序進行探索，而非僅從一組本能衝動的動作中進行選擇。Selfridge、Sutton 和 Barto（1985）說明了在桿平衡強化學習問題中塑形的有效性。在強化學習中關於塑形的其他例子還有 Gullapalli 和 Barto（1992）；Mahadevan 和 Connell（1992）；Mataric（1994）；Dorigo 和 Colombette（1994）；Saksida、Raymond 和 Touretzky（1997）以及 Randløv 和 Alstrøm（1998）。Ng（2003）和 Ng、Harada 和 Russell（1999）使用塑形一詞的方式在某種意義上與 Skinner 的做法不同，前者專注於如何在不改變最佳策略集合的情形下改變獎勵訊號。

Dickinson 和 Balleine（2002）討論了學習與動機之間相互作用的複雜性。Wise（2004）概述了強化學習及其與動機的關係。Daw 和 Shohamy（2008）將動機和學習與強化學習理論進行連結。另請詳見 McClure、Daw 和 Montague（2003）；Niv、Joel 和 Dayan（2006）；Rangel、Camerer 和 Montague（2008）以及 Dayan 和 Berridge（2014）。McClure 等人（2003）；Niv、Daw 和 Dayan（2006）以及 Niv、Daw、Joel 和 Dayan（2007）提出了與強化學習架構相關的行為活力理論。

14.4 Hull 在耶魯大學的學生和合作者 Spence 闡述了高階強化在解決延遲強化問題中的作用（Spence, 1947）。在具有非常長的延遲中學習，例如在延遲時間長達數小時的味覺厭惡制約實驗，這將導致干擾理論取代痕跡衰減理論（如 Revusky and Garcia, 1970; Boakes and Costa, 2014）。在延遲強化下進行學習的其他觀點則導入了意識和工作記憶的概念（如 Clark and Squire, 1998; Seo, Barraclough, and Lee, 2007）。

14.5 Thistlethwaite（1951）廣泛地總結了本篇研究發表之前的所有潛在學習實驗。Ljung（1998）概述了工程學中的模型學習（或稱系統識別技術）。Gopnik、Glymour、Sobel、Schulz、Kushnir 和 Danks（2004）提出了關於兒童如何學習模型的貝葉斯理論。

14.6 習慣性行為、目標導向行為與無模型和基於模型的強化學習之間的關係最早是由 Daw、Niv 和 Dayan（2005）所提出。用於解釋習慣性行為和目標導向行為控制的假設性迷宮問題是基於對 Niv、Joel 和 Dayan（2006）的解釋。Dolan 和 Dayan（2013）回顧了與此問題相關的四代實驗研究，並討論了如何在強化學習中無模型 / 基於模型的區分基礎上進一步解決問題。Dickinson（1980, 1985）以及 Dickinson 和 Balleine（2002）討論了與此區別有關的實驗證據。Donahoe 和 Burgos（2000）認為無模型過程可以解釋結果貶值實驗的結果。Dayan 和 Berridge（2014）認為古典制約涉及基於模型的過程。Rangel、Camerer 和 Montague（2008）總結了許多關於習慣性、目標導向和巴夫洛夫控制模型中尚未被解決的問題。

術語評注

在心理學中，**強化**（*reinforcement*）的傳統含義是指動物在受到某種刺激（或不再接受某種刺激）後增強其行為模式（透過增加其強度或頻率），而此刺激與另一種刺激或反應具有適當的時間關係。強化所產生的變化會存在於未來的行為中。有時在心理學中，強化指的是行為持續發生變化的過程，無論這種改變是增強還是減弱了行為模式（Mackintosh, 1983）。以強化來表示減弱而非增強是相悖於其日常含義及其在心理學中的傳統用法，但在此我們採用了這個有用的延伸概念。在任何情況下，改變行為的刺激稱為**強化劑**（*reinforcer*）。

心理學家通常不會像我們這樣使用強化學習這個專門的用語。動物學習理論的先驅者可能會將強化和學習視為同義詞，因此同時使用這兩個詞是多餘的。我們對此專門用語的使用方式是根據其在計算和工程研究中的應用，這主要是受到 Minsky（1961）的影響。但此用語最近在心理學和神經科學領域廣為流行，這可能是因為強化學習演算法和動物學習之間有許多強烈的相似之處，我們在本章及下一章中會提到這一點。

根據一般的用法，**獎勵**（*reward*）是動物會接近並為其努力的對象或事件。獎勵可以是對於動物「良好」行為的認可，也可以是為了使動物的行為「更好」而給予的。類似地，**懲罰**（*penalty*）是動物通常會避免的對象或事件，作為「不良」行為的後果而給予的，通常是為了改變這種行為。**主要獎勵**（*primary reward*）是動物在進化過程中，為了提高其生存和繁殖機會而在動物神經系統中由內部機制所產生的獎勵。例如，透過營養食物的味道、性接觸、成功逃脫以及其他刺激和事件所產生的獎勵，在動物進化的發展史中這些刺激和事件預示著能夠成功繁衍後代。如第 14.2.1 節所述，**高階獎勵**（*higher-order reward*）是透過預測主要獎勵的刺激所獲得的獎勵，也可能是透過直接地或間接地預測主要獎勵的其他刺激所產生的獎勵。如果一個獎勵是對於主要獎勵直接預測的結果，則將其稱之為**次級獎勵**（*secondary reward*）。

在本書中我們將 R_t 稱為「在時間 t 時的獎勵訊號」，有時也稱為「在時間 t 時的獎勵」，但我們不將其視為代理人環境中的對象或事件。因為 R_t 是一個數字（不是對象或事件），因此更像是神經科學中的獎勵訊號，這是一種大腦內部的訊號，如同神經元的活動一樣，此訊號會影響決策和學習。當動物察覺到一個吸引牠的（或厭惡的）事物時可能會觸發此訊號，但也可能是由動物外部環境中不存在的事物（如記憶、想法或幻覺）所觸發的。因為 R_t 的數值可以為正、負或 0，因此最好將負值的 R_t 稱為懲罰，等於 0 的 R_t 稱為中性訊號，但是為了簡單起見，我們通常會盡量避免使用這些術語。

在強化學習中，生成 R_t 所有的過程定義了代理人試圖解決的問題。代理人的目標是使 R_t 隨著時間的流逝盡可能地變大。就此意義上而言，如果我們將動物所面臨的問題看成是在其一生中盡可能多獲得主要獎勵的問題（進而透過進化的前瞻性「智慧」來提升牠解決其實際問題的機會，這是將其基因傳給後代的方法），則 R_t 就像是動物的主要獎勵。然而，正如我們將在第 15 章討論的，在動物的大腦中不可能有像 R_t 這樣的單一「主要的」獎勵訊號。

並非所有的強化劑都是獎勵或懲罰。有時強化不一定是動物接收到評估其行為好壞的刺激後所產生的結果。無論動物的行為結果如何都可以透過刺激來強化動物的行為模式。如第 14.1 節中所述，強化劑的傳遞是否取決於先前的行為就是工具制約（或操作制約）實驗與古典制約（或巴夫洛夫制約）實驗之間的區別。強化在兩種類型的實驗中都會產生作用，但是只有前者才能透過反饋來評估過去的行為（儘管經常有人指出，即使在古典制約實驗中強化的 US 並不取決於受測者的先前行為，但其強化值仍會受到先前行為的影響，例如在兔子瞬膜閉合的實驗中，已經閉上的眼睛對於吹氣的刺激不會那麼反感）。

當我們在下一章討論獎勵訊號和強化訊號的神經相關性時，兩者之間的區別是相當重要的一點。對我們而言，強化訊號如同獎勵訊號一樣，在任何特定的時間點其數值可以為正、負或 0。強化訊號是引導學習演算法對代理人的策略、價值估計或環境模型做出改變的主要因素。對我們而言最有意義的定義是，強化訊號在任何時候都是一個數字，將此數字乘以（可能與一些常數一起）一個向量來確定某種學習演算法中的參數更新。

對於某些演算法，獎勵訊號本身就是參數更新方程式中的關鍵乘數。對於這些演算法，強化訊號與獎勵訊號相同。但是對於本書中討論的大多數演算法而言，強化訊號除了獎勵訊號以外還包含了其他項，例如 TD 誤差 $\delta_t = R_{t+1} + \gamma V(S_{t+1}) - V(S_t)$，即用於 TD 狀態值學習的強化訊號（以及類似 TD 誤差，用於動作值學習的強化訊號）。在此強化訊號中，R_{t+1} 是**主要強化**項，而預測值的時間差異 $\gamma V(S_{t+1}) - V(S_t)$（或類似於動作值的時間差異）是**制約強化**項。因此，每當 $\gamma V(S_{t+1}) - V(S_t) = 0$ 時，δ_t 為「純粹的」主要強化；而當 $R_{t+1} = 0$ 時，δ_t 為「純粹的」制約強化，但通常會是兩種訊號的混合。請注意，正如我們在第 6.1 節中所描述的，此 δ_t 的值在時步 $t+1$ 時才能獲取。因此我們將 δ_t 視為在時步 $t+1$ 時的強化訊號，這麼做是相當合理的，因為它強化了時步 t 之前的預測和（或）動作。

著名的心理學家 B. F. Skinner 及其追隨者所使用的術語可能會使我們產生混淆。對於 Skinner 而言，當動物行為的結果增加了此行為的發生頻率時，就會產生正強化；當行為的結果降低了行為發生的頻率時，就會發生懲罰。當行為導致反感刺激（即動物不喜歡的刺激）的消失，進而增加了此行為的發生頻率時，就會產生負強化。另一方面，當行為導致慾望刺激（即動物喜歡的刺激）的消失，進而降低了此行為的發生頻率時，就會產生負面懲罰。但我們認為這樣的區分是沒有必要的，因為我們的方法比以上敘述更抽象，獎勵訊號和強化訊號都允許採用正值和負值（但請特別注意，當我們的強化訊號為負時，它與 Skinner 的負強化是不同的）。

另一方面，經常有人指出，使用單一的數字作為訊號並僅根據其數值正負來表示獎勵或懲罰，這與動物的慾望系統和反感系統在本質上具有不同特性並涉及不同大腦機制的事實是相悖的。這指出了一個未來強化學習架構可能會發展的方向，即利用慾望系統和反感系統獨立的計算優勢，但是我們目前尚未研究這些可能性。

術語上的另一個分歧是我們如何使用**動作**（*action*）一詞。對於許多認知科學家而言，動作是有目的性的，因為它是動物對於行為與該行為後果之間的關係在其認知上的結果。動作是目標導向的，它是動物進行決策的結果，同時它不同於刺激所觸發的反應（反射或習慣的結果）。我們在此僅使用動作一詞而不刻意區分其他人所說的動作、決策和反應。對我們而言，這些重要的區別都包含在強化學習演算法對於無模型和基於模型之間的差異中，我們在第 14.6 節中針對習慣性行為和目標導向行為的關係時討論過這個議題。Dickinson（1985）也探討了反應與動作之間的區別。

在本書中經常使用的術語還有**控制**（*control*）。控制在本書中的含義與動物學習心理學家所說的控制完全不同。我們所謂的控制是指一個代理人透過影響其所在環境以產生該代理人所偏好的狀態或事件：代理人對其環境加以控制，這就是控制工程師所使用的控制涵義。另一方面，在心理學中，控制通常是指動物的行為受到刺激（刺激控制）或強化過程的影響（控制），即環境控制著代理人。就此意義上而言，控制是行為矯正治療的基礎。當然，當代理人與環境進行交互作用時，這兩種控制都發揮了作用，但我們專注於代理人作為控制者的情形，而非環境作為控制者。與我們的觀點相同或更具有啟發性的觀點是，代理人實際上正在控制它從環境接收到的輸入（Powers, 1973）。這並非心理學家所謂的刺激控制。

有時，強化學習被理解為僅涉及直接從獎勵（和懲罰）中學習策略，而不涉及價值函數或環境模型。這就是心理學家所謂的刺激 - 反應（S-R）學習。但對於我們和當今大多數心理學家而言，強化學習的範圍更為廣泛，除了 S-R 學習之外，還包含了價值函數、環境模型、規劃以及其他通常被認為屬於認知心理學層面的方法。

Chapter 15

神經科學

神經科學是對神經系統跨領域研究的總稱，主要包括：如何調節身體功能；如何控制行為；由發育、學習和老化隨著時間所發生的變化；以及細胞和分子機制如何將這些功能變為可能。強化學習最令人興奮的一面是，越來越多來自神經科學的證據表明人類和許多其他動物的神經系統所使用的演算法與強化學習演算法有著驚人的對應關係。本章的主要目的是解釋這些相似之處以及它們對於動物在基於獎勵的學習中其神經科學基礎的啟示。

強化學習與神經科學之間最為顯著的連結關係是多巴胺的運作機制，它是一種與哺乳動物大腦中獎勵處理過程密切相關的化學物質。多巴胺的作用是將時序差分（TD）誤差傳達至進行學習和決策的大腦結構。這種相似性透過**多巴胺神經元活動的獎勵預測誤差假說**（*reward prediction error hypothesis of dopamine neuron activity*）來表示，這是一種將強化學習和神經科學實驗結果進行融合所產生的假說。在本章中我們將討論此假說、產生此假說的神經科學結論以及為什麼它對理解大腦獎勵系統有著重要的作用。我們還將討論強化學習與神經科學之間的相似之處，這種相似之處並不像多巴胺和 TD 誤差之間的關係那麼引人注目，但卻為我們在思考動物基於獎勵的學習時提供了概念上相當有用的工具。強化學習的其他元素也有可能會影響神經系統的研究，但它們與神經科學的連結相對缺乏深入探討。我們將討論其中幾個持續研究中的連結關係，我們認為這些連結關係的重要性將隨著時間的推移而變得越來越重要。

正如我們在本書第 1 章導論 —— 強化學習的早期歷史（第 1.7 節）中所概述的，在強化學習中有許多方面都受到神經科學的影響。本章的第二個目標是使讀者了解有關大腦功能的概念，這些概念有助於我們深入認識強化學習。從大腦功能理論的角度來觀察，強化學習的一些元素更容易被理解。特別是對於資格痕跡的概念，它是強化學習的基本機制之一，起源於突觸（神經細胞（神經元）相互溝通的結構）的一種推測性質。

在本章中我們並未深入探討動物中基於獎勵的學習所使用的複雜神經系統：本章的篇幅不足以說明如此多的內容，同時我們也並非神經科學家。我們試圖不去描述（甚至沒有說明）許多大腦中的結構和運作途徑，或是被認為與這些過程有關的任何分子機制。我們也並未對那些與強化學習相當吻合的假說和模型作出評論，因為神經科學領域的專家之間存在著不同的看法是很正常的。我們只能對這個有趣且不斷發展的故事提供簡短的介紹。不過，我們希望本章能夠讓你相信，將強化學習及其理論基礎與動物中基於獎勵學習的神經科學聯繫起來、且非常富有成效的渠道已經出現。

許多優秀的著作都涵蓋了強化學習與神經科學之間的連結關係，我們將在本章的最後一節中列舉其中一些書籍中的內容。我們的介紹方式與這些書籍不同，因為我們假設讀者已經熟悉本書前面幾章所介紹的強化學習，但不清楚有關神經科學的知識。因此，我們首先將對神經科學概念進行簡要介紹，以便對接下來的內容有一個基本的理解。

15.1 神經科學基礎

關於神經系統的一些基本資訊有助於理解我們在本章所介紹的內容。我們在接下來提到的神經科學術語將會以標楷體表示。如果你已經掌握了神經科學的基本知識，跳過這些部份對於理解本章內容並不會造成問題。

神經元（*neurons*）是神經系統的主要組成部分，是專門利用電和化學訊號處理和傳輸訊息的細胞。神經元具有多種形態，但是結構上大致都可分成細胞體、*樹突*（*dendrites*）和一個*軸突*（*axon*）。樹突是從細胞體延伸的分支結構，用於接收來自其他神經元的輸入（或者在感官神經元的情形下還會接收外部訊號）。神經元的軸突是一個將神經元的輸出傳遞至其他神經元（或肌肉或腺體）的纖維。神經元的輸出由被稱為*動作電位*（*action potentials*）的脈波序列組成，這些脈波會沿著軸突進行傳遞。動作電位也被稱為*尖峰*（*spikes*），當一個神經元產生尖峰時會發出訊號。在神經網路模型中通常使用實數來表示神經元的*發出訊號頻率*（*firing rate*），即每個單位時間內的平均尖峰數。

神經元的軸突可以進行大量分支，使神經元的動作電位可以同時傳遞至多個目標。神經元的軸突分支結構稱為神經元的*軸突軸心*（*axonal arbor*）。由於動作電位的傳遞是一個主動的過程，與一個保險絲的熔斷過程不同，當動作電位到達軸突分支點時，它會「照亮」所有輸出分支上的動作電位（儘管有時可能無法傳遞到某些分支）。因此，具有較大軸突軸心的神經元在運作時會同時影響多個目標位置。

突觸（*synapse*）是一種位於軸突分支末端的結構，它是兩個神經元之間的通訊中介。突觸將訊息從**突觸前**（*presynaptic*）神經元的軸突傳遞到**突觸後**（*postsynaptic*）神經元的樹突或細胞體。除少數例外以外，當突觸前神經元的動作電位到達時，突觸會釋放化學**神經傳遞物質**（*neurotransmitter*）（例外是兩個神經元之間直接電耦合的情形，但是在此我們不詳加說明這些情形）。從突觸的突觸前神經元釋放的神經傳遞物質分子會擴散到整個**突觸間隙**（*synaptic cleft*），即突觸前神經元末梢與突觸後神經元之間的狹小空間，然後與突觸後神經元表面的受體結合，進而激發或抑制其產生尖峰的活性，或以其他方式調節其行為。特定的神經傳遞物質可以與多種不同類型的受體結合，每種受體會在突觸後神經元上產生不同的反應。例如，神經傳遞物質多巴胺至少可以透過五種不同類型的受體來影響突觸後神經元。許多不同的化學物質已被確定為動物神經系統中的神經傳遞物質。

一個神經元的**背景**（*background*）活動指的是它在背景情形下的活動層級，通常是指其發出訊號頻率。而所謂的背景情形是當神經元活動不受到與受測者感興趣任務相關的突觸輸入驅動的情形。例如，當神經元的活動與實驗中傳遞給受測者的刺激無關時。此時背景活動可能來自於更廣泛的網路輸入，或者由於神經元或其突觸內的雜訊所致，因此可能是不規則的。有時背景活動是神經元固有的動態過程所產生的結果。與背景活動相反，神經元的**時相性**（*phasic*）活動通常由突觸輸入引起的尖峰活動組成。無論是否為背景活動，那些緩慢變化且經常以分級的方式進行的活動都被稱為神經元的**持續性**（*tonic*）活動。

在突觸處釋放的神經傳遞物質對突觸後神經元影響的強度或有效性稱為突觸的**效能**（*efficacy*）。神經系統可以透過經驗改變的一種方式是透過結合突觸前神經元和突觸後神經元活動的結果來改變突觸效能，進而改變神經系統。有時神經系統還可以透過**神經調節物質**（*neuromodulator*）進行改變，神經調節物質是一種除了直接的快速激發或抑制作用外還具有其他作用的神經傳遞物質。

大腦中具有多種不同的神經調節系統，這些系統由具有大量分支軸突軸心的神經元叢集組成，每個系統會使用不同的神經傳遞物質。神經調節可以改變神經迴路的功能，調節動機、喚醒、注意力、記憶力、情緒、情感、睡眠和體溫。更重要的是，神經調節系統可以分配類似於純量訊號的訊號，例如強化訊號，以改變對學習相當重要且廣泛分布在不同位置的突觸其運作模式。

使突觸效能改變的能力稱為**突觸可塑性**（*synaptic plasticity*），它是負責學習的主要機制之一。透過學習演算法調整的參數或權重對應於突觸的效能。正如我們接下來將詳細介紹的，透過神經調節物質多巴胺調節突觸可塑性，是大腦如何像本書中所描述的方式那樣實現學習演算法的一種合理機制。

15.2 獎勵訊號、強化訊號、價值和預測誤差

神經科學與強化學習之間的連結關係始於大腦中的訊號、和在強化學習理論及演算法中起重要作用的訊號之間的相似性。在第 3 章中我們提到，學習目標導向行為的任何問題都可以簡化為代表動作、狀態和獎勵的三種訊號。然而，為了要解釋神經科學與強化學習之間的連結關係，我們必須不那麼抽象，而應考慮在某些方面與大腦中的訊號相對應的其他強化學習訊號。除了獎勵訊號外，這些訊號還包含了強化訊號（我們認為這種訊號與獎勵訊號是不同的）、價值訊號及傳遞預測誤差的訊號。當根據訊號的功能進行標記時，我們是根據強化學習理論將這些訊號對應到方程式或演算法中的其中一項。另一方面，當提到大腦中的訊號時，我們指的是一個生理事件，例如突發性的動作電位或神經傳遞物質的分泌。根據其功能來標記神經訊號時，例如將多巴胺神經元的時相性活動稱為強化訊號，這表示我們認為此神經訊號的行為類似於相應的理論訊號，並推測此訊號具有與相應理論訊號類似的功能。

找出這些對應關係的證據涉及了許多挑戰。與獎勵處理過程有關的神經活動幾乎可以在大腦的每個部位找到，但由於不同獎勵相關訊號的表徵往往具有高度相關性，因此很難對結果進行明確地解釋。這需要透過精心設計的實驗使一種類型的獎勵相關訊號能夠與其他訊號以某種確定性的方式進行區分，或著分離出與獎勵處理過程無關的其他訊號。儘管存在這些困難，但我們已經進行了許多實驗使強化學習理論及演算法的各個方面與神經訊號相對應，並已經建立了一些具有說服力的連結關係。為了說明這些連結關係，在本節接下來的內容中我們將根據強化學習理論向讀者介紹各種獎勵相關訊號的含義。

在上一章結尾的「術語評注」中，我們說 R_t 就像是動物大腦中的獎勵訊號，而非動物環境中的物體或事件。在強化學習中，獎勵訊號（以及代理人的環境）定義了強化學習代理人試圖解決的問題。就此觀點而言，R_t 就像動物大腦中的一個訊號將主要獎勵分配至整個大腦中的各個部位。但是在動物的大腦中不太可能存在像 R_t 這樣統一的主要獎勵訊號。我們最好將 R_t 看成是一種抽象的概

念，它總結了大腦中許多系統產生的大量神經訊號的整體效果，這些神經系統評估了感官和狀態的獎勵或懲罰品質。

強化學習中的**強化訊號**（*reinforcement signals*）與獎勵訊號不同。強化訊號的功能是指引學習演算法對代理人的策略、價值估計或環境模型進行改變。以 TD 方法為例，在時步 t 時的強化訊號為 TD 誤差 $\delta_{t-1} = R_t + \gamma V(S_t) - V(S_{t-1})$[1]。對於某些演算法，強化訊號可能只是獎勵訊號。但對於大多數演算法，我們認為強化訊號是經由其他資訊調整的獎勵訊號，例如 TD 誤差中的價值估計。

對於狀態值或動作值（即 V 或 Q）的估計顯示出從長期來看對代理人有利或不利的因素，它們預測了代理人未來可期望獲得的累積獎勵。代理透過選擇使狀態估計值達到最大的動作或選擇動作估計值最大的動作來做出良好的決策。

預測誤差可以衡量預期訊號與實際訊號或感官之間的差異。獎勵預測誤差（reward prediction errors, RPE）具體衡量了預期獎勵訊號和實際接收到的獎勵訊號之間的差異，當獎勵訊號大於預期時為正，否則為負。像 (6.5) 這樣的 TD 誤差是一種特殊的 RPE，它表示出當前和先前的長期預期獎勵訊號之間的差異。當神經科學家提到 RPE 時，它們通常（儘管不一定）指的是 TD RPE，在本章中我們將其簡稱為 TD 誤差。同樣在本章中，一個 TD 誤差通常是指不取決於動作的誤差，這與 Sarsa 和 Q 學習等演算法在學習動作值所使用的 TD 誤差不同。這是因為與神經科學最明顯的連結關係是使用和動作無關的 TD 誤差來表述，但我們並不打算排除可能存在相似的連結關係是與涉及動作的 TD 誤差有關（用於預測獎勵以外訊號的 TD 誤差也很有用，但在此我們不考慮這種情形。例如，詳見 Modayil, White, and Sutton, 2014）。

我們可能會對於神經科學數據與這些理論上定義的訊號之間的連結關係提出許多問題。例如，觀察到的訊號更像是獎勵訊號？價值訊號？預測誤差？強化訊號？還是一個完全不同的訊號？如果是誤差訊號，它會是 RPE？TD 誤差？還是像 Rescorla-Wagner 誤差 (14.3) 這樣更簡單的誤差？如果它是 TD 誤差，它是否像在 Q 學習或 Sarsa 的 TD 誤差一樣取決於動作？如上所述，透過探測大腦來回答這些問題是相當困難的。但是實驗證據表明有一種神經傳遞物質，特別是多

1 正如我們在第 6.1 節中提到的，符號 δ_t 被定義為 $R_{t+1} + \gamma V(S_{t+1}) - V(S_t)$，因此 δ_t 直到時步 $t+1$ 時才可用。在時步 t 時**可用的** TD 誤差實際上是 $\delta_{t-1} = R_t + \gamma V(S_t) - V(S_{t-1})$。因為我們所考慮的時間步長非常小，有時甚至是無限小的，所以對於這樣一個時步的偏移我們不需要過度解讀其重要性。

巴胺，能發出 RPE 的訊號，並且進一步證明，產生多巴胺的神經元其時相性活動實際上傳遞了 TD 誤差（有關時相性活動的定義請參考第 15.1 節）。這項證據引發了多巴胺神經元活動的獎勵預測誤差假說（*reward prediction error hypothesis of dopamine neuron activity*）的產生，我們接下來將對其進行介紹。

15.3 獎勵預測誤差假說

根據多巴胺神經元活動的獎勵預測誤差假說（*reward prediction error hypothesis of dopamine neuron activity*），哺乳動物中產生多巴胺的神經元其時相性活動的功能之一，是將未來預期獎勵的新舊估計值之間的誤差傳遞到整個大腦的所有目標區域。Montague、Dayan 和 Sejnowski（1996）首次明確提出這項假說（儘管不是使用上述確切的說法），他們展示了強化學習中的 TD 誤差概念如何解釋哺乳動物中多巴胺神經元其時相性活動的多個特徵。引發這項假說的實驗是在 1980 年代和 1990 年代早期在神經科學家 Wolfram Schultz 的實驗室進行的。第 15.5 節將介紹這些具有影響力的實驗，而在第 15.6 節將解釋這些實驗的結果如何與 TD 誤差相吻合，在本章結尾的「參考文獻與歷史評注」部分包含了有關這個具有影響力的假說其發展歷程的文獻指引。

Montague 等人（1996 年）將古典制約實驗的 TD 模型所產生的 TD 誤差與古典制約實驗中產生多巴胺的神經元其時相性活動進行了比較。回想一下第 14.2 節，古典制約的 TD 模型基本上是線性函數近似的半梯度下降 TD(λ) 演算法。Montague 等人做了幾個假設來進行這項比較。首先，由於 TD 誤差可能為負，但神經元的發出訊號頻率不能為負，因此他們假設與多巴胺神經元活動相對應的量為 $\delta_{t-1}+b_t$，其中 b_t 是神經元的背景發出訊號頻率。負的 TD 誤差對應於多巴胺神經元的發出訊號頻率，下降至低於其背景發出訊號頻率 [2]。

第二個假設是關於每次古典制約試驗中訪問的狀態，以及如何將它們作為學習演算法的輸入來進行表示，這與我們在第 14.2.4 節中討論的 TD 模型問題相同。Montague 等人選擇了完整的序列式複合刺激（CSC）表徵形式，如圖 14.1 左行所示，但不同的是短期內部訊號序列會一直持續直到非制約刺激 US 出現，這也是非零獎勵訊號出現的時間點。這種表徵使 TD 誤差能夠模仿多巴胺神經元的活動：不僅可以預測未來的獎勵，同時也會對預測性提示之後的預期獎勵何時出

2 在一些關於 TD 誤差與多巴胺神經元活動的相關研究中，其 δ_t 與我們在此描述的 $\delta_{t-1}=R_t+\gamma V(S_t)-V(S_{t-1})$ 是相同的。

現很敏感。我們必須以某種方式來追蹤感官提示和獎勵出現之間的時間。如果一個刺激引發一系列內部訊號且這些訊號在刺激結束後持續存在，同時如果刺激之後的每個時步都會存在不同的訊號，則在刺激之後的每個時步都可以由不同的狀態進行表示。因此，我們可以透過與狀態相關的 TD 誤差來察覺試驗中各個事件發生的時間。

在這些假設背景發出訊號頻率和輸入表徵的模擬試驗中，TD 模型的 TD 誤差與多巴胺神經元的時相性活動非常相似。我們將在第 15.5 節介紹這些相似性的細節，接下來讓我們先預覽 TD 誤差與多巴胺神經元活動的相似特性：1）多巴胺神經元的時相性反應僅在獎勵事件未被預測時發生；2）在學習初期，獎勵前的中性提示不會引起實質性的多巴胺時相性反應，但是隨著學習持續進行，這些提示會獲得預測價值並引發多巴胺時相性反應；3）如果一個可靠的提示出現在已經獲得預測值的提示之前，則多巴胺時相性反應會轉移到較早出現的提示，而對於較晚的提示所引起的反應則會停止；4）如果在學習後忽略了預期的獎勵事件，則多巴胺神經元的反應在預期的獎勵事件發生後不久就會下降至低於其基準線。

雖然在 Schultz 及其同事的實驗中並非每個被監測的多巴胺神經元都有以上這些行為，但是大多數被監測的神經元活動與 TD 誤差之間令人驚訝的對應關係，為獎勵預測誤差假說提供了有力的支持論點。但在某些情形下，基於假說的預測與實驗中觀察到的不相符。輸入表徵的選擇對於 TD 誤差與多巴胺神經元活動的一些細節（特別是與多巴胺神經元反應時間有關的細節）的匹配程度非常關鍵。為了使 TD 誤差與多巴胺神經元活動能更加相似，許多研究學者針對輸入表徵和 TD 學習的其他特徵提出了一些不同的想法，其中的一些想法我們將在接下來的內容進行討論，不過主要的相似之處還是與 Montague 等人使用 CSC 表徵的方法類似。整體而言，獎勵預測誤差假說在研究獎勵學習的神經科學家中已經獲得了廣泛的認可，同時面對不斷累積的神經科學實驗結果，它已經被證明具有驚人的適應能力。

為了接下來描述與獎勵預測誤差假說支持論點有關的神經科學實驗，同時提供一些相關的背景知識以便讀者能夠更理解此假說的意義，我們接下來將介紹一些有關多巴胺的知識、多巴胺影響的大腦結構以及多巴胺是如何參與基於獎勵的學習過程。

15.4 多巴胺

多巴胺是由神經元產生的一種神經傳遞物質，其細胞體主要位於哺乳動物中腦的兩個神經元叢集中：黑質緻密部（substantia nigra pars compacta, SNpc）和腹側被蓋區（ventral tegmental area, VTA）。多巴胺在哺乳動物大腦的許多過程中發揮了相當重要的作用，其中最明顯的是動機、學習、動作選擇、大多數的成癮現象以及精神分裂症和帕金森氏症。多巴胺被稱為神經調節物質，因為它除了直接快速激發或抑制目標神經元外，還能執行許多功能。儘管關於多巴胺的部分功能及其細胞效應的細節尚待進一步的研究，但它顯然是哺乳動物大腦中獎勵處理的基礎之一。多巴胺並不是參與獎勵處理的唯一神經調節物質，它在厭惡情形（懲罰）中的作用仍存在爭議。此外，多巴胺還可以在非哺乳動物中發揮不同的作用。多巴胺對於包括人類在內的哺乳動物獎勵相關過程相當重要是無庸置疑的。

早期的傳統觀點認為，多巴胺神經元會向與學習和動機有關的多個大腦區域廣播獎勵訊號。這種觀點源自於 James Olds 和 Peter Milner 於 1954 年發表的一篇著名論文，該論文描述了電的刺激對於老鼠大腦某些區域的影響。他們發現，對特定區域給予電的刺激在控制老鼠行為方面產生了極強的獎勵作用：「... 透過這種獎勵對動物行為進行控制是極為有效的，可能超越了以往在動物實驗中所使用的任何其他獎勵」（Olds and Milner, 1954）。後來的研究發現，在最能有效地產生這種獎勵效果的區域給予刺激將直接或間接地激發了多巴胺路徑，而這種多巴胺路徑通常是由自然的獎勵刺激所激發的，在人類受試者中也會觀察到類似的現象。這些觀察結果強烈顯示出多巴胺神經元活動會發出獎勵的訊號。

但是，如果獎勵預測誤差假說是正確的（即使它僅解釋了多巴胺神經元活動的某些特徵），那麼這種多巴胺神經元活動的傳統觀點也並非完全正確：多巴胺神經元的時相性反應發出的是獎勵預測誤差訊號而非獎勵本身。如果以強化學習的術語來解釋，多巴胺神經元在時步 t 時的時相性反應對應於 $\delta_{t-1} = R_t + \gamma V(S_t) - V(S_{t-1})$，而不是 R_t。

強化學習的理論和演算法有助於使獎勵 - 預測 - 誤差的觀點與傳統對於多巴胺發出獎勵訊號的觀念一致。在本書中討論的許多演算法中，δ 都發揮了強化訊號的作用，這表示它是學習的主要驅動力。例如，δ 是古典制約 TD 模型中的關鍵因子，它同時也是演員 - 評論家結構中學習價值函數和策略的強化訊號（第 13.5 節和第 15.7 節）。與動作有關的形式是用於 Q 學習和 Sarsa 的強化訊號。獎勵訊號 R_t 是 δ_{t-1} 的一個重要組成部分，但它並不是這些演算法中強化效果的完整決定因素。附加項 $\gamma V(S_t) - V(S_{t-1})$ 是 δ_{t-1} 的高階強化部分，即使有獎勵發生（$R_t \neq 0$），如果獎勵可以被完全預測，則 TD 誤差可以不受影響（在接下來的第 15.6 節中將詳細說明）。

實際上，仔細研究 Olds 和 Milner 於 1954 年發表的論文可以發現，這篇論文主要是關於電的刺激在工具制約任務中的強化作用。電的刺激不僅激發了老鼠的行為（透過多巴胺對動機的影響），而且還使得老鼠快速學會透過按壓槓桿來進行自我刺激，這樣自我刺激的情形會長期頻繁地發生。電的刺激所觸發的多巴胺神經元活動強化了老鼠按壓槓桿的行為。

近期使用光遺傳學方法的實驗證實了多巴胺神經元的時相性反應作為強化訊號的作用。這些方法使神經科學家能夠在毫秒級的時間尺度下，精確地控制清醒行為的動物中已選定類型的神經元活動。光遺傳學方法將光敏感蛋白導入選定類型的神經元中，以便可以透過雷射激發或抑制這些神經元。第一個使用光遺傳學方法研究多巴胺神經元的實驗表明，激發老鼠中產生多巴胺神經元時相性活動的光遺傳學刺激，會使老鼠更喜歡待在實驗箱中能接受該刺激的一側，而非無刺激或僅有少量刺激的另一側（Tsai et al. 2009）。在另一個例子中，Steinberg 等人（2013）利用光遺傳學方法激發多巴胺神經元，他們在預期性獎勵刺激被忽略時，即在多巴胺神經元活動正常暫停的時候，以人為的方式激發老鼠的多巴胺神經元活動。當這些暫停被人為的激發行為替代時，反應會持續，但在原先的情形下反應會因缺乏強化訊號而衰減（削弱試驗），同時學習在原先的情形下會因獎勵已經被正確預測而發生阻斷（阻斷範例詳見第 14.2.1 節），在經過替代後也能讓學習持續進行。

多巴胺強化功能的其他證據來自於果蠅的光遺傳學實驗，儘管在這些實驗中多巴胺的作用與在哺乳動物中的作用相反：至少對於已經被激發的多巴胺神經元群而言，光學所激發的多巴胺神經元活動就像對腳進行電擊來強化迴避行為一樣（Claridge-Chang et al. 2009）。儘管這些光遺傳學實驗均未顯示出多巴胺神經元時相性活動類似於 TD 誤差，但它們為我們提供了富有說服力的證據證明多巴胺神經元時相性活動就像 δ（或者可能像果蠅負 δ 的行為一樣）在預測（古典制約）和控制（工具制約）演算法中作為強化訊號一樣。

多巴胺神經元特別適合於向大腦的多個區域廣播強化訊號。這些神經元具有巨大的軸突軸心，每個軸突軸心所釋放的多巴胺比一般神經元軸突多 100 到 1,000 倍。右圖顯示的是單個多巴胺神經元的軸突軸心，其細胞體位於老鼠大腦的 SNpc 中。SNpc 或 VTA 多巴胺神經元的每個軸突會在大腦目標區域的神經元樹突上產生大約 500,000 個突觸。

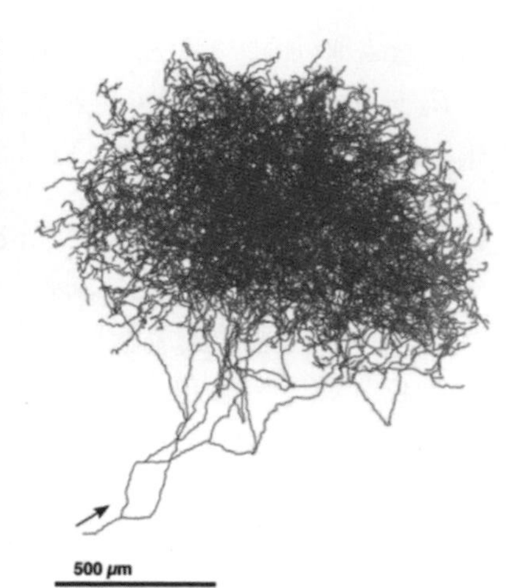

單個神經元的軸突軸心產生多巴胺作為神經傳遞物質。這些軸突會與大腦目標區域的大量神經元樹突突觸進行訊息傳遞。

改編自 *The Journal of Neuroscience*，第 29 卷，2009，第 451 頁，Matsuda、Furuta、Nakamura、Hioki、Fujiyama、Arai 和 Kaneko。

如果多巴胺神經元像強化學習中的 δ 那樣廣播強化訊號，由於這是一個純量訊號，即一個數字，所以 SNpc 和 VTA 中的所有多巴胺神經元都會預期幾乎以相同的方式被激發，並以幾乎同步的方式將相同的訊號發送到所有軸突的目標位置。儘管人們普遍認為多巴胺神經元確實會像這樣一起行動，但近期的證據指出，在更複雜的情形下多巴胺神經元的不同子群對輸入的反應不同，這取決於它們向其發送訊號的結構，以及這些訊號作用於其目標結構的不同方式。多巴胺除了傳遞 RPE 訊號以外還有其它的功能，即使對於傳遞 RPE 訊號的多巴胺神經元而言，它也可以根據於這些結構在產生強化行為中的作用，將不同的 RPE 發送到不同的結構。這超出了我們在本書中詳細討論的範圍，但是從強化學習的角度來看，當我們可以將決策分解為獨立的子決策時，向量形式的 RPE 是有意義的，或者更廣泛地說，向量形式的 RPE 訊號可以作為解決**結構化**（*structural*）版本信用分配問題的一種方式：如何在眾多涉及決策的組成結構中分配成功的信用（或失敗的懲罰）？我們將在接下來的第 15.10 節中對此進行詳細說明。

大多數多巴胺神經元的軸突與額葉皮質和基底神經節（大腦中參與自主運動、決策、學習和認知功能（例如規劃）的區域）中的神經元進行突觸接觸。由於大多數多巴胺與強化學習相關的想法都集中於基底神經節中，同時在基底神經節中來自多巴胺神經元的連接也特別密集，因此我們接下來將針對基底神經節進行簡要地介紹。基底神經節是位於前腦底部的神經元群（或稱神經核）的集合。基底神經節的主要輸入結構稱為紋狀體。基本上所有的大腦皮質以及其他結構都為紋狀體提供輸入。皮質神經元的活動傳遞了大量有關感官輸入、內部狀態和活動能力的資訊。皮質神經元的軸突在紋狀體的主要輸入 / 輸出神經元

（稱為中型多棘神經元）的樹突上形成突觸接觸。紋狀體的輸出透過其他基底神經核和丘腦回到皮質的額葉區域和運動區域，進而使紋狀體可以影響運動、抽象決策過程和獎勵處理。紋狀體的兩個主要部分對於強化學習而言相當重要：背側紋狀體，主要影響動作選擇；以及腹側紋狀體，它被認為對於獎勵處理的各個方面具有關鍵的作用，包括對各種感官的情形分配有效價值。

中型多棘神經元的樹突上布滿著棘，其尖端與皮質中神經元的軸突形成突觸接觸。同時這些棘也會與多巴胺神經元的軸突形成突觸接觸，如圖 15.1 所示的情形。

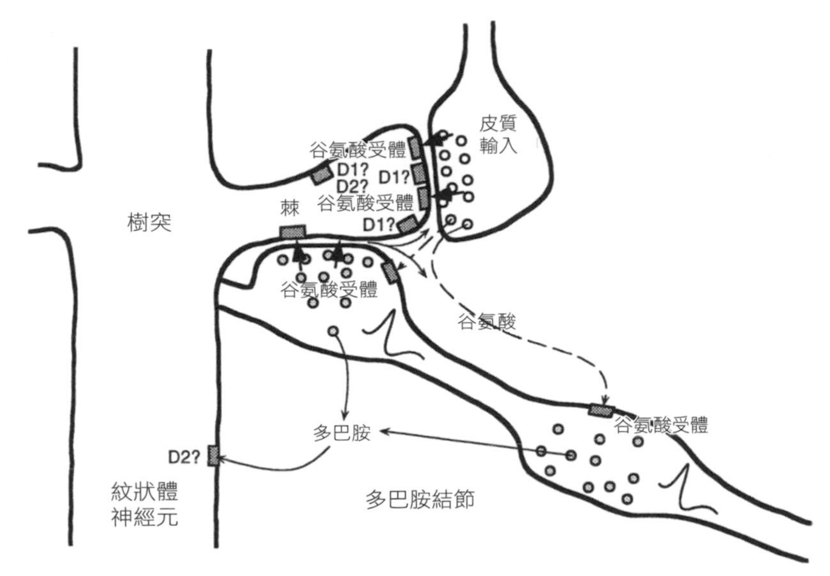

圖 15.1 圖中紋狀體神經元的棘顯示出其輸入來自於皮質神經元和多巴胺神經元。皮質神經元的軸突透過其突觸影響紋狀體神經元，對覆蓋在紋狀體神經元樹突的棘尖端釋放神經傳遞物質谷氨酸。圖中顯示出一個 VTA 或 SNpc 多巴胺神經元的軸突往棘移動（右下方），該軸突上的「多巴胺結節」在棘的附近釋放多巴胺。在將皮質的突觸前輸入、紋狀體神經元的突觸後活動和多巴胺結合的情形中，可以產生多種類型的學習規則來控制皮質紋狀體突觸的變化。多巴胺神經元的每個軸突大約會與 500,000 根棘進行突觸接觸，在此我們省略了一些複雜的神經傳遞物質和多種受體類型的詳細介紹，例如 D1 和 D2 多巴胺受體，多巴胺可以在棘和其他突觸後部位產生不同的作用，摘自 *Journal of Neurophysiology*，W. Schultz，第 80 卷，1998，第 10 頁。

圖中的情形匯集了皮質神經元的突觸前活動、中型多棘神經元的突觸後活動以及多巴胺神經元的輸入。實際上在這些棘中所發生的事情相當複雜，尚待進一步的研究。圖 15.1 透過兩種類型的多巴胺受體、谷氨酸（皮質輸入的神經傳遞物質）受體，以及多種訊號可以相互作用的多種方式來暗示這種複雜性。但是越來越多的證據表明，從皮質到紋狀體的傳遞路徑中突觸（神經科學家稱之為*皮質紋狀體突觸*（*corticostriatal synapses*））的效能變化主要取決於適當時機的多巴胺訊號。

15.5 獎勵預測誤差假說的實驗論證

多巴胺神經元對於強烈、新穎或意想不到的視覺和聽覺刺激會觸發一系列眼睛和身體的運動，但多巴胺神經元的活動很少與運動本身有關。這是令人驚訝的，因為多巴胺神經元的退化是引發帕金森氏症的原因之一，帕金森氏症的症狀包含了運動障礙，尤其是自發性運動中的缺陷。由於多巴胺神經元活動與刺激觸發的眼球和身體運動之間的微弱關係，Romo 和 Schultz（1990）以及 Schultz 和 Romo（1990）透過記錄猴子移動手臂時多巴胺神經元和肌肉的活動朝著獎勵預測誤差假說邁出了第一步。

他們訓練了兩隻猴子，當猴子看見並聽到箱子的門打開時，會將手從靜止狀態伸進一個裝有蘋果、餅乾或葡萄乾的箱子中。此時猴子可以抓住食物並將送到嘴裡。當猴子熟悉這樣的行為之後，牠又接受了另外兩項任務的訓練。第一項任務的目的是觀察自發性運動時多巴胺神經元的作用。箱子保持開啟狀態，但遮蔽箱子上方使得猴子看不見箱子內部，但牠可以將手從下方伸入。在此設定下沒有任何觸發刺激，當猴子伸手吃掉食物後，實驗者通常（儘管並非總是如此）在猴子沒有看見的情形下靜悄悄地將箱中食物黏在一根堅硬的金屬線上。Romo 和 Schultz 在此監測到的多巴胺神經元活動與猴子的運動無關，但每當猴子第一次接觸到食物時，這些神經元中有相當大一部分會產生時相性反應。當猴子僅觸碰到金屬線或在探索箱子時裡面沒有食物，這些神經元都不會產生任何反應。這顯示出神經元只會對於食物而不會對於任務其他情形產生反應的充分證據。

Romo 和 Schultz 的第二個任務是觀察運動被刺激觸發時會發生什麼情形。此任務使用了另一個具有可移動蓋子的箱子。箱子打開時的畫面和聲音觸發了向箱子伸手的運動。Romo 和 Schultz 發現在此情形下，多巴胺神經元在經過一段時間的訓練後將不再對食物的觸摸作出反應，而是對食物箱蓋子打開時的畫面和聲音產生反應。這些神經元的時相性反應已經從獎勵本身轉移至預測獎勵可用性的刺激。在一項後續研究中，Romo 和 Schultz 發現，他們所監測的大多數多巴胺神經元對於行為任務範圍以外箱子打開時所產生的畫面和聲音沒有反應。

這些觀察結果顯示出多巴胺神經元既沒有對運動的啟動作出反應，也沒有對刺激的感官特性產生反應，而只是發出了對於獎勵的期望。

Schultz 的小組進行了許多關於 SNpc 和 VTA 多巴胺神經元的研究。其中有一個特定系列的實驗表明，多巴胺神經元的時相性反應對應於 TD 誤差，而不對應於像 Rescorla-Wagner 模型 (14.3) 中那樣的簡單誤差。在他們的第一個實驗中（Ljungberg, Apicella, and Schultz, 1992），猴子被訓練成受到光照作為「觸發提示」後按壓槓桿以獲得一滴蘋果汁。正如 Romo 和 Schultz 先前所觀察到的，許多多巴胺神經元最初對獎勵（滴下的蘋果汁）作出反應（圖 15.2，上圖）。但隨著持續訓練，許多神經元會失去對於獎勵的反應並轉而對預測獎勵的光照產生反應（圖 15.2，中間）。透過持續的訓練，槓桿的按壓速度變得更快，而對於觸發提示作出反應的多巴胺神經元數量將減少。

在這項研究之後，他們對同一隻猴子進行了一項新任務的訓練（Schultz, Apicella, and Ljungberg, 1993）。這次猴子面對著兩個槓桿，每個槓桿上方都有一盞燈。點亮其中一個燈是這項實驗的「指令提示」，指示兩個槓桿中的哪一個會產生一滴蘋果汁。

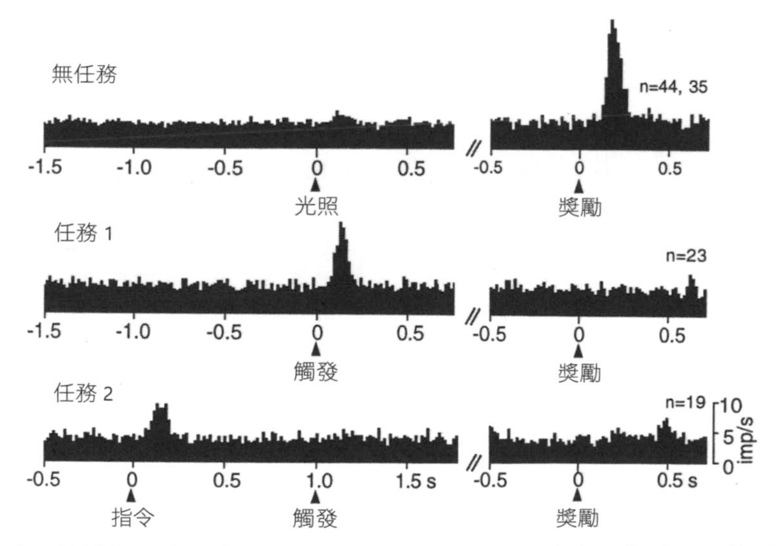

圖 15.2 多巴胺神經元的反應從最初對主要獎勵的反應轉變為早期的預測性刺激。圖中顯示的是受監測的多巴胺神經元在很小的時間間隔內產生的動作電位數量，由所有受監測的多巴胺神經元進行平均（這些數據的範圍為 23 到 44 個神經元）。上：多巴胺神經元被意外產生的蘋果汁獎勵所激發。中：經由持續學習，多巴胺神經元對獎勵預測的觸發提示產生反應，並對獎勵的傳遞失去反應。下：透過在觸發提示前增加 1 秒的指令提示，多巴胺神經元將其反應從觸發提示轉移到較早的指令提示。摘自 Schultz 等人（1995），麻省理工學院出版社。

在此任務中，指令提示會以 1 秒的固定時間間隔在任務的觸發提示之前出現。猴子學會了保持不動直到看到觸發提示，同時多巴胺神經元活動有增加趨勢，只是現在受監測的多巴胺神經元的反應幾乎只發生在較早的指令提示出現時，而非觸發提示發生的時間點（圖 15.2，下圖）。當任務被充分學習時，對指令提示作出反應的多巴胺神經元的數量將再次大幅減少。在學習這些任務的過程中，多巴胺神經元的活動從最初對獎勵的反應轉變為對較早的預測性刺激的反應，首先對觸發提示產生反應，然後又轉變為更早的指令提示。隨著反應時間的提前，多巴胺神經元的活動從較晚出現的刺激中消失。這種對於較早的獎勵預測情形的反應轉移而對較晚的預測情形失去反應，是 TD 學習的一個標誌（例如，詳見圖 14.2）。

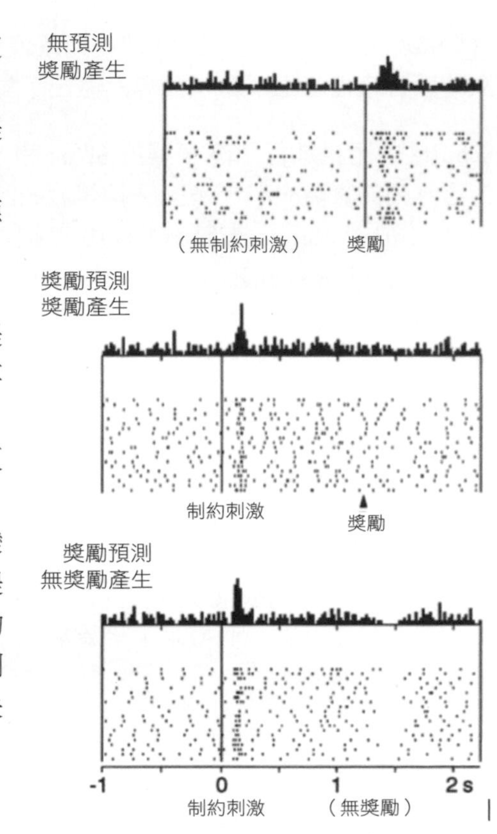

圖 15.3 多巴胺神經元的反應在預期獎勵未能發生後不久就下降至基準線以下。上：多巴胺神經元被意外產生的蘋果汁獎勵所激發。中：多巴胺神經元對預測獎勵的制約刺激（CS）作出反應，而不對獎勵本身作出反應。下：當 CS 預測的獎勵未能發生時，多巴胺神經元的活動在預期獎勵發生的時間點後不久就會降至基準線以下。在這些圖的上半部顯示了受監測的多巴胺神經元在所示時間的微小時間間隔內產生的動作電位平均數量。這些圖的下半部的光柵圖顯示出所監測的單個多巴胺神經元的活動模式，每個點代表一個動作電位。摘自 *Science* 中「A Neural Substrate of Prediction and Reward」，Schultz、Dayan 和 Montague，第 275 卷，第 5306 期，第 1593-1598 頁，1997 年 3 月 14 日。經 AAAS 許可轉載。

剛剛描述的任務顯示出 TD 學習和多巴胺神經元活動另一個共同特性。猴子有時會按下錯誤的槓桿，即所指示的槓桿以外的槓桿，因此沒有獲得任何獎勵。在這些試驗中，許多多巴胺神經元在獎勵正常產生後不久，其發出訊號頻率會急遽下降至基準線以下，同時在這種情形發生時並沒有任何外部提示標記獎勵一般產生的時間（圖 15.3）。但不知為何猴子能以某種方式在自身內部記錄獎勵產生的時間（反應時間是 TD 學習最基本的版本需要修改的地方，以解釋多巴胺神經元反應時間的一些細節。我們將在下一節討論此問題）。

上述研究的觀察結果使 Schultz 和他的研究小組得出結論：多巴胺神經元會對未被預測的獎勵或最早的獎勵預測情形產生反應，如果獎勵或獎勵的預測情形沒有在其預期的時間出現，則多巴胺神經元的活動會在其預期獎勵出現的時間點後降低至基準線以下。熟悉強化學習的研究人員很快就意識到，這些結果與 TD 演算法中以 TD 誤差作為強化訊號的表現極為相似。在下一節我們將透過具體例子詳細探討這種相似性。

15.6 TD 誤差 / 多巴胺的對應關係

本節將說明前一節介紹的實驗中所觀察到的多巴胺神經元時相性反應與 TD 誤差 δ 之間的對應關係。我們將觀察在學習過程中 δ 是如何變化的，如同前一節所描述的任務，猴子首先看到指令提示，然後在一個固定時間之後必須正確地反應觸發提示才能獲得獎勵。我們使用此任務的一個簡化的理想版本，但將更深入探討相關細節，因為我們想強調 TD 誤差與多巴胺神經元活動之間其相似之處的理論基礎。

第一個簡化的假設是代理人已經學會了獲得獎勵所需的動作，因此它的任務只是學習對其經歷的狀態序列的未來獎勵進行準確預測。這是一項預測任務，或者以更技術化的方式來形容，這是一項策略評估任務：學習固定策略的價值函數（第 4.1 節和第 6.1 節）。要學習的價值函數將為每個狀態分配一個值，如果代理人根據給定的策略選擇動作，該值會預測遵循該狀態之後所產生的回報，而回報是所有未來獎勵（可能是折扣的）的總和。但作為對猴子進行實驗的模型是不切實際的，因為猴子可能會在學習正確行為的同時學習到這些預測（就像同時學習策略和價值函數的強化學習演算法一樣，如演員 - 評論家演算法），但此情形比起同時學習策略和價值函數的情形更容易描述。

現在試想代理人的經驗可以被分成多個試驗，每個試驗都重複相同的狀態序列，並且在試驗過程中的每個時步都會出現不同的狀態。進一步想像一下，被預測的回報僅限於單次試驗的回報，這使得單次試驗類似於強化學習中的一個分節，如同我們先前所定義的。當然，實際上預測的回報並不侷限於單次試驗，試驗之間的時間間隔是決定動物學習到什麼的重要因素。TD 學習也是如此，但是在此我們假設回報不會在多次試驗中累積。因此，在此情形下， Schultz 及其同事所進行的實驗中的一次試驗就等同於強化學習中的一個分節（儘管在此討論中，我們將使用試驗一詞而非分節以更符合實驗描述）。

如往常一樣，我們還需要假設狀態如何表示成學習演算法的輸入，此假設會影響 TD 誤差與多巴胺神經元活動的對應程度。我們將在稍後討論這個問題，但是現在我們先假設使用與 Montague 等人（1996）相同的 CSC 表徵形式，其中在試驗的每個時步中訪問的每個狀態都有一個獨立的內部刺激。這使得此過程被簡化為本書第一部分所介紹的表格形式。最後，我們假設代理使用 TD(0) 來學習儲存在查找表中的價值函數 V，此查找表對於所有狀態均初始化為 0。我們還假設這是一個確定性的任務，並且折扣因子 γ 非常接近於 1，因此我們可以忽略它。

圖 15.4 顯示了 R、V 和 δ 在此策略評估任務中多個學習階段的時間過程。圖中的時間軸表示在單次試驗中所訪問的狀態序列其時間間隔（為了能清楚呈現，我們省略了顯示個別狀態的資訊）。每次試驗中除了當代理人到達獎勵狀態的時間點以外獎勵訊號均為 0，圖中時間軸的右側末端表示代理到達獎勵狀態，此時獎勵訊號將變為某個正數，例如 $R^\star$。TD 學習的目標是預測一個試驗中每個訪問過的狀態所產生的回報，在沒有折扣的情形下並假設我們的預測僅限於單次試驗，則每個狀態的回報就是 $R^\star$。

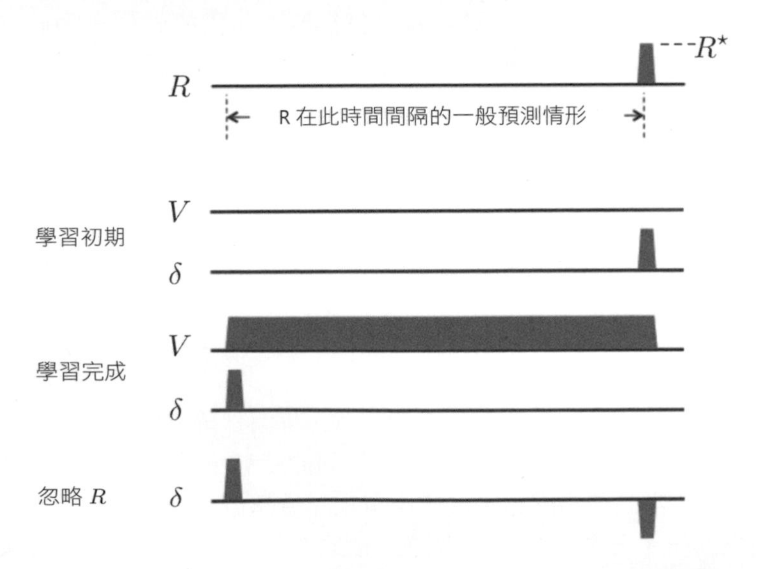

圖 15.4 TD 學習期間 TD 誤差 δ 的表現與多巴胺神經元的時相性活動特徵一致（此處的 δ 指的是在時步 t 時的 TD 誤差 δ_{t-1}）。*最上方*：一個狀態序列，用以表示獎勵在此時間間隔的一般預測情形，在此時間軸末端為非零獎勵 $R^\star$。*學習初期*：初始價值函數 V 和初始的 δ，其中 δ 最初等於 $R^\star$。*學習完成*：價值函數可以準確地預測未來獎勵，在最早的預測狀態下 δ 為正值，在非零獎勵時為 $\delta = 0$。*忽略 R*：當預測的獎勵被忽略時，δ 變為負值。關於這種情形發生的原因請詳閱本節內容。

在獎勵狀態之前的是一系列獎勵預測狀態。**最早的獎勵預測狀態**（*earliest reward-predicting state*）靠近時間軸的最左端，它就像是一個接近試驗開始時的狀態，例如前一節所描述的 Schultz 等人（1993）在猴子實驗的試驗中指令提示出現時的狀態。它是一個試驗中的第一個能夠可靠地預測該試驗獎勵的狀態（當然，在實際情形中，先前試驗訪問過的狀態可能是更早的獎勵預測狀態，但由於我們將預測限制在單次試驗，因此這些狀態並不能作為當下試驗的獎勵預測狀態。在本節稍後的內容中我們將針對最早的獎勵預測狀態提供一個更令人滿意的描述，儘管這種描述方式比較抽象）。試驗中的**最新的獎勵預測狀態**（*latest reward-predicting state*）是緊接在試驗獎勵狀態之前的狀態，它是圖 15.4 中時間軸最右端附近的狀態。請注意，一個試驗的獎勵狀態無法預測該試驗的回報：此狀態的價值將用於預測所有後續試驗的回報，在分節性的架構下我們假設為 0。

圖 15.4 顯示了 V 和 δ 在首次試驗的時間過程，在圖中被標記為「學習初期」。因為在整個試驗中除了到達獎勵狀態的時間點以外獎勵訊號均為 0，同時所有 V 值也均為 0，TD 誤差在到達獎勵狀態變為 $R^\star$ 之前也均為 0。這是因為 $\delta_{t-1} = R_t + V_t - V_{t-1} = R_t + 0 - 0 = R_t$，這個值在獎勵發生變為 $R^\star$ 之前均為 0。在此 V_t 和 V_{t-1} 分別是試驗中在時步 t 和 $t-1$ 時訪問的狀態估計值。在此學習階段的 TD 誤差類似於多巴胺神經元對於未被預測的獎勵作出反應。例如，在訓練開始時的一滴蘋果汁。

在首次試驗和所有後續試驗中，TD(0) 更新發生在每個狀態轉移時，如同第 6 章所述。這將隨著獎勵狀態的價值更新進行反向傳遞，不斷地增加獎勵預測狀態的價值，直到收斂到正確的回報預測為止。在此情形下（因為我們假設沒有折扣），所有的獎勵預測狀態的正確預測值都等於 $R^\star$。這可以從圖 15.4 中看出，對於標記為「學習完成」的 V，從最早的獎勵預測狀態到最新的獎勵預測狀態之間的所有狀態值皆等於 $R^\star$。最早的獎勵預測狀態之前的狀態值都相當小（圖 15.4 顯示為 0），因為它們無法提供可靠的獎勵預測情形。

當學習完成時，也就是當 V 達到其正確值時，因為現在的預測是準確的，所以從任何獎勵預測狀態的轉移有關的 TD 誤差均為 0。這是因為對於從獎勵預測狀態到另一個獎勵預測狀態的轉移，我們有 $\delta_{t-1} = R_t + V_t - V_{t-1} = 0 + R^\star - R^\star = 0$，並且對於從最新的獎勵預測狀態到獎勵狀態的轉移，我們有 $\delta_{t-1} = R_t + V_t - V_{t-1} = R^\star + 0 - R^\star = 0$。另一方面，從任何狀態到最早的獎勵預測狀態轉移的 TD 誤差均為正，這是由於該狀態較低的價值與轉移後獎勵預測狀態較大價值之間的差異所造成。實際上，如果最早的獎勵預測狀態之前的狀態值為零，則在轉移到最早的獎勵預測狀態之後，我們將會有 $\delta_{t-1} = R_t + V_t - V_{t-1} = 0 + R^\star - 0 = R^\star$。圖 15.4 中「學習完成」的圖顯示出在最早的獎勵預測狀態下的價值為正，而在其他所有位置均為 0。

在轉移到最早的獎勵預測狀態時所產生的正 TD 誤差，類似於多巴胺對最早的預測獎勵刺激的持續性反應。同樣地，當學習完成時，從最新的獎勵預測狀態到獎勵狀態的轉移會產生一個值為 0 的 TD 誤差，因為最新的獎勵預測狀態的預測值是正確的，它會與實際獎勵相互抵消。這與以少量的多巴胺神經元分別對完全可預測和未被預測的獎勵所產生的時相性反應觀察結果類似。

如果在經過學習後突然忽略了獎勵，則 TD 誤差會在原本的獎勵時間變為負值，因為最新的獎勵預測狀態的預測值過高：$\delta_{t-1} = R_t + V_t - V_{t-1} = 0 + 0 - R^\star = -R^\star$，如圖 15.4 中「忽略 R」的 δ 在時間軸右端的情形。這類似於 Schultz 等人（1993）的實驗和圖 15.3 的結果，多巴胺神經元活動在忽略預期獎勵時會降低到基準線以下。

最早的獎勵預測狀態（*earliest reward-predicting state*）的概念值得我們進一步關注。在上述的情形中，由於經驗被分成多個試驗，並且我們假設預測僅限於單次試驗，因此最早的獎勵預測狀態始終是試驗的第一個狀態，這顯然是一個人為設計的情形。對於最早的獎勵預測狀態更通用的思考方式是，它是一個未被預測的獎勵預測因子，而且這種狀態可能有非常多個。在動物的一生中，許多不同的狀態可能會出現在最早的獎勵預測狀態之前。但是，由於這些狀態常常伴隨著其他未被預測獎勵的狀態，因此它們的獎勵預測能力（也就是狀態價值）相當低。如果一個 TD 演算法在動物的一生中持續執行，則這些狀態的值會被更新，但是這些更新並不會持續累積。因為根據假設，這些狀態中沒有一個能保證出現於最早的獎勵預測狀態之前。如果它們其中的任何一個能夠保證，它們也會是獎勵預測狀態。這或許可以解釋為什麼在過度訓練後多巴胺的反應會減少，甚至減少到與最早的獎勵預測刺激的反應情形相同。隨著過度訓練，人們會期望即使是以前未被預測的預測狀態也能透過與早期狀態相關的刺激進行預測：在實驗任務的內部和外部，動物與其環境的相互作用將變得司空見慣。然而，隨著一項新任務的引入打破了這種常規，人們將會看到 TD 誤差再次出現，正如在多巴胺神經元活動中所觀察到的。

上面描述的例子說明了為什麼當動物在一個類似我們例子中的理想化任務進行學習時，TD 誤差與多巴胺神經元的時相性活動具有共同的關鍵特徵。但是並非所有多巴胺神經元的時相性活動的性質都與 δ 的性質如此恰好一致。最令人不安的差異之一是當獎勵比預期*更早*發生時會發生什麼情形。我們已經觀察到，忽略預期獎勵會在獎勵預期出現的時間點上產生一個負的預測誤差，這與多巴胺神經元的活動降低到基準線以下的情形相對應。如果獎勵到達的時間比預期的晚，則它將是一個未預期的獎勵並產生一個正的預測誤差，TD 誤差和多巴胺神經元反應都會發生這樣的情形。但是當獎勵比預期的時間更早到達時，多巴胺神經元的反應會與 TD 誤差的情形不同 —— 至少在 Montague 等人（1996）的研究和我們的例子中使用 CSC 表徵所產生的情形不同。多巴胺神經元的確會對早期的獎勵作出反應，這與正的 TD 誤差是一致的，因為在當下的時間點並未預測到獎勵會發生。但在之後預期獎勵出現卻沒有出現時，TD 誤差將為負，多巴胺神經元的活動並未像 TD 模型所預測的那樣下降到基準線以下（Hollerman and Schultz, 1998）。動物大腦中發生了比僅使用 CSC 表徵的 TD 學習更為複雜的事情。

一些 TD 誤差和多巴胺神經元活動之間的不匹配，可以透過為 TD 演算法選擇合適的參數值、以及使用 CSC 表徵以外的刺激表徵來解決。例如，為了解決剛剛描述的早期獎勵不匹配的問題，Suri 和 Schultz（1999）提出了一種 CSC 表徵形式，其中透過獎勵的出現來消除由較早刺激引發的內部訊號序列。Daw、Courville 和 Touretzky（2006）提出的另一種觀點是，大腦的 TD 系統使用了在感官皮層進行統計建模所產生的表徵，而不是使用基於原始感官輸入的簡單表徵。Ludvig、Sutton 和 Kehoe（2008）發現，採用微刺激（microstimulus, MS）表徵的 TD 學習（圖 14.1）比使用 CSC 表徵更適合呈現早期獎勵和其他情形下多巴胺神經元的活動。Pan、Schmidt、Wickens 和 Hyland（2005）發現，即使使用 CSC 表徵，長期的資格痕跡也能改善 TD 誤差與多巴胺神經元活動某些方面的匹配情形。一般而言，TD 誤差的許多行為細節取決於資格痕跡、折扣和刺激表徵之間微妙的相互作用。像這樣的發現使我們能詳細闡述並完善獎勵預測誤差假說而不違背其核心主張，也就是我們能夠透過 TD 誤差訊號對多巴胺神經元的時相性活動進行有效表示。

另一方面，TD 理論與實驗數據之間還存在著一些無法透過參數選擇和刺激表徵就能輕鬆解決的差異（我們將在本章結尾的「參考文獻與歷史評注」中介紹其中的一些差異），隨著神經科學家進行更加精密的實驗，可能會發現更多不匹配的現象。但作為一種催化劑，獎勵預測誤差假說對於提升我們對大腦獎勵系統工作原理的理解發揮了非常有效的作用。人們設計了複雜的實驗來驗證或否定透過假說獲得的預測，而實驗結果隨後又被用於改善或闡述 TD 誤差 / 多巴胺假說。

這些發展的顯著現象是，與多巴胺系統特性有如此緊密關係的強化學習演算法和理論是在完全不了解多巴胺神經元相關特性的情形下，從計算的角度進行開發的 —— 請記住，TD 學習和它與最佳化控制和動態規劃的連結關係，是在任何能夠顯示出類似 TD 性質的多巴胺神經元活動實驗進行前幾年提出的。儘管不是很完美，但這種意外的對應關係顯示出 TD 誤差 / 多巴胺的相似性捕獲了有關大腦獎勵過程的一些重要資訊。

除了考慮到多巴胺神經元時相性活動的多個特徵外，獎勵預測誤差假說還將神經科學與強化學習的其他方面進行連結，特別是將 TD 誤差作為強化訊號的學習演算法。神經科學距離完全了解多巴胺神經元時相性活動的神經迴路、分子機制和功能仍有一大段差距，但是支持獎勵預測誤差假說的證據和支持多巴胺時相性反應是強化學習訊號的證據表明，大腦可能會執行類似演員 - 評論家演算法的行為，其中 TD 誤差扮演著關鍵的角色。其他強化學習演算法也是可行的候選方法，但是演員 - 評論家演算法特別符合哺乳動物大腦的解剖學和生理學，我們將在下面兩節中進行介紹。

15.7 神經式演員 - 評論家方法

演員 - 評論家演算法同時學習策略和價值函數。「演員」是學習策略的組成部分，而「評論家」則是學習演員當前正在遵循的任何策略，以便對演員的動作選擇進行「評論」的組成部分。評論家使用 TD 演算法學習演員當前策略的狀態值函數，此價值函數允許評論家透過將 TD 誤差 δ 傳遞給演員來評論演員的動作選擇。一個正的 δ 表示該動作是「好」的，因為它導向了一個比預期價值更好的狀態。一個負的 δ 表示該動作是「不好的」，因為它導向了一個比預期價值更差的狀態。演員會根據這些評論不斷地更新其策略。

演員 - 評論家演算法的兩個顯著特徵讓我們認為大腦可能採用了類似的演算法。首先，根據演員 - 評論家演算法兩個組成部分（演員和評論家）的定義，紋狀體的兩個部分（背側紋狀體和腹側紋狀體（第 15.4 節），這兩個部分對於基於獎勵的學習都是相當重要的）可能分別發揮了演員和評論家的作用。暗示大腦的執行方式與演員 - 評論家演算法類似的第二個特徵是，TD 誤差同時具有作為演員強化訊號和評論家強化訊號的雙重作用，儘管這兩種身分對於學習過程有著不同的影響。這與神經迴路的一些特性非常吻合：多巴胺神經元的軸突同時作用於背側紋狀體和腹側紋狀體；多巴胺對於調節兩個結構的突觸可塑性相當重要；以及像多巴胺這樣的神經調節物質如何作用於目標結構不僅取決於神經調節物質的特性，同時也取決於目標結構的特性。

我們在第 13.5 節介紹過作為策略梯度方法的演員 - 評論家演算法，不過 Barto、Sutton 和 Anderson（1983）的演員 - 評論家演算法更簡單，並且是以人工神經網路（ANN）的形式進行呈現。在此我們將介紹一種類似於 Barto 等人的 ANN 架構，同時我們根據 Takahashi、Schoenbaum 和 Niv（2008）的研究來說明關於這個 ANN 如何在大腦中真實的神經網路執行的建議。我們將對於演員和評論家學習規則的探討延後到第 15.8 節，在該節我們將它們視為策略梯度形式的特例進行介紹，並討論它們對多巴胺如何調節突觸可塑性的建議。

圖 15.5a 展示了演員 - 評論家演算法的人工神經網路架構，其中網路中的各個元件分別構成了演員和評論家。評論家透過一個類似神經元的單元 V 輸出狀態值，並透過一個標記為菱形的 TD 元件將 V 的輸出與獎勵訊號及過去的狀態值進行組合來計算 TD 誤差（如從菱形的 TD 元件到自身的循環所示）。演員的網路是一個單層網路，由 k 個演員單元組成，標記為 $A_i, i = 1, \ldots, k$，每個演員單元的輸出是 k 維動作向量的一部分。另一種觀點是，演員的網路中有 k 個獨立的動作，每個演員單元都控制著一個動作，為了能夠被執行，它們彼此之間會相互競爭，但是在此我們將整個 A 向量視為一個動作。

評論家和演員的網路都會接收由多個特徵所組成的輸入資訊，這些特徵表示代理人所在環境的狀態（回想一下第 1 章，一個強化學習代理人的環境包含了容納該代理人的「生命體」其內部和外部元件）。圖中將這些特徵標記為 $x_1, x_2, \ldots, x_n$ 的圓圈，為了使圖更加簡潔及方便觀察，我們在圖中重複顯示這些特徵。代表突觸效能的權重和從每個特徵 x_i 到評論家單元 V 的連結、以及到每個動作單元 A_i 的連結有關。評論家網路中的權重會針對價值函數進行參數化，而演員網路中的權重則會將策略進行參數化。網路將根據我們在下一節中描述的評論家和演員的學習規則來改變這些權重進行學習。

在評論家的神經迴路中產生的 TD 誤差是一個強化訊號，用於改變評論家網路和演員網路中的權重，在圖 15.5a 中我們以標記為「TD 誤差 δ」的線來表示，這條線會與評論家網路和演員網路中的所有連結進行連接。將這種人工神經網路架構與獎勵預測誤差假說、及多巴胺神經元活動是透過這些神經元大量的軸突軸心廣泛地分布於動物大腦中的事實聯繫在一起，我們認為以這樣的演員 - 評論家網路來解釋基於獎勵的學習如何在大腦中發生的假說是合理的。

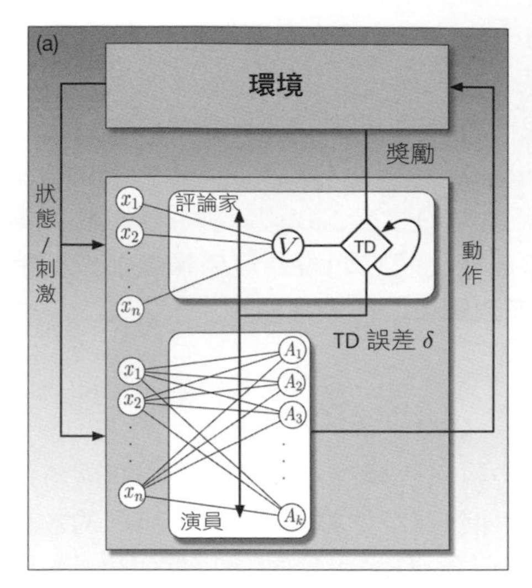

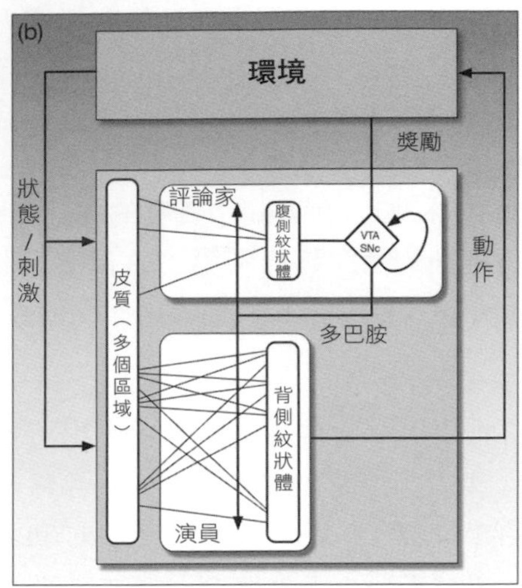

圖 15.5 演員 - 評論家的 ANN 和模擬的神經架構。a）採用演員 - 評論家演算法的人工神經網路。演員根據由評論家計算的 TD 誤差 δ 進行策略調整，同時評論家使用相同的 δ 進行狀態值參數調整。評論家根據獎勵訊號 R 及其狀態估計值的當前變化產生 TD 誤差。在此架構中演員無法直接獲得獎勵訊號，而評論家也無法直接獲得動作資訊。b）根據演員 - 評論家演算法模擬的神經網路架構。演員和評論家的價值學習部分分別對應背側紋狀體和腹側紋狀體。TD 誤差由位於 VTA 和 SNpc 中的多巴胺神經元傳遞，以調節從皮質區域到背側紋狀體和腹側紋狀體的突觸效能變化。改編自 *Frontiers in Neuroscience* 中「Silencing the critics: Understanding the effects of cocaine sensitization on dorsolateral and ventral striatum in the context of an Actor/Critic model」，第 2(1) 卷，2008，Y. Takahashi、G. Schoenbaum 和 Y. Niv。

圖 15.5b 顯示了圖左側的 ANN 如何根據 Takahashi 等人（2008）的假說映射到大腦中的結構。此假說將演員和評論家的價值學習部分分別對應到背側紋狀體和腹側紋狀體，即基底神經節的輸入結構。回想一下第 15.4 節，背側紋狀體主要影響動作選擇，腹側紋狀體被認為對獎勵處理的各個方面具有關鍵的作用，包括對各種感官的情形分配有效價值。大腦皮質以及其他結構將輸入傳送到紋狀體，傳遞有關刺激、內部狀態和活動能力的資訊。

在這種模擬的演員 - 評論家大腦架構中，腹側紋狀體向 VTA 和 SNpc 發送價值資訊，這些神經核中的多巴胺神經元將這些價值資訊與有關獎勵的資訊相結合以產生對應於 TD 誤差的活動（儘管多巴胺神經元如何計算這些誤差我們尚未了解）。圖 15.5a 中「TD 誤差 δ」的線在圖 15.5b 中變成了標記為「多巴胺」的線，這條線表示細胞體位於 VTA 和 SNpc 的多巴胺神經元其廣泛分支的軸突。

再次回顧圖 15.1，這些軸突與中型多棘神經元（背側紋狀體和腹側紋狀體的主要輸入 / 輸出神經元）的樹突上形成突觸接觸。向紋狀體傳送輸入的皮質神經元其軸突在這些棘的尖端上形成突觸接觸。根據該假說，正是在這些棘上，從皮質區域到紋狀體的突觸效能變化受到學習規則的支配，而這些學習規則主要依賴於多巴胺提供的強化訊號。

圖 15.5b 顯示出對於假說的一個重要含義是，多巴胺訊號並不是像強化學習的純量 R_t 那樣的「主要」獎勵訊號。事實上，這個假說暗示我們不一定能夠探測大腦並在任何單個神經元的活動中記錄下類似 R_t 的訊號。許多相互連接的神經系統會產生與獎勵有關的資訊，並根據不同類型的獎勵來採用不同的結構。多巴胺神經元接收來自多個不同大腦區域的資訊，所以對於 SNpc 和 VTA 的輸入（圖 15.5b 中標記為「獎勵」）我們應將其視為由獎勵相關資訊組合而成的向量，這些資訊是透過多個輸入通道到達神經核中的神經元。理論上的純量獎勵訊號 R_t 則對應的是所有獎勵相關資訊對多巴胺神經元活動的淨貢獻。這是橫跨大腦不同區域的多個神經元活動模式的結果。

儘管圖 15.5b 中所示的根據演員 - 評論家演算法模擬的神經網路在某些情形下可能是正確的，但顯然還需要對其進行改善、擴展和修改，以使其成為完整的多巴胺神經元時相性活動的功能模型。本章結尾的「參考文獻與歷史評注」中我們列舉一些相關研究，這些研究詳細地討論了對這個假說根據經驗上的支持論點以及不足之處。現在，讓我們進一步探討演員和評論家的學習演算法對皮質紋狀體突觸效能變化的規則建議。

15.8　演員和評論家的學習規則

如果大腦確實執行了類似演員 - 評論家的演算法，並且假設大量的多巴胺神經元向背側紋狀體和腹側紋狀體的皮質紋狀體突觸廣播共同的強化訊號，如圖 15.5b 所示（如前所述，這可能是一個過於簡化的情形），此強化訊號會以不同的方式影響這兩個結構的突觸。評論家和演員的學習規則使用相同的強化訊號 TD 誤差 δ，但它對這兩個部分的學習所產生的影響是不同的。TD 誤差（當與資格痕跡結合使用時）告訴演員如何更新動作機率以到達具有更高價值的狀態。演員的學習使用了類似效果律學習規則的工具制約（第 1.7 節）：演員盡可能使 δ 保持在正值。另一方面，TD 誤差（當與資格痕跡結合使用時）告訴評論家改變價值函數參數的方向和幅度以提高其預測準確性。評論家使用類似於古典制約的（第 14.2 節）TD 模型學習規則將 δ 的幅度減小到盡可能接近於 0。評論家和演員學習規則之間的區別相對簡單，但是這種區別對學習有著深遠的影響，對於演員 - 評論家演算法的運作相當重要。這種區別僅在於每種學習規則所使用的資格痕跡。

像圖 15.5b 所示的根據演員 - 評論家演算法模擬的神經網路可以使用多組學習規則，但在此我們將重點討論第 13.6 節中提出的使用演員 - 評論家演算法來解決具有資格痕跡的連續性問題。在每次從狀態 S_t 狀態到 S_{t+1} 的轉移過程中，代理人採取動作 A_t 並獲得獎勵 R_{t+1}，此時演算法會根據以下方程式計算 TD 誤差（δ）並更新資格痕跡向量（$\mathbf{z}_t^{\mathbf{w}}$ 和 $\mathbf{z}_t^{\boldsymbol{\theta}}$）及評論家和演員的參數（$\mathbf{w}$ 和 $\boldsymbol{\theta}$）：

$$\begin{aligned}
\delta_t &= R_{t+1} + \gamma\hat{v}(S_{t+1},\mathbf{w}) - \hat{v}(S_t,\mathbf{w}),\\
\mathbf{z}_t^{\mathbf{w}} &= \lambda^{\mathbf{w}}\mathbf{z}_{t-1}^{\mathbf{w}} + \nabla\hat{v}(S_t,\mathbf{w}),\\
\mathbf{z}_t^{\boldsymbol{\theta}} &= \lambda^{\boldsymbol{\theta}}\mathbf{z}_{t-1}^{\boldsymbol{\theta}} + \nabla\ln\pi(A_t|S_t,\boldsymbol{\theta}),\\
\mathbf{w} &\leftarrow \mathbf{w} + \alpha^{\mathbf{w}}\delta_t\mathbf{z}_t^{\mathbf{w}},\\
\boldsymbol{\theta} &\leftarrow \boldsymbol{\theta} + \alpha^{\boldsymbol{\theta}}\delta\mathbf{z}_t^{\boldsymbol{\theta}},
\end{aligned}$$

其中 $\gamma \in [0,1)$ 為折扣率，$\lambda^w c \in [0,1]$ 和 $\lambda^w a \in [0,1]$ 分別為評論家和演員的自助參數，$\alpha^{\mathbf{w}} > 0$ 和 $\alpha^{\boldsymbol{\theta}} > 0$ 分別為評論家和演員的步長參數。

將近似值函數視為一個線性類神經元單元（稱為**評論家單元**（*critic unit*））的輸出，在圖 15.5a 中標記為 V。因此，價值函數是表示狀態 s 特徵向量的線性函數，$\mathbf{x}(s) = (x_1(s), \ldots, x_n(s))^\top$，由權重向量 $\mathbf{w} = (w_1, \ldots, w_n)^\top$ 參數化為：

$$\hat{v}(s,\mathbf{w}) = \mathbf{w}^\top\mathbf{x}(s). \tag{15.1}$$

每個 $x_i(s)$ 就像神經元突觸的突觸前訊號一樣，其效能為 w_i。評論家的權重根據上述規則以 $\alpha^{\mathbf{w}}\delta_t\mathbf{z}_t^{\mathbf{w}}$ 遞增，其中強化訊號 δ_t 對應於廣播到所有評論家單元突觸的多巴胺訊號。評論家單元的資格痕跡向量 $\mathbf{z}_t^{\mathbf{w}}$ 是 $\nabla\hat{v}(S_t,\mathbf{w})$ 的一個痕跡（最近價值的平均值）。因為 $\hat{v}(s,\mathbf{w})$ 對於權重是線性的，因此 $\nabla\hat{v}(S_t,\mathbf{w}) = \mathbf{x}(S_t)$。

以神經學的術語來解釋，這表示每個突觸都有自己的資格痕跡，它是向量 $\mathbf{z}_t^{\mathbf{w}}$ 的一個分量。一個突觸的資格痕跡根據到達該突觸的活動層級（即突觸前活動的層級）不斷累積，在此以到達該突觸的特徵向量 $\mathbf{x}(S_t)$ 分量進行表示。除此以外，痕跡將以分數 $\lambda^{\mathbf{w}}$ 控制的速率不斷向 0 衰減。只要突觸的資格痕跡不為 0，我們就稱此突觸**有資格進行修改**（*eligible for modification*）。實際如何修改突觸的效能取決於突觸可修改時的強化訊號。我們稱這種資格痕跡為評論家單元突觸的**非偶然性資格痕跡**（*non-contingent eligibility traces*），因為它們僅取決於突觸前活動，並且完全不影響突觸後活動。

評論家單元突觸的非偶然性資格痕跡表示評論家單元的學習規則本質上是第 14.2 節中描述的古典制約 TD 模型。根據上述對於評論家單元及其學習規則的定義，圖 15.5a 中的評論家與 Barto 等人（1983）的演員 - 評論家 ANN 中的評論家相同。顯然，像這樣僅由一個線性類神經元單元組成的評論家只是一個最簡單的起點。此評論家單元應該是一個在更複雜的神經網路中，能夠學習複雜價值函數的代理。

圖 15.5a 中的演員是一個由 k 個類神經演員單元組成的單層網路，每個單元在時步 t 時接收與評論家單元收到的相同特徵向量 $\mathbf{x}(S_t)$。每個演員單元 j, $j=1,\ldots,k$ 都具有各自的權重向量 $\boldsymbol{\theta}_j$，但是由於所有演員單元都相同，因此我們僅描述其中一個單元並省略其下標。要使這些單元遵循上述演員 - 評論家演算法的一種方法，是使每個單元成為**伯努利邏輯單元**（*Bernoulli-logistic unit*）。這表示每個演員單元每次的輸出都是一個取值為 0 或 1 的隨機變數 A_t。將 1 視為神經元發出訊號，即發出一個動作電位。一個單元輸入向量的加權總和 $\boldsymbol{\theta}^\top\mathbf{x}(S_t)$ 透過指數 soft-max 分布 (13.2) 決定單元的動作機率，對於兩個動作的情形即為邏輯函數：

$$\pi(1|s,\boldsymbol{\theta}) = 1-\pi(0|s,\boldsymbol{\theta}) = \frac{1}{1+\exp(-\boldsymbol{\theta}^\top\mathbf{x}(s))}. \tag{15.2}$$

每個演員單元的權重將根據先前描述的規則進行更新：$\boldsymbol{\theta} \leftarrow \boldsymbol{\theta} + \alpha^{\boldsymbol{\theta}}\delta_t\mathbf{z}_t^{\boldsymbol{\theta}}$，其中 δ 再次對應於多巴胺訊號：傳送到所有評論家單元突觸的相同強化訊號。圖 15.5a 顯示了 δ_t 被廣播到所有演員單元的每一個突觸（這使得該演員網路形成一個強化學習代理人團隊，我們將在接下來的第 15.10 節中進行討論）。演員的資格痕跡向量 $\mathbf{z}_t^{\boldsymbol{\theta}}$ 是 $\nabla\ln\pi(A_t|S_t,\boldsymbol{\theta})$ 的痕跡（最近價值的平均值）。讀者可以參考練習 13.5 來了解此資格痕跡，該練習定義了此種類型的單元並要求讀者為其提供學習規則。該練習要求讀者透過計算梯度以 a、$\mathbf{x}(s)$ 和 $\pi(a|s,\boldsymbol{\theta})$（對於任意狀態 s 和動作 a）來表示 $\nabla\ln\pi(a|s,\boldsymbol{\theta})$。對於在時步 t 時實際發生的動作和狀態，答案是

$$\nabla\pi(A_t|S_t,\boldsymbol{\theta}) = \big(A_t-\pi(A_t|S_t,\boldsymbol{\theta})\big)\mathbf{x}(S_t). \tag{15.3}$$

與評論家單元突觸的非偶然性資格痕跡僅累積突觸前活動 $\mathbf{x}(S_t)$ 不同，演員單元突觸的資格痕跡還取決於演員單元本身的活動，我們將其稱為**偶然性資格痕跡**（*contingent eligibility trace*），因為它取決於這種突觸後活動。每個突觸的資格痕跡會持續衰減，但會根據突觸前神經元的活動以及突觸後神經元是否發出訊號進行遞增或遞減。當 $A_t=1$ 時，(15.3) 中的因子 $A_t-\pi(A_t|S_t,\boldsymbol{\theta})$ 為正，否則

為負。**演員單元資格痕跡中的突觸後偶然性，是評論家和演員學習規則之間的唯一區別**。透過保留有關在哪些狀態採取了哪些動作的資訊，偶然性資格痕跡可以將獎勵（正 δ）或懲罰（負 δ）在策略參數（演員單元的突觸效能）中根據這些參數對單元輸出的貢獻進行分配，這些參數可能會影響未來的 δ 值。偶然性資格痕跡標記了突觸應該如何調整以改變單元的未來反應進而趨向正值的 δ。

評論家和演員的學習規則是如何改變皮質紋狀體突觸效能的呢？這兩種學習規則都與 Donald Hebb 的經典推論有關，即每當突觸前訊號參與激發突觸後神經元時突觸效能就會增加（Hebb, 1949）。評論家和演員的學習規則與 Hebb 的推論有著共同的觀點，兩者都認為突觸的效能變化取決於多種因素的相互作用。在評論家學習規則中，相互作用是在強化訊號 δ 和僅取決於突觸前訊號的資格痕跡之間，神經科學家將其稱為**雙因素學習規則**（*two-factor learning rule*），因為相互作用是在兩個訊號之間或根據兩個訊號的量進行。另一方面，演員學習規則是**三因素學習規則**（*three-factor learning rule*），因為除了取決於 δ 之外，其資格痕跡同時還取決於突觸前活動和突觸後活動。然而，與 Hebb 的推論不同的是，這些因素的相對發生時間對於突觸效能的變化也相當重要，資格痕跡的介入使得強化訊號能夠影響最近一段時間內活躍的突觸。

有關演員和評論家學習規則的訊號時機的一些微妙之處值得我們密切關注。在定義類神經元的演員和評論家單元時，我們忽略了突觸輸入需要少量時間來影響真正的神經元發出訊號。當來自突觸前神經元的動作電位到達突觸時會釋放出神經傳遞物質分子，該分子穿過突觸間隙擴散至突觸後神經元，並與突觸後神經元表面的受體結合。這會激發導致突觸後神經元發出訊號（或在抑制突觸輸入的情形下抑制其發出訊號）的分子機制，此過程可能會持續數十毫秒。但根據 (15.1) 和 (15.2)，對評論家和演員單元進行輸入會立即產生該單元的輸出。在 Hebbian 式可塑性的抽象模型中，像這樣忽略激發時間是很常見的，在該模型中突觸效能的變化是根據同時發生的突觸前活動和突觸後活動決定，而更真實的模型則必須將激發時間考慮進去。

激發時間對於一個更真實的演員單元而言相當重要，因為它影響了偶然性資格痕跡如何將強化訊號分配到適當的突觸。表達式 $\big(A_t - \pi(A_t|S_t, \boldsymbol{\theta})\big)\mathbf{x}(S_t)$ 定義了演員單元學習規則的偶然性資格痕跡，它包含了突觸後因子 $\big(A_t - \pi(A_t|S_t, \boldsymbol{\theta})\big)$ 和 $\mathbf{x}(S_t)$ 突觸前因子。此表達式之所以能夠起作用，是因為在忽略激發時間的情形下，突觸前活動 $\mathbf{x}(S_t)$ 的參與**引發了**出現在 $\big(A_t - \pi(A_t|S_t, \boldsymbol{\theta})\big)$ 中的突觸後活動。為了正確地分配強化訊號，定義資格痕跡的突觸前因子必須也是資格痕跡

中定義突觸後因子的產生原因。對於更真實的演員單元的偶然性資格痕跡必須考慮到激發時間（激發時間不應與神經元受該神經元活動影響而接收到強化訊號所需的時間相混淆。資格痕跡的功能是跨越這個通常比激發時間更長的時間間隔。我們將在下一節中進一步討論此問題）。

神經科學暗示了該過程如何在大腦中發揮作用。神經科學家發現了一種被稱為「**尖峰時間依賴可塑性**」（*spike-timing-dependent plasticity*, STDP）的 Hebbian 式可塑性形式，它為大腦中存在類似於演員的突觸可塑性提供了合理的解釋。STDP 是一種 Hebbian 式可塑性，但是其突觸效能的變化取決於突觸前和突觸後動作電位的相對時間。這種依賴性可以採取不同的形式，但是在最多研究學者參考的情形中發現，如果透過突觸傳入的尖峰在突觸後神經元發出訊號不久之前到達，則突觸的強度會增加。如果時間順序顛倒，即突觸前尖峰在突觸後神經元發出訊號不久之後到達，則突觸的強度會降低。STDP 是一種需要考慮神經元激發時間的 Hebbian 式可塑性，這也是類演員學習所需的成分之一。

STDP 的發現使神經科學家們研究了 STDP 的三因素形式的可能性，其中神經調節輸入必須遵循適當時機的突觸前和突觸後尖峰。這種形式的突觸可塑性稱為**獎勵調制** *STDP*（*reward-modulated STDP*），它與此處討論的演員學習規則非常相似。只有在一個突觸前尖峰緊接著突觸後尖峰的時間範圍內存在神經調節輸入時才會發生由一般 STDP 產生的突觸變化。越來越多的證據顯示出，獎勵調制 STDP 發生在背側紋狀體的中型多棘神經元的棘上，而多巴胺提供了神經調節因子－這也是根據演員 - 評論家演算法模擬的神經網路中演員學習的位置，如圖 15.5b 所示。實驗已經證明了在獎勵調制 STDP 中，皮質紋狀體突觸的效能永久性變化只有當神經調節脈衝在突觸前尖峰、及緊接著的突觸後尖峰之間 10 秒鐘的時間範圍內到達才會發生（Yagishita et al. 2014）。儘管證據是間接的，但這些實驗顯示出偶然性資格痕跡延長了時間的進程。產生這些痕跡的分子機制以及可能屬於 STDP 的更短痕跡尚待進一步研究，但有關時間依賴性和神經調節物質依賴性的突觸可塑性研究仍在繼續。

我們在這裡討論的使用效果律學習規則的類神經元的演員單元，在 Barto 等人（1983）的演員 - 評論家網路中以一種更簡單的形式出現，此網路的靈感來自生理學家 A. H. Klopf（1972, 1982）提出的「享樂主義神經元」假說。並非所有 Klopf 假說的細節都與我們已知的突觸可塑性觀點一致，但 STDP 的發現以及越來越多基於獎勵調制形式 STDP 的證據表明 Klopf 的想法可能沒有偏離太遠，接下來我們將討論 Klopf 的享樂主義神經元假說。

15.9 享樂主義神經元

在享樂主義神經元假說中，Klopf（1972, 1982）推測，一個神經元會試圖尋求將被視為獎勵的突觸輸入、和被視為懲罰的突觸輸入之間的差異最大化，這種差異最大化的情形是透過獎勵或懲罰時，自身動作電位的結果調整其突觸的效能。換句話說，一個獨立的神經元可以透過基於條件性反應的強化訊號來訓練，就像動物可以在工具制約任務中接受訓練一樣。他的假說包含了這樣的想法：獎賞和懲罰透過相同的突觸輸入傳遞給神經元，並激發或抑制神經元的尖峰產生活動（如果 Klopf 知道我們今天對神經調節系統的了解，他可能會將強化作用分配給神經調節輸入，但他會嘗試避免任何集中化的訓練資訊來源）。突觸前活動和突觸後活動的突觸局部痕跡在 Klopf 的假說中具有關鍵作用，在假說中這是決定突觸是否符合資格（*eligible*）（這個術語正是他引入的）透過之後的獎勵或懲罰進行調整。他推測這些痕跡是透過每個突觸局部的分子機制實現的，因此與突觸前神經元和突觸後神經元的電活動不同。本章結尾的「參考文獻與歷史評注」中，我們將注意力集中在其他研究學者提出的一些類似概念。

Klopf 推斷突觸效能透過以下的方式進行變化：當一個神經元發出一個動作電位時，所有對於引發該動作電位有貢獻的突觸都符合資格（*eligible*）發生效能變化。如果在適當的時間內隨著動作電位的增加而增加了獎勵，則所有符合資格的突觸效能都會提升。同樣地，如果在適當的時間內隨著動作電位的增加而增加了懲罰，則符合資格的突觸效能就會降低。這是透過在突觸前活動和突觸後活動恰好一致時，觸發突觸的資格痕跡來完成的（或者更確切地說，在突觸前活動和此突觸前活動參與所引發的突觸後活動同時發生時才會出現），我們稱之為偶然性資格痕跡。這實際上就是上一節中描述的演員單元的三因素學習規則。

在 Klopf 的理論中，資格痕跡形狀和時間的變化過程反映了神經元參與的多個反饋迴路的持續時間，其中一些反饋迴路完全位於生命體的大腦和身體內，而其他反饋迴路則透過生物體的運動和感覺系統延伸至外部環境中。他的想法是，突觸資格痕跡的形狀就像是神經元參與的反饋迴路其持續時間的直方圖。資格痕跡的峰值將出現在該神經元參與的反饋迴路中最普遍的反饋迴路發生的持續時間內。本書描述的演算法所使用的資格痕跡是 Klopf 最初想法的簡化版本，是由參數 λ 和 γ 控制的指數（或幾何）遞減函數。這使得模擬和理論均獲得簡化，但我們將這些簡化的資格痕跡視為更接近 Klopf 原始痕跡概念的替代方案，透過改善信用分配過程在複雜的強化學習系統中獲得計算優勢。

Klopf 的享樂主義神經元假說並不像它最初出現時那樣令人難以置信。**大腸桿菌**（*Escherichia coli*）就是一個被充分研究的例子，這種單細胞會尋求某些特定的刺激同時避免其他刺激，它的移動會受到其環境中化學刺激的影響，這種行為被稱為趨化性。大腸桿菌透過旋轉附著在其表面稱為鞭毛的毛狀結構在液態環境中游泳（是的，它可以旋轉這些毛狀結構！）。細菌環境中的分子會與其表面的受體結合，並與一些事件結合來調節細菌反轉鞭毛旋轉的頻率。每次反轉都會使細菌發生翻滾，然後朝著一個隨機的新方向前進。少量的化學記憶和計算會使細菌鞭毛反轉的頻率在朝向更高濃度的生存所需分子（引誘劑）游動時降低，而當細菌朝向較高濃度的有害分子（驅避劑）游動時其反轉頻率就會增加。這樣的結果使細菌趨向於在引誘劑中游動並避免在驅避劑中游動。

剛剛描述的趨化行為被稱為轉動趨動性。這是一種試誤行為，儘管不太可能涉及學習：細菌需要少量的短期記憶來檢測分子濃度的梯度，但它可能無法保存長期記憶。人工智慧先驅 Oliver Selfridge 稱這種策略為「前進和旋轉」，並指出其作為一種基本適應性策略的效用：「如果情況好轉，則以相同的方式持續前進，否則就會四處移動」（Selfridge, 1978, 1984）。同樣地，我們可能會想像神經元在一個由複雜的反饋迴路組成的介質中「游動」（當然不是字面上的意思），試著獲得一種輸入訊號並避免其他類型的輸入訊號。然而，與細菌不同，神經元的突觸強度保留了有關其過去試誤行為的資訊。如果這種關於一個神經元（或是一種神經元類型）行為的觀點是合理的，那麼神經元如何與其周圍環境相互作用的封閉迴路性質對於理解其行為就變得相當重要，其中神經元的環境由動物的其他部分以及與動物互動的環境組成。

Klopf 的享樂主義神經元假說超出了單個神經元是強化學習代理人的想法。他認為智慧行為的許多方面可以被理解為，一群自利的享樂主義神經元在構成動物神經系統的巨大社會或經濟系統中相互作用的集體行為結果。無論這種對神經系統的觀點是否有用，強化學習代理人的集體行為都會對神經科學產生影響。接下來我們將討論這個主題。

15.10 集體強化學習

強化學習代理人的集體行為與社會和經濟系統的研究息息相關，如果 Klopf 的享樂主義神經元假說是正確的，那麼這些集體行為與神經科學也會是相關的。先前描述的關於演員 - 評論家演算法如何在大腦中實現的假說僅狹義地解決了紋狀體背側和腹側的細分。根據假說，背側紋狀體的和腹側紋狀體分別對應於演員和評論家，每個紋狀體都包含了數百萬個中型多棘神經元，多巴胺神經元時相性活動會調節這些中型多棘神經元的突觸變化。

圖 15.5a 中的演員是由 k 個演員單元組成的單層網路。透過此網路產生的動作向量 $(A_1, A_2, \cdots, A_k)^\top$ 被假定可以驅動動物的行為。所有這些單元的突觸效能變化取決於強化訊號 δ。由於演員單元試圖使 δ 盡可能地大，δ 對它們而言有效地發揮了獎勵訊號的作用（所以在此情形下強化訊號與獎勵訊號是相同的）。因此，每個演員單元本身就是強化學習代理人 —— 或者也可以認為是一個享樂主義神經元。現在，為了使情形盡可能簡單化，我們假設每個單元在同一時間接收到相同的獎勵訊號（儘管如前所述，假設多巴胺在同一時間和相同條件下在所有皮質紋狀體突觸處釋放是一個過於簡化的情形）。

當強化學習代理人群體中的所有成員都根據共同的獎勵訊號進行學習時，強化學習理論可以告訴我們什麼？**多重代理人強化學習**（*multi-agent reinforcement learning*）的領域考慮了強化學習代理人群體學習的多個面向。儘管該領域不在本書討論範圍內，但我們認為它的一些基本概念和結果有助於思考大腦中廣泛分布的神經調節系統。在多重代理人強化學習（和博弈論）中，所有代理人試圖使它們同時接收到的一個共同獎勵訊號最大化的情形被稱為**合作賽局**（*cooperative game*）或**團隊問題**（*team problem*）。

使團隊問題變得有趣且具有挑戰性的原因是，發送給每個代理人的共同獎勵訊號評估了整個群體產生的活動**模式**（*pattern*），即評估團隊成員的**集體動作**（*collective action*）。這表示任何單個代理人對獎勵訊號的影響能力有限，因為任何單個代理人僅貢獻了由共同獎勵訊號評估的集體動作其中一小部分。在此情形下，有效的學習需要解決一個**結構化信用分配問題**（*structural credit assignment problem*）：哪些團隊成員，或者哪組團隊成員，值得獲得對應於有利獎勵訊號的信用，或因不利的獎勵訊號而受到責備？這是一個**合作**（*cooperative*）賽局，或者說是一個團隊問題，因為代理人團結一致地尋求增加相同的獎勵訊號：代理人之間沒有利益衝突。如果不同的代理人接收到不同的獎勵訊號，則這種情形將會是一場**競爭**（*competitive*）**賽局**，其中每個獎勵訊號再次評估群體的集體動作，每個代理人的目標是增加自己的獎勵訊號。在此情形下，代理人之間可能存在利益衝突，這表示一個對某些代理人有利的動作可能對其他代理人是有害的。決定最佳集體動作也是博弈論中一個非常重要的問題。這種競爭設定也可能與神經科學有關（例如，解釋多巴胺神經元活動的異質性），但是在此我們僅關注合作或團隊的情形。

如何讓團隊中的每個強化學習代理人學會「做正確的事」，進而使團隊的集體動作獲得高額獎勵？一個有趣的結果是，如果每個代理人都能有效地學習，儘管其獎勵訊號可能被大量的雜訊破壞且可能無法獲得完整的狀態資訊，整個群體仍將學習產生集體動作，並由共同的獎勵訊號進行改善，即使是在代理人之間無法相互溝通的情形下也會如此。每個代理人都面對著自己的強化學習任務，其中代理人對獎勵訊號的影響深藏在其他代理人的影響所產生的雜訊中。實際上，對於任何一個代理人而言，所有其他代理人都是其環境的一部分，因為代理人的所有輸入（包含傳遞狀態資訊的部分和獎勵部分）都取決於所有其他代理人的行為。此外，由於缺乏其他代理人的動作資訊（實際上是缺乏決定其策略的參數資訊），因此每個代理人都只能觀察到其環境的部分狀態資訊。這使每個團隊成員的學習任務非常困難，但是如果每個團隊成員都使用一個即使在這些困難條件下依然能夠增加獎勵訊號的強化學習演算法，則強化學習代理人團隊可以學習產生由團隊的共同獎勵訊號評估，並會隨著時間的推移進行改善的集體動作。

如果團隊成員是類神經元單元，則每個單元都必須具有一個目標，這個目標會使單元隨著時間的推移增加其獲得的獎勵，就像我們在第 15.8 節中描述的演員單元所做的。每個單元的學習演算法必須具有兩個基本特徵。首先，它必須使用偶然性資格痕跡。回想一下偶然性資格痕跡在神經科學中的概念，當突觸前輸入的參與引發了突觸後神經元發出訊號時，在突觸處會觸發（或增加）偶然性資格痕跡。相反地，非偶然資格痕跡是由突觸前輸入觸發或增加的，它與突觸後神經元的行為無關。如第 15.8 節所述，透過保留有關在哪些狀態採取哪些動作的資訊，偶然性資格痕跡可以根據代理人的策略參數決定對代理人的動作所做出的貢獻，將作為獎勵的信用或作為懲罰的責備分配至策略參數。同理，一個團隊成員必須記住其最近的動作，以便它可以根據隨後接收到的獎勵訊號增加或減少產生該動作的可能性。偶然資格痕跡中關於動作的部分實現了對這些動作的記憶。然而，由於學習任務的複雜性，偶然資格痕跡只是信用分配過程中的第一步：單個團隊成員的動作與團隊獎勵訊號的變化之間的關係具有統計相關性，必須透過大量的試驗進行評估。偶然資格痕跡是此過程中不可或缺的初步步驟。

使用非偶然資格痕跡進行學習在團隊環境中完全無法發揮作用，因為它無法提供一種將動作與接下來的獎勵訊號變化進行連結的方法。非偶然資格痕跡足以滿足學習如何進行預測的需求，就像演員 - 評論家演算法中的評論家所做的，但它無法協助學習如何進行控制，這是演員 - 評論家演算法中的演員必須做的。在群體中類似於評論家的成員可能仍然會接收到一個共同的強化訊號，但是他們都將學習預測一個相同的量（在演員 - 評論家演算法的情形下，這個量是當前策略的預期回報）。對於群體中的每個成員，學習預測預期回報的成功程度將取決於它所接收到的資訊，不同成員所接收到的資訊可能會有相當大的差異。此處的群體並不需要產生不同的活動模式，這並非此處所定義的團隊問題。

團隊問題中集體學習的第二個要求是，團隊成員的動作必須具有可變性，以便團隊能夠探索整個集體動作的空間。對於一個強化學習代理人團隊而言，最簡單的方法就是讓每個成員透過其輸出的持續可變性對自己的動作空間進行獨立探索，這將使整個團隊的集體動作發生變化。例如，第 15.8 節中描述的一組演員單元可以探索整個集體動作的空間，因為每個單元的輸出（作為伯努利邏輯單元）在機率上取決於其輸入向量的分量加權和。加權和會使發出訊號的機率向上或向下偏移，但始終存在可變性。因為每個單元都使用 REINFORCE 策略梯度演算法（第 13 章），所以每個單元都將調整自己的權重，使其在隨機探索自己的動作空間時所獲得的平均獎勵率最大化。正如 Williams（1992）所做的，一個基於伯努利邏輯的 REINFORCE 單元組成的團隊**整體上**針對該團隊的共同獎勵訊號的平均發射率執行了一種策略梯度演算法，其中每個單元的動作是該團隊的集體動作。

此外，Williams（1992）指出，當團隊中的各個單元相互連接形成多層人工神經網路時，使用 REINFORCE 的伯努利邏輯單元團隊可以提升平均獎勵梯度。在此情形下，獎勵訊號將會被廣播到網路中的所有單元，儘管獎勵可能僅取決於網路輸出單元的集體動作。這表示一個由伯努利邏輯 REINFORCE 單元組成的多層團隊，其學習方式就像是一個透過廣泛使用的誤差反向傳播方法訓練的多層網路一樣，但是在此情形下，反向傳播過程被廣播的獎勵訊號所取代。實際上，誤差反向傳播方法的速度更快，但作為一種神經機制，強化學習團隊方法更合理，尤其是考慮到第 15.8 節中討論的有關獎勵調制 STDP 的學習情形。

透過團隊成員進行獨立探索只是團隊最簡單的探索方法。如果團隊成員可以協調動作，將探索集中於集體動作空間的特定部分，透過相互交流或對共同的輸入產生反應，則可以採用更複雜的方法。還有比偶然資格痕跡更複雜的機制可以解決結構化信用分配問題，這些機制在集體動作受到某種限制的團隊問題中可能更容易解決。一種極端的情形是贏家通吃（例如，大腦側向抑制的結果），它將集體動作限制為只有一個或數個團隊成員做出貢獻的動作。在此情形下，只有通吃的贏家才能獲得作為獎勵的信用或作為懲罰的責備。

合作賽局（或團隊問題）和非合作賽局問題的學習細節已經超出了本書討論的範圍。本章結尾的「參考文獻與歷史評注」部分列舉了一些相關著作，其中也包含了影響神經科學中集體強化學習的大量著作。

15.11 大腦中基於模型的方法

強化學習中無模型演算法和基於模型的演算法之間的區別已被證明對於研究動物學習和決策過程相當有幫助。第 14.6 節討論了這種區別如何與動物的習慣性行為和目標導向行為之間的區別保持一致。先前描述的關於大腦如何實現演員 - 評論家演算法的假說僅與動物的習慣性行為模式有關，因為基本的演員 - 評論家方法是無模型的。哪些神經機制負責產生目標導向的行為，它們又是如何與那些潛在的習慣性行為相互作用呢？

研究有關大腦結構如何影響這些行為模式的一種方法是抑制老鼠大腦中一個區域的活動，然後在結果貶值實驗中觀察老鼠的行為（第 14.6 節）。這類實驗的結果表明，在上述演員 - 評論家的假說中將演員置於背側紋狀體的假設過於簡單。抑制背側紋狀體中的背外側紋狀體（dorsolateral striatum, DLS）會損害習慣性學習，使動物更加依賴於目標導向過程。另一方面，抑制背內側狀體（dorsomedial striatum, DMS）會損害目標導向的過程，進而使動物更加依賴於習慣性學習。這類結果所支持的觀點顯示出，囓齒動物中的 DLS 進一步參與了無模型過程，而其 DMS 則進一步參與了基於模型的過程。在使用功能性神經造影技術的類似實驗中，對人類受試者以及對非人類靈長類動物進行研究的結果都支持這樣的觀點：習慣性行為模式和目標導向行為模式分別對應到靈長類動物大腦中的不同結構。

其他研究在人類大腦前額葉皮質中發現了與基於模型的過程相關的活動，前額葉皮質的最前端部分與執行功能有關，包含規劃和決策。具體而言，與基於模型的過程有關的是眼窩額葉皮質（orbitofrontal cortex, OFC），即靠近眼睛上方前額葉皮質的一部分。在人類的功能性神經造影研究和猴子單個神經元的活動記錄中，都顯示出 OFC 中的強烈活動與生物學上重要刺激的主觀獎勵價值有關，這些活動也與作為動作結果的預期獎勵有關。儘管並非沒有爭議，但這些結果表明 OFC 大量參與了目標導向的選擇。這可能對於動物環境模型的獎勵部分相當重要。

另一個涉及基於模型行為的結構是海馬體，它是一種對記憶和空間導航相當重要的結構。老鼠的海馬體在以目標為導向的迷宮導航能力中扮演了關鍵的角色，這使 Tolman 提出了動物在選擇動作時使用模型或認知地圖的想法（第 14.5 節）。海馬體也可能是人類想像未知經歷能力的重要組成部分（Hassabis and Maguire, 2007; Ólafsdóttir, Barry, Saleem, Hassabis, and Spiers, 2015）。

最直接顯示出海馬體對於規劃過程（決策時引入環境模型的過程）具有重要作用的發現來自於對海馬體的神經元活動進行解碼的實驗，這個實驗的目的是為了測定在每個時刻海馬體的活動所代表的空間範圍。當一隻老鼠停在迷宮中的某個選擇點時，海馬體中的空間表徵會沿著動物從該點出發的可能路徑向前（而不是向後）掃描（Johnson and Redish, 2007）。此外，這些掃描所代表的空間軌跡與老鼠隨後的導航行為密切相關（Pfeiffer and Foster, 2013）。這些結果表明，海馬體對於動物環境模型的狀態轉移部分相當重要，並且它是系統中利用環境模型模擬未來可能的狀態序列以評估可能採取的動作方案相當重要的組成部分，這就是規劃的一種形式。

根據上述結果，大量關於目標導向的或基於模型學習和決策的神經機制著作陸續發表，但仍有許多問題尚未獲得解答。例如，像 DLS 和 DMS 在結構上相似的區域如何能像無模型和基於模型的演算法之間的差異性一樣，成為不同學習和行為模式的重要組成部分？是否由獨立的結構負責環境模型的轉移和獎勵部分？是否如海馬體中的向前掃描活動所暗示的，在決策時透過模擬未來可能採取的動作方案進行所有規劃？換句話說，是否所有規劃都和 rollout 演算法（第 8.10 節）類似？還是模型有時會透過環境背景調整或重新計算價值資訊，就如 Dyna 架構（第 8.2 節）中所做的？大腦如何在習慣性和目標導向系統之間進行仲裁？這些系統的神經底層之間是否存在實質上的明確區分？

對於最後一個問題，還沒有證據能夠提供一個肯定的答案。總結這些情形，Doll、Simon 和 Daw（2012）寫道：「基於模型的影響在大腦處理獎勵資訊的區域多少會出現。」這種論述是正確的，即使在那些被認為對無模型學習非常重要的區域也是如此。這種論述也包括多巴胺訊號本身，除了被認為是無模型過程基礎的獎勵預測誤差之外，它還可以表現出對基於模型資訊的影響。

透過強化學習中無模型和基於模型的區別持續進行的神經科學研究，有助於我們加深對大腦中習慣性和目標導向過程的理解。有效掌握這些神經機制可能會促進新型演算法的產生，使無模型和基於模型的方法能夠結合在一起，目前這種方法在計算強化學習理論中尚未被深入探索。

15.12 成癮

了解藥物濫用的神經基礎是神經科學的首要目標，並且有可能針對這個嚴重的公共衛生問題提供新的治療方法。一種觀點認為，對藥物的渴望與我們尋求能夠滿足生理需求的自然獎勵體驗具有相同動機和學習過程。成癮性物質透過強烈的強化作用，有效地控制了我們學習和決策的自然機制。這似乎是合理的，因為很多（雖然不是全部）藥物濫用會直接或間接增加紋狀體中多巴胺神經元軸突末端周圍區域的多巴胺濃度，這個區域是大腦結構中與基於獎勵的正常學習密切相關的區域（第 15.7 節）。但是與藥物成癮有關的自殘行為並不是正常學習的特徵。當獎勵是成癮藥物產生的結果時，由多巴胺介導的學習有什麼不同？成癮是對我們整個進化史上基本上不存在的物質進行正常學習的結果，以致於我們在進化過程中無法對抗其破壞性效應的影響？還是成癮性物質以某種方式干擾了多巴胺介導的正常學習？

多巴胺神經元活動的獎勵預測誤差假說及其與 TD 學習的連結關係是 Redish（2004）對某些（但不是全部）成癮特徵的模型基礎。該模型根據以下觀察：古柯鹼和其他成癮性藥物的施打會引起多巴胺的短暫增加。在模型中，假定這種多巴胺的激增會使 TD 誤差 δ 增加，而且 δ 無法透過價值函數的變化進行抵消。換句話說，儘管 δ 可以降低至一個正常的獎勵被先前事件預測到的程度（第 15.6 節），但成癮性刺激對 δ 的影響不會隨著獎勵訊號的預測而減少：藥物的獎勵不能「被預測抵銷」。當獎勵訊號是由於成癮性藥物所引起的情形下，該模型會不斷阻止 δ 變為負數，進而消除了 TD 學習對施打藥物的相關狀態進行誤差校正的行為。結果就是這些狀態的值會無限制地增加，使得導向這些狀態的動作會優先於其他動作。

成癮行為比 Redish 模型得出的結果更複雜，但是該模型的主要概念可能是關於這個難題的部分解答。或者說，此模型可能是有誤導性的，因為多巴胺似乎並非在所有成癮形式中都扮演關鍵的角色，而且並非每個人都同樣容易產生成癮行為。此外，該模型不包括伴隨長期服用藥物所造成的許多迴路和大腦區域的變化，例如，隨著重複使用藥物而導致藥效降低的變化。除此之外，成癮也可能涉及基於模型的過程。儘管如此，Redish 的模型仍然說明了如何利用強化學習理論來幫助理解一個重大健康問題。以類似的方式，強化學習理論已經在計算精神病學新領域的發展中發揮了重要的作用，其目的是透過數學和計算方法來提升對精神障礙的理解。

15.13　本章總結

與大腦獎勵系統有關的神經傳導途徑相當複雜且尚未被完全理解，但是旨在理解這些途徑及其在行為中的作用的神經科學研究正在迅速發展。本章揭示了大腦獎勵系統與本書介紹的強化學習理論之間令人驚訝的對應關係。

意識到 TD 誤差行為與產生多巴胺的神經元活動之間存在驚人相似之處的科學家提出了**多巴胺神經元活動的獎勵預測錯誤假說**（*reward prediction error hypothesis of dopamine neuron activity*）。多巴胺是哺乳動物進行與獎勵有關的學習和行為所需的神經傳遞物質，在 1980 年代末期至 1990 年代神經科學家 Wolfram Schultz 的實驗室進行的實驗表明，只有在動物沒有預期到這些事件的情況下，多巴胺神經元才會對獎勵事件做出實質性的突發活動反應，稱為時相性，這表明多巴胺神經元傳遞的是獎勵預測誤差的訊號，而非獎勵本身。此外，這些實驗表明，隨著動物學會根據先前的感官提示來預測獎勵事件，多巴胺神經元的時相性活動會轉移至較早的預測提示，進而降低對於較晚的提示出現時的活動。這與強化學習代理人學習預測獎勵時 TD 誤差的回溯效果類似。

其他實驗結果堅定地確立了多巴胺神經元的時相性活動是一種學習的強化訊號，它透過產生多巴胺的神經元其大量分支的軸突到達大腦的多個區域。這些結果與我們對獎勵訊號 R_t 和強化訊號做出的區分是一致的，在我們提出的大多數演算法中，強化訊號是 TD 誤差 δ_t。多巴胺神經元的時相性反應是強化訊號，而非獎勵訊號。

一個重要的假說是，大腦會執行類似於演員 - 評論家演算法的行為。大腦中的兩個結構（背側紋狀體和腹側紋狀體）在基於獎勵的學習中都發揮了關鍵的作用，它們可能分別扮演演員和評論家的角色。TD 誤差是演員和評論家的強化訊號，這與多巴胺神經元的軸突同時作用於背側紋狀體和腹側紋狀體的情形非常吻合。多巴胺似乎對於調節兩種結構的突觸可塑性相當重要。對於神經調節物質（如多巴胺）如何作用於目標結構不僅取決於神經調節物質的特性，同時也取決於目標結構的特性。

演員和評論家可以透過人工神經網路來實現，此網路是由多個類神經元單元組成，這些單元的學習規則是基於第 13.5 節中描述的策略梯度演員 - 評論家方法。這些網路中的每個連結就像大腦中神經元之間的突觸，學習規則對應於控制突觸效能如何隨著突觸前神經元活動和突觸後神經元活動而變化的規則，並包含了與多巴胺神經元的輸入相對應的神經調節性輸入。在此情形下，每個突觸都有自己的資格痕跡以記錄該突觸過去涉及的活動。演員和評論家學習規則之間的唯一區別是兩者使用了不同類型的資格痕跡：評論家單元的資格痕跡是**非偶然的**（*non-contingent*），因為它們不涉及評論家單元的輸出，而演員單元的資格痕跡是**偶然的**（*contingent*），因為除了演員單元的輸入之外，它們還取決於演員單元的輸出。在大腦中的演員 - 評論家系統假想架構中，這些學習規則分別對應於控制皮質紋狀體突觸可塑性的規則，這些突觸將訊號從皮質傳遞至背側紋狀體和腹側紋狀體的主要神經元，這些突觸也會接收來自多巴胺神經元的輸入。

在演員 - 評論家網路中，演員者單元的學習規則與**獎勵調制的尖峰時間依賴可塑性**（*reward-modulated spike-timing-dependent plasticity*）密切相關。在尖峰時間依賴可塑性（spike-timing-dependent plasticity, STDP）中，突觸前活動和突觸後活動的相對時間決定了突觸變化的方向。在獎勵調制 STDP 中，突觸的變化還取決於神經調節物質（如多巴胺），此變化在滿足 STDP 條件後最多持續 10 秒的時間範圍內到達才會發生。越來越多的證據表明，獎勵調制 STDP 發生在皮質紋狀體突觸處，這也是演員的學習在演員 - 評論家系統假想架構中發生的地方。這些發現增加了對於假設在一些動物大腦中存在著類似演員 - 評論家系統的合理性。

突觸資格和演員學習規則的基本特徵的概念源自於 Klopf 的「享樂主義神經元」假說（Klopf, 1972, 1981）。他推測一個神經元在其動作電位的獎勵或懲罰結果的基礎上，透過調節神經元的效能來尋求獲得獎勵和避免懲罰。神經元的活動會影響其之後的輸入，因為神經元被嵌入許多反饋迴路中，其中一些迴路存在於動物的神經系統和身體內，而另一些則延伸至動物的外部環境中。Klopf 對於資格的概念是，如果突觸參與了神經元發出訊號的行為，則暫時將它們標記為符合資格進行調整（使其成為資格痕跡的偶然形式）。如果在突觸符合資格時有強化訊號到達，則突觸的效能將被改變。我們提到的細菌趨化行為就是其中一個例子，單細胞的趨化行為會指引該細胞的運動以尋找某些分子並避免其他分子。

多巴胺系統的顯著特徵是釋放多巴胺的神經纖維廣泛投射到大腦的多個部位。儘管可能只有少數多巴胺神經元群廣播相同的強化訊號，但如果該訊號傳遞至參與演員學習的多個神經元突觸，則可以將這種情形設計成一個**團隊問題**（*team problem*）。在這種類型的問題中，強化學習代理人集合中的每個代理人都會接收相同的強化訊號，此訊號取決於該集合中所有成員的活動，或者說取決於團隊的活動。如果每個團隊成員都使用了一種具有足夠能力的學習演算法，則即使團隊成員之間不直接相互交流，它們也可以透過集體學習以提升整個團隊的性能表現，並透過全域廣播的強化訊號進行評估。這與大腦中多巴胺訊號的廣泛發散性相一致，並為廣泛用於訓練多層網路的誤差反向傳播方法提供了神經學意義上可行的替代方法。

無模型和基於模型的強化學習之間的區別能夠幫助神經科學家研究習慣性和目標導向的學習與決策的神經基礎。迄今為止的研究表明，一些大腦區域比其他區域更積極參與這些過程，但是因為無模型和基於模型的過程在大腦中似乎沒有清楚的界線，因此仍不清楚完整的情形，許多問題也仍未獲得解答。也許最耐人尋味的是有證據表明，海馬體作為一種傳統上與空間導航和記憶相關的結構，似乎參與了模擬未來可能的動作過程以作為動物決策過程的一部分。這表明海馬體是系統中使用環境模型進行規劃的重要組成部分。

強化學習理論也影響了對於藥物濫用的神經過程思考方向。有一種包含藥物成癮某些特徵的模型是建立在獎勵預測誤差假說的基礎之上。模型中指出，成癮的興奮劑如古柯鹼會破壞 TD 學習的穩定性，進而導致與施打藥物有關的動作的價值無限增長。此模型並非一個完整的成癮模型，但它說明了從計算角度提出的理論可以透過進一步的研究來檢驗。計算精神病學的新領域同樣側重於計算模型的使用（其中一些源自強化學習）來提升對精神障礙的理解。

本章只觸及了強化學習的神經科學是如何與計算機科學和工程學的發展相互影響的。強化學習演算法中大多數特徵都是基於純粹的計算考量，但其中也有一些是受到關於神經學習機制假說的影響。值得注意的是，隨著關於大腦獎勵過程的實驗數據的積累，強化學習演算法中許多純粹出於計算考量的特徵逐漸變成與神經科學數據一致。計算型強化學習的其他特徵，例如資格痕跡和強化學習代理人團隊在全域廣播強化訊號的作用下學習集體動作的能力，也可能會隨著神經科學家繼續解開基於獎勵的動物學習和行為的神經基礎，最終顯示出與實驗數據一致的結果。

參考文獻與歷史評注

涉及學習與決策的神經科學和本書所介紹的強化學習理論之間相似之處的著作數量相當多。我們只能列舉一小部分。從 Niv（2009）；Dayan 和 Niv（2008）；Gimcher（2011）；Ludvig、Bellemare 和 Pearson（2011）以及 Shah（2012）開始會是一個不錯的起點。

強化學習理論與經濟學、演化生物學和數學心理學一起，正在幫助建立人類和非人類靈長類動物選擇的神經機制定量模型。由於本章以學習為重點，所以僅略微涉及與決策有關的神經科學。Glimcher（2003）介紹了「神經經濟學」領域，其中強化學習有助於從經濟學的角度研究決策的神經基礎，另請詳見 Glimcher 和 Fehr（2013）。Dayan 和 Abbott（2001）撰寫的有關神經科學中計算和數學建模的書籍包含了強化學習在這些方法中的作用。Sterling 和 Laughlin（2015）從通用的設計原則的角度研究了學習的神經基礎，這些原則能夠實現有效的適應性行為。

15.1 關於基礎神經科學的研究中有許多很好的論述。Kandel、Schwartz、Jessell、Siegelbaum 和 Hudspeth（2013）是一個權威且非常全面的參考文獻。

15.2 Berridge 和 Kringelbach（2008）回顧了獎勵和快樂的神經基礎，他們指出獎勵處理具有許多維度並涉及許多神經系統。由於篇幅的限制，我們無法討論 Berridge 和 Robinson（1998）極具影響力的研究，他們區分了刺激的享樂影響（他們稱為「喜歡」）和動機效應（他們稱為「想要」）。Hare、O'Doherty、Camerer、Schultz 和 Rangel（2008）從經濟學的角度對價值相關訊號的神經基礎進行研究，並區分了目標值、決策值和預測誤差。決策價值是目標值減去動作成本。另詳見 Rangel、Camerer 和 Montague（2008）；Rangel 和 Hare（2010）以及 Peters 和 Büchel（2010）。

15.3 多巴胺神經元活動的獎勵預測誤差假說由 Schultz、Dayan 和 Montague（1997）進行深入探討，此假說最早由 Montague、Dayan 和 Sejnowski（1996）提出。在他們論述該假說時，他們指的是獎勵預測誤差（RPE），並非專門指 TD 誤差。但是，他們對假說的說明清楚地表明他們指的就是 TD 誤差。我們所知道有關 TD 誤差 / 多巴胺連結關係最早的研究是 Montague、Dayan、Nowlan、Pouget 和 Sejnowski（1993），他們根據 Schultz 的小組對於多巴胺訊號傳遞的實驗結果提出了一種 TD 誤差調節的 Hebbian 學習規則。Quartz、Dayan、Montague 和 Sejnowski（1992）的摘要中也指出了這種連結關係。Montague 和 Sejnowski（1994）強調了預測在大腦中的重要性，並概述了由 TD 誤差調節的預測性 Hebbian 學習如何透過瀰漫性神經調節系統（如多巴胺系統）實現。Friston、Tononi、Reeke、Sporns 和 Edelman（1994）提出了一個大腦中依賴於價值的學習模型，其中突觸變化是由全域神經調節訊號提供的類 TD 誤差所介導的

（儘管他們並未單獨討論多巴胺）。Montague、Dayan、Person 和 Sejnowski（1995）提出了一個使用 TD 誤差的蜜蜂覓食模型，此模型是基於 Hammer、Menzel 及其同事的研究（Hammer and Menzel, 1995; Hammer, 1997），結果表明神經調節物質真蛸胺可作為蜜蜂的強化訊號。Montague 等人（1995）指出，多巴胺可能在脊椎動物的大腦中引起類似的作用。Barto（1995a）將演員 - 評論家架構與基底神經節迴路進行連結，並討論了 TD 學習與 Schultz 小組的主要成果之間的關係。Houk、Adams 和 Barto（1995）提出了 TD 學習和演員 - 評論家架構如何映射到基底神經節的解剖學、生理學和分子機制。Doya 和 Sejnowski（1998）透過利用多巴胺識別的類 TD 誤差來強化記憶聽覺輸入的選擇，進而擴展了他們先前關於鳥鳴學習模型的論文（Doya and Sejnowski, 1995）。O'Reilly 和 Frank（2006）以及 O'Reilly、Frank、Hazy 和 Watz（2007）認為，時相性多巴胺訊號是 RPE 而非 TD 誤差。為了支持他們的理論，他們引用了一些可變刺激間距的結果，這些結果與一般 TD 模型的預測結果不同，並發現很少會觀察到高於次級制約的高階制約，而 TD 學習則不受此限制。Dayan 和 Niv（2008）討論了強化學習理論和獎勵預測誤差假說與實驗數據對應時所呈現的「好的、壞的和醜陋的」情形。Glimcher（2011）回顧了支持獎勵預測誤差假說的實證研究，並強調了該假說對當代神經科學的重要性。

15.4 Graybiel（2000 年）簡要介紹了基底神經節，研究中提到的涉及多巴胺神經元光遺傳激發的實驗後續由 Tsai、Zhang、Adamantidis、Stuber、Bonci、de Lecea 和 Deisseroth（2009）；Steinberg、Keiflin、Boivin、Witten、Deisseroth 和 Janak（2013）以及 Claridge-Chang、Roorda、Vrontou、Sjulson、Li、Hirsh 和 Miesenböck（2009）進行。Fiorillo、Yun 和 Song（2013）；Lammel、Lim 和 Malenka（2014） 和 Saddoris、Cacciapaglia、Wightmman 和 Carelli（2015）等研究表明，多巴胺神經元的訊號傳遞特性是專門針對不同的目標區域的。RPE 訊號傳遞神經元可能是屬於具有不同目標區域並具有不同功能的多巴胺神經元群之一。Eshel、Tian、Bukwich 和 Uchida（2016）發現，在老鼠的古典制約過程中，外側 VTA 中多巴胺神經元的獎勵預測誤差反應具有同質性，儘管其結果並未排除更廣泛區域的反應多樣性。Gershman、Pesaran 和 Daw（2009）研究了一些強化學習任務，這些任務可以分解成具有獨立獎勵訊號的獨立子任務，在人類神經影像數據中發現證據表明大腦利用了這種結構。

15.5 1998 年 Schultz 的調查文章是關於多巴胺神經元獎勵預測訊號的眾多文獻之中相當好的一篇文章。Berns、McClure、Pagnoni 和 Montague（2001）；Breiter、Aharon、Kahneman、Dale 和 Shizgal（2001）；Pagnoni、Zink、Montague 和 Berns（2002）以及 O'Doherty、Dayan、Friston、Critchley 和 Dolan（2003）描述了功能性大腦成像研究，研究結果證實人類大腦中存在著類似於 TD 誤差的訊號。

15.6 本節大致遵循 Barto（1995a）的研究來解釋 TD 誤差如何模擬 Schultz 小組對多巴胺神經元的時相性反應的主要結果。

15.7 本節主要基於 Takahashi、Schoenbaum 和 Niv（2008）及 Niv（2009）。據我們所知，Barto（1995a）及 Houk、Adams 和 Barto（1995）首先推測了可以在基底神經節中實現演員 - 評論家演算法。O'Doherty、Dayan、Schultz、Deichmann、Friston 和 Dolan（2004）在對參與工具制約實驗的人類受測者進行人體功能核磁共振成像時發現，演員和評論家很可能分別位於背側紋狀體和腹側紋狀體。Gershman、Moustafa 和 Ludvig（2014）著重於研究如何在基底神經節的強化學習模型中表示時間，並討論了時間表徵各種計算方法的證據及其含義。

本節描述的演員 - 評論家的模擬神經架構包含了少量已知的基底神經節解剖學和生理學的細節。除了 Houk、Adams 和 Barto（1995）中更詳細的假設外，還有許多其他假設包含了與解剖學和生理學的具體連結關係，並聲稱可以解釋其他實驗結果。這些假設包括 Suri 和 Schultz（1998, 1999）；Brown、Bullock 和 Grossberg（1999）；Contreras-Vidal 和 Schultz（1999）；Suri、Bargas 和 Arbib（2001）；O'Reilly 和 Frank（2006）以及 O'Reilly、Frank、Hazy 和 Watz（2007）。Joel、Niv 和 Ruppin（2002）批判性地評估了其中幾種模型的解剖學合理性，並提出了一種替代方案，目的是為了適應基底神經節迴路中一些被忽視的特徵。

15.8 本節討論的演員學習規則比 Barto 等人（1983）的早期演員 - 評論家網路中的規則更複雜。在早期演員 - 評論家網路中，演員單元的資格痕跡僅為 $A_t \times \mathbf{x}(S_t)$ 而非完整的 $(A_t - \pi(A_t|S_t, \boldsymbol{\theta}))\mathbf{x}(S_t)$。Barto 等人的研究沒有從第 13 章介紹的策略梯度理論中受益，也沒有受到 Williams（1986, 1992）展示的由伯努利邏輯單元組成的人工神經網路如何實現策略梯度方法的影響。

Reynolds 和 Wickens（2002）提出了一個在皮質紋狀體途徑中突觸可塑性的三因素規則，其中多巴胺調節了皮質紋狀體突觸效能的變化。他們討論了這種學習規則的實驗論證及其可能的分子基礎。尖峰時間依賴可塑性（STDP）的明確證明歸因於 Markram、Lübke、Frotscher 和 Sakmann（1997）。Levy 和 Steward（1983）的早期實驗及其他證據表明，突觸前尖峰和突觸後尖峰之間的相對時機對誘導突觸效能的變化相當重要。Rao 和 Sejnowski（2001）說明了 STDP 如何成為突觸進行類 TD 機制的結果，其中非偶然性資格痕跡持續約 10 毫秒。Dayan（2002）評論說，這還需要一個誤差項，就像在 Sutton 和 Barto（1981a）的古典制約早期模型中一樣，但不是一個真正的 TD 誤差。關於獎勵調制 STDP 的代表性著作有 Wickens（1990）；Reynolds 和 Wickens（2002）以及 Calabresi、Picconi、Tozzi 和 Di Filippo（2007）。Pawlak 和 Kerr（2008）表明，多巴胺對於在中型多棘神經元的皮質紋狀體突觸中誘導 STDP 是必要的。另請詳閱 Pawlak、Wickens、Kirkwood 和 Kerr（2010）。Yagishita、Hayashi-Takagi、Ellis-Davies、Urakubo、Ishii 和 Kasai（2014）發現，多巴胺僅在 STDP 刺激後 0.3 到 2 秒的時間範圍內促進老鼠中型多棘神經元的棘增大。Izhikevich（2007）提出並探索了使用 STDP 時序條件觸發偶然性資格痕跡的想法。Frémaux、Sprekeler 和 Gerstner（2010）提出了基於獎勵調制 STDP 的規則進行成功學習的理論條件。

15.9　Klopf 的享樂主義神經元假說（Klopf 1972, 1982）啟發了我們的演員 - 評論家演算法，此演算法以單個類神經元單元（稱為演員單元）的 ANN 形式呈現，實現了類似效果率的學習規則（Barto, Sutton, and Anderson, 1983）。其他人也提出了與 Klopf 的突觸局部資格有關的想法。Crow（1968）提出，皮質神經元突觸的變化對神經活動的結果很敏感。為了強調需要解決神經活動及其結果（以突觸可塑性的獎勵調制形式呈現）之間的時間延遲問題，他提出了偶然形式的資格，但與整個神經元而非與單個突觸有關。根據他的假設，一波神經元活動

> 導致波中參與的細胞發生短期變化，使得它們從尚未被激發的細胞背景中被挑選出來。……透過對獎勵訊號的短期變化使這些細胞變得敏感……以這種方式，如果這樣的訊號發生在變化的衰減時間結束之前，則會使細胞之間的突觸連接會變得更有效。（Crow, 1968）

Crow 反對先前關於反響神經迴路發揮這種作用的說法，他指出，獎勵訊號對這種迴路的影響將「……建立導致反響的突觸連接（也就是那些在獎勵訊號發出時參與活動的連接），而不是那些導致適應性運動輸出路徑上的突觸連接。」Crow 進一步推測獎勵訊號是透過「獨特的神經纖維系統」傳遞的，這大概就是 Olds 和 Milner（1954）所使用的系統，它將使突觸連接「從短期轉變為長期形式」。

在另一個有遠見的假設中，Miller 提出了一個類似於效果率的學習規則，其中包括突觸局部偶然性資格痕跡：

> ……設想在特定的感官情形下，神經元 B 偶然發出了一個「有意義的爆發」活動，然後轉化為運動行為，進而改變了這種情形。必須假設有意義的爆發*在神經元層面上*對當時所有活躍的突觸都有影響…進而初步選擇了要加強的突觸，儘管尚未實際加強它們。……加強訊號…進行最終選擇…並在適當的突觸中完成最終變化。（Miller, 1981, p. 81）

Miller 的假說還包括一種類似於評論家的機制，他稱之為「感官分析器單元」，該機制根據古典制約原理運行，向神經元提供強化訊號，使它們能夠學習從低價值狀態轉移至高價值狀態，進而預見到在演員 - 評論家架構中使用 TD 誤差作為強化訊號。Miller 的想法不僅與 Klopf 的想法相似（除了明確使用了一個獨特的「加強訊號」之外），而且還預測了獎勵調制 STDP 的一般特徵。

Seung（2003）稱為「享樂主義突觸」的一個相關但不同的觀點是，突觸以效果律的方式個別調整它們釋放神經傳遞物質的機率：如果釋放後會得到獎勵，則釋放的機率會增加；如果釋放失敗會獲得獎勵，則釋放的機率會降低。這與 Minsky 在 1954 年普林斯頓大學的博士論文中使用的學習方案基本相同。在論文中，他將類似突觸學習元素稱為「隨機神經模擬強化計算器」（Stochastic Neural-Analog Reinforcement Calculator, SNRC）。這些想法也涉及到偶然性資格，儘管它取決於單個突觸而不是突觸後神經元的活動。Unnikrishnan 和 Venugopal（1994）的方法也與此相關，他們使用 Harth 和 Tzanakou（1974）的基於相關性的方法來調整 ANN 權重。

Frey 和 Morris（1997）提出了「突觸標籤」的概念，以誘導突觸效能的長期增強。儘管與 Klopf 的資格不同，但他們的標籤被假設為由突觸的暫時性增強組成，可以透過隨後的神經元激發轉化為長期增強。O'Reilly 和

Frank（2006）以及 O'Reilly、Frank、Hazy 和 Watz（2007）的模型使用工作記憶來連接時間區間，而不是使用資格痕跡。Wickens 和 Kotter（1995）討論了突觸資格的可能機制，He、Huertas、Hong、Tie、Hell、Shouval、Kirkwood（2015）證明了在皮質神經元突觸中偶然性資格痕跡的存在，其時間過程與 Klopf 假設的資格痕跡相似。

Barto（1989）對神經元的學習規則和細菌趨化行為的類比進行了討論。Koshland 對細菌趨化性的廣泛研究，部分原因是由於細菌特徵與神經元特徵之間的相似性（Koshland, 1980），另詳見 Berg（1975）。Shimansky（2009）提出了一種類似於上述 Seung 所提出的突觸學習規則，其中每個突觸分別發揮了趨化性細菌的作用。在此情形下，突觸集合在突觸權重值的高維空間中朝向引誘物「游動」。Montague、Dayan、Person 和 Sejnowski（1995）提出了一種涉及神經調節物質真蛸胺的蜜蜂覓食行為類趨化模型。

15.10 研究強化學習代理人在團隊和遊戲問題中的行為已經有很長的歷史，大致分為三個階段。據我們所知，第一個階段始於俄羅斯數學家和物理學家 M. L. Tsetlin 的研究。在 1966 年他去世後，他的著作集結成 Tsetlin（1973）出版。我們在第 1.7 節和第 4.8 節引用了他與拉霸機問題有關的學習自動機研究。Tsetlin 的著作集還包括對團隊和遊戲問題中學習自動機的研究，這引發了後續在此領域使用隨機學習自動機的研究，如 Narendra 和 Thathachar（1974, 1989）；Viswanathan 和 Narendra（1974）；Lakshmivarahan 和 Narendra（1982）；Narendra 和 Wheeler（1983）以及 Thathachar 和 Sastry（2002）。Thathachar 和 Sastry（2011）是近期在此領域論述相當完整的研究著作。這些研究大多局限於非關聯性學習自動機，這表示它們並未解決關聯性或情境式拉霸機問題（第 2.9 節）。

第二階段始於將學習自動機擴展到關聯性或情境式情形。Barto、Sutton 和 Brouwer（1981）和 Barto 和 Sutton（1981b）在單層人工神經網路中試驗了關聯性隨機學習自動機，並向其廣播了全域強化訊號。這種學習演算法是 Harth 和 Tzanakou（1974）的 Alopex 演算法的關聯性擴展版本。Barto 等人將實現這種學習的類神經元元素稱為**關聯性搜尋元素**（*associative search elements,* ASE）。Barto 和 Anandan（1985）介紹了一種關聯性強化學習演算法，稱為**關聯性獎勵懲罰**（*associative reward-penalty*）（A_{R-P}）演算法。他們透過將隨機學習自動機理論與模式分類理論相結合證明了收斂性。Barto（1985, 1986）和 Barto 和 Jordan（1987）

描述了由 A_{R-P} 單元連接成多層 ANN 的結果，該結果表明它們可以透過全域廣播的強化訊號學習非線性函數，如 XOR 等。Barto（1985）廣泛討論了這種用於人工神經網路的方法，以及這種學習規則與當時文獻中的其他規則之間的關係。Williams（1992）以數學的方式分析並拓展了此類學習規則，並將其用於訓練多層 ANN 的誤差反向傳播方法。Williams（1988）描述了將反向傳播和強化學習結合用於訓練人工神經網路的方法。Williams（1992）指出，A_{R-P} 演算法的一種特例是 REINFORCE 演算法，儘管用一般的 A_{R-P} 演算法可以獲得更好的結果（Barto, 1985）。

第三階段對強化學習代理人的研究受到了神經科學的影響，包括對多巴胺作為廣泛傳播的神經調節物質其作用的深入理解以及對獎勵調制 STDP 的猜測。與早期的研究相比，這些研究增加了考慮突觸可塑性和神經科學其他限制因素的細節。相關著作包括（按時間順序和字母順序）：Bartlett 和 Baxter（1999, 2000）；Xie 和 Seung（2004）；Baras 和 Meir（2007）；Farries 和 Fairhall（2007）；Florian（2007）；Izhikevich（2007）； Pecevski、Maass 和 Legenstein（2008）；Legenstein、Pecevski 和 Maass（2008）；Kolodziejski、Porr 和 Wörgötter（2009）；Urbanczik 和 Senn（2009） 以及 Vasilaki、Frémaux、Urbanczik、Senn 和 Gerstner（2009）。 Nowé、Vrancx 和 De Hauwere（2012）介紹了更廣泛的多重代理人強化學習領域的最新發展。

15.11 Yin 和 Knowlton（2006）回顧了囓齒類動物的結果貶值實驗的發現，他們認為習慣性行為和目標導向行為（如心理學家使用的術語）分別與背外側紋狀體（DLS）和背內側紋狀體（DMS）最為相關。Valentin、Dickinson 和 O'Doherty（2007）在結果貶值環境中對人類受試者進行功能性成像實驗的結果表明，眶窩額葉皮質（OFC）是目標導向選擇的重要組成部分。Padoa-Schioppa 和 Assad（2006）透過猴子中的單個單元記錄證明了 OFC 在進行價值編碼指引選擇行為的作用。 Rangel、Camerer 和 Montague（2008）以及 Rangel 和 Hare（2010）從神經經濟學的角度回顧了關於大腦如何做出目標導向決策的研究結果。Pezzulo、van der Meer、Lansink 和 Pennartz（2014）回顧了內部生成序列的神經科學，並提出了一個模型來說明這些機制如何成為基於模型的規劃的組成部分。Daw 和 Shohamy（2008）提出，儘管多巴胺訊號能有效地與習慣性或無模型行為聯繫在一起，但其他過程參與了目標導向或基於模型的行為。Bromberg-Martin，Matsumoto，Hong 和 Hikosaka（2010）的實驗數據表明，多巴胺訊號包含了與習慣性行為和目標導向行為相關的資訊。Doll、Simon 和 Daw（2012）認為，在大腦中可能沒有明確區分習慣性和目標導向性的學習與選擇機制。

15.12 Keiflin 和 Janak（2015）回顧了 TD 誤差和成癮之間的連結關係。Nutt、Lingford-Hughes、Erritzoe 和 Stokes（2015）批判性地評估了成癮是由多巴胺系統紊亂引起的假說。Montague、Dolan、Friston 和 Dayan（2012）概述了計算精神病學領域的目標和早期發展，Adams、Huys 和 Roiser（2015）回顧了最近的進展。

Chapter 16

應用和案例研究

本章將介紹一些強化學習的案例研究，其中有幾個是具有潛在經濟意義的實質性應用，而另一些如 Samuel 的跳棋程式則是具有歷史意義的案例。介紹這些案例主要是為了說明一些在實際應用中出現的權衡情形和相關問題。

我們著重於說明如何將相關領域知識融入到問題的表述和解決方案中，同時也專注於對於成功應用而言相當關鍵的表徵問題。本章介紹的案例研究中所使用的演算法比其他章節中所介紹的演算法更複雜。要讓強化學習的應用普及還有一段很長的路要走，通常需要具備與科學知識相當的藝術技巧。如何能以更簡單、更直觀地方式使用這些應用是強化學習目前的研究目標之一。

16.1 TD-Gammon

到目前為止，強化學習最令人印象深刻的應用之一是 Gerald Tesauro 在雙陸棋中的應用（Tesauro, 1992, 1994, 1995, 2002）。Tesauro 的 *TD-Gammon* 程式僅需要少量的雙陸棋相關知識，就能將程式的棋藝提升到幾乎接近於世界上最強的大師級水準。TD-Gammon 中的學習演算法結合了 TD(λ) 演算法、以及使用多層人工神經網路（ANN）透過反向傳播 TD 誤差訓練的非線性函數近似。

雙陸棋是一項相當流行的棋盤遊戲，在世界各地有許多的錦標賽和定期舉行的世界大賽。它在某種程度上是一種博弈遊戲，是一種相當受歡迎的賭博工具，職業雙陸棋選手可能比職業西洋棋選手還多。這項遊戲是以 15 個白棋和 15 個黑棋在一個由 24 個稱為點（*points*）的位置所組成的棋盤上進行遊戲。下一頁的右圖顯示了遊戲初期從白棋玩家的角度觀察的棋譜。在此圖中白棋玩家剛剛擲出骰子，並獲得了一個 5 和一個 2。這表示他可以將他的一個棋子移動 5 步和另一個棋子（也可能是同一個棋子）移動 2 步。

例如，他可以從第 12 點的位置移動兩顆棋子，一個移動到第 17 點，另一個移動到第 14 點。白棋玩家的目標是將所有棋子推進到最後一個象限（第 19-24 點）後再將棋子移出棋盤。第一個將自己所有棋子移出的玩家將獲得勝利，此棋盤遊戲的困難點在於，兩種棋子由不同的方向進行移動時彼此之間會相互影響。以黑棋玩家為例，只要骰子擲出 2，他就可以將一個黑棋從第 24 點移動到第 22 點「擊中」白棋。被擊中的棋子將被放置在棋盤中央的長條型區域（圖中顯示了一個先前被擊中的黑棋），在此處的棋子將根據顏色從各自的起點重新開始遊戲。不過，如果棋盤中任何一個點上有兩個自己的棋子，則對手就不能將棋子移動到該點，進而保護自己的棋子免受對方攻擊。因此，白棋玩家無法透過擲出 5 或 2 移動位於第 1 點上的任何一個棋子，因為它們可能的移動點（第 3 點和第 5 點）都被 2 個以上的黑棋佔據。形成連續的佔據點來阻擋對手是遊戲的基本策略之一。

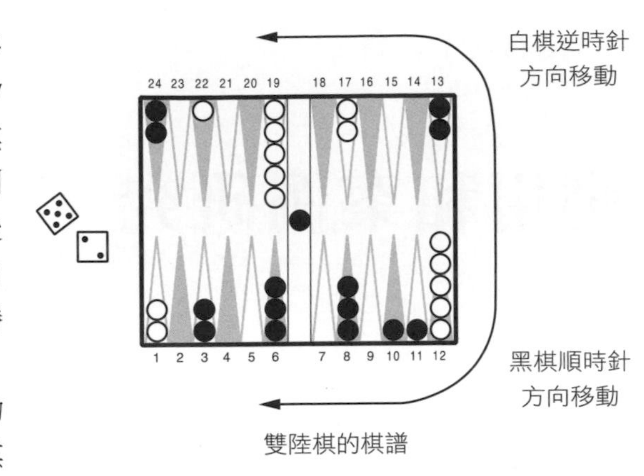

雙陸棋的棋譜

雙陸棋遊戲本身還涉及一些更複雜的問題，但從上面的描述應該足以理解基本的遊戲規則。雙陸棋有 30 個棋子和 24 個可能的位置（如果考慮棋盤中央的長條型區域和移出棋盤的部分則為 26 個），遊戲中可能的局面數量顯然相當龐大，遠超過任何一台在物理上可以實現的計算機可儲存的空間量。從每個位置進行移動的方法數量也相當多，每擲一次骰子大約有 20 種不同的移動方式。在考慮各個棋子未來的移動情形時，像是對手的反應動作，我們必須同時考慮擲骰子所有可能出現的情形。這樣考慮的結果使得整個遊戲樹的結構有將近 400 個有效分支，如此多的數量以致於我們無法有效地使用已被證明在西洋棋和西洋跳棋等遊戲中相當有效的傳統啟發式搜尋方法。

因此，這個遊戲非常適合以 TD 學習方法解決問題的能力進行處理。儘管此遊戲具有相當高的隨機性，但在任何時刻我們都可以對遊戲的狀態進行完整的描述。遊戲根據一連串的移動和棋局局面不斷變化，直到最終以一方或另一方獲勝結束遊戲，我們可以將遊戲結果視為要預測的最終獎勵。另一方面，我們到目前為止所描述的理論結果不能有效地應用於此問題，因為狀態的數量相當大以致於無法使用查找表，而下棋的對手則是不確定性和時間變化的來源。

TD-Gammon 使用的是非線性 TD(λ)，任何狀態（棋局中的局面）s 的估計值 $\hat{v}(s,\mathbf{w})$ 是用於估計從狀態 s 開始的獲勝機率。為了能有效進行估計，除了贏得比賽當下的時步外所有時步的獎勵均定義為 0。TD-Gammon 使用了一個類似於下方圖 16.1 所示的標準多層 ANN 實現價值函數（實際的網路在其最終層中有兩個額外的單元，以一種稱為「gammon」或「backgammon」的特殊方式估計每個玩家獲勝的機率）。此網路由一層輸入單元、一層隱藏單元和一個最終輸出單元組成。網路的輸入是雙陸棋局面位置的表徵，而輸出則是對於該局面位置的價值估計。

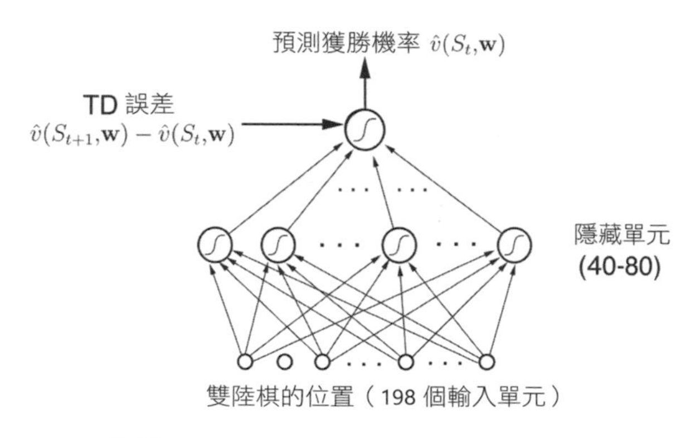

圖 16.1 TD-Gammon ANN

在 TD-Gammon 的第一個版本 TD-Gammon 0.0 中，雙陸棋棋局中的局面以一種相對直接的方式呈現於網路中，幾乎不涉及任何有關雙陸棋知識，但它確實包含有關 ANN 如何運作以及如何有效提供資訊的大量知識。值得注意的是，Tesauro 所選擇的表徵形式相當具有啟發性。此網路總共有 198 個輸入單元，棋盤上每個點的白棋數量皆以四個單元來表示。如果沒有白棋，則四個單元的值均為 0；如果有一個白棋，則第一個單元的值為 1。這編碼了「弱棋」的基本概念，即一個可以被對手擊中的棋子。如果有兩個以上的棋子，則將第二個單元的值設為 1。這編碼了「安全點」的基本概念，即對手無法在此點落子。如果在該點上恰好有三個棋子，則將第三個單元設置為 1。這編碼了「單一備用」的基本概念，即除了構成該安全點的兩顆棋子外還有一顆額外的棋子。最後，如果在該點上有超過三個棋子，則將第四個單元設為與多出的棋子數量成正比的值。令 n 表示為在該點的棋子總數，如果 $n > 3$，則第四個單元的值為 $(n-3)/2$，這編碼了在此點上具有「多個備用」的線性表徵。

對於棋盤中的 24 個點，每個點分別對白棋和黑棋各以 4 個單元進行表示，共 192 個單元。另外兩個單元則編碼棋盤中央長條型區域內白棋和黑棋的數量（每個單元的值為 $n/2$，其中 n 為棋盤中央長條型區域的棋子數），還有兩個單元編碼已經成功移出棋盤的黑棋和白棋數量（每個單元的值為 $n/15$，其中 n 為已經成功移出的棋子數）。最後兩個單元則是以二進制的方式來表示輪到白棋方下棋還是黑棋方下棋。這些選擇背後的一般邏輯應該相當清楚。基本上，Tesauro 試圖在維持少量單元資訊的情形下，以一種簡單明瞭的方式表示棋局中的局面，他為每個概念上看似獨立但極為相關的可能性提供了一個單元，並將它們按比例調整至大致相同的範圍內，在此例子中為 0 到 1 之間。

給定一個雙陸棋局面的表徵，網路以標準的方式計算出其估計值。從輸入單元到隱藏單元的每個連接都對應一個實值權重。來自每個輸入單元的訊號被乘以相應的權重並在隱藏單元中求和。隱藏單元 j 的輸出 $h(j)$ 是加權和的非線性 Sigmoid 函數：

$$h(j) = \sigma\left(\sum_i w_{ij}x_i\right) = \frac{1}{1+e^{-\sum_i w_{ij}x_i}},$$

其中 x_i 是第 i 個輸入單元的值，w_{ij} 是第 i 個輸入單元與第 j 個隱藏單元的連接權重（網路中的所有權重共同構成了參數向量 $\mathbf{w}$）。Sigmoid 函數的輸出始終在 0 與 1 之間，並可以自然地解釋為基於彙總所有情形的機率，這與從隱藏單元到輸出單元的計算完全類似，每個從隱藏單元到輸出單元的連接都有一個對應的獨立權重。輸出單元形成加權總和並透過相同的非線性 Sigmoid 函數計算出最終輸出。

TD-Gammon 使用了第 12.2 節中描述的半梯度 TD(λ) 演算法，透過誤差反向傳播演算法計算梯度（Rumelhart, Hinton, and Williams, 1986）。讓我們回想一下第 12 章的內容，這種情形下的一般更新規則是

$$\mathbf{w}_{t+1} \doteq \mathbf{w}_t + \alpha\Big[R_{t+1} + \gamma\hat{v}(S_{t+1},\mathbf{w}_t) - \hat{v}(S_t,\mathbf{w}_t)\Big]\mathbf{z}_t, \tag{16.1}$$

其中 $\mathbf{w}_t$ 是所有可修改參數（在此為網路的權重）的向量。$\mathbf{z}_t$ 是資格痕跡的向量，它對應到 $\mathbf{w}_t$ 的每一個分量，並透過以下方式進行更新：

$$\mathbf{z}_t \doteq \gamma\lambda\mathbf{z}_{t-1} + \nabla\hat{v}(S_t,\mathbf{w}_t),$$

其中 $\mathbf{z}_0 \doteq \mathbf{0}$。我們可以透過反向傳播程序有效地計算出此方程式中的梯度。對於雙陸棋的應用程式，$\gamma = 1$，除獲勝外獎勵始終為 0，學習規則的 TD 誤差部分通常僅為 $\hat{v}(S_{t+1},\mathbf{w}) - \hat{v}(S_t,\mathbf{w})$，如圖 16.1 所示。

為了應用學習規則，我們需要一些關於雙陸棋棋局進行時的資訊。Tesauro 透過讓學習型雙陸棋程式和它自己進行對弈以獲取無盡的對弈資訊。為了決定每一回合的移動方式，TD-Gammon 考慮了 20 種左右的擲骰方式以及其相應結果所產生的局面。以此方式所產生的局面就是在第 6.8 節中討論過的**後位狀態**。透過人工神經網路所建構的價值函數估計每個局面的價值，然後選擇能使該局面產生最高估計值的移動方式。黑白雙方不斷地利用 TD-Gammon 選擇移動方式便可以輕鬆地生成大量雙陸棋棋局的資訊，每場棋局都被視為一個分節，在每個分節中以局面序列作為狀態 $S_0, S_1, S_2, \ldots$。Tesauro 以增量形式的方式應用非線性 TD 規則 (16.1)，即在每次移動之後都進行更新。

網路中的各個初始權重都被設為數值較小的隨機數，因此最初的評估是完全隨機的。由於移動方式是根據這些評估結果進行選擇，所以最初的移動情形不可避免地很差，而且最初的棋局在一方或另一方獲勝之前通常會經歷數百或數千次的隨機移動。然而，在經過數十場的對弈後，網路的效能將會迅速提升。

在與自己對弈了大約 30 萬場後，TD-Gammon 0.0 就學會了與先前最好的雙陸棋程式差不多的棋藝水準。這是一個相當令人驚訝的結果，因為先前所有的高性能計算機程式都使用了大量的雙陸棋知識。例如，當時的衛冕冠軍程式是 Tesauro 所設計的 *Neurogammon*，它是另一個使用 ANN 但使用 TD 學習的雙陸棋程式。Neurogammon 所使用的人工神經網路透過一個由雙陸棋專家提供示範移動方式的大型訓練資料庫進行訓練。此外，它還特別使用了一組專門為雙陸棋設計的特徵。Neurogammon 是一個經過高度最佳化且具有高效能的雙陸棋程式，此程式在 1989 年世界雙陸棋奧林匹克競賽中以壓倒性的勝利贏得了冠軍。另一方面，TD-Gammon 0.0 基本上是在缺乏雙陸棋知識的情形下進行訓練的，但它能夠做到像 Neurogammon 和其他所有方法一樣出色，這充分證明了自我對弈學習的潛力。

缺乏雙陸棋知識的 TD-Gammon 0.0 在比賽中的成功經驗提供了一個明顯的修改方向：增加專門的雙陸棋特徵，但保留自我對弈的 TD 學習方法。經過以上修改後產生了 TD-Gammon 1.0。TD-Gammon 1.0 的表現顯然比之前所有的雙陸棋程式都要好，甚至只有在與人類專家對弈時才會出現激烈的競爭。此程式的後續版本 TD-Gammon 2.0（40 個隱藏單元）和 TD-Gammon 2.1（80 個隱藏單元）

透過增加選擇性的雙層搜尋程序進行強化。為了選擇棋子的移動方式，這兩個版本不僅考慮了接下來會產生的棋局局面，同時還考慮了對手可能的擲骰點數和移動情形。假設對手總是採取對他最有利的移動方式，則計算每個候選移動方式的期望值並選擇最佳的移動方式。為了節省計算時間，第二層的搜尋僅對在第一層搜尋後排名較前面的候選移動方式（平均大約是四到五種移動方式）進行評估。雙層搜尋僅會影響被選中的移動方式，學習過程的進行方式與之前完全相同。此程式的最終版本 TD-Gammon 3.0 和 3.1 使用了 160 個隱藏單元和一個選擇性的三層搜尋程序。TD-Gammon 結合了學習到的價值函數和在啟發式搜尋及蒙地卡羅樹搜尋中使用的決策時間搜尋。在隨後的研究中，Tesauro 和 Galperin（1997）利用軌跡抽樣方法來代替全寬度搜尋（full-width search），此方法大幅降低了對弈時的錯誤率（4 倍至 6 倍），同時將思考時間保持在合理範圍內（每次移動約需 5 至 10 秒）。

在 1990 年代，Tesauro 的程式在與世界級人類棋手進行的大量比賽中獲得了相當亮眼的成績，比賽結果的總結如表 16.1 所示。

表 16.1　TD-Gammon 結果總結

程式	隱藏單元數量	訓練次數	對手	結果
TD-Gammon 0.0	40	300,000	其他程式	並列最佳
TD-Gammon 1.0	80	300,000	Robertie、Magriel…等人	-13 分 / 51 場棋局
TD-Gammon 2.0	40	800,000	多位大師級棋手	-7 分 / 38 場棋局
TD-Gammon 2.1	80	1,500,000	Robertie	-1 分 /40 場棋局
TD-Gammon 3.0	80	1,500,000	Kazaros	+6 分 / 20 場棋局

根據這些結果和雙陸棋大師的分析（Robertie, 1992；詳見 Tesauro, 1995），TD-Gammon 3.0 的能力似乎接近甚至可能超越了世界上最強的人類棋手。Tesauro 在隨後的文章（Tesauro, 2002）中說明了 TD-Gammon 3.0 相對於頂尖人類棋手在移動決策和雙向決策的分析結果。結論是，TD-Gammon 3.1 相對於頂尖人類棋手在移動決策方面具有「壓倒性的優勢」，而在雙向決策方面則「略有優勢」。

TD-Gammon 對於一些最佳人類棋手的下棋方式也產生了顯著的影響。例如，它學會了在不同於最佳人類棋手下棋慣例的位置開局。由於 TD-Gammon 的成功和進一步的分析，現在一些最佳人類棋手也會採用和 TD-Gammon 相同的下法（Tesauro, 1995）。其他受到 TD-Gammon 啟發的自主學習型 ANN 雙陸棋程式（如 Jellyfish、Snowie 和 GNUBackgammon）也陸續出現，大幅加速了對人類下棋方式的影響。這些程式使 ANN 產生的新知識得以廣泛傳播，進而大幅提升了人類比賽的整體水準（Tesauro, 2002）。

16.2 Samuel 的跳棋程式

對於 Tesauro 的 TD-Gammon 而言，一個重要的前期研究是 Arthur Samuel（1959, 1967）在設計跳棋程式時所做的開創性工作。Samuel 是最早有效利用啟發式搜尋法及我們現在稱為時序差分學習的研究者之一。他的跳棋程式除了具有歷史意義外，也是一項具有啟發性的案例研究。我們在此專注於 Samuel 的方法與現代強化學習之間的關係，並試圖說明 Samuel 使用它們的動機。

1952 年，Samuel 首先為 IBM 701 編寫了一個跳棋遊戲程式。他的第一個跳棋*學習*（*learning*）程式則於 1955 年完成，並於 1956 年在電視上進行展示。此程式的後續版本具有相當好的（儘管不是專家級的）下棋技巧。Samuel 在研究機器學習的領域時被吸引到遊戲領域中，是因為遊戲比起「生活中遭遇的」問題來得簡單，同時他在遊戲領域中對啟發式程序和學習如何一起使用的研究獲得了相當豐富的成果。他選擇研究跳棋而非西洋棋是因為它相對簡單，因此可以更加專注於研究學習的過程。

Samuel 的程式透過從每個當前局面執行前向搜尋來進行遊戲。此程式使用了我們現在所謂的啟發式搜尋法來決定如何擴展搜尋樹以及何時停止搜尋。每次搜尋後的最終局面透過一個線性函數近似的價值函數（或稱為「評分多項式」）進行評估（或稱為「評分」）。Samuel 的研究在評估方面和其他部分似乎受到 Shannon（1950）的建議啟發。尤其 Samuel 的程式是基於 Shannon 的極小極大（minimax）演算法來找到當前局面的最佳移動方式。根據搜尋樹從評分過的最終局面位置以反向方式進行計算，每個局面都會獲得一個根據最佳移動方式所產生的分數，整個計算過程會假設程式一直試圖使分數最大化，而對手會盡可能嘗試降低程式的得分。

Samuel 將此稱為局面的「回溯分數」。當極小極大演算法的過程進行到搜尋樹的根節點（目前棋局中的局面）時，程式會假設對手將使用與其觀點相同評估標準，在此假設的前提下產生最佳的移動方式。Samuel 在其程式的某些版本中使用了複雜的搜尋控制方法，類似於所謂的「alpha-beta」剪枝演算法（例如，詳見 Pearl, 1984）。

Samuel 使用了兩種主要的學習方法，其中最簡單的一種稱為**機械式學習**（*rote learning*）。它僅簡單地保存下棋過程中對於每個局面的相關敘述以及由極小極大演算法決定的回溯值。使用此學習方法的結果是，如果一個已經遇過的局面再次出現作為搜尋樹的最終局面，搜尋的深度將大幅增加，因為該局面的儲存值包含了先前進行的一次或多次搜尋結果。這樣的問題在於最初並未促使程式將棋子沿著最直接的路徑移動以取得勝利。Samuel 透過在極小極大演算法分析的過程中，每當將某個局面回溯一個層級（稱為層）時都將其局面分數減少一小部分，進而產生一種「方向感」。「如果該程式現在面臨的可選局面位置，其分數差異僅取決於層數上的不同，則它將自動做出最有利的選擇。如果將導向獲勝則選擇較少層數的局面，如果將導向失敗則選擇較多層數的局面」（Samuel, 1959, p. 80）。Samuel 發現這種類似於折扣的技巧對於完成成功的學習相當重要。機械式學習產生了緩慢而持續的進步，這對於開局和殘局而言是最有效的方法。在經過多次與自己和各種人類棋手對弈，以及在監督式學習模式下從歷史棋譜進行學習後，他的程式成為了「優於平均水準的新手」。

機械式學習以及在 Samuel 研究中的其他部分都強烈暗示著時序差分學習的基本概念，即一個狀態值應等於可能的後續狀態值。Samuel 的第二種學習方法最接近這個想法，即透過「廣義化學習」調整價值函數的參數。Samuel 的方法在概念上與 Tesauro 後來在 TD-Gammon 中所使用的方法相同，他將自己的程式與程式的另一個版本進行對弈，並在每次移動後進行更新。圖 16.2 的回溯圖顯示出 Samuel 對於更新的概念。每個空心圓代表程式下一步要移動的位置，即**前進**（*on-move*）局面位置。每個實心圓則表示對手接下來要移動的位置，在雙方各走一步後更新每個前進局面位置的值，進而產生第二個前進局面位置。此更新朝著從第二個前進局面位置開始搜尋的極小極大值進行。因此，整體的更新效果是對一個真實移動事件進行回溯並對可能發生的移動事件進行搜尋，如圖 16.2 所示。由於計算的原因，Samuel 所採用的演算法實際上比以上描述還複雜，我們在此說明的只是其基本概念。

Samuel 的方法並未包含明確的獎勵概念，取而代之的他是確定了最重要的特徵——**棋數優勢**（*piece advantage*）的權重，此特徵衡量了程式玩家相對於其對手所擁有的棋子數量，進而賦予成為「國王」的棋子更高權重，同時還加入了一些細部調整，使其在快要贏的時候比快要輸的時候更容易吃掉對方棋子。因此，Samuel 的程式其目標是提高自身棋子的優勢，在跳棋遊戲中這與獲勝機率有相當大的關係。

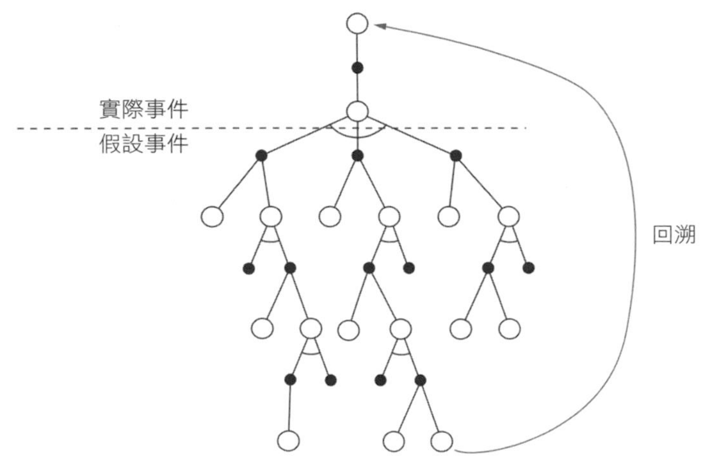

圖 16.2 Samuel 的跳棋程式回溯圖。

然而，Samuel 的學習方法可能已經丟失了一個完善的時序差分演算法中相當重要的部分。時序差分學習可以視為一種使價值函數與其自身保持一致的方式，我們可以從 Samuel 的方法中清楚地觀察到這一點，但在時序差分學習中還需要一種將價值函數與狀態實際值進行連結的方法。我們在前面幾章的內容中已經透過獎勵來實現這種關係，其中獎勵的計算包含了進行折扣或對終端狀態賦予固定值。但是 Samuel 的方法並沒有包含任何獎勵的觀念，也沒有對遊戲終端位置進行特殊處理。正如 Samuel 自己所指出的，他的價值函數只需將所有局面賦予一個固定值就可以變為一致。他希望透過賦予自己棋子的有利局面一個較大的、不可修改的權重來避免一致的情形發生。儘管這可能會降低發現無用的評估函數可能性，但並不能完全阻止它們的出現。例如，透過設定可修改的權重以消除不可修改的權重所造成的影響，我們仍然可以獲得一個常數函數。

因為 Samuel 的學習過程並不局限於尋找有用的評估函數，因此它有可能隨著經驗的累積變得更糟。實際上，Samuel 指出，在大量的自我對弈訓練過程中也觀察到這一點。為了進一步改善此程式，Samuel 不得不進行干預訓練過程，並將具有最大絕對值的權重設為 0。他的解釋是，這種劇烈的干預使程式脫離了區域最佳解，但另一個可能性是使程式脫離了一致的、但與遊戲的輸贏無關的評估函數。

儘管存在這些潛在的問題，但 Samuel 的跳棋程式使用廣義化學習方法依然能達到「優於平均水準」的棋藝。一些相當不錯的業餘棋手稱其為「棘手但可戰勝的」（Samuel, 1959）。相較於機械式學習的版本，此版本能夠發展出不錯的中局情形，但在開局和殘局處理中仍然表現不佳。此程式還具有搜尋特徵集合的能力以尋找對形成價值函數最有用的特徵。後來的版本（Samuel, 1967）針對搜尋過程進行了改善，例如 alpha-beta 剪枝演算法，大量使用稱為「書本學習」的監督式學習模式以及稱為簽名表的分層查找表（Griffth, 1966）來表示價值函數而非使用線性函數近似。這個版本學習到的棋藝水準比 1959 年的程式要好得多，儘管它還沒有達到大師級水準。Samuel 的跳棋程式被廣泛認為是人工智慧和機器學習方面的一項重大成就。

16.3 Watson 的每日雙倍投注

IBM Watson[1] 是由一組 IBM 研究人員開發的系統，用於玩廣受歡迎的電視測驗節目 *Jeopardy!*[2]。此系統在 2011 年與人類冠軍進行的熱身賽中獲得一等獎而一舉成名。儘管 Watson 的主要技術成就在於它能夠快速、準確地回答廣泛的常識領域中的自然語言問題，但它能在 *Jeopardy!* 遊戲中獲勝也仰賴於關鍵時刻的複雜決策策略。Tesauro、Gondek、Lechner、Fan 和 Prager（2012, 2013）修改了 Tesauro 的 TD-Gammon 系統（第 16.1 節），進而創造出 Watson 在 *Jeopardy!* 的「每日雙倍」（Daily-Double, DD）投注與人類冠軍競爭時的獲勝策略。這些作者指出，這種下注策略的有效性遠遠超越了人類玩家在直播遊戲中的能力，同時它也與其他先進策略結合，這是 Watson 令人印象深刻的獲勝表現重要原因。在此，我們只專注於介紹每日雙倍（DD）投注，因為它是 Watson 的強化學習中最重要的部分。

Jeopardy! 每次由三名參賽者參加，在節目中他們面對一個顯示著 30 個方格的顯示板，每個方格後面都隱藏著一個價值數美元的線索。這些方格共分為六行，

1 IBM 公司的註冊商標。

2 Jeopardy Productions Inc. 的註冊商標。

每行對應一種不同的類別。由一名參賽者選擇一個方格，主持人讀出該方格所顯示的線索，每位參賽者可以透過按下蜂鳴器（發出嗡嗡聲）並根據線索做出回答。如果參賽者的回答是正確的，則參賽者的得分將會根據方格所對應的美元金額增加；如果參賽者回答錯誤或沒有在五秒鐘內做出回答，則參賽者的得分就會被扣除方格所對應的金額，而其他參賽者就有機會按下蜂鳴器回答同一個線索。顯示板中一或兩個方格（取決於遊戲的當前回合）是特殊的每日雙倍（DD）方格。選中其中一個的參賽者將獲得一個特別的機會針對此方格的線索進行回答，並且必須在線索揭曉之前決定投注多少金額。投注金額必須大於 5 美元，但不得大於參賽者當前得分。如果參賽者對 DD 方格中的線索的回答正確，則根據投注金額增加參賽者的分數；否則將依照投注金額扣除其得分。每場遊戲的最後階段為「終極危險邊緣」（Final Jeopardy, FJ）回合，在該回合中每位參賽者寫下一個密封的投注金額，然後在主持人讀出線索後寫下答案。在三輪比賽之後得分最高的參賽者（其中每一輪比賽由 30 條線索組成）為獲勝者。遊戲中還有許多其他細節，但以上的介紹足以讓人理解 DD 投注的重要性。勝負往往取決於參賽者的 DD 投注策略。

每當 Watson 選擇一個 DD 方格時，它會透過比較動作值 $\hat{q}(s, bet)$ 來選擇其投注金額，此動作值估計了在每次合法投注下從當前遊戲狀態 s 獲勝的機率。除了接下來描述的一些降低風險措施外，Watson 將會選擇具有最大動作值的投注金額。在需要進行任何投注決策時，它便會透過兩種在進行現場比賽前就已經掌握的估計值計算動作值。第一種是透過選擇每次合法投注所產生的後位狀態估計值（第 6.8 節）。這些估計值是由參數值 $\mathbf{w}$ 定義的狀態值函數 $\hat{v}(\cdot,\mathbf{w})$ 獲得的，此函數提供了 Watson 從任何遊戲狀態中獲勝的機率估計。用於計算動作值的第二種估計值為「類別內的 DD 信賴度」p_{DD}，它估計了 Watson 對尚未顯示的 DD 線索做出正確回答的機率。

Tesauro 等人使用上述 TD-Gammon 的強化學習方法學習 $\hat{v}(\cdot,\mathbf{w})$：使用多層 ANN 非線性 TD(λ) 的直接組合，其中權重 $\mathbf{w}$ 透過在多次模擬遊戲中反向傳播 TD 誤差進行訓練。狀態由專門為 *Jeopardy!* 設計的特徵向量在網路中進行表示。特徵包含了三位參賽者的當前得分、剩餘的 DD 數量、剩餘線索的總價值以及其他與遊戲中剩餘遊戲量相關的資訊。與透過自我對弈學習的 TD-Gammon 不同，Watson 的 $\hat{v}$ 是透過與精心製作的人類玩家模型在數百萬次模擬遊戲中進行學習所獲得的。類別內的信賴度估計值取決於 Watson 在先前遊戲中針對同一種類別的線索所回應的正確答案數量 r 和錯誤答案數量 w。對 (r, w) 的依賴關係是根據 Watson 在數千種歷史類別中的實際準確度進行估計的。

利用先前學習的價值函數和類別內的 DD 信賴度 p_{DD}，Watson 為每次合法投注計算出 $\hat{q}(s, bet)$，如下所示：

$$\hat{q}(s, bet) = p_{DD} \times \hat{v}(S_W + bet, \ldots) + (1 - p_{DD}) \times \hat{v}(S_W - bet, \ldots), \quad (16.2)$$

其中 S_W 是 Watson 的目前得分，$\hat{v}$ 是 Watson 對 DD 線索回應正確或錯誤的答案後遊戲狀態的估計值。以這種方式計算動作值相當於練習 3.19 的概念，即動作值是給定動作後下一個狀態的預期值（但不同之處在於，此處為下一個後位狀態的預期值，因為整個遊戲完整的後繼狀態取決於下一個方格的選擇）。

Tesauro 等人發現，透過最大化動作值來選擇投注金額會產生「可怕的風險」，這表示如果 Watson 對線索的回應恰好是錯誤的，則對於獲勝的機會而言損失可能是災難性的。為了降低回答錯誤的負面風險，Tesauro 等人透過對 Watson 正確 / 錯誤的後位狀態價值評估中減去標準差的一小部分進行調整 (16.2)。他們還禁止了一些會使 Watson 在錯誤答案情形下，對後位狀態價值評估降低至一定限度以下的投注來進一步降低風險。這些措施雖然會略微降低 Watson 預期獲勝的機率，但它們顯著降低了負面風險。這不僅降低了 DD 投注的平均風險，在極端風險的情形下風險中性（risk-neutral）的 Watson 將會贏得大部分或全部獎金。

為什麼不使用 TD-Gammon 的自我對弈方法來學習關鍵的價值函數 $\hat{v}$ 呢？在 *Jeopardy!* 中使用自我對弈方法進行學習的效果並不佳，這是因為 Watson 與任何人類參賽者都大不相同。自我對弈方法會導致對狀態空間中一些不會在與人類對手（尤其是人類冠軍選手）競爭時出現的區域進行探索。此外，和雙陸棋不同，*Jeopardy!* 是一種資訊不完整的遊戲，因為參賽者無法獲得影響對手表現的所有資訊。特別是 *Jeopardy!* 的參賽者不知道他們的對手對於各種類別線索的回應有多少信心。自我對弈更像是和拿著相同牌的人一起玩撲克。

由於這些複雜性，在 Watson 的 DD 投注策略開發過程中，大部分的工作都專注於建立良好的人類對手模型。這些模型並沒有解決遊戲中有關自然語言方面的問題，而是針對遊戲中可能發生的事件所建立的隨機過程模型。統計數據是從一個由大量影迷所創建的遊戲資料庫中提取節目開始至今的資訊，包含了線索順序、參賽者的正確和錯誤答案、DD 在顯示板中的位置以及近 30 萬條線索的 DD 和 FJ 投注等資訊。設計 Watson 的研究人員建構了三種模型：平均參賽者模型（基於所有數據）、冠軍模型（基於 100 位最佳參賽者的遊戲統計數據）和超級冠軍模型（基於 10 位最佳參賽者的遊戲統計數據）。除了在學習過程中作為對手外，這些模型還被用於評估學習到的 DD 投注策略所產生的效益。當 Watson 在模擬中使用基礎的啟發式 DD 投注策略時，其獲勝率為 61%；當使用學習到的價值和預設的信賴度時，其獲勝率將增加到 64%；而在實際遊戲中使用類別內的信賴度時，其獲勝率為 67%。Tesauro 等人認為這是一個相當顯著的改進，因為每場比賽大約只會出現 1.5 到 2 次的 DD 投注。

由於 Watson 只有幾秒鐘的時間進行投注、選擇方格以及決定是否要按下蜂鳴器進行回答，因此做出這些決定所需的計算時間是一個關鍵因素。透過多層 ANN 學習 $\hat{v}$ 使得 DD 投注能夠快速進行以滿足現場比賽的時間限制。不過，如果我們能透過改善模擬程式快速進行模擬，則可以在遊戲快要結束時利用多次蒙地卡羅試驗進行平均以估計投注的價值，其中每次投注的結果是根據模擬至遊戲結束的情形決定。在現場比賽的終局中根據蒙地卡羅試驗而非人工神經網路進行 DD 投注選擇確實能顯著改善 Watson 的性能表現，因為終局中的價值估計誤差可能會嚴重影響 Watson 獲勝的機率。雖然在整個比賽過程中使用蒙地卡羅試驗做出所有決策可能會是更好的投注策略，但是鑑於遊戲的複雜性和現場比賽的時間限制，因此這是不可能實現的。

儘管其迅速、準確地回答自然語言問題的能力是 Watson 的主要優勢，但其複雜的決策策略才是使它能擊敗人類冠軍的致勝關鍵。根據 Tesauro 等人（2012）的研究：

> ……顯然，我們的策略演算法達到了超出人類能力的定量精準度和即時性能水準。這一點在 DD 投注和終局處理的情形下表現得更為明顯，因為人類根本無法達到由 Watson 執行的精準公平性和信賴度估計以及複雜的決策計算。

16.4 最佳化儲存控制

大多數電腦使用動態隨機存取記憶體（DRAM）作為主記憶體是由於它具有低成本和高容量的優勢。DRAM 的記憶體控制器其主要工作是有效地利用處理器與外接 DRAM 系統之間的介面，提供高速程式執行時所需的高頻寬和低延遲資料傳輸。記憶體控制器需要處理動態變化的讀取 / 寫入請求模式，同時遵守硬體要求的大量時間和資源限制。這是一項相當艱鉅的排程問題，尤其是對於現代共享同一個 DRAM 的多核心處理器而言更是如此。

İpek、Mutlu、Martínez 和 Caruana（2008）（另詳見 Martínez 和 İpek，2009）設計了一個強化學習記憶體控制器，並證明了與當時的傳統控制器相比，它可以顯著提升程式的執行速度。他們的研究動機是由於當時傳統控制器的局限性，這些控制器使用的策略並沒有利用過去的排程經驗，也沒有考慮到排程決策的長期結果。İpek 等人的研究是透過模擬進行的，但他們控制器是根據處理器的詳細硬體規格要求進行設計的（包含學習演算法）。

存取 DRAM 涉及到多個步驟，必須遵循嚴格的時間限制在規定時間內完成這些步驟。DRAM 系統由多個 DRAM 晶片組成，每個 DRAM 晶片包含了多個依照行和列排列而成的矩形儲存單元陣列。每個儲存單元透過在電容中儲存電荷的多寡來表示一個位元的資訊。由於電荷會隨著時間的推移而減少，因此每隔幾毫秒就需要對各 DRAM 單元進行充電（重新整理）以防止記憶體內容丟失。這種需要定時對各儲存單元重新整理的特性就是此記憶體被稱為「動態」的原因。

每個單元陣列都有一個列緩衝區，它保存了用於傳入或傳出陣列中某一列位元的資訊。一個**啟用**（*activate*）指令將會「開啟一列」，也就是將該指令指示的位址所儲存的一列位元資訊移至列緩衝區中。當開啟一列後，控制器就可以向單元陣列發出**讀取**（*read*）和**寫入**（*write*）指令。每一個讀取指令將列緩衝區中的一個字組（一小段連續的位元）傳送至外部資料匯流排，而每一個寫入指令則將外部資料匯流排中的一個字組傳送至列緩衝區。在開啟另一個不同的列之前，控制器必須先發出一個**預充電**（*precharge*）指令，此指令會將列緩衝區中的（可能是更新的）資料傳送回單元陣列對應位址的列。緊接著，另一個啟用指令就可以開啟一個新列進行存取。讀取和寫入指令為**行指令**（*column commands*），因為這些指令會按照順序將位元傳送至列緩衝區的行，或從列緩衝區的行將位元傳送至外部資料匯流排，無須重新開啟該列即可傳輸多個位元。對當前已經開啟的列執行讀取和寫入指令會比存取其他不同的列更快，因為存取其他不同的列將涉及到額外的**列指令**（*row commands*）：預充電和啟用，這有時也被稱為「列的區域性」。一個記憶體控制器會維護一個記憶體處理佇列，此佇列儲存了共享記憶體系統的多個處理器所發出的記憶體存取請求。控制器必須在遵守大量時間限制的同時，透過向記憶體系統發出指令來處理請求。

控制器用於排程存取請求的策略會對記憶體系統的性能產生很大影響，例如可以滿足請求的平均延遲時間以及系統能夠實現的處理量。最簡單的排程策略是依照存取請求到達的順序進行處理，即在開始服務下一個請求之前發出當前請求所需的所有指令。但是，如果系統尚未準備好對其中一個指令進行處理，或者執行其中一個指令會導致資源利用率降低（例如，由於服務該指令而產生的時間限制），則在完成前一個存取請求之前就開始服務新的請求是有意義的。策略可以透過對請求進行重新排序來提高效率，例如，使讀取請求優先於寫入請求，或者對於已經開啟的列其讀取 / 寫入指令給予更高的優先順序。這種稱為「先就緒 - 先到先服務」（First-Ready, First-Come-First-Serve, FR-FCFS）的策略使行指令（讀取和寫入）優先於列指令（啟用和預充電），並且在出現優先等級相同的情形下給予較早出現的指令更高的優先順序。在一般常見的情形下，FR-FCFS 在平均記憶體存取延遲的表現優於其他排程策略（Rixner，2004）。

圖 16.3 是 İpek 等人的強化學習記憶體控制器的示意圖。他們將 DRAM 存取過程設計成一個 MDP，其狀態為處理佇列的內容，其動作為對 DRAM 系統發出的指令：預充電、啟用、讀取、寫入和 *NoOp*（無動作）。每當動作為讀取或寫入時獎勵訊號為 1，否則為 0。狀態轉移被視為是隨機的，因為系統的下一個狀態不僅取決於排程器的指令，同時還取決於系統行為中排程器無法控制的部分，例如存取 DRAM 系統的處理器核心其工作負載量。

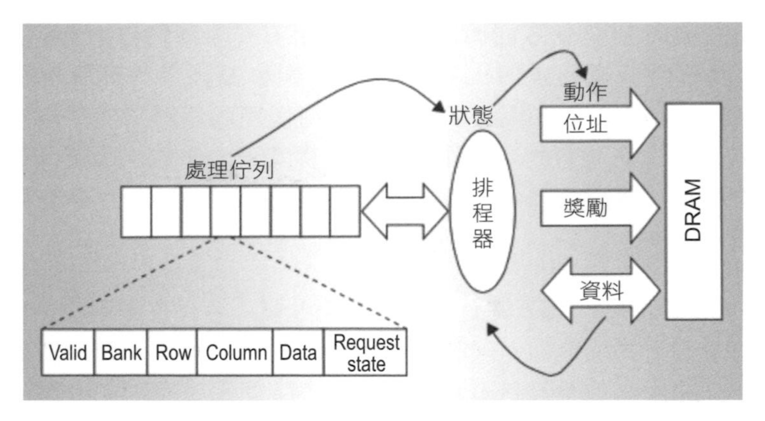

圖 16.3 強化學習 DRAM 控制器的示意圖。排程器為強化學習代理人。控制器的環境由處理佇列的特徵進行表示，其動作為對 DRAM 系統發出的指令。© 2009 IEEE。經 J. F. Martínez 和 E. İpek 許可轉載，「Dynamic multicore resource management: A machine learning approach」，*IEEE Micro*，第 29(5) 卷，第 12 頁。

此 MDP 的關鍵是對每個狀態下可用動作的限制。回想一下第 3 章，可用動作集合可以取決於狀態：$A_t \in \mathcal{A}(S_t)$，其中 A_t 為時步 t 時的動作，而 $\mathcal{A}(S_t)$ 為狀態 S_t 中可用的動作集合。在此應用中，透過不允許發生違反時間或資源限制的動作確保了 DRAM 系統的完整性。雖然 İpek 等人並未明確說明，但他們透過對所有可能的狀態 S_t 預先定義集合 $\mathcal{A}(S_t)$ 有效地實現了這一點。

這些限制解釋了為什麼 MDP 有一個 $NoOp$ 動作，以及為什麼除非發出**讀取**或**寫入**指令否則獎勵訊號為 0 的原因。當 $NoOp$ 是某個狀態下唯一合法動作時才會被發出。為了使記憶體系統的利用率最大化，控制器的任務是驅使系統達到可以選擇**讀取**或**寫入**動作的狀態：只有這些動作會引發透過外部資料匯流排傳送資料，因此只有這些動作有助於提升系統的處理量。儘管**預充電**和**啟用**不會立即產生獎勵，但代理人需要選擇這些動作，以便在稍後可以選擇具有獎勵的**讀取**和**寫入**動作。

排程代理人使用 Sarsa 演算法（第 6.4 節）來學習動作值函數。狀態由 6 個整數特徵進行表示。為了近似動作值函數，此演算法使用了帶有雜湊的瓦片編碼（第 9.5.4 節）實現線性函數近似。在此瓦片編碼中有 32 個鋪面，每個鋪面儲存 256 個動作值並表示成 16 位元的定點數。探索方式則使用了 $\varepsilon = 0.05$ 的 ε- 貪婪策略。

狀態特徵包含了處理佇列中的讀取請求數、處理佇列中的寫入請求數以及由處理器發出尚在處理佇列中等待其列被啟用的最早寫入請求數和讀取請求數（其他特徵取決於 DRAM 與快取記憶體的交互作用方式，我們在此省略其相關細節描述）。狀態特徵根據 İpek 等人對 DRAM 性能影響因素的理解進行選擇。例如，根據處理佇列中讀取和寫入的數量來平衡個別的服務速率，可以幫助避免 DRAM 系統與快取記憶體的交互作用停滯。實際上，作者生成了一個相對較長的潛在特徵列表，然後透過分階段的特徵選擇模擬實驗將特徵數量縮減至僅保留少數幾個。

這種將排程問題表示為 MDP 的有趣之處在於，輸入至瓦片編碼中用於定義動作值函數的特徵與用於指定動作限制集合 $\mathcal{A}(S_t)$ 的特徵不同。瓦片編碼的輸入來自於處理佇列的內容，而限制集合則取決於與時間和資源限制有關的多個其他特徵，這些特徵是利用硬體實現整個系統時必須滿足的。透過這種方式，動作限制可以確保學習演算法的探索不會危害到物理系統的完整性，同時能在利用硬體實現時將學習有效地限制在更大的狀態空間「安全」區域內。

由於這項研究的目標是使學習控制器可以實際應用於處理器中，以便在電腦執行時能夠進行線上學習，所以利用硬體實現時的相關細節是相當重要的考量因素。在此設計架構中包含了兩個五階管線，用於在每個處理器時脈週期中計算和比較兩個動作值，並更新適當的動作值。

這包括存取儲存於處理器內部靜態隨機存取記憶體中的瓦片編碼。根據 İpek 等人模擬的硬體配置（4GHz 的 4 核心處理器，這是當時典型的高階工作站規格），每個 DRAM 週期為 10 個處理器週期。考慮到管線化時指令讀取和解析所需的週期，每個 DRAM 週期至多可以評估 12 個動作。İpek 等人發現，在任何狀態下合法指令的數量很少會超過這個數字，即使在沒有足夠的時間來考慮所有合法指令的情形下，其性能損失也可以忽略不計。這些和其他巧妙的設計細節使得在多核心處理器中實現完整的控制器和學習演算法是可行的。

İpek 等人透過模擬將他們的學習控制器與其他三種控制器進行比較來評估其效能：1）先前提到的 FR-FCFS 控制器具有最佳的平均性能表現；2）傳統控制器會依照順序處理每個請求；以及 3）一種無法實現、被稱為樂觀控制器的理想控制器，透過忽略所有時間和資源限制，在足夠請求數的情形下維持 100% 的 DRAM 處理量，而在請求數不足的情形下才對 DRAM 延遲（列緩衝區命中）和頻寬建立模型。他們模擬了由科學和資料探勘應用程式組成的九種記憶體需求密集型的平行工作負載情形。圖 16.4 顯示了這 9 個應用程式中每種控制器的性能表現（執行時間的倒數，以 FR-FCFS 性能表現進行正規化），以及它們在應用程式中性能表現的幾何平均值。在九種應用中，圖中標記為 RL 的學習控制器相較於 FR-FCFS 的性能表現提升了 7% 至 33%，平均提升了 19%。當然，沒有任何可實現的控制器能夠優於樂觀控制器的性能表現，因為樂觀控制器會忽略所有時間和資源限制，但是在其中一種應用程式中學習控制器與樂觀控制器的性能表現差距僅 27%，這是一個令人印象深刻的結果。

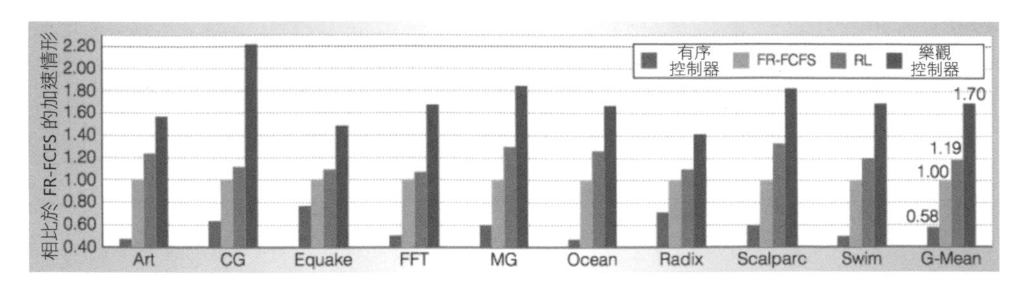

圖 16.4 四種控制器在 9 個模擬基準應用中的性能表現。控制器分別為：最簡單的「有序」控制器、先就緒 - 先到先服務控制器 FR-FCFS、學習控制器 RL 及忽略所有時間和資源限制以提供性能上限且無法在實際情形實現的樂觀控制器。性能表現根據 FR-FCFS 進行正規化，為執行時間的倒數。最右側的圖則是每種控制器在 9 個基準應用中的性能表現幾何平均值。學習控制器 RL 最接近理想的性能表現。© 2009 IEEE。經 J. F. Martínez 和 E. İpek 許可轉載，「Dynamic multicore resource management: A machine learning approach」，*IEEE Micro*，第 29(5) 卷，第 13 頁。

由於在處理器中實現學習演算法的動機是為了讓排程策略以線上學習的方式來適應不斷變化的工作負載，因此 İpek 等人透過與之前學習的固定策略進行比較來分析線上學習的影響。

他們使用來自九個基準應用的所有資料對控制器進行訓練，然後在模擬的應用執行過程中保持固定的動作值。他們發現，線上學習控制器比使用固定策略的控制器在平均性能表現能提升 8%，進而得出結論：線上學習是他們的方法中一個相當重要的特性。

由於製造成本過高，此學習記憶體控制器並未實際進行量產。儘管如此，İpek 等人可以根據他們的模擬結果提出具有說服力的論證來說明，透過強化學習以線上方式進行學習的記憶體控制器具有將性能提升至與更複雜、更昂貴的記憶體系統相同水準的潛力，同時它能減輕人工設計者手動設計高效排程策略的部分負擔。Mukundan 和 Martínez（2012）透過對學習控制器增加額外的動作和其他性能指標、以及使用基因演算法產生出更複雜的獎勵函數，將 İpek 等人的研究進行延伸。他們考慮了與能源效率有關的其他性能指標。這些研究結果超越了上述 İpek 等人提出的早期研究結果，同時他們考慮到的所有性能指標均大幅超越了 2012 年當時最先進的技術水準。該方法對於開發複雜且考慮電源效應的 DRAM 介面特別具有潛力。

16.5 人類級別的電玩遊戲

將強化學習應用於現實世界的問題中最大挑戰之一，是決定如何表示和儲存價值函數和 / 或策略。除非狀態集是有限的，而且足夠小以允許透過查找表進行詳盡的表示（如本書中許多的說明性範例），否則我們必須使用參數化函數近似方案。無論是線性的還是非線性的，函數近似都依賴於特徵，這些特徵必須是學習系統易於獲得且能夠傳達技巧性操作所需的資訊。大多數強化學習的成功應用都歸功於基於人類對於特定待處理問題的知識和直覺而精心設計的特徵集。

Google DeepMind 的一組研究團隊開發了一個令人印象深刻的展示項目，證明深度多層 ANN 可以實現自動化特徵設計過程（Mnih et al., 2013, 2015）。自從 1986 年反向傳播演算法被廣泛運用作為一種學習內部表徵的方法以來，多層 ANN 就一直被用於處理強化學習中的函數近似（Rumelhart, Hinton, and Williams, 1986；詳見第 9.7 節）。透過將強化學習和反向傳播進行結合已經獲得了驚人的成果。Tesauro 以及其同事在前面幾節討論的 TD-Gammon 和 Watson

中所獲得的結果就是相當著名的例子。這些例子和其他應用都受益於多層 ANN 學習任務相關特徵的能力。然而，在我們已知的所有例子中，最令人印象深刻的例子都要求網路的輸入以專門針對問題精心設計的特徵進行表示。這在 TD-Gammon 的結果中表現得十分明顯。TD-Gammon 0.0 的網路輸入本質上是雙陸棋棋盤的「原始」表徵，這表示它所涉及的雙陸棋知識相當少，但其棋藝幾乎接近於先前最好的雙陸棋程式。在加入了專門的雙陸棋特徵後，TD-Gammon 1.0 的性能表現大幅優於先前所有的雙陸棋程式，並且在與人類專家的競爭中也相當具有優勢。

Mnih 等人開發了一種稱為*深度 Q 網路*（*deep Q-network*, DQN）的強化學習代理人，此代理人將 Q 學習與*深度卷積* ANN（*deep convolutional* ANN）相結合。深度卷積 ANN 是專門用於處理圖像等資料空間陣列的多層或深度 ANN，我們已經在第 9.7 節中描述過其相關的細節。在 Mnih 等人對 DQN 進行研究時，包括深度卷積 ANN 在內的深度 ANN 已經在許多應用中產生了令人印象深刻的結果，但尚未廣泛應用於強化學習。

Mnih 等人使用 DQN 來展示了一個強化學習代理人如何能夠在不依賴於特定特徵集的情形下在不同問題中表現出高水準性能。為了證明這一點，他們讓 DQN 透過與遊戲模擬器進行互動來學習玩 49 種不同的 Atari 2600 電玩遊戲。DQN 對每種遊戲學習了不同的策略（因為在開始學習每種遊戲之前，ANN 的權重會被重設為隨機值），但是 DQN 使用了相同的原始輸入、網路架構和參數值（例如步長、折扣率、探索參數以及許多與執行 DQN 有關的具體參數）。DQN 在大部分遊戲中達到或超過了人類的遊戲水準。儘管這些遊戲都是透過觀看遊戲串流畫面來進行遊戲，但它們在其他方面卻有很大差異。它們的動作具有不同的效果，它們具有不同的狀態轉移動態，而且它們需要不同的策略來學習獲得高分。深度卷積 ANN 學會了將所有遊戲共同的原始輸入轉化為專門用於表示遊戲所需動作值的特徵，而這些動作值是在大多數遊戲中實現高水準 DQN 所需要的。

Atari 2600 是一款家用電玩主機，在 1977 年至 1992 年期間由 Atari 公司發行了多個版本。它推出和推廣了許多現在被認為是經典的電玩遊戲，例如 Pong、Breakout、Space Invaders 和 Asteroids。儘管比現代電玩遊戲簡單得多，但 Atari 2600 的遊戲對於玩家而言仍然具有娛樂性和挑戰性，而且將它們作為開發和評估強化學習方法的測試平台相當具有吸引力（Diuk, Cohen, Littman, 2008; Naddaf, 2010; Cobo, Zang, Isbell, and Thomaz, 2011; Bellemare, Veness, and Bowling, 2013）。Bellemare、Naddaf、Veness 和 Bowling（2012）開發了公開的

遊戲學習環境（Arcade Learning Environment, ALE）以鼓勵和簡化使用 Atari 2600 的遊戲來研究學習和規劃演算法。

這些先前的研究以及 ALE 的可用性使得 Atari 2600 遊戲系列成為 Mnih 等人研究的一個相當好的選擇，這同時也受到了 TD-Gammon 在雙陸棋中實現的令人印象深刻且近乎人類等級性能表現的影響。DQN 與 TD-Gammon 的相似之處在於，它們使用多層 ANN 作為半梯度 TD 演算法的函數近似方法，而梯度由反向傳播演算法進行計算。但 DQN 並不像 TD-Gammon 那樣使用 TD(λ)，而是使用 Q 學習的半梯度形式。TD-Gammon 估計了後位狀態（afterstate）的值，只需透過雙陸棋的移動規則就能輕易獲取這些估計值。若要對 Atari 遊戲使用相同的演算法，則需要為每個可能的動作生成下一個狀態（在此情形下，下一個狀態並非後位狀態）。這可以透過使用遊戲模擬器為所有可能的動作進行單步模擬來完成（ALE 使之成為可能）。或者可以學習每個遊戲的狀態轉移函數模型來預測下一個狀態（Oh, Guo, Lee, Lewis, and Singh, 2015）。儘管這些方法所產生的結果可能與 DQN 的結果相當，但它們的執行複雜度更高，並且會大幅增加學習所需的時間。使用 Q 學習的另一個動機是 DQN 使用了接下來將介紹的**經驗重播**（*experience replay*）方法，此方法需要一種 off-policy 演算法。無模型和 off-policy 的特性使得 Q 學習成為了一種自然的選擇。

在描述 DQN 的細節以及如何進行實驗之前，我們先看一下 DQN 能夠達到的遊戲水準。Mnih 等人將 DQN 的得分與當時文獻中表現最佳的學習系統得分、專業人類遊戲測試者的得分，以及代理人隨機選擇動作的得分進行比較。文獻中表現最佳的學習系統使用了線性函數近似，並使用一些關於 Atari 2600 遊戲的知識進行特徵設計（Bellemare, Naddaf, Veness, and Bowling, 2013）。DQN 透過在每種遊戲中與遊戲模擬器互動 5000 萬幀來進行學習，這相當於大約 38 天的遊戲經驗。在開始學習每種遊戲時，DQN 網路的權重被重設為隨機值。為了評估 DQN 在學習後的遊戲水準，他們對每種遊戲中以超過 30 場比賽的得分進行平均，每場比賽從隨機的初始遊戲狀態開始並持續 5 分鐘。專業的人類測試者使用相同的模擬器進行遊戲（關閉聲音以消除相對於 DQN 不處理音訊的任何可能優勢）。經過 2 個小時的練習，人類測試者在每種遊戲中大約進行了 20 場比賽，每場比賽最多 5 分鐘，在此期間不允許休息。除了 6 種遊戲以外，DQN 學會了在其他所有遊戲中比先前最好的強化學習系統更好的遊戲水準，並且在 22 種遊戲中的表現優於人類玩家。藉由將任何得分等於或超過人類 75% 的得分視為相當於或優於人類的遊戲水準，Mnih 等人得出的結論是，DQN 的遊戲水準在 49

種遊戲中有 29 種達到或超過了人類的遊戲水準。詳見 Mnih 等人（2015）以獲取關於這些結果的詳細說明。

對於一個人工學習系統而言，達到這樣的遊戲水準已經足夠令人印象深刻了，但是使這些結果引人注目（當時許多學者認為這是人工智慧的突破性成果）的原因是，相同的學習系統可以在不依賴於任何針對特定遊戲進行修改的情形下，在不同的電玩遊戲中達到相同的遊戲水準。

一個人類玩家在玩這 49 種 Atari 遊戲中的任何一種遊戲時，都會看到 60Hz 和 128 種顏色的 210×160 像素圖像幀。原則上，這些圖像可以直接作為 DQN 的原始輸入，但為了減少儲存和計算複雜度，Mnih 等人對每一個幀進行預處理以產生一個 84×84 的亮度值矩陣。由於許多 Atari 遊戲的完整狀態無法完全從圖像幀中觀察到，因此 Mnih 等人「堆疊」了 4 個最近時刻的幀，使得網路輸入的維度變為 84×84×4。這並不能消除所有遊戲的部分可觀察性，但有助於使許多遊戲資訊更具有馬可夫特性。

這裡的一個重點是，這些預處理步驟在所有 49 種遊戲中都完全相同，除了一般的知識以外並沒有涉及到任何針對特定遊戲的先前知識。他們認為透過縮減的維度仍然有可能學習到良好的策略，並且堆疊相鄰時刻的幀應該有助於解決遊戲中部分可觀察性的情形。由於在預處理圖像幀時除了少量的圖像資訊外並沒有使用任何關於特定遊戲的先前知識，所以我們可以將 84×84×4 輸入向量視為 DQN 的「原始」輸入。

DQN 的基本架構類似於圖 9.15 所示的深度卷積 ANN（儘管與該網路不同，DQN 中的局部抽樣被視為每個卷積層的一部分，特徵圖是從所有可能的接受區域中選擇部分接受區域中的單元組成）。DQN 有三個隱藏的卷積層，緊接著是一個全連接的隱藏層，之後則是輸出層。DQN 的三個連續的隱藏卷積層產生了 32 個 20×20 的特徵圖、64 個 9×9 的特徵圖和 64 個 7×7 的特徵圖。每個特徵圖中的單元所採用的激勵函數為非線性整流函數（$\max(0, x)$）。第三個卷積層中的 3,136（64×7×7）個單元全部連接至全連接隱藏層中的 512 個單元，然後分別連接至輸出層中的 18 個單元，每個單元對應於 Atari 遊戲中每個可能的動作。

對於透過網路輸入進行表示的狀態，DQN 輸出單元的激勵層級對應於狀態 - 動作對的最佳動作估計值。輸出單元對遊戲動作的分配因遊戲而異，並且由於遊戲的有效動作數在 4 至 18 之間變化，因此並非所有輸出單元在所有遊戲中都具有功能作用。我們可以將此網路視為 18 個獨立的網路，用於估計每個可能動作的最佳動作值。實際上，這些網路共享它們的初始層，但是輸出單元學會了以不同的方式使用這些層提取的特徵。

DQN 的獎勵訊號顯示出遊戲得分從一個時步到下一個時步的變化：每當分數增加時為 +1，分數減少時為 -1，否則為 0。這標準化了所有遊戲的獎勵訊號，並使單一步長參數對於所有遊戲均能發揮作用，儘管它們的得分範圍各不相同。DQN 使用了一個 ε- 貪婪策略，其中 ε 在前一百萬個幀中呈線性遞減並在其餘的學習過程中保持在一個較低的值。其他各種參數的值可以透過對部分遊戲進行非正式搜尋來選擇以確定哪些值對於 DQN 執行最有效，例如學習步長、折扣率以及與執行 DQN 有關的其他參數，然後將這些值在所有遊戲中保持固定。

DQN 選擇一個動作後，該動作由遊戲模擬器執行並回傳獎勵和下一個圖像幀。接著對該幀進行預處理並加入到 4 幀圖像的堆疊中，成為網路的下一個輸入。現在我們先暫時跳過 Mnih 等人對基本 Q 學習程序的修改內容，DQN 使用以下半梯度形式的 Q 學習進行網路的權重更新：

$$\mathbf{w}_{t+1} = \mathbf{w}_t + \alpha\Big[R_{t+1} + \gamma \max_a \hat{q}(S_{t+1}, a, \mathbf{w}_t) - \hat{q}(S_t, A_t, \mathbf{w}_t)\Big]\nabla\hat{q}(S_t, A_t, \mathbf{w}_t), \quad (16.3)$$

其中 $\mathbf{w}_t$ 是網路權重的向量，A_t 是在時步 t 時所選擇的動作，S_t 和 S_{t+1} 分別代表在時步 t 和時步 $t+1$ 時輸入到網路的預處理圖像堆疊。

(16.3) 中的梯度是透過反向傳播進行計算的。再次想像一下，每個動作都有一個獨立的網路，對於時步 t 時的更新，只有對應於 A_t 的網路才會進行反向傳播。Mnih 等人利用以下技術來改善應用於大型網路的基本反向傳播演算法：他們使用了一種**小批次方法**（*mini-batch method*），此方法僅在累積了一小批圖像（此處為 32 張圖像）的梯度資訊之後才更新權重。與每次動作後更新權重的一般過程相比，這種方法產生了更平滑的抽樣梯度。他們還使用了一種稱為 RMSProp 的梯度上升演算法（Tieleman and Hinton, 2012），此演算法透過基於該權重的近期梯度幅度的執行平均值調整每個權重的步長參數以加快學習速度。

Mnih 等人透過三種方式修改了基本的 Q 學習程序。首先，他們使用了最早由 Lin（1992）研究的一種稱為**經驗重播**（*experience replay*）的方法，此方法將代理人在每個時步的經驗儲存在重播儲存空間中，透過存取該儲存空間以執行權重更新。它在 DQN 中的工作原理如下：當遊戲模擬器在以圖像堆疊表示的狀態 S_t 下執行動作 A_t 並回傳獎勵 R_{t+1} 和圖像堆疊狀態 S_{t+1} 後，它將四元組 $(S_t, A_t, R_{t+1}, S_{t+1})$ 加入重播儲存空間中。這個儲存空間累積了同一種遊戲多次遊玩的經驗。在每個時步，根據從重播儲存空間中隨機抽樣的經驗執行多次 Q

學習更新（一小批）。S_{t+1} 不再像一般的 Q 學習形式那樣成為下一次更新的新 S_t，而是從重播儲存空間中提取一個新的、無關聯的經驗來為下一次的更新提供資訊。由於 Q 學習是一種 off-policy 演算法，因此無需沿著連接的軌跡更新參數。

與一般形式的 Q 學習相比，帶有經驗重播的 Q 學習具有多個優勢。使用每個儲存的經驗進行多次更新的能力使 DQN 能夠更有效地從經驗中學習。經驗重播減少了更新的變異數，因為連續的更新彼此之間並不像在標準 Q 學習中一樣有關聯。透過消除連續經驗對當前權重的依賴性，經驗重播消除了一個不穩定的根源。

Mnih 等人透過第二種方式修改了標準 Q 學習以提高其穩定性。與其他自助方法相同，Q 學習更新的目標取決於當前的動作值函數估計。當使用參數化函數近似方法來表示動作值時，目標為具有相同參數的函數，而這些參數則是正在被更新的參數。例如 (16.3) 中的更新目標為 $\gamma \max_a \hat{q}(S_{t+1}, a, \mathbf{w}_t)$。更新目標對於 $\mathbf{w}_t$ 的依賴使過程變得更複雜，這與更簡單的監督式學習形成強烈的對比，在監督式學習中目標並不依賴於被更新的參數。正如第 11 章所述，這可能會導致振盪和 / 或發散。

為了解決這個問題，Mnih 等人使用了一種使 Q 學習更接近於簡單的監督式學習情形的方法，同時仍然允許它進行自助。每當動作值網路的權重 $\mathbf{w}$ 進行 C 次更新，他們便將網路的當前權重插入到另一個網路中，並將這些複製的權重固定以用於 $\mathbf{w}$ 的下一組 C 次更新。此複製的網路在 $\mathbf{w}$ 的下一組 C 次更新中的輸出被用為 Q 學習目標。令 $\tilde{q}$ 表示此複製網路的輸出，則代替 (16.3) 的更新規則為：

$$\mathbf{w}_{t+1} = \mathbf{w}_t + \alpha\Big[R_{t+1} + \gamma \max_a \tilde{q}(S_{t+1}, a, \mathbf{w}_t) - \hat{q}(S_t, A_t, \mathbf{w}_t)\Big]\nabla \hat{q}(S_t, A_t, \mathbf{w}_t).$$

對於標準 Q 學習的最後一種修改同樣也可以提高其穩定性。他們對誤差項 $R_{t+1} + \gamma \max_a \tilde{q}(S_{t+1}, a, \mathbf{w}_t) - \hat{q}(S_t, A_t, \mathbf{w}_t)$ 進行截斷，使其保持在 $[-1, 1]$ 區間內。

Mnih 等人對其中 5 種遊戲進行了大量的學習訓練以深入了解 DQN 的各種設計特性對其性能的影響。他們透過包含或不包含經驗重播和複製目標網路的四種可能組合來執行 DQN。儘管結果因遊戲而異，但這些方法中每種方法單獨使用都能顯著提升性能表現，並在同時使用時使性能表現大幅提升。Mnih 等人還研究了深度卷積 ANN 在 DQN 中對於其學習能力所發揮的作用，他們將深度卷積版本的 DQN 和僅具有一個線性層網路版本的 DQN 進行比較，兩者都接收相同的堆疊預處理圖像幀。相對於線性版本，深度卷積版本在所有 5 種測試遊戲中的性能改善情形更為顯著。

建立能夠勝任各種挑戰性任務的人工代理人一直是人工智慧的一個長期目標。作為實現此目標的一種方法，我們對機器學習的期望一直受挫於對特定問題制定表徵的需求。DeepMind 的 DQN 是一項重大進展，它證明了一個代理人可以學習特定問題的特徵，使其能夠在一系列任務中獲得與人類競爭的技能。此展示並沒有產生一個能在所有任務中都表現出色的代理人（因為每個任務的學習都是獨立進行的），但是它顯示出深度學習能夠減少甚至消除對特定問題設計和調整的需求。但正如 Mnih 等人所指出的，DQN 不能完全解決與任務無關的學習問題。儘管要在 Atari 遊戲中表現出色所需的技能各不相同，但所有遊戲都是透過觀察遊戲畫面來進行的，這使得深度卷積 ANN 成為了完成這項任務集合的自然選擇。此外，DQN 在一些 Atari 2600 遊戲中的表現遠低於人類在這些遊戲中的表現水準。對於 DQN 而言，最困難的遊戲（尤其 Montezuma's Revenge 這款遊戲，DQN 在此遊戲的表現水準如同一個隨機玩家）所需的深度規劃已經超出 DQN 的設計架構。此外，透過大量的訓練來學習控制技能（如同 DQN 學習如何玩 Atari 遊戲一樣）只是人類一般的學習類型之一。儘管存在這些限制，但 DQN 透過將強化學習與現代深度學習方法相結合展現出令人印象深刻的潛力，推動了機器學習的最新發展。

16.6 掌握圍棋遊戲

數十年來，中國傳統的圍棋遊戲一直困擾著人工智慧研究人員。在其他遊戲中達到人類水準甚至超越人類水準的方法都無法成功產生出強大的圍棋程式。得益於活躍的圍棋程式開發者社群和國際競賽，近年來圍棋程式的棋藝水準已顯著提升，但一直以來沒有任何圍棋程式能夠發揮出接近人類圍棋大師的棋藝水準，直到最近這種情形才有所突破。

DeepMind 的一個團隊（Silver et al., 2016）開發一個稱為 *AlphaGo* 的圍棋程式，該程式透過結合深度 ANN（第 9.7 節）、監督式學習、蒙地卡羅樹搜尋（MCTS, 本書第 8.11 節）和強化學習打破了這個障礙。在 Silver 等人於 2016 年發表時，*AlphaGo* 已經顯示出比現有的其他圍棋程式更具有決定性的棋藝水準，並在與歐洲圍棋冠軍樊麾的 5 場比賽中獲得了 5 勝 0 敗的成績。這是圍棋程式在沒有讓子的情形下擊敗人類職業棋手所獲得的首次完勝。此後不久，類似版本

的 *AlphaGo* 在挑戰賽中以 5 局 4 勝 1 負的驚人成績戰勝了 18 次世界冠軍李世乭（Lee Sedol），成為全球頭條新聞。人工智慧研究人員曾認為，要使一個圍棋程式達到這樣的棋藝水準還需要很多年甚至數十年的時間。

在本節我們將介紹 *AlphaGo* 和其後續版本 *AlphaGo Zero*（Silver et al. 2017a）。除了強化學習外，AlphaGo 還透過人類專家棋譜的大型資料庫進行監督式學習，而 *AlphaGo Zero* 僅使用強化學習，並沒有使用任何遊戲基本規則以外的人類對弈資料或人為指引（因此被命名為 *Zero*）。我們首先將詳細地介紹 *AlphaGo* 以突顯 *AlphaGo Zero* 的相對簡單性。*AlphaGo Zero* 是一個性能表現更好且更純正的強化學習程式。

在某種程度上，*AlphaGo* 和 *AlphaGo Zero* 被認為是 Tesauro 的 TD-Gammon（第 16.1 節）後繼者，而 TD-Gammon 本身又是 Samuel 的跳棋程式（第 16.2 節）後繼者，這些程式都包含了模擬自我對弈的強化學習。*AlphaGo* 和 *AlphaGo Zero* 還參考了 DeepMind 在進行 Atari 遊戲時所使用的 DQN 程式（第 16.5 節），利用深度卷積 ANN 來近似最佳值函數。

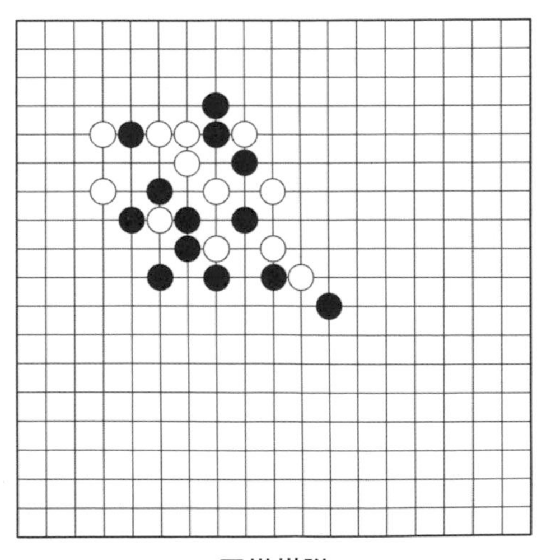

圍棋棋譜

圍棋是一種由兩個玩家進行對弈的遊戲，在遊戲中兩個玩家交替地將黑白二色棋子放置在由 19 條水平線和 19 條垂直線組成的棋盤中未被佔據的交叉處或「點」上，以產生如右圖所示的棋譜。遊戲的目標是比對手佔據更大的棋盤區域。圍棋的吃子（或稱提子）規則相當簡單，如果一個玩家的棋子完全被對手的棋子包圍，也就是沒有任何水平或垂直相鄰的點未被佔據，則該棋子將被對手提走。例如，圖 16.5 顯示了左側的三顆白色棋子有一個未被佔據相鄰點（標記為 X）。如果執黑子的棋手在 X 點處放置一顆棋子，則將提走三顆白色棋子並將其從棋盤上移出（圖 16.5 中間）。但如果執白子的棋手先在 X 點處放置一顆棋子，則對手就無法進行提子（圖 16.5 右側）。在圍棋遊戲中還有其他規則來避免無限次提子 / 重新提子循環的發生。當遊戲雙方都無法放置新棋子時，遊戲就會結束。圍棋的規則簡單，但可以衍生出相當複雜的對弈過程，已經風靡數千年。

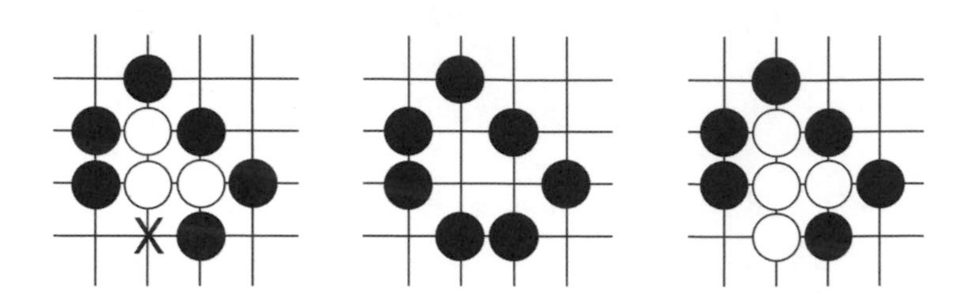

圖 16.5 圍棋提子規則。左：三顆白色棋子沒有被包圍，因為 X 點未被佔據。中：如果黑方在 X 點處放置一顆棋子，則將提走三顆白色棋子並將其從棋盤上移出。右：如果白方先在 X 點處放置一顆棋子，則將阻止對方進行提子的動作。

在其他棋類遊戲（如西洋棋）中可以發揮出色棋藝的方法對於圍棋而言並不奏效。圍棋的搜尋空間遠大於西洋棋，這是因為在圍棋中每個棋局局面的合法落子數量遠大於西洋棋（≈ 250 對比 ≈ 35），而且在圍棋比賽的下棋步數通常比西洋棋比賽的下棋步數多（≈ 150 對比 ≈ 80），但搜尋空間的大小並非導致圍棋如此困難的主要因素。對於西洋棋和圍棋而言，窮舉搜尋都是不可行的，即使在較小的棋盤（例如 9×9）中使用窮舉搜尋下每一步棋也被證明是極其困難的。專家們一致認為，設計具有職業水準的圍棋程式其主要障礙是難以定義一個適當的局面評估函數。一個好的評估函數可以透過提供相對容易計算的預測以說明更深入的搜尋可能會產生什麼結果，進而在可行的深度處截斷搜尋。根據 Müller（2002）的說法：「在圍棋中永遠不會找到一個簡單而合理的評估函數。」將 MCTS 導入圍棋程式中是一項重大進展，在 *AlphaGo* 研發時最強大的圍棋程式都使用了 MCTS，但仍然難以達到大師級的棋藝水準。

回想一下第 8.11 節，MCTS 是一個決策時規劃過程，它並不會試圖學習和儲存全局的價值評估函數。如同 rollout 演算法（第 8.10 節）一樣，MCTS 會對整個分節（在此為圍棋遊戲一次完整的對局）執行多次蒙地卡羅模擬來選擇每個動作（在此為每一次落子：放置棋子或認輸的位置）。然而，與一般的 rollout 演算法不同的是，MCTS 是一個疊代過程，此過程以當前環境狀態作為根節點透過增量的方式擴展搜尋樹。如圖 8.10 所示，每次疊代都是透過與樹的邊有關的統計資訊所指引的模擬動作進行樹的尋訪。在基本的 MCTS 中，當模擬到達搜尋樹的葉節點時，MCTS 會透過將葉節點的部分或全部子節點加入搜尋樹來完成擴展。從葉節點或從新增的子節點開始執行 rollout：一次模擬過程通常會一直進行到終端狀態才結束，其中動作將根據 rollout 策略進行選擇。當 rollout 完成後，搜尋樹中與被尋訪的邊有關的統計資訊將根據 rollout 產生的結果進行更新。

MCTS 會持續進行此過程，每次都以當前狀態作為搜尋樹的根節點開始，並在時間限制內盡可能完成多次疊代。最後，根據從根節點（在此仍為當前環境狀態）出發的邊所累積的統計資訊選擇根節點的動作，這就是代理人所採取的動作。當環境轉移到其下一個狀態後，將以新的當前狀態作為根節點再次執行 MCTS。在下一次執行開始時，搜尋樹可能只有這個新的根節點，也可能包含該節點在前一次 MCTS 執行時所產生的子節點，樹的其餘部分將被丟棄。

16.6.1 AlphaGo

AlphaGo 之所以能成為如此強大的電腦棋手，其主要創新點在於它透過一種新版本的 MCTS，根據由深度卷積 ANN 進行函數近似的強化學習所學習到的策略函數和價值函數作為指引進行落子的動作。另一個關鍵特點是，它不是透過隨機產生的網路權重進行強化學習，而是利用過去大量人類專家的棋譜進行監督式學習所產生的權重進行訓練。

DeepMind 團隊將 *AlphaGo* 中新版本的 MCTS 稱為「非同步策略和價值 MCTS（asynchronous policy and value MCTS）」或 APV-MCTS。它根據前一節描述的基本 MCTS 進行動作選擇，但在擴展搜尋樹以及評估動作的方式上作了一些調整。基本的 MCTS 透過使用儲存的動作值從葉節點中選擇未探索的邊以擴展當前的搜尋樹，而 *AlphaGo* 中所使用的 APV-MCTS 則根據 13 層深度卷積 ANN 提供的機率選擇一個邊進行搜尋樹的擴展。此深度卷積人工神經網路被稱為**監督式學習策略網路**（*SL-policy network*），它透過近 3,000 萬筆人類專家棋譜的資料庫以監督式學習進行訓練。

接著，與基本的 MCTS 僅透過 rollout 產生的結果來評估新增的狀態節點不同，APV-MCTS 透過兩種方式評估新增的狀態節點：透過 rollout 產生的結果並透過強化學習方法預先學習到的價值函數 v_θ 來完成評估。如果 s 為新增的狀態節點，則其值變為

$$v(s) = (1-\eta)v_\theta(s) + \eta G, \tag{16.4}$$

其中 G 是 rollout 產生的結果，而 η 則控制這兩種評估方法的組合比例以獲得最終值，在 *AlphaGo* 中，這些值由**價值網路**（*value network*）提供。價值網路是另一個 13 層深度卷積 ANN，它按照我們接下來的說明進行訓練以輸出局面位置的估計值。在 *AlphaGo* 中，APV-MCTS 的 rollout 過程是模擬兩個玩家使用一個由簡單的線性網路提供的快速 ***rollout* 策略**進行對局，其中簡單的線性網路是

在對局進行前透過監督式學習進行訓練的。在執行過程中，APV-MCTS 持續追蹤模擬對局中搜尋樹的每條邊被選擇的次數，並在執行完成後選擇根節點處訪問次數最多的邊作為要執行的動作，此動作就是 *AlphaGo* 在對局中實際落子的動作。

價值網路與深度卷積監督式學習策略網路具有相同的結構，但兩者的輸出並不相同，價值網路僅有單一輸出單元來提供局面位置的估計值，而監督式學習策略網路的輸出為所有合法落子動作的機率分佈。在理想情形下，價值網路將輸出最佳狀態值，並且可以根據 TD-Gammon 的概念對最佳值函數進行函數近似：結合非線性 TD(λ) 與深度卷積 ANN 進行自我對弈。但是 DeepMind 團隊針對圍棋這種複雜的遊戲採用了不同的方法以獲得更好的效果。他們將價值網路的訓練過程分為兩個階段。在第一階段，他們利用強化學習來訓練**強化學習策略網路**（*RL policy network*），進而設計出一個最佳策略。強化學習策略網路是一個深度卷積人工神經網路，其結構與監督式學習策略網路相同，它透過監督式學習策略網路所產生的最終權重進行初始化，然後使用策略梯度強化學習來改善監督式學習策略。在訓練價值網路的第二階段，團隊針對從大量模擬自我對弈中獲得的資訊進行蒙地卡羅策略評估，這些模擬自我對弈是根據第一階段的強化學習策略網路選擇落子位置產生的。

圖 16.6 說明了 *AlphaGo* 使用的網路，以及在 DeepMind 團隊稱為「*AlphaGo* 管線」的過程中對網路進行訓練的步驟。這些網路都是在實戰對局之前訓練的，在整個實戰過程中網路權重皆保持固定。

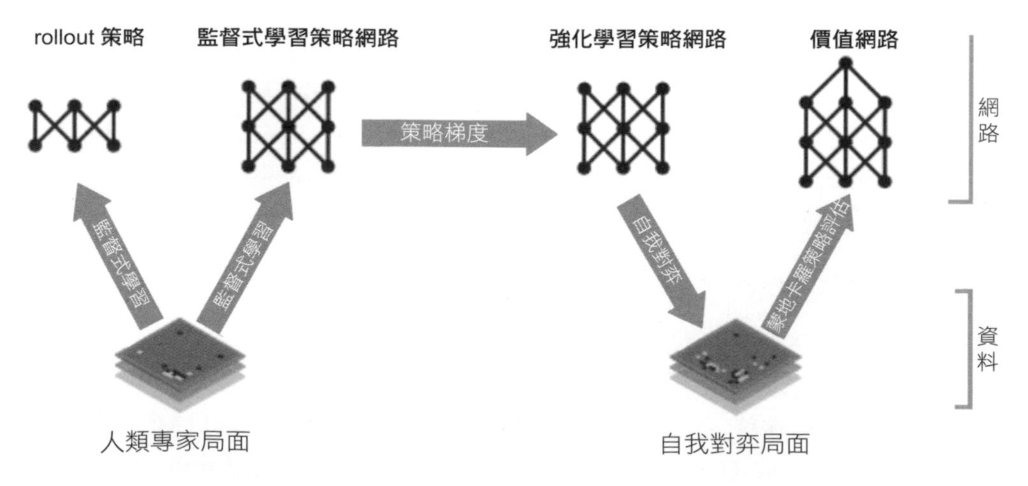

圖 16.6 *AlphaGo* 管線。改編自 Macmillan Publishers Ltd：*Nature*，第 529（7587）卷，第 485 頁，© 2016。

以下是關於 *AlphaGo* 的人工神經網路及其訓練過程的細節。相同結構的監督式學習策略網路和強化學習策略網路，與第 16.5 節中利用 DQN 玩 Atari 遊戲所使用的深度卷積網路類似，不同之處在於它們有 13 個卷積層，以及由在最後一層以對應 19×19 的圍棋棋盤上每一個點的 soft-max 單元組成輸出層進行輸出。網路的輸入是 19×19×48 的圖像堆疊，其中圍棋棋盤上的每個點由 48 個二進制或整數值的特徵進行表示。例如，對於每個點分別用一個特徵來表示該點是被 *AlphaGo* 的一顆棋子佔據、被對手的一顆棋子佔據或未被佔據，進而提供圍棋棋盤的「原始」表徵。還有一些基於圍棋規則的其他特徵，如棋子相鄰點未被佔據的數量、落子到該位置時對手棋子被提走的數量、將棋子放置到該位置後持續對弈歷經的回合數以及其他設計團隊認為很重要的特徵。

DeepMind 團隊大約耗時 3 週的時間，利用 50 個處理器以分散式隨機梯度上升方法對監督式學習策略網路進行訓練。經過訓練的網路可以達到 57%的準確率，而其他研究團隊在 *AlphaGo* 的論文發表時所能達到的最佳準確率為 44.4%。強化學習策略網路利用策略梯度強化學習進行訓練，根據強化學習策略網路的當前策略與使用學習演算法早期疊代結果隨機選擇策略的對手進行多次模擬對弈來完成學習過程。與隨機選擇策略的對手進行對弈可以避免 *AlphaGo* 過度擬合當前策略。

如果當前策略獲勝，則獎勵訊號為 +1，如果輸棋則為 -1，其他情形則為零。這些模擬對弈在不涉及 MCTS 的情形下直接根據這兩個策略進行落子動作。透過在 50 個處理器上平行模擬大量對弈，DeepMind 團隊一天就可以完成上百萬次的模擬對弈對強化學習策略網路進行訓練。在測試最終的強化學習策略時，他們發現強化學習策略在與監督式學習策略對弈的勝率超過 80%，並在與使用 MCTS 方法於每次落子前模擬 10 萬種對弈結果的圍棋程式進行對弈的勝率達到 85%。

價值網路的結構與監督式學習策略網路及強化學習策略網路的結構類似，除了它的單一輸出單元外。價值網路的輸入也與監督式學習策略網路及強化學習策略網路相同，但它多了一個二進制特徵來表示當前落子的顏色。在訓練價值網路時，他們利用從強化學習策略進行大量自我對弈中獲得的資料進行蒙地卡羅策略評估。為了避免自我對弈時落子位置之間的強烈相關性而導致策略過度擬合和不穩定，DeepMind 團隊構建立了一個具有 3,000 萬個局面的資料集，其中每個局面是從不同的自我對弈棋局中隨機選擇的，然後從該資料集中每次取出 32 個局面進行 5000 萬筆小批次訓練。此訓練使用了 50 個 GPU，耗時一週。

在對弈之前，還需要透過一個根據 800 萬筆人類棋譜資料以監督式學習進行訓練的簡單線性網路學習 rollout 策略。rollout 策略網路必須在盡可能準確的基礎上迅速作出落子動作。原則上，在 rollout 時可以使用監督式學習策略網路或強化學習策略網路，但是透過這兩種深度神經網路進行的前向傳播非常耗時，在實際對弈中每次落子都需要進行大量的 rollout 模擬，因此這兩種策略網路並不適合在 rollout 時使用。由於這個原因，rollout 策略網路的複雜度比其他策略網路低，同時其輸入特徵的計算也比另外兩種策略網路更快。*AlphaGo* 中的 rollout 策略網路每秒可以在每個執行緒上模擬約 1,000 次完整對局。

有人可能會問，為什麼在 APV-MCTS 擴展階段使用監督式學習策略，而非更好的強化學習策略進行落子動作選擇？這些策略使用相同的網路結構，因此計算時間上的花費相同。實際上 DeepMind 團隊發現，與人類對手對弈時 *AlphaGo* 在 APV-MCTS 擴展階段使用監督式學習策略可以比使用強化學習策略表現更好。他們推測是因為強化學習策略的訓練過程僅考慮最佳落子動作，而非考慮人類對弈時所有的落子動作。有趣的是，APV-MCTS 所使用的價值函數情形正好相反。他們發現，當 APV-MCTS 使用從強化學習策略產生的價值函數，會比使用從監督式學習策略產生的價值函數有更好的性能表現。

多種方法的共同合作造就了 *AlphaGo* 令人印象深刻的棋藝。DeepMind 團隊比較了不同版本的 *AlphaGo*，以評估這些方法對於 *AlphaGo* 性能表現的影響。(16.4) 中的參數 η 控制了價值網路和 rollout 的組合比例以進行棋局狀態評估。當 $\eta = 0$ 時，*AlphaGo* 僅使用價值網路，而 $\eta = 1$ 時，評估僅依賴於 rollout。他們發現僅使用價值網路的 *AlphaGo* 的表現優於僅使用 rollout 的 *AlphaGo*，實際上比當時其他圍棋程式中最強的程式下得更好。最佳結果出現在 $\eta = 0.5$ 時，這顯示出價值網路與 rollout 的結合對於 *AlphaGo* 的成功相當重要。這些評估方法是相輔相成的：價值網路評估的是高性能的強化學習策略，但此策略太慢以致於無法於現場對弈中使用，而採用性能較差但速度較快的 rollout 策略則可以提高價值網路對於棋局中發生的特定狀態其評估的準確性。

整體而言，*AlphaGo* 的非凡成就激發了人們對人工智慧前景的新一輪熱情，特別是對於將強化學習與深度 ANN 相結合的系統應用於其他挑戰性領域的問題。

16.6.2 AlphaGo Zero

在 *AlphaGo* 的經驗基礎上，DeepMind 團隊開發了 *AlphaGo Zero*（Silver et al. 2017a）。與 *AlphaGo* 相比，此程式除了**遊戲的基本規則外並沒有使用任何人類的對弈資料或人為指引**（因此被命名為 *Zero*）。它僅使用圍棋棋盤上棋子放置位置的「原始」資訊作為輸入，並利用自我對弈強化學習進行學習。*AlphaGo Zero* 使用一種策略疊代方法（第 4.3 節），即交替執行策略評估和策略改善。圖 16.7 顯示出 *AlphaGo Zero* 演算法的整體流程，*AlphaGo Zero* 和 *AlphaGo* 之間最大的區別為，*AlphaGo Zero* 在整個自我對弈強化學習過程中都使用 MCTS 進行落子動作，而 *AlphaGo* 只在學習後使用（但在學習過程中不使用）MCTS 進行現場對弈。除了並未使用任何人類對弈資料或人為設計的特徵外，其它的區別是 *AlphaGo Zero* 僅使用了一個深度卷積 ANN，並使用了一個更簡單的 MCTS 版本。

AlphaGo Zero 的 MCTS 比 *AlphaGo* 使用的版本更簡單，因為它不包含完整對局的 rollout，因此不需要 rollout 策略。在 *AlphaGo Zero* 中，MCTS 每次疊代的模擬都是在當前搜尋樹的葉節點終止，而不是在一次完整對局模擬的終端位置上終止。但和 *AlphaGo* 一樣，*AlphaGo Zero* 中 MCTS 的每次疊代都根據一個深度卷積網路的輸出作為指引，在圖 16.7 中標記為 f_θ，其中 θ 為網路的權重向量。此網路的輸入（下面將描述其架構）由局面位置的原始表徵組成，它的輸出分別為：一個純量值 v，估計電腦棋手從當前局面獲勝的機率，以及一個向量 $\mathbf{p}$，用以表示從當前棋局中每個合法位置選擇其中一個進行落子，以及虛手（不落子）和認輸的機率。

但 *AlphaGo Zero* 在自我對弈時並非根據機率 $\mathbf{p}$ 選擇落子動作，而是利用這些機率和網路輸出的估計值 v 來指引 MCTS 的每次執行，而 MCTS 將回傳新的動作機率分布作為策略 π_i，如圖 16.7 所示。這些策略會從 MCTS 每次執行時進行的多次模擬過程中受益。這樣做的結果是，*AlphaGo Zero* 實際上遵循的是針對網路輸出 $\mathbf{p}$ 所提供的策略進行改善後的策略。Silver 等人（2017a）指出：「因此，MCTS 可以被視為一種強大的**策略改善**（*policy improvement*）方式。」

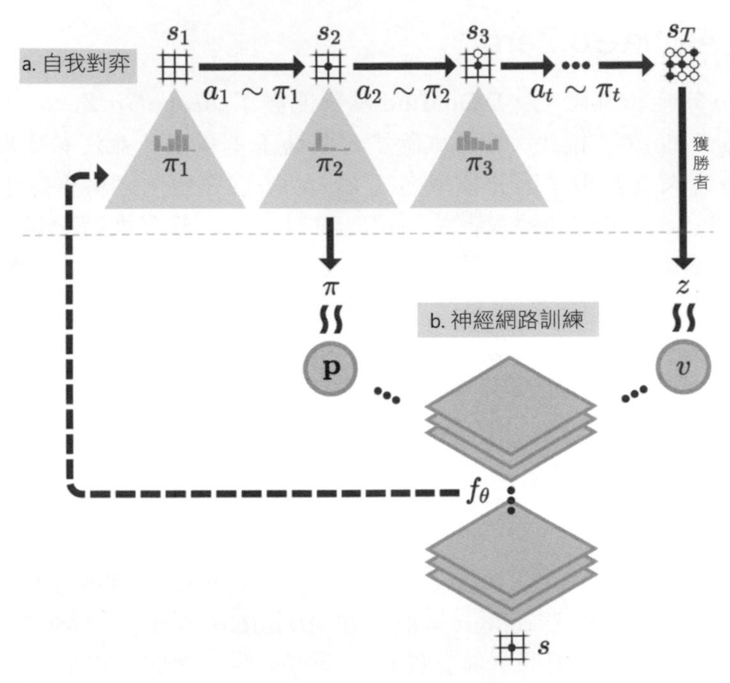

圖 16.7 *AlphaGo Zero* 自我對弈強化學習。a）程式會進行多次自我對弈，此處顯示的是其中一場對局的局面序列 s_i，$i = 1, 2, \ldots, T$、落子動作 a_i，$i = 1, 2, \ldots, T$ 和獲勝者 z。每個落子動作 a_i 是根據深度卷積網路 f_θ 和最新權重 θ 的指引，從根節點 s_i 執行 MCTS 所回傳的落子動作機率分布 π_i 決定落子位置。圖中僅顯示一個局面 s，實際上程式會對所有 s_i 重複此過程。網路的輸入為局面 s_i 的原始表徵（包含數個先前的局面，儘管在圖中並未顯示）。此網路共有兩個輸出，一個是用於指引 MCTS 進行前向搜尋的落子過程機率，圖中以向量 $\mathbf{P}$ 表示，另一個則是估計當前電腦棋手從每個局面 s_i 獲勝機率的純量值 v。b）深度卷積網路訓練。根據近期自我對弈中的落子步驟進行隨機抽樣來獲得訓練樣本。權重 θ 會進行更新使策略向量 $\mathbf{P}$ 向 MCTS 回傳的機率 π 靠近，同時將獲勝者 z 納入估計的獲勝機率 v 中。經作者和 DeepMind 的許可轉載自 Silver 等人（2017a）的初稿。

以下是關於 *AlphaGo Zero* 的 ANN 及其訓練方法的細節說明。網路以包含 17 個二進制特徵平面的 19×19×17 圖像堆疊作為輸入。前 8 個特徵平面是電腦棋手的棋子在當前和過去 7 個局面中位置的原始表徵：如果電腦棋手的棋子佔據該位置，則特徵值為 1，否則為 0。接下來的 8 個特徵平面以類似的方式編碼對手的棋子位置。最後一個輸入特徵平面以一個常數值來表示當前棋局中電腦棋手所執棋子的顏色：1 代表黑子，0 代表白子。由於在圍棋中不允許重複局面，而且未獲得先手（執白子）的一方會獲得一定數量的「補償點」（貼目），所以當前棋盤局面位置並不是圍棋的馬可夫狀態。這就是為什麼需要包含過去棋盤局面位置的特徵和顏色特徵。

此網路是一個「雙頭的」網路，這表示在一開始經過多個共同的網路層之後，此網路將分裂成分別具有一個「頭部」的兩個獨立網路層，將輸出資料分別送到兩個輸出單元中。在這兩個獨立的網路層中，其中一個頭部有 362 個輸出單元來產生在每個位置落子加上虛手（不落子）共 19^2+1 個的動作機率 **p**；另一個頭部僅輸出一個純量 v 以估計電腦棋手從當前局面的獲勝機率。分裂之前的網路由 41 個卷積層組成，每一層都會進行批次正規化，並透過在每對相鄰層之間加入跳躍連接以實現殘差學習（詳見 9.7 節）。整體而言，動作機率和估計值分別由 43 層和 44 層進行計算。

由隨機權重開始，深度神經網路以隨機梯度下降的方式，根據當前最佳策略並使用從最近 50 萬場自我對弈的落子過程進行隨機抽樣的批次樣本進行訓練（隨著訓練的進行，動量、正規化和步長參數將逐漸減小）。在網路的輸出 **p** 中還加入了額外的雜訊，以鼓勵探索所有可能的動作。Silver 等人（2017a）在訓練過程中設置了定期檢查點，每訓練 1,000 個步驟就對具有最新權重的 ANN 輸出策略與當前最佳策略進行 400 場模擬對弈（使用具有 1,600 次疊代的 MCTS 進行落子動作選擇）。如果新策略獲勝（透過設定一個門檻值以減少結果中雜訊的影響），那麼它將成為後續自我對弈中使用的最佳策略。網路的權重會進行更新使網路的策略輸出 **p** 更接近於 MCTS 回傳的策略，並使其估計值 v 更接近於當前最佳策略下從網路輸入所代表的棋局獲勝的機率。

DeepMind 團隊對 *AlphaGo Zero* 進行了超過 490 萬次自我對弈的訓練，歷時約 3 天。每場對弈的每一步棋都是透過執行 MCTS 進行 1,600 次疊代進行選擇，每步大約需要 0.4 秒。網路權重的更新超過 70 萬個批次，每個批次由 2,048 個棋盤局面組成。然後，他們將訓練好的 *AlphaGo Zero* 分別與以 5 比 0 擊敗樊麾的 *AlphaGo* 和以 4 比 1 擊敗李世乭（Lee Sedol）的 *AlphaGo* 進行對弈。他們使用 Elo 等級分系統來評估圍棋程式之間的相對性能表現。兩個 Elo 等級分之間的差異是為了預測電腦棋手之間的對弈結果。*AlphaGo Zero*、擊敗樊麾的 *AlphaGo* 以及擊敗李世乭（Lee Sedol）的 *AlphaGo* 其 Elo 等級分分別為 4,308、3,144 和 3,739。這些 Elo 等級分的差距轉化為一種預測，即 *AlphaGo Zero* 與其他圍棋程式進行對弈的獲勝機率非常接近 1。將按照上述說明以相同條件進行訓練的

AlphaGo Zero 與擊敗李世乭（Lee Sedol）的 *AlphaGo* 進行了 100 場對弈，*AlphaGo Zero* 以 100 比 0 的成績擊敗了 *AlphaGo*。

DeepMind 團隊還將 *AlphaGo Zero* 與使用相同架構但以監督式學習方式訓練的 ANN 程式進行比較，此程式透過 16 萬場對弈中近 3,000 萬個棋局的資料集來預測人類的落子動作。他們發現，使用監督式學習的電腦棋手在一開始確實比 *AlphaGo Zero* 有更好的性能表現，並在預測人類專家落子動作方面也更勝一籌，但在經過一天的訓練後，*AlphaGo Zero* 會逐漸優於使用監督式學習的電腦棋手。這顯示出 *AlphaGo Zero* 發現了一種不同於人類的對弈策略。實際上，*AlphaGo Zero* 發現並更偏好一些針對傳統落子序列進行變化的新穎下棋策略。

AlphaGo Zero 演算法的最終測試版本使用了一個更大 ANN，並透過超過 2,900 萬次自我對弈的資料進行訓練，這耗時大約 40 天的時間，同樣由隨機權重開始進行訓練。此版本的 Elo 等級分高達 5,185。DeepMind 團隊將此版本的 *AlphaGo Zero* 與當時最強的圍棋程式 *AlphaGo Master* 進行對弈，*AlphaGo Master* 在結構上與 *AlphaGo Zero* 相同，但與 *AlphaGo* 一樣使用了人類對弈資料和特徵。*AlphaGo Master* 的 Elo 等級分為 4,858，它曾在網路遊戲中以 60 比 0 擊敗了多位最強的人類職業棋手。在一場 100 局的對弈中，擁有更大網路和更廣泛學習知識的 *AlphaGo Zero* 以 89 比 11 擊敗了 *AlphaGo Master*，進而對 *AlphaGo Zero* 演算法解決問題的能力提供了一個具有說服力的證明。

AlphaGo Zero 完美地證明了在簡單的 MCTS 和利用少量相關領域知識、且不依賴人類經驗資料和指引的人工神經網路幫助之下，透過純粹的強化學習可以達成超越人類水準的表現。在未來我們肯定會看到更多受到 DeepMind 的 *AlphaGo* 和 *AlphaGo Zero* 啟發的系統被應用於其他領域更具挑戰性的問題之中。

最近，Silver 等人（2017b）開發了一個更好的程式，*AlphaZero*，它甚至沒有包含任何關於圍棋的知識。*AlphaZero* 是一種通用的強化學習演算法，它可以比在圍棋、西洋棋和將棋等多樣化的棋類遊戲中迄今為止最好的程式產生更好的性能提升。

16.7 個人化網路服務

個人化網路服務（例如新聞或廣告）是一種提升用戶對網站的滿意度或增加行銷活動收益的方式。營運商可以採用某種策略，根據用戶的線上活動歷史推斷出該用戶的興趣和偏好，進而推薦對其而言最合適的內容。這個案例對於機器學習而言（尤其是對於強化學習）是一個相當自然的應用領域。強化學習系統可以根據用戶的回饋資訊進行調整來改善推薦策略。獲取用戶回饋資訊的一種方式是透過網站滿意度調查，但是為了能即時獲取回饋資訊，營運商通常會透過監控用戶的點擊次數作為用戶對於某個連結感興趣的指標。

在市場行銷中長期運用一種被稱為 *A/B 測試*（*A/B testing*）的方法，它是一種簡化的強化學習方法，用於決定網站的兩個版本，A 或 B，哪個版本是用戶更喜歡的。因為它和雙搖臂拉霸機問題一樣是非關聯性的，所以這種方法無法實現個人化內容傳遞。在網站中可以透過增加由描述個別用戶和傳遞內容的特徵所組成的資訊來實現個人化服務，這被形式化為一個情境式拉霸機問題（或具關聯性的強化學習問題，第 2.9 節），目標是使用戶的點擊次數最大化。Li、Chu、Langford 和 Schapire（2010）透過選擇要報導的新聞專題，將情境式拉霸機演算法應用於個人化「Yahoo! 今日頭條」（在他們研究時它是網際網路中訪問量最大的網頁之一）的問題。他們的目標是使*點閱率*（*click-through rate*, CTR）最大化，即所有用戶在一個網頁上的點擊總數與該網頁訪問總數的比值。使用他們的情境式拉霸機演算法所產生的點閱率比使用標準的非關聯拉霸機演算法提升了 12.5%。

Theocharous、Thomas 和 Ghavamzadeh（2015）認為，透過將個人化推薦形式化為馬可夫決策問題（MDP）可以獲得更好的結果，其目標為使用戶在重複訪問網站時的總點擊次數最大化。從情境式拉霸機演算法得出的策略是貪婪的，並未考慮到動作的長期影響。這些策略有效地將對網站的每次訪問視為從所有網站訪問者中隨機抽樣新訪問者的情形。由於不考慮許多用戶重複訪問同一網站這一事實，貪婪策略並不會利用與單一用戶的長期互動所提供的可能性來提升點閱率。

作為一個呈現行銷策略如何有效利用與用戶長期互動的例子，Theocharous 等人透過展示某種商品（例如汽車）的廣告對貪婪策略與長期策略進行了比較。如果用戶想要立即購買汽車，透過貪婪策略進行展示的廣告可能會提供一個折扣。用戶可能會接受優惠或是離開這個網站，但是當他們再次回到該網站時很有可能會看到相同的優惠。另一方面，長期策略可以在提出最終售價之前將用戶轉移至一個「銷售漏斗」（sales funnel）中，可能先從介紹有利的貸款條件開始，然後稱讚汽車公司具有出色的售後服務部門，最後在用戶下一次訪問時提供最終的折扣。這種類型的策略可以使用戶在重複訪問該網站時獲得更多點擊數，如果策略設計得當，可以為汽車公司帶來更多的最終銷售額。

Theocharous 等人在 Adobe 系統公司工作時進行了一些實驗，以觀察用於最大化長期點擊數的策略，實際上是否真的能比短期的貪婪策略有更好的性能表現。Adobe Marketing Cloud 是一套許多公司用於進行數位行銷活動的工具，它提供了針對用戶的廣告和籌款活動進行自動部署的基礎架構。實際上，使用這些工具部署新策略會帶來巨大的風險，因為一個新策略的最終執行效果可能會相當差。由於這個原因，研究團隊需要評估如果實際部署一個策略時的性能表現，但是此評估需要建立在其他策略執行過程中所收集的資料基礎上進行。因此，這項研究的一個關鍵是 off-policy 評估。更進一步地，研究團隊希望能完成具有高信賴度的評估以降低部署新策略的風險。儘管高信賴度的 off-policy 評估是這項研究的核心內容（另請詳見 Thomas, 2015; Thomas, Theocharous, and Ghavamzadeh, 2015），但在此我們僅專注於演算法及其結果。

Theocharous 等人針對兩種用於學習廣告推薦策略的演算法所產生的結果進行比較。他們將第一種演算法稱為**貪婪最佳化**（*greedy optimization*）演算法，其目標是使即時點擊率最大化。如同標準的情境式拉霸機演算法，此演算法並未考慮推薦的長期效果。另一種演算法為基於 MDP 形式的強化學習演算法，其目標為提高用戶在多次訪問同一個網站時的總點擊次數，他們將此演算法稱為**生命週期價值**（*life-time value*, LTV）最佳化演算法。兩種演算法都面臨了一些相當具有挑戰性的問題，因為在此研究環境中獎勵訊號非常稀疏，這是由於用戶通常不會點擊網頁中的廣告，同時用戶的點擊是非常隨機的，因此回報具有很大的變異數。

他們使用來自於銀行業的資料集來訓練和測試這些演算法。此資料集是由多位客戶與銀行網站互動的完整軌跡組成，網站會根據這些軌跡從一系列可能的優惠中推薦其中一種給客戶。如果客戶點擊了優惠資訊，則獎勵為 1，否則為 0。其中一個資料集包含了一家銀行一個月的網站活動中大約 20 萬次互動紀錄，銀行網站會從 7 種優惠中隨機推薦其中一種給客戶，而另一家銀行活動的資料集則包含了 4 百萬次互動紀錄，涉及 12 種可能的優惠。所有互動紀錄都包含客戶的特徵，如客戶上次訪問該網站以來的時間、迄今為止的訪問次數、客戶最後一次點擊的時間和地理位置、客戶的興趣以及一些提供人口統計資訊的特徵。

貪婪最佳化基於估計點擊率作為用戶特徵函數的映射，此映射透過隨機森林（random forest, RF）演算法，對其中一個資料集使用監督式學習進行學習（Breiman, 2001）。隨機森林演算法已被廣泛用於工業領域的大規模應用中，因為使用此演算法不易發生過度擬合的情形，並且它對異常值和雜訊相對不敏感，因此是一個有效的預測工具。在獲得映射後，Theocharous 等人根據此映射定義了一個 ε- 貪婪策略，此策略以 1-ε 的機率選擇由隨機森林演算法預測能夠產生最高點擊率的優惠，否則從其他優惠中進行隨機選擇。

LTV 最佳化使用了一種稱為**擬合 Q 疊代**（*fitted Q iteration,* FQI）的批次處理模式強化學習演算法，它是一種將**擬合價值疊代**（*fitted value iteration*）（Gordon, 1999）應用於 Q 學習的變化版本。批次處理模式表示從一開始就可以使用整個學習資料集，它與我們在本書中重點介紹的演算法中所使用的線上模式不同，線上模式中的資料是在學習演算法執行過程中依序獲得的。當無法使用線上學習時，有時可能會利用批次處理模式強化學習演算法，在此情形下他們可以使用任何批次處理模式監督式學習迴歸演算法，包括一些已知可以有效擴展至高維空間的演算法。FQI 的收斂性取決於函數近似演算法的特性（Gordon, 1999）。Theocharous 等人將他們在貪婪最佳化中採用的、相同的隨機森林演算法應用於 LTV 最佳化中，由於在此情形下 FQI 的收斂並不是單調的，所以 Theocharous 等人透過使用一個驗證訓練集進行 off-policy 評估以獲取最佳的 FQI 策略。測試 LTV 最佳化的最終策略是一個基於 FQI 最佳策略的 ε- 貪婪策略，其中初始動作值函數設為隨機森林演算法在貪婪最佳化中生成的映射。

為了評估由貪婪最佳化和 LTV 最佳化產生的策略其性能表現，Theocharous 等人使用了 CTR 指標和一個稱為 LTV 的指標。這些指標的評估標準類似，除了 LTV 指標會針對訪問網站的個別用戶進行嚴格區分外：

$$\text{CTR} = \frac{\text{總點擊數}}{\text{總訪問次數}},$$

$$\text{LTV} = \frac{\text{總點擊數}}{\text{總訪問用戶數}}.$$

圖 16.8 說明了這些指標之間的差異。每個圓圈代表用戶對該網站的一次訪問，而實心黑色圓圈代表用戶有點擊優惠資訊的訪問。每一列代表一個特定用戶的訪問。CTR 並不會針對訪問用戶進行區分，因此這些序列的 CTR 值為 0.35，而 LTV 值為 1.5。由於 LTV 大於 CTR 的程度取決於個別用戶重複訪問該網站的次數，所以它可以作為衡量一種策略對於促進用戶與該網站進行長期互動是否成功的指標。

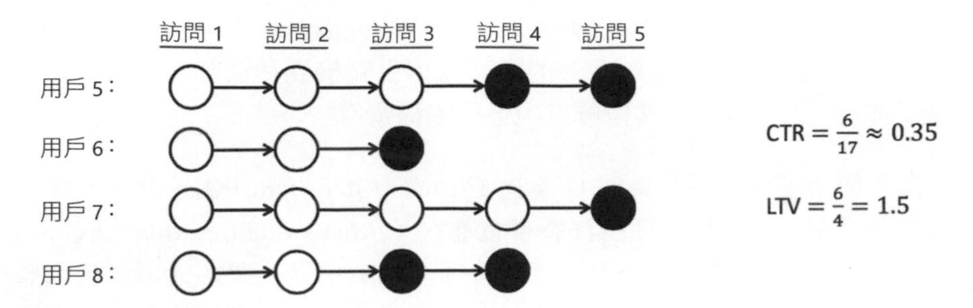

圖 16.8 點閱率（CTR）與生命週期價值（LTV）。每個圓圈代表用戶的一次訪問，而實心黑色圓圈代表用戶有點擊優惠資訊的訪問。改編自 Theocharous 等人（2015）。

Theocharous 等人使用高信賴度的 off-policy 評估方法對一個測試資料集測試由貪婪和 LTV 方法生成的策略，其中測試資料集由一個採用隨機策略的銀行網站與真實世界的互動資訊組成。正如預期的結果，貪婪最佳化在使用 CTR 指標進行衡量時效果最佳，而當使用 LTV 指標進行衡量時 LTV 最佳化表現最好。此外（儘管我們省略了細節），高信賴度的 off-policy 評估方法提供了機率上的保證，即 LTV 最佳化方法有很高的機率可以產生一個針對當前部署策略進行改善的新策略。由於這些機率上的保證，Adobe 在 2016 年宣布新的 LTV 演算法將成為 Adobe Marketing Cloud 的標準元件，以便營運商可以選擇在一個可能產生更高的回報的策略，而不是在一個對於長期結果不敏感的策略發布一系列優惠。

16.8 熱氣流滑翔

鳥和滑翔機利用上升氣流（熱氣流）來提升高度，以消耗少量能量或甚至不消耗任何能量的方式維持飛行。這種行為被稱為熱氣流滑翔，它是一項複雜的技巧，需要對微妙的環境提示做出反應以盡可能長時間地利用上升氣流提升自身飛行高度。Reddy、Celani、Sejnowski 和 Vergassola（2016）使用強化學習研究在經常伴隨著上升氣流的強烈亂流中進行有效飛行的熱氣流滑翔策略，他們的主要目標是深入了解鳥類所察覺到的提示，以及鳥類如何利用這些提示實現令人印象深刻的熱氣流滑翔性能，他們的研究結果也促進了自主式滑翔機的相關技術發展。強化學習先前曾被應用於如何有效地導航到上升氣流附近的問題（Woodbury, Dunn, and Valasek, 2014），但並未應用於在亂流中的上升氣流進行滑翔這種更具挑戰性的問題。

Reddy 等人將滑翔問題設計成一個具有折扣的連續性 MDP。在此過程中代理人與一個滑翔機在亂流中飛行的詳細環境模型進行交互作用。他們投入了大量的精力使模型產生真實的熱氣流滑翔條件，包括研究幾種不同的大氣建模方法。對於學習實驗，他們透過一個複雜的、基於物理學的偏微分方程（包含空氣流速、溫度和壓力）對一個邊長一公里，其中一面為地面的三維空間中的氣流進行建模。他們在數值模擬中加入一些小的隨機擾動使模型產生類似伴隨亂流的上升氣流流動情形（圖 16.9 左側）。滑翔機的飛行透過包含速度、升力、阻力和其他控制固定翼飛機無動力飛行因素的空氣動力學方程式進行建模。操縱滑翔機時需要改變其攻角（滑翔機機翼與氣流方向之間的夾角）和傾斜角（圖 16.9 右側）。

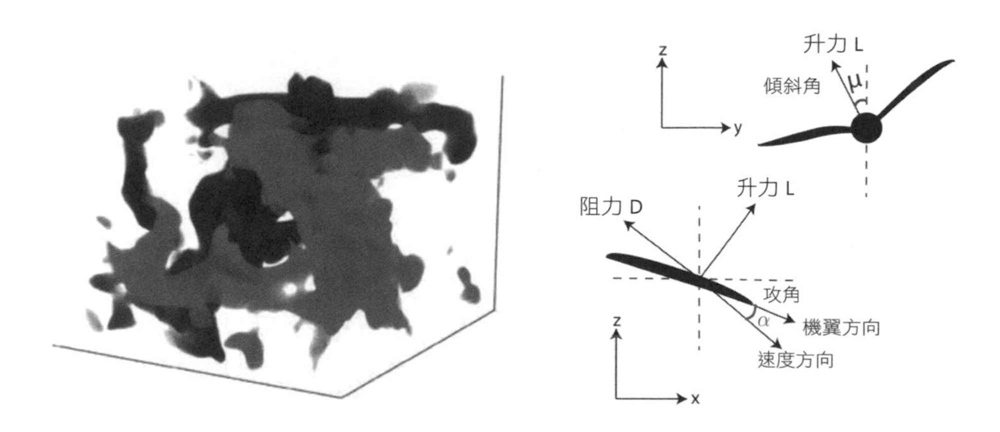

圖 16.9 熱氣流滑翔模型。左：氣流模擬空間的垂直速度場快照，灰色（黑色）為大量上升（下降）氣流的區域。右：無動力飛行圖，顯示了傾斜角 μ 和攻角 α。改編自 PNAS 第 113(22) 卷，第 E4879 頁，2016，Reddy、Celani、Sejnowski 和 Vergassola，「Learning to Soar in Turbulent Environments」。

在代理人與環境之間的介面中需要定義代理人的動作、代理人從環境獲得的狀態資訊以及獎勵訊號。透過嘗試各種可能性，Reddy 等人認為攻角和傾斜角分別有三種動作就足以滿足其目的：將當前傾斜角和攻角分別增加或減少 5° 和 2.5°，或者保持不變，這總共可以產生 3^2 種可能的動作。傾斜角被限制在 -15° 至 +15° 之間。

由於他們的研究目標是試圖確定有效滑翔所需的最小環境感官提示集，為了清楚說明鳥類在滑翔時可能會用到的提示，也為了將自主式滑翔機進行滑翔所需的感測複雜度降至最低，作者嘗試了各種訊號集作為強化學習代理人的輸入。

他們從使用一個四維狀態空間的狀態聚合（第 9.3 節）開始，其中每個維度分別表示當地垂直風速、當地垂直風加速度、取決於左右翼尖垂直風速之間差異的扭矩以及當地溫度。每個維度都被區分為三個區間：正的高數值（positive high）、負的高數值（negative high）和小數值（small value）。以下所描述的結果顯示出這些維度中只有兩個維度對於有效的滑翔行為是重要的。

熱氣流滑翔的整體目標是藉由每一股上升氣流盡可能提升至更高的高度。Reddy 等人嘗試使用一個直接的獎勵訊號，此訊號在每個分節結束時根據分節中提升的高度對代理人進行獎勵，如果滑翔機觸地則會產生一個大的負獎勵訊號，其他情形則為 0。他們發現，在實際的氣流流動週期中使用這種獎勵訊號進行學習並不成功，即便加入資格痕跡也沒有幫助。透過對各種獎勵訊號進行實驗，他們發現學習效果最好的獎勵訊號是在每個時步上將前一個時步觀察到的垂直風速和垂直風加速度進行線性組合。

學習過程透過單步 Sarsa 演算法，並根據正規化的動作值以 soft-max 分佈選擇動作。具體而言，根據（13.2）並根據動作偏好來計算動作機率：

$$h(s,a,\boldsymbol{\theta}) = \frac{\hat{q}(s,a,\boldsymbol{\theta}) - \min_b \hat{q}(s,b,\boldsymbol{\theta})}{\tau\big(\max_b \hat{q}(s,b,\boldsymbol{\theta}) - \min_b \hat{q}(s,b,\boldsymbol{\theta})\big)},$$

其中 $\boldsymbol{\theta}$ 為一個參數向量，每個分量分別對應每個動作和聚合的狀態組，$\hat{q}(s,a,\boldsymbol{\theta})$ 僅以狀態聚合方法的一般方式回傳對應於 s 和 a 的分量。上述方程式透過將近似動作值正規化至 $[0,1]$ 區間然後再除以一個正的「溫度參數」τ 以形成動作偏好 [3]。隨著 τ 的增加，根據其偏好選擇一個動作的機率將變得越來越低。當 τ 趨近於 0 時，選擇一個最偏好動作的機率接近於 1，這使得策略變為貪婪策略。溫度參數 τ 被初始化為 2.0，並在學習過程中逐漸降低至 0.2。動作偏好是根據動作值的當前估計值計算得出的，具有最大估計值的動作其偏好為 $1/\tau$，而具有最小估計值的動作其偏好為 0，對於其他動作的偏好則分布在這兩個極值之間。步長和折扣率分別固定為 0.1 和 0.98。

在每個學習分節中，代理人會在一個獨立產生的模擬亂流中控制滑翔機進行模擬飛行。每個分節持續 2.5 分鐘，模擬中的時步為 1 秒鐘。在經過數百個分節後，學習開始有效地收斂。圖 16.10 左側顯示了代理人在學習之前隨機選擇動作的樣本軌跡。從模擬空間的頂部開始，滑翔機的軌跡沿箭頭指示的方向迅速地

3 Reddy 等人對此處的描述略有不同，但我們的版本與他們的版本在概念上是相同的。

下降高度。圖 16.10 右側為學習後的軌跡，滑翔機從同一個位置開始（此時滑翔機位於模擬空間的底部），透過沿著上升氣流盤旋提升高度。雖然 Reddy 等人發現，在不同的模擬亂流中滑翔機的性能差異相當大，但隨著學習的進行，滑翔機的觸地次數會不斷減少，直到降至趨近於 0。

在對學習代理人以不同的特徵組合進行實驗之後，他們發現由垂直風加速度和扭矩組成的特徵組合效果最佳。

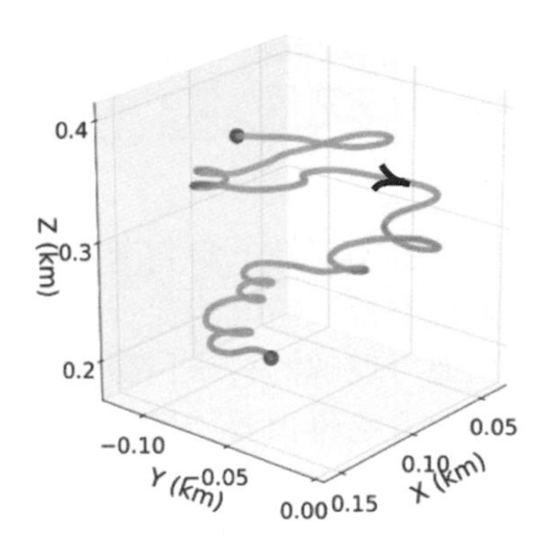

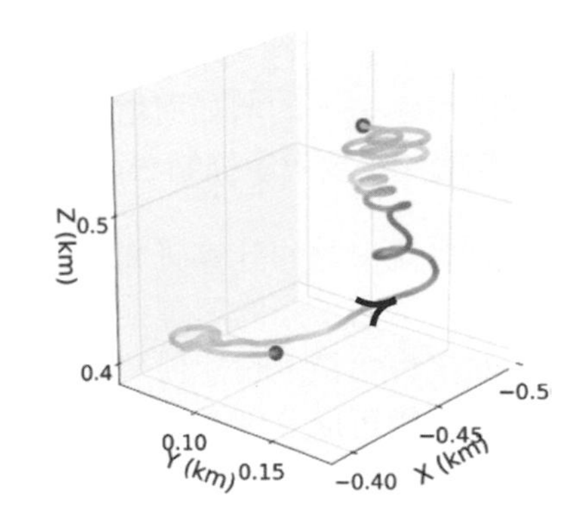

圖 16.10 熱氣流滑翔的樣本軌跡，箭頭表示從同一起點開始的飛行方向（請注意兩張圖的座標（尤其是高度）有經過調整）。左：學習之前，代理人隨機選擇動作，滑翔機下降。右：學習之後，滑翔機沿著一個螺旋軌跡提升高度。改編自 PNAS 第 113(22) 卷，第 E4879 頁，2016，Reddy、Celani、Sejnowski 和 Vergassola，「Learning to Soar in Turbulent Environments」。

作者推測，由於這些特徵可以提供有關垂直風速在兩個不同方向上的梯度資訊，因此它們使控制器可以在透過改變傾斜角進行轉向、還是透過維持傾斜角沿相同方向持續飛行之間進行選擇，這使得滑翔機可以保持在上升氣流中飛行。垂直風速是熱氣流強度的指標，但它無法幫助滑翔機保持在上升氣流中，他們發現溫度的敏感性對於飛行的幫助不大。他們還發現，控制攻角無法幫助滑翔機維持在特定的熱氣流中，相反地，當穿越較大距離在熱氣流間進行飛行（如越野飛行和鳥類遷徙）時，攻角的控制就變得相當重要。

由於在不同強度的亂流中滑翔需要不同的策略，因此 Reddy 等人針對從弱亂流到強烈亂流等不同強度的情形都進行了訓練。在強烈亂流中，快速變化的風和滑翔機速度使控制器的反應時間變得更少。與在亂流較弱時的操控相比，可控制量會減少。Reddy 等人觀察了使用 Sarsa 方法在不同條件下所學習到的策略。

在這些條件下學習到的策略有以下共通點：當感測到反向的風加速度時，向升力較高的機翼方向進行急轉；當測到較大的正向風加速度且扭矩為 0 時，不做任何調整。然而，不同強度的亂流會導致執行策略上的差異。在強烈亂流中學習到的策略會更加保守，它們傾向於選擇較小的傾斜角，而在弱亂流中，最好的動作是透過大幅增加傾斜角盡可能地轉向。透過在不同條件下學習到的策略對傾斜角的偏好進行的系統性研究，作者認為，控制器可以藉由檢測垂直風加速度是否超過某個門檻值進行策略調整以因應不同的亂流情形。

Reddy 等人還研究了折扣率 γ 對學習策略性能的影響。他們發現，在各個分節中提升的高度將隨著 γ 的增加而增加，並在 $\gamma = 0.99$ 時達到最大值，這顯示出有效的熱氣流滑翔需要考慮控制決策的長期影響。

這項關於熱氣流滑翔的計算研究充分說明了強化學習如何進一步朝著不同類型的目標發展。透過不同的環境提示和控制動作集合學習策略既能促進設計自主式滑翔機的工程目標，也能促進對鳥類滑翔技能進行理解的科學目標。對於這兩種目標，我們可以分別透過組裝真正的滑翔機和透過將預測結果與觀察到的鳥類翱翔行為進行比較來完成，進而驗證學習實驗得出的假設。

Chapter 17

前瞻技術

在最後一章我們將討論一些超出本書範圍的主題，但這些主題對於強化學習的未來非常重要。部分主題會超出我們熟知的範圍，而且有些會使我們跳脫出 MDP 的框架。

17.1 廣義價值函數和輔助任務

在本書介紹的過程中我們對於價值函數的概念已經變得相當廣泛。透過 off-policy 學習，我們允許價值函數以任意目標策略作為條件。在第 12.8 節中，我們將折扣廣義化為**終止函數**（*termination function*）$\gamma : \mathcal{S} \mapsto [0,1]$，使我們可以在每個時步使用不同的折扣率來決定回報 (12.17)，這使得我們在任意的、與狀態相關的視野中能夠預測將會獲得多少回報。下一步，也許是最後一步，是針對超出獎勵的範圍進行廣義化並對任意訊號進行預測。除了預測未來的獎勵總和，我們還可以預測聲音或顏色的感知、或是一個經過內部高度處理的訊號（例如另一個預測值）其未來價值總和。在類似於價值函數的預測過程中，透過這種方式累加的任何訊號我們都將其稱為該預測的**累積量**（*cumulant*）。我們將其形式化為一個**累積訊號**（*cumulant signal*）$C_t \in \mathbb{R}$，並使用它來表示**廣義價值函數**（*general value function*, GVF）：

$$v_{\pi,\gamma,C}(s) = \mathbb{E}\left[\sum_{k=t}^{\infty}\left(\prod_{i=t+1}^{k}\gamma(S_i)\right)C_{k+1} \;\middle|\; S_t = s, A_{t:\infty} \sim \pi\right]. \tag{17.1}$$

與一般的價值函數（例如 v_π 或 q_*）相同，這是一個可以以參數化形式進行近似的理想函數，我們可以繼續以 $\hat{v}(s,\mathbf{w})$ 來表示，儘管對於每次預測的過程（即對於每一種 π、γ 和 C_t 的選擇）都會有不同的 $\mathbf{w}$。因為一個 GVF 與獎勵之間沒有絕對的關係，因此將其稱為**價值**函數可能會有些不適當。我們可以簡單地將其稱為預測（prediction）或是一種更具特色的名稱：**預報**（*forecast*）（Ring, in preparation）。無論它的名稱是什麼，它都是以價值函數的形式呈現，因此我們可以使用本書所介紹用於學習近似價值函數的方法進行學習。除了學習到的預測值之外，我們還可以使用廣義策略疊代（第 4.6 節）或演員 - 評論家方法等方式學習策略以最大化預測值。透過這種方式代理人就可以學習如何預測和控制大量訊號，而不僅僅是長期獎勵。

為什麼預測和控制長期獎勵以外的訊號可能是有幫助的呢？預測和控制這些訊號是相對於獎勵最大化的主要任務以外額外的**輔助**（*auxiliary*）任務。其中一個答案是，預測和控制多種訊號可以建構一個強大的環境模型。正如我們在第 8 章中所介紹的，一個好的環境模型可以使代理人更有效地獲得獎勵。要進一步明確回答這個問題還需要一些其他的概念，我們將在下一節詳細說明。首先讓我們先考慮兩種更簡單的情形，在這兩種情形下多個不同種類的預測可以對強化學習代理人在學習上有所幫助。

輔助任務可以幫助完成主要任務的一種簡單情形是，它們可能需要一些與主要任務相同的表徵。有些輔助任務可能更容易、延遲更少，動作與結果之間的關係更加明顯。如果可以在簡單的輔助任務中迅速地發現良好的特徵，則透過這些特徵可能會顯著加快主要任務的學習速度。雖然沒有必然的理由說明為什麼這樣的關係會成立，但在許多情形下這似乎是合理的。例如，如果你要學習在很短的時間內（例如幾秒鐘）預測和控制感測器，那麼你可能會提出一些關於目標物體的特性，這對於預測和控制的長期獎勵將會有非常大的幫助。

我們可能會想像一個人工神經網路（ANN），其中最後一層被拆分成多個部分或稱為**頭部**（*heads*），每個部分都負責一項不同的任務。一個頭部可能會為主要任務生成近似值函數（以獎勵作為其累積量），而其他頭部會為各種輔助任務提供解決方案。所有頭部都可以透過隨機梯度下降將誤差反向傳播到網路的同一個「身體」裡（即在 ANN 中前一個共享的部分），然後嘗試在倒數第二層中產生表徵形式以提供資訊至所有頭部。許多研究人員已經嘗試了一些輔助任務，例如預測像素變化、預測下一步的獎勵以及預測回報的分布。在很多情形下這種方法已被證明可以大幅度增加主要任務的學習速度（Jaderberg et al., 2017）。多重預測的方式也同樣反覆地被提出作為建構狀態估計值的方法（詳見第 17.3 節）。

學習輔助任務可以提升性能表現的另一種簡單情形是透過類似於「古典制約」的心理學現象（第 14.2 節）。理解古典制約的一種方式是針對進化對於特定訊號的預測中對特定動作的反射（非學習）關聯性。例如，人類和許多動物似乎具有內建的反射性，只要他們預測被戳到眼睛的可能性超過某個閾值，他們就會眨眼。此預測是學習而得的，但是預測和閉眼之間的關聯性是內建的，因此動物可以避免眼球受到突然的戳擊。同樣地，恐懼和心跳加快或愣住的關聯性也是內建的。代理人的設計者可以執行類似的操作，透過設計（無需學習）將特定事件的預測與預定動作進行連結。例如，自動駕駛汽車可以學習預測前進是否會發生碰撞，每當預測高於某個閾值時就可以透過內建的反射功能停止或轉向。或者一個掃地機器人可以學習預測在返回充電器之前其電量是否會耗盡，並在預測變為非 0 時以條件反射的方式立刻回到充電器。正確的預測取決於房屋的大小、機器人所在的位置以及目前電量，但對於機器人設計者而言，要掌握所有的細節並不是一件容易的事。讓設計者以感測資訊設計一個可靠的演算法來決定是否要回到充電器是相當困難的，但是使用學習到的預測則可以很輕易地完成。我們預見了許多類似的情形，將學習到的預測與內建的控制行為演算法有效地結合在一起。

最後，輔助任務最重要的作用可能在於超出了我們在本書中所做的假設，即狀態表徵是固定的並且代理人了解這些資訊。為了解釋這個重要的作用，我們首先必須回過頭來觀察才能體會到這種假設的重要性，以及去除這種假設所帶來的影響。我們將在第 17.3 節進行說明。

17.2 透過選項的時序抽象化

MDP 在形式上一個吸引人的地方是它可以有效地應用於許多不同時間尺度的問題中。我們可以用它來形式化許多問題：決定要收縮哪些肌肉來抓緊一個物體、要乘坐哪架飛機才能方便地到達遙遠的城市以及要選擇哪種工作使自己過著令人滿意的生活。這些問題在時間尺度上有很大的不同，但是每個問題都可以有效地被設計成一個 MDP，我們可以透過本書中所介紹的規劃或學習過程來完成。這些問題都涉及到與世界的交互作用、順序性的決策以及一個會隨著時間推移累積獎勵的目標，因此這些問題都可以表示成 MDP 形式。

儘管這些問題都可以表示成 MDP 形式，但我們可能會認為它們不能表述為一個單一的（*single*）MDP。因為它們涉及不同的時間尺度、選擇上的概念和動作！例如，肌肉收縮的程度對於規劃跨洲飛行是沒有任何幫助的。但是對於其他問題，例如抓握、擲飛鏢或打棒球，低程度的肌肉收縮可能恰到好處。人類可以無縫地完成這些事情，而不需要在各個不同層級之間切換。MDP 架構是否可以擴展到同時涵蓋所有層級呢？

也許可以。一種普遍的想法是在一個詳細的層級上以較小的時步將 MDP 形式化，但允許使用多個基本層級的時步所對應的延伸動作過程在更高層級上進行規畫。為此我們需要一個動作過程的概念，此過程會橫跨多個時步，同時我們還需要一個「終止」的概念。一般對於這兩個概念進行設計的方法是使用一個策略 π，和一個與狀態相關的終止函數 γ 來進行表示，就如同在 GVF 中所定義的。我們將這一對策略 - 終止函數定義成一個廣義的動作概念並稱為**選項**（*option*）。在時步 t 執行一個選項 $\omega = \langle \pi_\omega, \gamma_\omega \rangle$ 表示從 $\pi_\omega(\cdot|S_t)$ 獲得一個動作 A_t，然後在時步 $t+1$ 時以機率 $\gamma_\omega(S_{t+1})$ 終止。如果選項未在 $t+1$ 處終止，則從 $\pi_\omega(\cdot|S_{t+1})$ 中選擇 A_{t+1}，然後選項以機率 $\gamma_\omega(S_{t+2})$ 在 $t+2$ 處終止，若未終止則以此類推直到最終的終止。將低層級動作視為選項的特例是很方便的，每個動作 a 對應於一個選項 $\langle \pi_\omega, \gamma_\omega \rangle$，選項對應的策略會選擇一個動作（$\pi_\omega(s) = a$，對於所有 $s \in \mathcal{S}$），並且其終止函數為 0（$\gamma_\omega(s) = 0$，對於所有 $s \in \mathcal{S}^+$）。選項有效地擴展了動作空間，代理人可以選擇一個低層級的動作 / 選項並在一個時步後終止，也可以選擇一個擴展的選項，此選項可能執行了多個時步後才終止。

選項的架構設計使其可以與低層級的動作互換。例如，一個動作值函數 q_π 的概念可以自然地被廣義化為一個**選項價值函數**（*option-value function*），此函數將狀態和選項作為輸入並回傳從該狀態開始的預期回報，執行輸入的選項直到終止，並在之後繼續遵循策略 π。我們還可以將策略的概念廣義化為一個**階層式策略**（*hierarchical policy*），此階層式策略選擇的是選項而不是動作，其中選項在被選中後會一直執行直到終止。有了這些概念，本書中的許多演算法都可以廣義化為學習近似的選項價值函數和階層式策略。在最簡單的情形下學習過程會從選項開始直接跳到選項終止，僅在選項終止時才進行更新。更巧妙地的方式是使用「內部選項」學習演算法在每個時步進行更新，這種演算法通常需要 off-policy 學習。

選項的概念所帶來最重要的廣義化操作可能是第 3 章、第 4 章和第 8 章中所介紹的環境模型。傳統的動作模型是狀態轉移機率和在每個狀態中採取該動作所預期的立即獎勵。傳統的動作模型要如何廣義化為**選項模型**（*option models*）呢？對於選項而言，合適的模型又分為兩個部分，一部分對應於執行選項後所產生的狀態轉移結果，另一部分則對應於執行選項的過程中預期累積的獎勵。選項模型的獎勵部分類似於狀態 - 動作對的預期獎勵 (3.5)：

$$r(s,\omega) \doteq \mathbb{E}\left[R_1 + \gamma R_2 + \gamma^2 R_3 + \cdots + \gamma^{\tau-1} R_\tau \;\middle|\; S_0 = s, A_{0:\tau-1} \sim \pi_\omega, \tau \sim \gamma_\omega\right], \tag{17.2}$$

對於所有選項 ω 和所有狀態 $s \in \mathcal{S}$，其中 τ 是根據 γ_ω 終止選項的隨機時步。請注意折扣參數 γ 在此方程式中的作用，折扣是根據 γ 決定的，但選項的終止是根據 γ_ω 所決定的。選項模型的狀態轉移部分更加微妙，此部分描述了每個可能的結果狀態機率（如 (3.4) 中所示），但是現在這些狀態可能在經過不同數量的時步後才產生，每個狀態都經過不同程度的折扣。選項 ω 的模型指定了 ω 中每個可能的起始狀態 s，以及 ω 中每個可能的終止狀態 s'。

$$p(s' \,|\, s, \omega) \doteq \sum_{k=1}^{\infty} \gamma^k \Pr\{S_k = s', \tau = k \mid S_0 = s, A_{0:k-1} \sim \pi_\omega, \tau \sim \gamma_\omega\}. \tag{17.3}$$

請注意，由於存在 γ^k，此處的 $p(s'|s,\omega)$ 不再是一個轉移機率，也不再對所有可能的 s' 進行加總為 1（儘管如此，我們繼續在 p 中使用符號「|」來表示）。

以上關於選項模型狀態轉移部分的定義使我們能夠設計出適用於所有選項的貝爾曼方程和動態規劃演算法，包含作為特例的低層級動作。例如，對於階層式策略 π 的狀態值其通用的貝爾曼方程為

$$v_\pi(s) = \sum_{\omega \in \Omega(s)} \pi(\omega|s) \left[r(s,\omega) + \sum_{s'} p(s' \,|\, s, \omega) v_\pi(s') \right], \tag{17.4}$$

其中 $\Omega(s)$ 表示狀態 s 中可用的選項集合。如果 $\Omega(s)$ 僅包含低層級動作，則該方程式將簡化為一般的貝爾曼方程的形式 (3.14)，除了 γ 包含在新的 p(17.3) 中，因此在此沒有出現。同樣地，相應的規劃演算法也沒有 γ。例如，類似於 (4.10) 具有選項的價值疊代演算法為：

$$v_{k+1}(s) \doteq \max_{\omega \in \Omega(s)} \left[r(s,\omega) + \sum_{s'} p(s' \,|\, s, \omega) v_k(s') \right] \text{，對於所有 } s \in \mathcal{S} \tag{17.5}$$

如果 $\Omega(s)$ 包含了每個 s 中所有可用的低層級動作，則此演算法將收斂到傳統的 v_*，我們可以透過它計算出最佳策略。但當我們在每個狀態中僅考慮可能選項的子集（在 $\Omega(s)$ 中）時，使用選項進行規劃將會特別有幫助。如此一來價值疊代將收斂到我們所限制的選項子集中的最佳階層式策略。儘管此策略可能是次佳的策略，但因考慮的選項較少所以收斂速度會更快，並且每個選項都可以跳過許多時步。

在具有選項的情形下進行規劃需要提供選項模型或學習選項模型。學習選項模型一種直接的方法是將其設計為一系列的 GVF（如上一節所定義），然後使用本書中所介紹的方法學習 GVF。對於選項模型的獎勵部分如何做到這一點其實不

難觀察。我們僅需挑選一個 GVF 的累積量作為獎勵（$C_t = R_t$），將其策略設為選項的策略（$\pi = \pi_\omega$），並將其終止函數設為折扣率乘以選項的終止函數（$\gamma(s) = \gamma \cdot \gamma_\omega(s)$）。如此一來實際的 GVF 將等於選項模型的獎勵部分（$v_{\pi,\gamma,C}(s) = r(s,\omega)$），並且可以使用本書所介紹的各種學習方法進行近似。選項模型的狀態轉移部分稍微複雜一些，我們需要為選項所對應的每一個可能的終止狀態分配一個 GVF。我們不希望這些 GVF 累積任何量，除非選項終止並且終止於適當的狀態。這可以透過將預測轉移到狀態 s' 的 GVF 累積量表示為 $C_t = \gamma(S_t) \cdot \mathbb{1}_{S_t=s'}$ 來完成。此 GVF 的策略及終止函數的選擇與選項模型的獎勵部分相同。實際的 GVF 等於選項的狀態轉移模型中 s' 的部分：$v_{\pi,\gamma,C}(s) = p(s'|s,\omega)$，我們同樣可以使用本書所介紹的各種學習方法進行學習。儘管這些步驟中每個步驟看起來都相當自然，但將所有步驟（包括函數近似和其他關鍵部分）組合在一起相當具有挑戰性，已經超出了目前的研究技術。

練習 17.1：本節介紹了折扣情形下的選項，但是使用函數近似時，折扣對於控制問題而言無疑是不合適的（第 10.4 節）。對於階層式策略的貝爾曼方程如何以類似於 (17.4) 但在平均獎勵設定（第 10.3 節）的情形下進行表示？在平均獎勵設定的情形下，選項模型的兩個部分如何以類似於 (17.2) 和 (17.3) 的方式進行表示？ □

17.3 觀測量及狀態

在本書中我們將學習到的近似值函數（以及第 13 章中的策略）表示為與環境狀態相關的函數。這是對本書第 I 部分所提出的方法一項重大限制，在這些方法中學習到的價值函數都以表格的形式表示，因此任何價值函數可以被精確地近似。這種情形等同於假設代理人可以完全觀察到環境狀態。但是在許多我們感興趣的情形下，包括在所有具有自然智慧的生命中，感官的輸入僅能提供關於世界中部分狀態的資訊。某些事物可能被其他事物擋住了，或者在代理人的身後或幾英里之外。在這些情形下，環境狀態的潛在重要資訊無法直接被觀察到。此外，將學習到的價值函數假設為一個關於環境狀態空間的表格是一種過強的、不切實際的和限制性的假設。

我們在本書第 II 部分中所介紹的參數化函數近似其框架限制要少得多，甚至可以說完全沒有限制。在第 II 部分中我們保留了學習到的價值函數（和策略）是關於環境狀態的函數這項假設，但是允許透過參數化的方式任意地限制這些函數。令人有點訝異且不被廣泛認可的是，函數近似包含了部分可觀察性的重要資訊。例如，如果存在一個不可觀察的狀態變數，則我們可以透過參數化使得近似值與該狀態變數無關，這樣做的效果如同此狀態變數是不可觀察的。因此，透過參數化所獲得的所有結果均適用於部分可觀察性的情形而無需進行任何更改。就此意義上而言，參數化函數近似的情形包含了部分可觀察性的情形。

然而，如果不對部分可觀察性的情形進行更明確的處理，仍會有許多問題無法被深入探究。儘管我們不能在此針對部分可觀察性的情形提供完整的處理方法，但我們可以概述所需進行的調整，以下分為四個步驟。

首先，我們需要改變問題。環境不會提供其狀態詳細資訊，僅會發出**觀測量**（***observations***）－其訊號取決於狀態，並且會像機器人的感測器一樣僅提供關於狀態的部分資訊。為方便起見，在不失一般性的前提下我們假設獎勵是觀測量的一個直接的已知函數（觀測量可能是一個向量，而獎勵是其中一個分量）。因此與環境的交互作用將沒有明確的狀態或獎勵，而僅僅是一個動作 $A_t \in \mathcal{A}$ 和觀測量 $O_t \in \mathcal{O}$ 的交替序列：

$$A_0, O_1, A_1, O_2, A_2, O_3, A_3, O_4, \ldots,$$

永遠持續下去（對比於方程式 3.1）或形成分節，每個分節都以一個特殊的最終觀測量結束。

第二個步驟是我們可以透過觀測量和動作的序列恢復本書所使用的狀態概念。我們使用術語「**歷史**（***history***）」和符號 H_t 來表示從初始動作到目前觀測量的軌跡：$H_t \doteq A_0, O_1, \ldots, A_{t-1}, O_t$。歷史代表了我們在不查看資料流外部資訊的情形下對過去所能了解的最大程度（因為歷史是過去的完整資料流）。當然，歷史會隨著 t 增長且可能會變得相當龐大和笨重。狀態在概念上就是一種針對歷史的簡要總結，它對於預測未來所使用的實際歷史一樣有用。讓我們先來了解其代表的意義：要成為歷史的總結，狀態必須是一個關於歷史的函數 $S_t = f(H_t)$，同時它必須如同完整歷史一樣對預測未來有用，也就是它必須具備所謂的**馬可夫特性**（***Markov property***）。更正式的說法是這是函數 f 的一個特性，一個函數 f 具有馬可夫特性當且僅當由 f 映射到相同狀態（$f(h)=f(h')$）的兩個歷史 h 和 h' 對於下一個觀測量具有相同的機率時才成立。

$$f(h) = f(h') \quad \Rightarrow \quad \Pr\{O_{t+1}=o|H_t=h, A_t=a\} = \Pr\{O_{t+1}=o|H_t=h', A_t=a\}, \tag{17.6}$$

對於所有 $o \in \mathcal{O}$ 和 $a \in \mathcal{A}$。如果 f 具有馬可夫特性，則 $S_t = f(H_t)$ 會是一個狀態，這與我們在本書中先前所使用的意義相同。從現在開始，我們將其稱為**馬可夫狀態**（*Markov state*），以區別那些總結了歷史但不具備馬可夫特性的狀態（我們將在後面進行說明）。

一個馬可夫狀態是預測下一個觀測量 (17.6) 的良好基礎，但更重要的是它也是預測或控制**任何情形**（*anything*）的良好基礎。例如，令一個**測試**（*test*）序列為將來可能交替發生的動作和觀測量的任意特定序列。例如，一個三步測試表示為 $\tau = a_1 o_1 a_2, o_2, a_3, o_3$。給定特定歷史 h，此測試序列的機率為：

$$p(\tau|h) \doteq \Pr\{O_{t+1}=o_1, O_{t+2}=o_2, O_{t+3}=o_3 \mid H_t=h, A_t=a_1, A_{t+1}=a_2, A_{t+2}=a_3\}. \tag{17.7}$$

若 f 具有馬可夫特性且 h 和 h' 為 f 映射到相同狀態的任意兩個歷史，則對於任意長度的任何測試序列 τ，給定這兩個歷史時其機率也必須相同：

$$f(h) = f(h') \quad \Rightarrow \quad p(\tau|h) = p(\tau|h'). \tag{17.8}$$

換句話說，一個馬可夫狀態總結了歷史中確定任何測試序列的機率所需的所有資訊。實際上它總結了進行**任何預測**（*any prediction*）所需的所有資訊，包含任何 GVF 及最佳的行為（如果具有馬可夫特性，則始終存在一個確定性函數 π，使得選擇 $A_t \doteq \pi(f(H_t)$ 為最佳的）。

將強化學習擴展到部分可觀察性的第三個步驟是處理一些計算上的問題。特別是我們希望狀態是一種針對歷史的簡要總結。例如，恆等函數完全滿足馬可夫特性函數 f 的條件，但是並無任何用處。如我們先前所提到的，因為其相應的狀態 $S_t = H_t$ 會隨著時間增加而變得笨重，所以用處不大。但是從根本上而言是因為歷史永遠不會重複出現，代理人將永遠不會再次遇到相同的狀態（在連續性問題中），因此永遠無法從表格式學習方法中受益。

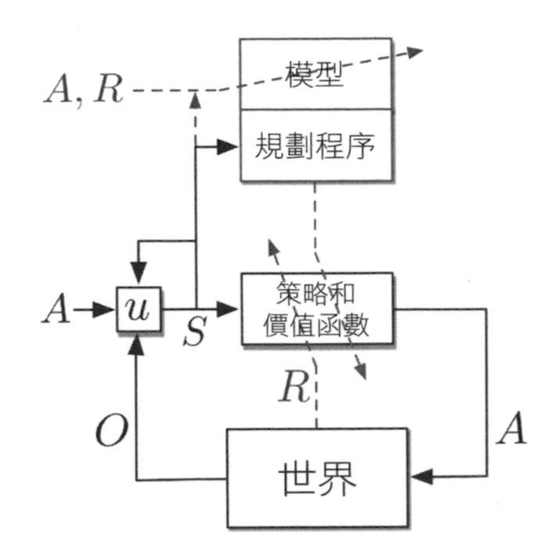

圖 17.1 代理人架構的概念包含了模型、規劃程序和狀態更新函數。在這種情形下，世界接收動作 A 並發出觀測量 O。狀態更新函數 u 使用觀測量和動作的副本產生新狀態。新狀態緊接著輸入到策略和價值函數以產生下一個動作，同時新狀態也會作為規劃程序（和狀態更新函數 u）的輸入。學習中最重要的資訊流在圖中以虛線表示，圖中穿過方框的對角虛線表示資訊流將對這些方框中的內容進行改變。獎勵 R 改變了策略和價值函數，動作、獎勵和狀態改變了模型，而模型會與規劃程序緊密合作並改變策略和價值函數。注意到規劃程序的操作可以在獨立於代理人 - 環境交互作用的情形下進行，而其他操作則會在鎖定步驟並在此交互作用的情形下進行，以確保新資料輸入後的完整性。此外要注意模型和規劃程序不會直接對觀測量進行處理而僅處理 u 產生的狀態，這些狀態可以作為模型學習的目標。

我們希望我們的狀態和馬可夫狀態一樣簡潔，對於如何獲取和更新狀態的問題我們也有類似的需求。我們並不是真的想要一個包含整個歷史的函數 f，相反地，由於計算上的因素，我們更偏好使用增量遞迴更新來獲得與 f 相同的效果，此增量遞迴更新使用下一個資料增量 A_t 和 O_{t+1} 從 S_t 計算 S_{t+1}：

$$S_{t+1} = u(S_t, A_t, O_{t+1})\text{，對於所有 } t \geq 0 \tag{17.9}$$

其中第一個狀態 S_0 是給定的。函數 u 被稱為**狀態更新**（*state-update*）函數。例如，如果 f 為恆等函數（$S_t = H_t$），則 u 只會透過將 A_t 和 O_{t+1} 附加到 S_t 來擴展 S_t。給定 f 總是可以建構一個對應的 u，但是在計算上可能並不方便，而且正如先前恆等函數的例子，它可能無法產生一個簡潔的狀態。狀態更新函數在任何代理人架構中都是處理部分可觀察性的核心部分，它必須是能高效計算的，因為在觀察到狀態之前無法進行任何動作或預測。圖 17.1 顯示了這種代理人架構的整體圖。

透過狀態更新函數獲得馬可夫狀態的例子採用了流行的貝葉斯方法，稱為**部分可觀察** *MDP*（*Partially Observable MDP,* POMDP）或 *POMDPs*。在此方法中，假定環境具有一個完備定義的**潛在狀態**（*latent state*）X_t，此狀態建立並產生了環境的觀測量，但是對於代理人而言永遠無法觀察到此狀態（不要將它與代理人用於進行預測和決策的狀態 S_t 混淆）。對於一個 POMDP 其馬可夫狀態 S_t 為給定歷史時在潛在狀態上的**分布**，又被稱為**信念狀態**（*belief state*）。具體而言，假設在一般情形下存在有限數量的隱藏狀態 $X_t \in \{1, 2, \ldots, d\}$，則信念狀態為向量 $S_t \doteq \mathbf{s}_t \in \mathbb{R}^d$，其分量為：

$$\mathbf{s}_t[i] \doteq \Pr\{X_t = i \mid H_t\}\text{，對於所有可能的潛在狀態 } i \in \{1, 2, \ldots, d\}$$

信念狀態將保持相同的大小（與分量數量相同），但是 t 會增長。假設我們完全了解環境的內部運作方式，它也可以依照貝氏定理進行增量更新。具體而言，信念狀態更新函數的第 i 個分量為

$$u(\mathbf{s}, a, o)[i] = \frac{\sum_{x=1}^{d} \mathbf{s}[x] p(i, o|x, a)}{\sum_{x=1}^{d} \sum_{x'=1}^{d} \mathbf{s}[x] p(x', o|x, a)}, \tag{17.10}$$

對於所有 $a \in \mathcal{A}$、$o \in \mathcal{O}$ 和信念狀態 $\mathbf{s} \in \mathbb{R}^d$ 與分量 $\mathbf{s}[x]$，此處具有四個變數的 p 函數不是 MDP 的常用函數（如第 3 章所述），而是 POMDP 中基於**潛在**狀態的函數：$p(x', o|x, a) \doteq \Pr\{X_t = x', O_t = o \,|\, X_{t-1} = x, A_{t-1} = a\}$。這種方法在理論研究中相當流行並且有許多重要的應用，但是它的假設和計算複雜度可擴展性太差，我們不建議在人工智慧中使用此方法。

另一個馬可夫狀態的例子是**預測狀態表徵**（*Predictive State Representations,* PSR）。PSR 解決了 POMDP 方法的弱點，即其代理人的狀態 S_t 在語意上是以環境的潛在狀態 X_t 為基礎。由於代理人永遠無法觀察到此狀態，因此很難進行學習。在 PSR 和其他相關方法中，代理人的狀態在語意上是基於對未來的觀測量和動作的預測，而這些觀測量和動作很容易觀察到。在 PSR 中，一個馬可夫狀態被定義為一個 d 維的機率向量，此機率向量是由 d 個挑選出的「核心」測試序列的機率所組成，測試序列的機率則透過先前 (17.7) 進行定義。接著透過類似於貝氏定理的方式由狀態更新函數 u 更新機率向量，但以可觀察的資料為基礎，這使得學習變得更容易。此方法已透過多種方式進行擴展，包含終端測試、成分測試、強大的「頻譜」方法，以及透過 TD 方法學習的封閉迴路測試和時間抽象測試。最好的理論進展是針對被稱為**可觀察操作模型**（*Observable Operator Model,* OOM）和序列系統（Thon, 2017）的系統。

在對於如何在強化學習中處理部分可觀察性的簡短概述中，第四步也是最後一步是重新引入近似值。如同我們在第二部分引言中所述，想要更接近人工智慧就必須接受近似方法。這對於狀態和價值函數而言都是如此，我們必須接受並以一種近似狀態的概念下進行我們的工作。近似狀態將在我們的演算法中發揮和先前相同的作用，因此可以繼續使用符號 S_t 來表示代理人使用的狀態，即使代理人使用的狀態可能是不具有馬可夫特性的狀態。

也許近似狀態的最簡單例子就是最新觀測量 $S_t \doteq O_t$。當然這種方法不能處理任何隱藏狀態資訊，最好的方式是對於某個 $k \geq 1$ 使用最近 k 個觀測量和動作 $S_t \doteq O_t, A_{t-1}, O_{t-1}, \ldots, A_{t-k}$，這可以透過狀態更新函數將新資料移入並將最舊的資料移出來完成。這種 **k 階歷史**的方法非常簡單，但與直接將單個立即的觀測量作為狀態相比，使用 k 階歷史的方法可以大幅度提高代理人的能力。

當馬可夫特性 (17.6) 只有近似滿足時會發生什麼情形？不幸的是，當單步預測所定義的馬可夫特性稍微變得不準確時，長期預測性能可能會急劇下降。長期測試序列、GVF 和狀態更新函數的近似情形可能都非常糟糕。短期和長期的近似目標就會是不同的，目前還未有有效的理論可以證明。

儘管如此，我們仍然有理由認為本節中所概述的一般概念適用於近似的情形。這個一般的概念是：一個對某些預測有利的狀態對其他預測也會是有利的（特別是對於一個馬可夫狀態，如果在進行單步預測而言它是足夠的，則對其他預測也都會是足夠的）。如果我們退一步不考慮馬可夫情形下的特定結果，則前面所提的一般概念會與我們在第 17.1 節中所討論的多頭部學習和輔助任務類似。在第 17.1 節中我們討論了對於輔助任務而言好的表徵為什麼對於主要任務通常也是好的。綜合以上描述，這些建議為部分可觀察性和表徵學習提供了一種方法：採用多種預測並用來指引狀態特徵的構建。完美但不切實際的馬可夫特性所提供的保證將被啟發式規則取代，即對某些預測有利的將會對其他預測也是有利的，這種方法可以有效地擴展計算資源。在一台大型機器上，我們可以嘗試進行大量的預測：可能會偏好於那些與最終興趣最相似的、最容易可靠地學習的或根據其他準則進行預測。在這裡最重要的是，不要手動選擇預測目標，應該由代理人進行選擇。這將需要一種通用的語言來表達預測，以便代理人可以系統性地探索廣大的、可能的預測空間，進而篩選出最有用的預測。

特別是 POMDP 和 PSR 方法都可以應用於近似狀態。狀態的語義在形成狀態更新函數時非常有用，就像在這兩種方法和 k 階方法中一樣。為了將有用的資訊保留在狀態中，對於語義正確性的需求並不是那麼強烈。一些狀態增強方法，例如回聲狀態網路（Jaeger, 2002）幾乎保留了有關歷史的任何資訊，但仍然可以表現得相當好。這個領域有相當多的可能性，我們期望未來能有更多新的研究和想法。學習狀態更新函數以獲得近似狀態是強化學習中表徵學習問題一個相當重要的部分。

17.4 設計獎勵訊號

強化學習相較於監督式學習的主要優勢在於強化學習不依賴於詳細的指引資訊：生成一個獎勵訊號並不依賴於了解「代理人應採取的正確動作是什麼」的知識細節。但一個強化學習應用的成功主要取決於獎勵訊號是否符合設計者對其應用所設定的目標，以及針對訊號實現該目標的進度所進行評估的程度。由於以上因素，設計獎勵訊號是任何強化學習應用中一個相當關鍵的部分。

設計獎勵訊號是設計代理人所在環境的一部分，此部分負責計算每個純量獎勵 R_t 並將獎勵在每個時步 t 發送給代理人。在第 14 章結尾專有名詞的討論中，我們提到 R_t 更像是動物大腦內部產生的訊號，而不是動物外部環境中的物體或事件。大腦中生成這些訊號的部分已經歷經數百萬年的進化，因此非常能適應我們的祖先在將他們的基因傳遞給後代時所面對的各種挑戰。因此，我們不應該認為設計一個好的獎勵訊號是一件容易的事！

設計獎勵訊號一個的挑戰是，使代理人在學習時其行為能接近並在最終理想地達到設計者實際期望的目標。如果設計者的目標既簡單又易於識別，例如在一個具有良好定義的問題中找到解答，或者在一個具有良好定義的遊戲中獲得高分，這些目標都是很容易完成的。在這些情形下通常會根據解決問題的成功與否或得分是否提高來獎勵代理人。但是有些問題涉及難以轉化為獎勵訊號的目標，特別是當問題需要代理人技巧性地執行複雜的問題或一組問題時更是如此（例如家用機器人助理所需要解決的問題）。此外，強化學習的代理人可以發現意想不到的方式來使得環境能提供獎勵，但其中一些可能不是我們想要的甚至是危險的。對於任何如同強化學習一樣基於最佳化的方法而言，這都是長期存在的關鍵挑戰。我們將在本書的最後一節中討論這個問題。

即使有一個簡單容易識別的目標，***稀疏獎勵***（*sparse reward*）的問題仍然會時常出現。頻繁地提供非零獎勵使代理人能夠實現一次目標甚至是從多個初始條件中有效地完成目標都會是相當艱鉅的挑戰。能夠明確觸發獎勵的狀態 - 動作對可能很少且彼此之間相隔很遠，而且代表著朝向目標進展的獎勵可能很少發生，因為進展方向是困難的或甚至無法被察覺。因此，代理人可能會長時間漫無目的地徘徊（Minsky, 1961，又稱為「高原問題」）。

在實踐中，設計獎勵訊號通常要經過非正式的試誤過程來找出一個可以產生合理結果的訊號。如果代理人無法學習、學習速度太慢或學習到錯誤的資訊，則設計者會嘗試調整獎勵訊號並重新試驗。為了做到這一點，設計者會將自我設定的標準轉化為獎勵訊號來衡量代理人的表現，以便代理人的目標與設計者設定的目標相符。如果學習的過程太慢，設計者可能會嘗試設計一個非稀疏的獎勵訊號，此訊號可以有效地指引代理人與環境互動的學習過程。

設計者可能會認為，嘗試透過獎勵代理人完成多個子目標的方式來解決稀疏獎勵的問題是實現整體目標的重要途徑。但是，透過這些具有明確目的性的補充獎勵來增強獎勵訊號可能會導致代理人的行為與預期行為截然不同，代理人最終可能根本無法實現整體目標。提供這種引導方式另一種更好的方法是不考慮獎勵訊號，而是透過對最終目標或是部分目標的初始猜測來增強價值函數近似。例如，假設我們想要將 $v_0 : \mathcal{S} \to \mathbb{R}$ 作為對實際最佳價值函數 v_* 的一個初始猜測，並使用具有特徵 $\mathbf{x} : \mathcal{S} \to \mathbb{R}^d$ 的線性函數近似，則我們可以將初始價值函數近似定義為：

$$\hat{v}(s,\mathbf{w}) \doteq \mathbf{w}^\top \mathbf{x}(s) + v_0(s), \tag{17.11}$$

然後依照慣例更新權重 $\mathbf{w}$。如果初始權重向量為 $\mathbf{0}$，則初始價值函數將為 v_0，但漸近解的品質將如往常一樣由特徵向量決定。我們可以針對任意非線性函數近似器和任意形式的 v_0 進行這種初始化，儘管這不能保證總是能加速學習。

解決稀疏獎勵問題的一種特別有效的方法是心理學家 B.F.Skinner 所提出的塑形（*shaping*）技術，我們在第 14.3 節中對此技術有進行相關介紹。這種技術的有效性取決於一個事實：稀疏獎勵的問題不僅是獎勵訊號的問題，同時還包含了代理人策略的問題，有些策略會阻礙代理人頻繁地到達具有獎勵的狀態。塑形技術會在學習的過程中不斷改變獎勵訊號，給定代理人的初始行為從一個不稀疏的獎勵訊號開始，然後逐步修改獎勵訊號以符合問題的原始目標。透過逐步修改獎勵訊號的方式使得代理人會因為在每個階段的當前行為符合當下的要求而經常獲得獎勵。代理人在此過程中將面臨一系列難度逐漸增加的強化學習問題，在每個階段所學習到的知識使它更容易解決下一個難題，相較於沒有先前經驗的代理人，它獲得獎勵的頻率會更高。塑形是訓練動物的基本技術，在計算強化學習中也非常有效。

如果我們不知道獎勵訊號應如何設計，但是這時出現了另一個代理人，他可能是一個人類，而這個人是解決此問題的專家並且可以觀察到他的行為，我們該如何利用這一點呢？在此情形下我們可以使用各種不同的方法，例如「模仿學習」、「從示範中學習」和「學徒制學習」。這裡的概念是從專家代理人中受益，但保留進一步提升的可能性。專家的行為既可以透過監督式學習直接學習，也可以使用所謂的「逆強化學習」提取獎勵訊號，然後使用具有該獎勵訊號的強化學習演算法來學習策略。Ng 和 Russell（2000）在針對逆強化學習的研究中試圖僅從專家的行為中恢復專家的獎勵訊號。但以這樣的方式是無法找到精確的獎勵訊號，因為一個策略可能對於許多不同的獎勵訊號（例如，任何對所有狀態和動作都給予相同獎勵的獎勵訊號）而言都是最佳的，但仍有可能找到合理的候選獎勵訊號。不幸的是這需要強有力的假設，包括環境動態的相關知識以及與獎勵訊號呈線性相關的特徵向量。同時，此方法還需要針對問題進行完全求解（例如透過動態規劃）。儘管存在這些困難，但 Abbeel 和 Ng（2004）認為，由於受益於專家的行為，逆強化學習方法有時可能比監督式學習更有效。

另一種尋找好的獎勵訊號的方法是使我們先前提到的獎勵訊號試誤過程自動化。從應用的角度來看，獎勵訊號是學習演算法的一個參數。就像其他演算法參數一樣，我們可以透過定義可行的候選空間並使用最佳化演算法自動搜尋好的獎勵訊號。最佳化演算法透過以下方式評估每個候選獎勵訊號：使用該訊號執行強化學習系統一定數量的步驟，然後透過一個針對設計者真實目標的「高級」目標函數對整體結果進行評分並忽略代理人的限制。獎勵訊號甚至可以透過線上梯度上升方法進行改善，其中梯度為高級目標函數的梯度（Sorg, Lewis, and Singh, 2010）。如果將此方法與真實世界連結，用於最佳化高級目標函數的演算法類似於進化，高級目標函數類似於動物的進化適應性，而進化適應性取決於動物存活至繁殖年齡的後代數量。

這種雙層最佳化方法的計算實驗結果（一層類似於進化，另一層為個別代理人的強化學習），已經被證實單憑直覺並非總是足以設計出良好的獎勵訊號（Singh, Lewis, and Barto, 2009）。透過高級目標函數評估的強化學習代理人，其性能表現可能會對代理人獎勵訊號的某些細節特別敏感，這些敏感度取決於代理人的限制以及代理人操作和學習所在的環境。這些實驗也證明了一個代理人的目標不應始終與代理人設計者的目標相同。

乍看之下這似乎是違反直覺的，但代理人不可能無論獎勵訊號是什麼樣子都能實現設計者的目標。代理人必須在各種限制下進行學習，例如有限的計算能力、有限的環境資訊或有限的學習時間。當存在這些限制時，學習實現與設計者原始目標不同的目標，有時會比直接追求該目標更接近設計者的原始目標（Sorg, Singh, and Lewis, 2010; Sorg, 2011）。在自然界中很容易發現這種例子，由於我們無法直接評估大多數食物的營養價值，進化（獎勵訊號的設計者）向我們發出了尋求特定口味的獎勵訊號。儘管這並非絕對可靠的（事實上，在某些與祖先環境不同的環境中可能是有害的），但這個訊號可以彌補我們許多的限制：我們有限的感官能力、有限的學習時間以及透過人體實驗尋找健康飲食所涉及的風險。同樣地，由於動物無法觀察到自身的進化適應性，因此進化適應性的目標函數不能作為學習的獎勵訊號。相反地，進化提供了對於可觀測的進化適應性預測因子相對敏感的獎勵訊號。

最後，請記住一個強化學習代理人不一定像是一個完整的有機體或機器人，它可以是一個更大的行為系統一部分。這表示獎勵訊號可能會受到更大的行為代理人其內部的事物影響，例如動機狀態、記憶、想法甚至幻覺。獎勵訊號也可能取決於學習過程本身的特性，例如衡量學習進度的指標。使獎勵訊號對以上這些內部因素的資訊敏感可以使代理人學習如何控制它所屬於的「感知結構」，同時也可以學習僅依賴於外部事件的獎勵訊號難以做到的相關知識和技能。這樣的可能性將引起「內在動機的強化學習」概念，我們將在下一節的結尾進一步討論。

17.5 其他相關議題

在本書中我們介紹了強化學習方法邁向人工智慧的基礎知識。大略而言，這種方法是由無模型方法和基於模型的方法共同合作（如第 8 章的 Dyna 架構），並結合了第 II 部分中所介紹的函數近似方法。我們專注於線上演算法和增量演算法，甚至認為這些方法是基於模型方法的基礎，同時我們也專注於如何將這些演算法應用於 off-policy 的訓練情形。在最後一章中，我們僅介紹後者的完整原理。也就是說，我們一直將 off-policy 學習視為解決探索 / 利用之間的困境一種具有吸引力的方式，但是只有在本章中，我們才討論了使用 GVF 同時學習多個不同的輔助任務，以及透過時間抽象的選項模型學習世界的層次性，這些都涉及 off-policy 學習。正如我們不斷地在本書中指出的，以及本章中討論的其他研究方向所證明的，仍然有許多工作有待完成。但是，假設我們很慷慨並提供我們在書中所介紹的全部內容以及本章到目前為止概述的所有方向。在這之後還會剩下什麼呢？當然我們無法確定還需要什麼，但是我們可以做出一些猜測。在本節中我們將重點介紹在未來研究中仍需要解決的 6 個更深遠的議題。

第 1 個議題是我們仍然需要強大的參數函數近似方法，這些方法可以在完全增量和線上的設定下順利執行。基於深度學習和 ANN 的方法是朝這個方向邁出的重要一步，但仍然只適用於對大型資料集進行批次訓練，從大量離線自我對弈的過程中進行訓練，或從多個代理人在相同的問題上交錯地收集經驗進行學習。這些和其他設定都是為了解決目前深度學習方法的基本限制，具有這些限制將難以在增量式和線上的設定下快速學習，但這對於本書所強調的強化學習演算法而言是最基本的特性。這個問題有時被描述為「災難性干擾」或「相關的資料」，當學習到新東西時，它往往會取代之前學過的東西，而不是將新知識作為補充資訊，進而導致失去先前學習所獲得的好處。「重播緩衝區」之類的技術經常被用於保留和重播舊資料以防止先前學習所獲得的好處永久遺失。就我們誠實的評估，目前的深度學習方法不太適合線上學習。我們不認為這個限制是無法克服的，但是解決該限制並同時保留深度學習優勢的演算法目前尚未出現。目前大多數深度學習研究都是在此限制下進行而不是消除此限制。

第 2 個議題是（也許是密切相關的）我們仍然需要學習特徵的方法以便後續學習的廣義化能有效進行。這個議題是一般問題（被稱為「表徵學習」、「構造性歸納」或「元學習」）的一個實例：我們要如何才能利用經驗在學習給定的期望函數時也學習歸納各種偏差，以便將來學習的廣義化能更好使得學習更快？這是一個相當古老的問題，可以追溯至 1950 年代和 1960 年代人工智慧和圖形識別的起源[1]。這麼長的時間不禁讓我們仔細思考也許這個問題沒有辦法解決，但也有可能是在這段時間尚未找到解決方案並證明其有效性。如今，機器學習的研究規模比過去大得多，且良好的表徵學習方法其潛在優勢也變得更加明顯。我們注意到一個新的年度會議 —— 國際學習表徵會議（the International Conference on Learning Representations, ICLR）—— 自 2013 年以來每年都在探討這個問題及相關主題。在強化學習環境中探索表徵學習也不太常見，強化學習為這個舊議題帶來了一些新的可能性，例如第 17.1 節中提到的輔助任務。在強化學習中，表徵學習的問題可以視為等同於第 17.3 節中所討論的學習狀態更新函數的問題。

第 3 個議題是我們仍然需要可擴展的方法在學習到的環境模型中進行規劃。規劃方法在 AlphaGo Zero 和電腦西洋棋等應用中已經被證明極為有效，在這些應

1　有些人會宣稱深度學習已經解決了這個問題，例如，第 16.5 節所描述的 DQN 就是一種解決方案，但我們不認為它具有足夠的說服力。尚無證據證明深度學習能夠以一種通用和有效的方式解決表徵學習問題。

用中，環境模型可以從遊戲規則或是從人類設計者提供的資訊中獲得。但是從資料中學習環境模型、然後用於規劃的完整模型強化學習的例子非常少。第 8 章所介紹的 Dyna 系統是一個例子，但是正如我們在第 8 章以及大多數後續研究中所描述的，Dyna 系統使用了不具有函數近似的表格式模型，這大幅限制了它的適用性。只有少部分的研究討論了如何使用學習到的線性模型，並且只有極少數的研究討論到使用第 17.2 節中所介紹的時間抽象的選項模型。

為了要使規劃方法在學習到的環境模型上能夠有效使用，我們還需要做更多的工作。例如，由於模型的範圍會嚴重影響規劃效率，因此對模型的學習必須是選擇性的。如果模型專注於最重要選項的關鍵結果，則規劃將會是有效且迅速的，但如果模型包含了不太可能選擇的選項中非重要結果的詳細資訊，則規劃可能幾乎是無用的。我們應以最佳化規劃過程作為目標，根據狀態和動態來謹慎地建構環境模型，同時也應持續地監控模型的各個部分，以了解它們對規劃效率的貢獻或降低的程度。此領域尚未解決這個複雜的問題或設計出考慮其影響的模型學習方法。

未來研究中需要解決的第 4 個議題是自動化選擇代理人執行的任務及建構代理人發展能力。在機器學習中，人類設計者通常會設定學習代理人所要掌握的任務。由於這些任務是事先已知的且保持固定，因此可以將它們寫入學習演算法程式碼中。但如果看得更遠一些，我們會希望代理人對於需要完成的任務做出自己的選擇。這些任務可能是一個特定整體任務中一些已知的子任務，或者它們可能是為了建構一些類似於積木的區塊，以允許代理人在將來可能要面對但目前仍未知的任務中能更有效地學習。

這些任務可能類似於第 17.1 節中所討論的輔助任務或 GVF，或是像第 17.2 節中討論的透過選項解決的任務。例如，在建構一個 GVF 時，累積量、策略和終止函數應該分別是什麼樣的呢？目前的最好的方式是手動選擇它們，但是如果能自動地做出這些任務選擇，則將會產生更強大的能力及廣義化特性，特別是當任務選擇來自於代理人先前所建構的區塊更是如此，這些區塊可能是代理人在表徵學習或先前子問題的經驗中產生的結果。如果 GVF 設計是自動化的，則設計的選擇本身必須被明確表示。任務選擇不是儲存在設計者的大腦並寫入程式碼中，而是以一種可以自動地設定、更改、監控、篩選和搜尋的方式存放在機器中。任務可以一個接著一個以階層式的方式進行建構，就像在 ANN 中的特徵一樣。這些任務就是一個個的問題，而 ANN 的內容就是這些問題的答案。我們認為這需要一個完整的問題層次結構以符合現代深度學習方法所提供的答案層次結構。

第 5 個我們認為在未來的研究中相當重要的議題是行為與學習之間的相互作用透過某種類似於好奇心（*curiosity*）的模擬計算。在本章中我們一直在想像一種設定，在此設定中可以使用 off-policy 方法從同一經驗流中同時學習多個任務。當然，採取的動作將影響經驗流，而經驗流又會決定學習的程度和學習哪些任務。當獎勵不可用或不受代理人行為的強烈影響時，代理人可以自由選擇動作，這些被選擇的動作在某種意義上最大化了對任務的學習，也就是使用某種程度的學習進度作為內部或「內在」獎勵來實現一種「好奇心」的計算形式。除了衡量學習進度外，內在獎勵還可以根據其他可能性找到意想不到的、新奇的或其他有趣的輸入，或是評估代理人對環境變化的能力。透過這些方式產生的內在獎勵訊號可以被代理人用於為自己提出任務，這些任務可以透過定義輔助任務、GVF 或先前介紹的選項來完成。透過自提任務學習到的技能將有助於代理人掌握未來任務的能力，其結果將會是類似遊戲（*play*）的模擬計算。目前已經有許多對於內在獎勵訊號使用方式的初步研究，這個議題在未來仍會是一個相當吸引人的研究方向。

在未來的研究中需要關注的最後一個議題是開發一種方法使強化學習代理人投入真實物理環境時可以被安全地接受。這是未來研究中最迫切需要的領域之一，我們將在下一節中進一步討論。

17.6 人工智慧的未來

當我們在 1990 年代中期撰寫本書的第一版時，人工智慧取得了顯著的進展並產生了一定的社會效應，儘管在這時期大多數鼓舞人心的進展只顯示出對於人工智慧的願景。機器學習也是此願景的一部分，但當時它尚未成為人工智慧中不可或缺的技術。如今這種願景已成為改變數百萬人生活的多種應用，機器學習本身也已成為一種關鍵技術。在撰寫第二版時，人工智慧最顯著的發展已包含了強化學習技術，其中最著名的是「深度強化學習」－透過深度人工神經網路進行函數近似的強化學習。我們正處於一波將人工智慧應用於現實世界的浪潮中，這些應用中有許多將包含深度及非深度的強化學習技術，我們很難預料它們將以什麼樣的方式影響我們的生活。

但大量成功的實際應用並不代表真正的人工智慧已經到來。儘管人工智慧在許多領域取得了重大的進展，但人工智慧與人類甚至其他動物智慧之間的鴻溝仍然相當大。超越人類的表現可以在某些領域實現，甚至可以在像圍棋這樣困難的領域中實現，但是要開發像人類般完整地擁有一般適應性和解決問題能力、情感複雜性、創造力，和能夠從經驗中快速學習的互動代理人仍然是一項艱鉅的挑戰。強化學習的重點是透過與動態環境交互作用進行學習，因此隨著未來的發展，強化學習將成為具有這些能力的代理人不可或缺的一部分。

強化學習與心理學和神經科學的連結（第 14 章和第 15 章）強調了它與人工智慧另一個長期目標的關聯性：闡明關於思維的基本問題以及它如何從大腦中產生。強化學習理論已經幫助我們理解關於大腦的獎勵、動機和決策過程，並且有充分的理由相信，透過強化學習理論與計算精神病學的連結將有助於精神障礙的治療，包括藥物濫用和藥物成癮。

強化學習在未來可以做出的另一貢獻是有助於人類決策。在模擬環境中透過強化學習計算出的策略可以在教育、醫療保健、交通、能源和公共部門資源分配等領域為人類決策者提供建議。特別重要的是強化學習的關鍵特徵，它考慮了決策的長期效益。這在雙陸棋和圍棋中表現得非常明顯，在這些遊戲中強化學習留下了令人印象深刻的結果。這些關鍵特徵同時也是影響我們生活和地球的許多高風險決策的特性。強化學習遵循過去許多學科的決策分析人員所開發的關於建議人類決策的相關方法。借助先進的函數近似方法和強大的計算能力，強化學習方法有望克服將傳統決策支持方法擴展到更大且更複雜問題時所產生的障礙。

人工智慧的快速發展使得人們發出警告：人工智慧將對於我們的社會甚至人類本身構成嚴重的威脅。著名的科學家和人工智慧先驅 Herbert Simon 在 2000 年（Simon, 2000）於卡內基美隆大學舉辦的地球危機研討會（Earthware Symposium）演講當中預言了這項警告。他談到了任何新知識在前景與風險之間的永恆衝突，使我們想起希臘神話中現代科學的英雄－普羅米修斯，他為了人類的福祉從眾神那裡偷取了火，而開啟潘多拉的盒子這個微小且無意的動作卻釋放了無數的危險到這個世界。Simon 在接受這種衝突是不可避免的同時也提醒了我們，應該把自己當作自己未來的設計者而不僅僅是觀眾，我們所做的決定應該更偏向於普羅米修斯的初衷。這對於強化學習而言當然是正確的，它會為社會帶來許多好處，但如果部署不當將會產生不良的後果。因此，強化學習在人工智慧應用的**安全性**是一個值得重視的話題。

強化學習代理人可以透過與現實世界或模擬現實世界的某個部分進行交互作用來學習，也可以透過結合這兩種經驗進行學習。模擬器提供了安全的環境，代理人可以在其中進行探索和學習，而不用冒著對其自身或環境造成實際損害的風險。在目前大多數應用中，策略是透過模擬的經驗進行學習，而非直接從與現實世界進行交互作用中獲得。除了避免產生非期望的結果外，從模擬經驗中進行學習還可以使用幾乎無限量的資料，這些資料的取得一般而言花費的成本會比獲得實際經驗所需的成本低，並且由於模擬通常比實際執行的速度快得多，因此在模擬環境中進行學習通常比依據實際經驗更快。

然而，要展現強化學習的全部潛力需要將強化學習代理人置入到現實世界的經驗流中，強化學習代理人可以在**我們的**（*our*）現實世界中動作、探索和學習，而不只是在**它們的**（*their*）虛擬世界中。畢竟強化學習演算法（至少在本書著重的演算法）是設計用於線上學習的，同時它們在許多方面模仿了動物如何在不穩定及具有天敵的環境中生存。在現實世界中置入強化學習代理人可以對於實現人工智慧以放大和擴展人類能力的承諾帶來重大的變革。

我們希望強化學習代理人在現實世界中操作和學習的主要原因是：以極高真實度來模擬現實世界的經驗制定最終的策略通常相當困難，有時甚至不可能的。此外，在現實世界中透過強化學習或是其他方法獲得的策略都保證能夠良好且安全地指引實際的動作，這對於動態取決於人類行為的環境特別明顯，例如在教育、醫療保健、交通運輸和公共政策，這些領域可以從改善的決策中獲得實際的效益。然而，對於部署在現實世界的代理人而言，我們需要注意人工智慧可能會造成的潛在危險。

其中一些危險與強化學習密切相關。因為強化學習是基於最佳化的，所以它繼承了所有最佳化方法的優缺點。其中一個缺點是設計目標函數（在強化學習中被稱為獎勵訊號）的問題，目標函數可以幫助最佳化產生所需結果並避免不良的結果。我們在第 17.4 節中提過，強化學習代理人可以發現意想不到的方式來使其環境提供獎勵，其中有些可能不是我們想要的甚至是危險的。當我們只是間接地指定我們希望系統學習的內容時，就如同在設計強化學習系統的獎勵訊號時所做的，在完成學習之前我們無法知道代理人距離我們的期望有多近。這並不是使用強化學習所產生的一個新問題，這個問題在文學及工程學中都已經有相當悠久的歷史。例如在 Goethe 的詩歌「魔法師的學徒」（Goethe, 1878）中，學徒對掃帚使用魔法來完成他的取水工作，但是由於學徒對魔法的了解不足，結果造成了意想不到的洪水。在工程學中模控學的先驅 Norbert Wiener 早在半個世紀以前就透過「猴子的爪子」（Wiener, 1964）這個靈異故事來警告會出現這樣的問題：「它滿足了你所想要的，但這並不是你應該要求的或本來的意圖」。Nick Bostrom（2014）在現代知識背景下也對此問題進行了詳盡的討論。任何具有強化學習經驗的人都可能發現他們的系統找到了意想不到的方式來獲得大量獎勵。有時這種意外的行為是好的：它以一種相當好的新方式解決了問題。但在其他情形下，代理人所學的內容違反了系統設計者可能從未想過但應該考慮的因素。如果要使代理人在現實世界中順利執行並使人類沒有機會以審查其動作和方法輕易中斷其行為，則仔細設計獎勵訊號是相當重要的。

儘管可能會產生非預期的負面影響，但數百年來最佳化技術一直是工程師、建築師，以及那些對世界產生正面影響的設計者重要的運用技術之一。在我們的生活中許多便利都是由於最佳化方法的應用。此外，已經有多個方法相繼被提出以降低最佳化的風險，例如增加硬性限制或軟性限制將最佳化限制在強健且低風險的策略，以及使用多個目標函數進行最佳化。這些方法中有些已經被運用於強化學習，但還有許多的研究尚待進行。確保強化學習代理人的目標能符合我們人類的目標仍然是一項挑戰。

強化學習代理人在現實世界操作和學習的另一項挑戰是我們不僅考慮它們**最終**（***eventually***）會學到什麼，同時也考慮它們在學習時的行為方式。你如何確保代理人有足夠的經驗來學習高效的策略，同時又能不損害環境、其他代理人或代理人本身（或者更現實的方式，將損害的可能性保持在我們可接受的程度）？這個問題並非是一個新穎的問題，也並非強化學習獨有的問題。置入強化學習的風險管理和緩解類似於控制工程師最初使用自動控制時所面對的情形，在此情形下控制器的行為可能會帶來無法接受甚至是災難性的後果，例如對飛機或精密化學過程的控制。控制應用仰賴於詳細的系統建模、模型驗證和大量的測試，並有一套高度發展的理論結構可以在未完全了解待控制的系統動態下，確保其自適應控制器的收斂性和穩定性。然而理論上的保證並非永遠有效，因為它們取決於數學基礎假設的有效性，但如果沒有這些結合風險管理及緩解措施的理論，自適應自動控制以及其他自動控制技術就無法像今日在改善品質、效率和成本效益等方面發揮著應有的作用。未來強化學習研究最重要的方向之一是適應和擴展在控制工程中所開發的方法，以使其能夠安全地將強化學習代理人完全置入於真實物理環境中。

最後，讓我們回到 Simon 的呼籲：我們要意識到我們是未來的設計者，而不僅僅是觀眾。透過我們作為個體所做出的決策以及我們對社會如何管理所施加的影響，我們可以朝著確保新技術帶來的好處大於其可能造成的傷害的方向上努力。透過強化學習我們有相當多的機會來做這件事，這可以幫助提升地球上生命的品質、公平性及永續性，但同時也可能會帶來新的危險。現在已經存在的一個威脅是人工智慧的應用所造成的失業，但我們仍然有充分的理由相信人工智慧的好處遠大於它所造成的傷害。對於安全性，強化學習所帶來的危害與使用最佳化和控制方法的相關應用已成功進行管理的危害並無重大差異。隨著強化學習在未來透過一些應用進入現實世界，開發者有義務遵循同類技術發展的最佳案例並擴展它們，以確保普羅米修斯一直保持優勢。

參考文獻與歷史評注

17.1 廣義價值函數最初是由 Sutton 及其同事提出的（Sutton, 1995a; Sutton et al., 2011; Modayil, White and Sutton, 2013）。Ring（研究進行中）提出了一種使用 GVF 進行的概念延伸實驗（「預報」），儘管研究結果尚未發表，但仍具有一定的影響力。

強化學習的多頭部學習是由 Jaderberg 等人（2017）首次提出。Bellemare、Dabney 和 Munos（2017）證明了預測更多有關獎勵分配的資訊可以顯著加速學習以最佳化其期望值，這是輔助任務的一個例子。在這之後，許多研究學者也開始從事這方面的研究。

據我們所知，以古典制約作為學習預測的一般理論，以及對預測的潛在反射性反應尚未在心理學文獻中進行明確闡述。Modayil 和 Sutton（2014）將其描述為一種機器人和其他代理人的工程方法，稱為「巴夫洛夫控制」，以暗示其源自於古典制約。

17.2 將動作的過程以時間抽象的方式形式化為選項是由 Sutton、Precup 和 Singh（1999）提出的，這也是基於 Parr（1998）和 Sutton（1995a）的先前研究以及關於半 MDP 的經典研究（例如，詳見 Puterman, 1994）。Precup（2000）的博士論文充分發揮了選項的概念。這些早期研究的一個重要限制在於它們並未以函數近似的方式處理 off-policy 情形。選項內部的學習通常需要 off-policy 學習，在當時還無法透過函數近似的方式可靠地完成。儘管現在我們有了多種使用函數近似穩定的 off-policy 學習方法，但它們與選項概念的結合在本書出版時尚未完成。Barto 和 Mahadevan（2003）以及 Hengst（2012）總結了選項形式化和其他時間抽象的方法。

使用 GVF 來實現選項模型並未在先前的研究中出現過。我們在書中介紹的內容使用了 Modayil、White 和 Sutton（2014）所提出的技巧，在策略終止時預測訊號。

具有函數近似選項模型的部分研究是由 Sorg 和 Singh（2010）以及 Bacon、Harb 和 Precup（2017）提出。

目前尚未有人提出將選項和選項模型擴展到平均獎勵設定的研究。

17.3 Monahan（1982）對 POMDP 方法進行了完整地說明。PSR 和測試序列的概念是由 Littman、Sutton 和 Singh（2002）提出。OOM 是由 Jaeger（1997, 1998, 2000）提出。將 PSR、OOM 和許多其他研究統一的序列式系統是由 Michael Thon 在他博士論文中提出（2017; Thon and Jaeger, 2015）。Tanner（2006; Sutton and Tanner, 2005）將其延伸為對於時序關係網路的研究，隨後也延伸為對於選項的研究（Sutton, Rafols, and Koop, 2006）。

Singh、Jaakkola 和 Jordan 明確提出了具有非馬可夫狀態表徵的強化學習理論（1994; Jaakkola, Singh, and Jordan, 1995）。早期對於部分可觀察性的強化學習方法是由 Chrisman（1992）、McCallum（1993, 1995）、Parr 和 Russell（1995），Littman、Cassandra 和 Kaelbling（1995）以及 Lin 和 Mitchell（1992）提出。

17.4 早期在強化學習中提出建議和教學的研究學者包含 Lin（1992）、Maclin 和 Shavlik（1994）、Clouse（1996）以及 Clouse 和 Utgoff（1992）。

Skinner 的塑形技術不應與 Ng、Harada 和 Russell（1999）提出的「基於潛力的塑形」技術相混淆。Wiewiora（2003）證明了他們的技術等同於更簡單的想法：為價值函數提供初始近似值，如（17.11）所示。

17.5 我們建議透過 Goodfellow、Bengio 和 Courville（2016）的書來了解現今的深度學習技術。McCloskey 和 Cohen（1989）、Ratcliff（1990）以及 French（1999）提出了人工神經網路中的災難性干擾的問題。Lin（1992）提出了重播緩衝區的概念，在深度學習中著名的應用為 Atari 遊戲系統（Section 16.5, Mnih et al., 2013, 2015）。

Minsky（1961）是最早發現表徵學習問題的人之一。

少數考慮採用學習到的近似模型進行規劃的研究包含 Kuvayev 和 Sutton（1996），Sutton、Szepesvari、Geramifard 和 Bowling（2008）、Nouri 和 Littman（2009）以及 Hester 和 Stone（2012）的研究。

在人工智慧中，模型的建構必須仔細地選擇以避免規劃緩慢是眾所周知的。其中有一些經典研究如 Minton（1990）以及 Tambe、Newell 和 Rosenbloom（1990）。Hauskrecht、Meuleau、Kaelbling、Dean 和 Boutilier（1998）在具有確定性選項的 MDP 中證明了這一點。

Schmidhuber（1991a, b）提出了一個關於獎勵訊號的研究，在研究中假設獎勵訊號是一個關於代理人環境模型改善速度的函數，並顯示出那些類似於好奇心的事情會產生什麼樣的結果。Klyubin、Polani 和 Nehaniv（2005）提出的賦權函數是一種資訊理論方法，用於衡量代理人控制其環境的能力，此能力可以作為內在的獎勵訊號。Baldassarre 和 Mirolli（2013）的研究從生物學和計算角度研究內在獎勵和動機，其中包含了使用 Singh、Barto 和 Chentenez（2004）所提出的「內在動機的強化學習」觀點。詳見 Oudeyer 和 Kaplan（2007），Oudeyer、Kaplan 和 Hafner（2007）以及 Barto（2013）。

參考資料與文獻

Abbeel, P., Ng, A. Y. (2004). Apprenticeship learning via inverse reinforcement learning. In *Proceedings of the 21st International Conference on Machine Learning*. ACM, New York.

Abramson, B. (1990). Expected-outcome: A general model of static evaluation. *IEEE Transactions on Pattern Analysis and Machine Intelligence 12* (2):182–193.

Adams, C. D. (1982). Variations in the sensitivity of instrumental responding to reinforcer devaluation. *The Quarterly Journal of Experimental Psychology, 34*(2):77–98.

Adams, C. D., Dickinson, A. (1981). Instrumental responding following reinforcer devaluation. *The Quarterly Journal of Experimental Psychology, 33*(2):109–121.

Adams, R. A., Huys, Q. J. M., Roiser, J. P. (2015). Computational Psychiatry: towards a mathematically informed understanding of mental illness. *Journal of Neurology, Neurosurgery & Psychiatry*. doi:10.1136/jnnp-2015-310737

Agrawal, R. (1995). Sample mean based index policies with O(logn) regret for the multi-armed bandit problem. *Advances in Applied Probability, 27* (4):1054–1078.

Agre, P. E. (1988). *The Dynamic Structure of Everyday Life*. Ph.D. thesis, Massachusetts Institute of Technology, Cambridge MA. AI-TR 1085, MIT Articial Intelligence Laboratory.

Agre, P. E., Chapman, D. (1990). What are plans for? *Robotics and Autonomous Systems, 6*(1-2):17–34.

Aizerman, M. A., Braverman, E. I., Rozonoer, L. I. (1964). Probability problem of pattern recognition learning and potential functions method. *Avtomat. i Telemekh, 25* (9):1307–1323.

Albus, J. S. (1971). A theory of cerebellar function. *Mathematical Biosciences, 10*(1-2):25–61.

Albus, J. S. (1981). *Brain, Behavior, and Robotics*. Byte Books, Peterborough, NH.

Aleksandrov, V. M., Sysoev, V. I., Shemeneva, V. V. (1968). Stochastic optimization of systems. *Izv. Akad. Nauk SSSR, Tekh. Kibernetika*:14–19.

Amari, S. I. (1998). Natural gradient works eciently in learning. *Neural Computation, 10* (2):251–276.

An, P. C. E. (1991). *An Improved Multi-dimensional CMAC Neural network: Receptive Field Function and Placement*. Ph.D. thesis, University of New Hampshire, Durham.

An, P. C. E., Miller, W. T., Parks, P. C. (1991). Design improvements in associative memories for cerebellar model articulation controllers (CMAC). *Articial Neural Networks*, pp. 1207–1210, Elsevier North-Holland. http://www.incompleteideas.net/papers/AnMillerParks1991.pdf

Anderson, C. W. (1986). *Learning and Problem Solving with Multilayer Connectionist Systems*. Ph.D. thesis, University of Massachusetts, Amherst.

Anderson, C. W. (1987). Strategy learning with multilayer connectionist representations. In *Proceedings of the 4th International Workshop on Machine Learning*, pp. 103–114. Morgan Kaufmann.

Anderson, C. W. (1989). Learning to control an inverted pendulum using neural networks. IEEE *Control Systems Magazine, 9*(3):31–37.

Anderson, J. A., Silverstein, J. W., Ritz, S. A., Jones, R. S. (1977). Distinctive features, categorical perception, and probability learning: Some applications of a neural model. *Psychological Review, 84*(5):413–451.

Andreae, J. H. (1963). STELLA, A scheme for a learning machine. In *Proceedings of the 2nd IFAC Congress, Basle*, pp. 497–502. Butterworths, London.

Andreae, J. H. (1969a). A learning machine with monologue. *International Journal of Man–Machine Studies, 1* (1):1–20.

Andreae, J. H. (1969b). Learning machines—a unied view. In A. R. Meetham and R. A. Hudson (Eds.), *Encyclopedia of Information, Linguistics, and Control*, pp. 261–270. Pergamon, Oxford.

Andreae, J. H. (1977). *Thinking with the Teachable Machine*. Academic Press, London.

Andreae, J. H. (2017a). A model of how the brain learns: A short introduction to multiple context associative learning (MCAL) and the PP system. Unpublished report.

Andreae, J. H. (2017b). Working memory for the associative learning of language. Unpublished report.

Arthur, W. B. (1991). Designing economic agents that act like human agents: A behavioral approach to bounded rationality. *The American Economic Review, 81* (2):353–359.

Asadi, K., Allen, C., Roderick, M., Mohamed, A. R., Konidaris, G., Littman, M. (2017). Mean actor critic. ArXiv:1709.00503.

Atkeson, C. G. (1992). Memory-based approaches to approximating continuous functions. In *Sante Fe Institute Studies in the Sciences of Complexity*, Proceedings Vol. 12, pp. 521–521. Addison-Wesley.

Atkeson, C. G., Moore, A. W., Schaal, S. (1997). Locally weighted learning. *Articial Intelligence Review, 11* :11–73.

Auer, P., Cesa-Bianchi, N., Fischer, P. (2002). Finite-time analysis of the multiarmed bandit problem. *Machine learning, 47*(2-3):235–256.

Bacon, P. L., Harb, J., Precup, D. (2017). The Option-Critic Architecture. In *Proceedings of the Association for the Advancement of Articial Intelligence*, pp. 1726–1734.

Baird, L. C. (1995). Residual algorithms: Reinforcement learning with function approximation. In *Proceedings of the 12th International Conference on Machine Learning (ICML 1995)*, pp. 30–37. Morgan Kaufmann.

Baird, L. C. (1999). *Reinforcement Learning through Gradient Descen*t. Ph.D. thesis, Carnegie Mellon University, Pittsburgh PA.

Baird, L. C., Klopf, A. H. (1993). Reinforcement learning with high-dimensional, continuous actions. Wright Laboratory, Wright-Patterson Air Force Base, Tech. Rep. WL-TR-93-1147.

Baird, L., Moore, A. W. (1999). Gradient descent for general reinforcement learning. In *Advances in Neural Information Processing Systems 11 (NIPS 1998)*, pp. 968–974. MIT Press, Cambridge MA.

Baldassarre, G., Mirolli, M. (Eds.) (2013). *Intrinsically Motivated Learning in Natural and Articial Systems*. Springer-Verlag, Berlin Heidelberg.

Balke, A., Pearl, J. (1994). Counterfactual probabilities: Computational methods, bounds and applications. In *Proceedings of the Tenth International Conference on Uncertainty in Articial Intelligence (UAI-1994)*, pp. 46–54. Morgan Kaufmann.

Baras, D., Meir, R. (2007). Reinforcement learning, spike-time-dependent plasticity, and the BCM rule. *Neural Computation, 19*(8):2245–2279.

Barnard, E. (1993). Temporal-dierence methods and Markov models. *IEEE Transactions on Systems, Man, and Cybernetics, 23*(2):357–365.

Barreto, A. S., Precup, D., Pineau, J. (2011). Reinforcement learning using kernel-based stochastic factorization. In *Advances in Neural Information Processing Systems 24 (NIPS 2011)*, pp. 720–728. Curran Associates, Inc.

Bartlett, P. L., Baxter, J. (1999). Hebbian synaptic modications in spiking neurons that learn. Technical report, Research School of Information Sciences and Engineering, Australian National University.

Bartlett, P. L., Baxter, J. (2000). A biologically plausible and locally optimal learning algorithm for spiking neurons. Rapport technique, Australian National University.

Barto, A. G. (1985). Learning by statistical cooperation of self-interested neuron-like computing elements. *Human Neurobiology, 4*(4):229–256.

Barto, A. G. (1986). Game-theoretic cooperativity in networks of self-interested units. In J. S. Denker (Ed.), *Neural Networks for Computing*, pp. 41–46. American Institute of Physics, New York.

Barto, A. G. (1989). From chemotaxis to cooperativity: Abstract exercises in neuronal learning strategies. In R. Durbin, R. Maill and G. Mitchison (Eds.), *The Computing Neuron*, pp. 73–98. Addison-Wesley, Reading, MA.

Barto, A. G. (1990). Connectionist learning for control: An overview. In T. Miller, R. S. Sutton, and P. J. Werbos (Eds.), *Neural Networks for Control*, pp. 5–58. MIT Press, Cambridge, MA.

Barto, A. G. (1991). Some learning tasks from a control perspective. In L. Nadel and D. L. Stein (Eds.), *1990 Lectures in Complex Systems*, pp. 195–223. Addison-Wesley, Redwood City, CA.

Barto, A. G. (1992). Reinforcement learning and adaptive critic methods. In D. A. White and D. A. Sofge (Eds.), *Handbook of Intelligent Control: Neural, Fuzzy, and Adaptive Approaches*, pp. 469–491. Van Nostrand Reinhold, New York.

Barto, A. G. (1995a). Adaptive critics and the basal ganglia. In J. C. Houk, J. L. Davis, and D. G. Beiser (Eds.), *Models of Information Processing in the Basal Ganglia,* pp. 215–232. MIT Press, Cambridge, MA.

Barto, A. G. (1995b). Reinforcement learning. In M. A. Arbib (Ed.), *Handbook of Brain Theory–and Neural Networks*, pp. 804–809. MIT Press, Cambridge, MA.

Barto, A. G. (2011). Adaptive real-time dynamic programming. In C. Sammut and G. I Webb (Eds.), *Encyclopedia of Machine Learning*, pp. 19–22. Springer Science and Business Media.

Barto, A. G. (2013). Intrinsic motivation and reinforcement learning. In G. Baldassarre and M. Mirolli (Eds.), *Intrinsically Motivated Learning in Natural and Articial Systems*, pp. 17–47. Springer-Verlag, Berlin Heidelberg.

Barto, A. G., Anandan, P. (1985). Pattern recognizing stochastic learning automata. *IEEE Transactions on Systems, Man, and Cybernetics, 15*(3):360–375.

Barto, A. G., Anderson, C. W. (1985). Structural learning in connectionist systems. In *Program of the Seventh Annual Conference of the Cognitive Science Society*, pp. 43–54.

Barto, A. G., Anderson, C. W., Sutton, R. S. (1982). Synthesis of nonlinear control surfaces by a layered associative search network. *Biological Cybernetics, 43*(3):175–185.

Barto, A. G., Bradtke, S. J., Singh, S. P. (1991). Real-time learning and control using asynchronous dynamic programming. Technical Report 91-57. Department of Computer and Information Science, University of Massachusetts, Amherst.

Barto, A. G., Bradtke, S. J., Singh, S. P. (1995). Learning to act using real-time dynamic programming. *Articial Intelligence, 72*(1-2):81–138.

Barto, A. G., Du, M. (1994). Monte Carlo matrix inversion and reinforcement learning. In *Advances in Neural Information Processing Systems 6 (NIPS 1993)*, pp. 687–694. Morgan Kaufmann, San Francisco.

Barto, A. G., Jordan, M. I. (1987). Gradient following without back-propagation in layered networks. In M. Caudill and C. Butler (Eds.), *Proceedings of the IEEE First Annual Conference on Neural Networks*, pp. II629–II636. SOS Printing, San Diego.

Barto, A. G., Mahadevan, S. (2003). Recent advances in hierarchical reinforcement learning. *Discrete Event Dynamic Systems, 13* (4):341–379.

Barto, A. G., Singh, S. P. (1990). On the computational economics of reinforcement learning. In *Connectionist Models: Proceedings of the 1990 Summer School*. Morgan Kaufmann.

Barto, A. G., Sutton, R. S. (1981a). Goal seeking components for adaptive intelligence: An initial assessment. Technical Report AFWAL-TR-81-1070. Air Force Wright Aeronautical Laboratories/Avionics Laboratory, Wright-Patterson AFB, OH.

Barto, A. G., Sutton, R. S. (1981b). Landmark learning: An illustration of associative search. *Biological Cybernetics, 42*(1):1–8.

Barto, A. G., Sutton, R. S. (1982). Simulation of anticipatory responses in classical conditioning by a neuron-like adaptive element. *Behavioural Brain Research, 4*(3):221–235.

Barto, A. G., Sutton, R. S., Anderson, C. W. (1983). Neuronlike elements that can solve dicult learning control problems. *IEEE Transactions on Systems, Man, and Cybernetics, 13*(5):835–846. Reprinted in J. A. Anderson and E. Rosenfeld (Eds.), *Neurocomputing: Foundations of Research*, pp. 535–549. MIT Press, Cambridge, MA, 1988.

Barto, A. G., Sutton, R. S., Brouwer, P. S. (1981). Associative search network: A reinforcement learning associative memory. *Biological Cybernetics, 40*(3):201–211.

Barto, A. G., Sutton, R. S., Watkins, C. J. C. H. (1990). Learning and sequential decision making. In M. Gabriel and J. Moore (Eds.), *Learning and Computational Neuroscience: Foundations of Adaptive Networks*, pp. 539–602. MIT Press, Cambridge, MA.

Baxter, J., Bartlett, P. L. (2001). Innite-horizon policy-gradient estimation. *Journal of Articial Intelligence Research*, 15 :319–350.

Baxter, J., Bartlett, P. L., Weaver, L. (2001). Experiments with innite-horizon, policy-gradient estimation. *Journal of Articial Intelligence Research, 15* :351–381.

Bellemare, M. G., Dabney, W., Munos, R. (2017). A distributional perspective on reinforcement learning. ArXiv preprint arXiv:1707.06887.

Bellemare, M. G., Naddaf, Y., Veness, J., Bowling, M. (2013). The arcade learning environment: An evaluation platform for general agents. *Journal of Articial Intelligence Research, 47*:253–279.

Bellemare, M. G., Veness, J., Bowling, M. (2012). Investigating contingency awareness using Atari 2600 games. In *Proceedings of the Twenty-Sixth AAAI Conference on Articial Intelligence (AAAI-12)*, pp. 864–871. AAAI Press, Menlo Park, CA.

Bellman, R. E. (1956). A problem in the sequential design of experiments. *Sankhya, 16*:221–229.

Bellman, R. E. (1957a). *Dynamic Programming*. Princeton University Press, Princeton.

Bellman, R. E. (1957b). A Markov decision process. *Journal of Mathematics and Mechanics, 6*(5):679–684.

Bellman, R. E., Dreyfus, S. E. (1959). Functional approximations and dynamic programming. *Mathematical Tables and Other Aids to Computation, 13*:247–251.

Bellman, R. E., Kalaba, R., Kotkin, B. (1973). Polynomial approximation—A new computational technique in dynamic programming: Allocation processes. *Mathematical Computation, 17*:155–161.

Bengio, Y. (2009). Learning deep architectures for AI. *Foundations and Trends in Machine Learning, 2*(1):1–27.

Bengio, Y., Courville, A. C., Vincent, P. (2012). Unsupervised feature learning and deep learning: A review and new perspectives. *CoRR 1*, arXiv:1206.5538.

Bentley, J. L. (1975). Multidimensional binary search trees used for associative searching. *Communications of the ACM, 18* (9):509–517.

Berg, H. C. (1975). Chemotaxis in bacteria. *Annual review of biophysics and bioengineering, 4*(1):119–136.

Berns, G. S., McClure, S. M., Pagnoni, G., Montague, P. R. (2001). Predictability modulates human brain response to reward. *The journal of neuroscience, 21*(8):2793–2798.

Berridge, K. C., Kringelbach, M. L. (2008). Aective neuroscience of pleasure: reward in humans and animals. *Psychopharmacology, 199*(3):457–480.

Berridge, K. C., Robinson, T. E. (1998). What is the role of dopamine in reward: hedonic impact, reward learning, or incentive salience? *Brain Research Reviews, 28*(3):309–369.

Berry, D. A., Fristedt, B. (1985). Bandit Problems. Chapman and Hall, London.

Bertsekas, D. P. (1982). Distributed dynamic programming. *IEEE Transactions on Automatic Control, 27*(3):610–616.

Bertsekas, D. P. (1983). Distributed asynchronous computation of fixed points. *Mathematical Programming, 27*(1):107–120.

Bertsekas, D. P. (1987). *Dynamic Programming: Deterministic and Stochastic Models*. Prentice-Hall, Englewood Clis, NJ.

Bertsekas, D. P. (2005). *Dynamic Programming and Optimal Control, Volume 1*, third edition. Athena Scientic, Belmont, MA.

Bertsekas, D. P. (2012). *Dynamic Programming and Optimal Control, Volume 2: Approximate Dynamic Programming*, fourth edition. Athena Scientic, Belmont, MA.

Bertsekas, D. P. (2013). Rollout algorithms for discrete optimization: A survey. In *Handbook of Combinatorial Optimization*, pp. 2989–3013. Springer, New York.

Bertsekas, D. P., Tsitsiklis, J. N. (1989). *Parallel and Distributed Computation: Numerical Methods*. Prentice-Hall, Englewood Clis, NJ.

Bertsekas, D. P., Tsitsiklis, J. N. (1996). *Neuro-Dynamic Programming*. Athena Scientic, Belmont, MA.

Bertsekas, D. P., Tsitsiklis, J. N., Wu, C. (1997). Rollout algorithms for combinatorial optimization. *Journal of Heuristics, 3* (3):245–262.

Bertsekas, D. P., Yu, H. (2009). Projected equation methods for approximate solution of large linear systems. *Journal of Computational and Applied Mathematics, 227* (1):27–50.

Bhat, N., Farias, V., Moallemi, C. C. (2012). Non-parametric approximate dynamic programming via the kernel method. In *Advances in Neural Information Processing Systems 25 (NIPS 2012)*, pp. 386–394. Curran Associates, Inc.

Bhatnagar, S., Sutton, R., Ghavamzadeh, M., Lee, M. (2009). Natural actor–critic algorithms. *Automatica, 45* (11).

Biermann, A. W., Faireld, J. R. C., Beres, T. R. (1982). Signature table systems and learning. *IEEE Transactions on Systems, Man, and Cybernetics, 12*(5):635–648.

Bishop, C. M. (1995). *Neural Networks for Pattern Recognition*. Clarendon, Oxford.

Bishop, C. M. (2006). *Pattern Recognition and Machine Learning*. Springer Science + Business Media New York LLC.

Blodgett, H. C. (1929). The eect of the introduction of reward upon the maze performance of rats. *University of California Publications in Psychology, 4*:113–134.

Boakes, R. A., Costa, D. S. J. (2014). Temporal contiguity in associative learning: Iinterference and decay from an historical perspective. *Journal of Experimental Psychology: Animal Learning and Cognition, 40*(4):381–400.

Booker, L. B. (1982). *Intelligent Behavior as an Adaptation to the Task Environment*. Ph.D. thesis, University of Michigan, Ann Arbor.

Bostrom, N. (2014). *Superintelligence: Paths, Dangers, Strategies*. Oxford University Press, Oxford.

Bottou, L., Vapnik, V. (1992). Local learning algorithms. *Neural Computation, 4* (6):888–900.

Boyan, J. A. (1999). Least-squares temporal dierence learning. In *Proceedings of the 16th International Conference on Machine Learning (ICML 1999)*, pp. 49–56.

Boyan, J. A. (2002). Technical update: Least-squares temporal dierence learning. *Machine Learning, 49*(2):233–246.

Boyan, J. A., Moore, A. W. (1995). Generalization in reinforcement learning: Safely approximating the value function. In *Advances in Neural Information Processing Systems 7 (NIPS 1994)*, pp. 369–376. MIT Press, Cambridge, MA.

Bradtke, S. J. (1993). Reinforcement learning applied to linear quadratic regulation. In *Advances in Neural Information Processing Systems 5 (NIPS 1992)*, pp. 295–302. Morgan Kaufmann.

Bradtke, S. J. (1994). *Incremental Dynamic Programming for On-Line Adaptive Optimal Control*. Ph.D. thesis, University of Massachusetts, Amherst. Appeared as CMPSCI Technical Report 94-62.

Bradtke, S. J., Barto, A. G. (1996). Linear least–squares algorithms for temporal dierence learning. *Machine Learning, 22*:33–57.

Bradtke, S. J., Ydstie, B. E., Barto, A. G. (1994). Adaptive linear quadratic control using policy iteration. In *Proceedings of the American Control Conference*, pp. 3475–3479. American Automatic Control Council, Evanston, IL.

Brafman, R. I., Tennenholtz, M. (2003). R-max – a general polynomial time algorithm for near-optimal reinforcement learning. *Journal of Machine Learning Research, 3* :213–231.

Breiman, L. (2001). Random forests. *Machine Learning, 45* (1):5–32.

Breiter, H. C., Aharon, I., Kahneman, D., Dale, A., Shizgal, P. (2001). Functional imaging of neural responses to expectancy and experience of monetary gains and losses. *Neuron, 30*(2):619–639.

Breland, K., Breland, M. (1961). The misbehavior of organisms. *American Psychologist, 16*(11):681–684.

Bridle, J. S. (1990). Training stochastic model recognition algorithms as networks can lead to maximum mutual information estimates of parameters. In *Advances in Neural Information Processing Systems 2 (NIPS 1989)*, pp. 211–217. Morgan Kaufmann, San Mateo, CA.

Broomhead, D. S., Lowe, D. (1988). Multivariable functional interpolation and adaptive networks. *Complex Systems, 2*:321–355.

Bromberg-Martin, E. S., Matsumoto, M., Hong, S., Hikosaka, O. (2010). A pallidus-habenuladopamine pathway signals inferred stimulus values. *Journal of Neurophysiology, 104*(2):1068–1076.

Browne, C.B., Powley, E., Whitehouse, D., Lucas, S.M., Cowling, P.I., Rohlfshagen, P., Tavener, S., Perez, D., Samothrakis, S., Colton, S. (2012). A survey of monte carlo tree search methods. *IEEE Transactions on Computational Intelligence and AI in Games, 4* (1):1–43.

Brown, J., Bullock, D., Grossberg, S. (1999). How the basal ganglia use parallel excitatory and inhibitory learning pathways to selectively respond to unexpected rewarding cues. *The Journal of Neuroscience, 19*(23):10502–10511.

Bryson, A. E., Jr. (1996). Optimal control—1950 to 1985. *IEEE Control Systems, 13*(3):26–33.

Buchanan, B. G., Mitchell, T., Smith, R. G., Johnson, C. R., Jr. (1978). Models of learning systems. *Encyclopedia of Computer Science and technology, 11.*

Buhusi, C. V., Schmajuk, N. A. (1999). Timing in simple conditioning and occasion setting: A neural network approach. *Behavioural Processes, 45*(1):33–57.

Bu529soniu, L., Lazaric, A., Ghavamzadeh, M., Munos, R., Babuska, R., De Schutter, B. (2012). Least-squares methods for policy iteration. In M. Wiering and M. van Otterlo (Eds.), *Reinforcement Learning: State-of-the-Art*, pp. 75–109. Springer-Verlag Berlin Heidelberg.

Bush, R. R., Mosteller, F. (1955). *Stochastic Models for Learning*. Wiley, New York.

Byrne, J. H., Gingrich, K. J., Baxter, D. A. (1990). Computational capabilities of single neurons: Relationship to simple forms of associative and nonassociative learning in *aplysia*. In R. D. Hawkins and G. H. Bower (Eds.), *Computational Models of Learning*, pp. 31–63. Academic Press, New York.

Calabresi, P., Picconi, B., Tozzi, A., Filippo, M. D. (2007). Dopamine-mediated regulation of corticostriatal synaptic plasticity. *Trends in Neuroscience, 30*(5):211–219.

Camerer, C. (2011). *Behavioral Game Theory: Experiments in Strategic Interaction.* Princeton University Press.

Campbell, D. T. (1960). Blind variation and selective survival as a general strategy in knowledgeprocesses. In M. C. Yovits and S. Cameron (Eds.), *Self-Organizing Systems,* pp. 205–231. Pergamon, New York.

Cao, X. R. (2009). Stochastic learning and optimization—A sensitivity-based approach. *Annual Reviews in Control, 33* (1):11–24.

Cao, X. R., Chen, H. F. (1997). Perturbation realization, potentials, and sensitivity analysis of Markov processes. *IEEE Transactions on Automatic Control, 42* (10):1382–1393.

Carlström, J., Nordström, E. (1997). Control of self-similar ATM call trac by reinforcement learning. In *Proceedings of the International Workshop on Applications of Neural Networks to Telecommunications 3*, pp. 54–62. Erlbaum, Hillsdale, NJ.

Chapman, D., Kaelbling, L. P. (1991). Input generalization in delayed reinforcement learning: An algorithm and performance comparisons. In *Proceedings of the Twelfth International Conference on Articial Intelligence (IJCAI-91)*, pp. 726–731. Morgan Kaufmann, San Mateo, CA.

Chaslot, G., Bakkes, S., Szita, I., Spronck, P. (2008). Monte-Carlo tree search: A new framework for game AI. In *Proceedings of the Fourth AAAI Conference on Articial Intelligence and Interactive Digital Entertainment (AIDE-08)*, pp. 216–217. AAAI Press, Menlo Park, CA.

Chow, C.-S., Tsitsiklis, J. N. (1991). An optimal one-way multigrid algorithm for discrete-time stochastic control. I*EEE Transactions on Automatic Control, 36*(8):898–914.

Chrisman, L. (1992). Reinforcement learning with perceptual aliasing: The perceptual distinctions approach. In *Proceedings of the Tenth National Conference on Articial Intelligence (AAAI-92)*, pp. 183–188. AAAI/MIT Press, Menlo Park, CA.

Christensen, J., Korf, R. E. (1986). A unied theory of heuristic evaluation functions and its application to learning. In *Proceedings of the Fifth National Conference on Articial Intelligence*, pp. 148–152. Morgan Kaufmann.

Cichosz, P. (1995). Truncating temporal dierences: On the ecient implementation of TD(λ) for reinforcement learning. *Journal of Articial Intelligence Research, 2*:287–318.

Ciosek, K., Whiteson, S. (2018). Expected policy gradients for reinforcement learning. ArXiv: 1801.03326.

Claridge-Chang, A., Roorda, R. D., Vrontou, E., Sjulson, L., Li, H., Hirsh, J., Miesenböck, G. (2009). Writing memories with light-addressable reinforcement circuitry. *Cell, 139*(2):405–415.

Clark, R. E., Squire, L. R. (1998). Classical conditioning and brain systems: the role of awareness. *Science, 280*(5360):77–81.

Clark, W. A., Farley, B. G. (1955). Generalization of pattern recognition in a self-organizing system. In *Proceedings of the 1955 Western Joint Computer Conference*, pp. 86–91.

Clouse, J. (1996). *On Integrating Apprentice Learning and Reinforcement Learning TITLE*2. Ph.D. thesis, University of Massachusetts, Amherst. Appeared as CMPSCI Technical Report 96-026.

Clouse, J., Utgo, P. (1992). A teaching method for reinforcement learning systems. In *Proceedings of the 9th International Workshop on Machine Learning*, pp. 92–101. Morgan Kaufmann.

Cobo, L. C., Zang, P., Isbell, C. L., Thomaz, A. L. (2011). Automatic state abstraction from demonstration. In *Proceedings of the Twenty-Second International Joint Conference on Articial Intelligence (IJCAI-11)*, pp. 1243-1248. AAAI Press.

Connell, J. (1989). A colony architecture for an articial creature. Technical Report AI-TR-1151. MIT Articial Intelligence Laboratory, Cambridge, MA.

Connell, M. E., Utgo, P. E. (1987). Learning to control a dynamic physical system. *Computational intelligence, 3*(1):330–337.

Contreras-Vidal, J. L., Schultz, W. (1999). A predictive reinforcement model of dopamine neurons for learning approach behavior. *Journal of Computational Neuroscience, 6*(3):191–214.

Coulom, R. (2006). Ecient selectivity and backup operators in Monte-Carlo tree search. In *Proceedings of the 5th International Conference on Computers and Games (CG'06)*, pp. 72–83. Springer-Verlag Berlin, Heidelberg.

Courville, A. C., Daw, N. D., Touretzky, D. S. (2006). Bayesian theories of conditioning in a changing world. *Trends in Cognitive Science, 10*(7):294–300.

Craik, K. J. W. (1943). *The Nature of Explanation*. Cambridge University Press, Cambridge.

Cross, J. G. (1973). A stochastic learning model of economic behavior. *The Quarterly Journal of Economics, 87*(2):239–266.

Crow, T. J. (1968). Cortical synapses and reinforcement: a hypothesis. *Nature, 219*(5155):736–737.

Curtiss, J. H. (1954). A theoretical comparison of the eciencies of two classical methods and a Monte Carlo method for computing one component of the solution of a set of linear algebraic equations. In H. A. Meyer (Ed.), *Symposium on Monte Carlo Methods*, pp. 191–233. Wiley, New York.

Cybenko, G. (1989). Approximation by superpositions of a sigmoidal function. *Mathematics of control, signals and systems, 2*(4):303–314.

Cziko, G. (1995). *Without Miracles: Universal Selection Theory and the Second Darvinian Revolution*. MIT Press, Cambridge, MA.

Dabney, W. (2014). *Adaptive step-sizes for reinforcement learning*. PhD thesis, University of Massachusetts, Amherst.

Dabney, W., Barto, A. G. (2012). Adaptive step-size for online temporal dierence learning. In *Proceedings of the Annual Conference of the Association for the Advancement of Articial Intelligence (AAAI)*.

Daniel, J. W. (1976). Splines and eciency in dynamic programming. *Journal of Mathematical Analysis and Applications, 54*:402–407.

Dann, C., Neumann, G., Peters, J. (2014). Policy evaluation with temporal dierences: A survey and comparison. *Journal of Machine Learning Research, 15*:809–883.

Daw, N. D., Courville, A. C., Touretzky, D. S. (2003). Timing and partial observability in the dopamine system. In *Advances in Neural Information Processing Systems 15 (NIPS 2002)*, pp. 99–106. MIT Press, Cambridge, MA.

Daw, N. D., Courville, A. C., Touretzky, D. S. (2006). Representation and timing in theories of the dopamine system. *Neural Computation, 18*(7):1637–1677.

Daw, N. D., Niv, Y., Dayan, P. (2005). Uncertainty based competition between prefrontal and dorsolateral striatal systems for behavioral control. *Nature Neuroscience, 8*(12):1704–1711.

Daw, N. D., Shohamy, D. (2008). The cognitive neuroscience of motivation and learning. *Social Cognition, 26*(5):593–620.

Dayan, P. (1991). Reinforcement comparison. In D. S. Touretzky, J. L. Elman, T. J. Sejnowski, and G. E. Hinton (Eds.), *Connectionist Models: Proceedings of the 1990 Summer School*, pp. 45–51. Morgan Kaufmann.

Dayan, P. (1992). The convergence of TD(λ) for general λ. *Machine Learning, 8*(3):341–362.

Dayan, P. (2002). Matters temporal. *Trends in Cognitive Sciences, 6*(3):105–106.

Dayan, P., Abbott, L. F. (2001). *Theoretical Neuroscience: Computational and Mathematical Modeling of Neural Systems*. MIT Press, Cambridge, MA.

Dayan, P., Berridge, K. C. (2014). Model-based and model-free Pavlovian reward learning: Revaluation, revision, and revaluation. *Cognitive, Aective, & Behavioral Neuroscience, 14*(2):473–492.

Dayan, P., Niv, Y. (2008). Reinforcement learning: the good, the bad and the ugly. *Current Opinion in Neurobiology, 18*(2):185–196.

Dayan, P., Niv, Y., Seymour, B., Daw, N. D. (2006). The misbehavior of value and the discipline of the will. *Neural Networks, 19*(8):1153–1160.

Dayan, P., Sejnowski, T. (1994). TD(λ) converges with probability 1. *Machine Learning, 14*(3):295–301.

De Asis, K., Hernandez-Garcia, J. F., Holland, G. Z., Sutton, R. S. (2017). Multi-step Reinforcement Learning: A Unifying Algorithm. ArXiv preprint arXiv:1703.01327.

Dean, T., Lin, S.-H. (1995). Decomposition techniques for planning in stochastic domains. In *Proceedings of the Fourteenth International Joint Conference on Articial Intelligence (IJCAI-95)*, pp. 1121–1127. Morgan Kaufmann. See also Technical Report CS-95-10, Brown University, Department of Computer Science, 1995.

de Farias, D. P. (2002). The Linear Programming Approach to Approximate Dynamic Programming: Theory and Application. Stanford University PhD thesis.

de Farias, D. P., Van Roy, B. (2003). The linear programming approach to approximate dynamic programming. *Operations Research 51*(6):850–865.

Degris, T., White, M., Sutton, R. S. (2012). Off-policy actor–critic. In *Proceedings of the 29th International Conference on Machine Learning (ICML 2012)*. ArXiv preprint arXiv:1205.4839, 2012.

Denardo, E. V. (1967). Contraction mappings in the theory underlying dynamic programming. *SIAM Review, 9*(2):165–177.

Dennett, D. C. (1978). Why the Law of Eect Will Not Go Away. *Brainstorms*, pp. 71–89. Bradford/MIT Press, Cambridge, MA.

Derthick, M. (1984). Variations on the Boltzmann machine learning algorithm. Carnegie-Mellon University Department of Computer Science Technical Report No. CMU-CS-84-120.

Deutsch, J. A. (1953). A new type of behaviour theory. *British Journal of Psychology. General Section, 44*(4):304–317.

Deutsch, J. A. (1954). A machine with insight. *Quarterly Journal of Experimental Psychology, 6*(1):6–11.

Dick, T. (2015). *Policy Gradient Reinforcement Learning Without Regret*. M.Sc. thesis, University of Alberta.

Dickinson, A. (1980). *Contemporary Animal Learning Theory*. Cambridge University Press.

Dickinson, A. (1985). Actions and habits: the development of behavioral autonomy. *Phil. Trans. R. Soc. Lond. B, 308*(1135):67–78.

Dickinson, A., Balleine, B. W. (2002). The role of learning in motivation. In C. R. Gallistel (Ed.), *Stevens Handbook of Experimental Psychology*, volume 3, pp. 497–533. Wiley, NY.

Dietterich, T. G., Buchanan, B. G. (1984). The role of the critic in learning systems. In O. G. Selfridge, E. L. Rissland, and M. A. Arbib (Eds.), *Adaptive Control of Ill-Dened Systems*, pp. 127–147. Plenum Press, NY. Proceedings of the NATO Advanced Research Institute on Adaptive Control of Ill-dened Systems, NATO Conference Series II, Systems Science, Vol. 16.

Dietterich, T. G., Flann, N. S. (1995). Explanation-based learning and reinforcement learning: A unied view. In A. Prieditis and S. Russell (Eds.), *Proceedings of the 12th International Conference on Machine Learning (ICML 1995)*, pp. 176–184. Morgan Kaufmann.

Dietterich, T. G., Wang, X. (2002). Batch value function approximation via support vectors. In *Advances in Neural Information Processing Systems 14 (NIPS 2001)*, pp. 1491–1498. MIT Press, Cambridge, MA.

Diuk, C., Cohen, A., Littman, M. L. (2008). An object-oriented representation for ecient reinforcement learning. In *Proceedings of the 25th International Conference on Machine Learning (ICML 2008)*, pp. 240–247. ACM, New York.

Dolan, R. J., Dayan, P. (2013). Goals and habits in the brain. *Neuron, 80*(2):312–325.

Doll, B. B., Simon, D. A., Daw, N. D. (2012). The ubiquity of model-based reinforcement learning. *Current Opinion in Neurobiology, 22*(6):1–7.

Donahoe, J. W., Burgos, J. E. (2000). Behavior analysis and revaluation. *Journal of the Experimental Analysis of Behavior, 74*(3):331–346.

Dorigo, M., Colombetti, M. (1994). Robot shaping: Developing autonomous agents through learning. *Articial Intelligence, 71*(2):321–370.

Doya, K. (1996). Temporal dierence learning in continuous time and space. In *Advances in Neural Information Processing Systems 8 (NIPS 1995)*, pp. 1073–1079. MIT Press, Cambridge, MA.

Doya, K., Sejnowski, T. J. (1995). A novel reinforcement model of birdsong vocalization learning. In *Advances in Neural Information Processing Systems 7 (NIPS 1994)*, pp. 101–108. MIT Press, Cambridge, MA.

Doya, K., Sejnowski, T. J. (1998). A computational model of birdsong learning by auditory experience and auditory feedback. In P. W. F. Poon and J. F. Brugge (Eds.), *Central Auditory Processing and Neural Modeling*, pp. 77–88. Springer, Boston, MA.

Doyle, P. G., Snell, J. L. (1984). *Random Walks and Electric Networks*. The Mathematical Association of America. Carus Mathematical Monograph 22.

Dreyfus, S. E., Law, A. M. (1977). *The Art and Theory of Dynamic Programming*. Academic Press, New York.

Du, S. S., Chen, J., Li, L., Xiao, L., Zhou, D. (2017). Stochastic variance reduction methods for policy evaluation. *Proceedings of the 34th International Conference on Machine Learning*, pp. 1049–1058. ArXiv:1702.07944.

Duda, R. O., Hart, P. E. (1973). *Pattern Classication and Scene Analysis*. Wiley, New York.

Du, M. O. (1995). Q-learning for bandit problems. In *Proceedings of the 12th International Conference on Machine Learning (ICML 1995)*, pp. 209–217. Morgan Kaufmann.

Egger, D. M., Miller, N. E. (1962). Secondary reinforcement in rats as a function of information value and reliability of the stimulus. *Journal of Experimental Psychology, 64*:97–104.

Eshel, N., Tian, J., Bukwich, M., Uchida, N. (2016). Dopamine neurons share common response function for reward prediction error. *Nature Neuroscience, 19*(3):479–486.

Estes, W. K. (1943). Discriminative conditioning. I. A discriminative property of conditioned anticipation. *Journal of Experimental Psychology, 32*(2):150–155.

Estes, W. K. (1948). Discriminative conditioning. II. Eects of a Pavlovian conditioned stimulus upon a subsequently established operant response. *Journal of Experimental Psychology, 38* (2):173–177.

Estes, W. K. (1950). Toward a statistical theory of learning. *Psychololgical Review, 57*(2): 94–107.

Farley, B. G., Clark, W. A. (1954). Simulation of self-organizing systems by digital computer. *IRE Transactions on Information Theory, 4*(4):76–84.

Farries, M. A., Fairhall, A. L. (2007). Reinforcement learning with modulated spike timingdependent synaptic plasticity. *Journal of Neurophysiology, 98*(6):3648–3665.

Feldbaum, A. A. (1965). *Optimal Control Systems*. Academic Press, New York.

Finch, G., Culler, E. (1934). Higher order conditioning with constant motivation. *The American Journal of Psychology*:596–602.

Finnsson, H., Björnsson, Y. (2008). Simulation-based approach to general game playing. In *Proceedings of the Association for the Advancement of Articial Intelligence*, pp. 259–264.

Fiorillo, C. D., Yun, S. R., Song, M. R. (2013). Diversity and homogeneity in responses of midbrain dopamine neurons. *The Journal of Neuroscience, 33*(11):4693–4709.

Florian, R. V. (2007). Reinforcement learning through modulation of spike-timing-dependent synaptic plasticity. *Neural Computation, 19*(6):1468–1502.

Fogel, L. J., Owens, A. J., Walsh, M. J. (1966). *Articial Intelligence through Simulated Evolution*. John Wiley and Sons.

French, R. M. (1999). Catastrophic forgetting in connectionist networks. *Trends in cognitive sciences, 3*(4):128–135.

Frey, U., Morris, R. G. M. (1997). Synaptic tagging and long-term potentiation. *Nature, 385* (6616):533–536.

Frémaux, N., Sprekeler, H., Gerstner, W. (2010). Functional requirements for reward-modulated spike-timing-dependent plasticity. *The Journal of Neuroscience, 30*(40): 13326–13337

Friedman, J. H., Bentley, J. L., Finkel, R. A. (1977). An algorithm for nding best matches in logarithmic expected time. *ACM Transactions on Mathematical Software, 3*(3):209–226.

Friston, K. J., Tononi, G., Reeke, G. N., Sporns, O., Edelman, G. M. (1994). Value-dependent selection in the brain: Simulation in a synthetic neural model. *Neuroscience, 59*(2):229–243.

Fu, K. S. (1970). Learning control systems—Review and outlook. *IEEE Transactions on Automatic Control, 15*(2):210–221.

Galanter, E., Gerstenhaber, M. (1956). On thought: The extrinsic theory. *Psychological Review, 63*(4):218–227.

Gallistel, C. R. (2005). Deconstructing the law of eect. *Games and Economic Behavior, 52* (2):410–423.

Gardner, M. (1973). Mathematical games. *Scientic American, 228*(1):108–115.

Geist, M., Scherrer, B. (2014). Off-policy learning with eligibility traces: A survey. *Journal of Machine Learning Research, 15*(1):289–333.

Gelly, S., Silver, D. (2007). Combining online and oine knowledge in UCT. *Proceedings of the 24th International Conference on Machine Learning (ICML 2007)*, pp. 273–280.

Gelperin, A., Hopeld, J. J., Tank, D. W. (1985). The logic of limax learning. In A. Selverston (Ed.), *Model Neural Networks and Behavior,* pp. 247–261. Plenum Press, New York.

Genesereth, M., Thielscher, M. (2014). General game playing. *Synthesis Lectures on Articial Intelligence and Machine Learning, 8*(2):1–229.

Gershman, S. J., Moustafa, A. A., Ludvig, E. A. (2014). Time representation in reinforcement learning models of the basal ganglia. *Frontiers in Computational Neuroscience, 7*:194.

Gershman, S. J., Pesaran, B., Daw, N. D. (2009). Human reinforcement learning subdivides structured action spaces by learning eector-specic values. *The Journal of Neuroscience, 29* (43):13524–13531.

Ghiassian, S., Raee, B., Sutton, R. S. (2016). A rst empirical study of emphatic temporal dierence learning. Workshop on Continual Learning and Deep Learning at the Conference on Neural Information Processing Systems (NIPS 2016). ArXiv:1705.04185.

Gibbs, C. M., Cool, V., Land, T., Kehoe, E. J., Gormezano, I. (1991). Second-order conditioning of the rabbits nictitating membrane response. *Integrative Physiological and Behavioral Science, 26*(4):282–295.

Gittins, J. C., Jones, D. M. (1974). A dynamic allocation index for the sequential design of experiments. In J. Gani, K. Sarkadi, and I. Vincze (Eds.), *Progress in Statistics*, pp. 241–266. North-Holland, Amsterdam–London.

Glimcher, P. W. (2011). Understanding dopamine and reinforcement learning: The dopamine reward prediction error hypothesis. *Proceedings of the National Academy of Sciences, 108*(Supplement 3):15647–15654.

Glimcher, P. W. (2003). *Decisions, Uncertainty, and the Brain: The science of Neuroeconomics.* MIT Press, Cambridge, MA.

Glimcher, P. W., Fehr, E. (Eds.) (2013). *Neuroeconomics: Decision Making and the Brain, Second Edition*. Academic Press.

Goethe, J. W. V. (1878). The Sorcerers Apprentice. In *The Permanent Goethe*, p. 349. The Dial Press, Inc., New York.

Goldstein, H. (1957). *Classical Mechanics*. Addison-Wesley, Reading, MA.

Goodfellow, I., Bengio, Y., Courville, A. (2016). *Deep Learning*. MIT Press, Cambridge, MA.

Goodwin, G. C., Sin, K. S. (1984). *Adaptive Filtering Prediction and Control*. Prentice-Hall, Englewood Clis, NJ.

Gopnik, A., Glymour, C., Sobel, D., Schulz, L. E., Kushnir, T., Danks, D. (2004). A theory of causal learning in children: Causal maps and Bayes nets. *Psychological Review, 111*(1):3–32.

Gordon, G. J. (1995). Stable function approximation in dynamic programming. In A. Prieditis and S. Russell (Eds.), *Proceedings of the 12th International Conference on Machine Learning (ICML 1995)*, pp. 261–268. Morgan Kaufmann. An expanded version was published as Technical Report CMU-CS-95-103. Carnegie Mellon University, Pittsburgh, PA, 1995.

Gordon, G. J. (1996a). Chattering in SARSA(λ). CMU learning lab internal report.

Gordon, G. J. (1996b). Stable tted reinforcement learning. In *Advances in Neural Information Processing Systems 8 (NIPS 1995)*, pp. 1052–1058. MIT Press, Cambridge, MA.

Gordon, G. J. (1999). *Approximate Solutions to Markov Decision Processes*. Ph.D. thesis, Carnegie Mellon University, Pittsburgh PA. Pittsburgh, PA.

Gordon, G. J. (2001). Reinforcement learning with function approximation converges to a region. In *Advances in Neural Information Processing Systems 13 (NIPS 2000)*, pp. 1040–1046. MIT Press, Cambridge, MA.

Graybiel, A. M. (2000). The basal ganglia. *Current Biology, 10*(14):R509–R511.

Greensmith, E., Bartlett, P. L., Baxter, J. (2002). Variance reduction techniques for gradient estimates in reinforcement learning. In *Advances in Neural Information Processing Systems 14 (NIPS 2001)*, pp. 1507–1514. MIT Press, Cambridge, MA.

Greensmith, E., Bartlett, P. L., Baxter, J. (2004). Variance reduction techniques for gradient estimates in reinforcement learning. *Journal of Machine Learning Research, 5*(Nov):1471–1530.

Grith, A. K. (1966). A new machine learning technique applied to the game of checkers. Technical Report Project MAC, Articial Intelligence Memo 94. Massachusetts Institute of Technology, Cambridge, MA.

Grith, A. K. (1974). A comparison and evaluation of three machine learning procedures as applied to the game of checkers. *Articial Intelligence, 5*(2):137–148.

Grondman, I., Busoniu, L., Lopes, G. A., Babuska, R. (2012). A survey of actor–critic reinforcement learning: Standard and natural policy gradients. *IEEE Transactions on Systems, Man, and Cybernetics, Part C (Applications and Reviews), 42*(6):1291–1307.

Grossberg, S. (1975). A neural model of attention, reinforcement, and discrimination learning. *International Review of Neurobiology, 18*:263–327.

Grossberg, S., Schmajuk, N. A. (1989). Neural dynamics of adaptive timing and temporal discrimination during associative learning. *Neural Networks, 2*(2):79–102.

Gullapalli, V. (1990). A stochastic reinforcement algorithm for learning real-valued functions. *Neural Networks, 3*(6): 671–692.

Gullapalli, V., Barto, A. G. (1992). Shaping as a method for accelerating reinforcement learning. In *Proceedings of the 1992 IEEE International Symposium on Intelligent Control*, pp. 554–559. IEEE.

Gurvits, L., Lin, L.-J., Hanson, S. J. (1994). Incremental learning of evaluation functions for absorbing Markov chains: New methods and theorems. Siemans Corporate Research, Princeton, NJ.

Hackman, L. (2012). *Faster Gradient-TD Algorithms*. M.Sc. thesis, University of Alberta, Edmonton.

Hallak, A., Tamar, A., Mannor, S. (2015). Emphatic TD Bellman operator is a contraction. ArXiv:1508.03411.

Hallak, A., Tamar, A., Munos, R., Mannor, S. (2016). Generalized emphatic temporal dierence learning: Bias-variance analysis. In *Proceedings of the Thirtieth AAAI Conference on Articial Intelligence (AAAI-16)*, pp. 1631–1637. AAAI Press, Menlo Park, CA.

Hammer, M. (1997). The neural basis of associative reward learning in honeybees. *Trends in Neuroscience, 20*(6):245–252.

Hammer, M., Menzel, R. (1995). Learning and memory in the honeybee. *The Journal of Neuroscience, 15*(3):1617–1630.

Hampson, S. E. (1983). *A Neural Model of Adaptive Behavior*. Ph.D. thesis, University of California, Irvine.

Hampson, S. E. (1989). *Connectionist Problem Solving: Computational Aspects of Biological Learning*. Birkhauser, Boston.

Hare, T. A., O'Doherty, J., Camerer, C. F., Schultz, W., Rangel, A. (2008). Dissociating the role of the orbitofrontal cortex and the striatum in the computation of goal values and prediction errors. *The Journal of Neuroscience, 28*(22):5623–5630.

Harth, E., Tzanakou, E. (1974). Alopex: A stochastic method for determining visual receptive elds. *Vision Research, 14*(12):1475–1482.

Hassabis, D., Maguire, E. A. (2007). Deconstructing episodic memory with construction. *Trends in Cognitive Sciences, 11*(7):299–306.

Hauskrecht, M., Meuleau, N., Kaelbling, L. P., Dean, T., Boutilier, C. (1998). Hierarchical solution of Markov decision processes using macro-actions. In *Proceedings of the Fourteenth Conference on Uncertainty in Articial Intelligence*, pp. 220–229. Morgan Kaufmann.

Hawkins, R. D., Kandel, E. R. (1984). Is there a cell-biological alphabet for simple forms of learning? *Psychological Review, 91*(3):375–391.

Haykin, S. (1994). *Neural networks*: A *Comprehensive Foundation*, Macmillan, New York.

He, K., Huertas, M., Hong, S. Z., Tie, X., Hell, J. W., Shouval, H., Kirkwood, A. (2015). Distinct eligibility traces for LTP and LTD in cortical synapses. *Neuron, 88*(3):528–538.

He, K., Zhang, X., Ren, S., Sun, J. (2016). Deep residual learning for image recognition. In *Proceedings of the 1992 IEEE Conference on Computer Vision and Pattern Recognition*, pp. 770–778.

Hebb, D. O. (1949). *The Organization of Behavior: A Neuropsychological Theory*. John Wiley and Sons Inc., New York. Reissued by Lawrence Erlbaum Associates Inc., Mahwah NJ, 2002.

Hengst, B. (2012). Hierarchical approaches. In M. Wiering and M. van Otterlo (Eds.), *Reinforcement Learning: State-of-the-Art*, pp. 293–323. Springer-Verlag Berlin Heidelberg.

Herrnstein, R. J. (1970). On the Law of Eect. *Journal of the Experimental Analysis of Behavior, 13*(2):243–266.

Hersh, R., Griego, R. J. (1969). Brownian motion and potential theory. *Scientic American, 220*(3):66–74.

Hester, T., Stone, P. (2012). Learning and using models. In M.Wiering and M. van Otterlo (Eds.), *Reinforcement Learning: State-of-the-Art*, pp. 111–141. Springer-Verlag Berlin Heidelberg.

Hesterberg, T. C. (1988), *Advances in Importance Sampling*, Ph.D. thesis, Statistics Department, Stanford University.

Hilgard, E. R. (1956). *Theories of Learning, Second Edition*. Appleton-Century-Cofts, Inc., New York.

Hilgard, E. R., Bower, G. H. (1975). *Theories of Learning*. Prentice-Hall, Englewood Clis, NJ.

Hinton, G. E. (1984). Distributed representations. Technical Report CMU-CS-84-157. Department of Computer Science, Carnegie-Mellon University, Pittsburgh, PA.

Hinton, G. E., Osindero, S., Teh, Y. (2006). A fast learning algorithm for deep belief nets. *Neural Computation, 18*(7):1527–1554.

Hochreiter, S., Schmidhuber, J. (1997). LTSM can solve hard time lag problems. In *Advances in Neural Information Processing Systems 9 (NIPS 1996)*, pp. 473–479. MIT Press, Cambridge, MA.

Holland, J. H. (1975). *Adaptation in Natural and Articial Systems*. University of Michigan Press, Ann Arbor.

Holland, J. H. (1976). Adaptation. In R. Rosen and F. M. Snell (Eds.), *Progress in Theoretical Biology*, vol. 4, pp. 263–293. Academic Press, New York.

Holland, J. H. (1986). Escaping brittleness: The possibility of general-purpose learning algorithms applied to rule-based systems. In R. S. Michalski, J. G. Carbonell, and T. M. Mitchell(Eds.), *Machine Learning: An Articial Intelligence Approach*, vol. 2, pp. 593–623. Morgan Kaufmann.

Hollerman, J. R., Schultz, W. (1998). Dopmine neurons report an error in the temporal prediction of reward during learning. *Nature Neuroscience, 1*(4):304–309.

Houk, J. C., Adams, J. L., Barto, A. G. (1995). A model of how the basal ganglia generates and uses neural signals that predict reinforcement. In J. C. Houk, J. L. Davis, and D. G. Beiser(Eds.), *Models of Information Processing in the Basal Ganglia*, pp. 249–270. MIT Press, Cambridge, MA.

Howard, R. (1960). *Dynamic Programming and Markov Processes*. MIT Press, Cambridge, MA.

Hull, C. L. (1932). The goal-gradient hypothesis and maze learning. *Psychological Review, 39*(1):25–43.

Hull, C. L. (1943). *Principles of Behavior*. Appleton-Century, New York.

Hull, C. L. (1952). *A Behavior System*. Wiley, New York.

Ioe, S., Szegedy, C. (2015). Batch normalization: Accelerating deep network training by reducing internal covariate shift. ArXiv:1502.03167.

İpek, E., Mutlu, O., Martínez, J. F., Caruana, R. (2008). Self-optimizing memory controllers: A reinforcement learning approach. In *ISCA'08:Proceedings of the 35th Annual International Symposium on Computer Architecture*, pp. 39–50. IEEE Computer Society Washington, DC.

Izhikevich, E. M. (2007). Solving the distal reward problem through linkage of STDP and dopamine signaling. *Cerebral Cortex, 17*(10):2443–2452.

Jaakkola, T., Jordan, M. I., Singh, S. P. (1994). On the convergence of stochastic iterative dynamic programming algorithms. *Neural Computation, 6*:1185–1201.

Jaakkola, T., Singh, S. P., Jordan, M. I. (1995). Reinforcement learning algorithm for partially observable Markov decision problems. In *Advances in Neural Information Processing Systems 7 (NIPS 1994)*, pp. 345–352. MIT Press, Cambridge, MA.

Jacobs, R. A. (1988). Increased rates of convergence through learning rate adaptation. *Neural Networks, 1*(4):295–307.

Jaderberg, M., Mnih, V., Czarnecki, W. M., Schaul, T., Leibo, J. Z., Silver, D., Kavukcuoglu, K. (2016). Reinforcement learning with unsupervised auxiliary tasks. ArXiv preprint arXiv:1611.05397.

Jaeger, H. (1997). Observable operator models and conditioned continuation representations. Arbeitspapiere der GMD 1043, GMD Forschungszentrum Informationstechnik, Sankt Augustin, Germany.

Jaeger, H. (1998). *Discrete Time, Discrete Valued Observable Operator Models: A Tutorial*. GMD-Forschungszentrum Informationstechnik.

Jaeger, H. (2000). Observable operator models for discrete stochastic time series. *Neural Computation, 12*(6):1371–1398.

Jaeger, H. (2002). Tutorial on training recurrent neural networks, covering BPPT, RTRL, EKF and the 'echo state network' approach. German National Research Center for Information Technology, Technical Report GMD report 159, 2002.

Joel, D., Niv, Y., Ruppin, E. (2002). Actor–critic models of the basal ganglia: New anatomical and computational perspectives. *Neural Networks, 15*(4):535–547.

Johnson, A., Redish, A. D. (2007). Neural ensembles in CA3 transiently encode paths forward of the animal at a decision point. *The Journal of Neuroscience, 27*(45):12176–12189.

Kaelbling, L. P. (1993a). Hierarchical learning in stochastic domains: Preliminary results. In *Proceedings of the 10th International Conference on Machine Learning (ICML 1993)*, pp. 167–173. Morgan Kaufmann.

Kaelbling, L. P. (1993b). *Learning in Embedded Systems*. MIT Press, Cambridge, MA.

Kaelbling, L. P. (Ed.) (1996). Special triple issue on reinforcement learning, *Machine Learning, 22*(1/2/3).

Kaelbling, L. P., Littman, M. L., Moore, A. W. (1996). Reinforcement learning: A survey. *Journal of Articial Intelligence Research, 4*:237–285.

Kakade, S. M. (2002). A natural policy gradient. In *Advances in Neural Information Processing Systems 14 (NIPS 2001)*, pp. 1531–1538. MIT Press, Cambridge, MA.

Kakade, S. M. (2003). *On the Sample Complexity of Reinforcement Learning*. Ph.D. thesis, University of London.

Kakutani, S. (1945). Markov processes and the Dirichlet problem. *Proceedings of the Japan Academy, 21*(3-10):227–233.

Kalos, M. H., Whitlock, P. A. (1986). *Monte Carlo Methods*. Wiley, New York.

Kamin, L. J. (1968). \Attention-like" processes in classical conditioning. In M. R. Jones (Ed.), *Miami Symposium on the Prediction of Behavior, 1967: Aversive Stimulation*, pp. 9–31. University of Miami Press, Coral Gables, Florida.

Kamin, L. J. (1969). Predictability, surprise, attention, and conditioning. In B. A. Campbell and R. M. Church (Eds.), *Punishment and Aversive Behavior*, pp. 279–296. Appleton-Century-Crofts, New York.

Kandel, E. R., Schwartz, J. H., Jessell, T. M., Siegelbaum, S. A., Hudspeth, A. J. (Eds.) (2013). *Principles of Neural Science, Fifth Edition*. McGraw-Hill Companies, Inc.

Karampatziakis, N., Langford, J. (2010). Online importance weight aware updates. ArXiv:1011.1576.

Kashyap, R. L., Blaydon, C. C., Fu, K. S. (1970). Stochastic approximation. In J. M. Mendel and K. S. Fu (Eds.), *Adaptive, Learning, and Pattern Recognition Systems: Theory and Applications*, pp. 329–355. Academic Press, New York.

Kearney, A., Veeriah, V, Travnik, J, Sutton, R. S., Pilarski, P. M. (in preparation). TIDBD: Adapting Temporal-dierence Step-sizes Through Stochastic Meta-descent.

Kearns, M., Singh, S. (2002). Near-optimal reinforcement learning in polynomial time. *Machine Learning, 49*(2-3):209–232.

Keerthi, S. S., Ravindran, B. (1997). Reinforcement learning. In E. Fieslerm and R. Beale (Eds.), *Handbook of Neural Computation*, C3. Oxford University Press, New York.

Kehoe, E. J. (1982). Conditioning with serial compound stimuli: Theoretical and empirical issues. *Experimental Animal Behavior, 1*:30–65.

Kehoe, E. J., Schreurs, B. G., Graham, P. (1987). Temporal primacy overrides prior training in serial compound conditioning of the rabbits nictitating membrane response. *Animal Learning & Behavior, 15*(4):455–464.

Keiflin, R., Janak, P. H. (2015). Dopamine prediction errors in reward learning and addiction: Ffrom theory to neural circuitry. *Neuron, 88*(2):247–263.

Kimble, G. A. (1961). *Hilgard and Marquis' Conditioning and Learning*. Appleton-Century-Crofts, New York.

Kimble, G. A. (1967). *Foundations of Conditioning and Learning*. Appleton-Century-Crofts, New York.

Kingma, D., Ba, J. (2014). Adam: A method for stochastic optimization. ArXiv:1412.6980.

Klopf, A. H. (1972). Brain function and adaptive systems—A heterostatic theory. Technical Report AFCRL-72-0164, Air Force Cambridge Research Laboratories, Bedford, MA. A summary appears in *Proceedings of the International Conference on Systems, Man, and Cybernetics (1974)*. IEEE Systems, Man, and Cybernetics Society, Dallas, TX.

Klopf, A. H. (1975). A comparison of natural and articial intelligence. *SIGART Newsletter, 53*:11–13.

Klopf, A. H. (1982). *The Hedonistic Neuron: A Theory of Memory, Learning, and Intelligence*. Hemisphere, Washington, DC.

Klopf, A. H. (1988). A neuronal model of classical conditioning. *Psychobiology, 16*(2):85–125.

Klyubin, A. S., Polani, D., Nehaniv, C. L. (2005). Empowerment: A universal agent-centric measure of control. In *Proceedings of the 2005 IEEE Congress on Evolutionary Computation*(Vol. 1, pp. 128–135). IEEE.

Kober, J., Peters, J. (2012). Reinforcement learning in robotics: A survey. In M. Wiering, M. van Otterlo (Eds.), *Reinforcement Learning: State-of-the-Art*, pp. 579–610. Springer-Verlag.

Kocsis, L., Szepesvári, Cs. (2006). Bandit based Monte-Carlo planning. In *Proceedings of the European Conference on Machine Learning*, pp. 282–293. Springer-Verlag Berlin Heidelberg.

Kohonen, T. (1977). *Associative Memory: A System Theoretic Approach*. Springer-Verlag, Berlin.

Koller, D., Friedman, N. (2009). *Probabilistic Graphical Models: Principles and Techniques*. MIT Press.

Kolodziejski, C., Porr, B., Wörgötter, F. (2009). On the asymptotic equivalence between dierential Hebbian and temporal dierence *learning. Neural Computation, 21*(4):1173–1202.

Kolter, J. Z. (2011). The fixed points of off-policy TD. In *Advances in Neural Information Processing Systems 24 (NIPS 2011)*, pp. 2169–2177. Curran Associates, Inc.

Konda, V. R., Tsitsiklis, J. N. (2000). Actor-critic algorithms. In *Advances in Neural Information Processing Systems 12 (NIPS 1999)*, pp. 1008–1014. MIT Press, Cambridge, MA.

Konda, V. R., Tsitsiklis, J. N. (2003). On actor-critic algorithms. *SIAM Journal on Control and Optimization, 42*(4):1143–1166.

Konidaris, G. D., Osentoski, S., Thomas, P. S. (2011). Value function approximation in reinforcement learning using the Fourier basis . In *Proceedings of the Twenty-Fifth Conference of the Association for the Advancement of Articial Intelligence*, pp. 380–385.

Korf, R. E. (1988). Optimal path nding algorithms. In L. N. Kanal and V. Kumar (Eds.), *Search in Articial Intelligence*, pp. 223–267. Springer-Verlag, Berlin.

Korf, R. E. (1990). Real-time heuristic search. *Articial Intelligence, 42*(2–3), 189–211.

Koshland, D. E. (1980). *Bacterial Chemotaxis as a Model Behavioral System*. Raven Press, New York.

Koza, J. R. (1992). *Genetic Programming: On the Programming of Computers by Means of Natural Selection* (Vol. 1). MIT Press., Cambridge, MA.

Kraft, L. G., Campagna, D. P. (1990). A summary comparison of CMAC neural network and traditional adaptive control systems. In T. Miller, R. S. Sutton, and P. J. Werbos (Eds.), *Neural Networks for Control*, pp. 143–169. MIT Press, Cambridge, MA.

Kraft, L. G., Miller, W. T., Dietz, D. (1992). Development and application of CMAC neural network-based control. In D. A. White and D. A. Sofge (Eds.), *Handbook of Intelligent Control: Neural, Fuzzy, and Adaptive Approaches*, pp. 215–232. Van Nostrand Reinhold, New York.

Kumar, P. R., Varaiya, P. (1986). *Stochastic Systems: Estimation, Identication, and Adaptive Control*. Prentice-Hall, Englewood Clis, NJ.

Kumar, P. R. (1985). A survey of some results in stochastic adaptive control. *SIAM Journal of Control and Optimization, 23*(3):329–380.

Kumar, V., Kanal, L. N. (1988). The CDP, A unifying formulation for heuristic search, dynamic programming, and branch-and-bound. In L. N. Kanal and V. Kumar (Eds.), *Search in Articial Intelligence*, pp. 1–37. Springer-Verlag, Berlin.

Kushner, H. J., Dupuis, P. (1992). *Numerical Methods for Stochastic Control Problems in Continuous Time*. Springer-Verlag, New York.

Kuvayev, L., Sutton, R.S. (1996). Model-based reinforcement learning with an approximate, learned model. *Proceedings of the Ninth Yale Workshop on Adaptive and Learning Systems*, pp. 101–105, Yale University, New Haven, CT.

Lagoudakis, M., Parr, R. (2003). Least squares policy iteration. *Journal of Machine Learning Research, 4*(Dec):1107–1149.

Lai, T. L., Robbins, H. (1985). Asymptotically ecient adaptive allocation rules. *Advances in Applied Mathematics, 6*(1):4–22.

Lakshmivarahan, S., Narendra, K. S. (1982). Learning algorithms for two-person zero-sum stochastic games with incomplete information: A unied approach. *SIAM Journal of Control and Optimization, 20*(4):541–552.

Lammel, S., Lim, B. K., Malenka, R. C. (2014). Reward and aversion in a heterogeneous midbrain dopamine system. *Neuropharmacology, 76:*353–359.

Lane, S. H., Handelman, D. A., Gelfand, J. J. (1992). Theory and development of higher-order CMAC neural networks. *IEEE Control Systems, 12*(2):23–30.

LeCun, Y. (1985). Une procdure d'apprentissage pour rseau a seuil asymmetrique (a learning scheme for asymmetric threshold networks). In *Proceedings of Cognitiva 85*, Paris, France.

LeCun, Y., Bottou, L., Bengio, Y., Haner, P. (1998). Gradient-based learning applied to document recognition. *Proceedings of the IEEE, 86*(11):2278–2324.

Legenstein, R. W., Maass, D. P. (2008). A learning theory for reward-modulated spike-timingdependent plasticity with application to biofeedback. *PLoS Computational Biology, 4*(10).

Levy, W. B., Steward, D. (1983). Temporal contiguity requirements for long-term associative potentiation/depression in the hippocampus. *Neuroscience, 8*(4):791–797.

Lewis, F. L., Liu, D. (Eds.) (2012). *Reinforcement Learning and Approximate Dynamic Programming for Feedback Control*. John Wiley and Sons.

Lewis, R. L., Howes, A., Singh, S. (2014). Computational rationality: Linking mechanism and behavior through utility maximization. *Topics in Cognitive Science, 6*(2):279–311.

Li, L. (2012). Sample complexity bounds of exploration. In M.Wiering and M. van Otterlo (Eds.), *Reinforcement Learning: State-of-the-Art*, pp. 175–204. Springer-Verlag Berlin Heidelberg.

Li, L., Chu, W., Langford, J., Schapire, R. E. (2010). A contextual-bandit approach to personalized news article recommendation. In *Proceedings of the 19th International Conference on World Wide Web*, pp. 661–670. ACM, New York.

Lin, C.-S., Kim, H. (1991). CMAC-based adaptive critic self-learning control. *IEEE Transactions on Neural Networks, 2*(5):530–533.

Lin, L.-J. (1992). Self-improving reactive agents based on reinforcement learning, planning and teaching. *Machine Learning, 8*(3-4):293–321.

Lin, L.-J., Mitchell, T. (1992). Reinforcement learning with hidden states. In *Proceedings of the Second International Conference on Simulation of Adaptive Behavior: From Animals to Animats*, pp. 271–280. MIT Press, Cambridge, MA.

Littman, M. L., Cassandra, A. R., Kaelbling, L. P. (1995). Learning policies for partially observable environments: Scaling up. In *Proceedings of the 12th International Conference on Machine Learning (ICML 1995)*, pp. 362–370. Morgan Kaufmann.

Littman, M. L., Dean, T. L., Kaelbling, L. P. (1995). On the complexity of solving Markov decision problems. In *Proceedings of the Eleventh Annual Conference on Uncertainty in Articial Intelligence*, pp. 394–402.

Littman, M. L., Sutton, R. S., Singh, S. (2002). Predictive representations of state. In *Advances in Neural Information Processing Systems 14 (NIPS 2001)*, pp. 1555-1561. MIT Press, Cambridge, MA.

Liu, J. S. (2001). *Monte Carlo Strategies in Scientic Computing*. Springer-Verlag, Berlin.

Ljung, L. (1998). System identiflcation. In A. Procházka, J. Uhlíř, P. W. J. Rayner, and N. G. Kingsbury (Eds.), *Signal Analysis and Prediction*, pp. 163–173. Springer Science + Business Media New York, LLC.

Ljung, L., Söderstrom, T. (1983). *Theory and Practice of Recursive Identication*. MIT Press, Cambridge, MA.

Ljungberg, T., Apicella, P., Schultz, W. (1992). Responses of monkey dopamine neurons during learning of behavioral reactions. *Journal of Neurophysiology, 67*(1):145–163.

Lovejoy, W. S. (1991). A survey of algorithmic methods for partially observed Markov decision processes. *Annals of Operations Research, 28*(1):47–66.

Luce, D. (1959). *Individual Choice Behavior*. Wiley, New York.

Ludvig, E. A., Bellemare, M. G., Pearson, K. G. (2011). A primer on reinforcement learning in the brain: Psychological, computational, and neural perspectives. In E. Alonso and E. Mondragón (Eds.), *Computational Neuroscience for Advancing Articial Intelligence: Models, Methods and Applications*, pp. 111–44. Medical Information Science Reference, Hershey PA.

Ludvig, E. A., Sutton, R. S., Kehoe, E. J. (2008). Stimulus representation and the timing of reward-prediction errors in models of the dopamine system. *Neural Computation, 20*(12):3034–3054.

Ludvig, E. A., Sutton, R. S., Kehoe, E. J. (2012). Evaluating the TD model of classical conditioning. *Learning & behavior, 40*(3):305–319.

Machado, A. (1997). Learning the temporal dynamics of behavior. *Psychological Review, 104*(2):241–265.

Mackintosh, N. J. (1975). A theory of attention: Variations in the associability of stimuli with reinforcement. *Psychological Review, 82*(4):276–298.

Mackintosh, N. J. (1983). *Conditioning and Associative Learning*. Clarendon Press, Oxford.

Maclin, R., Shavlik, J. W. (1994). Incorporating advice into agents that learn from reinforcements. In *Proceedings of the Twelfth National Conference on Articial Intelligence (AAAI-94)*, pp. 694–699. AAAI Press, Menlo Park, CA.

Maei, H. R. (2011). *Gradient Temporal-Dierence Learning Algorithms*. Ph.D. thesis, University of Alberta, Edmonton.

Maei, H. R. (2018). Convergent actor-critic algorithms under off-policy training and function approximation. ArXiv:1802.07842.

Maei, H. R., Sutton, R. S. (2010). GQ(λ): A general gradient algorithm for temporal-dierence prediction learning with eligibility traces. In *Proceedings of the Third Conference on Articial General Intelligence*, pp. 91–96.

Maei, H. R., Szepesvári, Cs., Bhatnagar, S., Precup, D., Silver, D., Sutton, R. S. (2009). Convergent temporal-dierence learning with arbitrary smooth function approximation. In *Advances in Neural Information Processing Systems 22 (NIPS 2009)*, pp. 1204–1212. Curran Associates, Inc.

Maei, H. R., Szepesvári, Cs., Bhatnagar, S., Sutton, R. S. (2010). Toward off-policy learning control with function approximation. In *Proceedings of the 27th International Conference on Machine Learning (ICML 2010)*, pp. 719–726).

Mahadevan, S. (1996). Average reward reinforcement learning: Foundations, algorithms, and empirical results. *Machine Learning, 22*(1):159–196.

Mahadevan, S., Liu, B., Thomas, P., Dabney, W., Giguere, S., Jacek, N., Gemp, I., Liu, J. (2014). Proximal reinforcement learning: A new theory of sequential decision making in primal-dual spaces. ArXiv preprint arXiv:1405.6757.

Mahadevan, S., Connell, J. (1992). Automatic programming of behavior-based robots using reinforcement learning. *Articial Intelligence, 55*(2-3):311–365.

Mahmood, A. R. (2017). *Incremental Off-Policy Reinforcement Learning Algorithms*. Ph.D. thesis, University of Alberta, Edmonton.

Mahmood, A. R., Sutton, R. S. (2015). Off-policy learning based on weighted importance sampling with linear computational complexity. In *Proceedings of the 31st Conference on Uncertainty in Articial Intelligence (UAI-2015)*, pp. 552–561. AUAI Press Corvallis, Oregon.

Mahmood, A. R., Sutton, R. S., Degris, T., Pilarski, P. M. (2012). Tuning-free step-size adaptation. In *2012 IEEE International Conference on Acoustics, Speech and Signal Processing (ICASSP)*, Proceedings, pp. 2121–2124. IEEE.

Mahmood, A. R., Yu, H, Sutton, R. S. (2017). Multi-step off-policy learning without importance sampling ratios. ArXiv:1702.03006.

Mahmood, A. R., van Hasselt, H., Sutton, R. S. (2014). Weighted importance sampling for off-policy learning with linear function approx. *Advances in Neural Information Processing Systems 27 (NIPS 2014)*, pp. 3014–3022. Curran Associates, Inc.

Marbach, P., Tsitsiklis, J. N. (1998). Simulation-based optimization of Markov reward processes. MIT Technical Report LIDS-P-2411.

Marbach, P., Tsitsiklis, J. N. (2001). Simulation-based optimization of Markov reward processes. *IEEE Transactions on Automatic Control, 46*(2):191–209.

Markram, H., Lübke, J., Frotscher, M., Sakmann, B. (1997). Regulation of synaptic ecacy by coincidence of postsynaptic APs and EPSPs. *Science, 275*(5297):213–215.

Martínez, J. F., İpek, E. (2009). Dynamic multicore resource management: A machine learning approach. *Micro, IEEE, 29*(5):8–17.

Mataric, M. J. (1994). Reward functions for accelerated learning. In *Proceedings of the 11th International Conference on Machine Learning (ICML 1994)*, pp. 181–189. Morgan Kaufmann.

Matsuda, W., Furuta, T., Nakamura, K. C., Hioki, H., Fujiyama, F., Arai, R., Kaneko, T. (2009). Single nigrostriatal dopaminergic neurons form widely spread and highly dense axonal arborizations in the neostriatum. *The Journal of Neuroscience, 29*(2):444–453.

Mazur, J. E. (1994). Learning and Behavior, 3rd ed. Prentice-Hall, Englewood Clis, NJ.

McCallum, A. K. (1993). Overcoming incomplete perception with utile distinction memory. In *Proceedings of the 10th International Conference on Machine Learning (ICML 1993)*, pp. 190–196. Morgan Kaufmann.

McCallum, A. K. (1995). *Reinforcement Learning with Selective Perception and Hidden State*. Ph.D. thesis, University of Rochester, Rochester NY.

McCloskey, M., Cohen, N. J. (1989). Catastrophic interference in connectionist networks: The sequential learning problem. *Psychology of Learning and Motivation, 24* :109–165.

McClure, S. M., Daw, N. D., Montague, P. R. (2003). A computational substrate for incentive salience. *Trends in Neurosciences, 26*(8):423–428.

McCulloch, W. S., Pitts, W. (1943). A logical calculus of the ideas immanent in nervous activity. *Bulletin of Mathematical Biophysics, 5*(4):115–133.

McMahan, H. B., Gordon, G. J. (2005). Fast Exact Planning in Markov Decision Processes. In *Proceedings of the International Conference on Automated Planning and Scheduling*, pp. 151-160.

Melo, F. S., Meyn, S. P., Ribeiro, M. I. (2008). An analysis of reinforcement learning with function approximation. In *Proceedings of the 25th International Conference on Machine Learning (ICML 2008)*, pp. 664–671.

Mendel, J. M. (1966). A survey of learning control systems. *ISA Transactions, 5*:297–303.

Mendel, J. M., McLaren, R. W. (1970). Reinforcement learning control and pattern recognition systems. In J. M. Mendel and K. S. Fu (Eds.), *Adaptive, Learning and Pattern Recognition Systems: Theory and Applications*, pp. 287–318. Academic Press, New York.

Michie, D. (1961). Trial and error. In S. A. Barnett and A. McLaren (Eds.), *Science Survey, Part 2*, pp. 129–145. Penguin, Harmondsworth.

Michie, D. (1963). Experiments on the mechanisation of game learning. 1. characterization of the model and its parameters. *The Computer Journal, 6*(3):232–263.

Michie, D. (1974). *On Machine Intelligence*. Edinburgh University Press, Edinburgh.

Michie, D., Chambers, R. A. (1968). BOXES, An experiment in adaptive control. In E. Dale and D. Michie (Eds.), *Machine Intelligence 2*, pp. 137–152. Oliver and Boyd, Edinburgh.

Miller, R. (1981). *Meaning and Purpose in the Intact Brain: A Philosophical, Psychological, and Biological Account of Conscious Process*. Clarendon Press, Oxford.

Miller, W. T., An, E., Glanz, F., Carter, M. (1990). The design of CMAC neural networks for control. *Adaptive and Learning Systems, 1*:140–145.

Miller, W. T., Glanz, F. H. (1996). *UNH CMAC verison 2.1: The University of New Hampshire Implementation of the Cerebellar Model Arithmetic Computer - CMAC*. Robotics Laboratory Technical Report, University of New Hampshire, Durham.

Miller, S., Williams, R. J. (1992). Learning to control a bioreactor using a neural net Dyna-Q system. In *Proceedings of the Seventh Yale Workshop on Adaptive and Learning Systems*, pp. 167–172. Center for Systems Science, Dunham Laboratory, Yale University, New Haven.

Miller, W. T., Scalera, S. M., Kim, A. (1994). Neural network control of dynamic balance for a biped walking robot. In *Proceedings of the Eighth Yale Workshop on Adaptive and Learning Systems*, pp. 156–161. Center for Systems Science, Dunham Laboratory, Yale University, New Haven.

Minton, S. (1990). Quantitative results concerning the utility of explanation-based learning. *Articial Intelligence, 42*(2-3):363–391.

Minsky, M. L. (1954). *Theory of Neural-Analog Reinforcement Systems and Its Application to the Brain-Model Problem*. Ph.D. thesis, Princeton University.

Minsky, M. L. (1961). Steps toward articial intelligence. *Proceedings of the Institute of Radio Engineers*, 49:8–30. Reprinted in E. A. Feigenbaum and J. Feldman (Eds.), Computers and Thought, pp. 406–450. McGraw-Hill, New York, 1963.

Minsky, M. L. (1967). *Computation: Finite and Innite Machines*. Prentice-Hall, Englewood Clis, NJ.

Mnih, V., Kavukcuoglu, K., Silver, D., Graves, A., Antonoglou, I., Wierstra, D., Riedmiller, M. (2013). Playing atari with deep reinforcement learning. ArXiv preprint arXiv:1312.5602.

Mnih, V., Kavukcuoglu, K., Silver, D., Rusu, A. A., Veness, J., Bellemare, M. G., Graves, A., Riedmiller, M., Fidjeland, A. K., Ostrovski, G., Petersen, S., Beattie, C., Sadik, A., Antonoglou, I., King, H., Kumaran, D., Wierstra, D., Legg, S., Hassabis, D. (2015). Humanlevel control through deep reinforcement learning. *Nature, 518*(7540):529–533.

Modayil, J., Sutton, R. S. (2014). Prediction driven behavior: Learning predictions that drive fixed responses. In *AAAI-14 Workshop on Articial Intelligence and Robotics*, Quebec City, Canada.

Modayil, J., White, A., Sutton, R. S. (2014). Multi-timescale nexting in a reinforcement learning robot. *Adaptive Behavior, 22*(2):146–160.

Monahan, G. E. (1982). State of the art—a survey of partially observable Markov decision processes: theory, models, and algorithms. *Management Science, 28*(1):1–16.

Montague, P. R., Dayan, P., Nowlan, S. J., Pouget, A., Sejnowski, T. J. (1993). Using aperiodic reinforcement for directed self-organization during development. In *Advances in Neural Information Processing Systems 5 (NIPS 1992)*, pp. 969–976. Morgan Kaufmann.

Montague, P. R., Dayan, P., Person, C., Sejnowski, T. J. (1995). Bee foraging in uncertain environments using predictive hebbian learning. *Nature, 377*(6551):725–728.

Montague, P. R., Dayan, P., Sejnowski, T. J. (1996). A framework for mesencephalic dopamine systems based on predictive Hebbian learning. *The Journal of Neuroscience, 16*(5):1936–1947.

Montague, P. R., Dolan, R. J., Friston, K. J., Dayan, P. (2012). Computational psychiatry. *Trends in Cognitive Sciences, 16*(1):72–80.

Montague, P. R., Sejnowski, T. J. (1994). The predictive brain: Temporal coincidence and temporal order in synaptic learningmechanisms. *Learning & Memory, 1*(1):1–33.

Moore, A. W. (1990). *Ecient Memory-Based Learning for Robot Control*. Ph.D. thesis, University of Cambridge.

Moore, A. W., Atkeson, C. G. (1993). Prioritized sweeping: Reinforcement learning with less data and less real time. *Machine Learning, 13*(1):103–130.

Moore, A. W., Schneider, J., Deng, K. (1997). Ecient locally weighted polynomial regression predictions. In *Proceedings of the 14th International Conference on Machine Learning (ICML 1997)*. Morgan Kaufmann.

Moore, J. W., Blazis, D. E. J. (1989). Simulation of a classically conditioned response: A cerebellar implementation of the sutton-barto-desmond model. In J. H. Byrne and W. O. Berry (Eds.), *Neural Models of Plasticity*, pp. 187–207. Academic Press, San Diego, CA.

Moore, J. W., Choi, J.-S., Brunzell, D. H. (1998). Predictive timing under temporal uncertainty: The time derivative model of the conditioned response. In D. A. Rosenbaum and C. E. Collyer (Eds.), *Timing of Behavior*, pp. 3–34. MIT Press, Cambridge, MA.

Moore, J. W., Desmond, J. E., Berthier, N. E., Blazis, E. J., Sutton, R. S., Barto, A. G. (1986). Simulation of the classically conditioned nictitating membrane response by a neuron-like adaptive element: I. Response topography, neuronal ring, and interstimulus intervals. *Behavioural Brain Research, 21*(2):143–154.

Moore, J. W., Marks, J. S., Castagna, V. E., Polewan, R. J. (2001). Parameter stability in the TD model of complex CR topographies. *In Society for Neuroscience Abstracts, 27*:642.

Moore, J. W., Schmajuk, N. A. (2008). Kamin blocking. *Scholarpedia, 3*(5):3542.

Moore, J. W., Stickney, K. J. (1980). Formation of attentional-associative networks in real time:Role of the hippocampus and implications for conditioning. *Physiological Psychology, 8*(2):207–217.

Mukundan, J., Martínez, J. F. (2012). MORSE, Multi-objective recongurable self-optimizing memory scheduler. In *IEEE 18th International Symposium on High Performance Computer Architecture (HPCA)*, pp. 1–12.

Müller, M. (2002). Computer Go. *Articial Intelligence, 134*(1):145–179.

Munos, R., Stepleton, T., Harutyunyan, A., Bellemare, M. (2016). Safe and ecient off-policy reinforcement learning. In *Advances in Neural Information Processing Systems 29 (NIPS 2016)*, pp. 1046–1054. Curran Associates, Inc.

Naddaf, Y. (2010). *Game-Independent AI Agents for Playing Atari 2600 Console Games*. Ph.D. thesis, University of Alberta, Edmonton.

Narendra, K. S., Thathachar, M. A. L. (1974). Learning automata—A survey. *IEEE Transactions on Systems, Man, and Cybernetics, 4*:323–334.

Narendra, K. S., Thathachar, M. A. L. (1989). *Learning Automata: An Introduction*. Prentice-Hall, Englewood Clis, NJ.

Narendra, K. S., Wheeler, R. M. (1983). An N-player sequential stochastic game with identical payos. *IEEE Transactions on Systems, Man, and Cybernetics, 6*:1154–1158.

Narendra, K. S., Wheeler, R. M. (1986). Decentralized learning in nite Markov chains. *IEEE Transactions on Automatic Control, 31*(6):519–526.

Nedic, A., Bertsekas, D. P. (2003). Least squares policy evaluation algorithms with linear function approx. *Discrete Event Dynamic Systems, 13*(1-2):79–110.

Ng, A. Y. (2003). *Shaping and Policy Search in Reinforcement Learning*. Ph.D. thesis, University of California, Berkeley.

Ng, A. Y., Harada, D., Russell, S. (1999). Policy invariance under reward transformations: Theory and application to reward shaping. In I. Bratko and S. Dzeroski (Eds.), *Proceedings of the 16th International Conference on Machine Learning (ICML 1999)*, pp. 278–287.

Ng, A. Y., Russell, S. J. (2000). Algorithms for inverse reinforcement learning. In *Proceedings of the 17th International Conference on Machine Learning (ICML 2000)*, pp. 663–670.

Niv, Y. (2009). Reinforcement learning in the brain. *Journal of Mathematical Psychology, 53*(3):139–154.

Niv, Y., Daw, N. D., Dayan, P. (2006). How fast to work: Response vigor, motivation and tonic dopamine. In *Advances in Neural Information Processing Systems 18 (NIPS 2005)*, pp. 1019–1026. MIT Press, Cambridge, MA.

Niv, Y., Daw, N. D., Joel, D., Dayan, P. (2007). Tonic dopamine: opportunity costs and the control of response vigor. *Psychopharmacology, 191*(3):507–520.

Niv, Y., Joel, D., Dayan, P. (2006). A normative perspective on motivation. *Trends in Cognitive Sciences, 10*(8):375–381.

Nouri, A., Littman, M. L. (2009). Multi-resolution exploration in continuous spaces. In *Advances in Neural Information Processing Systems 21 (NIPS 2008)*, pp. 1209–1216. Curran Associates, Inc.

Nowé, A., Vrancx, P., Hauwere, Y.-M. D. (2012). Game theory and multi-agent reinforcement learning. In M. Wiering and M. van Otterlo (Eds.), *Reinforcement Learning: State-of-the-Art*, pp. 441–467. Springer-Verlag Berlin Heidelberg.

Nutt, D. J., Lingford-Hughes, A., Erritzoe, D., Stokes, P. R. A. (2015). The dopamine theory of addiction: 40 years of highs and lows. *Nature Reviews Neuroscience, 16*(5):305–312.

O'Doherty, J. P., Dayan, P., Friston, K., Critchley, H., Dolan, R. J. (2003). Temporal dierence models and reward-related learning in the human brain. *Neuron, 38*(2):329–337.

O'Doherty, J. P., Dayan, P., Schultz, J., Deichmann, R., Friston, K., Dolan, R. J. (2004). Dissociable roles of ventral and dorsal striatum in instrumental conditioning. *Science, 304*(5669):452–454.

Ólafsdóttir, H. F., Barry, C., Saleem, A. B., Hassabis, D., Spiers, H. J. (2015). Hippocampal place cells construct reward related sequences through unexplored space. *Elife, 4*:e06063.

Oh, J., Guo, X., Lee, H., Lewis, R. L., Singh, S. (2015). Action-conditional video prediction using deep networks in Atari games. In *Advances in Neural Information Processing Systems 28 (NIPS 2015)*, pp. 2845–2853. Curran Associates, Inc.

Olds, J., Milner, P. (1954). Positive reinforcement produced by electrical stimulation of the septal area and other regions of rat brain. *Journal of Comparative and Physiological Psychology, 47*(6):419–427.

O'Reilly, R. C., Frank, M. J. (2006). Making working memory work: A computational model of learning in the prefrontal cortex and basal ganglia. *Neural Computation, 18*(2):283–328.

O'Reilly, R. C., Frank, M. J., Hazy, T. E., Watz, B. (2007). PVLV, the primary value and learned value Pavlovian learning algorithm. *Behavioral Neuroscience, 121*(1):31–49.

Omohundro, S. M. (1987). Ecient algorithms with neural network behavior. Technical Report, Department of Computer Science, University of Illinois at Urbana-Champaign.

Ormoneit, D., Sen, Ś. (2002). Kernel-based reinforcement learning. *Machine Learning, 49*(2-3):161–178.

Oudeyer, P.-Y., Kaplan, F. (2007). What is intrinsic motivation? A typology of computational approaches. *Frontiers in Neurorobotics, 1*:6.

Oudeyer, P.-Y., Kaplan, F., Hafner, V. V. (2007). Intrinsic motivation systems for autonomous mental development. *IEEE Transactions on Evolutionary Computation, 11*(2):265–286.

Padoa-Schioppa, C., Assad, J. A. (2006). Neurons in the orbitofrontal cortex encode economic value. *Nature, 441*(7090):223–226.

Page, C. V. (1977). Heuristics for signature table analysis as a pattern recognition technique. *IEEE Transactions on Systems, Man, and Cybernetics, 7*(2):77–86.

Pagnoni, G., Zink, C. F., Montague, P. R., Berns, G. S. (2002). Activity in human ventral striatum locked to errors of reward prediction. *Nature Neuroscience, 5*(2):97–98.

Pan, W.-X., Schmidt, R., Wickens, J. R., Hyland, B. I. (2005). Dopamine cells respond to predicted events during classical conditioning: Evidence for eligibility traces in the rewardlearning network. *The Journal of Neuroscience, 25*(26):6235–6242.

Park, J., Kim, J., Kang, D. (2005). An RLS-based natural actor–critic algorithm for locomotion of a two-linked robot arm. *Computational Intelligence and Security*:65–72.

Parks, P. C., Militzer, J. (1991). Improved allocation of weights for associative memory storage in learning control systems. In *IFAC Design Methods of Control Systems*, Zurich, Switzerland, pp. 507–512.

Parr, R. (1988). *Hierarchical Control and Learning for Markov Decision Processes*. Ph.D. thesis, University of California, Berkeley.

Parr, R., Li, L., Taylor, G., Painter-Wakeeld, C., Littman, M. L. (2008). An analysis of linear models, linear value-function approximation, and feature selection for reinforcement learning. In *Proceedings of the 25th international conference on Machine learning*, pp. 752–759).

Parr, R., Russell, S. (1995). Approximating optimal policies for partially observable stochastic domains. In *Proceedings of the Fourteenth International Joint Conference on Articial Intelligence*, pp. 1088–1094. Morgan Kaufmann.

Pavlov, P. I. (1927). *Conditioned Reflexes*. Oxford University Press, London.

Pawlak, V., Kerr, J. N. D. (2008). Dopamine receptor activation is required for corticostriatal spike-timing-dependent plasticity. *The Journal of Neuroscience, 28*(10):2435–2446.

Pawlak, V., Wickens, J. R., Kirkwood, A., Kerr, J. N. D. (2010). Timing is not everything: neuromodulation opens the STDP gate. *Frontiers in Synaptic Neuroscience, 2*:146. doi:10.3389/fnsyn.2010.00146.

Pearce, J. M., Hall, G. (1980). A model for Pavlovian learning: Variation in the eectiveness of conditioning but not unconditioned stimuli. *Psychological Review, 87*(6):532–552.

Pearl, J. (1984). *Heuristics: Intelligent Search Strategies for Computer Problem Solving*. Addison-Wesley, Reading, MA.

Pearl, J. (1995). Causal diagrams for empirical research. *Biometrika*, 82(4):669-688.

Pecevski, D., Maass, W., Legenstein, R. A. (2008). Theoretical analysis of learning with reward-modulated spike-timing-dependent plasticity. In *Advances in Neural Information Processing Systems 20 (NIPS 2007)*, pp. 881–888. Curran Associates, Inc.

Peng, J. (1993). *Ecient Dynamic Programming-Based Learning for Control*. Ph.D. thesis, Northeastern University, Boston MA.

Peng, J. (1995). Ecient memory-based dynamic programming. In *Proceedings of the 12th International Conference on Machine Learning (ICML 1995)*, pp. 438–446.

Peng, J., Williams, R. J. (1993). Ecient learning and planning within the Dyna framework. *Adaptive Behavior, 1*(4):437–454.

Peng, J., Williams, R. J. (1994). Incremental multi-step Q-learning. In *Proceedings of the 11th International Conference on Machine Learning (ICML 1994)*, pp. 226–232. Morgan Kaufmann, San Francisco.

Peng, J., Williams, R. J. (1996). Incremental multi-step Q-learning. *Machine Learning, 22*(1):283–290.

Perkins, T. J., Pendrith, M. D. (2002). On the existence of fixed points for Q-learning and Sarsa in partially observable domains. In *Proceedings of the 19th International Conference on Machine Learning (ICML 2002)*, pp. 490–497.

Perkins, T. J., Precup, D. (2003). A convergent form of approximate policy iteration. In *Advances in Neural Information Processing Systems 15 (NIPS 2002)*, pp. 1627–1634. MIT Press, Cambridge, MA.

Peters, J., Büchel, C. (2010). Neural representations of subjective reward value. *Behavioral Brain Research, 213*(2):135–141.

Peters, J., Schaal, S. (2008). Natural actor–critic. *Neurocomputing, 71*(7):1180–1190.

Peters, J., Vijayakumar, S., Schaal, S. (2005). Natural actor–critic. In *European Conference on Machine Learning*, pp. 280–291. Springer Berlin Heidelberg.

Pezzulo, G., van der Meer, M. A. A., Lansink, C. S., Pennartz, C. M. A. (2014). Internally generated sequences in learning and executing goal-directed behavior. *Trends in Cognitive Science, 18*(12):647–657.

Pfeier, B. E., Foster, D. J. (2013). Hippocampal place-cell sequences depict future paths to remembered goals. *Nature, 497*(7447):74–79.

Phansalkar, V. V., Thathachar, M. A. L. (1995). Local and global optimization algorithms for generalized learning automata. *Neural Computation, 7*(5):950–973.

Poggio, T., Girosi, F. (1989). A theory of networks for approximation and learning. A.I. Memo 1140. Articial Intelligence Laboratory, Massachusetts Institute of Technology, Cambridge, MA.

Poggio, T., Girosi, F. (1990). Regularization algorithms for learning that are equivalent to multilayer networks. *Science, 247*(4945):978–982.

Polyak, B. T. (1990). New stochastic approximation type procedures. *Automat. i Telemekh*, 7 (98-107):2 (in Russian).

Polyak, B. T., Juditsky, A. B. (1992). Acceleration of stochastic approximation by averaging. *SIAM Journal on Control and Optimization, 30*(4):838–855.

Powell, M. J. D. (1987). Radial basis functions for multivariate interpolation: A review. In J. C. Mason and M. G. Cox (Eds.), *Algorithms for Approximation*, pp. 143–167. Clarendon Press, Oxford.

Powell, W. B. (2011). *Approximate Dynamic Programming: Solving the Curses of Dimensionality*, Second edition. John Wiley and Sons.

Powers, W. T. (1973). *Behavior: The Control of Perception*. Aldine de Gruyter, Chicago. 2nd expanded edition 2005.

Precup, D. (2000). *Temporal Abstraction in Reinforcement Learning*. Ph.D. thesis, University of Massachusetts, Amherst.

Precup, D., Sutton, R. S., Dasgupta, S. (2001). Off-policy temporal-dierence learning with function approximation. In *Proceedings of the 18th International Conference on Machine Learning (ICML 2001)*, pp. 417–424.

Precup, D., Sutton, R. S., Paduraru, C., Koop, A., Singh, S. (2006). Off-policy learning with options and recognizers. In *Advances in Neural Information Processing Systems 18 (NIPS 2005)*, pp. 1097–1104. MIT Press, Cambridge, MA.

Precup, D., Sutton, R. S., Singh, S. (2000). Eligibility traces for off-policy policy evaluation. In *Proceedings of the 17th International Conference on Machine Learning (ICML 2000)*, pp. 759–766. Morgan Kaufmann.

Puterman, M. L. (1994). *Markov Decision Problems*. Wiley, New York.

Puterman, M. L., Shin, M. C. (1978). Modied policy iteration algorithms for discounted Markov decision problems. *Management Science, 24*(11):1127–1137.

Quartz, S., Dayan, P., Montague, P. R., Sejnowski, T. J. (1992). Expectation learning in the brain using diuse ascending connections. In *Society for Neuroscience Abstracts, 18*:1210.

Randlv, J., Alstrm, P. (1998). Learning to drive a bicycle using reinforcement learning and shaping. In *Proceedings of the 15th International Conference on Machine Learning (ICML 1998)*, pp. 463–471.

Rangel, A., Camerer, C., Montague, P. R. (2008). A framework for studying the neurobiology of value-based decision making. *Nature Reviews Neuroscience, 9*(7):545–556.

Rangel, A., Hare, T. (2010). Neural computations associated with goal-directed choice. *Current Opinion in Neurobiology, 20*(2):262–270.

Rao, R. P., Sejnowski, T. J. (2001). Spike-timing-dependent Hebbian plasticity as temporal dierence learning. *Neural Computation, 13*(10):2221–2237.

Ratcli, R. (1990). Connectionist models of recognition memory: Constraints imposed by learning and forgetting functions. *Psychological Review, 97*(2):285–308.

Reddy, G., Celani, A., Sejnowski, T. J., Vergassola, M. (2016). Learning to soar in turbulent environments. *Proceedings of the National Academy of Sciences, 113*(33):E4877–E4884.

Redish, D. A. (2004). Addiction as a computational process gone awry. *Science, 306*(5703):1944–1947.

Reetz, D. (1977). Approximate solutions of a discounted Markovian decision process. *Bonner Mathematische Schriften, 98*:77–92.

Rescorla, R. A., Wagner, A. R. (1972). A theory of Pavlovian conditioning: Variations in the eectiveness of reinforcement and nonreinforcement. In A. H. Black and W. F. Prokasy (Eds.), *Classical Conditioning II*, pp. 64–99. Appleton-Century-Crofts, New York.

Revusky, S., Garcia, J. (1970). Learned associations over long delays. In G. Bower (Ed.), *The Psychology of Learning and Motivation*, v. 4, pp. 1–84. Academic Press, Inc., New York.

Reynolds, J. N. J., Wickens, J. R. (2002). Dopamine-dependent plasticity of corticostriatal synapses. *Neural Networks, 15*(4):507–521.

Ring, M. B. (in preparation). Representing knowledge as forecasts (and state as knowledge).

Ripley, B. D. (2007). *Pattern Recognition and Neural Networks*. Cambridge University Press.

Rixner, S. (2004). Memory controller optimizations for web servers. In *Proceedings of the 37th annual IEEE/ACM International Symposium on Microarchitecture*, p. 355–366. IEEE Computer Society.

Robbins, H. (1952). Some aspects of the sequential design of experiments. *Bulletin of the American Mathematical Society, 58*:527–535.

Robertie, B. (1992). Carbon versus silicon: Matching wits with TD-Gammon. *Inside Backgammon, 2*(2):14–22.

Romo, R., Schultz, W. (1990). Dopamine neurons of the monkey midbrain: Contingencies of responses to active touch during self-initiated arm movements. *Journal of Neurophysiology, 63*(3):592–624.

Rosenblatt, F. (1962). *Principles of Neurodynamics: Perceptrons and the Theory of Brain Mechanisms*. Spartan Books, Washington, DC.

Ross, S. (1983). *Introduction to Stochastic Dynamic Programming*. Academic Press, New York.

Ross, T. (1933). Machines that think. *Scientic American, 148*(4):206–208.

Rubinstein, R. Y. (1981). *Simulation and the Monte Carlo Method.* Wiley, New York.

Rumelhart, D. E., Hinton, G. E., Williams, R. J. (1986). Learning internal representations by error propagation. In D. E. Rumelhart and J. L. McClelland (Eds.), *Parallel Distributed Pro-cessing: Explorations in the Microstructure of Cognition*, vol. I, Foundations. Bradford/ MIT Press, Cambridge, MA.

Rummery, G. A. (1995). *Problem Solving with Reinforcement Learning*. Ph.D. thesis, University of Cambridge.

Rummery, G. A., Niranjan, M. (1994). On-line Q-learning using connectionist systems. Technical Report CUED/F-INFENG/TR 166. Engineering Department, Cambridge University.

Ruppert, D. (1988). Ecient estimations from a slowly convergent Robbins-Monro process. Cornell University Operations Research and Industrial Engineering Technical Report No. 781.

Russell, S., Norvig, P. (2009). *Articial Intelligence: A Modern Approach*, 3rd edition. Prentice-Hall, Englewood Clis, NJ.

Russo, D. J., Van Roy, B., Kazerouni, A., Osband, I., Wen, Z. (2018). A tutorial on Thompson sampling, *Foundations and Trends in Machine Learning*. ArXiv:1707.02038.

Rust, J. (1996). Numerical dynamic programming in economics. In H. Amman, D. Kendrick, and J. Rust (Eds.), *Handbook of Computational Economics*, pp. 614–722. Elsevier, Amsterdam.

Saddoris, M. P., Cacciapaglia, F., Wightmman, R. M., Carelli, R. M. (2015). Dierential dopamine release dynamics in the nucleus accumbens core and shell reveal complementary signals for error prediction and incentive motivation. *The Journal of Neuroscience, 35*(33):11572–11582.

Saksida, L. M., Raymond, S. M., Touretzky, D. S. (1997). Shaping robot behavior using principles from instrumental conditioning. *Robotics and Autonomous Systems, 22*(3):231–249.

Samuel, A. L. (1959). Some studies in machine learning using the game of checkers. *IBM Journal on Research and Development, 3*(3), 210–229.

Samuel, A. L. (1967). Some studies in machine learning using the game of checkers. II—Recent progress. *IBM Journal on Research and Development, 11*(6):601–617.

Schaal, S., Atkeson, C. G. (1994). Robot juggling: Implementation of memory-based learning. *IEEE Control Systems, 14*(1):57–71.

Schmajuk, N. A. (2008). Computational models of classical conditioning. *Scholarpedia, 3*(3):1664.

Schmidhuber, J. (1991a). Curious model-building control systems. In Proceedings of the *IEEE International Joint Conference on Neural Networks*, pp. 1458–1463. IEEE.

Schmidhuber, J. (1991b). A possibility for implementing curiosity and boredom in model-building neural controllers. In *From Animals to Animats: Proceedings of the First International Conference on Simulation of Adaptive Behavior*, pp. 222–227. MIT Press, Cambridge, MA.

Schmidhuber, J. (2015). Deep learning in neural networks: An overview. *Neural Networks, 6*:85–117.

Schmidhuber, J., Storck, J., Hochreiter, S. (1994). Reinforcement driven information acquisition in nondeterministic environments. Technical report, Fakultät für Informatik, Technische Universität München, München, Germany.

Schraudolph, N. N. (1999). Local gain adaptation in stochastic gradient descent. In *Proceedings of the International Conference on Articial Neural Networks*, pp. 569–574. IEEE, London.

Schraudolph, N. N. (2002). Fast curvature matrix-vector products for second-order gradient descent. *Neural Computation, 14*(7):1723–1738.

Schraudolph, N. N., Yu, J., Aberdeen, D. (2006). Fast online policy gradient learning with SMD gain vector adaptation. In *Advances in Neural Information Processing Systems*, pp. 1185–1192.

Schulman, J., Chen, X., Abbeel, P. (2017). Equivalence between policy gradients and soft Q-Learning. ArXiv:1704.06440.

Schultz, D. G., Melsa, J. L. (1967). *State Functions and Linear Control Systems*. McGraw-Hill, New York.

Schultz, W. (1998). Predictive reward signal of dopamine neurons. *Journal of Neurophysiology, 80*(1):1–27.

Schultz, W., Apicella, P., Ljungberg, T. (1993). Responses of monkey dopamine neurons to reward and conditioned stimuli during successive steps of learning a delayed response task. *The Journal of Neuroscience, 13*(3):900–913.

Schultz, W., Dayan, P., Montague, P. R. (1997). A neural substrate of prediction and reward. *Science, 275*(5306):1593–1598.

Schultz, W., Romo, R. (1990). Dopamine neurons of the monkey midbrain: contingencies of responses to stimuli eliciting immediate behavioral reactions. *Journal of Neurophysiology, 63*(3):607–624.

Schultz, W., Romo, R., Ljungberg, T., Mirenowicz, J., Hollerman, J. R., Dickinson, A. (1995). Reward-related signals carried by dopamine neurons. In J. C. Houk, J. L. Davis, and D. G. Beiser (Eds.), *Models of Information Processing in the Basal Ganglia*, pp. 233–248. MIT Press, Cambridge, MA.

Schwartz, A. (1993). A reinforcement learning method for maximizing undiscounted rewards. In *Proceedings of the 10th International Conference on Machine Learning (ICML 1993)*, pp. 298–305. Morgan Kaufmann.

Schweitzer, P. J., Seidmann, A. (1985). Generalized polynomial approximations in Markovian decision processes. *Journal of Mathematical Analysis and Applications, 110*(2):568–582.

Selfridge, O. G. (1978). Tracking and trailing: Adaptation in movement strategies. Technical report, Bolt Beranek and Newman, Inc. Unpublished report.

Selfridge, O. G. (1984). Some themes and primitives in ill-dened systems. In O. G. Selfridge, E. L. Rissland, and M. A. Arbib (Eds.), *Adaptive Control of Ill-Dened Systems*, pp. 21–26. Plenum Press, NY. Proceedings of the NATO Advanced Research Institute on Adaptive Control of Ill-dened Systems, NATO Conference Series II, Systems Science, Vol. 16.

Selfridge, O. J., Sutton, R. S., Barto, A. G. (1985). Training and tracking in robotics. In A. Joshi (Ed.), *Proceedings of the Ninth International Joint Conference on Articial Intelligence*, pp. 670–672. Morgan Kaufmann.

Seo, H., Barraclough, D., Lee, D. (2007). Dynamic signals related to choices and outcomes in the dorsolateral prefrontal cortex. *Cerebral Cortex, 17*(suppl 1):110–117.

Seung, H. S. (2003). Learning in spiking neural networks by reinforcement of stochastic synaptic transmission. *Neuron, 40*(6):1063–1073.

Shah, A. (2012). Psychological and neuroscientic connections with reinforcement learning. In M. Wiering and M. van Otterlo (Eds.), *Reinforcement Learning: State-of-the-Art*, pp. 507–537. Springer-Verlag Berlin Heidelberg.

Shannon, C. E. (1950). Programming a computer for playing chess. *Philosophical Magazine and Journal of Science, 41*(314):256–275.

Shannon, C. E. (1951). Presentation of a maze-solving machine. In H. V. Forester (Ed.), *Cybernetics. Transactions of the Eighth Conference*, pp. 173–180. Josiah Macy Jr. Foundation.

Shannon, C. E. (1952). "Theseus" maze-solving mouse. http://cyberneticzoo.com/mazesolvers/1952--theseus-maze-solving-mouse--claude-shannon-american/.

Shelton, C. R. (2001). *Importance Sampling for Reinforcement Learning with Multiple Objectives*. Ph.D. thesis, Massachusetts Institute of Technology, Cambridge MA.

Shepard, D. (1968). A two-dimensional interpolation function for irregularly-spaced data. In *Proceedings of the 23rd ACM National Conference*, pp. 517–524. ACM, New York.

Sherman, J., Morrison, W. J. (1949). Adjustment of an inverse matrix corresponding to changes in the elements of a given column or a given row of the original matrix (abstract). *Annals of Mathematical Statistics, 20*(4):621.

Shewchuk, J., Dean, T. (1990). Towards learning time-varying functions with high input dimensionality. In *Proceedings of the Fifth IEEE International Symposium on Intelligent Control*, pp. 383–388. IEEE Computer Society Press, Los Alamitos, CA.

Shimansky, Y. P. (2009). Biologically plausible learning in neural networks: a lesson from bacterial chemotaxis. *Biological Cybernetics, 101*(5-6):379–385.

Si, J., Barto, A., Powell, W., Wunsch, D. (Eds.) (2004). *Handbook of Learning and Approximate Dynamic Programming*. John Wiley and Sons.

Silver, D. (2009). *Reinforcement Learning and Simulation Based Search in the Game of Go*. Ph.D. thesis, University of Alberta, Edmonton.

Silver, D., Huang, A., Maddison, C. J., Guez, A., Sifre, L., van den Driessche, G., Schrittwieser, J., Antonoglou, I., Panneershelvam, V., Lanctot, M., Dieleman, S., Grewe, D., Nham, J., Kalchbrenner, N., Sutskever, I., Lillicrap, T., Leach, M., Kavukcuoglu, K., Graepel, T., Hassabis, D. (2016). Mastering the game of Go with deep neural networks and tree search. *Nature, 529*(7587):484–489.

Silver, D., Lever, G., Heess, N., Degris, T., Wierstra, D., Riedmiller, M. (2014). Deterministic policy gradient algorithms. In *Proceedings of the 31st International Conference on Machine Learning (ICML 2014)*, pp. 387–395.

Silver, D., Schrittwieser, J., Simonyan, K., Antonoglou, I., Huang, A., Guez, A., Hubert, T., Baker, L., Lai, M., Bolton, A., Chen, Y., Lillicrap, L., Hui, F., Sifre, L., van den Driessche, G., Graepel, T., Hassibis, D. (2017a). Mastering the game of Go without human knowledge. *Nature, 550*(7676):354–359.

Silver, D., Hubert, T., Schrittwieser, J., Antonoglou, I., Lai, M., Guez, A., Lanctot, M., Sifre, L., Kumaran, D., Graepel, T., Lillicrap, T., Simoyan, K., Hassibis, D. (2017b). Mastering chess and shogi by self-play with a general reinforcement learning algorithm. ArXiv:1712.01815.

Şimşek, Ö., Algórta, S., Kothiyal, A. (2016). Why most decisions are easy in tetris—And perhaps in other sequential decision problems, as well. In *Proceedings of the 33rd International Conference on Machine Learning (ICML 2016)*, pp. 1757-1765.

Simon, H. (2000). Lecture at the Earthware Symposium, Carnegie Mellon University. https://www.youtube.com/watch?v=EZhyi-8DBjc.

Singh, S. P. (1992a). Reinforcement learning with a hierarchy of abstract models. In *Proceedings of the Tenth National Conference on Articial Intelligence (AAAI-92)*, pp. 202–207. AAAI/MIT Press, Menlo Park, CA.

Singh, S. P. (1992b). Scaling reinforcement learning algorithms by learning variable temporal resolution models. In *Proceedings of the 9th International Workshop on Machine Learning*, pp. 406–415. Morgan Kaufmann.

Singh, S. P. (1993). *Learning to Solve Markovian Decision Processes*. Ph.D. thesis, University of Massachusetts, Amherst.

Singh, S. P. (Ed.) (2002). Special double issue on reinforcement learning, *Machine Learning, 49*(2-3).

Singh, S., Barto, A. G., Chentanez, N. (2005). Intrinsically motivated reinforcement learning. In *Advances in Neural Information Processing Systems 17 (NIPS 2004)*, pp. 1281–1288. MIT Press, Cambridge, MA.

Singh, S. P., Bertsekas, D. (1997). Reinforcement learning for dynamic channel allocation in cellular telephone systems. In *Advances in Neural Information Processing Systems 9 (NIPS 1996)*, pp. 974–980. MIT Press, Cambridge, MA.

Singh, S. P., Jaakkola, T., Jordan, M. I. (1994). Learning without state-estimation in partially observable Markovian decision problems. In *Proceedings of the 11th International Conference on Machine Learning (ICML 1994)*, pp. 284–292. Morgan Kaufmann.

Singh, S., Jaakkola, T., Littman, M. L., Szepesvri, C. (2000). Convergence results for single-step on-policy reinforcement-learning algorithms. *Machine Learning, 38*(3):287–308.

Singh, S. P., Jaakkola, T., Jordan, M. I. (1995). Reinforcement learning with soft state aggregation. In *Advances in Neural Information Processing Systems 7 (NIPS 1994)*, pp. 359–368. MIT Press, Cambridge, MA.

Singh, S., Lewis, R. L., Barto, A. G. (2009). Where do rewards come from? In N. Taatgen and H. van Rijn (Eds.), *Proceedings of the 31st Annual Conference of the Cognitive Science Society*, pp. 2601–2606. Cognitive Science Society.

Singh, S., Lewis, R. L., Barto, A. G., Sorg, J. (2010). Intrinsically motivated reinforcement learning: An evolutionary perspective. *IEEE Transactions on Autonomous Mental Development, 2*(2):70–82. Special issue on Active Learning and Intrinsically Motivated Exploration in Robots: Advances and Challenges.

Singh, S. P., Sutton, R. S. (1996). Reinforcement learning with replacing eligibility traces. *Machine Learning, 22*(1-3):123–158.

Skinner, B. F. (1938). *The Behavior of Organisms: An Experimental Analysis*. Appleton-Century, New York.

Skinner, B. F. (1958). Reinforcement today. *American Psychologist, 13*(3):94–99.

Skinner, B. F. (1963). Operant behavior. *American Psychologist, 18*(8):503–515.

Sofge, D. A., White, D. A. (1992). Applied learning: Optimal control for manufacturing. In D. A. White and D. A. Sofge (Eds.), *Handbook of Intelligent Control: Neural, Fuzzy, and Adaptive Approaches*, pp. 259–281. Van Nostrand Reinhold, New York.

Sorg, J. D. (2011). *The Optimal Reward Problem:Designing Eective Reward for Bounded Agents*. Ph.D. thesis, University of Michigan, Ann Arbor.

Sorg, J., Lewis, R. L., Singh, S. P. (2010). Reward design via online gradient ascent. In *Advances in Neural Information Processing Systems 23 (NIPS 2010)*, pp. 2190–2198. Curran Associates, Inc.

Sorg, J., Singh, S. (2010). Linear options. In *Proceedings of the 9th International Conference on Autonomous Agents and Multiagent Systems*, pp. 31–38.

Sorg, J., Singh, S., Lewis, R. (2010). Internal rewards mitigate agent boundedness. In *Proceedings of the 27th International Conference on Machine Learning (ICML 2010)*, pp. 1007–1014.

Spence, K. W. (1947). The role of secondary reinforcement in delayed reward learning. *Psychological Review, 54*(1):1–8.

Srivastava, N., Hinton, G., Krizhevsky, A., Sutskever, I., Salakhutdinov, R. (2014). Dropout: A simple way to prevent neural networks from overtting. *Journal of Machine Learning Research, 15*(1):1929–1958.

Staddon, J. E. R. (1983). *Adaptive Behavior and Learning*. Cambridge University Press.

Stanfill, C., Waltz, D. (1986). Toward memory-based reasoning. *Communications of the ACM, 29*(12):1213–1228.

Steinberg, E. E., Keiflin, R., Boivin, J. R., Witten, I. B., Deisseroth, K., Janak, P. H. (2013). A causal link between prediction errors, dopamine neurons and learning. *Nature Neuroscience, 16*(7):966–973.

Sterling, P., Laughlin, S. (2015). *Principles of Neural Design*. MIT Press, Cambridge, MA.

Sternberg, S. (1963). Stochastic learning theory. In: Handbook of Mathematical Psychology, Volume II, R. D. Luce, R. R. Bush, and E. Galanter (Eds.). John Wiley & Sons.

Sugiyama, M., Hachiya, H., Morimura, T. (2013). *Statistical Reinforcement Learning: Modern Machine Learning Approaches*. Chapman & Hall/CRC.

Suri, R. E., Bargas, J., Arbib, M. A. (2001). Modeling functions of striatal dopamine modulation in learning and planning. *Neuroscience, 103*(1):65–85.

Suri, R. E., Schultz, W. (1998). Learning of sequential movements by neural network model with dopamine-like reinforcement signal. *Experimental Brain Research, 121*(3):350–354.

Suri, R. E., Schultz, W. (1999). A neural network model with dopamine-like reinforcement signal that learns a spatial delayed response task. *Neuroscience, 91*(3):871–890.

Sutton, R. S. (1978a). Learning theory support for a single channel theory of the brain. Unpublished report.

Sutton, R. S. (1978b). Single channel theory: A neuronal theory of learning. *Brain Theory Newsletter, 4*:72–75. Center for Systems Neuroscience, University of Massachusetts, Amherst, MA.

Sutton, R. S. (1978c). *A unied theory of expectation in classical and instrumental conditioning*. Bachelors thesis, Stanford University.

Sutton, R. S. (1984). *Temporal Credit Assignment in Reinforcement Learning*. Ph.D. thesis, University of Massachusetts, Amherst.

Sutton, R. S. (1988). Learning to predict by the method of temporal dierences. *Machine Learning, 3*(1):9–44 (important erratum p. 377).

Sutton, R. S. (1990). Integrated architectures for learning, planning, and reacting based on approximating dynamic programming. In *Proceedings of the 7th International Workshop on Machine Learning*, pp. 216–224. Morgan Kaufmann.

Sutton, R. S. (1991a). Dyna, an integrated architecture for learning, planning, and reacting. *SIGART Bulletin, 2*(4):160–163. ACM, New York.

Sutton, R. S. (1991b). Planning by incremental dynamic programming. In *Proceedings of the 8th International Workshop on Machine Learning*, pp. 353–357. Morgan Kaufmann.

Sutton, R. S. (Ed.) (1992a). *Reinforcement Learning*. Kluwer Academic Press. Reprinting of a special double issue on reinforcement learning, *Machine Learning,* 8(3-4).

Sutton, R. S. (1992b). Adapting bias by gradient descent: An incremental version of delta-bardelta. *Proceedings of the Tenth National Conference on Articial Intelligence*, pp. 171–176, MIT Press.

Sutton, R. S. (1992c). Gain adaptation beats least squares? *Proceedings of the Seventh Yale Workshop on Adaptive and Learning Systems*, pp. 161–166, Yale University, New Haven, CT.

Sutton, R. S. (1995a). TD models: Modeling the world at a mixture of time scales. In *Proceedings of the 12th International Conference on Machine Learning (ICML 1995)*, pp. 531–539. Morgan Kaufmann.

Sutton, R. S. (1995b). On the virtues of linear learning and trajectory distributions. In *Proceedings of the Workshop on Value Function Approximation at The 12th International Conference on Machine Learning (ICML 1995)*.

Sutton, R. S. (1996). Generalization in reinforcement learning: Successful examples using sparse coarse coding. In *Advances in Neural Information Processing Systems 8 (NIPS 1995)*, pp. 1038–1044. MIT Press, Cambridge, MA.

Sutton, R. S. (2009). The grand challenge of predictive empirical abstract knowledge. *Working Notes of the IJCAI-09 Workshop on Grand Challenges for Reasoning from Experiences.*

Sutton, R. S. (2015a) Introduction to reinforcement learning with function approximation. Tutorial at the Conference on Neural Information Processing Systems (NIPS), Montreal, December 7, 2015.

Sutton, R. S. (2015b) True online Emphatic TD(λ): Quick reference and implementation guide. ArXiv:1507.07147. Code is available in Python and C++ by downloading the source les of this arXiv paper as a zip archive.

Sutton, R. S., Barto, A. G. (1981a). Toward a modern theory of adaptive networks: Expectation and prediction. *Psychological Review, 88*(2):135–170.

Sutton, R. S., Barto, A. G. (1981b). An adaptive network that constructs and uses an internal model of its world. *Cognition and Brain Theory, 3*:217–246.

Sutton, R. S., Barto, A. G. (1987). A temporal-dierence model of classical conditioning. In *Proceedings of the Ninth Annual Conference of the Cognitive Science Society*, pp. 355-378. Erlbaum, Hillsdale, NJ.

Sutton, R. S., Barto, A. G. (1990). Time-derivative models of Pavlovian reinforcement. In M. Gabriel and J. Moore (Eds.), *Learning and Computational Neuroscience: Foundations of Adaptive Networks*, pp. 497–537. MIT Press, Cambridge, MA.

Sutton, R. S., Maei, H. R., Precup, D., Bhatnagar, S., Silver, D., Szepesvári, Cs., Wiewiora, E. (2009a). Fast gradient-descent methods for temporal-dierence learning with linear function approx. In *Proceedings of the 26th International Conference on Machine Learning (ICML 2009)*, pp. 993–1000. ACM, New York.

Sutton, R. S., Szepesvári, Cs., Maei, H. R. (2009b). A convergent O(d^2) temporal-dierence algorithm for off-policy learning with linear function approx. In *Advances in Neural Information Processing Systems 21 (NIPS 2008)*, pp. 1609–1616. Curran Associates, Inc.

Sutton, R. S., Mahmood, A. R., Precup, D., van Hasselt, H. (2014). A new Q(λ) with interim forward view and Monte Carlo equivalence. I*n Proceedings of the International Conference on Machine Learning, 31. JMLR W&CP 32*(2).

Sutton, R. S., Mahmood, A. R., White, M. (2016). An emphatic approach to the problem of off-policy temporal-dierence learning. *Journal of Machine Learning Research, 17*(73):1–29.

Sutton, R. S., McAllester, D. A., Singh, S. P., Mansour, Y. (2000). Policy gradient methods for reinforcement learning with function approximation. In *Advances in Neural Information Processing Systems 12 (NIPS 1999)*, pp. 1057–1063. MIT Press, Cambridge, MA.

Sutton, R. S., Modayil, J., Delp, M., Degris, T., Pilarski, P. M., White, A., Precup, D. (2011). Horde: A scalable real-time architecture for learning knowledge from unsupervised sensorimotor interaction. In *Proceedings of the Tenth International Conference on Autonomous Agents and Multiagent Systems*, pp. 761–768, Taipei, Taiwan.

Sutton, R. S., Pinette, B. (1985). The learning of world models by connectionist networks. In *Proceedings of the Seventh Annual Conference of the Cognitive Science Society*, pp. 54–64.

Sutton, R. S., Precup, D., Singh, S. (1999). Between MDPs and semi-MDPs: A framework for temporal abstraction in reinforcement learning. *Articial Intelligence, 112*(1-2):181–211.

Sutton, R. S., Rafols, E., Koop, A. (2006). Temporal abstraction in temporal-dierence networks. In *Advances in neural information processing systems*, pp. 1313–1320.

Sutton, R. S., Singh, S. P., McAllester, D. A. (2000). Comparing policy-gradient algorithms. Unpublished manuscript.

Sutton, R. S., Szepesvári, Cs., Geramifard, A., Bowling, M., (2008). Dyna-style planning with linear function approx. and prioritized sweeping. In *Proceedings of the 24th Conference on Uncertainty in Articial Intelligence*, pp. 528–536.

Sutton, R. S., Tanner, B. (2005). Temporal-dierence networks. In *Advances in Neural Information Processing Systems 17*, p. 1377–1384.

Szepesvári, Cs. (2010). Algorithms for reinforcement learning. *In Synthesis Lectures on Articial Intelligence and Machine Learning, 4*(1):1–103. Morgan and Claypool.

Szita, I. (2012). Reinforcement learning in games. In M. Wiering and M. van Otterlo (Eds.), *Reinforcement Learning: State-of-the-Art,* pp. 539–577. Springer-Verlag Berlin Heidelberg.

Tadepalli, P., Ok, D. (1994). H-learning: A reinforcement learning method to optimize undiscounted average reward. Technical Report 94-30-01. Oregon State University, Computer Science Department, Corvallis.

Tadepalli, P., Ok, D. (1996). Scaling up average reward reinforcement learning by approximating the domain models and the value function. In *Proceedings of the 13th International Conference on Machine Learning (ICML 1996)*, pp. 471–479.

Takahashi, Y., Schoenbaum, G., and Niv, Y. (2008). Silencing the critics: Understanding the eects of cocaine sensitization on dorsolateral and ventral striatum in the context of an actor/critic model. *Frontiers in Neuroscience, 2*(1):86–99.

Tambe, M., Newell, A., Rosenbloom, P. S. (1990). The problem of expensive chunks and its solution by restricting expressiveness. *Machine Learning, 5*(3):299–348.

Tan, M. (1991). Learning a cost-sensitive internal representation for reinforcement learning. In L. A. Birnbaum and G. C. Collins (Eds.), *Proceedings of the 8th International Workshop on Machine Learning*, pp. 358–362. Morgan Kaufmann.

Tanner, B. (2006). Temporal-Dierence Networks. MSc thesis, University of Alberta.

Taylor, G., Parr, R. (2009). Kernelized value function approximation for reinforcement learning. In *Proceedings of the 26th International Conference on Machine Learning (ICML 2009)*, pp. 1017–1024. ACM, New York.

Taylor, M. E., Stone, P. (2009). Transfer learning for reinforcement learning domains: A survey. *Journal of Machine Learning Research, 10*:1633–1685.

Tesauro, G. (1986). Simple neural models of classical conditioning. *Biological Cybernetics, 55*(2-3):187–200.

Tesauro, G. (1992). Practical issues in temporal dierence learning. *Machine Learning, 8*(3-4):257–277.

Tesauro, G. (1994). TD-Gammon, a self-teaching backgammon program, achieves master-level play. *Neural Computation, 6*(2):215–219.

Tesauro, G. (1995). Temporal dierence learning and TD-Gammon. *Communications of the ACM, 38*(3):58–68.

Tesauro, G. (2002). Programming backgammon using self-teaching neural nets. *Articial Intelligence, 134*(1-2):181–199.

Tesauro, G., Galperin, G. R. (1997). On-line policy improvement using Monte-Carlo search. In *Advances in Neural Information Processing Systems 9 (NIPS 1996)*, pp. 1068–1074. MIT Press, Cambridge, MA.

Tesauro, G., Gondek, D. C., Lechner, J., Fan, J., Prager, J. M. (2012). Simulation, learning, and optimization techniques in Watson's game strategies. *IBM Journal of Research and Development, 56*(3-4):16–1–16–11.

Tesauro, G., Gondek, D. C., Lenchner, J., Fan, J., Prager, J. M. (2013). Analysis of Watson's strategies for playing Jeopardy! *Journal of Articial Intelligence Research, 47*:205–251.

Tham, C. K. (1994). *Modular On-Line Function Approximation for Scaling up Reinforcement Learning*. Ph.D. thesis, University of Cambridge.

Thathachar, M. A. L., Sastry, P. S. (1985). A new approach to the design of reinforcement schemes for learning automata. *IEEE Transactions on Systems, Man, and Cybernetics, 15*(1):168–175.

Thathachar, M., Sastry, P. S. (2002). Varieties of learning automata: an overview. *IEEE Transactions on Systems, Man, and Cybernetics, Part B: Cybernetics, 36*(6):711–722.

Thathachar, M., Sastry, P. S. (2011). *Networks of Learning Automata: Techniques for Online Stochastic Optimization*. Springer Science & Business Media.

Theocharous, G., Thomas, P. S., Ghavamzadeh, M. (2015). Personalized ad recommendation for life-time value optimization guarantees. In *Proceedings of the Twenty-Fourth International Joint Conference on Articial Intelligence (IJCAI-15)*. AAAI Press, Palo Alto, CA.

Thistlethwaite, D. (1951). A critical review of latent learning and related experiments. *Psychological Bulletin, 48*(2):97–129.

Thomas, P. S. (2014). Bias in natural actor–critic algorithms. In *Proceedings of the 31st International Conference on Machine Learning (ICML 2014), JMLR W&CP 32*(1), pp. 441–448.

Thomas, P. S. (2015). *Safe Reinforcement Learning*. Ph.D. thesis, University of Massachusetts, Amherst.

Thomas, P. S., Brunskill, E. (2017). Policy gradient methods for reinforcement learning with function approximation and action-dependent baselines. ArXiv:1706.06643.

Thomas, P. S., Theocharous, G., Ghavamzadeh, M. (2015). High-condence off-policy evaluation. In *Proceedings of the Twenty-Ninth AAAI Conference on Articial Intelligence (AAAI-15)*, pp. 3000–3006. AAAI Press, Menlo Park, CA.

Thompson, W. R. (1933). On the likelihood that one unknown probability exceeds another in view of the evidence of two samples. *Biometrika, 25*(3-4):285–294.

Thompson, W. R. (1934). On the theory of apportionment. *American Journal of Mathematics, 57*: 450–457.

Thon, M. (2017). *Spectral Learning of Sequential Systems*. Ph.D. thesis, Jacobs University Bremen.

Thon, M., Jaeger, H. (2015). Links between multiplicity automata, observable operator models and predictive state representations: a unied learning framework. T*he Journal of Machine Learning Research, 16*(1):103–147.

Thorndike, E. L. (1898). Animal intelligence: An experimental study of the associative processes in animals. *The Psychological Review, Series of Monograph Supplements*, II(4).

Thorndike, E. L. (1911). *Animal Intelligence*. Hafner, Darien, CT.

Thorp, E. O. (1966). *Beat the Dealer: A Winning Strategy for the Game of Twenty-One*. Random House, New York.

Tian, T. (in preparation) *An Empirical Study of Sliding-Step Methods in Temporal Dierence Learning*. M.Sc thesis, University of Alberta, Edmonton.

Tieleman, T., Hinton, G. (2012). Lecture 6.5–RMSProp. COURSERA: Neural networks for machine learning 4.2:26–31.

Tolman, E. C. (1932). *Purposive Behavior in Animals and Men*. Century, New York.

Tolman, E. C. (1948). Cognitive maps in rats and men. *Psychological Review, 55*(4):189–208.

Tsai, H.-S., Zhang, F., Adamantidis, A., Stuber, G. D., Bonci, A., de Lecea, L., Deisseroth, K. (2009). Phasic ring in dopaminergic neurons is sucient for behavioral conditioning. *Science, 324*(5930):1080–1084.

Tsetlin, M. L. (1973). *Automaton Theory and Modeling of Biological Systems*. Academic Press, New York.

Tsitsiklis, J. N. (1994). Asynchronous stochastic approximation and Q-learning. *Machine Learning, 16*(3):185–202.

Tsitsiklis, J. N. (2002). On the convergence of optimistic policy iteration. *Journal of Machine Learning Research, 3*:59–72.

Tsitsiklis, J. N., Van Roy, B. (1996). Feature-based methods for large scale dynamic programming. *Machine Learning, 22*(1-3):59–94.

Tsitsiklis, J. N., Van Roy, B. (1997). An analysis of temporal-dierence learning with function approximation. *IEEE Transactions on Automatic Control, 42*(5):674–690.

Tsitsiklis, J. N., Van Roy, B. (1999). Average cost temporal-dierence learning. *Automatica, 35*(11):1799–1808.

Turing, A. M. (1948). Intelligent machinery. In B. Jack Copeland (Ed.) (2004), *The Essential Turing*, pp. 410–432. Oxford University Press, Oxford.

Ungar, L. H. (1990). A bioreactor benchmark for adaptive network-based process control. In W. T. Miller, R. S. Sutton, and P. J. Werbos (Eds.), *Neural Networks for Control*, pp. 387–402. MIT Press, Cambridge, MA.

Unnikrishnan, K. P., Venugopal, K. P. (1994). Alopex: A correlation-based learning algorithm for feedforward and recurrent neural networks. *Neural Computation, 6*(3): 469–490.

Urbanczik, R., Senn, W. (2009). Reinforcement learning in populations of spiking neurons. *Nature neuroscience, 12*(3):250–252.

Urbanowicz, R. J., Moore, J. H. (2009). Learning classier systems: A complete introduction, review, and roadmap. *Journal of Articial Evolution and Applications*. 10.1155/2009/736398.

Valentin, V. V., Dickinson, A., O'Doherty, J. P. (2007). Determining the neural substrates of goal-directed learning in the human brain. *The Journal of Neuroscience, 27*(15):4019–4026.

van Hasselt, H. (2010). Double Q-learning. In *Advances in Neural Information Processing Systems 23 (NIPS 2010)*, pp. 2613–2621. Curran Associates, Inc.

van Hasselt, H. (2011). *Insights in Reinforcement Learning: Formal Analysis and Empirical Evaluation of Temporal-dierence Learning*. SIKS dissertation series number 2011-04.

van Hasselt, H. (2012). Reinforcement learning in continuous state and action spaces. In M. Wiering and M. van Otterlo (Eds.), *Reinforcement Learning: State-of-the-Art*, pp. 207–251. Springer-Verlag Berlin Heidelberg.

van Hasselt, H., Sutton, R. S. (2015). Learning to predict independent of span. ArXiv: 1508.04582.

Van Roy, B., Bertsekas, D. P., Lee, Y., Tsitsiklis, J. N. (1997). A neuro-dynamic programming approach to retailer inventory management. In *Proceedings of the 36th IEEE Conference on Decision and Control*, Vol. 4, pp. 4052–4057.

van Seijen, H. (2011). Reinforcement Learning under Space and Time Constraints. University of Amsterdam PhD thesis. Hague: TNO.

van Seijen, H. (2016). Eective multi-step temporal-dierence learning for non-linear function approximation. ArXiv preprint arXiv:1608.05151.

van Seijen, H., Sutton, R. S. (2013). Ecient planning in MDPs by small backups. In: *Proceedings of the 30th International Conference on Machine Learning (ICML 2013)*, pp. 361–369.

van Seijen, H., Sutton, R. S. (2014). True online TD(λ). *In Proceedings of the 31st International Conference on Machine Learning (ICML 2014)*, pp. 692–700. JMLR W&CP 32(1),

van Seijen, H., Mahmood, A. R., Pilarski, P. M., Machado, M. C., Sutton, R. S. (2016). True online temporal-dierence learning. *Journal of Machine Learning Research, 17*(145):1–40.

van Seijen, H., Van Hasselt, H., Whiteson, S., Wiering, M. (2009). A theoretical and empirical analysis of Expected Sarsa. In *IEEE Symposium on Adaptive Dynamic Programming and Reinforcement Learning*, pp. 177–184.

van Seijen, H., Whiteson, S., van Hasselt, H., Wiering, M. (2011). Exploiting best-match equations for ecient reinforcement learning. *Journal of Machine Learning Research 12*:2045–2094.

Varga, R. S. (1962). *Matrix Iterative Analysis*. Englewood Clis, NJ: Prentice-Hall.

Vasilaki, E., Frémaux, N., Urbanczik, R., Senn, W., Gerstner, W. (2009). Spike-based reinforcement learning in continuous state and action space: when policy gradient methods fail. *PLoS Computational Biology, 5*(12).

Viswanathan, R., Narendra, K. S. (1974). Games of stochastic automata. *IEEE Transactions on Systems, Man, and Cybernetics, 4*(1):131–135.

Wagner, A. R. (2008). Evolution of an elemental theory of Pavlovian conditioning. *Learning & Behavior, 36*(3):253–265.

Walter, W. G. (1950). An imitation of life. *Scientic American, 182*(5):42–45.

Walter, W. G. (1951). A machine that learns. *Scientic American, 185*(2):60–63.

Waltz, M. D., Fu, K. S. (1965). A heuristic approach to reinforcement learning control systems. *IEEE Transactions on Automatic Control, 10*(4):390–398.

Watkins, C. J. C. H. (1989). *Learning from Delayed Rewards*. Ph.D. thesis, University of Cambridge.

Watkins, C. J. C. H., Dayan, P. (1992). Q-learning. *Machine Learning, 8*(3-4):279–292.

Werbos, P. J. (1977). Advanced forecasting methods for global crisis warning and models of intelligence. *General Systems Yearbook, 22*(12):25–38.

Werbos, P. J. (1982). Applications of advances in nonlinear sensitivity analysis. In R. F. Drenick and F. Kozin (Eds.), *System Modeling and Optimization*, pp. 762–770. Springer-Verlag.

Werbos, P. J. (1987). Building and understanding adaptive systems: A statistical/numerical approach to factory automation and brain research. *IEEE Transactions on Systems, Man, and Cybernetics, 17*(1):7–20.

Werbos, P. J. (1988). Generalization of back propagation with applications to a recurrent gas market model. *Neural Networks, 1*(4):339–356.

Werbos, P. J. (1989). Neural networks for control and system identication. In *Proceedings of the 28th Conference on Decision and Control*, pp. 260–265. IEEE Control Systems Society.

Werbos, P. J. (1992). Approximate dynamic programming for real-time control and neural modeling. In D. A. White and D. A. Sofge (Eds.), *Handbook of Intelligent Control: Neural, Fuzzy, and Adaptive Approaches*, pp. 493–525. Van Nostrand Reinhold, New York.

Werbos, P. J. (1994). T*he Roots of Backpropagation: From Ordered Derivatives to Neural Networks and Political Forecasting* (Vol. 1). John Wiley and Sons.

Wiering, M., Van Otterlo, M. (2012). *Reinforcement Learning: State-of-the-Art*. Springer-Verlag Berlin Heidelberg.

White, A. (2015). *Developing a Predictive Approach to Knowledge*. Ph.D. thesis, University of Alberta, Edmonton.

White, D. J. (1969). *Dynamic Programming*. Holden-Day, San Francisco.

White, D. J. (1985). Real applications of Markov decision processes. *Interfaces, 15*(6):73–83.

White, D. J. (1988). Further real applications of Markov decision processes. *Interfaces, 18*(5):55–61.

White, D. J. (1993). A survey of applications of Markov decision processes. *Journal of the Operational Research Society, 44*(11):1073–1096.

White, A., White, M. (2016). Investigating practical linear temporal dierence learning. In *Proceedings of the 2016 International Conference on Autonomous Agents and Multiagent Systems*, pp. 494–502.

Whitehead, S. D., Ballard, D. H. (1991). Learning to perceive and act by trial and error. *Machine Learning, 7*(1):45–83.

Whitt, W. (1978). Approximations of dynamic programs I. *Mathematics of Operations Research, 3*(3):231–243.

Whittle, P. (1982). *Optimization over Time*, vol. 1. Wiley, New York.

Whittle, P. (1983). *Optimization over Time*, vol. 2. Wiley, New York.

Wickens, J., Kötter, R. (1995). Cellular models of reinforcement. In J. C. Houk, J. L. Davis and D. G. Beiser (Eds.), *Models of Information Processing in the Basal Ganglia*, pp. 187–214. MIT Press, Cambridge, MA.

Widrow, B., Gupta, N. K., Maitra, S. (1973). Punish/reward: Learning with a critic in adaptive threshold systems. *IEEE Transactions on Systems, Man, and Cybernetics, 3*(5):455–465.

Widrow, B., Ho, M. E. (1960). Adaptive switching circuits. In 1960 WESCON Convention Record Part IV, pp. 96–104. Institute of Radio Engineers, New York. Reprinted in J. A. Anderson and E. Rosenfeld, *Neurocomputing: Foundations of Research*, pp. 126–134. MIT Press, Cambridge, MA, 1988.

Widrow, B., Smith, F. W. (1964). Pattern-recognizing control systems. In J. T. Tou and R. H. Wilcox (Eds.), *Computer and Information Sciences*, pp. 288–317. Spartan, Washington, DC.

Widrow, B., Stearns, S. D. (1985). *Adaptive Signal Processing*. Prentice-Hall, Englewood Clis, NJ.

Wiener, N. (1964). *God and Golem, Inc: A Comment on Certain Points where Cybernetics Impinges on Religion*. MIT Press, Cambridge, MA.

Wiewiora, E. (2003). Potential-based shaping and Q-value initialization are equivalent. *Journal of Articial Intelligence Research, 19*:205–208.

Williams, R. J. (1986). Reinforcement learning in connectionist networks: A mathematical analysis. Technical Report ICS 8605. Institute for Cognitive Science, University of California at San Diego, La Jolla.

Williams, R. J. (1987). Reinforcement-learning connectionist systems. Technical Report NU-CCS-87-3. College of Computer Science, Northeastern University, Boston.

Williams, R. J. (1988). On the use of backpropagation in associative reinforcement learning. In *Proceedings of the IEEE International Conference on Neural Networks*, pp. I263–I270. IEEE San Diego section and IEEE TAB Neural Network Committee.

Williams, R. J. (1992). Simple statistical gradient-following algorithms for connectionist reinforcement learning. *Machine Learning, 8*(3-4):229–256.

Williams, R. J., Baird, L. C. (1990). A mathematical analysis of actor–critic architectures for learning optimal controls through incremental dynamic programming. In *Proceedings of the Sixth Yale Workshop on Adaptive and Learning Systems*, pp. 96–101. Center for Systems Science, Dunham Laboratory, Yale University, New Haven.

Wilson, R. C., Takahashi, Y. K., Schoenbaum, G., Niv, Y. (2014). Orbitofrontal cortex as a cognitive map of task space. *Neuron, 81*(2):267–279.

Wilson, S. W. (1994). ZCS, A zeroth order classier system. *Evolutionary Computation, 2*(1):1–18.

Wise, R. A. (2004). Dopamine, learning, and motivation. *Nature Reviews Neuroscience, 5*(6):1–12.

Witten, I. H. (1976a). Learning to Control. University of Essex PhD thesis.

Witten, I. H. (1976b). The apparent conflict between estimation and control—A survey of the two-armed problem. *Journal of the Franklin Institute, 301*(1-2):161–189.

Witten, I. H. (1977). An adaptive optimal controller for discrete-time Markov environments. *Information and Control, 34*(4):286–295.

Witten, I. H., Corbin, M. J. (1973). Human operators and automatic adaptive controllers: A comparative study on a particular control task. *International Journal of Man–Machine Studies, 5*(1):75–104.

Woodbury, T., Dunn, C., and Valasek, J. (2014). Autonomous soaring using reinforcement learning for trajectory generation. In *52nd Aerospace Sciences Meeting*, p. 0990.

Woodworth, R. S. (1938). *Experimental Psychology*. New York: Henry Holt and Company.

Xie, X., Seung, H. S. (2004). Learning in neural networks by reinforcement of irregular spiking. *Physical Review E, 69*(4):041909.

Xu, X., Xie, T., Hu, D., Lu, X. (2005). Kernel least-squares temporal dierence learning. *International Journal of Information Technology, 11*(9):54–63.

Yagishita, S., Hayashi-Takagi, A., Ellis-Davies, G. C. R., Urakubo, H., Ishii, S., Kasai, H. (2014). A critical time window for dopamine actions on the structural plasticity of dendritic spines. *Science, 345*(6204):1616–1619.

Yee, R. C., Saxena, S., Utgo, P. E., Barto, A. G. (1990). Explaining temporal dierences to create useful concepts for evaluating states. In *Proceedings of the Eighth National Conference on Articial Intelligence (AAAI-90)*, pp. 882–888. AAAI Press, Menlo Park, CA.

Yin, H. H., Knowlton, B. J. (2006). The role of the basal ganglia in habit formation. *Nature Reviews Neuroscience, 7*(6):464–476.

Young, P. (1984). *Recursive Estimation and Time-Series Analysis*. Springer-Verlag, Berlin.

Yu, H. (2010). Convergence of least squares temporal dierence methods under general conditions. *International Conference on Machine Learning 27*, pp. 1207–1214.

Yu, H. (2012). Least squares temporal dierence methods: An analysis under general conditions. *SIAM Journal on Control and Optimization, 50*(6):3310–3343.

Yu, H. (2015). On convergence of emphatic temporal-dierence learning. In *Proceedings of the 28th Annual Conference on Learning Theory, JMLR W&CP 40*. Also ArXiv:1506.02582.

Yu, H. (2016). Weak convergence properties of constrained emphatic temporal-dierence learning with constant and slowly diminishing stepsize. *Journal of Machine Learning Research, 17*(220):1–58.

Yu, H. (2017). On convergence of some gradient-based temporal-dierences algorithms for off-policy learning. ArXiv:1712.09652.

Yu, H., Mahmood, A. R., Sutton, R. S. (2017). On generalized bellman equations and temporaldi erence learning. ArXiv:17041.04463. A summary appeared in *Proceedings of the Canadian Conference on Articial Intelligence*, pp. 3–14. Springer.

Reinforcement Learning 中文版｜強化學習深度解析

作　　者：Richard S. Sutton, Andrew G. Barto
譯　　者：許士文 / 卓信宏
企劃編輯：莊吳行世
文字編輯：王雅雯
設計裝幀：張寶莉
發 行 人：廖文良

發 行 所：碁峰資訊股份有限公司
地　　址：台北市南港區三重路 66 號 7 樓之 6
電　　話：(02)2788-2408
傳　　真：(02)8192-4433
網　　站：www.gotop.com.tw
書　　號：ACD017900
版　　次：2021 年 04 月初版
建議售價：NT$1200

國家圖書館出版品預行編目資料

Reinforcement Learning 中文版：強化學習深度解析 / Richard S. Sutton, Andrew G. Barto 原著；許士文, 卓信宏譯. -- 初版. -- 臺北市：碁峰資訊, 2021.04
面； 公分
譯自：Reinforcement Learning,second edition
ISBN 978-986-502-719-3(平裝)
1.機器學習
312.831　　110000359

讀者服務

- 感謝您購買碁峰圖書，如果您對本書的內容或表達上有不清楚的地方或其他建議，請至碁峰網站：「聯絡我們」\「圖書問題」留下您所購買之書籍及問題。（請註明購買書籍之書號及書名，以及問題頁數，以便能儘快為您處理）
http://www.gotop.com.tw
- 售後服務僅限書籍本身內容，若是軟、硬體問題，請您直接與軟體廠商聯絡。
- 若於購買書籍後發現有破損、缺頁、裝訂錯誤之問題，請直接將書寄回更換，並註明您的姓名、連絡電話及地址，將有專人與您連絡補寄商品。